新型生物发酵制品

姜锡瑞　王亮亮　黄继红　主编

中国轻工业出版社

图书在版编目（CIP）数据

新型生物发酵制品/姜锡瑞等主编 . —北京：中国轻工业出版
社，2020.9
ISBN 978-7-5184-2784-0

Ⅰ.①新… Ⅱ.①姜… Ⅲ.①发酵工程 Ⅳ.①TQ92

中国版本图书馆 CIP 数据核字（2020）第 057381 号

责任编辑：江 娟 王 韧
策划编辑：江 娟 责任终审：白 洁 封面设计：锋尚设计
版式设计：砚祥志远 责任校对：吴大鹏 责任监印：张 可

出版发行：中国轻工业出版社（北京东长安街 6 号，邮编：100740）
印　　刷：河北鑫兆源印刷有限公司
经　　销：各地新华书店
版　　次：2020 年 9 月第 1 版第 1 次印刷
开　　本：787×1092　1/16　印张：27.75
字　　数：600 千字
书　　号：ISBN 978-7-5184-2784-0　定价：98.00 元
邮购电话：010-65241695
发行电话：010-85119835　传真：85113293
网　　址：http：//www.chlip.com.cn
Email：club@ chlip.com.cn
如发现图书残缺请与我社邮购联系调换
181016K1X101ZBW

祝贺《新型生物发酵制品》新书出版！

望本书为生物发酵行业做出新贡献！

祝贺的专家、教授：

孙颎、耿兆林、陈建元、莫湘筠、章萍仙、孙慧引、沈浩贞、

张慎富、陈文瑛、姜锡瑞、石天生、张鑫鸿、裘爱泳、

陈大淦、葛文光、陆宗侠、曹本昌、聂尧、刘飞、周建根、

周红伟、赵振峰

2020 年 5 月 1 日

祝贺《新型生物发酵制品》新书出版！

为全面提高酶制剂应用技术和水平提供服务，使我国酶制剂行业跨入国际先进行列。

山东隆科特酶制剂有限公司
2020 年 5 月 1 日

前言
PREFACE

我国生物发酵行业正处于发展、转型、升级和壮大的过程中，酶制剂具有高质量、高效率、高安全、立体选择性、位置选择性等特点，促使其应用领域广泛，应用技术精益求精，不仅应用于传统的生物发酵行业，并应用于有机合成工业、精细化学品、医药中间体、农药中间体、功能材料和制造工业中。本书将系统介绍工业酶制剂的性能和应用技术。

酵素是以动物、植物、菌类等为原料，经微生物发酵制得的含有特定生物活性成分的产品，是天然、无污染、高营养的安全产品，可分为食用、环保、日化、饲用、农用等品种。随着品质的提高、安全规章制度的完善以及人们对酵素认知的提高，酵素将成为具有发展潜力的新型行业。本书将介绍酵素功能、应用和生产技术。

生物活性肽又称功能肽，是将动物、植物和微生物的蛋白质进行酶法分解，其产物为肽。根据酶解产物的氨基酸数量，可分为多肽和小肽，把由 2~10 个氨基酸构成的组分称为低聚肽。不同原料以及不同酶解方式生产的低聚肽，其功能是不同的，都具有一定营养价值和保健功能，被广泛应用在食品、医药、饲料和农业上。随着酶制剂应用技术和相关分离、提纯技术的发展，不仅揭开了"酶法多肽"的神秘面纱，我国还建立了低聚肽食品生产基地，一批具有国际先进水平的工厂建成并投产，使我国生物活性肽的产业化水平大大提高。

益生菌是一类对人体有益的菌体总称，当达到一定数量时，有助于增强人体免疫力，具有保健功能。益生元是一种不可消化的食物成分，通过选择性地刺激结肠中一种或有限数量的天然有益细菌的生长和活性，从而对宿主有益，改善宿主健康。把二者结合起来，还可以添加其他保健功能添加剂，互为协调和补充，成为新型的益生制品，具有营养、保健功能。益生制品在我国刚起步，但发展迅速，为了进一步使益生制品产业健康发展，加强安全管理、完善规章制度，因此制定国家标准是十分重要的，使益生制品成为人

1

们日常生活必需品。

本书在编写过程中，采用"调查研究、参展参会、集体讨论、分工负责、专家审校"的方法，在编写过程中，不断地更新最新的科技动态，使本书尽可能做到与时俱进。本书编写分工如下：第一篇：姜锡瑞、王亮亮、聂尧、李德军、周建根。第二篇：黄继红。第三篇：张永利、王亮亮。第四篇：高义舟、田康明、申春莉、陆光兴。

在本书编写过程中，我们受到了有关院校教授和工厂专家的关注和帮助，提供了最新的科研报告和实践数据，为本书成功出版提供了很大帮助，在此特别感谢：

山东大学　赵　建

华南理工大学　韩双艳

山东隆科特酶制剂有限公司　刘顺启、郭庆文

无锡海思瑞科技有限公司　于　淼

无锡优普克生物科技有限公司　刘　飞、刘成林、范军伟

无锡第二人民医院　苏建华

无锡健一机械装备有限公司　何　健

由于编者水平有限，有错误和不足之处请多提宝贵意见，以利于改进、充实、提高。

编者

2020 年 5 月

目 录
CONTENTS

第一篇
工业酶制剂

第一章　概述

第一节　行业概况

在生态文明思想指引下，我国正迈入新时代生态文明建设新境界。建设生态文明关系国家未来、关系人民福祉、关系中华民族永续发展。"绿水青山就是金山银山"的思想已深入人心，成为生态环境保护的科学理念。坚持良好的生态环境是我国我党的大事，只有人人重视，"撸起袖子加油干"，才能展示出美丽中国的画卷。

酶是由活细胞产生的具有生物催化功能的蛋白质，应用生物工程的加工方法生产出的酶产品即为酶制剂。作为现代生物高科技手段之一，工业酶制剂的广泛应用，将会成为生态文明建设的重要途径。由于酶制剂的"高效性、专一性"以及种类广泛、使用条件温和、不需要高温高压设备、不需要强酸强碱处理等特点，现已被很多行业所选用。近年酶制剂行业飞速发展，无论在品种、生产规模和应用技术等方面，都能满足相关行业的需要，使这些行业生产技术达到先进水平；同时，在这些行业的带动下，酶制剂对环境保护的功能逐渐显现，越来越受到相关行业的重视。可以预测，工业酶制剂在改善生态文明的建设中将不断建功立业，成为一支生力军。

一、新时代生态文明建设需要酶制剂

利用酶制剂技术改变了某些产品的传统工艺，减少和杜绝排放物的污染，达到节能环保的要求。例如，以前在淀粉糖加工过程中所采用的高压酸解工艺、皮革采用灰碱法脱毛工艺、纺织业酸碱法退浆工艺等都会产生大量污水、影响环境。改成应用酶制剂的技术，就基本杜绝了这些行业对环境的污染。

我国汽车保有量增长很快，汽车尾气排放成为大气污染主要来源，造成了雾霾。在汽油中添加10%的乙醇，可减少有害尾气排放，尾气中一氧化碳化合物和碳氢化合物平均减少30%以上。2020年我国汽油消费量可达1.3亿t，在全国推广燃料乙醇，按添加量为10%计，需求量为1300万t/年，燃料乙醇发展潜力很大，对降低雾霾将起到重要作用。从北京等一线大城市平均数据统计来看，PM2.5的来源之中，本地污染排放占70%左右，其中机动车污染占本地污染排放的31.1%。汽油中加10%燃料乙醇，可减少细颗粒物排放36%，对高排放汽车可减少64.6%，苯的污染可减少25%。可见，利用酶制剂生产的燃料乙醇对改善雾霾将起到关键作用。

我国是农业大国，每年会产生10亿t以上的秸秆，全部焚烧对空气造成大量污染。使

用秸秆纤维素作为原料，利用纤维素酶分解转化为燃料乙醇，可以起到变废为宝的效果。随着纤维素酶的价格下降和应用技术的提高，纤维素乙醇的成本也正趋下降，纤维素乙醇生产逐步商业化。如果每年使用秸秆总量的 10%，以 5t 秸秆产 1t 乙醇计算，每年可生产2000 万 t 乙醇，可节省 6000 万 t 玉米，并大大改善空气质量，为创建生态文明又跨出了一步。

随着人民生活水平的提高，家禽和水产等养殖行业发展飞速，因此我国饲料工业相应得到发展，预计 2020 年配合饲料产量可达 4 亿多 t。在植物性饲料中，以植酸盐形式存在的有机磷酸化合物称为植酸磷，一般约占总磷的 60%，而家禽对植酸磷的利用率很低，约20%~50%。因此大量植酸磷被排出，造成磷污染，而添加了植酸酶能分解植酸及植酸盐，释放磷，提高了磷的利用率，减少有机磷的排放，减轻了养殖业对环境的污染。

高品质的洗涤剂必须符合"绿色环保、安全高效、低温节水"的要求，要彻底改变洗涤泡沫、磷酸盐引起的富营养化和江河湖泊污染，生物酶制剂的使用就越来越普遍。随着酶制剂的发展，使用多种酶制剂生产的加酶高效洗涤剂将成为市场主导产品。无磷高效洗涤剂应用了蛋白酶、脂肪酶、淀粉酶、纤维素酶等不同品种，生产出多种洗涤用品，满足市场需要。

传统的造纸工业和纺织印染工业都是污染大户，现在工艺中逐步使用了酶制剂，并已经逐步建立了酶法工艺，降低了能耗，减少了烧碱等化学品的用量，达到清洁生产、提高品质、提高效率的目的。酶制剂在这些行业中的应用，正朝着专用酶、复合酶、高效酶的方向发展。

酶制剂应用领域日趋扩大，特别是在保护生态环境方面做出了贡献。要创造良好的生态环境，酶制剂的应用将成为一支不可忽视的主力军。

二、酶的应用

酶的应用非常重要，应用是生产和市场之间的桥梁，相同酶制剂不同的使用方法，所得到的结果差异很大。优秀的企业可将研发产品成功推向市场，取得经济效益的同时也带来社会效益；随着我国酶制剂科研工作的不断深入，一些领域能够从市场需求出发，指导研发方向、精准筛选到合适的酶，并能快速地工业化生产，这需要研发、生产、应用都有较深的技术积累，是多方、多领域联动配合的结果。

（一）酶的应用领域

人类很早就在生产生活中使用酶来制造食品和治疗疾病。19 世纪末 20 世纪初，从天然产物中提取的酶逐渐应用到日常生活和工业生产中，20 世纪中叶，酶已经实现大规模生产，到今天酶的应用领域越来越广泛，涵盖食品加工、淀粉制糖、饲料、洗涤剂、有机酸、制浆造纸、皮革纺织、有机合成、生物能源、石油开采等领域，起到越来越重要甚至是不可替代的作用。

据中国生物发酵产业协会的统计，2019 年我国生物发酵产业主要产品及产量如表 1-1所示。此外，根据国家统计局和中国酒业协会的数据，2019 年我国酿酒行业的产品及产量

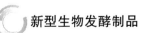 **新型生物发酵制品**

如表 1-2 所示。这些行业是工业酶制剂的主要应用领域，品种涉及本篇第二章、第三章、第四章和第六章的酶制剂。

表 1-1 **2018 年和 2019 年我国生物发酵产业主要产品及产量**

行业分类	产品细分	2018 年产量/万 t	2019 年产量/万 t
氨基酸		608.2（合计）	609.1（合计）
	谷氨酸钠（味精）	275	286.6
	赖氨酸、赖氨酸酯及盐	246	253.3
	苏氨酸	75	60.6
	色氨酸	2.2	1.7
	其他氨基酸	10	6.9
有机酸		245.5（合计）	245.5（合计）
	柠檬酸	165	172
	乳酸	15.5	13.5
	葡萄糖酸	60	55
	其他有机酸（衣康酸等）	5	5
淀粉糖		1397（合计）	1468（合计）
	麦芽糖浆	330	
	葡萄糖浆	160	
	果葡糖浆	415	
	结晶葡萄糖	370	
	麦芽糊精	112	
	其他	10	
功能发酵制品		360（合计）	370（合计）
	多元醇（糖醇）	163	167
	低聚异麦芽糖	5.5	
	低聚果糖	5	
	其他低聚糖	4.5	
	黄原胶	13	
	透明质酸	0.3	
	其他微生物多糖	1.7	
	其他（红曲、抗氧化剂、活性肽、多不饱和脂肪酸、微生态制剂）	167	
酶制剂		145	147.9
酵母		36.6	39.2
食用酵素		15	18

表 1-2	2018 年和 2019 年我国酿酒行业主要产品及产量	
产品细分	2018 年产量/（万千升）	2019 年产量/（万千升）
啤酒	3812.2	3765.3
白酒	871.2	786.0
葡萄酒	62.9	45.2
黄酒	334.8	353.1
其他酒产业	550.8	—
发酵酒精*	646.6	691.6

虽然酶制剂行业本身并不算大，但是所支撑的却是其数十倍数百倍的产业，现代工业也促进酶制剂行业的发展，两者成为相互促进、相互联系、不可分割的工业体系。由于工业生物技术的不断进步，酶制剂的性价比越来越高，以前一些不可能或不经济的过程，由于酶解效率的提高和使用成本的降低变得越来越有竞争力。

（二）酶的应用特点

1. 水平高

如传统方法生产酒精，淀粉出酒率约为 52%，使用酶法生产后淀粉出酒率达到 55%，生产水平显著提高。

2. 污染少

相对于化学工程的酸碱、高压等处理方式，酶的应用大大减少了化工制品的使用。这在制糖、蛋白加工、皮革工业及制浆造纸中均有体现。

3. 品质好

酶促反应转化率高且反应单一，因此副产物含量较低，产品品质得到提高。在传统的酸法葡萄糖生产中，DE 值一般为 92%，而酶法生产葡萄糖的 DE 值可达 97%~98%，品质提高明显。

4. 设备少

酶促反应效率高、条件温和，工艺流程缩短，所需设备相对简单，避免了耐高温、耐高压、耐酸设备。

5. 节能减排好

如传统酒精生产工艺使用 120~130℃ 的高温对原料蒸煮，现在使用酶制剂在 90~95℃ 蒸煮，不但节能减排，生产安全性也大大提高。

（三）酶制剂市场

酶制剂因环境友好、高效专一等特点，市场规模逐年增大，年增长率保持在 5%~8%。尽管如此酶制剂仍是一个不大的行业，2019 年全球酶制剂市场的销售额 79.9 亿美元，其中工业酶制剂的市场份额约占 60%，世界酶制剂的整体市场见图 1-1。特别值得指出的是食品用酶制剂和饲料用酶制剂也是工业酶制剂的范畴，工业酶通常指的是除用于医药、试剂研发、诊断行业外的酶制剂。

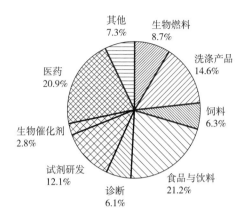

图 1-1 世界酶制剂的市场

全球的工业酶制剂市场长期被跨国公司垄断，诺维信、杜邦、帝斯曼 3 家公司约占市场份额的 74%，此外德国 AB 公司、日本天野酶制品株式会社等都各具特色。其中诺维信公司是引领生物创新的企业，工业酶制剂和微生物制剂是其核心业务，约占全球工业酶制剂市场份额的 45%。2014—2019 年全球工业酶制剂销售额见图 1-2。

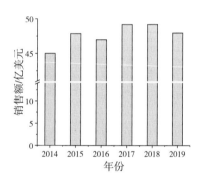

图 1-2 全球工业酶制剂销售额

三、我国工业酶制剂概况

（一）我国酶制剂行业现状

我国工业酶制剂生产始于 1965 年，主要生产 BF-7658 淀粉酶；1995 年无锡酶制剂厂引进新菌种，开始生产耐高温 α-淀粉酶和高转化率液体糖化酶，从此全国掀起双酶法制糖的技术热潮，其核心技术沿用至今，大大推进了酶制剂发展的步伐；2006 年起，我国酶制剂行业飞速发展，经过十多年的发展竞争，市场淘汰了一批技术更新不及时、规模小、没有特点的企业，同时出现了一批规模较大、技术能力较强、有发展潜力的企业。

我国酶制剂市场份额在全球的比重由"十二五"规划初期的不足 5% 提升到现在的约 10%，市场竞争力明显提升。图 1-3 是 2014—2019 年我国工业酶制剂产量，据中国生物发酵产业协会统计，2019 年我国酶制剂产量 147.9 万 t（折算成标准酶活力的产量），较 2018 年同比增长约 2.0%，产值 33.7 亿元（人民币），较 2018 年同比增长 2.1%。主要酶种的价格变化不大，其中传统酶种的价格还有所下降，新的应用领域拓展已经逐步显现出经济效益和社会效应。图 1-4 是我国酶制剂在不同领域中所占比例。

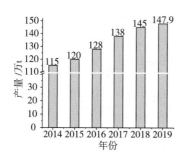

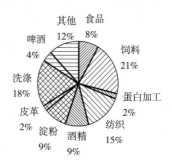

图 1-3 2014—2019 年我国工业酶制剂产量 图 1-4 我国酶制剂在行业中所占比例

2017 年中国生物发酵产业协会评选出第五届全国酶制剂行业十强企业，列于表 1-3。这些企业 2019 年总产值 25.1 亿元人民币，占全国酶制剂企业当年产值的 75%，企业发展规模化已成趋势。

表 1-3　　　　　　　　　　　第五届全国酶制剂十强企业

企业名称	生产所在地
山东隆科特酶制剂有限公司	山东省沂水县
广东溢多利生物科技股份有限公司	内蒙古托克托县、湖南省津市市
青岛蔚蓝生物集团有限公司	山东省高密市
武汉新华扬生物股份有限公司	湖北省武汉市
湖南尤特尔生化有限公司	湖南省岳阳市、山东省邹城市
江苏一鸣生物股份有限公司	江苏省泰兴市
白银赛诺生物科技有限公司	宁夏白银市
江苏奕农生物工程有限公司	江苏省沭阳县
北京昕大洋科技发展有限公司	河北省怀安县
南京百斯杰生物工程有限公司	江苏省南京市、山东省商河县
河南仰韶生化工程有限公司	河南省渑池县

（二）我国部分酶制剂公司简介

1. 山东隆科特酶制剂有限公司

该公司是山东隆大生物工程有限公司为实施整体搬迁升级而建立的公司，以历史久、产量大、品种齐、质量优而著称。2018 年该公司被评为国家单项冠军培育企业，目前年产新型酶制剂 7 万 t，品种及产量在我国名列前茅。产品涵盖淀粉酶系列、蛋白酶系列、非淀粉多糖酶系列等 50 余种单酶、数百种配方产品，广泛应用在谷物加工、酒精、食品、饮料、纺织、饲料、制革、造纸等领域。该公司重视科研工作，下设国家企业技术中心、国家地方共建工程研究中心等研发平台，是我国酶制剂行业重要的科研和生产企业，为我国酶制剂行业新品种开发、新技术应用做出了较大贡献。

2. 广东溢多利生物科技股份有限公司

该公司是中国生物酶制剂行业首家上市公司、亚洲最大的饲用酶生产商和供应商之一，在内蒙古和湖南有两个生产型分公司，在欧洲、美洲、亚洲等60多个国家和地区建有完善的海外营销网络。该公司酶制剂业务领域涵盖饲料、能源、医药、食品、纺织、造纸等诸多工业领域，品种主要有：植酸酶、淀粉酶、蛋白酶、纤维素酶、木聚糖酶、脂肪酶等40余种单酶产品以及饲料用酶制剂、食品用酶制剂、造纸用酶制剂、纺织用酶制剂等100余种复配酶产品。

3. 湖南鸿鹰生物科技有限公司

该公司是我国最早的酶制剂生产企业之一。专业生产"梅花"牌和"鸿鹰"牌的糖化酶、普鲁兰酶、β-葡聚糖酶、纤维素酶等30多种酶制剂产品。该公司是广东溢多利生物科技股份有限公司的企业之一，以"质量稳定、品种齐全、科技兴业"为企业宗旨，为酶制剂及其应用产业的健康发展做出了贡献。

4. 武汉新华扬生物股份有限公司

该公司是应用现代生物技术进行生产研发的高新技术企业，目前产业涉及畜牧、食品、纺织、生物医药等多个领域，形成了在生物酶制剂基础上的产品多元化发展集团。该公司主要生产植酸酶、木聚糖酶、β-葡聚糖酶、β-甘露聚糖酶、纤维素酶、蛋白酶等40余种系列产品，产能达4.5万 t/年，已成为我国具有市场竞争力的酶制剂公司。

5. 湖南尤特尔生化有限公司

该公司是一家集研发、生产、销售和技术服务为一体的专业酶制剂公司，在上海、山东及美国都设有子公司。该公司产品被广泛应用于纺织印染、造纸、洗涤、饲料、烘焙、酿造、粮食加工、植物提取、生物能源等领域，主要产品有纤维素酶、木聚糖酶、β-葡聚糖酶、β-甘露聚糖酶、脂肪酶、磷脂酶、α-半乳糖苷酶、蛋白酶、植酸酶、淀粉酶等单酶和复合酶系列产品共100余种。

6. 白银赛诺生物科技有限公司

该公司是一家集研发、生产和销售于一体的生物酶制剂公司，产品主要有淀粉酶系列、葡萄糖氧化酶、过氧化氢酶、甘露聚糖酶、α-半乳糖苷酶、脂肪酶、植酸酶、果胶酶、蛋白酶、纤维素酶、木聚糖酶等多种单品酶制剂，以及啤酒复合酶、小麦淀粉加工专用复合酶、玉米淀粉加工专用复合酶、土壤酶、饲料复合酶等复配专用酶制剂。该公司产品主要应用于啤酒、玉米淀粉加工、饲料、土壤改良、烘焙、酒精、环保、皮革制造等领域。

7. 江苏奕农生物工程有限公司

该公司主要有饲用酶制剂、饲用微生态制剂和工业用酶制剂等主营业务，主要用于农牧、烘焙、啤酒酿造、生物能源、环保等多种产业。产品有：植酸酶、耐温植酸酶、木聚糖酶、葡萄糖氧化酶、β-甘露聚糖酶、α-半乳糖苷酶、脂肪酶、果胶酶、纤维素酶、β-葡聚糖酶、低温α-淀粉酶、酸性蛋白酶、耐高温中性蛋白酶、碱性蛋白酶。

8. 北京昕大洋科技发展有限公司

该公司是专业从事农牧生物技术研究开发和生产经营的国家高新技术企业，酶制剂品种有植酸酶、木聚糖酶、纤维素酶、甘露聚糖酶、复合酶、微生态制剂等，年产各类酶制剂达 3 万 t。

9. 河南仰韶生化工程有限公司

该公司年产各类生物制品 1 万 t，拥有食品添加剂、饲料添加剂、工业添加剂等 40 余种产品的生产资质和生产能力，主导产品有糖化酶、蛋白酶、康肽宝、枯草芽孢杆菌、地衣芽孢杆菌、秸秆腐熟剂、有机肥菌剂。

10. 无锡优普克生物科技有限公司

该公司是一家集研发、生产、应用开发、销售及技术服务为一体的特种酶制剂供应商，致力于运用高效、绿色的生物技术解决工业生产问题，以降低工业领域对化学品的依赖，主要产品有脂肪酶、蔗糖专用酶、蛋黄改性酶、蛋清粉护色酶、蛋白酶系列、淀粉酶系列等产品。

11. 中诺生物科技发展江苏有限公司

该公司目前主要有 7 个新型酶制剂产品：乳糖酶、右旋糖酐酶、蔗糖酶、凝乳酶、菊糖酶、脂肪酶和木聚糖酶。其中乳糖酶和右旋糖酐酶，中诺生物科技发展江苏有限公司都是国内率先生产的，凝乳酶是和国外公司合作开发的新项目。

12. 江苏新瑞贝科技股份有限公司

该公司是纺织印染行业的创新者，致力于研究纺织印染行业可持续发展的解决方案，不断研发创新型的绿色环保印染助剂，如生物酶、生物质印染助剂、环保型印染助剂等，同时持续优化公司印染工艺，努力改变纺织印染行业对环境的影响。

13. 南宁庞博生物工程有限公司

该公司生产生物酶产品 30 多种，其中以木瓜蛋白酶、菠萝蛋白酶、中碱性蛋白酶、酵母抽提酶为主，现已成为中国领先的食品医药级蛋白酶类的研发生产销售企业。该公司形成年产量 1000t 食品医药级生物酶产品生产线，其中木瓜蛋白酶达 300t，菠萝蛋白酶 150t，中碱性蛋白酶 250t，谷氨酰胺转氨酶（TG 酶）100t，酵母抽提酶、核酸酶及溶菌酶等 200t，销售额超 2 亿元。

14. 安琪酵母股份有限公司

该公司是主要从事酵母及酵母衍生物及其他生物制品产品经营的企业。安占美是安琪酵母特种酶制剂事业的专用品牌，专注于新、特型酶的研发和推广，现有核酸酶、脱氨酶、酵母抽提物用酶、动物蛋白水解用酶、植物蛋白水解用酶、风味蛋白酶和木瓜蛋白酶、烘焙酶等多种新型酶制剂。

15. 夏盛实业集团有限公司

该公司是一家集生物酶制剂的研发、生产、销售为一体的高新技术民营股份制企业，总部位于北京，下设 10 个事业部和 1 个技术研究中心，拥有两个现代化的酶制剂生产基地，分别位于宁夏银川市和河北沧州市。开发出应用于啤酒、饲料、果汁果酒、纺织、植物提取、食品烘焙、皮革和酒精等 8 大系列产品，涉及纤维素酶、半纤维素酶、果胶酶、蛋白酶、淀粉酶、糖化酶等酶系。

16. 无锡江大益中生物工程有限公司

该公司以生物发酵行业为主题，为相关企业提供科技支持、新产品开发、加工制造设备等多项服务。该公司为工业酶制剂应用技术服务，提供工艺设计、加工制造、安装调

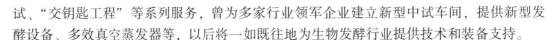

试、"交钥匙工程"等系列服务，曾为多家行业领军企业建立新型中试车间，提供新型发酵设备、多效真空蒸发器等，以后将一如既往地为生物发酵行业提供技术和装备支持。

17. 江苏博扬生物制品有限公司

该公司位于江苏省南通市国家经济开发区，占地 3 万平方米，建立具有国际先进水平的食品级酶制剂生产线，设计年产能力 3 万 t。

18. 无锡凯祥生物工程有限公司

该公司是一家集研发、生产和销售为一体的新型酶制剂企业，其自主研发和生产的 α-葡萄糖苷酶、果糖基转移酶、蔗糖酶、磷脂酶、肽酶、菊粉酶、乳糖酶等新型酶制剂产品，技术和性能在国内处于领先水平。

（三）我国酶制剂行业的不足

经过半个世纪的发展，我国酶制剂行业从无到有、从少到多、由小到大、由弱到强，取得了较大进步，逐步接近，甚至达到或超过国际先进水平。但是我国酶制剂行业发展不均衡，与国际先进企业相比，有以下差距。

1. 研发投入不足，技术力量相对薄弱

高新技术的应用是拉大中国酶制剂产业和世界先进水平差距的主要原因，研发经费的投入是衡量企业技术积累的重要指标。据统计，国外酶制剂公司的研发经费一般占销售收入的 10%~30%，中国为 1%~2%；国外公司从事研发工作的雇员占总人数的 20%~30%，中国为 1%~10%。虽然国内酶制剂企业研发受到高度重视，创新投入也在逐年增加，但酶分子改造技术、应用技术还是相对落后，缺乏高水平的自主知识产权技术。

2. 整体规模偏小

从世界酶制剂行业来看，我国酶制剂行业整体规模偏小，中国酶制剂生产企业约有 50 家，销售收入占世界市场约 10%，而世界酶制剂市场 74% 的份额由国外 3 家企业创造，可见经营规模差距之大。

3. 品种少，产品结构不够丰富

我国酶制剂产品以三大类为主：淀粉酶、糖化酶、蛋白酶。3 类酶制剂占市场份额的 90%，缺少高端品种，产品重复导致竞争激烈、利润较低，提高酶活性并未带来价格的增加，有些传统酶种的价格已经直逼生产成本。我国专用酶、复配酶品种较少，影响了应用的深度和广度，造成我国酶制剂企业在市场竞争中处于不利地位。

4. 生产工艺和设备相对落后

目前我国能够生产的酶制剂，发酵水平与国外公司基本持平，但后提取和制剂化工艺还有所差距，影响了酶制剂的剂型及应用领域。国外酶制剂产品剂型以液体型和颗粒型为主，也有压片型和粉末型，我国则以粉末型和液体型为主。正因如此，洗涤剂行业使用的颗粒型酶制剂，长期以来被国外公司垄断，而洗涤剂用酶是工业酶制剂最重要的市场领域之一。

（四）我国酶制剂行业的发展趋势

国内酶制剂行业通过扩建、重组、改造，不断提高生产水平、扩大产量，缩小了与国际先进水平的差距，新品种不断涌现，不仅满足国内需求，还出口创汇，形成了我国独有品牌，行业整体呈现如下趋势。

（1）随着国外酶制剂应用领域的广泛深入，对我国酶制剂行业起到引导和带动作用，使得我国酶制剂行业向纵深领域发展。

（2）企业差异化发展战略在行业内得到认同，如何实现差异化发展是未来面临的重要课题。

（3）产学研的合作越来越紧密，酶制剂的研究与改造提升越来越有目标性和针对性，紧跟市场需求。

（4）企业创新水平不断提高，酶制剂品种越来越齐全。老菌种发酵水平大为提高，新菌种不断出现。

（5）酶制剂生产和应用装备越来越现代化，越来越节能环保。

（6）酶制剂生产和应用水平越来越高。

（7）酶制剂生产和应用技术越来越先进。

（8）酶制剂应用领域越来越广泛，特别是高水平复合酶的应用越来越广泛。

（五）我国酶制剂市场增长点

随着我国经济增长方式的转变，政策利好以及下游行业的技术升级进程加快，对酶制剂有了新的更高要求，表现在：传统酶制剂酶学性质的改进、新品种的开发应用、复合酶制剂的开发应用。从具体行业来看，近年我国酶制剂市场将有如下几个新的增长点。

1. 生物燃料乙醇用酶

2017 年 9 月，国家发展改革委、国家能源局等十五部委联合下发《关于扩大生物燃料乙醇生产和推广使用车用乙醇汽油的实施方案》，明确到 2020 年，在全国范围内推广使用车用乙醇汽油，基本实现全覆盖。到 2020 年实现纤维素燃料乙醇 5 万 t 级装置示范运营，2025 年国家力争实现纤维素燃料乙醇规模化生产。

我国汽油消费量从 2017 年开始即按年均 2%～3%的递增量计算，到 2020 年的消费总量将超过 1.3 亿 t。按燃料乙醇 10%添加比例推算，2020 年我国燃料乙醇的需求量将达到 1300 万 t，潜在缺口将超过 1000 万 t。这是一次重大机遇，可以预见乙醇行业所使用的酶制剂需求量将高速增长。

山东大学曲音波教授团队，数十年来致力于木质纤维素生物酶解机理以及木质纤维素生物炼制技术，在原料预处理、纤维素转化以及纤维素酶生产等方面取得了突破，产业化工作取得重要进展。2012 年 10 月，山东大学微生物技术国家重点实验室与山东龙力生物科技公司合作开发的玉米芯工业纤维残渣原料生产 5 万 t/年纤维素乙醇的产业化项目，已经获得国家发改委批准建设和生产许可，生产的纤维素乙醇正式进入液态交通燃料市场。

2. 饲料酶

饲料酶已成为全球范围内乳业和肉业增长必不可少的一部分。人口增长促进了全球乳品和肉类市场的发展，尽管饲料酶市场受许多因素的影响，但是定制饲料酶和直接饲喂的微生物制剂仍是酶制剂行业的方向（预计 2020 年全球饲料酶制剂市场份额为 80 亿元人民币，年增长率超过 7%），亚太地区将成为全球第二大饲料酶市场，有望超过食品酶市场份额。

2020 年我国添加饲用复合酶的饲料比例将维持 60% 左右，如果以 2020 年我国配合饲料年产 4.0 亿 t 为基础，饲料酶制剂销售额将达到 35 亿元，按添加复合酶比例 0.02% 计算，2020 年饲用复合酶需求量将达到 4.8 万 t；2020 年我国添加植酸酶饲料比例将保持在 80%，按 0.01% 的添加比例计算，2020 年植酸酶需求量可达 3.2 万 t。

3. 液体洗涤剂用酶

洗涤剂中的主要成分是表面活性剂。近年来，受国际油价和全球变暖问题的影响，部分表面活性剂和助剂等石油基洗涤剂成分被取代，代之以既提高洗净力又减少环境污染的洗涤剂成分。酶制剂作为一种重要的绿色添加剂，在提高去污效果的基础上能够在生产和使用环节降低洗涤剂对环境的影响。除颗粒酶外，由于液体洗涤剂所占比例逐年增加，能够在其中保持稳定活力的酶制剂需求量也随之增长。

洗涤剂酶制剂产值一般占工业酶制剂的 25% 左右，是一种高附加值酶制剂产品。目前已商品化的洗涤剂用酶有：碱性蛋白酶、淀粉酶、碱性纤维素酶、脂肪酶以及它们的复合物。一般加酶洗涤剂配方中酶制剂的含量在 2.0%~6.0%，其中淀粉酶含量为 0.4%~1.0%，蛋白酶含量为 0.4%~2.0%，脂肪酶含量为 0.2%~1.0%，纤维素酶含量为 1.0%~3.0%。

4. 食品工业用酶

我国食品酶的应用有一定的基础，如食用酒精行业、果汁果酒行业、啤酒行业、淀粉加工行业，市场比较稳定，甚至形成了特色产品。近年食品工业用酶的增长主要有：乳品生产用凝乳酶、乳糖酶、脂肪酶、转谷氨酰胺酶；降低油炸和焙烤类食品中丙烯酰胺含量的天冬酰胺酶；肉制品加工用转谷氨酰胺酶；面制品改良用复合酶；水产品加工用蛋白酶；油脂加工行业用到的脂肪酶、磷脂酶。

5. 造纸工业用酶

工业总产值占全国不到 1.5% 的造纸业，产生了近 18% 的工业废水和超过 23% 的化学需氧量（COD）排放量，是环境污染的重要源头。随着我国酶制剂种类的增多、性能的改进，越来越多的单酶或复配酶适用于造纸领域。制浆、漂白、抄纸、废纸脱墨等单元操作都可使用酶制剂达到节能减排、提高效率、简化工艺的作用，所涉及的单体酶制剂有纤维素酶、半纤维素酶、漆酶、果胶酶、脂肪酶等。

6. 新型生物发酵制品用酶

随着人们生活水平和保健意识的提高，生物活性肽、益生元和酵素的需求量逐年增加，相关酶制剂的应用水平和技术越来越高，可以预见相关行业酶制剂的需求量将逐渐增加。如本书第三章和第四章所涉及的酶制剂。

第二节　酶制剂的生产

酶不是我们生活中直接购买的商品，人们对它不够了解，所以酶往往给人以神秘的印象，其中包括酶的使用者甚至生产者，了解酶制剂生产过程，可以帮助我们揭开这层神秘面纱，有利于酶制剂的高效应用。除此之外，针对我国酶制剂在使用中存在的普遍性问题，将在本节中汇总介绍。

酶的来源主要有动物、植物、微生物3大类。动物酶制剂多从动物脏器中提取，如胰酶、牛凝乳酶。植物酶制剂从植物种子和果实中提取，如甘薯 β-淀粉酶、木瓜蛋白酶。因动植物来源的酶制剂受季节、地区和成本的限制，目前酶制剂主要是由微生物发酵法生产。发酵法生产酶制剂的工艺有固态发酵工艺和液态发酵工艺，见图1-5和图1-6。

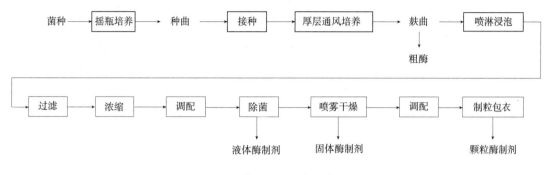

图1-5　酶制剂的固态发酵工艺

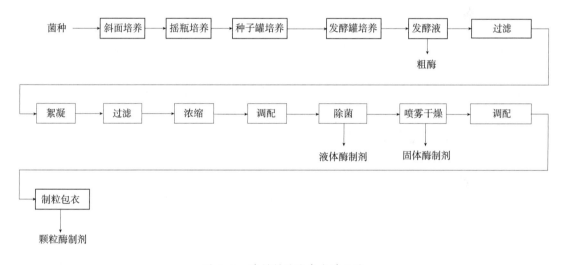

图1-6　酶制剂的液态发酵工艺

　　概括来说，酶制剂生产可归纳为4个主要工序：种子培养、发酵、提取纯化和制剂化。

一、种子培养

　　种子培养是一系列连续放大的过程，完整程序通常包括甘油管、平板、斜面、摇瓶、种子罐5个步骤，每步扩大倍数一般为10倍。种子培养设备如图1-7所示。种子培养的过程承担了菌种长时间生长的时间成本，可以缩短菌株在发酵罐中的生长时间，提高发酵罐的使用效率。在种子培养期间，生长条件被控制在最适合菌株快速生长的范围，当菌株处于对数生长期时，将其移入生产车间的发酵罐中。

良好的种子培养是高效产酶的前提，酶制剂的有些性状如活力、颜色就与种子培养的好坏有关。生长不健壮或染菌的种子必然使发酵水平降低，为了使酶活力标准化，会在提取阶段提高浓缩倍数，造成色素积累使成品酶制剂颜色变深。影响酶制剂颜色的因素主要还有培养基的成分、培养基灭菌方式等。

图 1-7　种子培养设备

二、发酵

用于生产酶制剂的发酵罐体积一般为 $20\sim180m^3$，生产方式基本上采用单一菌种发酵。为了达到纯培养目的，灭菌操作就显得十分重要，生产上常采用低温间歇灭菌的方式，即在 121℃维持 $30\sim60min$。发酵过程的空气采用深层过滤的方式灭菌。液态发酵设备见图 1-8。

发酵罐的前期控制条件一般与种子罐控制条件相同，以使微生物快速增殖用于后续产酶。大多数酶是非生长相关型，即酶在缓慢生长速率或非生长状态下产出，因此酶制剂发酵多采用补料分批发酵的方式，补料通常是限制性营养物质，以控制菌株生长，一般为碳源、溶磷、氮源，其他条件如温度、pH、溶氧也常用来调节菌株生长。

除上述液体深层发酵外，个别品种的酶制剂采用固态发酵法生产，即以湿的麸皮、麦粒、豆粒等为基质的表面发酵，其菌种培养方式与液态发酵相同。与液态发酵相比，固态发酵不易传质传热、不易无菌控制，生产不宜放大。

如同其他发酵制品，酶制剂也呈现出发酵产品所特有的气味，其气味大小与特征同菌种及发酵工艺有关。一般来说细菌产酶制剂气味较大，真菌和酵母产酶制剂一般有特殊香味。食品级酶制剂的提取纯化和制剂化操作有除味作用，一般来说食品级固体酶无味或有特殊发酵香味，食品级液体酶有酶制剂特有的香味。

图 1-8　液态发酵培养设备

三、提取纯化

提取的目的是除去发酵液中的培养基残渣和菌体，将得到的澄清酶液浓缩，使酶达到制剂化的浓度。提取的一般步骤如表 1-4 所示。

表 1-4   酶制剂一般提取步骤

发酵方式	提取步骤	设备	技术目标
固态发酵	喷淋浸泡	浸泡罐	目标酶从培养基中洗脱
	固液分离	过滤机	得到澄清的原酶液
	超滤浓缩	超滤机	浓缩原酶液，准备制剂化
液态发酵	固液分离	过滤机	将发酵残渣与原酶液初步分离
	絮凝除杂	絮凝罐	得到澄清的原酶液
	超滤浓缩	超滤机	浓缩原酶液，准备制剂化

　　上述步骤得到的浓缩酶液，除了目标酶之外还含有培养基中的可溶物和胶体、微生物代谢的其他产物、絮凝剂、消泡剂等成分。如果成品酶制剂对纯度有进一步要求，就需要对浓缩酶液进行纯化。纯化单元操作见表 1-5，实际生产会根据目标来选择其中的一种或几种的组合。超滤浓缩系统见图 1-9。

表 1-5   酶制剂纯化操作

纯化方式	应用范围	技术特点
调整温度	从目标酶中去除不耐温杂酶	一般为升温操作，简单易行，但除杂不彻底
调整 pH	从目标酶中去除耐不同 pH 的杂酶	一般为降低 pH 操作，简单易行，但除杂不彻底
透析	除去盐和其他透过物	需要专用透析设备
溶析	沉淀目标酶或沉淀杂质	工艺复杂，但除杂效果较好
色谱分离	生产高纯度酶	工艺复杂、成本高、分离效果好
结晶	生产医药级或试剂级酶	只对用量较小的少数酶有经济性

图 1-9　超滤浓缩系统

四、制剂化

为了使成品酶制剂有适合的形态、高效利用、稳定贮存和方便流通，需要将浓缩酶进行制剂化。不同剂型的制剂化流程如表1-6所示。

表1-6　　　　　　　　　　　　　　　制剂化流程

剂型	技术路线	主要设备
液体酶	调配→除菌→成品	过滤机
固体酶	盐析→过滤→粉碎→调配→成品	过滤机、粉碎机
	调配→除菌→干燥→调配→成品	过滤机、喷雾干燥机
颗粒酶	调配→除菌→干燥→制粒→成品	过滤机、喷雾干燥机、造粒机
固定化酶	调配→除菌→挂酶→成品	过滤机、柱式固定床

目前，固体酶制剂的生产工艺有两种，分别是喷雾干燥法和盐析法，这两种工艺生产的酶制剂特点列于表1-7中。

表1-7　　　　　　　　　　　　两种工艺所产酶制剂的性状特点

性状	喷雾干燥法酶制剂	盐析法酶制剂
吸湿性	吸湿快，吸湿后黏稠	吸湿慢，不黏稠
流动性	流动性慢，吸湿后易结团	流动性好
粒径大小	粒径小、细腻均匀	粒径不均匀
粉尘程度	易形成粉尘	粉尘小
主要污染物	无	含盐废水

时至今日，这两种技术均已经沿用了几十年，但值得注意的是，随着我国环境治理力度的加强，盐析技术已被限制使用，喷雾干燥已成为固体酶制剂的首选技术。经过改进的喷雾干燥工艺已使酶制剂性状得到有效改善，如将酶粉与少量植物油混合能有效减少粉尘、调配一定比例的滑石粉可降低酶制剂吸湿性、提高流动性。

事实上，添加剂广泛用于酶的制剂化过程，表1-6中的调配操作即是通过添加剂的配合使用完成工艺目标，一般的酶制剂均含有两种或以上的添加剂。常用的添加剂见表1-8。

表 1-8	酶制剂中常见添加剂	
添加剂类型	使 用 目 的	添加剂名称
稳定剂	稳定蛋白质构象，防止酶失活	葡萄糖 蔗糖 丙三醇 山梨醇
填充剂	调节固体酶活力，改善酶制剂性状	麦芽糊精 玉米淀粉 元明粉 滑石粉
防腐剂	控制微生物对酶制剂的污染	苯甲酸钠 山梨酸钾 食盐 抗菌肽

酶制剂生产所使用的原辅料要符合政府制定的食品安全要求，在特殊要求的市场，这些原辅料选用要符合宗教饮食禁忌，有条件的生产企业应单独划定车间和仓库。

第三节 酶制剂的使用原则

一、安全使用酶制剂

20 世纪 60 年代，随着酶制剂在洗涤剂行业的推广使用，直接接触酶的工作人员患皮肤刺激和职业性哮喘病的报道开始出现，使得酶制剂的安全使用被引入管理范围。通过酶制剂生产者和使用者的共同努力，发展了液态酶和颗粒酶。现在随着酶制剂生产水平的进步和使用经验的丰富，酶过敏问题已鲜有发生，但也要注意养成正确的使用习惯。

（一）酶致敏现象的表现
酶作为一种蛋白质制剂在生产和使用中，粉尘或气溶胶通过呼吸道、眼黏膜、皮肤等摄入体内，肌体会识别这类物质并产生特异性抗体，当再次接触同一物质时，将会产生速发型变态反应，临床症状与体征主要有：
（1）皮肤瘙痒。
（2）鼻黏膜充血、流涕、喷嚏。
（3）眼发痒、充血、流泪。
（4）声音嘶哑、咳嗽、胸闷、哮喘。

（二）操作注意事项
（1）在有适当防护措施的环境下小心操作，以免酶的粉尘或飞沫被吸入体内。佩戴口罩、防尘眼镜、橡胶手套是很好的防御方法。如长时间在酶粉尘中工作，除上述防护措施外，还需穿着防尘工作服。

（2）避免吸入或与皮肤直接接触，特别是蛋白酶或有蛋白酶成分的复合酶。降低与酶的接触剂量和消除短时间内峰浓度可减少过敏现象的产生。

（3）从包装物或容器中取出或者使用时，注意不要散落在外，防止飞散。

（4）勿扬扫酶制剂粉末，要用拖把擦拭；勿吹拂撒落的酶制剂。

（5）保持操作环境、防护用具及清扫工具的清洁，酶制品过敏者勿操作使用。

（三）应急处理

酶在使用时如遇突发情况，应按照表1-9处理。

表1-9　　　　　　　　　　　　酶制剂使用中的应急处理

事故	处理方法
不慎溅入眼中或皮肤上	立即用清水冲洗眼睛或皮肤5min
吸入体内	立即转移至空气新鲜处
不慎吞咽	用水充分冲洗口腔与喉咙，并大量饮水

采取以上措施后，若有必要，请接受医生的诊断治疗。

二、正确使用酶制剂

（一）酶的稳定性与贮存

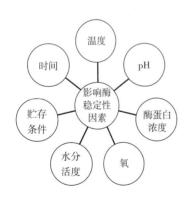

图1-10　影响酶稳定性因素

酶制剂作为一种生物活性物质，其稳定性受图1-10所示的因素影响，了解并避免这些因素的影响，可以提高酶制剂稳定性、延长保质期。酶制剂生产者在推出一款产品前会通过实验验证添加剂比例，以使酶在合适的pH、缓冲溶液和蛋白浓度中长期保存，而酶制剂使用者在存储时，防止暴晒并提供适宜的温度和湿度已成为共识。

在酶制剂的实际应用中，有时需要将其稀释后再使用，但如果操作不当，就比较容易出问题：固体酶的稀释会引起酶蛋白浓度的降低，同时提高酶分子周围的水分活度，这两种变化会快速降低酶活力；除这两种影响外，液体酶的稀释还会改变体系的pH和缓冲液浓度，酶制剂同样快速失活。因此合适的稀释倍数以及使用时间尤为重要，一般的操作是稀释5~10倍，稀释后在4~6h内使用完毕。

氧对几种酶制剂的稳定性有较大影响，特别是活性中心含有巯基的酶，当其暴露在空气中时会因为巯基氧化而失活。最典型的例子是转谷氨酰胺酶，其活性中心为半胱氨酸与邻近的天冬氨酸和组氨酸构成的催化三联体，长时间与空气接触容易失活，因此其包装为真空包装，开封后以及溶解后都应尽快使用。氧对酶制剂稳定性产生影响的例子并不多，如有特殊使用要求，酶制剂提供者会提前告知。

即便非常注重贮存条件，酶制剂还是会缓慢失活，为此要尽量在保质期内用完，如果超出保质期，酶制剂的用量应适当增加。一般来说，固体酶比液体酶有更长的贮存期，这是因为固体酶贮存时的水活度远低于液体酶。

（二）酶活力的影响因素

酶促反应除了高效专一、条件温和外，还会受一些因素影响，了解酶活力影响因素能够深入认识酶促反应本质，准确高效地使用酶制剂，而常用的酶制剂灭活方法，则是使用这些影响因素的负向操作。影响酶活性的因素列于图1-11中。

需要注意的是上述因素是影响酶活性的直接因素，应用中比较容易判断和排查。但是，一些质量控制领域的因素，如设备、工艺、环境、人员操作等，会通过影响这些直接因素，使酶效果产生异常，这些间接因素不易发现和排查，尤其应该引起注意，特别在平时应注意经验积累。

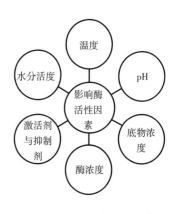

图1-11　影响酶活性因素

1. 温度

温度对酶活性的影响有两个方面：一方面温度升高增加底物分子的热能，提高反应速度；另一方面温度继续升高会破坏维持酶蛋白稳定性的化学键，使酶失去活性构象而降低或完全失去活性。每种酶都有最适温度范围，在该温度内酶促反应速率达到最高值；同时为了应对不同使用条件，又划分出适宜的使用温度，超出该温度范围往往达不到用酶效果。

最适温度一般取相对酶活力为90%的区间，适宜温度一般取相对酶活力为40%的区间。值得注意的是，相对酶活力是在标准底物的条件下测出，实际用酶时的底物成分更为复杂，使酶的稳定性得到增强，耐温性一般可以升高5~10℃。在下面的酶制剂介绍中将用虚线标注出每个品种的最适温度范围和适宜温度范围。

2. pH

同温度一样，每个酶都有最适的pH。较小偏离最适pH时，酶活性中心的基团离子发生变化而使活性降低。较大偏离最适pH时，维持蛋白质结构的化学键被破坏，导致酶变性失活。实际应用中最适pH一般取相对酶活力为90%的区间，适宜pH一般取相对酶活力为40%的区间。在下文的介绍中，同样在每个圆中用虚线标注出最适pH范围和适宜pH范围。

3. 底物浓度

在低底物浓度范围，提高底物浓度能够提高酶促反应速率，而在较高底物浓度范围下，酶与底物充分接触，反应速率受酶与产物解离速度的影响，进一步提高浓度将不会提高反应速率。过高的底物浓度往往会抑制产物得率，这是因为产物浓度的提高可能会抑制

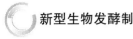

酶促反应或发生副反应。实际应用中，会综合工艺条件逐步确定最佳底物浓度。

4. 酶浓度

在底物浓度饱和的情况下，酶浓度与反应速率为正向线性关系。增加酶浓度会缩短反应达到终点的时间，但是在实际生产中，往往不会使用过高的酶浓度，一方面是基于成本考虑，使酶与反应时间达到平衡，另一方面适宜的加酶量会减少非目标产物的生成。

加酶量是正确使用酶制剂的关键，但又受到各用户、原料、工艺、设备和操作等因素影响，不是固定不变的。因此使用时应根据酶制剂供应商提供的酶活力及用酶量进行参考，根据试验找出自己工厂的加酶量曲线，以最佳性价比作为最适用酶量。

5. 激活剂与抑制剂

凡使酶由无活性变为有活性或使酶活性增加的物质称为酶的激活剂；能够有选择性地使酶活性降低或失活，但不使酶变性的物质称为酶的抑制剂。这类影响因素主要在洗涤剂、纺织、造纸和制革行业考虑，因为这些行业的添加剂种类多且剂量较大。

6. 水分活度

水参与了所有维持酶活性的非共价作用力，水分子的存在使酶活性中心的极性和柔性提高，从而急剧提高酶活力，酶的活性取决于被酶分子吸收的水，而与溶剂里的水无关。工业生产中酶促反应基本都在水溶液中进行，需考虑水分活度影响的是低水含量有机介质中的酶催化，如制药和油脂加工行业。

（三）酶制剂灭活

酶促反应结束后，一般需要将酶制剂灭活，以保证贮存期间产物成分稳定。根据影响酶活性的因素，酶制剂灭活可以使用的方法有：升高温度、降低 pH、加入抑制剂、降低水分活度、超声或微波处理、紫外线照射、高压脉冲等。

最常用也是最易操作的灭酶方法是升高温度和降低 pH。除中温 α-淀粉酶和高温 α-淀粉酶外，目前量产的工业酶制剂在 80℃ 维持 10min 即可达到灭活效果；pH 的调整程度则要结合具体的酶学特性和工艺条件。

第四节　新型酶制剂的发展

鉴于重大工业转型升级对安全和环境的要求不断提升，以及酶在高质量、高效率方面的不可替代的作用，尤其是酶的立体选择性、位置选择性等催化专一性极具特点，有机合成工业中生物催化剂的使用得到了越来越多的关注，芳基醇、杂环醇、氨基醇、氨基酸、胺、环氧化物等各类手性分子的合成对酶制剂的开发提出了更高的要求。

目前，水解酶、还原酶、氧化酶、转氨酶等已经越来越多地应用于高附加值精细化学品、医药中间体、农药中间体、功能材料单体等的合成与制造工业中，如表 1-10 所示。本节所述的"新型酶制剂"，即是区别于本篇"酶制剂"内容中淀粉酶、蛋白酶等大宗酶制剂，主要用于催化合成高附加值化合物的酶制剂。

20

表 1-10　　　　　　　　　　　　用于催化合成高附加值化合物的酶制剂实例

酶	功　　能	应　　用
脂肪酶	提高化学中间体、医药中间体等手性化合物的分辨率	合成（S）-丁酸缩水甘油酯、异山梨醇-2-乙酸乙酯、（S）-甲氧萘丙酸、（$2R$，$3S$）-2,3-环氧-3-（4-甲氧基苯基）丙酸甲酯等医药中间体
腈水合酶	医药行业手性化合物的合成	合成医药中间体烟酰胺、水溶性聚合物中间体丙烯酰胺等
羰基还原酶/醇脱氢酶	还原酮或酯的羰基官能团	合成孟鲁司特、度洛西汀、他汀等医药中间体手性功能侧链
加氧酶	医药行业手性化合物的合成	合成手性环氧化物、头孢类抗生素中间体等
转氨酶	提高外消旋胺和直接手性合成的分辨率	合成阿斯巴甜中间体 L-天冬氨酸、医药中间体手性胺等
酰化酶	医药行业手性化合物的合成	合成 L-缬氨酸、L-甲硫氨酸、6-氨基青霉烷酸等医药中间体

　　酶蛋白由于其自身氨基酸结构及组成的不对称性可以有效识别不同构型的异构体化合物，进而导致反应及产物构型的高选择性。基于酶的高立体选择性、区域选择性、化学选择性，以及反应条件温和、安全性和环境相容性好等"绿色化学"可持续性技术特征，国际上已日益关注生物催化选择性转化的研究并在该领域投入了大量的研究工作。针对手性化学品制造，在 38 类不对称合成反应类型中已有 22 类采用生物催化作为主要技术手段。选择性生物催化已成为发达国家的重要科技与产业发展战略。欧洲于 2016 年制定了《欧洲催化科学与技术路线图》，进一步明确了优先发展选择性催化剂的方向，以及生物催化作为标准工具的未来发展目标。国际著名制药和生物制造公司，如凯茵化工（Evonik）、默克（Merck）、巴斯夫（BASF）、帝斯曼（DSM）、大赛璐株式会社（Daicel）、钟渊（Kaneka）等，在手性化合物合成方面也纷纷引入酶催化技术并作为提升行业核心竞争力的重要手段。

　　由于对高纯度手性中间体和原料活性成分需求的增长，使手性化合物的研究和生产迅速发展。巴斯夫、帝斯曼、凯茵化工、龙沙（Lonza），以及许多日本公司从事大规模发酵和生物转化已有很长的历史。酶既是许多工业的终端产品和加工助剂，也可被用来生产大宗食品添加剂和专用化学品。十几年来，BASF 公司利用脂肪酶对某一种对映体进行选择性酶促酰化作用，从而拆分外消旋的醇和胺，得到易于分离的产物。最近，该公司已开始利用新型脱氢酶生产具有光学活性的苯乙烯氧化物和脂肪醇。BASF、Codexis、Oxyrane 等公司已经开发出用于手性中间体拆分的环氧水解酶，与金属催化剂拆分环氧化合物相比，这些酶能够得到更高的对映体选择性，显示出极强的竞争力。Amano Enzyme Biocatalytics、Jülich Chiral Solutions、Novozymes 等酶供应商，已生产出用于化学合成领域的酶制剂。有些公司已经开始出售成品，包括专用于筛选的生物催化剂组合。以 Biocatalytics 为例，提供约包含 100 种酮还原酶的试剂盒，这些酶具有（R）-或（S）-对映选择性，并具有较为宽泛的底物谱。

针对催化合成高附加值化合物的"新型酶制剂"的开发和应用，已经发展了 30 多年，发现了许多优良的新酶，这些酶大多具有可以催化一系列的底物，并且拥有高度的立体选择性和/或区域选择性等的典型催化特性。其发展历程首先起源于水解酶的催化功能开发与应用，如酯酶、蛋白酶、脂肪酶等，随着人们对高附加值化学品及其生物选择性合成技术需求的不断增长，越来越多不同种类、催化各种反应类型的酶被不断开发出来，如醛酮还原酶、腈水合酶、醛缩酶、加氧酶、转氨酶、羧酸还原酶、环化酶、脱水酶等，如图 1-12 所示。无论是旧酶催化的新工艺，还是新酶催化的生物转化，都与原来的传统工艺有着很大的区别，并且表现出很多明显的技术优势。

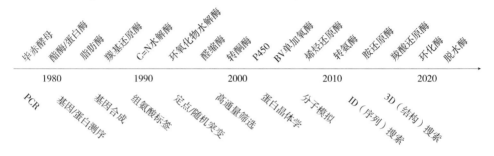

图 1-12　生物催化用酶及其相关技术的发展历程

近年来，高通量酶筛选技术、酶分子改造设计和定向进化技术等，不断应用于现代有机合成中，极大地推动了生物催化有机合成技术的发展。酶定向进化技术广泛应用于生物催化功能的强化与改造。美国加州理工学院 Frances H. Arnold 教授因其在酶定向进化技术发展的突破性成果获得 2018 年诺贝尔化学奖。通过定向进化这一人工过程，可有效驯服天然酶在活性、稳定性、选择性、底物谱等方面的缺陷，从而拓展了酶的应用范畴，使其广泛应用于医药卫生、食品加工、精细化工、生物能源等诸多领域。而且，基于定向进化的酶分子改造技术进一步赋予了酶蛋白新的功能，甚至发展出真正意义上催化新反应的"新酶"。例如，单加氧酶 P450 的区域选择性、立体选择性、底物适配性等多参数改造；CRISPR-Cas9 核酸酶可识别的序列范围和精准度增强等。Frances H. Arnold 团队近年来通过定向进化改造细胞色素 C 氧化酶，提高了碳-硅键形成的催化效率，实现了传统化学难以合成的高能高张力小分子碳环的生物合成。20 世纪后期依靠手性生物催化技术迅速崛起的美国 Codexis 公司，采用定向进化技术开发了一系列高选择性酶，实现孟鲁斯特钠关键中间体等复杂医药中间体的高效规模化制备，并形成了关键技术垄断。

一、脂肪酶

脂肪酶（E.C.3.1.1.3）是一类具有多种催化功能的酶，能催化酯水解、合成、转酯化、氨解、醇解等一系列反应，由于脂肪酶可以在有机相中催化不对称酯化、转酯和水解等反应，已广泛用于制备具有光学活性的醇、脂肪酸及其酯、内酯等医药、农药中间体，其在工业化应用中具有独特的优势。BASF 公司利用脂肪酶拆分外消旋醇，得到较高产率的光学纯对映体，并已达到每年上千吨的生产规模。

利用脂肪酶获得手性药物及其中间体主要有两种方法：一是对外消旋体进行手性拆分，如消旋酶、酸、酯或胺等；二是进行不对称合成。在对映体中，不对称合成能达到理论产率100%，但若进行外消旋体的动力学拆分，起始原料的使用只能达到一半。因此，不对称合成单一的立体异构体的手性药物不断增加，不对称合成逐渐取代了外消旋体拆分，并使制药行业提升了获利空间。为解决动力学拆分过程中原料利用率低下的缺陷，有关研究者提出了动态动力学拆分的概念，也就是在动力学过程中，在底物上进行原位连续消旋，这样理论上所有外消旋体的起始材料均可改造为单一对映体。在不对称催化领域中，最常用的方法是使用脂肪酶和有机金属催化剂来实现去消旋化。

南极假丝酵母脂肪酶B（*Candida antarctica* lipase B，CALB）对仲醇的选择性随仲醇手性碳上两个基团大小的差异而体现不同的水平。在脂肪酶的活性中心区域，有一种类似于"口袋"的结构，这个"口袋"适用于对接底物对映体上空间位阻较小的基团，由"口袋"结构的大小可以推测出具有哪种基团的底物更有利于反应的进行，而使脂肪酶表现出更高的立体选择性。因此，通过选择不同的底物可以提高脂肪酶催化不对称反应的立体选择性，见图1-13。

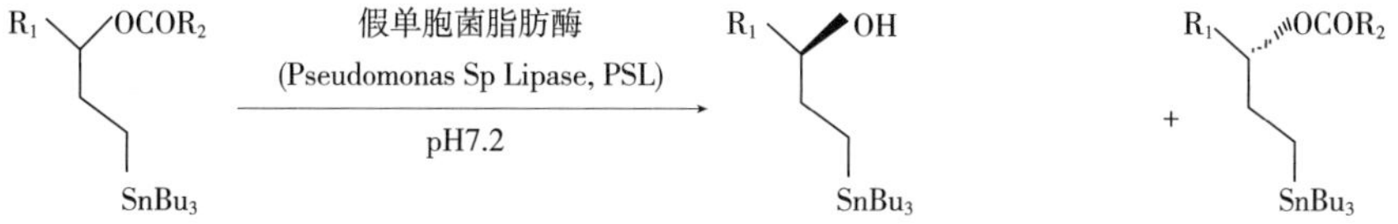

图 1-13　脂肪酶催化手性拆分酯水解

Pfizer 公司开发的普瑞巴林工艺，引入了商品化脂肪酶 Lipolase$^\circledR$，通过选择性拆分2-乙氧羰基-3-氰基-5-甲基己酸乙酯（CNDE），生成（3S）-2-乙氧羰基-3-氰基-5-甲基己酸（45%产率和98%e.e.），该手性中间体经脱羧生成 S-3-氰基-5-甲基己酸乙酯，在碱性条件下水解、氢化制得普瑞巴林，无效单体回用，大幅减少了原辅料使用，如图1-14。该工艺底物浓度达到756 g/L，以水作为反应介质，有机溶剂用量减少90%，环境因子由86降至17。

Okahata 等用双十二烷基 N-D-葡萄糖基-L-谷氨酸和双十二烷基 N-D-葡萄糖基-D-谷氨酸对莓实假单胞菌脂肪酶（*Pseudomonas fragi* lipase，PFL）修饰后，该酶拆分消旋体（R，S）-1-苯乙醇的立体选择性大大提高，对（R）-对映体的活性可达50～58 μmol/（L·s·mg），而对（S）-对映体的活性仅为0.2 μmol/（L·s·mg）。

Reetz 等通过体外定向进化技术改善脂肪酶的立体选择性，用以催化对硝基苯2-乙基癸酸酯不对称水解。在研究中，利用易错聚合酶链反应（epPCR）使由933对碱基组成的铜绿假单胞菌脂肪酶（*Pseudomonas aeruginosa* lipase，PAL）基因的1～2个碱基发生突变，并使变异基因在 E. coli 中扩大表达，最后在反应中根据立体选择性对突变型加以筛分。定向进化前，野生型菌株脂肪酶催化不对称水解反应得到（S）-对映体的 e.e. 值只有2%；定向进化后，第1代变异株脂肪酶催化反应得到产物（S）-对映体的 e.e. 值达到31%，至第4代变异株，产物 e.e. 值可达到81%。

尽管利用脂肪酶催化不对称反应制备光学活性化合物有很多优点，但目前绝大多数脂

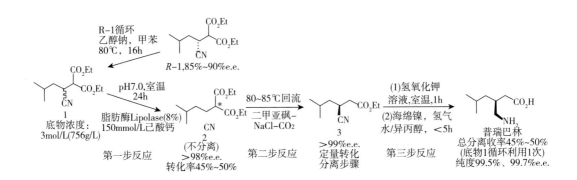

图 1-14　基于脂肪酶拆分的化学酶法合成普瑞巴林

注：＊表示手性。

肪酶催化拆分外消旋化合物的反应只具有部分的立体选择性（对映体选择性值 $E<10$），酶的催化活性和立体选择性不很理想。因此，需要在提高脂肪酶的立体选择性方面进行更加深入的研究，以提高酶促拆分外消旋体、制备光学纯化合物的效果。虽然已有较多方法用于改善脂肪酶的立体选择性，但有机溶剂中酶的结构与功能的关系，反应体系中水分含量、有机溶剂的种类和组成以及底物结构对脂肪酶立体选择性的影响机理尚不十分清楚。因此，对改善脂肪酶立体选择性的机理的研究，以及在此基础上开发切实有效的改善方法，进一步调节和控制酶的催化活性和选择性，将是今后研究的重点。

二、醇脱氢酶/羰基还原酶

羰基还原酶（Carbonyl reductase）属于氧化还原酶的第一亚类，又可称作酮还原酶（Ketoreductase）、醇脱氢酶（Alcohol dehydrogenase）。根据其典型的序列和结构组成特征，立体选择性羰基还原酶又分为短链脱氢酶/还原酶家族（Short－chain dehydrogenases/reduc-tases，SDRs）、中链脱氢酶/还原酶家族（Medium－chain dehydrogenases/reductases，MDRs）和醛酮还原酶家族（Aldo-keto reductases，AKRs）。

由于蛋白空间结构具有不对称性，酶在手性催化特性上表现为立体选择的偏好性，具有手性化学的"左旋"或"右旋"特征。对于立体选择性醇脱氢酶和羰基还原酶来说，这种偏好性更为突出，大多数醇脱氢酶和羰基还原酶不对称还原羰基化合物遵循 Prelog 规则，即催化辅酶烟酰胺环 4 位的潜手性 R 位（proR）氢进攻底物羰基的 R 面而生成（S）-型手性醇，而具有反 Prelog 选择性的酶则相对较少，催化还原不同羰基化合物所得反应产物的对映体构型单一，不易通过生物催化不对称还原分别获得两种手性醇的光学活性对映体。

生物催化不对称氧化还原反应是直接针对目的手性产物，以立体选择性氧化还原酶或其所在的细胞为媒介催化有机合成反应，底物通常为非天然的外消旋或潜手性化合物。除了酶的选择性、专一性等局限性问题外，从反应角度出发，非天然底物或产物的理化性质，如极性、溶解性等，及其对生物催化剂产生的毒害和抑制作用等，也是影响生物催化氧化还原反应效果的显著因素，而底物的选择又直接关系到反应方式和途径的确定。

对于生物催化立体选择性氧化还原反应，针对同一转化目标，通常存在 3 种主要反应方式：动力学拆分（Kinetic resolution）、不对称转化（Asymmetric reaction）和去消旋化（Deracemization）。以外消旋体为底物的动力学拆分因其理论产率只有 50% 而相对较少采用，而后两者以其反应高效性而成为目前广泛采用的转化方式和策略，如图 1-15 所示。

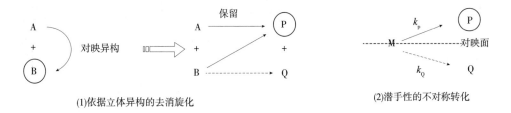

(1)依据立体异构的去消旋化 (2)潜手性的不对称转化

图 1-15　去消旋化和不对称转化反应方式

A，B—底物对映异构体　P，Q—产物对映异构体　M—潜手性底物

在手性羟基化合物中，具有重要应用价值的医药中间体大多含有较大的化学基团、结构更加复杂。芳基手性醇、手性羟基酯、杂环类手性醇等被用作合成各种重要手性药物的中间体或功能侧链。例如，手性羟基酯用于合成 β-内酰胺类昆虫信息素、类胡萝卜素等；光学活性 3-吡咯烷醇衍生物用于合成喹诺酮、β-内酰胺抗菌剂和钙拮抗剂等；（S）-N-苄基-3-吡咯烷醇是抗肿瘤、麻醉剂、镇静剂、抗炎、抗 HIV 感染等活性药物中间体；（E）-2-（3-（3-（2-（7-氯-2-喹啉基）乙烯基）苯基）-3-羟基丙基）苯甲酸甲酯合成抗哮喘药孟鲁司特等。

度洛西汀是治疗重度抑郁症、糖尿病性外周神经疼痛等疾病的重要药物，（S）-N，N-二甲基-3-羟基-3-（2-噻吩）-1-丙胺 [N，N-dimethyl-3-hydroxy-3-（2-thienyl）-1-propanamine，DHTP] 是度洛西汀的重要合成前体，其有效合成途径之一是 N，N-二甲基-3-酮-3-（2-噻吩）-1-丙胺 [N，N-dimethyl-3-keto-3-（2-thienyl）-1-propanamine，DKTP] 的不对称还原，如图 1-16 所示。利用含有羰基还原酶的热带假丝酵母（Candida tropicalis）全细胞催化 DKTP 还原，（S）-DHTP 的产率 88%，e.e. 值达到 99%。

图 1-16　N，N-二甲基-3-酮-3-（2-噻吩）-1-丙胺的不对称还原

针对抗哮喘药孟鲁司特的复杂手性中间体的不对称合成，20 世纪后期依靠手性生物催化技术迅速崛起的美国 Codexis 公司开发了一系列高选择性生物催化剂，实现孟鲁司特钠关键中间体等复杂医药中间体的高效规模化制备，如图 1-17 所示，并形成了关键技术垄断。其开发的酮还原酶（Ketoreductase，KRED），催化合成孟鲁司特钠关键中间体，底物浓度达到 100g/L，最大体系超过 200L，转化率大于 95%，e.e. 值达到 99.9%。

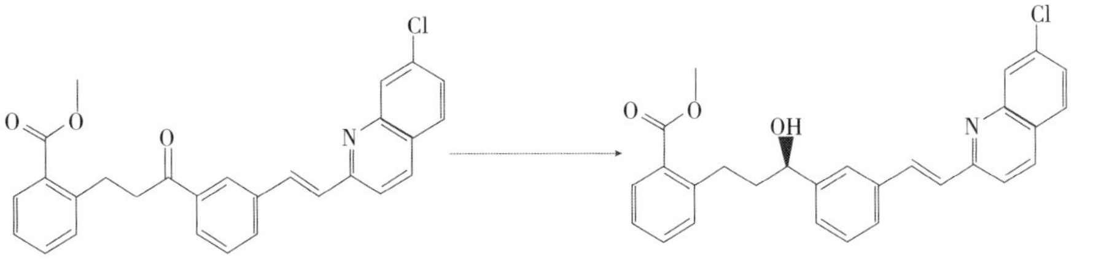

图 1-17　不对称还原合成孟鲁司特中间体

目前，大量研究已经开发了多种立体选择性羰基还原酶，但其中大多数仅对含有小侧链如甲基或乙基的潜手性羰基底物具有活性。然而，针对具有应用价值的医药中间体，如含有大基团、结构复杂的潜手性羰基化合物，已知的羰基还原酶难以催化或催化活性较低。因此，针对立体选择性羰基还原酶催化潜手性羰基化合物的不对称还原反应，需要以调控天然羰基还原酶对大基团底物催化困难的缺陷作为出发点，基于具有催化大基团底物活性潜力的羰基还原酶，采用新型生物信息学和分子模拟相结合的功能酶基因"探矿"方法，挖掘适用于芳基酮、酮酯、杂环类大基团底物的新酶；基于底物广谱性表征，从序列-结构-功能等角度系统比较和分析底物分子结构与选择性之间的关系，解析羰基还原酶选择性识别大基团底物及其催化不对称还原的分子机制；基于序列-结构-功能三者之间的内在关系和底物结构对酶催化性能的影响规律及酶结构功能的共进化关系，结合酶蛋白质分子从头设计方法（de novo design），建立调控选择性识别和催化不同基团结构底物的精准分子设计策略，从而进一步拓展和强化立体选择性羰基还原酶的催化性能和工业应用属性。

三、加氧酶

加氧酶分为单加氧酶和双加氧酶，以底物或反应类型又可分为混合功能加氧酶或羟化酶，作为一种氧化还原酶，主要催化分子氧的氧原子与底物结合的反应。加氧酶可以催化一大类有机化合物的反应，除了催化氧化、环氧化、羟基化、双羟基化等主要反应方式外，还可以催化芳香烃氧化开环，如儿茶酚 1，2-双加氧酶可以催化儿茶酚开环等。在化学合成和生物转化中加氧酶具有重要功能，广泛应用于环保行业、医药中间体生产、资源开发利用、生态环境修复等领域。

芳香化合物羟基化酶可直接利用 O_2 或 H_2O_2 作为氧供体，或者通过自由基中间体等间接方式把氧原子加到芳烃分子中，获得化工及有机合成重要中间体产物，针对这类酶开展深入研究将为生物修复技术及绿色合成化学的发展提供重要科学依据。加氧酶具有对映或区域选择性，可以催化产生单一旋光性产物，因此其在手性化合物合成中也具有一定的优势。来源于烟曲霉的高度专一性鸟氨酸羟基化酶是黄素单加氧酶，依赖于黄素辅因子，具有高度的底物专一性，催化 L-鸟氨酸羟基化。此外，该酶还存在于高铁色素的生物合成过程中，在该酶的催化过程中，其与 $NADP^+$ 和 L-鸟氨酸形成三元复合物。

亚铁离子/2-酮戊二酸（Fe（Ⅱ）/2-OG）依赖型双加氧酶（E.C.1.14.11.1-69）是专一性依赖亚铁离子和 α-酮戊二酸的一类氧化还原酶，主要催化分子氧的氧原子和底物结合的反应，同时生成 1，4-丁二酸和 CO_2。Fe（Ⅱ）/2-OG 依赖型双加氧酶能够催化一大类有机化合物的氧化还原反应，反应类型包括羟基化、卤化、环化、重排、去饱和、异构化等，可用于催化转化人工合成难以获得的重要代谢产物，如 α-内酰胺类抗生素、克拉维酸、多肽类抗生素、羟基氨基酸等重要药物和医药中间体。例如，Fe（Ⅱ）/2-OG 依赖型青霉素 N-脱乙酰氧基头孢菌素 C 合成酶（DAOCS，头孢菌素合成的关键酶）催化青霉素 G 的扩环反应合成 7-氨基去乙酰氧基头孢烷酸（G-7-ADCA）；芳香化合物羟基化酶可直接利用分子氧或过氧化氢作为氧供体，或者间接通过自由基中间体等方式把氧原子加到芳烃分子上，其催化反应的产物多是化工及有机合成过程中的重要中间体。

此外，Fe（Ⅱ）/2-OG 依赖型双加氧酶在手性化合物合成中也有一定优势，其具有对映选择性或区域选择性，可以催化产生单一旋光性产物，而大部分化学催化剂却不能实现。目前，生物催化与生物化工的优势之一在于其合成手性化合物的高选择性，相关技术体系广泛用于医药行业，如手性药物制剂、手性原料和手性中间体。手性羟基氨基酸在其中占有极大比例，如羟基异亮氨酸、羟基脯氨酸、羟基色氨酸、羟基丙氨酸等均可用作医药原料。反-4-羟基-L-脯氨酸是一种医学药物化学合成的有效合成子，可作为手性中间体广泛应用于医药品的化学合成中；5-羟基-DL-色氨酸因有镇静作用，以及可抑制食欲、减少脂肪摄取、减少焦虑、控制情绪、促进睡眠等作用，在临床上常被用于治疗失眠、头痛、抑郁症、肥胖等；L-β-羟基丙氨酸，广泛用于配制第三代复方氨基酸输液和营养补充剂，并用于合成多种丝氨酸衍生物，如治疗心血管疾病、抗癌、治疗艾滋病新药及基因工程用保护氨基酸等。

四、氨基转化酶

氨基酸尤其是一些不能通过发酵得到的非天然氨基酸的衍生物都是有价值的中间体。许多精细化工公司通过水解拆分的方法来生产这些物质，规模已达到几百千克甚至几吨。酶催化方法有还原性胺化和氨基转移。Excelsyn 公司通过收购 Great Lakes 精细化工公司而获得生物催化剂的研发能力，包括利用转氨酶、氨基氧化酶、解氨酶等生产非天然氨基酸，另一种技术路径是通过还原性胺化反应将 α-酮酸转化为 L-氨基酸。

氨基酸脱氢酶能够同时可逆催化氨基酸氧化脱氨和酮酸还原胺化反应，近年来，对氨基酸脱氢酶的催化机制和合成应用研究不断深入。亮氨酸脱氢酶（LeuDH，E.C. 1.4.1.9）是研究得最为广泛和深入的氨基酸脱氢酶，其底物专一性和催化特性研究为构建新型 α-酮异己酸合成路线提供了基础。LeuDH 能够可逆催化氨基酸和酮酸的相互转化，是重要的氨基酸和酮酸制备用生物催化剂。具有价格经济性优势的 L-亮氨酸是生物转化的理想底物，通过转氨酶（AT，E.C. 2.6.1.X）、氨基酸氧化酶（AAO，E.C. 1.4.3.2 和 E.C. 1.4.3.3）以及氨基酸脱氢酶（AADH，E.C. 1.4.1.X）等酶均可实现氨基氧化脱氨制备 α-酮异己酸，是最有工业应用价值的制备途径。

胺基裂解酶属于裂解酶类中能裂解 C-N 键的酶，包括：解氨酶（E.C. 4.3.1.X）、脒裂解酶（E.C. 4.3.2.X）、胺裂解酶（E.C. 4.3.3.X）、其他胺基裂解酶（E.C. 4.3.99.X）。其中，胺基裂解酶又分为：3-酮-井冈羟胺 AC-N 裂解酶、异胡豆苷合成酶、

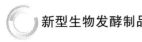

脱乙酰基二氢吡喃-5-羧酸异构体（Deacetylisoipecoside）合成酶和脱乙酰基二氢吡喃-5-羧酸（Deacetylipecoside）合成酶。这些酶能催化反应生成很多重要的药用中间体，是很多抗癌药物合成途径中最主要的关键酶，对这一类酶的研究有非常重要的社会意义和经济意义。

五、酰胺酶

酰胺酶是一类能够催化酰胺水解生成相应羧酸的水解酶。由于酰胺酶具有较广的底物谱和立体选择性，成为手性化学品合成的重要工具酶。以立体选择性拆分合成左乙拉西坦手性中间体（S）-2-氨基丁酰胺的重组酰胺酶为对象，以去离子水为反应体系，在最优条件下反应 40min，（S）-2-氨基丁酰胺的 e.e. 值和产率分别达到 94.0% 和 41.7%。由于该酰胺酶的活力高，在合成左乙拉西坦关键手性中间体中具有较好的应用前景。

γ-内酰胺酶（E.C. 3.5.2.X）是 20 世纪 90 年代初期发现的一种新型的酰胺酶（E.C. 3.5.1.4），能够催化酰胺类化合物 γ-内酰胺的酰胺键水解。光学纯的（-）γ-内酰胺是制备碳环核苷化合物的重要手性中间体，碳环核苷化合物是核苷类药物中最为重要的一类化合物，核苷类药物占目前已上市和正在临床实验中的抗病毒药物中的绝大多数。γ-内酰胺酶中的（+）γ-内酰胺酶能够通过高效率的动力学，拆分外消旋体 γ-内酰胺，获得光学纯的（-）γ-内酰胺。目前发现的酰胺酶可以作用的底物谱很广，包括短链酰胺类化合物、不饱和酰胺类化合物、杂环酰胺类化合物、脂肪酸酰胺类化合物、氨基酸类化合物等。其中，来源于硫磺矿硫化叶菌（*Sulfolobus solfataricus*）的（+）γ-内酰胺酶具有代表性，该酶来源于耐超高温古菌，具有超强的稳定性。而且，该酶是所有催化动力学拆分的酶中为数极少的具有绝对选择性的酶。其在拆分外消旋的 γ-内酰胺时，仅仅作用于其中一个光学对映体（+）γ-内酰胺。

六、展望

随着人工智能技术的快速发展，酶蛋白分子改造技术也在不断发生着深刻变革，从头设计蛋白质的时代已然来临。以美国华盛顿大学 David Baker 教授为代表的结构生物学和蛋白质工程专家开发了一系列蛋白质设计的算法和软件，并逐渐实现由蛋白质分子结构设计发展为蛋白或酶的功能设计。通过计算生物学开发的算法和程序模拟自然界蛋白质的分子进化轨迹，预测酶活性位点甚至蛋白质分子高级结构，并考察特定位点突变及结构组成对其活性、稳定性、蛋白质折叠等功能表征的影响，从而对酶进行精准设计与改造，并将繁重的筛选工作转移至计算机上进行。相关理性设计策略已经在羰基还原酶、环氧水解酶、天冬氨酸裂解酶等设计改造中取得成功。基于序列、结构大数据背景信息，依赖计算机技术，通过人工智能驱动酶定向设计将成为酶工程未来发展的重要方向。

下面的章节中，将以单品酶制剂为单元，介绍的内容一般包含概述、酶学特性和应用3 大部分，重点是应用部分，其中近年来的新品种、传统品种的新性能以及由新性能带来的新工艺将着重介绍。

参考文献

［1］姜锡瑞，霍兴云，黄继红，等．生物发酵产业技术［M］．北京：中国轻工业出版社，2016.

［2］段钢．酶制剂在大宗生化品生产中的应用［M］．北京：中国轻工业出版社，2014.

［3］陈坚，刘龙，堵国成．中国酶制剂产业的现状与未来展望［J］．食品与生物技术学报，2012，31（1）：1-7.

［4］石维忱，关丹，卢涛．中国生物发酵产业现状与发展建议［J］．精细与专用化学品，2014，22（9）：7-11.

［5］Robert J Whitehurst，Maarten van Ootr，赵学超，译．酶在食品加工中的应用［M］．上海：华东理工大学出版社，2017.

［6］霍兴云．我国酶制剂工业现状及其发展对策研讨［J］．化工科技市场，2001（2）：16-17.

［7］吴文平．生物酶创新——助力绿色、健康日化新产品开发和可持续发展［C］．中国洗涤用品工业协会．第37届（2017）中国洗涤用品行业年会论文集．中国洗涤用品工业协会，2017：78-80.

［8］居乃琥．酶工程研究和酶工程产业的新进展（Ⅱ）——国内外酶制剂工业的现状、发展趋势和对策建议［J］．食品与发酵工业，2000（4）：38-43.

［9］林影．酶工程原理与技术（第3版）［M］．北京：高等教育出版社，2017.

［10］Bornscheuer U T，Huisman G W，Kazlauskas R J，Lutz S，Moore J C，Robins K．Engineering the third wave of biocatalysi［J］．Nature，2012，485（7397）：185-194.

［11］Faber K，Fessner W-D，Turner NJ．Science of synthesis：Biocatalysis in organic synthesis［M］．Germany：Thieme，2015.

［12］Hartwig J．Recipes for excess［J］．Nature，2005，437：487-488.

［13］Schmid A，Dordick JS，Hauer B，Kiener A，Wubbolts M，Witholt B．Industrial biocatalysis today and tomorrow［J］．Nature，2001，409（6817）：258-268.

［14］Thayer AM．Biocatalysis helps reach a resolution［J］．Chem Eng News，2006，84：29-31.

［15］Sheldon RA，Woodley JM．Role of biocatalysis in sustainable chemistry［J］．Chem Rev，2018，118：801-838.

［16］Garcla-Urdiales E，Alfonso I，Gotor V．Enantioselective enzymatic desymmetrizations in organic synthesis［J］．Chem Rev，2005，105：313-354.

［17］Schrittwieser JH，Velikogne S，Hall M，et al．Artificial biocatalytic linear cascades for preparation of organic molecules［J］．Chem Rev，2018，118：270-348.

［18］于建荣，毛开云，陈大明．工业酶制剂新产品开发和产业化情况分析［J］．生物产业技术，2015（3）：53-57.

［19］许建和，谢谵，赵丽丽，刘旭勤．工业生物催化前线动态及名家观点［J］．生物加工过程，2007（1）：1-8.

［20］聂尧，徐岩，王栋．脂肪酶不对称立体选择性能改善的研究进展［J］．过程工程学报，2002（6）：570-576.

［21］王智，董桓，曹淑桂．脂肪酶在手性药物中间体制备中的应用［J］．药物生物技术，2003（2）：112-116.

［22］聂尧，徐岩．生物催化立体选择性氧化还原中存在问题及其发展策略［J］．生物加工过程，2008（2）：1-9.

［23］曲戈，朱彤，蒋迎迎，吴边，孙周通．蛋白质工程：从定向进化到计算设计［2019-09-01］［J/OL］．生物工程学报：1-14. https://doi.org/10.13345/j.cjb.190221.

［24］聂尧，徐岩．羰基还原酶及其催化不对称合成大基团手性羟基类化合物的研究进展［J］．中国科学：生命科学，2019，49（5）：595-604.

［25］丰险，穆晓清，聂尧，徐岩．亮氨酸脱氢酶催化底物偶联法合成 α-酮异己酸［J］．高等学校化学学报，2019，40（4）：698-704.

［26］曲戈，张锟，蒋迎迎，孙周通．2018诺贝尔化学奖：酶定向进化与噬菌体展示技术［J］．生物学杂志，2019，36（1）：1-6+19.

［27］聂尧，付敏杰，徐岩．不同微生物来源的加氧酶及其催化反应特征的研究进展［J］．生物加工过程，2013，11（1）：87-93.

［28］王建军，郑国钧，吴胜．微生物来源的 γ-内酰胺酶研究进展［J］．微生物学报，2010，50（8）：988-994.

［29］何碧波，陈小龙，郑裕国，沈寅初．胺基裂解酶及其在医药中间体生产中的应用［J］．微生物学通报，2008（7）：1113-1118.

第二章 淀粉加工用酶

第一节 淀粉酶

一、中温 α-淀粉酶

（一）概述

中温 α-淀粉酶（1，4-α-D-葡聚糖-葡聚糖基水解酶，E.C. 3.2.1.1），随机水解糊化淀粉分子中的 α-1，4 葡萄糖苷键，任意切断淀粉分子生成长短不一的短链糊精和少量的低分子糖，使糊化淀粉的黏度迅速下降，又称液化酶。作为最传统的酶制剂品种之一，近些年变化主要是发酵活力的提高，其生产菌株和酶学特性无变化。中温淀粉酶的执行标准为 GB 1886.174—2016《食品安全国家标准 食品添加剂 食品工业用酶制剂》，该标准对食品工业用酶做出了技术要求，如表 2-1 所示。

表 2-1 　　　　　　　GB 1886.174—2016 对食品工业用酶制剂的技术要求

要求类别	项目	指标	检验方法
污染物限量	铅（Pb）/（mg/kg）≤	5.0	GB 5009.75 或 GB 5009.12
	总砷（以 As 计）/（mg/kg）≤	3.0	GB 5009.11
微生物指标	菌落总数/（CFU/g 或 CFU/mL）≤	50000	GB 4789.2
	大肠菌群/（CFU/g 或 CFU/mL）≤	30	GB 4789.3
	大肠埃希菌/（CFU/g 或 CFU/mL）<	10	GB 4789.38
	（MPN/g 或 MPN/mL）≤	3.0	
	沙门菌/（25g 或 25mL）	不得检出	GB 4789.4
抗菌活性	—	不得检出	GB 4789.43
原料要求	1. 用于生产酶制剂的原料必须符合良好生产规范或相关要求，在正常使用条件下不应对最终食品产生有害健康的残留污染 2. 来源于动物的酶制剂，其动物组织必须符合肉类检疫要求 3. 来源于植物的酶制剂，其植物组织不得霉变 4. 对微生物生产菌种应进行分类学和（或）遗传学的鉴定，并应符合有关规定。菌种的保藏方法和条件应保证发酵批次之间的稳定性和可重复性		
理化指标	产品酶活力在标示值的 85%~115%		

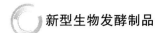
在达到上述标准的基础上，商品中温 α-淀粉酶的概况见表 2-2。

表 2-2 商品中温 α-淀粉酶概况

项目	内　容
活力定义	以 1g 固体酶粉（或 1mL 液体酶），于 60℃、pH 6.0 条件下，1h 液化可溶性淀粉的质量来表示，以 U/g（U/mL）表示
液体酶性状	浅褐色，25℃、pH5.5~7.0，密度 1.10~1.25g/mL
固体酶性状	白色至黄色粉末，0.4mm 标准筛通过率≥80%
颗粒酶性状	类白色至淡黄色均匀颗粒，20 目筛通过率 100%
酶活力	工业级 1000~7000U/g（mL）；食品级 1000~10000U/g；颗粒酶 10000U/g
来源	枯草芽孢杆菌发酵生产

（二）特性

1. 温度和 pH 特性

中温 α-淀粉酶的温度特性如图 2-1 所示，pH 特性如图 2-2 所示。

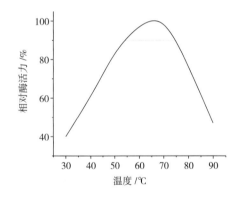

图 2-1　中温 α-淀粉酶温度特性

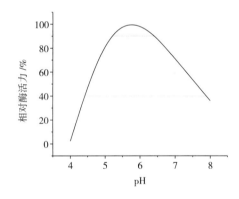

图 2-2　中温 α-淀粉酶 pH 特性

2. 金属离子对酶活性影响

中温 α-淀粉酶是一种金属酶，Ca^{2+} 能稳定活性中心构象，使酶容易与底物结合，没有 Ca^{2+} 酶活力完全丧失。除了 Ca^{2+} 外，其他金属离子如 Na^+、Mg^{2+}、Ba^{2+} 等也可以提高酶的稳定性。

在实际生产过程中，可以根据原料和当地水质来决定是否添加 Ca^{2+}。如液化效果不佳，可以按底物质量的 0.01%~0.03% 添加氯化钙；如底物或水中钙离子浓度在 50~150mg/kg，可以不必另外添加。

3. 灭酶条件

中温 α-淀粉酶在 110℃ 维持 10min 能全部灭活，但这需要承压设备，限制了该方法的使用。另一种常用灭酶方式是调节 pH4.0~4.5，并维持 1h。

（三）淀粉的间歇液化

中温 α-淀粉酶在以前应用广泛，特别适用于间歇法液化淀粉。实际应用时由于淀粉及金属离子对该酶有保护作用，反应温度一般控制在 70~90℃。在这个区间，随着温度升高，液化效果越来越强，其中 85℃ 左右的液化效果最强，90℃ 该酶开始失活。

淀粉的液化过程则分两步：第一步是糊化过程，即在热的作用下，淀粉分子内氢键断裂、淀粉吸水、体积膨胀；第二步是糊化的淀粉在淀粉酶的作用下水解为糊精，分子质量变小并完全可溶。在整个液化过程中，糊化效果最强在 75℃ 左右，此时的糊化淀粉由于体积膨胀导致料液黏度急剧提高，增加了搅拌阻力，影响操作。

使用中温 α-淀粉酶避免了这个问题，糊化效果最强的温度区间，该酶的作用效果也最强，因此间歇液化适合使用中温 α-淀粉酶。

（四）纺织品的酶法退浆

1. 纺织工业用淀粉酶概述

前处理是纺织印染加工过程中高能耗、高污染的主要环节之一，也是印染技术人员研究和关注的焦点。

在纺织工业中，酶法退浆最初所使用的酶制剂是从动植物体中提取的淀粉酶，主要用于淀粉浆织物的退浆，国外在 19 世纪末期就已有研究。现代纤维制造工艺在编织过程中，为防止纱线断裂，往往会在纱线的表面加一层可去除的保护层。这些表面保护层的材料有很多种，淀粉是非常好的一个选择，因为其便宜，容易获取，并且可以很容易去除。

20 世纪初，商品化的酶退浆剂已经在市场上出现，如 1905 年，日本佐藤商会利用微生物培养技术将曲霉菌的干燥物作为退浆剂；至 20 世纪 80 年代，耐热性酶退浆剂开发成功，酶退浆技术才进入一个新的发展阶段。

常用的退浆酶主要是淀粉酶，使用淀粉酶可以将淀粉浆催化水解变成可溶状态，易于洗去，达到高效的退浆目的，又不会损伤纤维素纤维。酶退浆使用的主要是 α-淀粉酶或以糖化酶为主的复合制剂。目前正在使用的 α-淀粉酶主要是用芽孢杆菌生产的，最适 pH 范围是中性至碱性；细菌淀粉酶耐高温，在有碱存在的情况下也较稳定，最适 pH 范围较温和（5.0~7.5）；真菌淀粉酶的耐热性最差。传统的酶退浆工艺中，应用最广的是 α-淀粉酶。

采用淀粉酶来实现棉织物的退浆工艺，是基于淀粉酶的以下优点。

第一，α-淀粉酶能有选择性地去除淀粉浆而不伤害纱线纤维，还能随机地使淀粉降解为易溶于水的糊精，因而容易被洗掉。早期是用麦芽产生的一种内生酶来退浆，近期则使用真菌或细菌淀粉酶。细菌淀粉酶尤其适用，因为它们能够耐高温，在碱性的环境里有一定的稳定性，并且具有中性的最适 pH（pH5.0~7.5）。

第二，酶的催化效率高，有利于提高生产效率。如用碱分解淀粉退浆需要 10~12h，而用 α-淀粉酶只要 20~30min 即可完成退浆过程。

第三，淀粉酶退浆比其他退浆剂（如酸或氧化剂）更利于环保，它以随机方式切断淀粉、寡聚糖或多聚糖分子内的 $\alpha-1$，4 葡萄糖苷键，产生麦芽糖、低聚糖和葡萄糖等，这些产物可随水被冲洗掉。在退浆浴中添加钙盐，可提高淀粉酶的稳定性，从而可用较高的温度或较低的酶剂量来达到退浆的目的。

长期以来使用两种耐温型的淀粉酶，即中温型和高温型（热稳定型）淀粉酶。中温型淀粉酶在温度高于90℃时即开始失活，高温型淀粉酶当温度达到95℃时仍很稳定。以前织物的退浆多采用中温型淀粉酶，目前中温型淀粉酶仍被广泛应用，但中温型淀粉酶退浆温度低、时间长，从而影响了生产效率。高温型淀粉酶在高温下能起到最佳的催化效果，退浆时间短，有利于缩短加工时间，提高生产效率，比中温酶更适合于轧蒸工艺，故高温酶的应用呈上升趋势。20 世纪 90 年代以来，国内外研究人员利用生物酶的高效性、专一性、生态性以及处理条件温和等特点，对棉织物的生物酶前处理工艺进行了大量研究，取得了极大的进展。近年来的发展方向是通过基因重组技术开发能在较宽温度范围内使用的淀粉酶，即宽温淀粉酶，最佳使用温度视产品而异。

酶的作用对象具有专一性，因此淀粉酶只能使淀粉水解。在淀粉酶退浆过程中，淀粉酶能催化淀粉大分子链发生水解，从而生成分子质量较小、黏度较低、溶解度较高的一些低分子化合物，再经水洗即可去除淀粉浆料。淀粉酶的转化率高，溶解速度快，适宜于连续化生产，效率高，退浆率高达80%以上，与其他的退浆方法都或多或少损伤纤维相比，不损伤纤维素纤维是淀粉酶退浆的独特优点，具有实实在在的经济意义。

目前，对于以淀粉为主要浆料的棉织物，采用淀粉酶退浆进行前处理的方法已经得到广大印染企业的普遍认可和应用。

2. 淀粉酶退浆机理

无论是直链淀粉或支链淀粉，大分子链中葡萄糖单元间的糖苷键遇酸能发生水解，使分子链断裂，聚合度降低。淀粉对碱较稳定，在酸或酶存在下可逐步水解，生成一系列化合物，淀粉的部分水解产物为糊精，它们的分子虽比淀粉要小，但仍是多糖，继续水解得到麦芽糖，最后可得到葡萄糖。

淀粉酶是酶的一种，酶退浆是以淀粉酶为主要反应剂，其退浆作用在于它能催化淀粉大分子链发生水解，而生成分子质量较小、黏度较低、溶解度较高的一些低分子化合物，再经水洗除去水解产物而达到退浆目的。其特点是对淀粉转化力高，溶解快，淀粉酶能够完全破坏淀粉，同时又不损伤纤维素，这是酶的专一性所表现的非常突出的优点。

淀粉酶也能去除以淀粉为主的混合浆，其作用机理是分子较小的物质往往包围住分子较大的物质，故化学浆（如聚乙烯醇）会包裹淀粉，淀粉酶从化学浆的空隙中进入里面与淀粉作用；当淀粉水解后，外层的化学浆破裂变形而从织物上被洗落下来。淀粉酶对纯化学浆无直接作用。

3. 酶法退浆工艺

织物在织造过程中，纤维需要上浆，增加牢度。织坯进行染色、漂白、印花时，需要将浆料去掉，印花后也需要把印花的浆料去掉。退浆的好坏，直接影响成品的质量，如手感、白度、光洁度、给色量、白芯及强度等。目前，多数织物采用淀粉浆料上浆，而退浆的方法很多，可以用烧碱、硫酸、双氧水等，但这些化工产品不仅对织物损伤较大，操作麻烦，而且会污染环境。而淀粉酶在一定条件下，可迅速催化淀粉浆的大分子链发生水解，生成分子质量较小、黏度较低、溶解度较高的低分子化合物，再经水洗除去水解产物，达到退浆目的。酶法退浆可用于棉布、丝绸、维纶、黏胶纤维、混纺织物、色织府绸和化纤混纺等织物。

酶法退浆的优越性很明显，被越来越多的工厂所采纳，特别是一些高级织物必须用酶法退浆。在国外，酶法退浆工艺占很大比例。其特点是：高效高速，适合高温退浆，时间短，退浆率可达 90%~95%；织物不受损伤，退浆后织物手感柔软、丰满，光洁度强，染色鲜艳；退浆和固色可以同浴处理，缩短工艺流程，提高劳动生产率。

退浆所用淀粉酶有两种：耐高温 α-淀粉酶和中温 α-淀粉酶。如果采用耐高温 α-淀粉酶，所使用的温度高于 90℃，最适温度在 95℃以上，而使用中温淀粉酶所用的温度低于 90℃，最适温度在 80~85℃。实际生产中，应根据各工厂的实际情况、织物性能以及淀粉酶的应用特性选择合适的退浆工艺以达到预期的退浆效果。

4. 淀粉酶退浆

大致可以分为 3 个阶段：浸渍或浸轧——织物吸收淀粉酶工作液；保温处理——淀粉酶降解织物上的淀粉浆料；水洗——从织物上洗去已经水解的浆料。

（1）浸渍或浸轧　这是织物对淀粉酶工作液的吸收过程，酶液充分润湿织物关系到退浆质量的好坏，因此，浸渍或浸轧温度最好在更高的温度下进行，并加上合适的非离子渗透剂，轧液率以 100% 为佳。为了使酶有更好的稳定性，淀粉酶工作液的温度和 pH 及钙离子浓度要控制在推荐的应用范围内。对厚重织物，尤其对那些在培育阶段已不能再升高温度的工艺设备，建议事先对织物在 80℃ 或更高温度下进行热水洗涤预处理，不但可以去除织物上的杂质、防腐剂、酸性物质、上浆油剂等，使织物有良好的润湿性，而且能提高酶液在浆膜中的渗透能力，有利于淀粉酶对淀粉浆的作用。

（2）保温处理　淀粉酶分解淀粉需要一定的时间，保温处理可以使酶制剂在织物上对淀粉进行充分的水解，使淀粉浆料易于洗除。保温时间和温度是重要的工艺参数，会随着酶制剂、工艺和设备条件的不同而有所区别。在酶制剂活性温度范围内，温度高、保温时间长，酶的浓度可以适当低一些；反之，若处理时间短，需适当提高酶的浓度。保温处理可以采用堆置法或直接进行酶液循环处理或以二者结合的方式进行。若仅采用堆置法处理，保温时间较长，而用高温淀粉酶的汽蒸法处理时，可以在 100~110℃ 汽蒸 1~10min 达到淀粉充分水解的目的。在实际处理时，保温时间的影响因素比较复杂，通常以退浆干净为标准来确定处理时间。

（3）水洗　淀粉浆料经淀粉酶水解后，仍然附着在织物上，需要通过水洗去除。水洗应在尽可能高的温度下进行，一般来说，温度不低于 85℃，同时，添加洗涤剂，以促进水解物的迅速去除。对厚重织物，还可以添加一定的碱剂，以改善洗涤效果。

5. 淀粉酶退浆工艺

采用淀粉酶退浆，其退浆工艺一般有以下 4 种方法。江苏新瑞贝科技股份有限公司生产的淀粉酶（NATFOCE OL-105），可用于以下 4 种淀粉酶退浆工艺。

（1）堆置法　热水浸洗过的织物经过 40~60℃ 配有 0.3~1.2g/L 的淀粉酶（NATFOCE OL-105）的平洗槽轧酶，然后在常温下堆置 6~12h，之后再用 85℃ 以上的热水冲洗。

$$\begin{array}{ccccc} \text{浸轧工作液} & \longrightarrow & \text{打卷堆置} & \longrightarrow & \text{热洗} & \longrightarrow & \text{冷洗} \\ 40\sim60℃ & & \text{常温}6\sim12h & & 85\sim90℃ & & \end{array}$$

（2）J/L 型箱长车连续法　热水浸洗过的织物在 30～40℃ 配有 0.3～1.2g/L（NATFOCE OL-105）的淀粉酶工作液里浸轧后，在 60～80℃ 的 J/L 型箱长车中运行 30～60min，然后再用 85℃ 以上的热水冲洗。

$$\begin{array}{ccccc} \text{浸轧工作液} & \longrightarrow & \begin{array}{c}\text{J/L 型箱}\\ (60\sim80℃)\times\\ (30\sim60min)\end{array} & \longrightarrow & \begin{array}{c}\text{热洗}\\ 85\sim90℃\end{array} & \longrightarrow & \text{冷洗} \\ 30\sim40℃ & & & & & \end{array}$$

（3）浸渍法　将热水浸洗过的织物在 40～80℃ 的淀粉酶工作液里浸渍 15～60min，然后再用 85℃ 以上的热水冲洗。使用溢流机/水洗机时的淀粉酶用量：0.05%～0.25% o.w.f.（on weight of fabric，一般是指助剂的浓度单位。在染整工艺中，助剂的添加量以织物重量为基准，o.w.f. 即为助剂添加量与织物重量的百分比）NATFOCE OL-105；使用卷染机时淀粉酶用量：0.3～0.8g/LNATFOCE OL-105。

$$\begin{array}{ccccc} \begin{array}{c}\text{浸渍工作液}\\ (40\sim80℃)\times\\ (15\sim16min)\end{array} & \longrightarrow & \begin{array}{c}\text{热洗}\\ 85\sim90℃\end{array} & \longrightarrow & \text{冷洗} \end{array}$$

（4）汽蒸法　热水浸洗过的织物在 30～40℃ 的淀粉酶工作液里浸轧后，用 95～110℃ 的蒸汽蒸 1～10min，再用 85℃ 以上的热水冲洗。淀粉酶 NATFOCE OL-105 用量：0.3～0.8g/L。

$$\begin{array}{ccccc} \text{浸轧工作液} & \longrightarrow & \begin{array}{c}\text{汽蒸}\\ (95\sim110℃)\times\\ (1\sim10min)\end{array} & \longrightarrow & \begin{array}{c}\text{热洗}\\ 85\sim90℃\end{array} & \longrightarrow & \text{冷洗} \\ 30\sim40℃ & & & & & \end{array}$$

在这些工艺中，堆置法的保温时间最长（可长达 12h），浸渍法的时间相对很短，通常在 30min 以内，而汽蒸法对织物退浆时，其保温时间可在 10min 以内，有的甚至在 1～2min 即可。由于酶的专一性，经酶处理的织物几乎无任何纤维损伤，因而避免了传统法处理所引起的纤维强度下降问题，这就使 α-淀粉酶的织物退浆工艺有更多的组合可能，使织物的酶退浆工艺更显丰富多彩。

酶法退浆处理的影响因素很多，包括浆料类型、上浆量、织物结构、工艺和设备、温度和 pH、后处理、水硬度、非离子润湿剂和盐等。

酶的用量是影响退浆工艺选用的因素之一，因为酶的用量和加工成本有关，但影响因素复杂，它们和设备、工艺、织物结构、浆料等都有关系。

（五）中温 α-淀粉酶在洗涤剂中的应用

土豆、巧克力、饭粒、意大利面酱、咖喱、婴儿食品等中的淀粉，是衣物污垢的重要来源，不仅自身难以去掉，也是其他污垢再污染的原因。对于餐具洗涤，饭粒也是难以去除的污垢之一。碰到这些难洗的污渍会让许多主妇们感到头疼。专家在研究中发现：这些污渍，超过 30% 都含有淀粉。研究表明，在温度达到 60℃ 时，淀粉结晶体才开始在水中分解，同时，淀粉结晶体只能在 70℃ 及以上的温度下才会溶解。而在亚洲市场，消费者是在 15~30℃洗衣服，所以，在这些条件下，消费者需要采用去除这些棘手的淀粉污渍的技术。

要想去除淀粉以及与它混合的其他污渍，最佳的方法是使用淀粉酶。洗涤剂中使用 α-淀粉酶，能分解淀粉，生成水溶性寡糖。将淀粉酶应用于洗涤剂工业，能够很好地发挥其效能，可以很好地帮助人们解除低温洗涤条件下淀粉类污垢难以清洗的烦恼。商品化的洗涤剂用淀粉酶均为 α-淀粉酶。α-淀粉酶在衣用洗涤剂和洗碗机用洗涤剂中均有加入。

在洗涤剂中，淀粉酶还具有优异的抗再沉积作用。当淀粉类污垢存在时，溶解在洗涤溶液中的淀粉被织物纤维再吸附，其他污垢极易沉积到织物表面，而淀粉酶的加入能有效地防止污垢的再沉积，起到了清除淀粉污垢及保护衣物不再吸收其他污垢的双重作用。

一般认为，洗涤剂行业中脂肪酶用量排名第二，实际上淀粉酶的市场应为第二。淀粉酶是除蛋白酶以外，洗涤行业中使用的第二大酶种。2010 年，在洗涤剂市场，脂肪酶约为 6000 万美元，而淀粉酶为 1.25 亿美元。同时，淀粉酶的价格比脂肪酶低，因此，实际使用的吨位比脂肪酶要大得多。近些年来的洗涤剂的趋势表明：淀粉酶在洗涤剂中的应用不断增长。美国及欧洲的洗涤剂配方中普遍含有淀粉酶与蛋白酶的组合体，在拉丁美洲，由于食物中淀粉含量较高，且洗涤温度较低，一些洗涤剂配方中则只含有淀粉酶。

虽然 α-淀粉酶在低金属离子环境下稳定性较差，并且对各种氧化剂较为敏感，但是，随着基因技术的不断发展，人们已经把 α-淀粉酶进行改造，研发出更适合于洗涤工业应用的 α-淀粉酶制剂，以促进洗涤工业的发展。目前，市场上大部分的液体洗涤剂中都含有 α-淀粉酶，同时，自动洗碗机的洗涤剂对 α-淀粉酶的需求量也在不断加大。

洗涤剂用市售碱性淀粉酶，一般是由解淀粉芽孢杆菌生产的 α-淀粉酶和由地衣芽孢杆菌制得的具有高热稳定性的 α-淀粉酶配制而成。这些 α-淀粉酶能将淀粉分子内的 α-1,4 葡萄糖苷键进行随机分解，最适宜 pH 为 6~7，最适宜的使用温度为 75~80℃。在高温下进行洗涤的自动餐具清洗机中的洗涤剂，常常添加有此种酶。近年来，欧美的衣用洗涤剂中，已经在推广使用淀粉酶。最近，在一些手洗型餐具洗涤剂中也添加有淀粉酶。而在衣料用洗涤剂中使用的淀粉酶必须在高碱性、低温介质中能充分保持活性。

淀粉酶和脂肪酶之间具有良好的协同作用。实际污垢中的成分极其复杂，如淀粉类、蛋白类、脂肪类可能共存，所以利用几种酶制剂的复配，可以大大提高去污效果。淀粉酶在洗涤剂中的添加量一般为洗涤剂含量的 0.2%~1.0%。

考虑到亚洲的冷水洗涤条件，需要一种能在冷水中起作用的淀粉酶来保持衣物干净的外观。为此，杜邦在 2018 年推出了一种全新的淀粉酶 PREFERENZ S 210，该产品在低温下，使用低剂量也能有显著的视觉效果，并且在洗涤剂中具有高度稳定性。

（六）其他领域的应用方法

中温 α-淀粉酶还广泛应用于啤酒、味精、淀粉糖、酒精、发酵工业的液化、饲料、果汁加工、焙烤等行业，应用工艺均比较成熟。表 2-3 列举了典型的应用方法，酶活力按隆科特公司中温 α-淀粉酶 2000U/mL（g）计。

表 2-3   中温 α-淀粉酶的典型使用方法

行业	效果	使用方法
啤酒、酒精	淀粉液化	将辅料先磨粉通过 40 目筛孔，调浆后在糊化锅中加该酶 6U/g 原料左右，在 80~90℃液化 30min
淀粉糖浆、味精	淀粉液化	淀粉浆浓度 16~18°Bé，调 pH 至 6.2~6.4，按原料重量的 0.2%添加氯化钙，该酶加量为 6~8U/g 原料，充分混合，加热至 85~90℃，液化时间根据液化标准而定，一般为 30~90min。
饲料	改善消化功能、提高日粮利用率	推荐添加量 0.02~0.04kg/t 全价料。常与果胶酶、β-葡聚糖酶、木聚糖酶等配合使用
果汁加工	提高果汁透光率、防止浑浊	添加量 0.02~0.1L/t 原果浆，温度 45℃左右，处理 60~120min
发酵类面制品	改善成品质地、延长保质期	作为试用起点的最适添加量，推荐 0.05~0.1kg/t 原料

二、高温 α-淀粉酶

(一) 概述

高温 α-淀粉酶（1,4-α-D-葡聚糖-葡聚糖基水解酶，E.C. 3.2.1.1）是应用最广泛的酶制剂，其中淀粉糖和酒精行业的用量最大。随着应用领域的工艺发展，商品高温 α-淀粉酶分为两种类型，即传统型和低 pH 型，具体对比情况见特性部分。高温 α-淀粉酶的执行标准为 GB 1886.174—2016《食品安全国家标准　食品添加剂　食品工业用酶制剂》，相关指标见表 2-1，商品高温 α-淀粉酶概况见表 2-4。

表 2-4   高温 α-淀粉酶概况

项目	内　容
活力定义	1mL 液体酶，于 70℃、pH6.0 条件下，1min 液化 1mg 可溶性淀粉，即为 1 个酶活力单位，以 U/g（U/mL）表示
液体酶性状	浅褐色，25℃，pH5.8~6.8，密度 1.10~1.25g/mL
固体酶性状	白色至黄色粉末，0.4mm 标准筛通过率≥80%
商品酶活力	传统型 4 万 U/mL（g）、8 万 U/mL（g）；低 pH 型 20 万 U/mL
来源	地衣芽孢杆菌发酵生产

(二) 特性

1. 温度与 pH 特性对比

传统型高温 α-淀粉酶与低 pH 型高温 α-淀粉酶的温度特性对比如图 2-3 所示，pH 特性对比如图 2-4 所示。

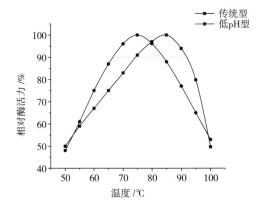

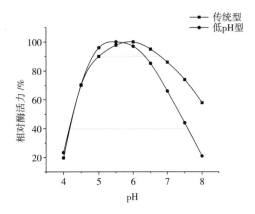

图 2-3 高温 α-淀粉酶温度特性对比　　　　图 2-4 高温 α-淀粉酶 pH 特性对比

2. 金属离子对酶活性影响及灭酶条件

金属离子对高温 α-淀粉酶的影响与中温 α-淀粉酶相似,不同的是该酶对 Ca^{2+} 含量需求更低,实际生产中一般不另添加氯化钙。

高温 α-淀粉酶在生产高麦芽糖浆时采用 135℃ 维持 10min 的灭活方式。在生产葡萄糖时,糖化工段会调节 pH 至 4.0~4.5,一方面为糖化酶创造最佳条件,另一方面可以起到灭活高温 α-淀粉酶的作用。

(三) 淀粉的酶法液化

1. 淀粉液化工艺

淀粉糖种类很多,有麦芽糊精、葡萄糖、麦芽糖、果葡糖等,利用葡萄糖作为原料还可以生产糖醇、谷氨酸、抗生素、有机酸等产品。作为淀粉深加工的第一步,液化是整个工艺的基础,完整的液化工艺流程为:

配料→喷射液化→承压维持→闪蒸→层流

(1) 配料　配料的顺序依次是:调整浓度 → 调整 pH → 根据需要选加氯化钙 → 加入酶制剂→喷射液化。由于设备和酶制剂性能变化不大,淀粉液化工艺较为完善成熟,各项指标分别为:浓度 30%~35%、pH5.6~5.8,根据需要选加氯化钙 0.01%~0.03%、隆科特公司 4 万 U/mL 高温 α-淀粉酶加量 0.04%~0.05%。配料完毕需搅拌 20min,混匀后泵入喷射液化器。

(2) 喷射液化　喷射液化器是淀粉液化的关键设备,其工作原理将在下面的内容中介绍。该工段控制条件为:温度 105~110℃。

(3) 承压　淀粉乳喷射升温后经过蛇形管和承压罐,在高温下维持 3~5min,后经闪蒸降温至 95~98℃,进入层流柱。承压的作用主要是消除老化淀粉,提高原料收率。

(4) 层流　升温后淀粉受热膨胀,呈糊化状态,为酶制剂作用创造条件。层流工段是将一组细长的罐体串联起来,料液有序地通过罐体,保证先进先出,控制料液在层流罐的流动时间为 90~120min。有的工艺在层流结束还有灭酶操作,麦芽糖生产工厂采用二次喷射升温灭酶，葡萄糖生产工厂可在糖化管道或糖化罐中调节 pH，使高温 α-淀粉酶失活。

　　层流结束即完成液化，液化液的葡萄糖单元大多为 20~25。检验液化效果的是 5 个既有联系又有侧重的指标，如表 2-5 所示。

表 2-5   液化指标

项目	标准
碘试颜色	红棕色
葡萄糖当量（DE）值	一般为 10%~20%
蛋白絮凝	蛋白上浮、结团
过滤速度	滤速较快，蛋白滤饼成形
透光率	脱脂棉过滤后，透光率>80%

　　液化彻底要求 DE 值应控制在 10%~20%，葡萄糖的生产以 13%~15%较为合适，麦芽糖的生产根据需要可适当提高。液化液 DE 值对以后糖化液的 DE 值有一定影响，见表 2-6。DE 值太高，则造成糊精的分子质量过低，不利于糖化酶的作用，影响糖化酶的催化效率，生成较多的麦芽三糖；DE 值太低，液化不彻底，糖液黏度太高，糖化酶作用速度慢，酶用量大，糖化时间长，并使液化液过滤性能差。碘试反应呈棕红色或黄色。葡萄糖生产加工过程中，蛋白质等杂质的凝聚主要集中在温度较高的液化阶段，常用透射率衡量杂质的凝聚性。透射率低则杂质凝聚差，反之则凝聚效果好。一般要求液化结束后蛋白絮凝好，能结片析出，液化液澄清，透光率大于 80%（DS=33%，λ=420nm），流动性好，分层明显，过滤速度较快。注：干物质（Dry Substance，DS），表示可溶性成分的百分含量。

表 2-6   液化 DE 值对糖化的影响

DE 值/%	DP_1/%	DP_2/%	DP_3/%	DP_n/%	异麦芽糖/（g/L）	麦芽酮糖/（g/L）	潘糖/（g/L）
12	96.311	2.174	0.536	0.979	2.805	0.065	1.810
14	96.224	2.208	0.618	0.949	2.932	0.099	2.379
17	95.974	2.266	0.825	0.935	3.114	0.531	2.680

　　注：聚合度（Degree of polymerization，DP），DP_1 为一糖、DP_2 为二糖、DP_3 为三糖，以此类推。

　　2. 淀粉液化的关键设备——喷射液化器

　　众所周知喷射液化器是淀粉液化的关键设备，喷射液化器种类繁多、各有特色，其性能优劣可以从以下 4 个方面进行衡量。

　　（1）设备运作稳定，无震动、无气槌。

　　（2）出流液料温度稳定，温控精准，加热均匀。

　　（3）满足高浓高黏物料蒸煮能力。

　　（4）节省蒸汽。

　　喷射液化器形式和结构很多，各有特点，美国水热器由于其精密内件的独特设计，使得蒸汽以音速由喷嘴进入加热区，同时高速喷入加热区的液料，在强剪切力的作用下被打散成雾化液滴，汽液瞬间冲撞形成湍流，均匀彻底地进行汽液混合和热传导，实现瞬间高温蒸煮，从而实现蒸汽对液料的瞬间加热，避免了多余蒸汽的浪费。水热器内部示意图见图 2-5。

相比其他喷射液化器，水热器具备以下优势：无汽槌震动，运作稳定；温控精准，可达（±0.25）℃；节能降耗；宽广的流量范围，适应企业产量调整的需求。

喷射液化器使淀粉瞬间糊化，同时与淀粉酶接触，在适宜的条件下完成液化，能充分发挥酶制剂的作用，从而优化液化效果，可实现高浓物料蒸煮，并因其加热区强剪切效果，对各种高黏、高浓的物料均能加热均匀透彻，控温精准。

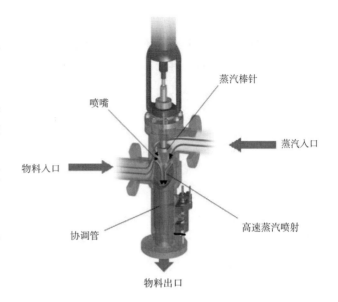

图 2-5　美国水热器内部示意图

能耗在淀粉制糖工艺的成本结构中占了非常重要的分量，高浓度运行可节省大量的蒸汽，以 17°Bé 提升至 20°Bé 运行为例，每处理 1 万 t 淀粉，蒸煮工段可节省蒸汽 800t，浓缩工段以浓缩至 70% 糖浓度计算可节省蒸汽 1100t。

（四）高温 α-淀粉酶在酒精蒸煮中的应用

我国酒精生产所用的淀粉质原料中，玉米占比 64%，木薯占比 31%，其他原料 5%。酒精包括食用酒精、工业酒精和燃料乙醇，随着燃料乙醇汽油的推广使用，酒精潜在缺口超过 1000 万 t/年，这个需求量是现有年产量的 3~4 倍。淀粉质原料生产酒精的工艺流程如图 2-6 所示。

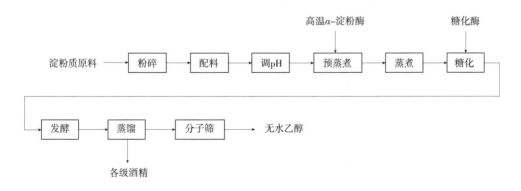

图 2-6　酒精生产工艺流程

1. 蒸煮工艺概况

淀粉质原料首先粉碎，细度一般为 1.2~2.0mm，以料水比 1:（2~2.5）加水，以玉米为原料的工厂往往将蒸馏后的废醪水回配。淀粉颗粒的蒸煮要经过膨胀、糊化和液化3个阶段：在配料时，淀粉已开始膨胀；当温度升到60℃后，体积膨胀到原来的50~100倍，分子间的联系削弱，进入糊化阶段；温度继续上升，料液黏度下降，达到液化阶段。不同淀粉质原料的糊化温度见表2-7。

表2-7　　　　　　　　　　　不同淀粉质原料的糊化温度

淀粉类别	糊化温度/℃
玉米淀粉	64~72
木薯淀粉	59~70
小麦淀粉	64~70
大米淀粉	58~61
甘薯淀粉	53~64
马铃薯淀粉	59~64

目前酒精工厂多数采用"中温蒸煮"工艺，在拌料罐中调好料水比，加入高温 α-淀粉酶，加酶量 12~20U/g 原料，进入预煮锅，温度 70~75℃，预煮 30~60min，使淀粉初步糊化和液化，减轻蒸煮负荷，同时可使喷射液化顺利均匀地进行。采用的喷射温度因原料粉碎度、浓度等不同而不同，以木薯为原料，喷射温度在 90℃ 左右，以玉米为原料喷射温度在 93~95℃，在柱式层流罐中保温流动维持 90~150min。蒸煮醪液可用碘试剂测定，观察其黏度，黏度迅速下降，有利于冷却和糖化。

2. 低 pH 型淀粉酶使用优势

酒精行业清液回配工艺要求淀粉酶有更强的耐低 pH 特性，而酒精蒸煮醪质量的关键是黏度降低，这与淀粉糖的系列评价标准不同。耐酸性强的新型高温 α-淀粉酶适应了酒精行业的发展方向，已成为酒精行业首选淀粉酶。

具体工艺方面，酒精行业在喷射液化前都有一道预蒸煮工序，喷射后无承压工序。表2-8 是低 pH 型高温 α-淀粉酶蒸煮工艺与传统淀粉酶工艺的参数对比，可以看出低 pH 可使清液回配比例提高，蒸煮温度降低可以节省能耗。

表2-8　　　　　　　　　　　　　蒸煮参数对比

工段	指标	传统工艺	低 pH 工艺
配料	粉碎细度/mm	1.2~2.0	同左
	浓度/°Bx	18~26	同左
	推荐 pH	6.0~6.2	5.2~6.0
	淀粉酶用量/（U/g 原料）	8~16	同左
蒸煮	预蒸煮温度/℃	70~75	同左
	预蒸煮时间/min	30~60	同左
	蒸煮温度/℃	103~105	85~95
	蒸煮时间/min	90~150	同左

表 2-9 是采用上述低 pH 工艺的一组生产实例，可以看出该工艺发酵指标与传统工艺基本相同。

表 2-9　　　　　　　　　　　　　某厂低 pH 高温 α-淀粉酶发酵指标

加酶量/（U/g）	蒸煮还原糖/（g/100mL）	总残糖/（g/100mL）	残还原糖/（g/100mL）	酸度/（mmoL/100mL）	挥发酸/（mmoL/100mL）	酒精度/%vol
12	3.51	0.87	0.21	4.01	0.10	11.75

　　在酒精生产中高温 α-淀粉酶的加量不宜过高，这是因为蒸煮还原糖含量升高，将导致发酵结束时总残糖含量高、酒精成分低等异常指标。液化 DE 值与糖化 DE 值呈负相关性的原理将在葡萄糖淀粉酶中阐述。总之，酒精蒸煮要控制还原糖含量，过高或过低均不利于发酵，生产上一般控制在 3~5g/100mL。

三、葡萄糖淀粉酶

（一）概述
　　葡萄糖淀粉酶（1,4-α-D-葡聚糖-4-葡萄糖水解酶，E.C. 3.2.1.3），习惯上称为糖化酶，因使用范围广且用量大，一直以来是我国产量最大的单一酶制剂品种。随着酶制剂行业的发展，以黑曲霉为发酵菌株的"老"糖化酶，正逐渐被以丝状真菌为发酵菌株的"新"糖化酶取代，本部分介绍"新"糖化酶。糖化酶的执行标准为 GB 1886.174-2016《食品安全国家标准　食品添加剂　食品工业用酶制剂》，相关指标见表 2-1，商品糖化酶基本情况见表 2-10。

表 2-10　　　　　　　　　　　　　　糖化酶概况

项目	内　　容
活力定义	1mL 酶液或 1g 酶粉在 40℃、pH4.6 的条件下，1h 水解可溶性淀粉产生 1mg 葡萄糖，即为一个酶活力单位，以 U/g（U/mL）表示
液体酶性状	浅褐色，25℃，pH3.0~5.0，密度≤1.20g/mL
固体酶性状	黄褐色粉末，0.4mm 标准筛通过率≥80%
商品酶活力	20 万 U/mL（g），30 万 U/mL（g）
来源	丝状真菌发酵生产

（二）作用原理
　　糖化酶作用于液化淀粉的非还原性末端，水解 α-1,4 葡萄糖苷键产生葡萄糖，也能缓慢水解 α-1,6 葡萄糖苷键转化成短直链多糖。当液化淀粉聚合度过低，即液化还原糖含量过高时，液化淀粉不易与酶结合，造成反应结束不能被酶水解的界限糊精含量升高，淀粉水解率降低，影响葡萄糖收率，因此在淀粉糖和酒精行业都应控制液化还原糖含量，该原理也适用于麦芽糖生产用酶，特别是生产超高含量麦芽糖浆时。糖化酶作用原理示意图如图 2-7 所示。

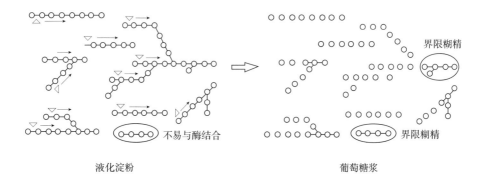

图 2-7　糖化酶作用原理示意图
○—葡萄糖　——糖苷键　△—酶切位点　→—酶解方向　⬭—界限糊精

（三）特性

糖化酶温度特性如图 2-8 所示，pH 特性如图 2-9 所示。

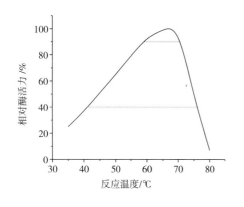

图 2-8　糖化酶温度特性

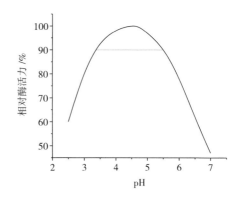

图 2-9　糖化酶 pH 特性

（四）葡萄糖的高质量生产

1. 糖化工艺

淀粉经高温 α-淀粉酶液化后，液化液经过调整即进入糖化阶段，根据糖化阶段所加酶的不同，可以生产出不同类型的葡萄糖或麦芽糖，以葡萄糖为原料的行业如果糖、有机酸、酒精、制药、酿造等，一般也有制糖车间或制糖工序。图 2-10 是结晶葡萄糖的一般工艺流程，以葡萄糖为原料的发酵行业一般进行至过滤、脱色工段，麦芽糖浆工艺进行至真空浓缩工段。

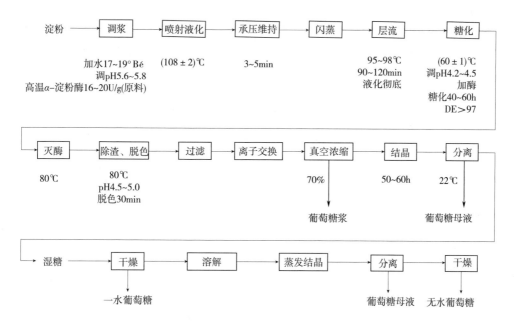

图 2-10 双酶法制糖工艺流程

单独使用糖化酶生产葡萄糖浆已不多见，DE 为 40%~60% 的中转化率糖浆偶见生产，具体用酶方法是：$10×10^4 U/mL$ 酶制剂用量为 50~100mL/t 干物，不调 pH，60℃ 糖化 12~24h。

要使合格的液化液尽可能多地转化为葡萄糖，就必须使用复合糖化酶，复合糖化酶由糖化酶和普鲁兰酶按一定比例配合而成。影响糖化的因素有糖化酶、底物浓度、液化液质量、糖化工艺（pH、加酶量、温度、时间）等。糖化工艺为：液化结束后迅速将料液用酸调 pH 至 4.0~4.5，同时迅速闪蒸降温至（60±1）℃，然后加入糖化酶 0.3~0.5L/t 干物，维持 35~60h（取决于加酶量），用无水乙醇定性检验糊精反应，DE 达到最高时（96%~98%），将料液加热到 80℃ 保温 20min 开始过滤，滤液进入贮罐准备脱色。表 2-11 是工厂生产葡萄糖实绩。

表 2-11　　　　　　　　　　工厂生产葡萄糖实绩

糖化时间/h	DE 值/%	葡萄糖含量/%	OD 值	糖化时间/h	DE 值/%	葡萄糖含量/%	OD 值
0	15.6	5.5	0.45	22	96.5	32.3	0.12
10	89.8	28.2	0.25	26	97.0	33.0	0.06
14	93.3	30.9	0.18	30	97.2	33.2	0.05
18	95.5	31.6	0.15	35	97.2	33.2	0.03

注：本表中 OD 值与上文所述的糊精反应，分别从定量和定性的角度反映了糖化是否彻底。OD 值的检测方法多样，但原理相同，一个常用的方法是：将 1mL 糖化液加入 9mL 无水乙醇中，密闭后放在暗处，避光静置 10min，然后在 550nm 的波长下，测量吸光度值。糊精反应的检测与 OD 值相似，只是避光静置后用肉眼观察有无沉淀或浑浊物。

2. 糖化效果

糖化结束后糖化液中葡萄糖占总糖的 96.0% 以上，其他糖组分占总糖的百分比依次为：二糖 2.3%~3.0%，三糖 0.3%~0.55%，四糖及以上 0.4%~0.75%。表 2-12 为葡萄糖浆的色谱分析结果。

表 2-12　　　　　　　　　　葡萄糖浆的色谱分析结果

葡萄糖含量/%	DP_1/%	DP_2/%	DP_3/%	DP_{4+}/%
95	95	2.9	0.9	1.2
96	96	2.5	0.8	0.7
97	97	1.8	0.7	0.6

3. 糖化工艺中的常见问题

利用糖谱可以发现生产过程中存在的问题，以便指导生产，改善生产工艺，提高产品得率和品质。常见的糖化工段问题及解决方案见表 2-13。

表 2-13　　　　　　　　　　糖化工艺中出现的问题及解决方案

常见问题	可能原因	解决方案
糖化效果不佳（DX 值低）	液化加酶、加碱匹配不均匀或液化出料 DE 值不符合要求	调整相应工艺参数
糖化液中有麦芽酮糖存在	液化过程中 pH 过高	控制好调浆 pH
糖化液中 DP_2 含量过高	糖化温度高，复合反应严重，转苷酶多，pH 高，糖化周期长，加酶量过大	选用优质糖化酶，适当降低糖化温度、pH，缩短糖化时间
糖化液中 DP_3 含量过高	液化 DE 值太高或糖化不彻底	降低液化 DE 值或延长糖化时间
糖化液中 DP_4 含量过高	糖化过程不彻底	延长糖化时间

注：DX 为葡萄含量,%。

提高糖化 DX 水平，对工业生产具有重要意义，多年的理论和实践经验表明，当糖化 DX 水平提高 1% 时，结晶收率将提高 3%~4%，可以为企业带来显著的经济效益。

（五）其他领域的应用方法

糖化酶单酶广泛应用于酒精、白酒、啤酒、酿造、味精、抗生素等行业，表 2-14 列举了山东隆科特公司典型的糖化酶用法，酶活力按 $20×10^4$U/mL（g）计。

表 2-14　　　　　　　　　　葡糖淀粉酶使用方法

行业	效果	使用方法
酒精工业	糖化	蒸煮醪冷却到 60~62℃ 时，加糖化酶 0.5~0.8L/t 原料，保温 0~30min，冷却后发酵

续表

行业	效果	使用方法
有机酸、抗生素	糖化	液化液降温至 60~62℃，调 pH4.5 左右，加酶量 0.5~1.5L/t 原料，周期 24~48h
酿造	补充各种曲糖化力不足，提高原料利用率	添加量 1.0~1.5kg/t 原料
干啤酒	提高发酵度	糖化锅中添加，用量 0.1~0.25L/t 干麦芽

四、真菌 α-淀粉酶

（一）概述

真菌 α-淀粉酶（1，4-α-D-葡聚糖-葡聚糖基水解酶，E.C. 3.2.1.1），也称真菌酶，是一种内切酶，可以迅速水解直链和支链淀粉内部的 α-1，4-糖苷键，不能水解 α-1，6-糖苷键，生成大量麦芽糖及少量麦芽三糖、葡萄糖和其他寡聚糖。真菌酶的执行标准为 GB 1886.174—2016，相关指标见表 2-1，商品真菌酶概况见表 2-15。

表 2-15　　　　　　　　　　　商品真菌 α-淀粉酶概况

项目	内　　容
活力定义	在 40℃的条件下，1g 或 1mL 酶样品与底物可溶性淀粉起反应，30min 生成相当于 10mg 的葡萄糖，即为 1 个酶活力单位，以 U/g 或 U/mL 表示
液体酶性状	浅褐色，25℃、pH6.0~7.0，密度≤1.25g/mL
固体酶性状	白色至黄色粉末，0.4mm 标准筛通过率≥80%
商品酶活力	2×10^4U/g（mL）
来源	米曲霉发酵生产

（二）特性

山东隆科特公司真菌 α-淀粉酶特性见图 2-11 和图 2-12。

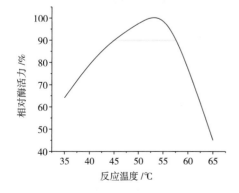

图 2-11　真菌 α-淀粉酶温度特性

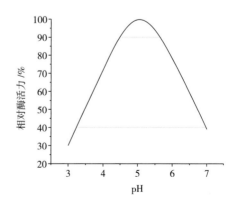

图 2-12　真菌 α-淀粉酶 pH 特性

（三） 应用

真菌 α-淀粉酶主要应用于麦芽糖浆的生产，也应用于啤酒、烘焙行业。表 2-16 列举了山东隆科特公司真菌 α-淀粉酶的典型用法，酶活力按 $2×10^4$ U/mL （g） 计。

表 2-16 真菌 α-淀粉酶使用方法

行业	效果	使用方法
麦芽糖浆	糖化	用量 0.1~0.35L/t 干物质，pH4.8~6.0，温度 58~60℃ 的条件下糖化 6~30h
啤酒	提高发酵度	5~20g/t （以麦汁计）
	改善残糖率	20~75g/t （以麦汁计）
	消除冷浑浊	0.5~4g/t （以麦汁计）
发酵类面制品	结构均匀、体积增大、持气能力增强	作为试用起点的最适添加量，推荐 0.01~0.05kg/t 原料

五、β-淀粉酶

（一） 概述

β-淀粉酶（α-1，4-葡聚糖-4-麦芽糖水解酶，E. C. 3.2.1.2）是一种外切酶，它从液化淀粉的非还原末端开始，按麦芽糖单位依次水解，同时发生沃尔登转位反应，产物由 α 型麦芽糖转变为 β 型。该酶不能水解淀粉分支处的 α-1，6-糖苷键，淀粉的分解会在 α-1，6 键前的 2~3 个葡萄糖残基处停止，因此生产的麦芽糖基本上无葡萄糖产生。β-淀粉酶尚无国家标准或行业标准，但作为食品加工行业用酶，应满足 GB 1886.174—2016《食品安全国家标准 食品添加剂 食品工业用酶制剂》的技术要求，相关指标见表 2-1，商品 β-淀粉酶概况见表 2-17。

表 2-17 β-淀粉酶概况

项目	内容
活力定义	1mL 酶液（或 1g 酶粉）在 pH5.5、60℃ 的条件下，每小时水解 1.10% 淀粉液形成的麦芽糖毫克数为 1 个酶活力单位，以 U/g 或 U/mL 表示
液体酶性状	浅褐色，25℃ pH4.0~6.0，密度 ≤1.25g/mL
商品酶活力	$70×10^4$ U/mL
来源	植物提取和微生物发酵两个来源，商品酶一般从大麦、甘薯、大豆中提取

（二） 特性

不同来源 β-淀粉酶性质见表 2-18。需要指出的是，尽管不同来源的 β-淀粉酶性质有差异，但工业使用时的用酶条件可以相同控制。

表 2-18　　　　　　　　　　　　不同植物来源 β-淀粉酶的性质

项目	大麦	甘薯	大豆
最适 pH	5.0~6.0	5.5~6.0	5.3
稳定 pH 范围	4.8~8.0	3.0~6.5	3.5~10
最适温度/℃	50~55	50~55	60~65
等电点/pI	6.0	4.8	5.25
淀粉水解率/%	65	65	65

（三）应用

β-淀粉酶主要应用于麦芽糖浆的生产，特别是啤酒用麦芽糖浆（B 型），隆科特 β-淀粉酶的加酶量为 0.2~0.3L/t 干基，pH5.5，60℃条件下水解 24h。啤酒用麦芽糖浆（B型）的需求多样，各个厂家的用酶方式也不尽相同，只要充分了解酶制剂作用原理，就可以灵活调整，满足不同需求。

另外，生产超高麦芽糖浆时该酶会与普鲁兰酶和麦芽糖淀粉酶配合使用，为便于说明问题，不同类型麦芽糖浆的详细用酶方法将在普鲁兰酶中介绍。

六、麦芽糖淀粉酶

（一）概述

麦芽糖淀粉酶（1,4-α-D-葡聚糖 α-麦芽糖基水解酶，E.C. 3.2.1.133），又称生麦芽糖 α-淀粉酶、麦芽三糖酶。是一类水解 α-1,4-D-葡萄糖苷键的内切淀粉酶，作用于淀粉及相关多聚糖、寡糖的非还原末端，产物为 α-麦芽糖。麦芽糖淀粉酶的执行标准为 GB 1886.174—2016，相关指标见表 2-1，商品酶概况见表 2-19。

表 2-19　　　　　　　　　　　　麦芽糖淀粉酶概况

项目	内容
活力定义	在 50℃、pH5.0 的条件下，每分钟水解玉米淀粉产生 1μmol 还原糖（以麦芽糖计）所需酶量定义为一个酶活力单位（U）
液体酶性状	浅褐色，25℃，pH4.0~6.0，密度≤1.25g/mL
固体酶性状	白色至米黄色，0.4mm 标准筛通过率≥80%
商品酶活力	液体酶 200U/mL、食品级固体酶 2000U/g
来源	枯草芽孢杆菌发酵生产

（二）特性

麦芽糖淀粉酶温度特性如图 2-13 所示，pH 特性如图 2-14 所示。

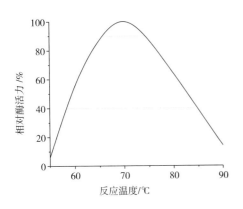

图 2-13　麦芽糖淀粉酶温度特性

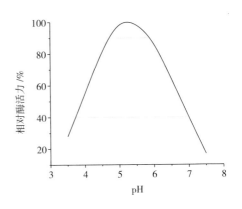

图 2-14　麦芽糖淀粉酶 pH 特性

(三) 麦芽糖淀粉酶的糖化特点

表 2-20 是麦芽糖淀粉酶的一组糖化结果，其反应条件为：干物浓度 33%，pH5.44，温度 60℃，糖化 24h。可以看出，麦芽糖淀粉酶有最强的内切性，24h 内可将麦芽三糖完全水解，并且产物的葡萄糖含量远高于真菌 α-淀粉酶，可以判断该酶优先水解奇数聚合度的多糖。麦芽糖淀粉酶的这一特点被应用在啤酒用麦芽糖浆的生产中，与液化工艺配合，调节麦芽三糖含量。

表 2-20　　　　　　　　　　　　一组麦芽糖淀粉酶糖化结果

加酶量	DP_1/%	DP_2/%	DP_3/%	DP_{4+}/%
0.2U/g 原料	9.1851	60.9939	4.4190	25.4020
0.4U/g 原料	10.1375	65.5123	0.3212	24.0290
0.8U/g 原料	10.3906	67.8770	0	21.7324

麦芽糖淀粉酶一般情况下不单独使用，而是与 β-淀粉酶和普鲁兰酶配合，是生产超高麦芽糖浆的必需酶制剂，为了较完整地介绍淀粉加工用酶，将在普鲁兰酶部分汇总高含量麦芽糖浆用酶方法。

(四) 酶法延长发酵型面制品的保质期

面包和馒头等面制品放久了，会失去新鲜时柔软的口感，变得又干又硬，这主要由 3 种原因所致：水分迁移、淀粉重结晶、淀粉与面筋蛋白的交联缠绕。水分的迁移包括内瓤向表皮的迁移和表皮水分向周围环境的迁移，导致面包变干；温度的降低会导致淀粉由无定型状态变回结晶状态，即所谓淀粉的回生，其会结合大量水分，使面制品内瓤变硬、变脆；淀粉与面筋蛋白交联缠绕，也会结合更多的水分，淀粉的回生加重了这种现象。麦芽糖淀粉酶可以干预后两种变化，减缓面制品的老化回生。

我们知道，小麦淀粉的糊化温度在 64~70℃，由特性可知，麦芽糖淀粉酶比另两种内切型淀粉酶更具有优势：首先在 64℃ 时淀粉刚开始糊化，而真菌 α-淀粉酶已逐渐失活，作用效果受到影响；其次中温 α-淀粉酶在烘焙结束仍具有相当活力，一旦水解过度会导致面制品发黏、没有弹性，使用效果不易控制。麦芽糖淀粉酶的适宜作用温度为 60~85℃，焙烤结束没有酶活性残留，加上内切性强的特点，使得该酶在发酵型面制品中有更好的使用效果及安全性。

麦芽糖淀粉酶的添加量为 3~18g/t 原料，酶活力以 2000U 计。图 2-15 是一组面包贮存过程中弹性变化的质构分析，用酶量 12g/t 原料。

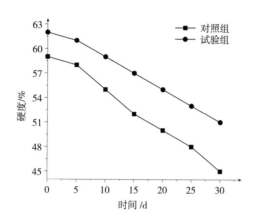

图 2-15　面包贮存过程的弹性变化

第二节　其他淀粉加工用酶

一、普鲁兰酶

（一）概述

普鲁兰酶（支链淀粉 α-1,6-葡聚糖水解酶，E. C. 3.2.1.41）是异淀粉酶类中的一种，它能专一性分解普鲁兰糖、支链淀粉和相应低聚糖中的 α-1,6-糖苷键，从而剪下整个侧枝形成直链多糖，直链多糖易被外切酶水解，因此而提高淀粉转化率。该酶主要用于淀粉糖行业：与糖化酶配合使用生产最高转化率的葡萄糖；与 β-淀粉酶和麦芽糖淀粉酶配合使用生产超高麦芽糖。普鲁兰酶的执行标准为 GB 1886.174—2016《食品安全国家标准　食品添加剂食品工业用酶制剂》，相关指标见表 2-1，商品普鲁兰酶概况见表 2-21。

表 2-21　　　　　　　　　　　　普鲁兰酶概况

项目	内　　容
活力定义	在 60℃、pH4.5 的条件下，每分钟水解普鲁兰多糖产生 1μmol 还原糖所需的酶量定义为一个酶活力单位（U）
液体酶性状	浅褐色，25℃、pH3.0~5.0，密度≤1.25g/mL

续表

项目	内　　容
固体酶性状	白色至米黄色，0.4mm 标准筛通过率≥80%
商品酶活力	液体酶 2000U/mL、食品级固体酶 2000U/g
来源	地衣芽孢杆菌发酵生产

（二）特性

山东隆科特公司普鲁兰酶温度特性如图 2-16 所示，pH 特性如图 2-17 所示。

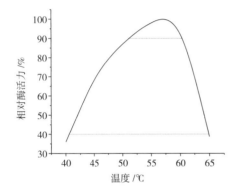

图 2-16　普鲁兰酶温度特性

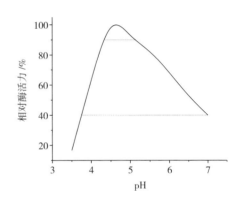

图 2-17　普鲁兰酶 pH 特性

（三）不同类型麦芽糖浆的生产

普鲁兰酶主要用于生产葡萄糖浆和麦芽糖浆，其中葡萄糖浆的生产见葡萄糖淀粉酶部分。这里介绍普鲁兰酶在麦芽糖和海藻糖生产中的应用。

根据麦芽糖的含量不同，麦芽糖分为麦芽糖饴、麦芽糖浆、高麦芽糖浆和超高麦芽糖浆 4 种，各种麦芽糖浆主要组分见表 2-22。

表 2-22　　　　　　　　　　　各种麦芽糖浆的组成

类别	DE/%	葡萄糖含量/%	麦芽糖含量/%	三糖含量/%	四糖及以上含量/%
麦芽糖饴	35~65	5~20	30~50	10~20	30~40
麦芽糖浆	40~60	5~15	50~55	10~20	20~30
高麦芽糖浆	35~50	0.5~3.0	75	10~15	5~10
超高麦芽糖浆	60	3.0~5.0	90	0~5	—

1. 工艺流程

图 2-18 是麦芽糖浆生产工艺流程。

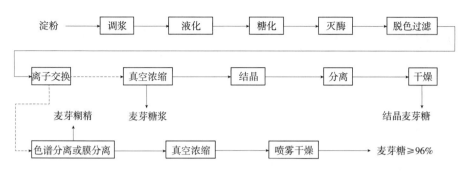

图 2-18　麦芽糖生产工艺流程

注：虚线表示此处出现分支。

2. 液化

液化是酶法制取麦芽糖的关键工序，目前麦芽糖工业上已普遍采用高温 α-淀粉酶作为淀粉液化用酶。液化程度是用测量的 DE 值控制的，为了提高麦芽糖的生成量，必须尽量减少葡萄糖的聚合度为奇数的低聚糖的生成。液化 DE 值越高，则奇数低聚糖的生成也越多，糖化后生成较多的麦芽三糖，使麦芽糖的含量降低；若 DE 值太低，则糖液黏度太高而难以糖化和过滤。一般情况下，麦芽糖液化工段的灭酶方式采用升温至 135℃维持 10min 的灭酶方式。

二次喷射工艺在麦芽糖生产中被灵活应用，主要有两种方式，如图 2-19 所示。第一种工艺是在生产麦芽糖饴和麦芽糖浆时，采用二次喷射提高淀粉收率，尤其适用于陈化粮淀粉的生产，如图 2-19（1）所示。第二种方式是生产高麦芽糖浆和超高麦芽糖浆时使用，如图 2-19（2）所示，其目的是使高温淀粉酶失活，防止其在糖化中继续作用，造成糖化结束时麦芽糖含量降低。

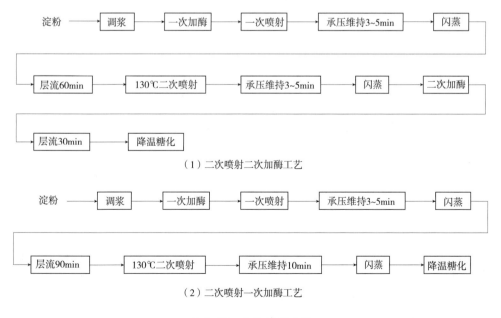

（1）二次喷射二次加酶工艺

（2）二次喷射一次加酶工艺

图 2-19　二次喷射工艺

3. 糖化

将液化液降温（60±2）℃，按表2-23加隆科特酶制剂，生产出不同类型的麦芽糖浆，其中真菌酶以 $2×10^4$U/mL 计、$β$-淀粉酶以 $70×10^4$U/mL 计、普鲁兰酶以 2000U/mL 计、麦芽糖淀粉酶以 200U/mL 计、糖化酶（黑曲霉产）以 $10×10^4$U/mL 计。

糖化应增强无菌意识，防止染菌。主要方法有：提高糖化温度到 60~62℃；设备清洗、管道灭菌、阀门消毒；提高调浆浓度；控制合理的糖化时间；使用高质量酶制剂。

表 2-23 　　　　　　　　　　　　麦芽糖生产工艺参数

工序或指标	项目	麦芽糖饴	麦芽糖浆	高麦芽糖浆	超高麦芽糖浆
标准糖组分	DP$_1$/%	17	10	1	5
	DP$_2$/%	42	55	75	90
	DP$_3$/%	18	15	10	1
液化①	浓度/%	30~35	30~35	25~30	20~25
	DE 值/%	15~20	15~17	8~10	5~8
	灭酶	不必	不必	必须	必须
糖化	温度/℃	60±2	60±2	60±2	60±2
	pH②	5.5~6.0	5.5~6.0	5.0~5.5	5.0~5.5
	周期/h	16~24	20~30	24~30	48
酶制剂用量／（kg/t 干物）	真菌酶	0.1~0.15	0.1~0.2		
	$β$-淀粉酶	—	0.2~0.25	0.7~1.0	1.5~2.0
	普鲁兰酶	—	0~0.1	0.7~1.0	1.5~2.0
	麦芽糖淀粉酶				1.5~2.0
	糖化酶③	0.05	0.03	—	—

注：①液化部分只列出不同的控制参数，其他条件详见高温 $α$-淀粉酶部分。②pH 为糖化开始的范围。糖化过程中，麦芽糖饴和麦芽糖浆的糖化要确保前 10 小时 pH>4.8；高麦芽糖浆和超高麦芽糖浆要全程控制 pH 在最适范围。③糖化酶的加入时间为糖化第 12h。

4. 过滤脱色

糖化结束将温度升至 75~80℃，用板框过滤机或真空转鼓过滤机除去蛋白渣，清液中按干物质质量的 0.3%~0.5%加入糖用活性炭，开动搅拌维持 20~30min，趁热压滤。若第一次脱色糖液的色价在 0.4 以下，则可进行离子交换。否则要补加一定量的活性炭进行第二次脱色，二次脱色回收的活性炭可用作下一批次第一次脱色用炭。

5. 离子交换

脱色糖液降温至 55℃，送入离子交换柱进行离子交换，以除去脱色后糖液中的蛋白质、氨基酸、色素和灰分。离子交换床可按阳-阴-阳-阴串联，阳离子树脂多选用001×7（即 732 强酸型离子交换树脂），阴离子树脂多选用211×4（即 711 强碱型离子交换树脂）。树脂先经处理，糖液自上而下流过树脂，流速每小时为树脂体积的 3~4 倍，当阳离子柱流出液的 pH 上升到 3.5 左右，阴离子柱流出液 pH 下降到 4.5 左右时，树脂的交换能力已大大下降，应停止交换，树脂进行再生。此时用温水洗出树脂内的残糖，将浓度高的清洗液与离子交换液合并后浓缩成成品。

6. 浓缩

脱色净化液在真空下浓缩，为了节约能源，可采用双效和三效蒸发器，在 80kPa 进行，当浓缩液的固形物达 75%～82% 即为成品。

（四）海藻糖生产

海藻糖又称为漏芦糖、覃糖，由两个葡萄糖分子组成的一个非还原性双糖，广泛存在于各种生物体中，包括细菌、酵母、真菌和藻类以及一些昆虫、无脊椎动物和植物中，尤其在酵母中含量较高。海藻糖对生物体和生物大分子具有非常特异性的保护作用，在生物细胞处于饥饿、干燥、高温、低温冷冻、辐射、高渗透压及有毒试剂等各种胁迫环境时，细胞内海藻糖含量上升，从而维持细胞内生物膜和蛋白质、活性肽的稳定性和完整性，可广泛应用于生物制剂、医药、食品、保健品、精细化工、化妆品、饲料及农业科学等各个行业。

生产海藻糖的方法较多，主要有微生物提取法、基因重组法和酶转化法等，其中酶法已有工业化生产，生产技术达到世界先进水平，其工艺流程如图 2-20 所示。

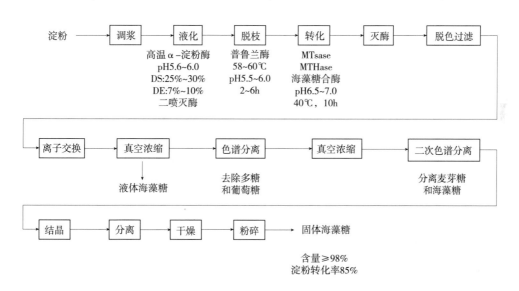

图 2-20 海藻糖工艺流程

注：DS 为干物质含量，下同。

1. 液化

该工艺的调浆工序与其他淀粉糖相同，详见高温 α-淀粉酶部分。成品液化液的质量标准与生产葡萄糖和麦芽糖有所区别，主要是在较高的调浆浓度下控制 DE 值 7%～10%，很难做到碘试合格，从而影响淀粉转化率。适当降低调浆浓度、选用高质量的喷射液化器和选用内切性强的高温 α-淀粉酶是解决该问题的几个方向。

2. 脱支

该工艺是以直链淀粉为底物，通过麦芽寡糖基海藻糖合成酶（MTSase）、麦芽寡糖基海藻糖水解酶（MTHase）和海藻糖合酶的共同作用，海藻糖在糖化阶段的含量为70%左右。在脱支阶段隆科特普鲁兰酶加量1%~2%（酶活力2000U/g，以料液质量计算加酶量），在如图2-20所示的条件下去除液化液中的支链淀粉。可以看出，普鲁兰酶并没有在最适条件下作用，这是考虑了前后工序做出的工艺选择，其他酶制剂的应用往往也存在类似现象。

3. 转化

转化工段用酶的简要情况见表2-24，其中海藻糖合酶与其他海藻糖生产酶系相比具有更大的优势，只需要一种酶一步反应就能获得海藻糖，而且其底物为成本较低且工艺成熟的麦芽糖，因此国内外均将海藻糖合酶视为未来海藻糖酶法生产的方向，单酶转化工艺流程见图2-21。

表2-24   **糖化工段用酶简介**

酶名称	概述	评价
麦芽寡糖基海藻糖合成酶（MT-Sase）和麦芽寡糖基海藻糖水解酶（MTHase）	联合作用于不同DP值（DP≥3）的麦芽寡糖或直链淀粉，产物为海藻糖，该过程对磷酸盐无依赖性	淀粉经高温α-淀粉酶、普鲁兰酶水解为短链糊精后，经这两种酶的联合作用，海藻糖含量占总糖含量的70%左右
海藻糖合酶	直接转化麦芽糖为海藻糖，转化率为70%~80%	特异性强，不需要磷酸盐共存，仅需一步反应，易控制，底物生产工艺成熟，海藻糖的产率高且不受麦芽糖浓度影响，适合工业化生产

目前，上述3种酶尚无工业化生产，各海藻糖厂家需要自行建设酶的发酵车间，增加了设备投资、运行成本和管理成本，而且所产酶的稳定性得不到很好的保障，生产波动较大。未来随着海藻糖市场的增大和海藻糖生产技术的逐步稳定成熟，海藻糖生产用酶也将制剂化。

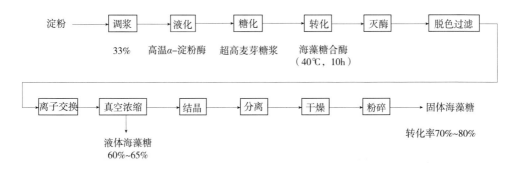

图2-21 海藻糖生产工艺流程

值得一提的是，目前海藻糖糖化工段用酶的菌种来源较多，主要有枯草芽孢杆菌、恶臭假单胞菌、毕赤酵母等，因不同菌株所产酶的特性不尽相同，所以糖化工段的控制参数有所不同，生产上应结合酶学性质、工艺流程和设备条件等逐步总结出最佳用酶方法。

4. 分离纯化

海藻糖浆的脱色、离子交换工序比较成熟，难点在于海藻糖的分离提纯，常见的分离纯化方法见表2-25。

表2-25　　　　　　　　　　海藻糖的分离纯化方法

方法	工艺概述	评价
一步纯化法	抽提、絮凝、调节pH、过滤、结晶	操作步骤简单，方法易行
二步纯化法	向转化结束的海藻糖浆中加入糖化酶，然后接种3%~10%的酿酒酵母，在25~30℃条件下发酵培养，再经离心、超滤、离子交换、浓缩、结晶、干燥得海藻糖纯品	纯度高，分离纯化效率高，海藻糖损失少，成本较低
色谱分离技术	色谱分离技术有多种形式，如向转化结束的海藻糖浆中加入糖化酶，经色谱分离得海藻糖和葡萄糖；以及经过两次色谱分离法：第一次色谱分离除去葡萄糖和大分子糊精；第二次色谱分离得海藻糖和麦芽糖	操作复杂，成本较高，但分离效果好，是目前较为常用的分离提纯工艺

（五）其他领域的应用方法

山东隆科特公司普鲁兰酶在其他行业的应用情况见表2-26，酶活力按2000U/mL计。

表2-26　　　　　　　　　　普鲁兰酶的其他应用情况

行业	效果	使用方法
啤酒	提高发酵度	10~30mL/t麦汁
改性淀粉食品	改变支链淀粉的成膜性、抗消化性、溶解性	0.3~1.0L/t原料
酿造	提高原料利用率	0.05~0.15L/t原料

二、葡萄糖异构酶

（一）概述

葡萄糖异构酶（D-木糖酮醇异构化酶，E.C. 5.3.1.5），可将D-木糖、D-葡萄糖、D-核糖等醛糖异构化为相应的酮糖，该酶在葡萄糖异构化生产果糖行业有广泛的应用。商品异构酶均为固定化酶制剂，执行标准为GB/T 23533—2009《固定化葡萄糖异构酶制剂》，该标准对葡萄糖异构酶的要求及商品酶性状见表2-27。

表 2-27   固定化葡萄糖异构酶概况

项目	内容
外观要求	不结块、无异味
固定化载体	所使用的固定化载体需符合相关标准规定
卫生要求	应符合国家有关规定
活力定义	1g 固定化葡萄糖异构酶在标准测定条件下（具体见表 2-28），1h 转化产生 1mg 果糖，即为 1 个酶活力单位，以 U/g 表示
性状	棕褐色颗粒，粒径 300~1200μm，密度 0.62g/mL，水化膨胀 1.5 倍
商品酶活力	≥2000U/g
生产能力	≥5t/kg
强度	合格
干燥失重	≤8.0%
来源	基因工程改造的锈棕色链球菌发酵制得

（二）特性

固定化葡萄糖异构酶的温度特性如图 2-22 所示，pH 特性如图 2-23 所示。

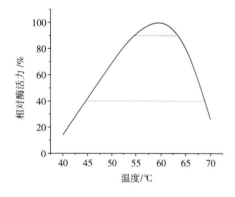

图 2-22 葡萄糖异构酶温度特性

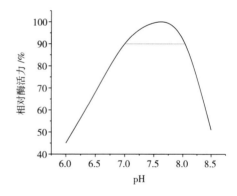

图 2-23 葡萄糖异构酶 pH 特性

（三）果葡糖浆生产

固定化葡萄糖异构酶主要应用于果葡糖浆的生产，工业上采用全酶法生产工艺（也可用蔗糖直接水解制成），主要包括淀粉转化、糖浆精制及浓缩、异构化和色谱分离等 4 个部分。一般采用玉米淀粉或碎米为原料，经过双酶液化、糖化，变成葡萄糖溶液，经脱色、树脂处理制成糖化液；采用固相异构酶进行异构化反应，得到果糖和葡萄糖的混合液，再经脱色、树脂处理、蒸发浓缩，得到 42% 的果葡糖浆；采用模拟移动床（Simulated moving bed, SMB）并以含有 Ca^{2+} 的离子交换树脂作为分离介质，经过 SMB 的分离操作后所得产物的果糖含量高达 90%，即 F90；将 F90 与从旁路过来的 F42 相混合即可得 F55，如图 2-24 所示。

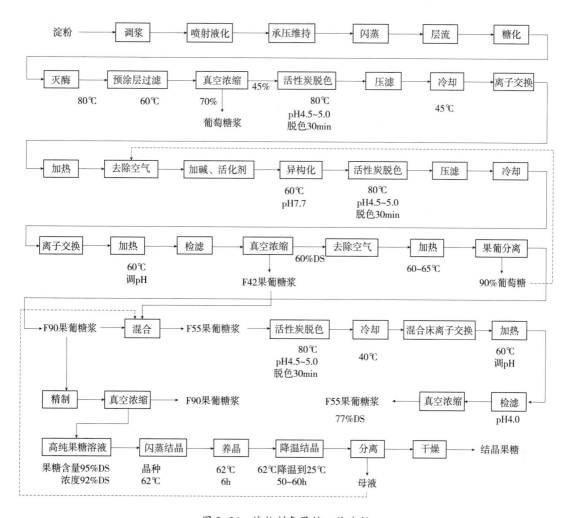

图 2-24 淀粉制备果糖工艺流程

1. 葡萄糖生产

请见葡糖淀粉酶部分。

2. 异构化用葡萄糖液的质量要求

（1）纯度高 目前采用全酶法生产的葡萄糖 DE 值>97%，糖化液经过精制纯化除去 Fe^{3+}、Cu^{2+} 和其他金属离子杂质，Ca^{2+} 控制在极低的范围，使得异构反应保持较好的稳定性。

（2）浓度高 酶法制糖后，异构化前必须将料液浓缩至 42%~50%。

（3）需要添加一些对酶有激活作用和对氧有抑制作用的无机盐。

（4）糖液 pH 一般糖液 pH 调到 7.5。

3. 异构化酶的填装

固定化葡萄糖异构酶是颗粒状固体，经水化后将异构化酶装于直立保温不锈钢反应柱中，葡萄糖浆由柱顶进料，流经酶柱，发生异构化反应，其中葡萄糖量的 42% 被异构成果糖，得到 F42 果葡糖浆。因此选择合适的高径比是十分重要的。异构系统设计要全部采用自动化，系统要完善，根据所需产量选定异构柱的数量和大小，异构柱不宜过小，也不宜过大，10t 规模应以盛装 1t 异构酶为宜。要按工艺要求进行装柱，使固定化酶在装柱过程中尽量少接触空气。利用预先配好的葡萄糖液与异构酶均匀搅和，使异构酶在柱子中分布整齐均匀，在糖液异构前按要求达到酶的最佳条件。如果异构系统设计得比较完善，异构酶的使用寿命可以大大超过预期。

4. 异构化条件

在所有工业酶制剂中，葡萄糖异构酶的酶学性质较为特别，活性既受金属离子影响也受氧的影响，工业生产均控制到最佳条件，如表 2-28 所示。

表 2-28 葡萄糖异构酶的操作条件

项目	工业应用条件	酶活力化验条件
底物	DX（葡萄糖值）≥93%， DS（干物质含量）40%~50%	葡萄糖含量 450g/kg
温度	适宜 60~80℃，最适 55~60℃	60℃
pH	适宜 6.5~8.0，最适 7.5~7.8	7.5
激活剂	Mg^{2+} 40~60mg/kg	99mg/L（1.0g/L $MgSO_4 \cdot 7H_2O$）
抑制剂	Ca^{2+}：<2μg/g	Ca^{2+}：<2μg/g
除氧	SO_2 浓度 110mg/L	100μg/g（0.18g/L $Na_2S_2O_5$）
反应场所	异构柱	20cm×2.5cm 玻璃柱
酶量	异构柱与酶层高径比 1:4	一定量溶胀后的酶

以上条件可确保反应时间短，异构糖的质量变化小，精制过程简单。反应的 pH 适中，可满足产物的稳定性要求，产物不需调 pH，产生的色素物质少。在实际操作中，一些厂家加入 $MgSO_4$ 和 $Na_2S_2O_3$ 来保证异构化条件，添加量应根据糖液质量进行调整。当糖液中钙含量较高时，就可用镁来抵消它；为了去氧则需增加 SO_2 的量，但必须严格控制，因为有些产品对硫离子的含量有所限制。在异构柱正常运转时，通过调节进料速度，使异构柱出口处糖液的果糖含量必须大于 42%。每小时进料质量一般为异构柱中酶质量的 5~7 倍。

在异构化的整个工艺过程中，上述任何一个指标的改变都将导致异构酶的活力下降，因此在整个生产过程中应始终保持系统参数的稳定均衡，尽量避免频繁的开/停车操作。同时，在生产过程中应特别关注系统染菌的问题。由于酶制剂的运行周期最长可达到 200d 以上，如何保证在此期间避免系统染菌至关重要，因此在整个生产过程中应始终保持洁净生产和经常性消毒工作。在暂时停工期间，一定要用 pH7.8、25℃ 以下、浓度 55% 的葡萄糖浆浸泡异构酶，不能让异构酶暴露在空气中。若需重新开工，须用符合要求的糖浆反洗异构柱。虽然每次停工都会降低酶活力，如果保护得当，可以减少损失。一般每千克固定化异构酶可连续生产果葡糖浆 8~15t（折算成 F42），最高报道为 22t。

5. 模拟移动床色谱分离（SMB）

SMB的分离效率和生产能力高于固定床吸附设备，又避免了移动床吸附剂磨损、粉尘堵塞和沟流现象。SMB色谱分离系统参照移动床的工作原理，但树脂不移动，用6~10个（常为6个）树脂柱串联工作，物料和洗水分别从不同的柱进入，分离后的糖液分别从不同的柱排出。以逆流连续操作方式，通过变换固定床吸附设备的物料进出位置，产生相当于吸附剂连续向下移动，而物料连续向上移动的效果。由于果糖能与钙盐形成稳定的配合物，而其他组分不会形成此种配合物，于是果糖通过SMB时的保留时间长，而葡萄糖则短，此为葡萄糖和果糖得以分离的机理。经过SMB的分离操作后所得产物中果糖含量高达90%，即F90。将F90与从旁路过来的F42相混合，即可得F55，其甜度恰与蔗糖相当。

SMB特点：采用移动床连续色谱分离，树脂利用率高，用水少；分离效率高，基本实现了葡萄糖与果糖之间的完全分离；生产过程全自动化，连续操作，劳动强度低，设备占地少；生产成本低，分离每立方米葡萄糖母液，仅需要2~6m³水和少量电；生产过程未使用任何化学品，没有任何污染产生。但该法也有技术复杂、操作要求严格、设备投资大等缺点。

6. 结晶

将分离出的果糖液精制，浓缩至果糖质量分数80%以上，加入高浓度乙醇，送入结晶罐，并加少量晶种，使物料温度降到室温以下，8~60h后出料，可得到质量分数大于99.0%的无水结晶果糖。

三、转苷酶

（一）概述

转苷酶（D-葡萄糖基转移酶，E.C. 2.4.1.24），又称 α-葡萄糖苷酶，可催化 α-D-低聚葡萄糖的水解和转苷反应，转苷位点在葡萄糖基的6-OH上，从而由葡萄糖生成异麦芽糖，由麦芽糖生成潘糖。该酶也可将葡萄糖基转移到另一个葡萄糖基的2-OH和3-OH上，形成曲二糖或黑曲糖，或重新回到4-OH形成麦芽糖。转苷反应最终是将低聚葡萄糖或低聚麦芽糖转化成低聚异麦芽糖。

转苷酶的执行标准为GB 1886.174—2016《食品安全国家标准 食品添加剂 食品工业用酶制剂》，相关指标见表2-1，商品转苷酶概况见表2-29。

表2-29　　　　　　　　　　　　　　　　转苷酶概况

项目	内容
活力定义	在40℃、pH5.0的条件下，1mL酶样品与底物 α-甲基-D-葡萄糖苷起反应，60min生成1μg的葡萄糖即为1个酶活力单位，以U/mL或U/g表示
液体酶性状	浅棕色澄清液体，25℃、pH4.4~4.6，密度1.18g/mL
商品酶活力	30×10^4 U/mL
来源	黑曲霉发酵法生产

（二）特性

无锡凯祥公司的转苷酶温度特性如图 2-25 所示，pH 特性如图 2-26 所示。

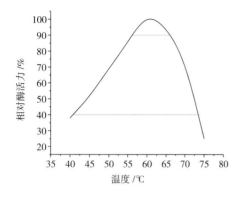

图 2-25　转苷酶温度特性

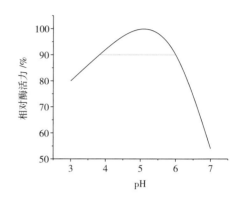

图 2-26　转苷酶 pH 特性

（三）应用简述

通常转苷酶与真菌 α-淀粉酶或 β-淀粉酶同时使用生产低聚异麦芽糖，其中真菌酶加量 0.3~0.5L/t 干物质，转苷酶加量 0.5~1.0L/t 干物质，最适条件下反应 36h，得 IMO50型低聚异麦芽糖。

四、环糊精葡萄糖基转移酶

（一）概述

环糊精葡萄糖基转移酶（1，4-α-D-葡聚糖-1，4-α-D-葡基转移酶，E.C. 2.4.1.19），又称环糊精酶，是一种具有催化 4 种不同反应的酶，可催化环化反应、偶联反应、歧化反应和水解反应。由于该酶可将淀粉转化为环糊精，后者在食品、医药、化工、香料香精等行业应用广泛，近年来逐渐受到人们重视。该酶还可通过偶合和歧化反应，用于偶合糖、甜菊糖苷和 2-氧-α-D-吡喃葡萄糖基抗坏血酸的制备。

目前，环糊精酶尚未国产制剂化生产，一般是环糊精生产厂家自产自用，相信随着环糊精需求量的增加，该酶将在不远的将来即可实现国产商品化，其中重组大肠杆菌来源的环糊精酶具有商品化潜力。

环糊精酶尚无国家标准或行业标准，但应满足 GB 1886.174—2016《食品安全国家标准　食品添加剂　食品工业用酶制剂》中规定的技术要求，详见表 2-1。该酶的活力定义为：在 40℃、pH6.0 的条件下，酶样品与 30g/L 可溶性淀粉起反应，每分钟生成 $1\mu moL$ α-环糊精所需的酶量即为 1 个酶活力单位，以 U/mL 表示。

（二）特性

环糊精酶由于菌种来源不同，特性差异较大，下面提供一组重组大肠杆菌来源的性质参数仅供参考，如图 2-27、图 2-28 所示。使用者可结合自身工艺条件，以环糊精含量为目标，优化用酶参数。

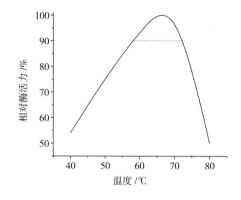

图 2-27　环糊精酶温度特性

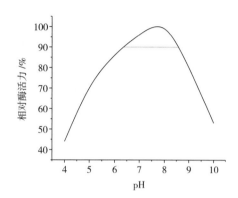

图 2-28　环糊精酶 pH 特性

（三）环糊精的酶法生产

环糊精（CD）一般由 6 个以上 D-吡喃型葡萄糖单元构成，最常见的是由 6、7 和 8 个葡萄糖残基组成的环糊精，分别称为 α-CD、β-CD、γ-CD，其中工业生产以 β-环糊精为多，酶法生产环糊精的工艺流程如图 2-29 所示。

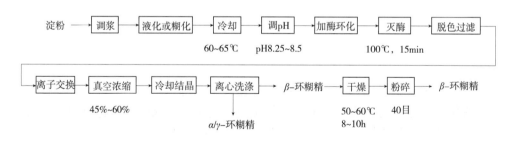

图 2-29　酶法生产环糊精工艺流程

1. 淀粉转化

CD 生产可以使用糊化淀粉或液化淀粉，淀粉浓度为 15%，糊化条件为常压下 100℃、15min；液化条件为 pH6.0~6.5，采用中温 α-淀粉酶制剂按干物质量的 0.2% 加酶（酶活力以 2000 单位计），温度 85~90℃，时间 30min，冷却至 60~65℃ 后，在糊化或液化淀粉中加 Ca（OH）$_2$，调节 pH 至 8.25~8.5，再加入适量的环糊精酶，继续反应 16~20h，视转化率和碘试反应决定周期；然后升温至 100℃ 使酶失活，再冷却至 60℃，调 pH 至 4.5，用糖化酶将未转化的淀粉水解为葡萄糖和麦芽糖；水解液经活性炭和离子交换树脂处理后，减压浓缩至 450~600g/L 低温结晶，收得纯度大于 98% 的 β-环糊精结晶，分离出 β-环糊精后的母液经离子交换柱分级分离和凝胶过滤，分离出 γ-环糊精和 α-环糊精，再通过一组精制系统，可得到 γ-环糊精结晶和 α-环糊精结晶。

分批加酶反应可以提高环糊精的转化率和浓度。如将 15% 的玉米淀粉在 450r/min、85℃ 条件下保温 1h，并分别在反应进行的 0h、2h、4h 和 6h 添加 1.25U/g 淀粉的环糊精酶，反应 8h，所得环糊精总转化率为 37.63%，总浓度为 48.65mg/mL，其中 β-环糊精的转化率为 24.68%，浓度为 31.69mg/mL，高于传统工艺酶解在 15% 浓度下反应 12h 所获得的环糊精总转化率（24.87%）和浓度（37.30mg/mL），以及 β-环糊精的转化率（14.80%）和浓度（22.20mg/mL）。

2. 分离纯化

现已报道的绝大多数环糊精酶的产物为 α-环糊精、β-环糊精和 γ-环糊精的混合物，绝大多数以 β-环糊精为主。可以根据溶解度的差异来分离不同种类的环糊精，其中 β-环糊精在水中的溶解度最小，只要对转化后的淀粉悬浮液进行浓缩，β-环糊精就会以结晶态沉淀出来。另一种方法是用有机溶剂配位，由于 α-环糊精、β-环糊精、γ-环糊精所含的葡萄糖残基数不同，内部孔径不同，可以与不同分子大小的有机配合剂相结合，生成不溶的配合物而从反应体系中分离出来，但这种方法存在有机溶剂残留的风险。

日本目前成功开发并推广一种无有机溶剂的生产方式：非固定超滤膜反应系统，其特点是在低底物浓度下，环化与超滤系统相连接，反应生成物由反渗透膜进行浓缩，进一步使用结晶方法将混合环糊精分离。

（四）偶合糖的酶法生产

偶合糖又称呋喃葡萄糖基蔗糖，是环糊精以蔗糖作为受体，在蔗糖的末端以 1，4-键结合几个 α-1，4 型的葡萄糖的糖转移产物，这些混合物总称为偶合糖。偶合糖的甜度是蔗糖的 50%~55%，属于较低甜味剂，由于保持了蔗糖结构，和蔗糖相比没有异样口感，相比于麦芽糖饴则有口味清润、黏度稍低和不易形成龋齿等优点，可替代或部分替代蔗糖用于糖果、冰激凌、面包、果酱的制作。偶合糖工艺流程如图 2-30 所示。

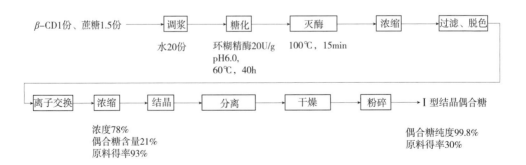

图 2-30 偶合糖生产工艺流程

上述流程中环糊精可以外购，也可自行生产，可根据自身条件选择。本工艺中的转化及精制工段操作要点在本章均有涉及，请参考普鲁兰酶和葡萄糖异构酶的应用部分。

参考文献

［1］姜锡瑞，段钢．新编酶制剂实用技术手册［M］．北京：中国轻工业出版社，2002．

［2］段钢，姜锡瑞．酶制剂应用技术问答（第二版）［M］．北京：中国轻工业出版社，2014．

［3］吕晶，陈水林．酶及其在纺织加工中的应用［J］．纺织学报，2002，2（2）：155-157．

［4］Nielsen PH, Malmos H, Damhus T, et al. Enzyme applications, industrial［M］. Kirk-Othmer Encyclopedia of Chemical Technology. John Wiley & Sons, Inc. , 2000.

［5］徐清．洗涤剂中的淀粉酶［J］．日用化学品科学，1997，5：48-49．

［6］吴敬，顾正彪，陈坚．环糊精葡萄糖基转移酶的制备与应用［M］．北京：化学工业出版社，2011．

［7］李守宏，徐清．麦芽糖淀粉酶对面包质构改良的探讨［J］．现代面粉工业，2018，32（1）：21-26．

［8］王腾飞，王瑞明，汪俊卿．一种连续胞外酶生物法制备海藻糖的方法 CN105886573A.［P］．2016-08-24．

［9］杨亚威，王瑞明，李丕武，等．模拟移动床色谱分离海藻糖和葡萄糖［J］．食品工业科技，2013，34（14）：251-253，258．

［10］Zhou W, Feng B, Huang H, et al. Enzymatic synthesis of α-glucosyl-timosaponin BII catalyzed by the extremely thermophilic enzyme: Toruzyme3. 0L［J］. Carbohydrate Research, 2010, 345: 1752-1759.

第三章 肽酶

第一节 概述

一、蛋白酶分类及命名

"肽酶"是国际生物化学与分子生物学联盟命名委员会（NC-IUBMB）和人类基因命名委员会所推荐的一个词，作为所有水解肽键的酶的术语。在我国工业酶制剂生产和流通中，肽酶往往指外切蛋白酶，IUBMB 推荐的"肽酶"则被称为蛋白酶或蛋白水解酶。蛋白酶的基础研究较为广泛和深入，不断地指导生产实践，推动蛋白酶的工业化应用向前发展。

（一）分类及命名方法

任何领域的分类和命名方法都非常重要，一个好的分类系统能够使人们有效地沟通和处理信息。正因如此，健全的分类和命名系统，都被认为是该领域的里程碑。常见的蛋白酶分类和命名方法如表 3-1 所示。

表 3-1　　　　　　　　　　　　　蛋白酶的分类和命名方法

分类方法	细分列表	命名实例
按来源	动物、植物、微生物	木瓜蛋白酶
按作用方式	内肽酶、外肽酶	氨基肽酶
按水解的特定底物	角蛋白、胶原蛋白、弹性蛋白等	角蛋白酶
按作用的最适 pH	酸性、中性、碱性	酸性蛋白酶
按水解特异性	脯氨酸、组氨酸、谷氨酸等	脯氨酸内切蛋白酶
酶学委员会分类法	水解酶	E. C. 3.4……
MEROPS 分类法	活性中心氨基酸种类	A、C、S、T、G、M、N

上述分类方法中，前 5 种方法是在蛋白酶的生产和应用时经常使用，酶学委员会分类法和 MEROPS 数据库分类法使用得较少，但是这两种方法是我们深入认识蛋白酶作用原理、活性中心、催化位点以及催化本质等酶学特点的来源，下面对两种方法做一简介。

（二）酶学委员会分类法

1961 年国际生物化学联合会酶学委员会（Enzyme commission，即为 NC-IUBMB 的最初名称）推荐了一套酶的命名方法，之后不断补充和完善，目前已被国际生物化学联合会和研究人员广泛接受和认可。该方法根据酶催化反应的性质进行分类，分别用 1，2，3，4，5，6 表示，再根据酶解基团或化学键的特点，将每一大类分成若干亚类和次亚类，最后排列具体的酶，使每个酶都有一个系统命名的编号。系统命名法共有 4 个阿拉伯数字，数字之间用"."分隔开，前面冠以"E.C."标识，这一命名方法能清晰地反映酶的性质、底物、产物以及一些相关信息。表 3-2 列出了 6 种催化反应大类，以及本书所涉及的工业酶制剂的亚类，很明显地，蛋白酶属于 E.C.3.4 亚类，即肽键水解酶。

表 3-2　　　　　　　　　　　　　酶的大类和编号

大类	亚类	实例
1. 氧化还原酶	1.1 作用于供体的 CH-OH 基团	葡萄糖氧化酶，E.C. 1.1.3.4
	1.10 作用于供体的二酚和相关物质	漆酶，E.C. 1.10.3.2
	1.11 作用于受体的过氧化氢	过氧化氢酶，E.C. 1.11.1.6
2. 转移酶	2.3 酰基转移酶	转谷氨酰胺酶，E.C. 2.3.2.13
	2.4 糖基转移酶	转苷酶，E.C. 2.4.1.24
3. 水解酶	3.1 作用于酯键	脂肪酶，E.C. 3.1.1.3
	3.2 作用于糖苷键	淀粉酶，E.C. 3.2.1.1
	3.4 作用于肽键	酸性蛋白酶，E.C. 3.4.23.18
	3.5 作用于 C-N 键，肽键除外	天冬酰胺酶，E.C. 3.5.1.1
	3.6 作用于酸酐	核酸酶，E.C. 3.6.1.72
4. 裂合酶	—	—
5. 异构酶	分子内氧化还原酶	异构酶，E.C. 5.3.1.5
6. 连接酶	—	—

查询工业酶 E.C. 编号的数据库有很多，如代 IUBMB 管理 E.C. 编号的 ExplorEnz 数据库，该数据库于 2005 年由德国都柏林圣三一大学开发，提供简单搜索界面和用于复杂查询的高级搜索引擎，该数据库可在 http://www.enzyme-database.org 网站上公开获取。目前命名委员会总共收录了 6491 种酶。

（三）MEROPS 系统分类法

目前国内外较为流行的分类方法，是根据蛋白酶活性中心的氨基酸种类不同，将蛋白酶分为：天冬氨酸型（A）、半胱氨酸型（C）、丝氨酸型（S）、苏氨酸型（T）、谷氨酸型

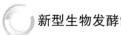

（G）、金属型（M）、天冬酰胺型（N）和未知型（U）等家族。根据蛋白酶氨基酸序列的同源性，将同一家族蛋白酶用字母和阿拉伯数字进一步划分。表3-3是常见的工业蛋白酶活性中心类型。

表3-3　　　　　　　　　　　　　工业蛋白酶活性中心类型

家族	结构说明	典型抑制剂
丝氨酸型（S）	活性中心由一个丝氨酸残基连接一个咪唑基和天冬氨酸羧基构成，该型蛋白酶几乎全是内切型	氟磷酸二异丙酯
半胱氨酸型（C）	活性中心由半胱氨酸和组氨酸两种必须基团组成，活性中心依靠巯基来维持，又称巯基蛋白酶，属内切型蛋白酶	重金属离子、烷化剂、氧化剂
天冬氨酸型（A）	活性中心含有两个天冬氨酸残基的羧基端，在酸性条件下具有较高的活力和稳定性，属内切型蛋白酶	胃蛋白酶抑制剂
金属型（M）	活性中心含有二价金属阳离子，可能存在至少一个酪氨酸残基和一个咪唑基与金属盐离子结合，有内切和外切两种类型	金属螯合剂

MEROPS数据库（http://www.ebi.ac.uk/merops/）是基于这种分类方法建立的，关于蛋白酶及其底物和抑制剂的集成信息源。截至2020年6月，MEROPS12.2数据库公开了5253种蛋白酶和866种蛋白酶抑制剂。该数据库可按照蛋白酶名称、MEROPS ID、收藏号进行检索，每一个条目下列出相应酶的摘要、基因结构、序列、抑制剂、生物功能等信息，同时还提供其他数据库和文献的链接。

二、工业蛋白酶及基本性质

（一）工业蛋白酶品种

虽然蛋白酶数量众多，但是工业化生产的肽键水解酶约有13种、酰胺键水解酶约2种，这些酶的基本信息列于表3-4中，所有这些蛋白酶都会给出E.C.编号以及独一无二的MEROPES数据库编码，读者可据此在数据库中检索到相应蛋白酶的更多信息。

表3-4　　　　　　　　　　　　　工业蛋白酶的基本信息

家族	商品名	作用方式	E.C.编号	MEROPS编码
丝氨酸型（S）	碱性蛋白酶	内切	3.4.21.62	S08.001
	胰蛋白酶	内切	3.4.21.4	S01.151
	脯氨酸内切蛋白酶	内切	3.4.21.26	S09.001
	青霉素酰化酶G	—	3.5.1.11	S45.001
半胱氨酸型（C）	木瓜蛋白酶	内切	3.4.22.2	C01.001
	菠萝蛋白酶	内切	3.4.22.33	C01.026
	无花果蛋白酶	内切	3.4.22.3	C01.006

续表

家族	商品名	作用方式	E. C. 编号	MEROPS 编码
天冬氨酸型（A）	酸性蛋白酶	内切	3. 4. 23. 18	A01. 016
	凝乳酶	内切	3. 4. 23. 4	A01. 006
	胃蛋白酶	内切	3. 4. 23. 1	A01. 002
金属型（M）	中性蛋白酶	内切	3. 4. 24. 27	M04. 001
	风味中性蛋白酶	内切	尚未包含	M04. 018
	氨基肽酶	外切	3. 4. 11. 10	M17. 003
	角蛋白酶	内切	3. 4. 24. 26	M04. 005
苏氨酸型（T）	天冬酰胺酶	—	3. 5. 1. 1	T02. 002

大量实验数据表明，内切型蛋白酶可能会有一定的外切蛋白酶活力，比如风味中性蛋白酶的外切活力较高，而中性蛋白酶、碱性蛋白酶和木瓜蛋白酶则几乎没有外切蛋白酶活力，属于内切性强的蛋白酶。

（二）工业蛋白酶的基本性质

1. 工业蛋白酶的酶切位点

蛋白酶偏好于水解某种氨基酸的性质，称为蛋白酶催化的专一性。描述蛋白酶催化专一性的命名法于 1967 年由 Schechter 和 Berger 提出，现已广泛应用于研究蛋白酶的酶切位点。在该系统中，考虑底物（蛋白质或多肽）氨基酸残基与蛋白酶活性位点中所谓"亚位点"的结合能力，蛋白酶的这些亚位点称为 S，相应的底物氨基酸残基称为 P。易断开肽键的 N 端的氨基酸残基编号为 P1、P2、P3……，C 端的氨基酸残基编号为 P1′、P2′、P3′……；蛋白酶与底物结合时，相应亚位点用 S1、S2、S3……一直编到底物的 N 端，用 S1′、S2′、S3′……一直编到 C 端，如图 3-1 所示。

通常人们将蛋白酶的专一性分为强、中和弱，专一性较强的酶则以它们水解的特定蛋白质或氨基酸命名，如角蛋白酶、亮氨酸氨基肽酶。蛋白酶还展示出对于共有某种相似性质的某类氨基酸的专一性，这些类别包括疏水氨基酸、大体积的疏水氨基酸、小的疏水氨基酸、小的氨基酸、大的带正电荷的氨基酸等。

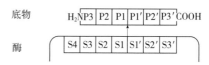

图 3-1　Schechter 和 Berger 命名法示意图

蛋白酶的催化专一性为定向水解制备具有特定结构的呈味肽或生物活性肽提供了可能，同时也对酶解液的蛋白回收率、水解度、风味、溶解性、稳定性等理化特性产生深刻影响。但是一般而言，大部分工业蛋白酶是专一性较弱的酶，即可广泛水解肽键，即使是专一性强的蛋白酶仍可水解不符合通常观察到的肽键。常见工业蛋白酶的优先酶切位点列于表 3-5。根据传统，氨基酸链从氨基末端起始，到羧基末端结束。蛋白酶的优先酶切位点也遵循这个传统，以精氨酸（Arg）为例，当精氨酸氨基端被酶解时，用 Xaa-｜-Arg 表示；当酶解发生在精氨酸羧基端，则用 Arg-｜-Xaa 表示，其中 Xaa 代表任意氨基酸。

新型生物发酵制品

表 3-5　　　　　　　　　　　　常见工业蛋白酶的酶切位点

商品名	优先酶切位点
碱性蛋白酶	广泛水解肽键 优选大的不带电荷的氨基酸残基 进一步优先水解色氨酸（Trp）-∣-Xaa、酪氨酸（Tyr）-∣-Xaa、苯丙氨酸（Phe）-∣-Xaa
胰蛋白酶	精氨酸（Arg）-∣-Xaa，赖氨酸（Lys）-∣-Xaa
脯氨酸内切蛋白酶	脯氨酸（Pro）-∣-Xaa
木瓜蛋白酶	广泛水解肽键 优选在 P2 位置具有大疏水侧链的氨基酸残基 进一步优先水解精氨酸（Arg）-∣-Xaa、赖氨酸（Lys）-∣-Xaa、苯丙氨酸（Phe）-∣-Xaa 在 P1′位置不水解缬氨酸（Val）残基
菠萝蛋白酶	广泛水解肽键 优选苯丙氨酸（Phe）-缬氨酸（Val）-精氨酸（Arg）-∣-甲硫氨酸（Met） 对精氨酸（Arg）-精氨酸（Arg）-∣-甲硫氨酸（Mec）没有作用
无花果蛋白酶	特异性类似于木瓜蛋白酶
酸性蛋白酶	广泛水解肽键 优选 P1 和 P1′中的疏水性氨基酸残基，也水解 P1 中的赖氨酸（Lys），该反应使胰蛋白酶原活化 不会凝结乳汁
凝乳酶	与胃蛋白酶类似的广泛特异性 通过在酪蛋白的 κ 链中切割单个 104-丝氨酸（Ser）-苯丙氨酸（Phe）-∣-甲硫氨酸（Met）-丙氨酸（Ala）-107 键来凝固乳汁
胃蛋白酶	优先水解 P1 和 P1′位置的疏水性氨基酸残基 优选芳香族氨基酸残基 进一步优先水解苯丙氨酸（Phe）-∣-Xaa、亮氨酸（Leu）-∣-Xaa
中性蛋白酶	优先水解 Xaa-∣亮氨酸（Leu）>Xaa-∣-苯丙氨酸（Phe） 辅助离子：Ca^{2+} 和 Zn^{2+}
风味中性蛋白酶	特异性类似于中性蛋白酶
氨基肽酶	水解 N-末端氨基酸 优选亮氨酸（Leu），但不水解谷氨酸（Gln）或天冬氨酸（Asp） 辅助离子：Zn^{2+}
角蛋白酶	优选底物包括：角蛋白、弹性蛋白，Ⅲ型和Ⅳ型胶原蛋白，纤连蛋白和免疫球蛋白 A 通常在 P1′处具有庞大的疏水基团 辅助离子：Ca^{2+} 和 Zn^{2+}

上述各蛋白酶专一性不是很严格，不能满足上述条件的底物酶解速度减慢，减慢程度也不尽相同。蛋白酶的催化专一性可在数据库 CutDB（www. uniport. org/database/DB - 0138）中查询。

2. 工业蛋白酶的最适 pH

不同于淀粉加工用酶，工业蛋白酶在最适温度方面的差别不大，一般为 45~65℃，但在底物特异性及最适 pH 方面差异较大。值得说明的是，最适 pH 并不是特定常数，它会受到许多因素的影响，如酶的纯度、底物种类、底物浓度、缓冲剂种类、缓冲剂浓度以及抑制剂等，但由于上述条件对酶的最适 pH 影响程度并不大，因此酶制剂的最适 pH 仍是应用时的重要参考。图 3-2 是常见商品蛋白酶的最适 pH。

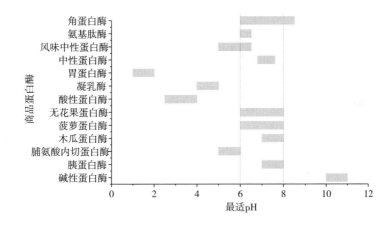

图 3-2　常见商品蛋白酶的最适 pH

三、影响酶解效果的因素

在蛋白质酶解工业中，蛋白酶种类对产品品质影响较大，除此之外，用酶条件和分离纯化工艺也是高水平生产的关键，这 3 方面共同决定了酶法水解蛋白质方案是否可行。在实际生产中，应根据酶解目标来优化酶解工艺，达到提高生产水平的目的。以下将对用酶条件进行概述，即影响蛋白质酶解效果的外部因素，以期为可控蛋白质酶解工业提供参考。

（一）原料预处理

由于蛋白质来源广泛，大部分都含有特异性组分且结构特殊，如疏水性氨基酸含量高的蛋白质黏弹性强、分散性差，多肽链折叠使蛋白质高度压缩、溶解性差等，这些因素导致实际生产中经常存在水解速度慢、水解度低、产物得率低和质量不稳定等问题。采用适当的预处理工艺，改变蛋白质结构、组成或使之变性，显著改善蛋白质对酶促反应的灵敏度，从而提高水解度、缩短水解时间、提高原料利用率。常见的蛋白质预处理方法见表 3-6。

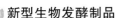

表 3-6　　　　　　　　　　　　　蛋白质预处理方法

类别及优缺点	具体方法	原理及适用性
物理法 优点：成本低、耗时少、安全性高、营养破坏少 缺点：适用范围窄	热处理	破坏氢键、疏水相互作用力、范德华力，通过变性使蛋白质结构松散，暴露出更多适宜酶解的位点，蛋白种类不同，热处理温度不同，多适用于植物蛋白
	挤压处理	集加热、加压、剪切、膨化多种作用于一体，破坏氢键等次级键，也可以破坏二硫键等共价键，使蛋白质结构发生变化，增加酶解位点，改善乳化性，产物风味好
	超声处理	破碎不溶的蛋白聚集体，使蛋白质粒径减小，蛋白质分子展开，溶解性增加，有利于酶解，广泛应用于动物、植物蛋白预处理
	超高压处理	通过空穴、剪切、涡流作用破坏非共价键，使蛋白质结构伸展、解聚，提高水解敏感性，适用于大豆蛋白、卵清蛋白等食物蛋白加工
	乳化	通过剪切力、冲击力、涡流作用使物料瞬间均质细化，将蛋白颗粒均匀分散在水中，暴露更多酶切位点，适用于植物蛋白加工
化学法 优点：成本低、操作简单、效果显著 缺点：反应试剂去除困难，存在安全隐患	增加负电荷	通过增加净负电荷，使多肽链伸展，减弱蛋白质分子间作用，提高蛋白质溶解度，常用方法有酰基化和磷酸化
	脱酰胺	将天冬酰胺和谷氨酰胺的中性酰胺侧链转变成带负电荷的羧酸基，使氢键减少、经典排斥增加，增加蛋白质溶解度，应用广泛
	还原剂	破坏蛋白质分子中的二硫键，提高蛋白质溶解性，使之更容易与酶接触，常使用 Na_2SO_3 作为还原剂
	其他方法	通过适量添加有机溶剂或变性剂，促进蛋白质分子展开，提高溶解度，常用的有乙醇、尿素
酶法 优点：安全性高、易于操作 缺点：耗时长	交联	在蛋白质分子内或分子间形成共价键，改变蛋白质结构，从而达到改善水解产物功能的目的，常用转谷氨酰胺酶交联蛋白质
	预水解	利用蛋白酶作用位点不同，采用多种酶水解

（二）酶解条件

温度、pH、底物浓度、加酶量等对酶解效果的一般影响请参见第一章。这里结合蛋白质加工的实际，介绍常规酶解条件的特殊现象和几种特殊条件对酶解效果的影响。

1. 常规条件

（1）温度　最适水解温度与原料和酶制剂性质有关，温度不仅会影响蛋白酶对底物的选择，还影响蛋白酶的化学键专一性。在实际生产中，水解温度的选择综合了多种因素，包括原料的微生物基数、产品的挥发性盐基氮指标、蛋白酶的专一性、设备条件等。

（2）pH　酶限于特定 pH 范围才能表现最大活力，随着酶解反应进行，体系 pH 也随之降低，水解度越高，pH 降低幅度越大。pH 的变化也会影响蛋白酶酶切位点的专一性。

实际生产中常采用增加用酶量和延长酶解时间的方法达到目标水解度，考虑到产物风味要求，可使用最适 pH 不同的蛋白酶，分次加入的操作方法。

2. 特殊条件

（1）盐浓度　一定浓度的钠盐或钙盐通常会提高蛋白酶活力、稳定酶结构，然而高浓度盐溶液往往抑制酶活力，表 3-7 是不同浓度食盐对蛋白酶活力的影响，可见浓度越高，食盐对蛋白酶的抑制作用越明显，该抑制作用是可逆的，通过稀释盐浓度可部分恢复酶活力。

表 3-7　　　　　　　　　　　食盐浓度对蛋白酶活力的影响

蛋白酶种类	水溶液	100g/L	140g/L	180g/L
胰酶	100%	63.14%	43.04%	35.61%
木瓜蛋白酶	100%	82.35%	69.29%	52.30%
中性蛋白酶	100%	68.38%	51.77%	38.76%
碱性蛋白酶	100%	79.43%	62.44%	55.43%

（2）多肽及游离氨基酸　蛋白质酶解产物对蛋白酶的抑制作用已有多篇报道，结果表明水解产物的抑制率与水解度有关，超过某一水解度则抑制作用保持恒定，SE-HPLC 分离后发现，主要几种抑制肽的分子质量在 5000u 以下。

多肽分子质量小、黏度低、溶解度高，随着酶解进行，溶液中多肽和寡肽浓度增加，部分肽段既是产物又是进一步酶解的底物，在一定浓度下，与蛋白质底物形成竞争关系，降低了酶制剂对蛋白质的水解效率。

大部分外切蛋白酶活性受其酶解产物的抑制，表 3-8 是游离氨基酸对风味中性蛋白酶活性的抑制率，异亮氨酸、亮氨酸、组氨酸、苯丙氨酸和缬氨酸是该酶的强抑制剂。

表 3-8　　　　　　　　　游离氨基酸和多肽对风味中性蛋白酶的抑制率

氨基酸名称	产物中游离氨基酸对该酶的抑制率/%	产物中多肽对该酶的抑制率/%
苏氨酸	—	6.5
亮氨酸	42.4	26.5
苯丙氨酸	34.9	37.1
异亮氨酸	54.5	34.4
组氨酸	39.5	48.3
缬氨酸	28.6	14.0
丙氨酸	—	23.1
谷氨酰胺	23.5	48.9
天冬酰胺	—	26.4

（3）黏度　酶解体系的黏度与蛋白质浓度有关，在一定范围内蛋白质浓度增加导致黏度呈指数增长，黏度增加导致各个反应组分的移动性能降低，从而使酶解效率下降，从物料状态来看，黏度增加导致反应液搅拌困难，反应体系温度不均匀，影响产物质量均

一性。

（三）酶解方式

蛋白质水解工业中，随着底物浓度的升高，水解效率降低明显，较经济的底物浓度一般为 8%~16%。采用分步添加底物的方式，可以降低底物浓度对酶解效率的影响。比如酶解大豆蛋白工业，先调节大豆蛋白浓度为 10%，添加少部分蛋白酶，水解 1~3h 后料液黏度显著降低，再添加大豆蛋白使底物浓度达到 16%，加入剩余蛋白酶水解至反应结束。这一方法在高底物浓度条件下能提高蛋白质水解度，降低产品浓缩能耗。

另外，由于每一种酶特异性位点是专一的，当这类位点已经全部断裂后，即使蛋白酶没有完全失活，或再补充蛋白酶，水解度也难以提高，因此可以采用多酶协同水解的方式提高水解度。根据不同的原料，采用 2~3 种不同类型的蛋白酶分步水解，其效率高于单酶的水解效率。

下面将逐一介绍表 3-4 中的蛋白酶，但是由于胃蛋白酶在工业生产中很少使用，因此不做介绍；菠萝蛋白酶和无花果蛋白酶在工业上的使用方法与木瓜蛋白酶相近，因此只介绍木瓜蛋白酶。此外，本书第三篇对生物活性肽进行介绍，相关用酶方法请参阅此篇。

第二节　常规肽酶

一、碱性蛋白酶

（一）概述

碱性蛋白酶水解专一性较弱，对疏水性氨基酸、碱性氨基酸、芳香族氨基酸残基均有较好的水解效果，具有水解速度快、水解效率高、价格较低等优点，广泛应用在洗涤剂、皮革加工、蛋白质加工等行业。食品级碱性蛋白酶执行国家标准 GB 1886.174—2016，该标准规定的技术要求见表 2-1，其他工业用碱性蛋白酶执行国家标准 GB/T 23527—2009《蛋白酶制剂》，技术要求见表 3-9。

表 3-9　　　　　　　　　GB/T 23527—2009 对蛋白酶的要求

要求类别	项目	固体剂型	液体剂型
外观	感官指标	白色至黄褐色粉末或颗粒，无结块、无潮解现象。无异味，有特殊发酵气味	浅黄色至棕褐色液体，允许有少量凝聚物。无异味，有特殊发酵气味
理化要求	酶活力[a]/（U/mL 或 U/g）≥	50 000	50 000
	干燥失重[b]/%≤	8.0	—
	细度（0.4mm 标准筛通过率）[b]/%≥	80	—
卫生要求		应符合国家有关规定	应符合国家有关规定

注：a 表示可按供需双方合同规定的酶活力规格执行；b 表示不适用于颗粒产品。

在达到国家标准的同时，商品碱性蛋白酶一般满足表 3-10 中的指标。

表 3-10　　　　　　　　　　　　　　　商品碱性蛋白酶概况

项目	内容
活力定义	1g 固体酶（或 1mL 液体酶），在（40±0.2）℃、pH10.5 条件下，1min 水解酪蛋白产生 $1\mu g$ 酪氨酸，为 1 个酶活力单位，以 U/g（U/mL）表示
液体酶性状	棕褐色，25℃、pH7.0~9.0，密度≤1.25g/mL
固体酶性状	黄色至浅褐色粉末，0.4mm 标准筛通过率≥80%
颗粒酶性状	类白色至淡黄色均匀颗粒，20 目筛通过率 100%
商品酶活力	食品级：50×10^4 U/g；其他行业 $10\times10^4 \sim 50\times10^4$ U/g（U/mL）
来源	枯草芽孢杆菌发酵制得

（二）特性

不同菌种来源的碱性蛋白酶性质有一定区别，以隆科特公司碱性蛋白酶为例，其温度特性如图 3-3 所示，pH 特性如图 3-4 所示。

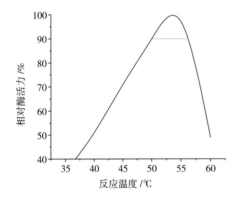

图 3-3　碱性蛋白酶温度特性

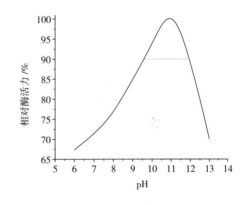

图 3-4　碱性蛋白酶 pH 特性

（三）加酶洗涤剂提高去污效果

在洗涤剂中最早采用的酶就是蛋白酶，碱性蛋白酶是目前洗涤剂工业中应用最多的酶，也是品种和数量最多的一种酶制剂，目前国内外生产碱性蛋白酶的厂家和品牌也很多。洗涤剂工业发展至今，蛋白酶仍然是最基本、最重要、使用最为广泛、最为成熟的酶种。

蛋白酶将蛋白质水解成为小的片段如肽段和氨基酸。在洗涤剂存在时，附着在织物上或者硬表面上的蛋白质被降解成为小片段，这些小片段能够被洗涤剂的其他组分溶解或者去除，人们常常用它们去除血渍和草渍等，因为人类衣物上的污迹主要是由皮脂、汗、食物残渣和汤汁等构成。

用于洗涤衣物上的污物的洗涤剂由表面活性剂、纯碱、水玻璃、三聚磷酸盐等复配而成，所以，在洗涤时的水溶液中显示出较高的碱性，一般为 pH9～11。碱性蛋白酶可以在碱性条件下保持活力，将污渍中的蛋白质催化水解，使结构复杂的蛋白质分解成结构简单、分子质量较小的水溶性肽或者进一步分解为氨基酸，使粘附在衣服上的其他污物随之而下，便于洗涤清除。这样，原来粘附在衣物上的其他污物也一起被洗下来。在这个过程中，碱性蛋白酶可以反复起分解蛋白质的作用，只是活力会越来越低。

一般认为，蛋白酶制剂包括两种类型：一种是内肽酶，它能分解大分子的蛋白质生成短肽；另一种是外肽酶，它能从末端开始切割蛋白质和肽链并释放出氨基酸。蛋白酶的种类也有很多，其中包括丝状真菌类的曲霉属、根霉属，细菌类的芽孢杆菌属，以及从植物根茎的抽提物等生产而来。目前市场上存在着多种蛋白酶制品，这些不同种类的蛋白酶可用于进行不同程度的蛋白质分解。例如，与细菌蛋白酶相比，源自丝状真菌的蛋白酶通常能将蛋白质分解成更小的肽链。用于洗涤剂的多数是细菌蛋白酶，这些细菌蛋白酶主要来源于地衣芽孢杆菌和枯草芽孢杆菌。由于洗涤环境皆是碱性，这些细菌蛋白酶都是耐碱性的，在碱性条件下工作效率很高。

洗涤用碱性蛋白酶为枯草杆菌蛋白酶，是胞外丝氨酸内肽酶。商业化洗涤剂用蛋白酶使用的 pH 和温度范围见表 3-11。其中，杜邦的碱性酶 Purafect OX、冷水酶 Properase 和诺维信的碱性酶 Esperase 都是很成功的例子。

表 3-11　　　　　　　　　商业化洗涤剂用蛋白酶 pH 和温度使用范围

产品名	pH	温度/℃
Purafect OX	8～11	10～70
Purafect	8～11	15～75
Properase	9～12	10～60
Esperase	9～12	25～70

如果在洗衣粉中加入其他酶制剂，如脂肪酶、淀粉酶、纤维素酶等，多酶混合使用，可以起到更有效的作用，对于提高酶的稳定性有所帮助，但这些酶必须具备抗蛋白酶降解的稳定性才可以。

蛋白酶的作用效率很高，所以用量较少，一般为洗涤剂质量的 0.1%～1.0%，并且酶的作用条件温和，在室温甚至低于室温均可有效地催化反应。

（四）碱性蛋白酶在制革浸水中的应用

制革的工艺流程请见中性蛋白酶部分，其中浸水是第一个可以使用酶制剂的操作单元。酶制剂作为一类新的浸水助剂已得到了较普遍的应用，尤其是在生皮快速浸水或高档软革生产的浸水过程中，通常都要加入浸水酶。所用的酶主要是碱性蛋白酶或中性蛋白酶，也有用胰酶或糖酶的。浸水中也可以使用脂肪酶，其作用是水解脂肪，促进水的渗透。蛋白酶主要作用于非胶原成分，更有效地水解去除皮内白蛋白、球蛋白和蛋白多糖如硫酸皮质素等。非胶原成分的去除，使皮纤维间黏结性降低，因此不仅可以促进水的渗透，使浸水过程快速均匀，而且更重要的是有利于胶原纤维的松散，使成革的柔软性、丰满性增加。

酶制剂在使用时要求有一定的温度和适合的 pH，一般在加入酶制剂前用纯碱等调节 pH8.5~10.5，并要求与酶制剂同浴所使用的防腐剂、表面活性剂等其他材料对酶无抑制作用。由于浸水酶对胶原也有一定的水解效果，因此其用量必须要严格控制，协调好用量与作用时间之间的关系。对于品质较差、防腐差的原料皮要慎重使用。

在实际生产中，浸水酶的使用往往是与脱脂并行的。浸水酶的添加，可以破坏原来包裹脂肪细胞的蛋白膜，从而使得大量的游离脂肪分子被脱脂剂乳化而除去。应当注意的是，在这种情况下，应尽量避免使用对浸水酶具有抑制作用的脱脂剂。表 3-12 是黄牛盐湿皮的酶法浸水操作。

表 3-12　　　　　　　　　　　　　黄牛盐湿皮酶法浸水操作

操作单元	操作参数
准备	组批，割去头、脚、尾，称重
预浸水	料水比 1:3 温度 18~20℃ 浸水助剂（DOWELLAN BAH）：0.2% 纯碱：0.3% 转 60min，停鼓浸泡 3~4h，排水
闷水洗	2~3 次，每次 15min，排水
主浸水	料水比 1:3 温度 18~22℃ 浸水助剂（DOWELLAN BAH）：0.2% 纯碱：0.5% 碱性蛋白酶 20~100U/g 原料 杀菌剂（DOWELLAN FAM）：0.2% 转 30min，停 30min，过夜。次日转 20min 检查浸水情况 浸水标准：要求臀部切口呈乳白色、无黄心，即达到浸水要求，出鼓

浸水不当，皮革发硬、空松，革面出现管皱或是松面皱缩。其原因及解决办法如表 3-13所示。

表 3-13　　　　　　　　　　　　　浸水不当的原因及解决办法

现象	成因	解决办法
成革发硬	浸水时间不足	延长时间，一般为 12~20h
	浸水温度低	浸水温度不要低于 18℃，严格按照工艺要求控制
	机械作用不强	注意转鼓转动次数，淡干皮要增加转动时间
	浸水助剂量不够	淡干皮浸水液中应增加浸水助剂用量
	皮中氯化钠含量高	浸水结束，必须排出全部废水，认真清洗皮

新型生物发酵制品

续表

现象	成因	解决办法
管皱、松面、空松	进水时间过长、浸水温度过高、未加杀菌剂	严格按照工艺要求控制
	原皮没有很好地防腐	原皮浸水前洗30min，浸水时加防腐剂
	机械作用过强	控制转鼓转动次数

（五）其他领域的应用方法

碱性蛋白酶还广泛应用于丝绸脱胶、硫酸软骨素、肝素钠的生产，隆科特公司碱性蛋白酶的典型应用方法见表3-14。

表3-14 隆科特碱性蛋白酶的典型应用方法

行业	效果	使用方法
丝绸脱胶	丝素不易损伤、不起毛丝、丝质蓬松	原料经过前处理，按800~1200U/g原料加酶，pH9~11，40~50℃的条件下作用30~120min
硫酸软骨素	有效提高软骨素收率和纯度	用酶量200~600U/g原料，pH8~11，温度40~50℃的条件作用4~8h
肝素钠	提高分子均一性和产品纯度	原料盐解后按照每根小肠2~4g碱性蛋白酶的加量，在45~60℃、pH9~11的条件下保温4~6h

二、胰酶

（一）概述

胰酶是从动物胰脏中提取而成的固体酶制剂，商品胰酶一般为白色至淡黄色粉末，有特殊气味，部分溶于水。胰酶具有来源广泛、水解效率高等优势，在医药、皮革加工，特别是食品加工领域应用越来越广泛。

胰酶中主要含有胰蛋白酶、胰凝乳蛋白酶、胰脂肪酶、胰淀粉酶4种酶成分，对市售4 000U/g的胰酶进行酶活力测定时得出，其胰脂肪酶活力$8×10^4$U/g、胰淀粉酶活力$3×10^4$U/g。由于脂肪酶的活力较高，因此在动物蛋白水解行业，胰酶水解脂肪可导致产物的异味、腥味增加，在有些行业中，油脂部分降解产物与蛋白质形成复合物，增加产物分离的难度。

胰酶目前尚无国家标准或行业标准，其产品分类和技术要求应符合GB/T 23527—2009《蛋白酶制剂》的规定，详见表3-9。我国工业胰蛋白酶一般执行下述活力定义：在pH7.5、40℃条件下，每分钟水解酪蛋白生成三氯乙酸不沉淀物，在275nm波长处与1μmol酪氨酸相对的酶量，为1个胰蛋白酶活力单位。

郭兆斌报道了猪胰酶的温度和pH特性，如图3-5和图3-6所示。

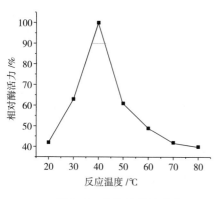

图 3-5　胰酶的最适温度

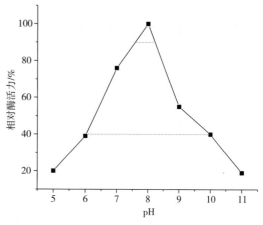

图 3-6　胰酶的最适 pH

（二）明胶的酶法生产及改性

明胶是以动物的胶原结缔组织和皮革为原料，经过提取而来的胶原蛋白。明胶来源于胶原的不溶性蛋白质，是胶原部分降解变性的产物。酶法生产明胶的原理：明胶蛋白作为一种结构蛋白，在动物体内以胶原纤维的形式存在，胶原分子呈棒状，主要结构是 3 条肽链构成螺旋结构，通过共价交联连接，构成胶原纤维束的稳定结构。

1. 生产工艺

（1）原料预处理　猪皮为原料的预处理：猪皮→脱色→搅碎→脱脂→洗涤。

（2）骨料为原料的预处理　原料骨→洗净去杂→浸酸→中和→脱脂→烘干→磨细。

（3）工艺流程　原料→预处理→配料→调 pH→酶解→灭酶→提取→脱色→过滤→干燥→明胶。

2. 要点

（1）配料到 20%～30% 的悬浮液，调 pH7～8。

（2）加胰酶 0.5～1.0kg/t 干基原料，45～55℃，反应 4～8h，反应尽可能彻底。

（3）酶解完成后调 pH3.5～4.0，30～60min。

（4）灭酶后调 pH6～7，60℃提取、过滤。

（5）经脱色干燥得成品。

酶法生产明胶具有专一性强、反应条件温和、操作方便、产物相对分子质量范围易控制的优点，所产的明胶用于食品和化妆品行业。还可将酶法生产和改性明胶工艺结合起来，具有工艺稳定、品质优良的特点。

工艺流程为：

明胶吸水膨胀→加热溶解→调 pH→调节温度→加蛋白酶水解→灭酶→

活性炭脱色→过滤→浓缩→喷雾干燥→包装→成品

酶解过程是生产水解明胶的关键，多种蛋白酶都可以生产，不同酶制剂具有不同的作用特点，不同组合的蛋白酶具有不同的效果，因此需要根据所选酶制剂调整反应条件。

新型生物发酵制品

三、脯氨酸内切蛋白酶

（一）概述

脯氨酸内切蛋白酶是一种内切酶，能特异性水解多肽中脯氨酸羧基端肽键的丝氨酸型蛋白酶，主要应用于啤酒、葡萄酒和清果汁的生产，提高其非生物稳定性，也应用于活性肽生产，具有明显的脱苦作用。

脯氨酸内切蛋白酶目前尚无国家标准或行业标准，其技术要求应符合 GB 1886.174—2016《食品安全国家标准 食品添加剂 食品工业用酶制剂》和 GB/T 23527—2009《蛋白酶制剂》的规定，详细指标请见表 2-1 和表 3-9。脯氨酸内切蛋白酶的活力定义为：在 37℃，pH5.0 下，1g 或 1mL 酶每分钟从 Ala-Ala-Pro-pNA 释放 1μmolpNA 所需的酶量，即 1 个酶活力单位，记为 1U/g 或 1U/mL。

李宁环报道了一种脯氨酸内切蛋白酶的温度和 pH 性质，如图 3-7 和图 3-8 所示。

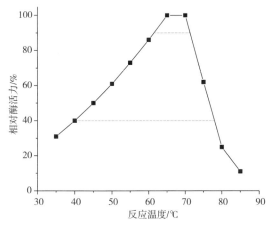

图 3-7　脯氨酸内切蛋白酶温度性质

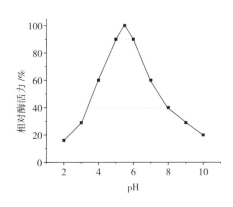

图 3-8　脯氨酸内切蛋白酶 pH 性质

（二）提高啤酒非生物稳定性

啤酒贮存和市场流通期间的浑浊，起因有生物性和非生物性两种。如果啤酒中出现浑浊物，应首先做微生物检测。若微生物检测呈阳性，说明有致啤酒腐败的微生物生长，这时还需要根据啤酒的生产过程是否经过了巴氏灭菌，来排查可能染菌的位置。其中经过巴氏灭菌的工艺要着重检查巴氏灭菌机是否正常工作，包括温度、水流、输送带，以及洗瓶机等；未经过巴氏灭菌的工艺应检查灌装机、皇冠盖、啤酒瓶等设备和气体以及原材料中的卫生标准是否达标。若微生物检测为阴性，可按图 3-9 的步骤鉴别出浑浊物的来源和性质，并加以解决。

国外在研究啤酒非生物稳定性机理时发现，容易引起浑浊的蛋白质主要是含有丰富脯氨酸片段的多肽，由于其具有吡咯环状结构，致使环结构前的羟基氧成为更强的氢原子受体，可以使蛋白质容易和单宁形成氢键，成为更加稳定的聚合物。在啤酒发酵过程中添加少量这种酶，可以使啤酒在长达一年的时间里保持稳定，并且由于啤酒泡沫中几乎不含脯

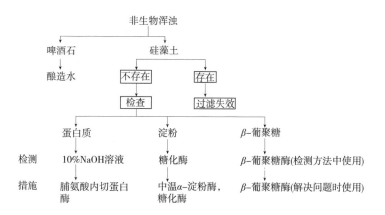

图 3-9　啤酒非生物浑浊的起因及解决办法

氨酸，因此该酶的使用对泡沫和风味没有影响。

脯氨酸内切蛋白酶在啤酒中的使用较为成熟，很多啤酒厂已报道过其使用效果。王志斌先生通过检测酒液的敏感蛋白含量、冷浑浊度和强制老化试验等分析方法，结合常温长期贮存时外观和浊度的变化，发现该酶在提高非生物稳定性方面有明显的效果。使用酶制剂防止非生物浑浊有操作简单、效率高和绿色环保的特点，使用方法及效果如下。

1. 使用方法

冷麦汁进入发酵罐时添加，为了使麦汁与酶制剂快速混匀，可以将酶制剂用无菌水或冷麦汁稀释后匀速流加进冷麦汁管道。采用 60%大麦芽生产 12°P 啤酒，保质期要求达到12 个月时，加酶量为 5~10mg/L。

2. 发酵指标

发酵过程的指标见表 3-15，根据检测的参数指标，在原料稳定的前提下，未发现脯氨酸内切蛋白酶对酒液一般发酵指标带来明显差异，但试验样的敏感蛋白含量比对照样有明显下降，说明该酶对敏感大分子蛋白的水解作用非常明显。

表 3-15　　　　　　　　　　　　发酵过程指标变化

指标		发酵天数/d							
		1	2	3	4	5	6	7	8
双乙酰含量/（mg/L）	试验样	—	0.23	—	0.68	0.49	0.37	0.11	0.06
	对照样	—	0.22	—	0.79	0.59	0.40	0.17	0.09
游离氨基酸含量/（mg/L）	试验样	—	110	—	—	60	45	45	—
	对照样	—	80	—	—	70	65	60	—
悬浮酵母数/（10^6个/mL）	试验样	20	—	48	50	53	25	11	
	对照样	20	—	47	60	52	20	10	
敏感蛋白含量*/EBC	试验样	16	31	29	32	33.5	33.5	—	—
	对照样	16	22.5	13	13	12.5	12	—	—

注：*敏感蛋白的测试原理：将单宁酸溶液连续滴加入被测样品中，样品中的蛋白质迅速与单宁酸结合，随着单宁酸的加入，样品浊度逐渐上升，以单宁酸的加入量为 10.0mg/L 时，对应样品的浊度值表示样品敏感蛋白含量；EBC为浊度单位，酒类行业专用，下同。

3. 成品啤酒非生物稳定性对比

采用不同过滤工艺所生产的成品啤酒，其非生物稳定性指标对比见表 3-16，可以看出添加脯氨酸内切蛋白酶的敏感蛋白含量和冷浑浊度指标低于对照样。

表 3-16　　　　　　　　　　　成品啤酒的非生物稳定性

指标	试验样	对照样 1	对照样 2
过滤工艺	只经硅藻土过滤	添加 300mg/L 的 PVPP，经硅藻土过滤	400mg/L 的硅胶，经硅藻土过滤
新鲜成品浊度/EBC	0.39	0.40	0.37
敏感蛋白含量/EBC	3.96	15.89	9.95
单宁含量/（mg/L）	16.89	低于检测下限	18.37
冷浑浊 */EBC	3.81	4.35	6.19

注：*冷浑浊的检测原理：啤酒在过冷状态下会出现浑浊，在 -8℃ 的温度下向样品中添加酒精，以降低多酚-蛋白质复合物的溶解度，从而加速浑浊的形成，以便快速检测啤酒预期的长时间贮存而出现的浑浊。

4. 成品啤酒贮存期间的浊度变化

成品啤酒在贮存期间的浊度变化见表 3-17，可以看出，对照样的起始浊度和贮存过程的浊度增加值高于试验样。

表 3-17　　　　　　　　　成品啤酒贮存期间的浊度变化　　　　　　　　单位：EBC

样品	二周内	一月	三月	五月	七月
试验样浊度	0.33	0.41	0.59	0.56	0.59
对照样浊度	0.40	0.61	0.73	0.73	0.78

通过统计分析，证明脯氨酸内切蛋白酶对提高啤酒的非生物稳定性方面有明显作用，该酶可替代啤酒酿造过程的一些同功能添加剂，如木瓜蛋白酶、硅胶或 PVPP 等，并且对啤酒风味、口感没有负面影响。根据酶学性质可知，该酶在巴氏灭菌后仍有活力留存，所以在啤酒销售期间，仍然发挥作用。

四、木瓜蛋白酶

（一）概述

木瓜蛋白酶是由未成熟的番木瓜果实，割取乳液后经分离纯化、冷冻干燥而成的酶制剂。木瓜蛋白酶是一种复合酶，主要含有木瓜蛋白酶、木瓜凝乳蛋白酶、木瓜蛋白酶 Ω 和番木瓜蛋白酶IV，正因如此，不同企业生产的木瓜蛋白酶除活力的差别外，上述 4 种蛋白酶比例以及非蛋白酶活力的大小，是造成应用上存在差异的主要原因。木瓜蛋白酶具有蛋白酶和酯酶的活性，对动植物蛋白、多肽、酰胺、酯等有很好的降解能力，广泛应用于食品、医药、日化等行业，尤其是活性肽、肉类嫩化、烘焙行业。

木瓜蛋白酶目前尚无国家标准或行业标准，其技术要求应符合 GB 1886.174—2016《食品安全国家标准　食品添加剂　食品工业酶制剂》和 GB/T 23527—2009《蛋白酶制剂》的规定，详细指标请分别见表2-1和表3-9。该酶的活力定义为：在37℃、pH7.0 条件下，每 1min 催化酪蛋白水解 1μg 氨基酸所需的酶量为 1 个酶活力单位 U。商品木瓜蛋白酶为白色至淡黄色粉末，活力 $10 \times 10^4 \sim 300 \times 10^4$ U/g。曲和之报道了商品木瓜蛋白酶的温度以及 pH 性质，如图 3-10 和图 3-11 所示。

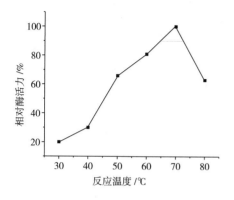

图 3-10　木瓜蛋白酶温度性质

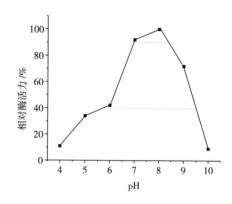

图 3-11　木瓜蛋白酶 pH 性质

（二）肉的酶法嫩化

嫩度是肉类品质的一个重要指标，它是消费者选择肉和肉制品的重要衡量指标，也直接决定肉制品的商品等级和市场价值，特别是对牛等肌肉纤维粗、结缔组织较多的肉类产品来讲，嫩度指标更为重要。从分子角度分析，肉的嫩度主要取决于肌肉中肌原纤维蛋白的状态，即肌球蛋白和肌动蛋白结合的紧密程度、结缔组织的组成和含量、肌间脂肪的分布情况、肌肉的持水力大小等。

决定肉嫩度的因素有很多，其中宰前因素主要包括动物的种类品种、性别、饲养方式、个体差异、肉的不同部位等。宰前的影响因素不可能完全避免，通过一些有效的宰后嫩化措施可以对肉质进行改进，提高产品品质和等级。对肉质进行嫩化改良的方式见表3-18。

表 3-18　　　　　　　　　　肉的嫩化改良方法

物理法	化学法	生物法
拉伸嫩化法	磷酸盐嫩化	内源蛋白酶激活嫩化
机械嫩化法	植物油嫩化	外加蛋白酶激活嫩化
电刺激嫩化法	表面活性剂嫩化	
超声波嫩化法		
高压嫩化法		

在实际生产中，根据设备、原料和生产目标的不同，往往采用多种方式组合对肉制品进行综合嫩化处理，如外加酶嫩化法和磷酸盐嫩化法合用。由于外加酶法具有操作简单、设备投资少、效果明显等优点，已经是肉制品加工业使用的常规方法之一。目前，最广泛使用的外源蛋白酶是植物来源的木瓜蛋白酶、菠萝蛋白酶和无花果蛋白酶，不同蛋白酶对肉类的嫩化能力见表3-19。

表3-19　　　　　　　　　　蛋白酶对肉类的嫩化能力对比

酶的种类	嫩化肉类所需酶活力/（U/g 肉）	酶的种类	嫩化肉类所需酶活力/（U/g 肉）
木瓜蛋白酶	20	碱性蛋白酶	10
菠萝蛋白酶	10	中性蛋白酶	10
无花果蛋白酶	10	酸性蛋白酶	20
胰蛋白酶	1	根霉蛋白酶	20

木瓜蛋白酶是商品化程度较高的蛋白酶，在肉类嫩化中使用最广泛，与其他蛋白酶相比，木瓜蛋白酶嫩化效率高且非常耐热，在10~80℃均有有效活力。大多数蛋白酶对变性的胶原蛋白起作用，而肉类胶原蛋白在高于60℃才开始变性，这使得木瓜蛋白酶比较适用于肉类的嫩化。

但是，木瓜蛋白酶会以相似的速度水解肌球蛋白和肌动蛋白，对胶原蛋白的作用活力有限。使用木瓜蛋白酶来嫩化富含胶原蛋白的结缔组织时，容易对肌肉组织过度水解，导致产品过嫩、质地过软、口味不良等问题。所以使用木瓜蛋白酶对肉制品嫩化时，需对添加量、嫩化条件进行优化控制，才能保证成品肉制品的品质。常用的生产方式主要有以下3种。

虽然肉制品嫩化市场对胶原蛋白酶、弹性蛋白酶有明显的需求，但商品酶制剂还没有开发出来。从植物和微生物中寻找新型肉类嫩化蛋白酶是关注较多的研究领域，其中生姜蛋白酶和猕猴桃蛋白酶对胶原蛋白有较强的专一性水解能力，被认为是比较有前景的肉类嫩化用酶。

1. 宰前注射法

通常采用5%~10%的酶溶液，在动物屠宰前10~30min，将氧化态无活性的木瓜蛋白酶溶液进行静脉注射，使酶均匀地分布于动物肌体之中，木瓜蛋白酶的用量一般为2~5mg/kg体重，这种方法在欧美国家使用较为广泛。宰前注射木瓜蛋白酶进行人工嫩化的机理如图3-12所示。

氧化的木瓜蛋白酶进入血液，酶催化半胱胺酰基氧化为二硫键衍生物。氧化态存在于动物活体内，即使不灭活也能够从肾脏中排出。如及时屠宰，通过肌糖原酶解积累的游离硫醇基和其他还原剂的作用，把氧化型木瓜蛋白酶变成还原型具备活性的蛋白酶，并对肌肉产生嫩化作用。若将活性酶（还原型）注入动物体内，将激活血清补体系统，使动物休克，以致死亡。

使用效果：肉类嫩度可用等级1~10表示，以注射蛋白酶的牛肉达到嫩度7级以上的百分比为指标，对木瓜蛋白酶的作用效果如表3-20所示。

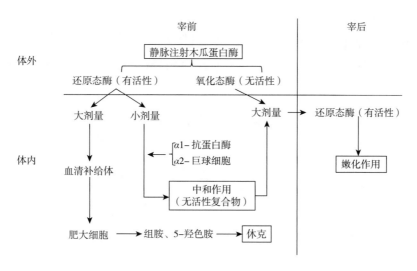

图 3-12 宰前注射法嫩化机理

表 3-20 注射木瓜蛋白酶对牛肉嫩度的影响

牛肉级别	嫩肉百分数/%		嫩烤牛肉百分数/%	
	对照	注射木瓜蛋白酶	对照	注射木瓜蛋白酶
美国奶牛	45	85	77	95
美国标准级	25	74	42	90
美国母牛	0	63	27	74

2. 宰后注射法

在牲畜屠宰后僵直前,采用强制多针头注射蛋白酶液,使酶主要分布在肌肉部分。

3. 涂抹、浸泡或真空浸渍

将蛋白酶均匀涂抹在肉块上,或将肉块浸泡在蛋白酶溶液中,一般浸泡 10min 就可以烹煮;或者直接将蛋白酶添加到肉馅中搅匀,这种方式操作简单,在企业中应用比较普遍,表 3-21 是猪、牛肉馅料的配方实例,比例按照原料肉质量计。

表 3-21 猪、牛肉嫩化剂配方

成分	比例	成分	比例
木瓜蛋白酶/ (10×10^4 U/g)	0.02%	味精	0.5%
葡萄糖	1.5%	少量胡椒、食盐、食用油等调味料	

随着用酶技术的发展,真空滚揉腌制在牛排、牛肉干等肉制品加工中取得较好效果。夏军军报道了一种酶法嫩化牛排的工艺,其中滚揉机转速 10r/min,真空度 0.02MPa,每滚揉 20min,静置 10min,20×10^4 U/g 木瓜蛋白酶按照原料肉质量的 0.01% 添加,在 6℃ 条件下滚揉 4h,腌制吸收率最好,牛肉颜色鲜亮、红度适宜,牛肉剪切力降低,有效提高牛排嫩度。

（三）其他领域的应用方法

木瓜蛋白酶还广泛应用于烘焙、酿造、饲料、酵母抽提物、医药等行业，典型应用方法见表3-22。

表3-22 木瓜蛋白酶的典型应用方法

行业	效果	使 用 方 法
饼干	降低筋力、可塑性强、不收缩变形、层次多、酥软爽口	20~30U/g 面粉
面包	增加体积、松软可口、保质期长	2~5U/g 面粉
酿造	有助于菌种生长、缩短发酵周期、提高收率、增加风味	10~30U/g 原料
饲料	提高蛋白质利用率、降低饲养成本	0.5~1.0U/g 全价料
酵母抽提物	酶解速度快、提高水解物氨基酸含量、呈味性强	200~1000U/g 原料，50~55℃，pH6.0~6.5，2~8h
日用化工	保健清洁皮肤、促进血液循环	3000~6000U/g 原料，45~65℃，pH5.0~7.0
医药保健品	消炎止痛、助消化、提高免疫力	同上

五、酸性蛋白酶

（一）概述

酸性蛋白酶主要有胃蛋白酶和真菌酸性蛋白酶，一般而言，市场流通的酸性蛋白酶是指后者，它能在低 pH 条件下有效水解蛋白质，广泛应用于谷物原料酒精、白酒、皮革加工、饲料、单细胞蛋白饲料、食品酿造等行业。食品级酸性蛋白酶执行国家标准 GB 1886.174—2016《食品安全国家标准　食品添加剂　食品工业酶制剂》，其他工业用酸性蛋白酶执行国家标准 GB/T 23527—2009《蛋白酶制剂》，详细指标请见表 2-1 和表 3-9。在达到国家标准的同时，商品酸性蛋白酶一般满足如下指标，见表 3-23。

表3-23 商品酸性蛋白酶概况

项目	内容
活力定义	1g 固体酶粉（或 1mL 液体酶），在（40±0.2）℃、pH3.0 条件下，1min 水解酪蛋白产生 1μg 酪氨酸，即为 1 个酶活力单位，以 U/g（U/mL）表示
液体酶性状	棕褐色，25℃、pH3.0~5.0，密度≤1.25g/mL
固体酶性状	黄色至浅褐色粉末，0.4mm 标准筛通过率≥80%
商品酶活力	食品级：70×10⁴U/g；其他行业 5×10⁴~20×10⁴U/g（U/mL）
来源	黑曲霉发酵制得

（二）特性

隆科特公司酸性蛋白酶温度特性如图 3-13 所示，pH 特性如图 3-14 所示。

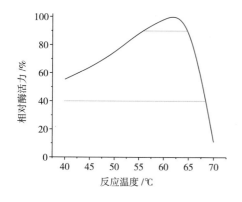

图 3-13　酸性蛋白酶温度特性

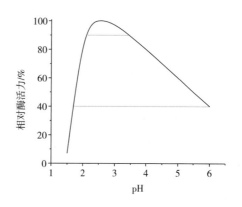

图 3-14　酸性蛋白酶 pH 特性

（三）酸性蛋白酶促进酒精发酵

1. 理论依据

玉米、大米等谷物原料中蛋白质含量一般为 8%～11%，酸性蛋白酶可以有效地把那些蛋白质和肽水解成酵母可以吸收的游离氨基酸，从而增加发酵醪中酵母细胞数量，使发酵速度加快，主发酵提前，发酵时间缩短，降低染菌概率。

另一方面，在玉米生产酒精中添加酸性蛋白酶，不但可以节省尿素等无机氮源，而且可以减少酵母用于氨基酸代谢所消耗的糖（氨基酸代谢以糖代谢为基础），使更多的糖向酒精转化。酸性蛋白酶还可以破坏细胞间质，使原料中未释放的淀粉释放出来。这样就增加了发酵底物，使原料利用率提高。

2. 使用方法

在首个发酵罐或酒母罐中加入隆科特公司酸性蛋白酶，使用量为 6～10U/g 原料，即 10×10^4 U/mL 活力的酸性蛋白酶加量 60～100mL/t 原料。连续发酵在 1# 发酵罐中添加，间歇发酵在发酵罐进料 1/3 和 2/3 时各加总用酶量的一半。发酵工段营养盐用量减半。其他工艺，如粉碎、蒸煮、糖化、蒸馏等不变，完全按照现有工艺执行。

3. 生产指标

在正常生产期间，保证原料基本相同，加酶与不加酶各生产 6d，发酵平均指标列于表 3-24 中。可以看出，在酒母罐中添加酸性蛋白酶，酵母细胞数、芽生率增高，说明酵母处于生长期，种子罐温度提高说明酵母代谢旺盛；成熟醪酸度降低，说明酵母细胞健壮有利于抑制杂菌生长；考虑到试验罐总糖比对照罐低 0.1g/100mL，按照对照罐发酵水平，对比罐对应酒精分数为 10.71%（体积分数），因此酒精分数实际增加值应为 10.82 - 10.71 = 0.11%（体积分数），即出酒率提高 0.298%；添加酸性蛋白酶发酵时间缩短 8h。

表 3-24 酒精发酵对比数据

指标	试验罐 使用酸性蛋白酶	对照罐 未用酸性蛋白酶	对比结果
总糖/（g/100mL）	17.84	17.94	-0.1
种子罐细胞数量/（×10⁸个/mL）	1.91	1.68	0.23
种子发芽率/%	20.83	19.02	1.81
种子罐满罐温度/℃	32.72	32.48	0.24
成熟醪酒精分数/（体积分数）	10.82	10.77	0.05
成熟醪酸（以乙酸计）/（mol/mL）	5.17	5.5	-0.33
成熟醪总残糖/（g/100mL）	0.59	0.59	0
成熟醪残还原糖/（g/100mL）	0.11	0.11	0
成熟醪挥发酸/（mol/mL）	0.13	0.13	0
发酵周期/h	53	61	-8
DDGS蛋白含量/%	29.95	28.86	0.09

4. 经济效益

酸性蛋白酶成本约 4 元/t 原料；出酒率提高 0.298%，即每吨原料多出 2.98kg 成品酒精，这一项增加收益约 16 元/t 原料。综合来看，以谷物为原料的酒精生产中使用酸性蛋白酶，每吨原料增加收益约 12 元。另外，发酵周期缩短可提高生产效率，潜在收益尚未计算在内。

根据 GB 2760—2014《食品添加剂使用标准》，以往作为食用酒精生产中添加的尿素不在该标准之列，因此食用酒精企业开始关注酸性蛋白酶。经过十几年的实践，酸性蛋白酶在谷物原料生产酒精中的应用已经成熟，逐渐在行业中推广使用。

（四）酸性蛋白酶在饲料行业中的应用

酸性蛋白酶在饲料行业中的应用，具有耐胃酸、耐金属离子、耐高温的特点，协同内源酶发挥作用，显著提高蛋白质的消化利用率，特别适用于幼龄动物日粮或蛋白质消化率低的畜禽日粮中使用，可降低营养性腹泻、提高动物生产性能。表 3-25 是隆科特酸性蛋白酶对肉鸡生产性能的影响，该试验将 360 只肉鸡随机分成两组，每组 6 个重复，每个重复 30 只鸡，对照组喂基础日粮，试验组在基础日粮中添加酸性蛋白酶 2000U/kg。

表 3-25 隆科特酸性蛋白酶对肉鸡生产性能的影响

项目	对照组	试验组
出栏重/kg	2.51±0.11	2.64±0.04
成活率/%	92.58±0.92	93.49±1.64
平均日增重/g	65.90±1.42	69.13±0.89
料肉比	1.54±0.06	1.51±0.06

（五）酸性蛋白酶对羊毛的柔软细化

蛋白酶在羊毛的防毡缩处理中，其大分子链上起催化作用的是氨基酸残基，但并不是所有的氨基酸残基都参与催化反应，反应只发生在酶分子很小的部位上，这个部位称为活性部位。活性部位在蛋白酶分子表面上通常表现为一定形状和尺寸的"凹槽"，以容纳底物的被催化部位。蛋白酶对羊毛的作用一般是去除羊毛鳞片表层、鳞片层或类脂层，从而改善羊毛的物理、机械和化学性能，提高羊毛制品的性能，使产品获得更高的附加值。

羊毛属蛋白质纤维，鳞片的表层含有疏水性长链的类脂层，不但具有疏水性，水解稳定性也高，而且整个鳞片层含有较多的胱氨酸，存在许多二硫键交联，此外酰胺交联也较多，所以鳞片外层稳定性较高、不易酶解。蛋白酶穿过鳞片层，进入鳞片层和皮质层之间的细胞间质层，蛋白酶首先水解胞间物质，使局部的鳞片层突出，呈剥离之势。随着反应的进行，鳞片剥落，皮质层逐渐暴露，定向摩擦效应降低。若采用氧化预处理，可充分打开羊毛纤维鳞片层交联的二硫键，使之形成吸电子磺酸基团，蛋白酶催化胱氨酸水解后，使局部鳞片层受到破坏，并从羊毛纤维表层脱落下来。

蛋白酶与羊毛的作用过程如下：蛋白酶分子在溶液中向羊毛纤维表面扩散，并吸附在羊毛纤维表面；蛋白酶分子从羊毛纤维表面的结构疏松部位向羊毛内部扩散和渗透；蛋白酶催化水解反应；反应产物从羊毛内部向外部扩散；反应产物向溶液中扩散。

由于酶本身是分子质量较大的蛋白质，渗透性差，且羊毛鳞片层是复杂的蛋白质混合物，含有大量的二硫键，结构致密，对酶有较强的抵抗能力，所以直接用蛋白酶处理羊毛难以获得满意的防毡缩效果。通常的方法是，在使用酶处理前，首先使用氧化剂或者还原剂对织物进行预处理来去除羊毛表面的长碳链类脂，使羊毛蛋白中的二硫键部分打开，为酶处理羊毛表面蛋白提供了可能，也使羊毛表层对化学药剂的可及度增加。氧化预处理对织物的防毡缩作用不可忽视，但只有与其他方法结合使用，才会达到良好的效果。由于酶具有很强的专一性和选择性，而且普通酶作用效率低，所以必须仔细寻找和筛选酶的种类并控制好酶的处理条件，有效地提高蛋白酶的减量效率。

羊毛的柔软细化十分重要。羊毛虽然有优良的保暖作用，但是舒适性和柔软性都不够理想。蛋白酶能对羊毛制品起到抛光柔软作用。采用蛋白酶处理后，对羊毛织物手感的爽滑性、柔软性和丰满性大有改善，织物光泽度得到提高，具有可机洗、抗起球起毛等护理功能，能有效消除有机氯，对人体无伤害。蛋白酶处理羊毛可去除60%以上的鳞片类脂，羊毛的亲水性得到明显改善，羊毛织物获得低温染色的优异性能。蛋白酶对羊毛进行处理，减量率可达10%以上，卷曲度也有所增加。羊毛的酶法处理改变了过去的"化学氯化法"对环境的污染。酶法加工条件温和，不会破坏毛皮的强度和弹性。

在羊毛柔软细化中，酸性蛋白酶可以破坏羊毛纤维表面的鳞片，使羊毛不宜毡缩，有利于染色。通过小剂量试验，可以找到适合特定工艺的用酶方法，一个推荐的最适使用条件是：加酶量0.6%~2.0%（相对织物百分比，o.w.f.）（酶活力以10万单位计），pH3.0~3.5，温度40~50℃，浴比1:（20~40），处理60~90min，减量率达1%~4%。

（六）其他领域的应用方法

酸性蛋白酶还广泛应用于酿造制品、单细胞蛋白饲料的生产中。隆科特公司酸性蛋白酶的典型用法见表3-26。

表3-26 隆科特酸性蛋白酶的典型用量

行 业	效 果	使 用 方 法
醋、酱油、黄酒、白酒等	菌体生长健壮、提高曲的糖化和发酵能力	10~30U/g原料，在制曲或发酵开始时加入
单细胞蛋白饲料		添加量100~200U/g原料，同菌种泼洒到灭过菌已冷却的料醅中，拌匀后入池发酵，可增加蛋白含量4%~10%

六、凝乳酶

（一）概述

奶酪又称干酪，每千克奶酪浓缩了10kg牛奶的蛋白质、钙和磷等人体所需的营养成分，因此被誉为乳制品中的黄金。由于特殊的制作工艺，奶酪中的蛋白质吸收率达到96%~98%。全世界约有3千多种奶酪，最常见的划分标准是按奶酪的含水量进行分类，主要有：软奶酪，水分含量80%；半硬质奶酪，水分含量40%~50%；硬质奶酪，水分含量30%~40%。

凝乳酶是干酪制作过程中起凝乳作用的关键性酶，该酶水解牛乳中 κ-酪蛋白多肽链中携带高电荷的肽段，将后者释放到乳清中，κ-酪蛋白剩余的部分称为副 κ-酪蛋白，其在 Ca^{2+} 等二价阳离子存在下形成不溶性的凝块，最后全部的液态乳变为牛乳凝胶，经压榨等工序加工成奶酪。

凝乳酶是近年来完成国产工业化生产的酶制剂，目前没有国家标准或行业标准，但是作为食品工业用酶制剂，它首先满足GB 1886.174—2016《食品安全国家标准 食品添加剂 食品工业用酶制剂》中的技术要求，详见表2-1，在此基础上商品凝乳酶的概况如表3-27所示。

表3-27 商品凝乳酶概况

项目	内容
酶活力定义	在 pH7.2、35℃条件下，每分钟催化酪蛋白水解生成1μg酪氨酸的酶量定义为一个酶活力单位（U）
固体酶性状	白色至淡黄色粉末，0.4mm标准筛通过率≥80%
商品酶活力	食品级：$10×10^4$~$50×10^4$U/g
来源	微小毛霉发酵制得

（二）特性

目前国内只有少数几家企业生产凝乳酶，如山东隆科特酶制剂有限公司和中诺生物科技发展（江苏）有限公司等。以隆科特公司凝乳酶为例，其温度特性如图 3-15 所示，pH 特性如图 3-16 所示。

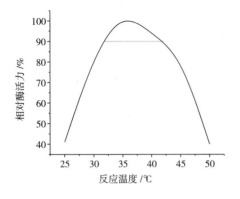

图 3-15　凝乳酶温度特性

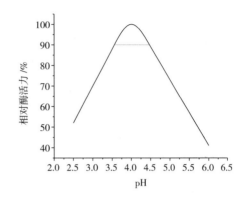

图 3-16　凝乳酶 pH 特性

（三）干酪的酶法生产

干酪生产技术中一个重要的任务，是为特定干酪品种选出合适的原料、工艺和酶制剂，并将它们有机组合起来，这关系到干酪产率、保存期、干酪的风味和质地等。有关不同凝乳酶制作不同品种干酪的技术细节已经脱离本书的主线，读者可参阅相关书籍，在此以菲达（Feta）干酪的生产工艺为例，说明凝乳酶在干酪生产中的用法及原理，如图 3-17 所示。

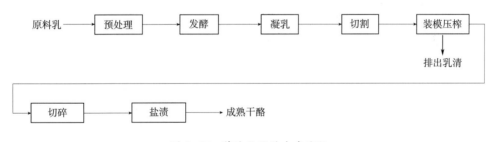

图 3-17　菲达干酪的生产流程

1. 预处理

Feta 干酪的初始原料是绵羊乳，然而随着工业化的发展，原料乳逐渐改为牛乳。原料乳应选择无不良气味的新鲜牛乳，脂肪含量 3.1%～3.3%、蛋白质含量 2.95%～3.10%、pH 为 6.4～6.8。通常需要根据最终产品的脂肪含量进行标准化，使最终蛋白质与脂肪含量比为 0.9 : 1，然后 72℃杀菌 16s。

2. 发酵、凝乳、切割

这 3 个工序都在干酪槽或干酪罐中进行。将杀过菌的原料乳冷却至（35±2）℃，注入干酪槽，添加乳酸菌搅拌均匀，预发酵 1h，根据需要也可添加 CaCl$_2$ 溶液 0～10g/100kg 牛乳。将凝乳酶用纯净水稀释成酶溶液，直接撒入奶酪槽中，凝乳酶加量 1～6U/mL 原料乳，搅拌 3～5min，凝乳时间 45～60min。

在开始切割前必须检查凝乳情况，一般可用小铲插入凝块下面向上抬起，裂纹直且整齐，无小片凝块残留，乳清呈透明，则可以切割。切割时首先水平切割，然后垂直切割，最后上下切割成小方块，控制切割时间在 5min 内，切割完毕静置 3~5min。

3. 装模压榨

当凝乳粒达到适宜大小后开始搅拌，搅拌时间控制在 20min 以内，然后把凝乳粒和乳清一起倒入模具内，在室温下放置 18~24h，每隔 60~90min 翻转奶酪模具，排出乳清。然后将凝乳粒放在压榨机内压榨 3~5h，此阶段对成品干酪的硬度、酸度和湿度都会产生重要的影响。

4. 切碎、盐渍

当凝乳块 pH 达到 4.7 时，从模具内取出，切成边长约 10cm，重量约 100g 的方块。然后将干酪块浸泡在 12%~16% 的食盐水溶液中 12~16h，温度控制在 16~18℃，浸渍结束干酪的盐浓度为 2%~3%。

将干酪块重新浸渍在 6%~8% 食盐水溶液中，同时添加 0.06% 氯化钙和柠檬酸，使溶液 pH 达到 4.6，在 8~10℃ 的条件下成熟 60d。成熟的干酪放在 2~4℃ 的条件下贮存。

（四）再制干酪的酶法生产

再制干酪是以成品干酪为主要原料，加入柠檬酸盐和其他配料，经酶解、乳化等工艺制成的产品，大体上生产工艺流程如图 3-18 所示。再制奶酪口感顺滑、保质期长，可添加不同调味料，口感更丰富。

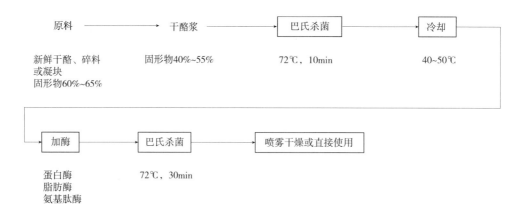

图 3-18　再制干酪的生产流程图

再制干酪生产所使用的乳化剂和稳定剂通常包括单、双硬脂酸甘油酯、磷酸盐、柠檬酸和黄原胶，抗氧化剂通常以植物油或脂溶性维生素的形式加入酶法再制干酪中。酶解反应生成的醛类、内酯和醇类等特征风味物质，可以使用等同的食品级风味物质代替，也可以使用乳酸菌和霉菌等乳品发酵剂来完善。

蛋白酶、脂肪酶、氨基肽酶的配合使用，可形成特征性的咸味、辛辣味和脂解风味，反应温度对这些风味的均衡至关重要，一般的酶解温度为 40~55℃，pH6.0~7.0 的条件下保温 4~36h。其中蛋白酶优选风味中性蛋白酶，加量 200~1000U/g 干酪，氨基肽酶加量

20~100U/g 干酪，脂肪酶加量 50~100U/g 原料。相关酶制剂的情况请见下文。

由于酶法生产的再制干酪中残留有活力，这可能产生新的问题，如产品在货架期内发生变化和给下游用户带来使用的不便，目前在酶解反应之后，进行巴氏杀菌来破坏残留酶活和杀灭污染微生物。

七、中性蛋白酶

(一) 概述

中性蛋白酶作为 S8 肽酶家族的成员，主要由内肽酶组成，在中性条件下将蛋白质水解成多肽、寡肽及氨基酸，广泛应用于生物活性肽、皮革加工、饲料、烘焙、调味品、啤酒、酱油等行业。食品级中性蛋白酶执行国家标准 GB 1886.174—2016《食品安全国家标准　食品添加剂　食品工业用酶制剂》，其他工业用中性蛋白酶执行国家标准 GB/T 23527—2009《蛋白酶制剂》，详见表 2-1 和表 3-9。商品中性蛋白酶一般满足如下指标，见表 3-28。

表 3-28　　　　　　　　　　　　　　　商品中性蛋白酶概况

项目	内容
酶活力定义	1g 固体酶粉（或 1mL 液体酶），在（30±0.2）℃、pH7.5 条件下，1min 水解酪蛋白产生 1μg 酪氨酸，即为 1 个酶活力单位，以 U/g（U/mL）表示
固体酶性状	黄色至浅褐色粉末，0.4mm 标准筛通过率≥80%
颗粒酶性状	类白色至淡黄色均匀颗粒，20 目筛通过率 100%
商品酶活力	食品级：$15×10^4$ U/g；工业级 $5×10^4$~$15×10^4$ U/g
来源	枯草芽孢杆菌发酵法制得

隆科特公司中性蛋白酶温度特性如图 3-19 所示，pH 特性如图 3-20 所示。

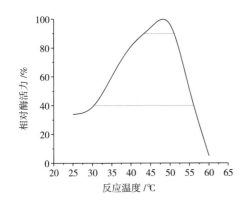

图 3-19　中性蛋白酶温度特性

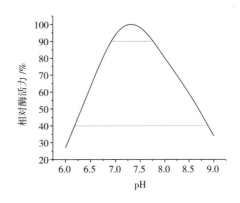

图 3-20　中性蛋白酶 pH 特性

(二) 丝绸的酶法脱胶

蚕丝属于天然蛋白质纤维，主要由丝素和包覆在外的丝胶组成，另含有少量的油脂、蜡质、毛发和草屑等杂质，几千年来都作为高档纤维使用。丝胶作为一种包络在蚕丝外层的蛋白质，在纺织过程中对丝素起保护作用，在染整前处理加工中需要除去大部分丝胶，露出丝素，蚕丝才能显现出特别的光泽和手感。为了使蚕丝拥有优雅的光泽、舒适的手感以及良好的吸湿、放湿和保温性能，脱胶过程至关重要。随着生物酶的发展，蛋白酶脱胶成为一种无毒无害、环境友好的脱胶方法，在纺织行业具有很大的优越性，因此国内外对蛋白酶脱胶进行了较多的研究。

用蚕丝生产丝织品的过程需要经过精练工序除去残余丝胶和杂质，以利于染色整理。脱胶的好坏，对蚕丝成品的质量有极大的影响。根据丝素和丝胶的性能特点，国内外研究者已开发出各种真丝及其混纺织物的精练方法。目前，蚕丝脱胶方法概括起来有6种：沸水法、皂煮法、有机酸法、生物酶法、保险粉法和碱法。其中，生物酶的催化反应具有高效性和专一性，将其用于蚕丝脱胶，理论上应该可起到很好的脱胶效果。由于生物酶具有易生物降解、反应条件温和的特点，用于染整加工还具有节能减排的优势。

蚕丝的脱胶是蚕丝加工工艺中重要的环节之一，精练的好坏对丝质量和原料的制成率都有极大的影响。传统工艺采用皂碱法，在高温下炼丝进行脱胶，但如果工艺条件控制不当，往往会损伤丝素，破坏丝质，而且处理后的废水不易处理，不利于环境保护。

蛋白酶对丝胶的水解是一种均相或介于均相和多相之间的水解模式，其对丝胶具有较大的水解活力，而对丝素没有活力或水解活力很低，因而，蛋白酶对丝胶的水解效率较高，对丝素的损伤小，失重少，这样避免了传统工艺因过度脱胶而造成损伤丝素的危险。蛋白酶的真丝脱胶不仅可以在较低的温度下处理，还可获得蓬松性好、手感柔软、不起毛、丝素不受损、光泽鲜艳等优良品质，同时也能去除死茧造成的污垢，还能将出丝率提高10%。

蚕丝采用蛋白酶精练脱胶具有脱胶迅速、均匀、丝绸富有弹性、强度损伤小、能耗小、作用条件温和等优点，而且精练后织物的手感、光泽均有明显的改善。然而，蛋白酶精练脱胶通常需要和化学脱胶相结合才能达到较好的效果，因为蛋白酶没有直接去除蜡质和色素的作用，需要和纯碱、肥皂或合成洗涤剂相结合达到精练的目的，所以，生丝的酶精练主要由预处理、酶脱胶、皂碱练以及后处理等工序组成。利用蛋白酶脱丝胶的生产工艺流程如图3-21所示。

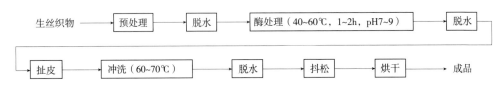

图 3-21　酶法丝绸脱胶生产流程

预处理是先用纯碱和表面活性剂前处理，使丝胶膨润、软化，从而使蛋白酶容易发生作用。具体工艺条件为：98~100℃，pH10.2~10.5，60~80min，浴比1:40。

研究结果表明：在45℃、pH9、时间为60min的实验条件下，碱性蛋白酶浓度分别为1，2，3，4，5，6g/L时，丝绸的脱胶量分别达到19.3%，21.1%，23.7%，24.2%，25%，25.1%。

（三）蛋白酶助力制革行业节能减排

我国皮革工业资源丰富，发展迅速，猪皮、羊皮产量占世界之首。皮革制品不仅国内市场需求量较大，同时还出口创汇，制革生产要求的"高质量、低成本、无污染、减轻劳动强度"等问题十分突出，而酶制剂在皮革浸水、脱脂、脱毛、软化、浸酸等操作单元都起到了很大作用。

酶制剂在皮革工业中的应用，能彻底改变皮革生产中"脏乱差"的落后面貌，同时大大提高劳动生产率。随着现代酶制剂工业的飞速发展、酶制剂的品种增加和酶制剂应用技术的提高必将为提高皮革质量、增加得革率、减少污染做出新贡献。图3-22是制革工艺流程及酶制剂得到广泛应用的操作单元。其中酶制剂在浸水单元的应用请参见碱性蛋白酶部分；酶制剂在脱脂单元的应用请参见中性脂肪酶部分；酶制剂在脱毛和软化中的应用在本部分介绍。

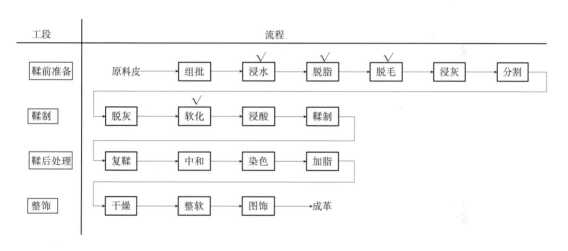

图 3-22　制革工艺流程及酶制剂应用单元

注：√表示酶法已经应用的操作单元。

1. 上图中用酶单元的生产目的

（1）浸水　通过池子、划槽或转鼓使皮在水中充水并恢复到鲜皮状态的操作，称为浸水。浸水操作不但可以除去皮张上的泥沙、血污、盐和防腐剂等无机和有机污物，还能除去皮张内部的部分可溶性非纤维蛋白，主要为后续加工打下基础。

（2）脱脂　在一定条件下（温度、机械作用等），用酶、碱类物质、表面活性剂等脱脂剂除去皮内脂肪的操作称为脱脂。其目的是去除皮内脂肪、去除部分纤维间质，为脱毛操作做好准备。

（3）脱毛　从皮上除去毛和表皮的操作称为脱毛。脱毛目的：可以使毛和表皮与皮分开，使皮张粒面花纹裸露，成革美观、耐用；对有价值的毛而言，脱毛还可达到回收毛的目的；进一步除去皮的纤维间质、脂肪等制革无用之物，增大纤维束间的空隙，保证化工材料的渗透与作用；进一步松散胶原纤维，使成革具有符合使用要求的物理化学性能及感官性能。

（4）软化　利用酶的催化水解作用，将残余的毛根、表皮、毛根鞘、纤维间质、腺体及它们的降解产物除去，将弹性纤维、网状纤维、竖毛肌等水解破坏，使胶原纤维得到充分松散。

2. 酶制剂在皮革脱毛中的应用

毛、表皮、毛根鞘由角蛋白组成。其中毛根底部、表皮基底层、外毛根鞘，都是由活的角蛋白细胞组成。这些细胞之间及细胞与真皮之间充满了黏蛋白和类黏蛋白，酶脱毛实际上是利用蛋白酶对黏蛋白和类黏蛋白进行催化水解，使角蛋白细胞原有的堆砌结构被破坏，并且将毛根上面的角蛋白水解破坏，以削弱或破坏毛根、表皮、毛根鞘与真皮的联系，然后借助机械作用使毛根、表皮、毛根鞘与真皮分离。

由于毛干比毛根鞘、毛球以及表皮的结构更稳定，在一定条件下酶更容易作用毛球、毛根鞘，以及连接表皮与真皮的表皮基底层细胞，从而削弱了毛袋对毛根的挤压力和毛球底部与毛乳头顶部之间的连接力，即毛袋与毛根的联系，借助于机械作用来达到毛板与毛分离而脱毛的目的。

酶法脱毛有多种方法，国内用得较多的有两大类：有温有浴酶脱毛和滚酶堆置脱毛。其中滚酶堆置脱毛因不易松面、技术要求不严格、常温操作等特点，处理效果优于有温有浴酶脱毛。滚酶堆置脱毛的工艺参数见表3-29。

表3-29　　　　　　　　　　　　　滚酶堆置脱毛工艺参数

参数	控制指标
酶用量	中性蛋白酶 150~250U/g 原料
激活剂	亚硫酸钠 1.0%~1.5%
防腐剂	苯酚 0.1%
pH	7.5±0.5
时间	60~80min

脱脂后的皮加入上述物料转动 60~80min，即可取出堆置。按品种及毛色分开堆放，上面用塑料薄膜盖好，否则被风吹干的部位不易脱毛。脱毛时间与堆置温度有较大关系，在 5~20℃时堆置 14d，25~30℃时堆置 3d。滚酶堆置脱毛的优缺点如表3-30所示。

表3-30　　　　　　　　　　　　　滚酶堆置脱毛的优缺点

优点	缺点
成品革全张的柔软程度均匀一致，绒面革和服装革的边缘部位与皮心部位的绒毛长短也较一致	堆放时皮会产生臭味
成品革质量较其他酶法脱毛稳定，松面、伤面及毛穿孔等缺陷都大大减少	脱毛水洗后的废水含苯酚，污染环境
工艺较简单，易于控制。堆置时间长对成品革质量无明显影响	堆置时间长，占地面积大
猪皮回收多、质量好	

3. 酶制剂在皮革软化中的应用

毛皮软化是制革中的重要工序。它是将皮革纤维间质中的蛋白质和黏多糖溶解掉，使毛皮变得柔软轻松，透气性好。旧的软化方法是采用米硝法，劳动强度大、生产周期长、皮板生臭、不可水洗。用醛铬鞣制的成品皮板僵，响板裂面较多。用蛋白酶来分解纤维间质，使皮纤维松散。经化学鞣渍后，成品轻、薄、软，毛头灵活、无灰无臭、不怕水洗，能提高出皮率 5%～10%，增加皮板拉伸强度，提高皮革收缩温度，减轻质量 5%～10%，缩短周期 5%～10%，降低生产成本。

利用中性蛋白酶对羊毛皮软化工艺为：原料按浴比 1∶8 配成软化液，加酶量 5～20U/g 原料，在 30℃将羊毛皮浸入，刮动 2～3min，以后刮动 1～2 次，软化 5～6h。

（四）中性蛋白酶在饲料中的应用

中性蛋白酶能有效降解大豆蛋白所含的抗营养因子，降低食糜黏度，提高营养物质的消化吸收率，提高动物的生产性能，降低养殖成本。使用该酶可以加大菜粕、棉粕、次粉、麸皮等非常规饲料在饲料中的用量，降低饲料配方成本。蛋白酶的使用可以维持动物肠道菌群平衡，减少疾病发生和药物使用。表 3-31 是隆科特公司中性蛋白酶对断奶仔猪生长性能的影响，试验选取 120 头健康（21±2）日龄的断奶仔猪随机分成两组，每组 6 个重复，每个重复 10 头猪。对照组喂玉米-豆粕型基础日粮，试验组在基础日粮中添加中性蛋白酶 7.5U/g 饲料。

表 3-31　　　　　　　　　　　中性蛋白酶对断奶仔猪生长性能的影响

时间	指标	对照组	加酶组
前期（1～14d）	平均日增重/g	233±6	234±7
	平均日采食量/g	469±16	469±24
	料重比	2.01±0.03	2.00±0.04
	腹泻率/%	2.77±0.26	2.38±0.23
后期（15～28d）	平均日增重/g	454±7	508±6
	平均日采食量/g	888±21	892±27
	料重比	1.96±0.03	1.76±0.04
	腹泻率/%	1.25±0.23	1.15±0.18

（五）其他领域的应用方法

中性蛋白酶还可以应用于酿造、烘焙和奶酪的生产中，以隆科特中性蛋白酶为例，一般使用方法见表 3-32。

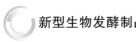
表 3-32 中性蛋白酶的一般用量

行业	效果	使用方法
烘焙	通过减弱面团筋力，使面团具有良好的可塑性和延伸性，生产的饼干断面层次分明，松爽酥脆	5~15U/g 面粉，和面时添加
酿造	发酵液及产品澄清，消除冷浑浊	10~30U/g 原料
制奶酪	加快成熟，不影响风味和质构	1~6U/g 原料

八、风味中性蛋白酶和氨基肽酶

（一）概述

从应用角度来讲，风味中性蛋白酶和氨基肽酶有许多共同特点。第一，两种酶的主要用途均是生物活性肽产业；第二，两种酶均有降低苦味、改善风味的作用；第三，两种酶均是食品级，用酶成本偏高，在活性肽产业属于辅助水解用酶。然而，因为作用原理不同，使两种酶的用法和水解产物有明显区别：风味中性蛋白酶是内切酶，同时含有少量外切酶成分，可以单独使用，产物中以寡肽为主；氨基肽酶是外切酶，单独作用蛋白质时几乎不发生水解，需要与内切蛋白酶配合使用，产物为游离氨基酸和分子质量较大的多肽。

目前还没有针对这两种酶的国家标准或企业标准，作为食品级酶制剂，这两种酶应满足 GB 1886.174—2016《食品工业用酶制剂》的技术要求，详见表 2-1。国内生产这两种酶制剂的厂家比较少，以隆科特公司为例，商品概况如表 3-33 所示。

表 3-33 风味中性蛋白酶和氨基肽酶概况

项目	风味中性蛋白酶	氨基肽酶
酶活力定义	1g 固体酶粉，在（30±0.2）℃、pH7.5 条件下，1min 水解酪蛋白产生 1μg 酪氨酸，即为 1 个酶活力单位，以 U/g 表示	1g 固体酶粉在（30±0.2）℃、pH7.5 条件下，1min 水解酪蛋白产生 1μg 酪氨酸，即为 1 个酶活力单位，以 U/g 表示
性状	黄色至浅褐色粉末，0.4mm 标准筛通过率 ≥80%	同左
市售活力	食品级：$15×10^4$U/g，可根据需求定制	食品级：$6×10^4$U/g，可根据需求定制
来源	枯草芽孢杆菌发酵法制得	米曲霉发酵法制得

（二）性质

风味中性蛋白酶和氨基肽酶均在中性偏碱的条件下有最佳活力，特别适合与中性蛋白酶或碱性蛋白酶等专一性弱的蛋白酶配合使用，以提高水解度、改善风味。两种酶的温度特性见图 3-23，pH 特性见图 3-24。

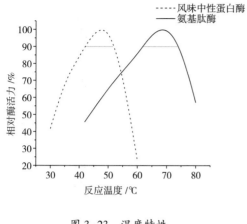

图 3-23 温度特性

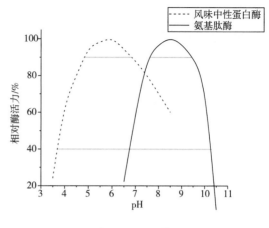

图 3-24 pH 特性

（三）应用方法简介

风味中性蛋白酶在动植物蛋白水解时，原料浓度控制在 10%～30%，pH 一般控制在 6.0～7.0，反应温度 50～55℃，加酶量 50～300U/g 原料，水解 2～12h。

氨基肽酶在动植物蛋白水解时，首先调节原料浓度 10%～40%，控制 pH6.0～8.5，反应温度 55～60℃，加酶量 12～60U/g 原料，水解 2～12h，需注意的是该酶要与内切型蛋白酶配合使用，一般酶解开始后 2～4h 再加入。

九、角蛋白酶

（一）概述

角蛋白广泛存在于自然界中，主要来源于外胚层细胞，包括毛、发、羽、鳞、甲、角、喙等，是外胚层细胞的结构蛋白质。角蛋白的化学结构稳定，不溶于水，是一类有很强抗性的硬性结构蛋白的总称，含有较多的半胱氨酸，通过二硫键、氢键和分子间疏水作用以及其他交联键作用形成非常稳定的且高度交联的三维结构，难以被胰蛋白酶、胃蛋白酶消化降解。

角蛋白酶是一种特殊碱性丝氨酸蛋白酶，可高效打开二硫键，降解角蛋白。从生物技术角度来讲，角蛋白酶具有非常大的潜在利用价值，可用来处理含有角蛋白的废弃物，并且可以改善羽毛粉的营养价值。因此，角蛋白酶的应用领域十分广泛，主要包括肥料、饲料、食品、医药、洗涤剂、制革等行业。

目前角蛋白酶没有国家标准或行业标准，各酶制剂制造商对酶活力定义有较大差别，但是作为饲料或饲料原料中常用的酶制剂，其应满足 GB/T 23527—2009《蛋白酶制剂》的技术要求，详见表 3-9。商品角蛋白酶指标见表 3-34，酶活力定义以隆科特公司为例。

新型生物发酵制品

表 3-34 商品角蛋白酶概况

项目	内容
酶活力定义	在标准反应条件下（55℃，pH11.0），反应样比对照样的吸光度每增加 0.01 的吸光值，定义为一个酶活力单位（U）
固体酶性状	黄色至浅褐色粉末，0.4mm 标准筛通过率≥80%
商品酶活力	工业级 $5×10^4$ U/g
来源	地衣芽孢杆菌发酵法制得

（二）性质

角蛋白酶的温度性质如图 3-25 所示，pH 性质如图 3-26 所示。

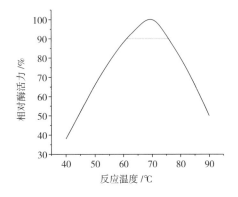

图 3-25 角蛋白酶温度性质

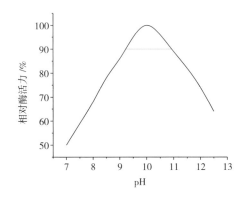

图 3-26 角蛋白酶 pH 性质

（三）酶解羽毛粉的加工方法

羽毛占成年家禽体重的 5%～7%，是畜禽养殖业重要的副产品之一。我国畜禽业发达，副产品羽毛年产量约 70 万 t，但用于服装行业的羽绒制品才使用 3 万 t 左右，饲料行业则不足 10 万 t，因而大多数被焚烧、掩埋处理。

羽毛蛋白含量高，粗蛋白含量在 80% 以上，其中 90% 是角蛋白，羽毛蛋白中含有 18 种氨基酸，营养丰富，除赖氨酸、蛋氨酸含量较低外，其他动物必需氨基酸含量均略高于鱼粉，而羽毛蛋白中所含的胱氨酸为天然蛋白饲料之冠，在一定程度上可以满足一部分动物对胱氨酸的需要，且含有维生素 B_{12} 和一些未知的生长因子，潜在营养价值很高，是一种很有开发前途的动物性蛋白质资源。

由于羽毛蛋白中二硫键、氢键、离子键等的交互作用，使其有很稳定的空间结构而成为一种抗性极强的硬蛋白，如果不经处理，动物消化道中的消化酶基本无法把它们消化分解。目前大部分羽毛经简单加工如高温高压水解后直接在饲料中添加，只有一小部分营养被动物消化吸收，资源浪费严重，是其在饲料业大规模应用的主要瓶颈。

图 3-27 是二步法生产酶解羽毛粉的工艺，先通过物理和化学方法使其结构发生变化，

破坏角蛋白中二硫键和角蛋白分子中的交链结构，再进行生物酶解，经分离提纯可得高端产品。酶解羽毛粉口感风味好、适口性好、诱食性高、粗蛋白含量高、动物消化率高。

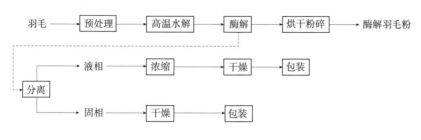

图3-27　酶解羽毛粉的工艺

1. 操作要点

（1）预处理　将羽毛清洗、除杂、脱水、切碎。将原料浸泡在浓度为5%的氢氧化钠溶液中，30~60min后沥干，控制含水量为60%~70%。

（2）高温水解　将水解罐扣盖密闭，加温加压。当压力达到0.25~0.3MPa、温度120~125℃时，开始计时水解30~60min。

（3）酶解　将高温水解后的羽毛按照料水比1∶（5~10）调浆，按原料质量的0.8%添加焦亚硫酸钠，按照原料质量的0.3%~0.5%加入角蛋白酶，在50~55℃条件下水解2~6h。

（4）烘干、粉碎　放料进烘干罐，将酶解后的羽毛烘干至含水量在12%以下，然后进行粉碎，粉碎后过60~100目筛即得酶解羽毛粉成品。

（5）精制酶解羽毛粉的加工　酶解结束后，经过分离精制，可更进一步提高产品附加值。将酶解产物使用卧螺离心机进行固液分离，得到固相和液相。固相产物为不易酶解的蛋白质和其他成分，价值较低可进入干燥工段生产低价值蛋白饲料，也可以打回酶解罐进行二次酶解。液相产物为氨基酸和肽等小分子物质，价值较高，进入浓缩工段。为了提高能源利用率，选用三效降膜蒸发器进行浓缩，采用逆流方式，浓缩到30%后即可进行干燥。为了提高能源利用率，选用管束干燥机或真空干燥机对固相产物和浓缩后的液相产物进行干燥。

2. 酶解羽毛粉的应用

羽毛酶解加工法的主要优点是体外消化率比传统的高温高压水解法高，动物的氨基酸表观消化率达77%以上，加工方法环保、产品使用效果经济。酶解羽毛粉可以部分替代饲料配方中的鱼粉，羽毛粉钙（0.20%）、磷（0.68%）含量较低，同鱼粉中钙（3.8%）、磷（2.76%）含量相差较多，因此在以羽毛粉取代鱼粉的饲料中应监测好钙、磷总体水平是否达标。

在蛋鸡日粮中，按2%~3%添加酶解羽毛粉+0.15%蛋氨酸，可明显降低饲料成本，不影响采食量、增重、产蛋率和蛋重，并能防治蛋鸡各阶段的啄肛、啄羽现象。在肉鸡日粮中，按2%~3%羽毛粉+0.2%甲硫氨酸+0.1%赖氨酸添加，仔鸡体增重、饲料转化率没有明显的差别。

在育肥猪日粮中，酶解羽毛粉的添加量低于8%时，对生产性能没有不良影响；当日粮中添加量超过10%时采食量减少，日增重降低。

在鱼饵料中，酶解羽毛粉推荐量一般以 5% ~ 10% 为宜，用酶解羽毛粉替代鱼粉时，建议替代 1/3 的鱼粉。羽毛粉含胱氨酸较高，而胱氨酸是毛皮动物不可缺少的氨基酸，当日粮中胱氨酸达 0.84% 时产毛量最佳，水貂等毛皮动物的皮毛质量提高。

第三节 特殊酰胺键水解酶

一、青霉素 G 酰化酶

（一）概述

自 1928 年人类发现青霉素以来，临床应用青霉素已有 90 多年的历史，但是由于细菌产生了耐药性，最初用 4 万单位就能杀死的细菌，现在用上百万单位还不能杀死。如果把青霉素分子结构改变一下，使之成为半合成抗生素，如氨苄青霉素，因为侧链的改变，原来对青霉素有抗性的致病菌对它有些"陌生"，可增强药物使用效果，使用老的青霉素需要注射 80 万~100 万单位，而注射氨苄青霉素只需要 20 万单位，经济效益和社会效益可想而知。

工业上实现这种转变的路径，首先是对发酵法生产的青霉素进行化学修饰，即除去其固有的酰基，留下 6-氨基青霉烷酸（6-APA）即青霉素核心，然后加入另一种合成酰基，从而赋予抗生素新的特性，如底物范围的扩大、对胃酸的抗性和对青霉素酶的抗性等。6-APA 是生产半合成青霉素的中间体，目前世界上广泛使用的半合成青霉素有 20 多种都是由 6-APA 合成的。随着各类青霉素衍生物在医疗上的广泛应用，使得 6-APA 成为了世界上主要的医药产品之一，全球年产量超过 2 万 t。

青霉素酰化酶是一种酰胺键水解酶，是以习惯命名法命名的酶制剂，其系统名是 α-酰胺基-β-内酰胺酰基水解酶。根据该酶对底物的选择性，主要分为 3 种类型：①青霉素 G 酰化酶（PGA），优先水解青霉素 G。②青霉素 V 酰化酶（PVA），优先水解青霉素 V。③氨苄基青霉素酰化酶，专一地水解氨苄基青霉素，如图 3-28 所示。现在 PGA 和 PVA 都用来生产 6-APA，其中以 PGA 为主。

图 3-28 青霉素酰化酶的水解反应

根据 R 基团的不同，青霉素可分为如表 3-35 所示的几类，相对应的青霉素酰化酶也基于此命名。

表 3-35　　　　　　　　　　　　　　青霉素 R 基团的主要种类

R 基团	青霉素
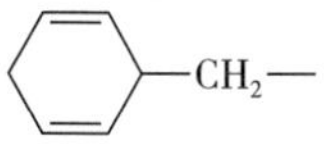 —CH₂—	青霉素 G
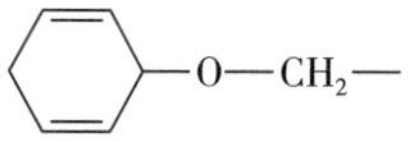 —O—CH₂—	青霉素 V
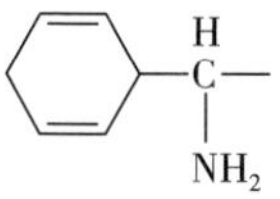 含NH₂的取代基	氨苄青霉素
$H_3C-(CH_2)_4-$	青霉素 K
$H_3C-CH_2-CH=CH-CH_2-$	青霉素 F

除了用于生产 6-APA 外，青霉素酰化酶还用于将新的酰基引入 6-APA 母核上，广泛应用于生产半合成青霉素和头孢菌素，图 3-29 以头孢菌素为例说明这种反应类型。

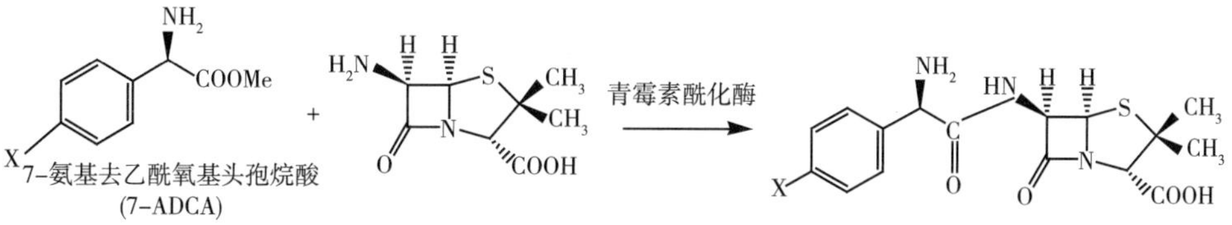

图 3-29　青霉素酰化酶的酰基转移反应

目前国内生产的青霉素酰化酶主要是由巨大芽孢杆菌发酵法制得，国外生产的青霉素酰化酶则主要是由大肠杆菌为菌株的发酵法制得。国产的主要是青霉素酰化酶 G，大多数是制药企业自产自用，也有商品青霉素酰化酶 G。由于该酶尚无国家标准，所以生产企业执行备案标准，一般的技术指标如表 3-36 所示。

表 3-36　　　　　　　　　　　　固定化青霉素酰化酶 G 技术指标

项目	内容
水解活力定义	在 25℃，pH8.0 条件下，在 1min 内催化底物青霉素 G 生成 1μmol 苯乙酸时所需的酶量为 1U
合成活力定义	在 25℃，pH6.3 条件下，单位酶量每分钟生成 1μmol 的阿莫西林为 1U
固体酶性状	白色或淡黄色球形颗粒、无臭；大于等于 100μm 的粒径占比 ≥95%
活力≥	100U/g
β-丙酰胺酶	不得检出
来源	巨大芽孢杆菌发酵法制得

刘冬蕾报道了一种国产固定化青霉素酰化酶 G 的酶学性质，如图 3-30 和图 3-31 所示。

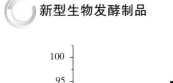

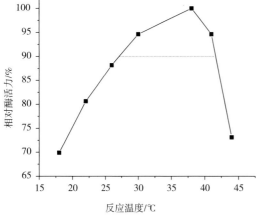

图 3-30 青霉素酰化酶 G 的温度性质

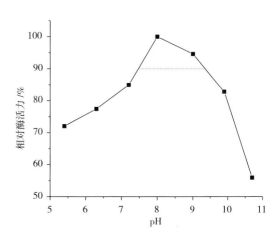

图 3-31 青霉素酰化酶 G 的 pH 性质

（二）6-APA 的酶法生产

酶法生产 6-APA，是以青霉素发酵液或者商品青霉素钾盐为原料，通过青霉素酰化酶裂解产生 6-APA 和苯乙酸，通过混合溶剂将苯乙酸提取后，通过结晶干燥得到 6-APA 成品。与传统工艺相比，酶法技术可提高生产效率 2~3 倍，有机溶剂使用量减少 90%，废水排放减少 80%，既减少污染又节省了原料成本。另外，由于酶具有非常强的专一性，使得产品纯度也得到提高，因此该工艺称为"绿色酶法工艺"。以青霉素发酵液为原料生产 6-APA 的直通工艺流程如图 3-32 所示。

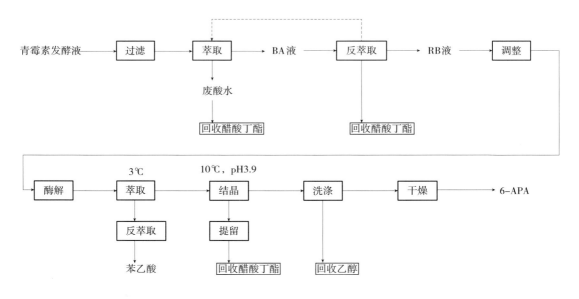

图 3-32 6-APA 酶法生产的直通工艺流程

1. 流程概况

来自发酵车间的滤液首先调节 pH 后用醋酸丁酯萃取，青霉素 G 转移至酯相，即为 BA 液，废酸水回收醋酸丁酯，BA 液由碳酸钾溶液反萃取至水相，即为 RB 液，萃余相一部分回收醋酸丁酯，一部分提取重复使用。RB 液经调整后进入酶解反应器，经青霉素 G 酰化酶水解为 6-APA 和苯乙酸，经二氯甲烷萃取后，有机相回收苯乙酸，萃余相调节 pH 结晶。结晶液经乙醇洗涤，湿粉经真空干燥、包装后得 6-APA 成品。

2. 酶解条件

RB 液通过一系列调整，最低质量控制标准为：底物浓度 20%~25%、430nm 透光率> 40%、醋酸丁酯含量≤0.02%、加入氨水调节 pH8.2~8.4、温度 30~32℃。

按照 200~240U/g 底物的量添加青霉素 G 酰化酶，反应釜应有夹层等换热装置，从而将反应过程的温度控制在 30℃。反应釜进料结束并开动搅拌，反应过程的 pH 控制在 8.0~8.4，当 pH>8.4 并在 3~5min 内 pH 不发生改变时，即判定为反应结束，一般为 30~90min。固定化青霉素酰化酶具有操作简便、产品收率高、可重复使用和无酶蛋白残留等优点，逐渐成为主要剂型。

二、天冬酰胺酶

（一）概述

2002 年，瑞典国家食品管理局和斯德哥尔摩大学首次报道了在多种高温烹饪的食品中发现了丙烯酰胺，此后挪威、美国、瑞士和英国等国家也相继报道了类似的结果。丙烯酰胺对人和动物都具有神经毒性，尽管还没有证实这种物质与人类的某种肿瘤有直接关系，但是早在 1994 年丙烯酰胺已被国际癌症研究中心列为 2A 类致癌物质，即对人类有潜在的致癌性。

研究证实，食品中的丙烯酰胺主要是在油炸、烘焙等高温加工过程中，还原糖和氨基酸发生美拉德反应而生成的。典型的西方饮食，包括油炸土豆食品、饼干、咖啡等均是日常摄入丙烯酰胺的主要来源。

迄今为止，各国还没有对食品中丙烯酰胺含量的最高值有立法规定，然而世界卫生组织对饮用水中丙烯酰胺含量的指导值是 0.1~0.5μg/L。在德国已经执行丙烯酰胺的信号值和最低化的概念，即当检测到食品中丙烯酰胺含量超过信号值时，食品监管机构会与食品生产方约谈，就丙烯酰胺最小化的概念进行对话。2017 年，欧盟制定了控制食品中丙烯酰胺的法规，从 2018 年 4 月起，食品生产经营者应实施相关措施，将食品中丙烯酰胺含量降至合理水平。目前很多企业在探索降低食品中丙烯酰胺的方法，其中之一就是使用天冬酰胺酶。

天冬酰胺酶（L-天冬酰胺水解酶），催化水解天冬酰胺侧链上的酰胺基团，生成天冬氨酸和氨。由于天冬酰胺是丙烯酰胺的骨架物质，因此在食物制作过程中添加天冬酰胺酶，能把美拉德反应的氨基酸前体天冬酰胺转化成天冬氨酸，可以从源头上抑制丙烯酰胺的生成，由于该酶对天冬酰胺的专一性较强，不会破坏食物原料中其他氨基酸，对美拉德反应的影响微乎其微，因此不会影响最终产品的风味和外观。图 3-33 是天冬酰胺酶的水解示意图。

目前市场上用于食品加工的天冬酰胺酶有两种，分别是帝斯曼公司的 PreventASe™ 和诺维信公司的 Acrylaway®。PreventASe™ 的基因序列来源于米曲霉，然后利用黑曲霉受体

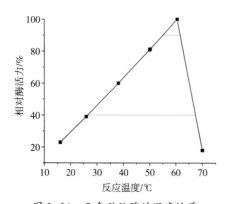

图 3-33　天冬酰胺酶解过程

菌进行该酶的生产，Acrylaway® 则是利用相同的方法以米曲霉为受体菌进行生产。

　　来源于大肠杆菌 *E. coli* 的天冬酰胺酶具有治疗急性淋巴细胞白血病的作用，在我国已有商品化生产，也用来研究天冬酰胺酶减少食品中丙烯酰胺的效果，但是该酶高昂的价格阻碍了它的普及使用。目前我国还没有用于食品工业中的商品化的天冬酰胺酶，其研究开发已得到重视，得到一些成果。江南大学陈坚教授团队以枯草芽孢杆菌为生产菌株，50L发酵罐的天冬酰胺酶活力达到872ASNU/mL，相同酶活力定义条件下，商品天冬酰胺酶的活力为3500ASNU/mL（一个ASNU是每分钟在37℃和pH7.0的条件下，产生1μmol氨的酶的量）。

（二）性质

　　诺维信公司的 Hanne V. Hendriksen 等于2009年报道了一种来源于米曲霉菌株的天冬酰胺酶温度和 pH 性质，如图3-34和图3-35所示。

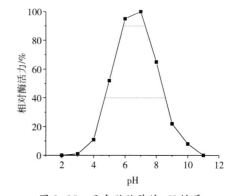

图 3-34　天冬酰胺酶的温度性质　　　　　图 3-35　天冬酰胺酶的 pH 性质

（三）复合马铃薯食品中降低丙烯酰胺

　　复合型薯片是典型的面团成形制品，主料是马铃薯全粉。马铃薯全粉是新鲜马铃薯的脱水制品，它包含了马铃薯除薯皮以外的全部干物质。由于加工过程中最大限度地保持了马铃薯细胞颗粒的完好性，因此复水后的马铃薯全粉具有新鲜马铃薯蒸熟后的营养、风味和口感。典型的复合型薯片生产流程如图 3-36 所示。

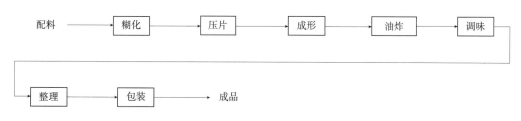

图 3-36　复合型薯片一般生产流程

1. 配料、糊化

复合型薯片的基本配方是：马铃薯全粉 75%、玉米淀粉 15%、木薯粉 3%、食盐 1%、白糖 5%、味精 0.5%、辣椒粉 0.5%。按配方将淀粉类原料均匀制成湿面团，天冬酰胺酶先溶于水中，在和面时酶均匀地分散在面团中，有利于酶与底物接触，为使酶充分发挥作用，最好静置 20~60min。混匀的湿面团在 60~65℃条件下糊化 20min，此时玉米淀粉吸水膨胀，薯片的体积因此增大。

2. 压片、成形

将面团压成质量均匀、质地松软、弹性稳定、尺寸精确的面皮，为达到上述要求，最好一次压成，最多不能超过两次，否则油炸时产生大量的气泡，而且薯片不酥脆。在压片机的输送带拖动下，成形辊上安装有模切刀，面皮被切成薯片坯片和边角料。

3. 油炸、调味

一般油温控制在 170~185℃，且保持恒温，油炸时间 15~20s。将上述调味品在薯片温度较高时均匀涂附到薯片外表面。

4. 整理、包装

将调味后杂乱无章的薯片按照一定方位重新排列成行，输送过程中同时冷却到室温。为保持薯片原有的风味和口感，要保证淀粉老化完成，游离淀粉降至 1.5%~2.0%。

对于复合型马铃薯食品来说，水分含量是影响天冬氨酸作用的重要因素，实验结果表明要想发挥酶的最佳效果，面团的含水量至少在 35%~40%。图 3-37 是不同天冬酰胺酶用量时，成品复合型薯片中丙烯酰胺含量，其中面团水分含量 40%，和面后面团在室温下静置 45min。

天冬酰胺酶在食品中应用的工艺难点较多，这是因为酶的使用效果除了受到温度、pH、反应时间和水分活度外，还受食品中形成丙烯酰胺的前体物质——游离天冬酰胺和还原糖含量的影响，然而不同的食品，其原料中这两种物质的含量

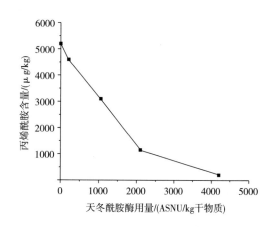

图 3-37　天冬酰胺酶在复合型薯片生产中的使用效果

差别很大，烹制工艺也不相同，上述因素使得天冬酰胺酶在食品中应用时要具体情况具体分析。

参考文献

[1] 崔春. 食物蛋白质控制酶解技术 [M]. 北京：中国轻工业出版社，2018.

[2] 赵谋明，赵强忠. 食物蛋白酶解理论与技术 [M]. 北京：化学工业出版社，2017.

[3] 波莱纳，麦凯布. 工业酶——结构、功能与应用 [M]. 王晓宁，李爽，王永华，译. 北京：科学出版社，2016.

[4] Rawlings ND，Barrett AJ，Thomas PD，et al. The MEROPS database of proteolytic enzymes, their substrates and inhibitors in 2017 and a comparison with peptidases in the PANTHER database [J]. Nucleic Acids Research，2017，46（Database issue）.

[5] GB/T 23527-2009. 蛋白酶制剂 [S]. 2009.

[6] 郭兆斌. 猪胰酶提取工艺优化研究 [D]. 兰州：甘肃农业大学，2010.

[7] 李宁环. 烟曲霉脯氨酰内肽酶的基因克隆、表达及其性质 [D]. 无锡：江南大学，2013.

[8] 王志斌. 脯氨酸内切蛋白酶提高啤酒非生物稳定性的试验效果 [J]. 啤酒科技，2008（7）：37-39.

[9] 曲和之，黄露，张国华，等. 无花果蛋白酶与木瓜蛋白酶酶学性质的比较 [J]. 吉林大学学报（理学版），2008，46（6）：1217-1220.

[10] 夏军军. 酶嫩化牛排加工工艺及其品质研究 [D]. 重庆：西南大学，2016.

[11] 郭卫霞. 蛋白酶在羊毛防毡缩中的研究与应用 [D]. 苏州：苏州大学，2009

[12] 普燕. 重组凝乳酶的表达、纯化和酶学特性研究 [D]. 乌鲁木齐：新疆大学，2014.

[13] 张胡静，谢洁，徐水. 微生物酶在蚕丝加工中的应用 [J]. 丝绸，2009，1：2-5.

[14] 武驰昀. 真丝及真丝/羊毛交织物的环保精练工艺研究 [D]. 杭州：浙江理工大学，2016.

[15] 孙静. 制革生产技术问答 [M]. 北京：中国轻工业出版社，2009.

[16] 李宝林，张维金，崔德成. 酶解羽毛粉加工方法的研究及在饲料中的使用 [C]. 中国畜牧兽医学会家禽学分会. 中国家禽科学研究进展——第十四次全国家禽科学学术讨论会论文集，2009：802-806.

[17] 刘冬蕾. 青霉素酰化酶固定化载体的设计合成 [D]. 兰州：兰州理工大学，2017.

[18] 才玮岩. 6APA工艺控制说明 [J]. 黑龙江科技信息，2012（16）：7.

[19] 冯岳. Bacillus subtilis 天冬酰胺酶高效表达与分子改造 [D]. 无锡：江南大学，2018.

[20] Hanne V. Hendriksen, Beate A. Kornbrust, Peter R. Stergaard, et al. Evaluating the potential for enzymatic acrylamide mitigation in a range of food products using an asparaginase from aspergillus oryzae [J]. Journal of Agricultural and Food Chemistry，2009，57（10）：4168-4176.

第四章　非淀粉多糖酶

商品非淀粉多糖类酶制剂与淀粉加工用酶、肽酶等不同，其生产菌株多样，且每种菌株所产的酶都有复杂的酶系统，而非单一的酶组分。如纤维素酶分成内切、外切酶类，而每类酶又具有多种组分。半纤维素酶系由于其底物结构的异质性而涉及更多的酶组分。每种酶组分都会有不同的底物专一性以及催化特征，不同种类的酶、不同的酶组分之间在应用时是具有协同作用的，即组合酶系的降解效率要明显高于各单组分降解效率的总和。

因此，要提高非淀粉多糖类酶制剂的应用水平，必须发展各个方向上的相关技术，能够描述、分析、预测、控制各种酶组分的特征和比例，研究分析不同酶分子之间的相互作用、不同酶分子在动力学上的协同作用，为人为构建高效酶系提供基础。

我国非淀粉多糖类酶制剂正向着多元化发展，产品类别逐渐细分，比如纤维素酶从单一的酸性纤维素酶发展为酸性纤维素酶、中性纤维素酶和碱性纤维素酶。其中酸性纤维素酶又分为里氏木霉产纤维素酶、草酸青霉产纤维素酶以及 β-葡萄糖苷酶等酶制剂，适用的行业各不相同，详见下文纤维素酶应用部分。其他非淀粉多糖类酶制剂，如 β-葡聚糖酶、木聚糖酶、果胶酶、β-甘露聚糖酶等也正逐渐细分出更多的酶制剂品种。

第一节　常规非淀粉多糖酶

一、酸性纤维素酶

（一）概述

酸性纤维素酶是以草酸青霉、里氏木霉等微生物，经发酵、提取制得的纤维素酶制剂。它是一组复合酶系，在各种酶的协同作用下使纤维素降解，所以统称为纤维素酶。一般来讲，纤维素酶中的多组分酶系包括外切 β-1，4-葡聚糖酶（E.C. 3.2.1.91）、内切 β-1，4-葡聚糖酶（E.C. 3.2.1.4）和纤维二糖酶（E.C. 3.2.1.21，即 β-葡萄糖苷酶），不同来源的纤维素酶制剂产品中 3 种酶组分含量的比例不同，其最终的表观酶活力也会有差异。

纤维素酶广泛应用于饲料、纺织、洗涤剂、燃料乙醇、中药提取、食品、果汁等行业，该酶执行中华人民共和国轻工行业标准 QB 2583—2003《纤维素酶制剂》，见表 4-1。另外，饲料行业纤维素酶活性测定方法执行 GB/T 23881—2009《饲用纤维素酶活性的测定》。

表 4-1 《QB 2583—2003 纤维素酶制剂》

要求类别	项目		液体剂型		固体剂型	
			食品级[a]	工业级[b]	食品级[a]	工业级[b]
外观			棕色或褐色液体，无异味，允许有少量凝聚物		浅灰色或浅黄色，粉状或颗粒状。无霉变、潮解、结块现象，无异味。易溶于水，溶解时允许有少量沉淀物	
理化要求	总酶活力[c]（U/g 或 U/mL）	FPA≥	300		300	
		CMCA-DNSA≥	2000		2000	
		CMCA-VIS≥	500		500	
	pH（25℃）		4.0~7.0		—	
卫生要求	重金属（以 Pb 计）/（mg/kg）≤		30	—	30	—
	铅/（mg/kg）≤		5		5	
	砷/（mg/kg）≤		3		3	
	菌落总数/（CFU/g）≤		5×10^4		5×10^4	
	大肠菌群/（MPN/100g）≤		3×10^3		3×10^3	
	沙门菌（25g 样品）		不得检出	—	不得检出	—

注：a：食品级产品也可用作饲料添加剂。用作饲料添加剂的纤维素酶制剂还应符合其他相关标准法规的要求；b：工业级产品不得用于食品工业及饲料添加剂（食用酒精和蒸馏酒类除外）；c：可根据需要任意标注一种酶活力；FDA 是滤纸酶活力；CMCA-DNSA 是羧甲基纤维素酶活力（还原糖法）；CMCA-VIS 是羧甲基纤维素酶活力（黏度法）。

在达到行业标准的同时，商品酸性纤维素酶一般满足如下指标，见表 4-2。

表 4-2 商品酸性纤维素酶概况

项目	内容
滤纸酶活力（FPA）	1g 固体酶（或 1mL 液体酶），在（50±0.1）℃，pH4.8 的条件下，1h 水解滤纸底物，产生出相当于 1mg 葡萄糖的还原糖量，为 1 个酶活力单位，以 U/g（或 U/mL）表示
羧甲基纤维素酶活力（还原糖）（CMCA-DNS）	1g 固体酶（或 1mL 液体酶），在（50±0.1）℃，pH4.8 的条件下，1h 水解羧甲基纤维素钠底物，产生出相当于 1mg 葡萄糖的还原糖量，为 1 个酶活力单位，以 U/g（或 U/mL）表示
液体酶性状	25℃、pH4.0~7.0，密度≤1.25g/mL
固体酶性状	0.4mm 标准筛通过率≥80%
商品酸性纤维素酶活力	商品酸性纤维素酶一般标示 CMCA 活力，其中： 草酸青霉菌产酸性纤维素酶活力 1×10^4~5×10^4U/mL（或 U/g） 里氏木霉菌产纤维素酶活力 10×10^4~20×10^4U/mL（或 U/g） 食品级酸性纤维素酶活力 40×10^4U/g

注：酶活力测定注意事项：由于天然纤维素的不溶性、底物结构的多样性，酶系组成、相关浓度和化学结构的不确定性，内切、外切酶的协同作用以及复杂的作用模式，各种终产物的不断形成及反馈控制等不确定因素，若使酶活力检测获得较好的重现性和再现性，各实验室严格按照标准规定的底物、pH、反应时间与温度等条件操作是十分重要的。事实上不仅纤维素酶需要如此，其他酶制剂也应遵循这些检测原则。

（二）性质

如前所述，纤维素酶是一种复合酶系，其应用效果受诸多因素影响，其中底物类别是比较重要的因素之一，越来越多的科学家和工程师得出同样结论：即目前的检测条件下，非淀粉多糖酶的活力只能作为参考，其真实应用效果应根据应用实验来判断。即便如此，掌握酶学性质可以给应用实验提供参考依据，加快实验进程。酸性纤维素酶所应用的行业，绝大多数以羧甲基纤维素活力（还原糖）（CMCA-DNS）为标准，图4-1和图4-2是商品纤维素酶以CMCA-DNS为测定方法的温度特性和pH特性。另外，草酸青霉菌产纤维素酶在纤维乙醇生产时的活力以滤纸酶活力表示。

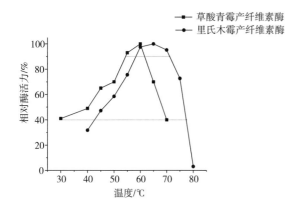

图4-1 酸性纤维素酶温度特性

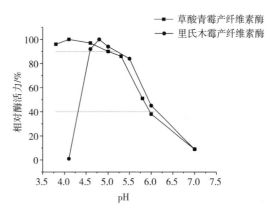

图4-2 酸性纤维素酶pH特性

（三）纤维素乙醇的生产

能源短缺、环境污染和气候变化是当今社会经济可持续发展面临的主要瓶颈。利用来源丰富、可再生的生物质资源，特别是非粮的木质纤维素资源，生产人类社会发展所需要的液体燃料和大宗化学品，以部分替代日益紧缺的不可再生的石油等一次性化石资源，是解决上述问题的重要途径之一，也是当前国内外研究的热点。

2017年9月，国家发改委、国家能源局、财政部等十五部门联合下发了《关于扩大生物燃料乙醇生产和推广使用车用乙醇汽油的实施方案》，提出了2020年在全国范围内推广使用车用乙醇汽油，基本实现全覆盖的宏大目标。为了保证充足的原料供应、解决秸秆焚烧污染等问题，方案还提出了到2020年纤维素乙醇5万t级装置实现示范运行，到2025年力争纤维素乙醇实现规模化生产，先进生物液体燃料技术、装备和产业整体达到国际领先水平的明确要求。国内各界对纤维素乙醇生产技术发展和产业化进程的关注再次高涨起来。根据报道，目前国内一些企业已经建立了纤维素乙醇的中试或有一定生产规模的生产线，具体如表4-3所示。

表4-3 我国部分纤维素乙醇工厂

企业名称	地点	原料	产能/（t/年）	状态
中粮生化能源（肇东）有限公司	黑龙江省肇东市	秸秆	500	建成
山东泽生生物科技有限公司	山东省东平县	秸秆	3000	建成
河南天冠集团有限公司	河南省南阳市	秸秆	3000	建成
山东龙力生物科技股份有限公司	山东省禹城市	木糖渣	42000	建成
济南圣泉集团股份有限公司	山东省济南市	秸秆	20000	建成
美洁国祯绿色炼化有限公司	安徽省阜阳市	秸秆	185000	在建
新天龙实业股份有限公司	吉林省四平市	秸秆	60000	拟建
吉林燃料乙醇有限公司	吉林省吉林市	秸秆	80000	筹建
中粮生物化学（安徽）有限公司	安徽省蚌埠市	秸秆	100000	规划

1. 纤维素乙醇产业的技术难点

就纤维素乙醇生产技术本身来说，除了原料有季节性、收储比较困难之外，还面临三类核心技术：一是环境友好、低成本、低能耗的高效预处理技术，以有效提高纤维素底物的酶解性能；二是低成本高性能的纤维素降解酶系；三是培育出能够耐受预处理过程中产生的各种抑制物、全面利用酶水解液中的五碳糖、六碳糖等可发酵性糖生成乙醇的菌株。

由于木质纤维素生物降解转化过程所涉及问题的复杂性，其产业化的困难远远超出了绝大多数研究者和投资者的预期，一些难题现阶段仍没有有效的解决方案，整个生产过程的经济性仍无法与粮食乙醇相竞争。但是人类社会可持续发展的客观需求，仍在不断推动相关研究者坚持不懈地开展深入研究，并不断取得突破。

目前，纤维素乙醇生产的研发过程已经取得了巨大进展，并已经开始进入了中试或产业化生产阶段。稀酸、汽爆、水热、氨法等多种预处理技术都能使纤维素和半纤维素的水解转化率达到80%以上。山东大学曲音波教授带领的科研团队长期从事纤维素酶和纤维素乙醇方面的研究，取得了很多具有国际国内先进水平的成果，特别是研发的草酸青霉纤维素酶，具有自主知识产权，并实现了商业化生产。利用通过工程改造构建的高产纤维素酶的青霉菌株和优化的发酵工艺制备的纤维素酶，在有效提高纤维素酶解效率的同时，纤维素乙醇的用酶成本也进一步降低，达到经济上可接受的水平。经过代谢网络工程反复改造的酵母工程菌株已经可以实现木糖-葡萄糖的共发酵。

2. 纤维素乙醇的一般工艺流程

概括来讲，纤维素乙醇的工艺流程包括4个阶段：原料预处理、酶解糖化、乙醇发酵和蒸馏提取阶段。其中前两个阶段与淀粉质原料生产酒精差别很大，后两个阶段与淀粉质原料生产酒精非常相似，如纤维素乙醇的发酵过程也采用边糖化边发酵工艺、蒸馏采用两塔或三塔蒸馏、燃料用乙醇采用分子筛脱水等工艺。

图4-3是某公司以玉米芯或玉米秸秆为原料，生产纤维素乙醇及其他生物制品的工艺路线图。下面将结合该图，介绍一下原料预处理和酶解糖化的方法。

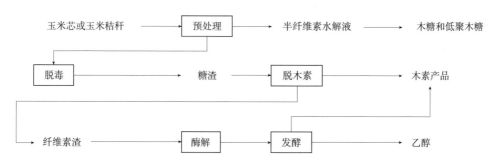

图 4-3　某公司生物炼制工艺路线图

3. 原料预处理

生物质原料具有不同水平的不均一性，不同原料、不同组织的成分和结构不同，抗降解性也不同，因此科学家开发出一系列破解生物质抗降解屏障的方法，如表4-4所示。这些方法的作用机制可归纳为两个方面：破坏植物生物质原有的组织水平、细胞水平和细胞壁水平的致密结构，增加孔隙率，降低传质阻力；去除其中的木质素和半纤维素，增加纤维素的可及表面积。

表 4-4　　　　　　　　　　　　木质纤维素常用预处理方法比较

预处理方法	作用机理	适用原料	优点	缺点
机械粉碎	破坏纤维素原料的结构，球磨处理还可以降低纤维素的结晶度	均可	颗粒尺寸减小，比表面积增大，基质浓度提高	能耗大、成本高
稀酸处理	水解并脱除半纤维素，但对木质素影响小	均可	半纤维素水解率高	水解速度慢，产生抑制物，设备要求高
碱预处理	脱除木质素，部分半纤维素被分解，降低纤维素的聚合度	硬木、农业废弃物	消除了木质素的不利影响，结晶度下降，酶解得率高	预处理废液需处理，木质素被改性使得再利用可能困难，因为半纤维素被保留，半纤维素酶中需要包含复杂的半纤维素酶系
有机溶剂	降解半纤维素、溶解木质素	软木、硬木、草本作物	提高纤维素糖化率、减少木质素的不利影响	部分有机溶剂有腐蚀性和毒性，易造成环境污染，有机溶剂需回收处理
离子液	溶解纤维素	均可	酶解效果好	成本高、过程复杂、有安全隐患
水热法	溶出半纤维素，去除部分木质素及少量纤维素	硬木、草本	无需化学试剂	需高温处理，能耗高，处理过程产生部分抑制物
氨爆破法	破坏纤维素的结构、脱除木质素和部分半纤维素	低木质素含量物质	酶解效果好，抑制性产物少，木质素含量低	氨回收设备能耗高，难推广

续表

预处理方法	作用机理	适用原料	优点	缺点
蒸汽爆破	半纤维素水解,纤维素的孔隙增大	硬木、秸秆等农业废弃物	无需过细粉碎、总能耗低、无污染、处理时间短、酶解效率高、应用范围广	产生抑制性产物,对设备的要求高,设备投资高
生物法	除去木质素和部分半纤维素,提高纤维素酶糖化率	均可	作用条件温和,能耗低,环境友好	生产周期长

图 4-3 的路线图中,预处理方式可以选择蒸汽爆破法、稀酸法或水热法。其中稀酸法的工艺条件优选:固液比 2∶1、质量分数 2.5% 的硫酸、185℃、50r/min 的搅拌速度,处理 3min。

4. 预处理物料的脱毒处理

预处理在破坏木质纤维素自身结构,提高原料酶解性能的同时,剧烈的反应条件也引发了一系列的副反应,生成了多种复杂化合物,主要包括呋喃类物质、有机酸类物质和木质素的衍生物。这些物质会对后续的糖化与发酵产生很强的抑制作用,因此必须除去这些抑制物,即对预处理的物料进行“脱毒”处理。常用的脱毒处理方法如表 4-5 所示。

表 4-5　　　　　　　　　　　　不同脱毒方法的比较

类别	主要方法	脱毒程序	不足之处
物理法	水洗、蒸发、活性炭吸附、萃取	分离	糖损失
化学法	氢氧化钙和硫酸调节 pH	化学反应	试剂残留
生物法	漆酶、过氧化氢酶、白腐菌	降解	成本高

上述脱毒方法都存在一些不足之处,如水的消耗量增加、废水排放多以及抑制物脱除不完全等。就应用最为广泛的水洗法来说,虽然用水冲洗可以除去可溶的乙酸和糠醛类物质,但是在固液分离时损失了大约质量分数 20% 的纤维素,直接导致乙醇得率降低。

另外,可以通过优化预处理工艺来减少抑制物的生成,也可以通过驯化微生物来适应较高抑制物浓度的发酵环境,以避免脱毒工序造成的损失和成本的增加。

5. 酶解

目前已证实,按照淀粉质原料乙醇的工艺,首先进行部分糖化,然后降温发酵,即边发酵边糖化的工艺,更有利于纤维素乙醇收率的提高。生产中先将预处理后的生物质原料,加入纤维素酶,在其最适条件下酶解一段时间,使其部分水解成葡萄糖,以满足发酵阶段前期的酵母生长需要,使其尽快适应发酵环境,形成优势菌群。

酶解条件可以选择:原料浓度 20%~30%、pH4.5~5.0、50~55℃、草酸青霉纤维素酶加量 10-40FPA/g 原料(FPA 是纤维素酶的滤纸酶活力单位)、水解时间 6~12h。酶解结束降温至 30~35℃ 发酵 70~120h,乙醇得率一般为理论产率的 80% 左右。

（四）酸性纤维素酶在玉米淀粉生产中的应用

玉米淀粉生产的过程主要是物理分离过程，希望达到的目的包括：各组分之间更好地分离；干净纤维质、蛋白质、淀粉；减少用水；减少化学品的使用；节能；干燥容易等。工业酶在玉米淀粉生产上使用的目的，就是要从这些方面解决存在的问题和提高操作效率。玉米淀粉生产的工艺流程图如图4-4所示。

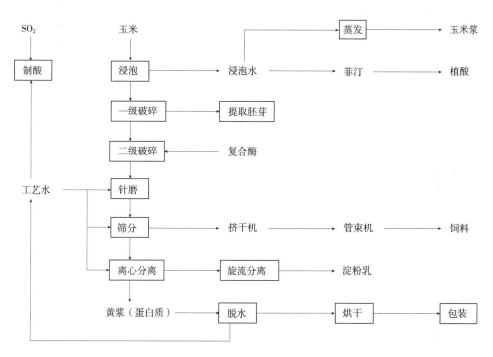

图4-4　玉米淀粉生产工艺

以纤维素酶为主的复合酶在玉米淀粉生产中应用，可以促进纤维素和淀粉的分离，通过酶的使用可减少纤维夹带的淀粉，使两者分离得更好，因此可以提高淀粉的收率，同时由于纤维素酶改变了纤维素表面的亲水基团，使纤维素的吸水性减少，因此纤维素的干燥更加容易。表4-6是隆科特玉米淀粉加工专用酶的生产数据，其使用方法为：在二级破碎中加酶，加量80g/t原料，其他条件按现有工艺执行。该酶有效温度30~75℃，最适温度35~60℃；有效pH4.0~6.0，最适pH4.0~5.0。

表4-6　　　　　　　　　　　　　　隆科特玉米淀粉加工专用酶使用效果

指标类别	具体指标	加酶组	不加酶组
能耗	电单耗/（kW/t玉米）	93.74	95.32
	汽单耗/（t/t玉米）	0.47	0.54
收率/%	淀粉	70.27	69.86
	蛋白质	4.7	4.6
	纤维	3.5	3.5

使用酶制剂后，含在玉米纤维中的连接淀粉和游离淀粉均有明显减少；洗后胚芽中连接淀粉和游离淀粉也有所降低；玉米纤维素中水分含量降低；总淀粉收率有所提高。其中玉米纤维素水分的减少，不仅可以节省蒸汽的使用量，同时使玉米浆喷回到纤维上更容易，纤维素的颜色也更好。只从节能角度考虑，使用酶制剂后，生产效益有所增加。

（五）酸性纤维素酶在其他领域的应用

酸性纤维素酶还可以应用在饲料、纺织、中药提取、食品、果汁加工、木薯酒精等行业中，表4-7列举了隆科特公司酸性纤维素酶的典型用酶方法。

表 4-7　　　　　　　　　　　　　　酸性纤维素酶使用方法

行业	效果	使用方法
饲料	提高消化率、提高畜禽增重量、产乳量、产蛋量	一般与其他酶制剂配合使用，添加量为 3~20U/g 原料
丝、苎麻织物的后整理	水解表面毛羽，除去织物刺痒感，而且不损伤蚕丝	作为小实验起始点的推荐添加量（以 10 万单位计）：0.5%~2.0%（o.w.f），pH4.5~5.5，温度45~55℃，浴比*1：（10~25），处理 30~60min
牛仔布	适用于浅色、起花快、返染要求不高的部分牛仔面料，使织物具有很好的柔软性和悬垂性，永久抗起毛、抗起球	同上
中药提取	破坏细胞壁的致密结构，加速药用有效成分的溶出，提高药用有效成分的提取率	5~20U/g 原料，pH4.5~5.5，温度 40~50℃，浸泡 60~120min。为获得最佳效果，一般与酸性果胶酶配合使用
果汁	软化膨润果品与蔬菜等植物组织	5~30U/g 原料，pH4.5~5.5，温度 40~50℃，酶解 1~5h
木薯酒精	提高原料利用率、提高乙醇收率	20~40U/g 原料，糖化时添加

注：＊浴比是纺织行业的专有名词，指织物与水的质量比。

二、中性纤维素酶

（一）概述

中性纤维素酶是以木霉菌株经发酵、提取制得的纤维素酶制剂，与酸性纤维素酶相同，该酶也是一组复合酶系，其中以葡聚糖内切酶（EG）为主，主要作用于纤维素无定形区，由于这个作用特点与纺织行业的要求相符，因此该酶主要应用在纺织行业，特别适用于棉及其混纺织物的抛光、牛仔布的酶洗整理。

中性纤维素酶执行中华人民共和国轻工行业标准 QB 2583—2003《纤维素酶制剂》，见表4-1。商品中性纤维素酶情况见表4-8。

表 4-8	商品中性纤维素酶概况
项目	内容
滤纸酶活力（FPA）	1g 固体酶（或 1mL 液体酶），在（50±0.1）℃，pH6.0 的条件下，1h 水解以滤纸为底物，产生相当于 1mg 葡萄糖的还原糖量，为 1 个酶活力单位，以 U/g（或 U/mL）表示
液体酶性状	25℃、pH4.0～7.0，密度≤1.25g/mL
固体酶性状	0.4mm 标准筛通过率≥80%
颗粒酶性状	类白色至淡黄色均匀颗粒，20 目筛通过率 100%
商品中性纤维素酶活力	商品中性纤维素酶活力一般标示 FPA 活力（滤纸酶活力），其中： 液体酶活力 300～500U/mL 固体酶活力 300～500U/g 颗粒中性纤维素酶活力 500U/g

隆科特公司中性纤维素酶的温度特性和 pH 特性如图 4-5 和图 4-6 所示。

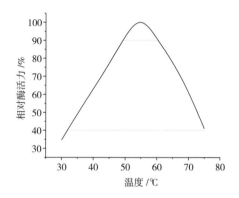

图 4-5　中性纤维素酶的温度特性

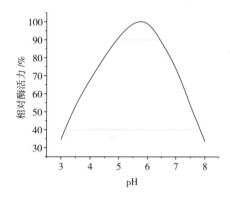

图 4-6　中性纤维素酶的 pH 特性

（二）牛仔服装的返旧整理

纤维素酶用于牛仔服装水洗是酶在纺织行业上的重要应用。纤维素酶代替石头，或者与石头一起，用于牛仔服装水洗加工已经超过 25 年。

纤维素酶对牛仔服装进行返旧整理，是在一定的 pH 和温度下，通过多种酶的复合作用，将牛仔服装表面的纤维素大分子水解为短链、低分子的寡糖和葡萄糖，并借助工业水洗机的揉搓和摩擦，产生减量、剥色、柔软和局部褪色的"穿旧感"效果。该方法具有加工质量好、生产效率高、对环境污染少、工艺灵活、设备磨损小等特点。整理后的牛仔服装效果均匀、手感好、对比度高、立体感强，织物的柔软性和悬垂性好。同时，纤维素酶还可以对较轻薄的牛仔服装进行加工，获得由低到高不同档次且多种不同风格的牛仔服装，这是传统的石磨水洗工艺所无法做到的。此外，纤维素酶还可以与浮石一起用于牛仔服装水洗，通常称为酶石洗，该方法成本较低，缺点是浮石造成的颜色变暗和口袋留有沙子等问题。因此，越来越多的水洗厂选择用酶洗工艺代替传统的石磨水洗工艺。

用于牛仔服装返旧整理的纤维素酶有酸性纤维素酶和中性纤维素酶。酸性纤维素酶的特点是作用快、剥色能力强，其不足是对织物强力损伤大，再沾色现象比较严重，并且加工后的牛仔服装的对比度不高、立体感不强、花粒不够清晰。中性纤维素酶则可以在中性pH条件下发挥优异的性能，可以加工生产出沾色少、对比度高、立体感强、花粒清晰的高端牛仔服装，这一方法是目前牛仔服装返旧整理的主要手段。

纤维素酶是为牛仔服装带来返旧效果的理想选择，既能使牛仔服装表面产生石磨的返旧外观，又解决了传统浮石用于牛仔服装水洗中存在的各种问题。笔者在广东中山、番禺、增城以及江苏江阴等地进行了牛仔服装酶洗的大量工业性生产试验，结果良好，服装外销美国、西欧等多个国家和地区。

牛仔服装酶洗的典型加工条件如下。

（1）纤维素酶用量　0.5%～2.0%（相对织物重量）。

（2）温度　30～60℃。

（3）pH　4.5～5.5（酸性纤维素酶），6～8（中性纤维素酶）。

（4）加工时间　20～120min。

（5）浴比　1:8～1:15。

（6）浮石用量　0～0.4kg/kg衣物，根据牛仔服装返旧整理程度而定。纤维素酶用于牛仔服装水洗，大大减少了浮石的用量（可不加浮石，或者只用原浮石用量25%左右）。

牛仔服装酶洗加工的常规工艺流程如图4-7所示，具体工艺可根据各工厂的实际生产条件与客户希望达到的牛仔服装水洗效果进行灵活的调整。

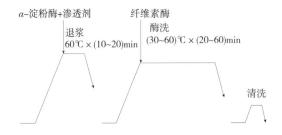

图4-7　牛仔服装酶洗加工的常规工艺流程

上升的斜线—升温　水平的线段—温度不变　下降的斜线—降温　竖直带箭头的线—排液

江苏新瑞贝科技股份有限公司生产的纤维素酶NATFOCE OL-520 pwd是真正的中性酵素产品，可在30～60℃和pH5～8工作，便于客户灵活用于各种工艺。该产品可以在低温下发挥优异的酵磨性能，节约能源、节省成本，用于牛仔服装酶洗加工，可以减少织物强力损失，经其加工后的牛仔服装花粒清晰、立体感好、对比度高、回染率低，并且可以对轻薄的牛仔服装进行加工。

一般情况下，在酶洗步骤后，为了防止纤维素酶继续对织物发生作用，可以在以下条件下对纤维素酶进行灭活处理：在工业水洗机中加入适量的苏打（碳酸钠）或硼砂（硼酸钠）或碱性洗涤剂，调节工业水洗机中的工作液pH大于10，保持工业水洗机运行10min。

牛仔服装传统的水洗工艺与酶洗工艺的优缺点比较见表4-9。

表4-9　　　　　　　　　牛仔服装水洗的传统工艺与酶洗工艺的比较

工艺	化学品及步骤	优点或缺点
传统工艺	浮石+表面活性剂 热水洗 20~120min	成本相对便宜 高的机器磨损 损伤织物（接缝和边缘处） 手感粗糙 织物颜色发暗 成衣口袋中留有沙子（由浮石产生）
酶洗工艺	纤维素酶+表面活性剂 30~60℃处理 20~60min	对织物损伤低 更好的手感和对比度 对轻薄牛仔服装的整理效果佳 手感柔软 色泽亮丽

（三）纤维素织物的生物抛光

纤维素酶可以对棉布料进行限制性的表面水解，以去除植物的纤维末端（微纤维），并在机械作用力下使其与面料分离，达到去除或减少织物表面绒毛的目的，从而减少起球现象，改善织物的柔软性和透气性，并使织物颜色更加鲜亮。影响酶作用效果的除了通常的pH、温度、酶的种类和浓度、时间因素外，还有浴比、机械力、机器型号、布料纤维素的种类和纤维素的组成。使用非离子表面活性剂可以提高纤维素酶的作用效果，硬水、高离子强度缓冲液或者离子表面活性剂对纤维素酶的作用效果也有影响。抛光处理后必须升高温度，调节pH，或者用洗涤剂漂洗布料使纤维素酶失活，以防止布料的强度和质量的损失。

一些人造纤维素，如高强度黏胶纤维素纤维（Lyocell）、天丝等，也需要使用生物抛光技术。天丝在干湿状态下强度都比较高，而且在湿态下非常容易原纤化；如果不除去原纤维，就会出现起球和颜色变化等现象。纤维素酶在去除原纤化过程中起着非常重要的作用，通过控制天丝的表面原纤化还可以生产出桃皮绒感和砂洗感等不同表面效果的织物。纤维素酶，包括纤维素酶混合物，富含内切酶的纤维素酶，都是处理天丝原纤化的最佳选择。

生物抛光整理是利用纤维素酶作用于天然或再生纤维素纤维，包括棉、麻、竹纤维、木纤维、黏胶纤维和Lyocell纤维等，去除织物表面的绒毛，从而达到织物表面光洁的效果，并能减少织物表面起毛起球，使织物柔软膨松。经过生物抛光整理的织物会获得以下效果。

1. 织物表面更加光洁

因为纤维素酶生物整理的目的是去除织物表面的绒毛和零散的短纤维，去除之后，织物纹路更加清晰，颜色更加亮丽。

2. 增加织物柔软性和悬垂性

在生物抛光过程中，纤维素酶的水解作用为纤维创造了一个相互自由移动的机会，这就意味着消除了纤维弯曲滞后现象，增加了柔软性。由于织物中纱线的自由度增加，因此其悬垂性也得到了较大的改善。

3. 织物的吸水透气性能得到改善

由于纤维素酶的水解作用，纱线中的纤维更加松软，经处理后的织物吸水性能为原先的1.5倍，同时透气性能也得到提高。

4. 生物整理效果具有持久性

具有持久的抗起毛、起球的趋势和柔软的效果。这一点和其他化学整理不同，化学整理也可以改善织物的柔软性，也可以改善织物的抗起毛起球性能，但随着使用和洗涤，化学制剂会逐渐减少，处理效果就会逐渐消失；而生物整理却能经受家用洗涤，从而使织物保持持久的表面光洁的效果。

通常情况下，纤维素织物的生物抛光处理工艺在高速循环系统中进行，如可利用喷射溢流染色机或高速绳染机等。机器装载和速度与平常染色一样，浴比视织物情况，可控制在1：7~1：20。

生物抛光整理时，高速循环系统中的浴液温度应控制在50~60℃，pH保持4.5~5.5（酸性纤维素酶）或6.0~7.0（中性纤维素酶）。纤维素酶的用量则根据织物类型、所需效果以及处理时间而定，正常情况下，每千克织物用2~20g纤维素酶，处理时间保持30~60min。如果有需要的话，织物还可以用其他整理剂做进一步处理。

处理完毕后必须使纤维素酶停止作用，即将其灭活。这时，可将高速循环系统中的浴液温度升到80℃以上，使纤维素酶失去活性。若顾虑升温时间比较被动的问题，也可加入碱剂将pH调到10以上而将纤维素酶灭活。

用纤维素酶进行生物抛光时会产生纤维强度下降的现象，正常情况下可以直接或间接通过监测织物的失重来控制加工过程，一般而言，3%~5%的失重为合适的生物抛光效果。此时，织物强度不会有过多的损失。这一损失对100%的纯棉织物可能有稍许影响，但相同的失重对涤棉织物可以忽略不计。对黏胶纤维来说，由于它的聚合度较低，因此对生物抛光引起的强力损失会较为敏感，应加以小心。

江苏新瑞贝科技股份有限公司生产的中性纤维素酶NATFOCE OL-400系列产品，可在30~70℃和pH5~8工作，无须调节pH，便于客户灵活用于各种工艺。该系列产品可以在低温下发挥优异的抛光除毛性能，达到良好的表面光洁效果，减少织物强力损失和失重，节约能源，节省成本。同时，该系列产品具备优异的保色性能，还能显著改善织物的悬垂性，提高织物手感。

传统的除氧+生物抛光+染色工艺，是分多步进行的，随着纺织行业生产工艺的不断创新与进步，这种工艺已经逐步得到更新升级，在不少染厂里，除氧+生物抛光+染色工艺已经三步合一。江苏新瑞贝科技股份有限公司生产的中性纤维素酶NATFOCE OL-400系列产品适用于创新的升级工艺中。

三、碱性纤维素酶

(一) 概述

碱性纤维素酶主要应用于造纸、洗涤剂和纺织行业，我国的市场需求约为1亿元人民币，但是我国碱性纤维素酶的生产相对滞后，目前其来源还主要依赖进口，增加了其应用成本。我国的研究学者对碱性纤维素酶的研究逐渐深入展开，取得了一些成果，包括①菌株产酶能力得到提升，酶活力提高，初步满足工业应用需求。②对酶的作用机制及不同底物作用差异的研究初有成效，有些理论在实践中得到验证。③酶处理纸浆的研究逐渐深入，不再仅是比较酶对成纸后性质的影响。

基于碱性纤维素酶的科研成果及市场需求，其产业化开发价值逐渐被国内的科研单位、用户和酶制剂厂商所重视。相信我国碱性纤维素酶很快能够实现产业化，生产水平和下游行业的应用技术也将得到提高。

山东大学赵建教授及其所在科研团队，在碱性纤维素酶生产菌株的筛选、工程菌的构建以及应用方面进行了较多研究，其中课题组筛选的菌株 Y106 生产的纤维素酶，最适 pH6.5～7.5，最适温度 50~55℃，在 pH8.0 的条件下放置 12h，酶活力保留 90%，在 pH9.0 的条件下放置 12h，酶活力保留 60%，属于偏碱性纤维素酶。将该酶应用于造纸工业中的漂白、打浆等工段，应用研究已经证明可以达到减少漂白化学药品的用量、降低漂白废水污染负荷、降低打浆能耗、改善纸浆强度等效果，并已经进行了工业化生产的试验。

（二）酶在造纸行业中的应用

1. 造纸工业中酶的应用领域

人们对纤维素酶在制浆造纸工业中的应用进行了大量研究，范围几乎涉猎了制浆造纸工业的各个阶段，如生物制浆、生物漂白、生物脱墨及改善纸浆性能等方面。此外，木聚糖酶、果胶酶、β-甘露聚糖酶等酶制剂也应用于制浆工段，其中碱性木聚糖酶已经工业化生产，并在工厂中实现中试级应用。图 4-8 是目前酶在造纸行业的应用领域。

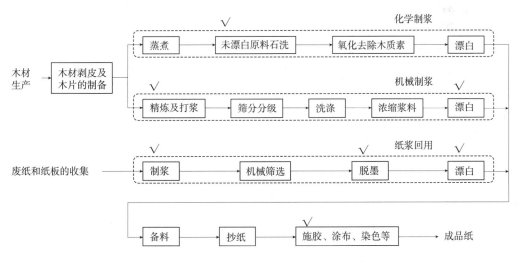

图 4-8　酶在造纸行业中的现有应用位点

注：√为酶法已经应用的工段。

由于实际应用中底物的复杂性，商品非淀粉多糖类酶制剂在使用时，一般需要两种或以上的酶配合，造纸行业也是如此。由于本书以单品酶制剂的形式着重介绍近年来的新品种、新工艺和新方法，因此在介绍一种酶制剂时，可能会涉及另一种酶的使用。为了表述清楚，我们选取造纸行业使用酶制剂的主要领域，在单品酶制剂中分别介绍，其中碱性纤维素酶部分将介绍酶在打浆工段的应用、碱性木聚糖酶部分将介绍酶在漂白工段的应用、碱性脂肪酶部分将介绍酶在脱墨工段的应用。

2. 纤维素酶在打浆工段的应用

纤维素酶在打浆中应用，可以在不损坏纸张强度的前提下，改善机械浆和回收纤维的滤水性，降低打浆能耗、改善成纸的某些强度性质、改善浆料的碱溶解度等。造纸的工业环境往往在中性或碱性条件下进行，这就要求造纸用酶能够在高 pH 条件下维持其催化活性，以保证催化作用的有效进行。表 4-10 是纤维素酶 Y106 在不同加酶量时对纸浆物理性质的影响，其反应条件为：纸浆浓度 10%，在 pH7.0、温度 55℃的条件下反应 2h。

表 4-10　　　　　　　　　　酶用量对纸浆物理性质的影响

原料	加酶量/（IU/g）	打浆度/（°SR）	抗张指数/（N·m/g）	耐破指数/（kPa·m²/g）	撕裂指数/（mN·m²/g）
杨木 CMP	0	19.0±0.04	15.48±0.02	0.71±0.07	1.54±0.03
	0.6	18.0±0.05	17.2±0.01	0.85±0.04	1.77±0.04
松木 CMP	0	11.0±0.04	20.9±0.06	1.46±0.07	3.03±0.08
	0.6	10.5±0.07	21.77±0.07	1.51±0.08	3.19±0.03
麦草 CP	0	20.0±0.01	26.71±0.05	1.74±0.01	3.64±0.04
	0.2	17.0±0.03	30.83±0.06	2.03±0.01	4.07±0.02

上表中数据显示，纤维素酶 Y106 在杨木化学机械浆（CUP）、松木化学机械浆（CUP）、麦草机械浆（CP）的最佳用酶量分别是 0.6IU/g、0.6IU/g 和 0.2IU/g。与不加酶相比，杨木浆打浆度降低了 1.0°SR、松木浆打浆度降低了 0.5°SR、麦草浆打浆度降低了 3.0°SR。此外麦草浆的抗张指数、耐破指数、撕裂指数与未用酶处理的样品相比分别提升了 15.4%、16.9% 和 11.8%，纸浆物理性质明显改善。

（三）纤维素酶在洗涤剂中的应用

洗涤剂是工业用酶最大的应用领域之一。在洗衣、洗碗、公共清洗及隐形眼镜等的清洗中，酶无处不在。蛋白酶、淀粉酶、脂肪酶可除去衣领、袖口处的污渍、血渍、菜渍、油渍等一系列生活污垢；而纤维素酶的参与则通过对棉组织纤维的修复作用而达到"织物复新"的效果。

纤维素酶具有水解细小纤维素的能力，不仅可以直接去除及软化棉纤维内部的微粒污垢，而且能消除衣服在洗涤和穿着过程中出现的超细纤维，起到整理翻新织物、改善织物色泽鲜艳度、软化织物的作用。

纤维织物，特别是棉纤维织物，经过穿用和多次洗涤之后，往往会出现很多微纤维的绒毛。这些绒毛同沾在衣物上的有机、无机污渍一起缠绕成许多小球，结果使衣物表面变得起毛起球，色泽灰暗，表面不平整。为解决这一问题，早在 1970 年，国外专利中提出用纤维酶来消除这些微纤维的想法，但这个想法久久未能变成现实。直到 1985 年，通过腐殖根霉发酵，制得了世界上第一个用于洗涤剂的纤维素酶。1987 年，又制得了一种细菌纤维素酶，并成功地用于洗衣粉中。从此，纤维素酶正式加入了洗涤剂酶的行列。进入 21 世纪，纤维素酶在洗涤剂中的应用逐渐普及，不仅一些国际大公司的名牌产品已在采用，而且不少国内公司的洗涤产品也开始使用。

随着酶制剂技术的飞速发展，在酶的性能得到改善的同时，其经济性也得到了进一步解决。合成洗涤剂企业使用少量的酶制剂就可以使洗涤剂中的表面活性剂的用量显著下降，从而既可以获得明显的经济效益，又可以提高洗涤剂的去污力、缩短洗涤时间、降低洗涤温度，还可以起到节水和减少环境污染的目的，一举多得。同时，近年来石油和表面活性剂价格不断走高，为了减轻成本压力，使用酶制剂或增加酶制剂的添加量已成为很多厂家的首选。

洗涤剂酶自 1960 年上市以来到 20 世纪 80 年代中期的 20 多年中，一直只有单一的碱性蛋白酶。随着生物技术的不断发展和对洗涤剂性能越来越高的要求，除碱性蛋白酶产品得到扩展外，新型的纤维素酶陆续面市。同时，新型酶、改性酶的开发工作十分活跃，与过氧化酶配合使用，可阻止洗涤时彩色串染的新纤维素酶和复合酶等也都在开发之中。

与其他洗涤剂酶的作用机理不同，纤维素酶不是直接催化污渍中的某种物质分解，使其变为洗涤水可溶解的物质而达到洗净的目的，而是由纤维素酶对织物上的微纤维作用，达到整理、翻新织物的目的。因为天然纤维，特别是棉纤维，是由葡萄糖构成的高分子物质，分子中的糖仅以 β-1, 4-糖苷键方式联结，形成一个直线型的大分子。这种分子集结成束，就称为原纤维，很多原纤维的集结，就成为微纤维。

在正常情况下，纤维以晶体方式排列，所以它的表面光滑、柔软、外观光亮。但是，经过穿着、摩擦和反复洗涤之后，一些微纤维就会脱离其结晶区域，在纤维表面或纤维之间形成很多微纤维。这些微纤维相互缠绕成绒球后，不仅因裹入的污物使衣物变脏，而且由于光在小球上发生了散射，不论单色或彩色衣物都显得色泽灰暗。若要从衣物上去掉这些绒球，那么就需要选择适当的纤维素酶，才可很好地完成这一任务。

合适的纤维素酶应该是：只对脱离了晶体的微纤维起作用，不会深入纤维内部破坏纤维本身；在 pH7~11 活力不受影响，以保证洗涤条件下的稳定活力；有一定的耐温性，可在 60℃左右（目前欧美的洗涤温度范围）将污垢中的某种物质分解，使其变成洗涤水可溶解的物质而达到洗干净的目的。

四、β-葡聚糖酶

（一）概述

β-葡聚糖酶（E. C. 3. 2. 1. X，X 代表多个数字），其商品酶制剂多是由木霉菌经诱变筛选的高产菌株发酵制得，是含有多种单酶的酶系。广义而言，β-葡聚糖酶是一切能分解 β-糖苷键组成的葡萄糖聚合物的酶的总称，包括 1, 3-1, 4-β-葡聚糖酶、1, 3-β-葡聚糖酶、1, 2-1, 4-β-葡聚糖酶、1, 4-β-葡聚糖酶和 1, 3-1, 6-β-葡聚糖酶，按作用方式不同分为内切和外切两类，该酶可将 β-葡聚糖降解成低分子质量片段，使其失去亲水性和黏性。

β-葡聚糖酶主要应用于啤酒和饲料行业，该酶执行中华人民共和国轻工行业标准 QB/T 4481—2013《β-葡聚糖酶制剂》，详见表 4-11。另外，饲料行业 β-葡聚糖酶活性测定执行中华人民共和国农业行业标准 NY/T 911—2004《饲料添加剂 β-葡聚糖酶活力的测定 分光光度法》。

表 4-11　　　　　　　　　　QB/T 4481—2013 对 β-葡聚糖酶的要求

要求类别	项目	固体剂型	液体剂型
感官要求		色泽均匀，粉状或颗粒状，无霉变、潮解、结块现象，有特殊发酵气味，无异味	淡黄色至深褐色液体，可有少量絮凝物，有特殊发酵气味，无异味
理化要求	酶活力[a]/（U/g 或 U/mL）≥	20000	20000
	干燥失重/%≤	8.0	—
	细度（60 目标准筛通过率）[a]/%	优等品≥90，一等品≥80	—
卫生要求	优等品应符合 GB 1886.174—2016 的规定，详见表 2-1		

注：a 表示如有特殊要求，可按供需双方合同规定的酶活力规格执行。

商品 β-葡聚糖酶一般满足表 4-12 的指标。

表 4-12　　　　　　　　　　　　商品 β-葡聚糖酶概况

项目	内容
轻工业行业标准酶活力定义	1g 固体酶（1mL 液体酶），于 50℃、pH4.8 条件下，1min 从浓度 4mg/mL 的 β-葡聚糖溶液中降解释放 1μmol 还原糖，即为 1 个酶活力单位，单位为 U/g 或 U/mL
农业部标准酶活力定义	在 37℃、pH5.5 的条件下，每分钟从浓度为 4mg/mL 的 β-葡聚糖溶液中降解释放 1μmol 还原糖所需要的酶量为一个酶活力单位（U）
液体酶性状	25℃、pH3.0~5.0，密度≤1.25g/mL
固体酶性状	按表 4-11 规格执行
商品酶活力	商品 β-葡聚糖酶大多执行农业部标准，其中： 液体酶活力：$2×10^4$U/mL 固体酶活力：$3×10^4$U/g 优等品（食品级）酶活力：$9×10^4$U/g
来源	木霉发酵制得

（二）性质

图 4-9 和图 4-10 表示隆科特公司 β-葡聚糖酶在不同温度和 pH 条件下的活力，酶活力按照 NY/T 911—2004《饲料添加剂 β-葡聚糖酶活力的测定 分光光度法》中的方法测定。应注意，这些曲线是在标准的实验室条件下，使用标准底物得到的，对于其他底物和其他条件，预期会有与该曲线偏离的结果，这种现象不只在 β-葡聚糖酶中出现，几乎所有酶制剂均有这种现象。

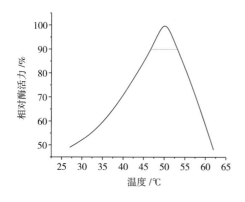

图 4-9　β-葡聚糖酶温度特性

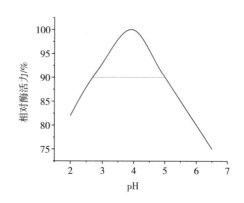

图 4-10　β-葡聚糖酶 pH 特性

（三）酶在啤酒生产中的应用

啤酒是世界上产量最大的酒类，我国啤酒产量逐年上升，啤酒产业迅速发展。我国已成为世界上最大啤酒生产国，2019 年全国啤酒年产量约 3765 万千升。我国啤酒企业呈现出集团化、规模化、现代化、信息化的格局；外资企业也在国内融资引进技术，使生产设备和管理技术大幅提升；啤酒的品种也改变了以前单调、低档的局面，向高档化提升；新品种如"干啤""纯生""全麦芽""黑啤""功能性啤酒""干爽啤酒"等层出不穷，各地都具有地方特色的受到欢迎的啤酒，名牌优质啤酒更深受欢迎。我国啤酒的人均消费量虽不及欧美，但已达到了世界中等水平，我国的啤酒业已从高速发展阶段进入了成熟阶段。我国啤酒业发展虽快，但是总体来说不平衡，档次大众化，普通啤酒居多。因此，我国啤酒业今后将向"高档化、多品种、高效益"目标稳步发展。

我国啤酒是以大麦芽为主要原料，以大米等淀粉质原料作为辅料，主辅料比为 30%~40%。由于我国大麦芽的不足，啤酒的品质也参差不齐。大麦芽的不足带来其内源酶的不足或不均衡。麦芽中内源酶本身尚不足，由于辅料的添加，还要供给辅料所需，因此仅靠麦芽内源酶的作用显然是不足的，所以用外加酶制剂来弥补麦芽酶量是必须的。随着我国酶制剂企业的崛起，生产水平和品种的大幅增加，能满足啤酒酿造过程中酶的需要量，成为啤酒生产和发展的有力支持。

啤酒生产过程中需要的酶品种是多样的，选择酶制剂的品种应该与生产工艺结合起来，这样才能既满足啤酒酿造需要的条件，又有针对性地为外源酶制剂创造最佳条件，更好地发挥外源酶制剂作用。啤酒酿造流程如图 4-11 所示，酶制剂的使用主要在糊化锅、糖化锅、主发酵、清酒后熟阶段。

本部分内容主要介绍 β-葡聚糖酶在啤酒生产中的应用技术，啤酒用酶制剂的选择及用量等细节应根据各厂实际情况、麦芽质量和啤酒品种经过试验确定，其用法和使用效果也可以参考淀粉酶、常规肽酶、特殊加工用酶章节的相关内容。

大麦籽粒中 β-葡聚糖占其干重的 5%，麦芽中 β-葡聚糖和戊聚糖一般占其干重的 1%~3%，麦汁中它们的浓度一般为 200~800mg/L。β-葡聚糖分子呈现一种独特的线性结

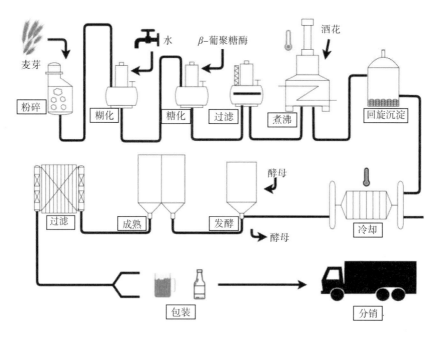

图 4-11　啤酒酿造流程

构，其中 β-1，4-糖苷键占 70%、β-1，3-糖苷键占 30%，天然未水解的 β-葡聚糖相对分子质量约为 $1×10^6$。当啤酒生产时辅料比过大，麦芽中内源酶不足，麦汁中的 β-葡聚糖没有完全分解，则麦汁过滤困难，也可能导致成品啤酒出现不良的葡聚糖浑浊。

在啤酒生产中，糖化开始时加入 β-葡聚糖酶，隆科特公司该酶的推荐加量为 1~5U/g麦芽，使用 pH 及温度按糖化锅操作执行即可。表 4-13 是 β-葡聚糖酶对糖化和过滤的影响。

表 4-13　　　　　　　　　　　　　　　　β-葡聚糖酶的使用效果

工段	指标	对照组	加酶组
糖化工段	麦芽/t	10	10
	麦汁/m³	75.0	76.4
	过滤时间/h	2.45	2.15
	麦汁浓度/°P	15	15
过滤工段	过滤机类型	烛式硅藻土过滤机	烛式硅藻土过滤机
	清酒/m³	508	1140
	过滤时间/h	2.45	2.15
	硅藻土消耗量/（kg/m³）	1.65	0.79

注：资料和 β-葡聚糖酶均来源于 Kerry Bio-Science。

五、酸性木聚糖酶

(一) 概述

木聚糖酶实际上是一组酶的总称，根据酶作用于木聚糖部位的不同可将它们分为两组，分别是水解主链的酶系和水解支链的酶系。其中降解主链的酶有两种：内切 β-1，4-木聚糖酶 (E.C. 3.2.1.8) 和外切 β-木糖苷酶 (E.C. 3.2.1.37)，前者可随机将木聚糖主链降解成短链的低木聚糖，后者作用于短链的低木聚糖，从非还原性末端释放出木糖；几种水解支链基团的酶包括：α-L-呋喃阿拉伯糖苷酶 (E.C. 3.2.1.55)、α-葡萄糖醛酸苷酶 (E.C. 3.2.1.1)、乙酰酯酶 (E.C. 3.2.1.6) 和阿魏酸或香豆酸酯酶。

目前我国酸性木聚糖酶是由木霉菌或毕赤酵母，经深层发酵、精制提取而成，广泛应用于烘焙、饲料、酿酒、功能性低聚木糖、小麦深加工等领域。木聚糖酶执行中华人民共和国轻工行业标准 QB/T 4483—2013《木聚糖酶制剂》，详见表 4-14。另外，饲料行业木聚糖酶活性测定执行中华人民共和国国家标准 GB/T 23874—2009《饲料添加剂木聚糖酶活力的测定 分光光度法》。

表 4-14   **QB/T 4483—2013 对木聚糖酶的要求**

要求类别	项目	固体剂型	液体剂型
感官要求		粉状、微囊状或颗粒状，粒度均匀，色泽一致，无霉变、潮解、结块现象，有特殊发酵气味，无异味	淡黄色至深褐色液体，可有少量凝聚物，有特殊发酵气味，无异味
理化要求	酶活力[a]/ (U/g 或 U/mL) ≥	50 000	50 000
	干燥失重/% ≤	8.0	—
	细度 (40 目标准筛通过率)[a]/% ≥	90	—
卫生要求	优等品应符合 GB 1886.174—2016 的规定，详见表 2-1		

注：a 表示如有特殊要求，可按供需双方合同规定的酶活力规格执行。

在达到上述标准的基础上，隆科特公司商品酸性木聚糖酶还满足表 4-15 的指标。

表 4-15   **商品酸性木聚糖酶概况**

项目	内容
轻工行业标准酶活力定义	在 50℃，pH 为 4.80 条件下，每分钟从浓度为 5mg/mL 的木聚糖溶液中，降解释放 1μmol 还原糖，即为一个酶活力单位，以 U/g 或 U/mL 表示
农业部标准酶活力定义	在 37℃，pH5.5 的条件下，每分钟从浓度为 5mg/mL 的木聚糖溶液中降解释放 1μmol 还原糖所需要的酶量为一个酶活力单位 (U)
液体酶性状	25℃，pH3.0~5.0，密度 ≤1.25g/mL
固体酶性状	按上表规格执行

续表

项目	内容
商品酶活力	用于饲料行业的木聚糖酶执行农业部标准，用于其他行业的木聚糖酶执行轻工业标准，其中： 液体酶活力：$5×10^4$ U/mL 固体酶活力：$5×10^4$ U/g，$10×10^4$ U/g 优等品（食品级）酶活力：$29×10^4$ U/g

（二）性质

图 4-12 和图 4-13 表示隆科特公司酸性木聚糖酶在不同温度和 pH 条件下的活力，酶活力按照 QB/T 4483—2013《木聚糖酶制剂》中的方法测定。

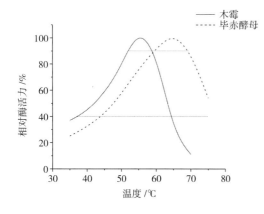

图 4-12　酸性木聚糖酶温度特性

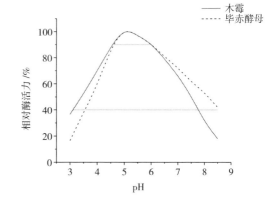

图 4-13　酸性木聚糖酶 pH 特性

（三）谷朊粉的酶法提取

1. 工艺流程

谷朊粉是小麦面粉经水洗、分离、干燥提取出来的天然蛋白质。由于其蛋白质含量高达 75%～85%，且氨基酸组成比较齐全，因此谷朊粉是一种优良的面团改良剂，广泛用于面包、面条、方便面的生产中，也可用于肉类制品中作为保水剂。我国谷朊粉的提取有马丁法、三相卧螺法，其中三相卧螺法自动化程度高、分离效果好，是目前生产的主要工艺。图 4-14 是三相卧螺法生产谷朊粉的工艺流程。

在小麦面粉中，水分含量 14%，蛋白质含量 9%～14%，淀粉含量 64%～68%，非淀粉多糖含量 3.0%～4.0%，矿物质含量 0.7%～0.8%。在非淀粉多糖中，纤维素占原料总量的 0.6%～1.0%，β-葡聚糖占原料总量的 0.5%～1.5%，其余是以木聚糖为主的戊聚糖，含量约占原料质量的 2.5%。由于木聚糖的吸水能力强以及 β-葡聚糖的特殊分子结构，使得和面浆料黏度很大，这造成生产耗水、耗电量的增加，因此生产中常常添加以木聚糖酶为主要酶制剂的复合酶，或者单品木聚糖酶。

2. 生产数据

表 4-16 是某工厂三相卧螺法生产谷朊粉的数据，其中对照组为正常生产数据，加酶

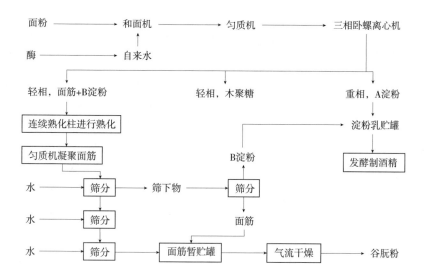

图 4-14　三相卧螺法生产谷朊粉流程

注：A 淀粉和 B 淀粉是小麦淀粉的两种存在形式。A 淀粉颗粒较大，形状主要为
圆形，B 淀粉颗粒小，形状主要为椭圆形。

组按对照组工艺执行，酶反应条件：和面工段的料水比 1：0.7（质量百分比），室温下提取，温度约 30℃，pH6~7，以木聚糖酶为主的复合酶加量 0.1~0.2kg/t 面粉，熟化时间 10~15min。

表 4-16　　　　　　　　　　　　谷朊粉生产指标对比

指标	对照组	加酶组
谷朊粉收率/%	13.2	13.2
每吨谷朊粉耗电/kW	774.4	743.1
每吨谷朊粉耗气/t	3.7	3.7
每吨谷朊粉耗水/t	15.9	15.7

3. 成品质量

连续生产的成品谷朊粉指标列于表 4-17 中。可以看出，在生产波动范围内成品质量基本相同。

表 4-17　　　　　　　　　　　　成品质量对比

指标	细度（CB36 筛通过率）/%	水分/%	蛋白含量/%	灰分/%	吸水率（干基）/%
对照组	98.77	5.02	77.97	0.73	170.11
加酶组	98.81	4.83	78.02	0.71	169.50

4. 使用效果

由于酶的添加，面浆黏度降低，系统流动性得到改善，不但提高了生产能力，淀粉和谷朊粉的分离效果也更好，可提高淀粉和谷朊粉的收得率和产品纯度，同时能减少洗涤用水等。

(四) 酸性木聚糖酶在烘焙工业中的应用

木聚糖酶应用于发酵型面制品改良，已被广泛认可和接受。由于面粉中主要的戊聚糖是阿拉伯木聚糖，该糖可吸收自身质量10倍的水，对面团形成及面制品品质有重要作用。食品级木聚糖酶的水解可使戊聚糖吸水率下降，延伸性增强，适当应用可增大面制品体积，内部结构也较细腻。

隆科特食品级木聚糖酶推荐用量 1~3U/g 面粉，在 SB/T10139—1993《馒头用小麦粉》的制作和评价体系下，单独使用木聚糖酶的效果见表4-18。数据表明木聚糖酶可使成品馒头高度增加，此外还可以改善内部结构、提高弹韧性，这是因为木聚糖酶水解面粉中不溶性木聚糖，使其转变成聚合度小的可溶性木聚糖，消除了木聚糖对面筋网络结构的负面影响。同时木聚糖被水解后，会释放出一部分它所吸收的水分，蛋白质吸收这部分水分后有利于面筋的形成，淀粉吸收这部分水后会在蒸制过程中糊化更充分，馒头结构更均匀。

表 4-18　　　　　　　　　　　　木聚糖酶对馒头感官品质的影响

加酶量	0	0.9U/g 原料	1.8U/g 原料	3.0U/g 原料	4.5U/g 原料
比容	8	8	9	9	9
外观形状	9	10	12	12	9
色泽	4	5	6	5	4
结构	9	10	12	12	8
弹韧性	12	14	14	14	12
粘牙性	9	11	12	11	11
气味	3	3	3	3	3
总分	54	71	80	78	65

注：在馒头用小麦粉的行业标准 SB/T 10139—1993《馒头用小麦粉》中，馒头质量评分的总分为100分，其中比容20分、外观形状15分、色泽10分、结构15分、弹韧性20分、粘牙性15分、气味5分。评价时将测量比容后的馒头切成数块，品尝小组由4~5名经训练并有经验的人员组成，按评价内容逐项品尝打分，总分越高馒头品质越好。

木聚糖酶加量为 4.5U/g 原料时，馒头品质有所降低，表现在弹韧性、高度、内部结构等多个方面，这可能是因为过度的水解使木聚糖失去了对面筋网络结构的支撑作用，同时过高的淀粉糊化率使馒头有变瓢的趋势。

烘焙行业由于原料成分相对复杂，需要在掌握各成分性质、作用的基础上，结合酶制剂作用原理进行综合改良，即为复合酶。一般情况下食品级木聚糖酶与真菌 α-淀粉酶、葡萄糖氧化酶和脂肪酶等配合使用，以综合改善面制品品质。其他单品酶制剂在烘焙行业的应用请参考本书中温 α-淀粉酶、真菌 α-淀粉酶、麦芽糖淀粉酶、木瓜蛋白酶、脂肪酶、葡萄糖氧化酶等部分。烘焙制品生产商和改良剂公司需要为不同应用确立最适的用酶组合和用酶量，这只能通过试错来完成，没有方法来预测某一种酶的性能。

(五) 酸性木聚糖酶的其他用途

酸性木聚糖酶还广泛应用于饲料、酿酒、果汁和功能性低聚木糖的生产中，以隆科特公司酸性木聚糖酶为例，其典型使用方法如表 4-19 所示。

表 4-19　　　　　　　　　隆科特公司酸性木聚糖酶典型使用方法

行业	效果	使用方法
饲料	消除或降低非淀粉多糖的抗营养作用，改善饲料性能，提高动物免疫力	2~10U/g 原料
小麦啤酒糖化	降低黏度、提高收率	5~25U/g 原料
葡萄酒压榨	同上	同上
果汁	提高浓缩速度、提高产品收率	5~20U/g 原料

六、碱性木聚糖酶

（一）概述

碱性木聚糖酶主要应用于造纸行业，其中最令人瞩目的是其在辅助纸浆漂白和废纸脱墨领域的广阔应用前景。利用木聚糖酶作为纸浆漂白助剂的效益显著，且易于工业化，已在欧洲和美洲的大型纸厂应用，而国内在这方面的研究较晚，目前我国碱性木聚糖酶已开始工业化试生产，在纸浆造纸企业的应用处于试推广阶段，是一种较新型的商品酶制剂。

华南理工大学林影教授课题组研发的碱性木聚糖酶 S7-xyn，其温度和 pH 特性如图 4-15 和图 4-16 所示，可以看出该木聚糖酶最适催化反应温度是 75℃，在 60~80℃能够维持较高酶活性；最适 pH 为 6.0~10.0，其中 9.0 活性最高，在 pH3.0~12.0 比较稳定。酶学特性显示该木聚糖酶适应制浆过程的高温高碱环境，使原料预处理与漂白工序合理衔接。

此外，Na^+、Mg^{2+} 及 K^+ 对该木聚糖酶活性有激活作用，尤其是 K^+ 激活作用最大；Cu^{2+}、Al^{3+} 及 Fe^{3+} 对该酶活力有强烈的抑制作用；该酶的发酵活力可达 7000U/mL，没有纤维素酶活力。该酶的酶活力定义为：1mL 酶液在 70℃、pH9.0 的条件下，每分钟从浓度为 1%的桦木木聚糖溶液中水解生成 1μmol 还原糖所需酶量，即为一个酶活力单位，以 U/mL 表示。

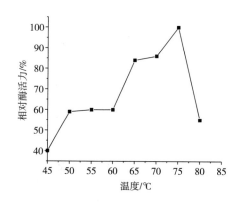

图 4-15　碱性木聚糖酶温度性质

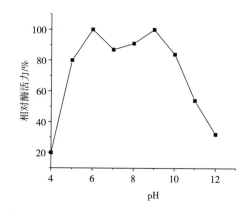

图 4-16　碱性木聚糖酶 pH 性质

新型生物发酵制品

（二）纸浆的酶法助漂

表 4-20 是碱性木聚糖酶 S7-xyn 对麦草浆 OP 漂白的影响。可以看出，与对照组相比，木聚糖酶法助漂可以降低 10% 的过氧化氢用量，此外纸张的白度和机械性能也有较好的表现。

表 4-20　　　　碱性木聚糖酶对麦草浆 OP 漂白的影响

漂序	H_2O_2用量	白度/ （%ISO）	抗张强度/ （N·m/g）	撕裂强度/ （mN·m²/g）	耐破度/ （kPa·m²/g）
OP	3%	75.1	73.11	4.56	4.49
S7OP	3%	75.4	73.15	4.59	4.53
OS7P	3%	76.5	74.33	4.63	4.63
OS7P	2.7%	74.9	76.76	4.89	4.53

注：漂白条件：O 表示氧气漂白，NaOH4%，$MgSO_4$0.5%，温度100℃，浆浓10%，时间1h；P 表示过氧漂白，$H_2O_2$3%，浆浓10%，时间2h；S7 为 S7-xyn 木聚糖酶处理，10U/g，浆浓6%，时间1.5h。

七、α-半乳糖苷酶

（一）概述

α-半乳糖是由一个蔗糖单位以 α-1，6 糖苷键连接一个或两个半乳糖构成的低聚糖，主要有棉籽糖、水苏糖和毛蕊花糖，广泛存在于各种植物中，其中以豆科植物中的含量居多，大豆中的 α-半乳糖主要是棉籽糖和水苏糖，含量分别为 1.4% 和 5.2%；棉籽粕中的 α-半乳糖主要是棉籽糖，含量为 3.6% 左右。

我国动物日粮中多以植物性饲料原料为主，但这些饲料原料中含有以水苏糖、棉籽糖为主的 α-半乳糖苷类抗营养因子，对家禽的健康和生长有着一定的影响。此外，单胃动物不能分泌消化该类物质的 α-半乳糖苷酶，其只有通过微生物发酵才能利用这类物质。而 α-半乳糖苷进入大肠后，经肠道微生物发酵利用后产生的挥发性脂肪酸和各种气体会使动物肠胃胀气、腹痛、腹泻、恶心和厌食等，同时一些低聚糖还会刺激肠道蠕动，加快饲料通过消化道的速度以减少食糜在消化道停留的时间，进而影响营养物质的消化和吸收。特别是豆粕中的 α-半乳糖苷含量，高达 5%~7%，是玉米-豆粕型日粮中最主要的抗营养因子。α-半乳糖的消除目前有以下解决方案：植物育种、溶剂浸提、加入外源性的 α-半乳糖苷酶。在饲料行业中，最为常见的是添加酶制剂。

α-半乳糖苷酶（α-D-半乳糖苷半乳糖水解酶，E.C. 3.2.1.22）属外切糖苷酶类，能专一性催化含有 α-1，6 键结合的末端半乳糖残基类物质，如蜜二糖、棉籽糖、水苏糖、糖鞘脂、糖蛋白等。饲料中添加 α-半乳糖苷酶可以水解粕类饲料中的 α-半乳糖苷类寡糖，消除其抗营养作用，促进饲料能量和蛋白质的利用。此外，还可以提高饲料中半纤维素、纤维素和淀粉等碳水化合物在消化道前段的利用效率，从而改变后段肠道微生物发酵底物的组成和比例，促进有益菌的生长和抑制有害菌的繁殖，从而改善了动物肌体的健康状况，促进其生长和发育。

α-半乳糖苷酶尚无国家标准或行业标准，活力测定按酶制剂生产商的备案标准执行，以隆科特公司 α-半乳糖苷酶为例，其商品概况见表 4-21。

表 4-21　　　　　　　　　　　　　　商品 α-半乳糖苷酶概况

项目	内容
酶活力定义	在温度为 37℃，pH5.50 条件下，每分钟从 10mmol/L 对硝基酚-α-D-吡喃半乳糖中降解释放 1μmol 对硝基酚所需要的酶量为一个酶活单位（U）
固体酶性状	黄色粉末，0.4mm 标准筛通过率≥80%
商品酶活力	1000U/g
来源	黑曲霉发酵生产

（二）性质

不同来源的 α-半乳糖苷酶，其理化性质各不相同，由细菌分泌的最适 pH 为 6.5~7.5，最佳反应温度为 37~40℃；而由丝状真菌及酵母菌分泌的最适 pH 则为 4.5~8.0，温度一般为 50~60℃。以隆科特公司 α-半乳糖苷酶为例，其温度性质和 pH 性质如图 4-17、图 4-18 所示。

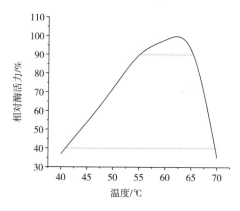

图 4-17　α-半乳糖苷酶温度性质

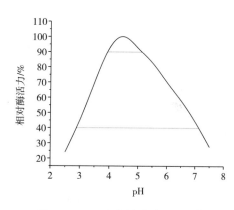

图 4-18　α-半乳糖苷酶 pH 性质

（三）α-半乳糖苷酶在饲料中的应用进展

国内外研究发现，玉米-豆粕型日粮添加 α-半乳糖苷酶后，α-半乳糖的消化率有显著的提高。含豆粕的生长猪日粮中添加 α-1,6-半乳糖苷酶（0.08U/kg），肉料比改善 6%；而在含豆粕的肥育猪日粮中添加相同的酶，增重提高 16%，肉料比提高 9%，干物质和蛋白质的消化率分别提高 2.8% 和 12.5%。研究还证明，猪日粮中添加 α-半乳糖苷酶可以降低食糜黏度、改善营养物质的消化。在对肉仔鸡的研究中，α-半乳糖苷酶的两个添加水平对玉米-豆粕型日粮的代谢能提高 5%，氮的存留率提高了 10% 以上，并会显著提高肉仔鸡的真氮校正代谢能（Nitrogen corrected true metabolizable energy，TMEn）以及甲硫氨酸（Met）和胱氨酸（Cys）的真实消化率 [True digestibility，TD，真实消化率＝摄入的养分－（粪便中养分－内源性物质）/摄入的养分×100%。与下文中表观消化率等指标一样，是从不同方面判断饲料消化吸收率的指标。]；提高饲料中干物质（Dry matter，DM）、有机物（Organic matter，OM）、钙和磷的表观消化率。

八、β-甘露聚糖酶

（一）概述

β-甘露聚糖酶（1，4-β-D-甘露聚糖-甘露聚糖水解酶，E. C. 3.2.1.25）是一类能够水解含有 β-1，4-D-甘露糖苷键的内切型半纤维素酶，作用底物主要是半乳甘露聚糖、葡萄甘露聚糖及甘露聚糖，产物主要是甘露低聚糖以及少量甘露糖等。商品 β-甘露聚糖酶有酸性和中性两种，广泛应用于饲料、保健食品、纺织、洗涤剂等行业。β-甘露聚糖酶尚无国家标准或行业标准，饲料行业用 β-葡聚糖酶的活力测定方法，执行 GB/T 36861—2018《饲料添加剂 β-甘露聚糖酶活力的测定》。商品 β-甘露聚糖酶一般满足如下指标，见表4-22。

表4-22　　　　　　　　　　　　商品 β-甘露聚糖酶概况

项目	内容
酶活力定义	在37℃、pH 为5.50的条件下，每分钟从浓度为3mg/mL的甘露聚糖（Sigma G0753）溶液中降解释放 1μmol 还原糖所需的酶量定义为一个酶活力单位（U）
固体酶性状	黄色至浅褐色粉末，0.4mm 标准筛通过率≥80%
酶活力	酸性 β-甘露聚糖酶和中性 β-甘露聚糖酶活力均为 $5×10^4$U/g
来源	芽孢杆菌发酵制得

（二）特性

不同来源的 β-甘露聚糖酶其酶学性质不同，以隆科特公司为例，β-甘露聚糖酶温度特性如图4-19所示，pH 特性如图4-20所示。

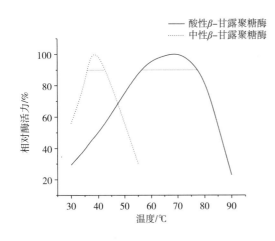

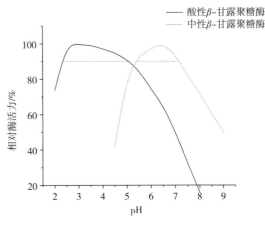

图4-19　β-甘露聚糖酶温度特性　　　　图4-20　β-甘露聚糖酶 pH 特性

（三）酸性β-甘露聚糖酶在饲料行业的应用

1. 作用机理

目前较多研究已表明，酸性β-甘露聚糖酶可有效提高玉米、豆粕型日粮的饲用价值，促进动物的生长。β-甘露聚糖酶的作用机理主要表现为以下几个方面。

（1）降低消化道内容物黏度　β-甘露聚糖酶可将甘露聚糖降解为低聚甘露糖，从而降低肠道内容物黏度，有利于营养物质的进一步消化吸收。随着日粮中β-甘露聚糖含量的提高，回肠食糜黏度大幅增加，添加β-甘露聚糖酶可显著降低回肠食糜的黏度，降低因粪便中含水量较高产生的黏性粪便并导致动物腹泻的可能，提高动物生长效率及饲料的利用效率。

（2）破坏植物细胞壁，释放胞内养分　由于β-甘露聚糖是细胞壁的组成成分且含量较高，细胞壁中的纤维素、半纤维素等共同构成了营养物质的保护层，把淀粉、蛋白质、脂类等养分包裹在内，而单胃动物不能分泌相应的酶，因此内源酶不能对细胞壁中的抗营养物质进行消化，细胞中的养分也无法释放出来，导致饲料养分不能被充分利用。而添加β-甘露聚糖酶可以降解细胞壁中的β-甘露聚糖，使包裹的淀粉、蛋白质等养分释放出来，提高饲料的营养价值。

（3）促进生长相关激素的分泌　日粮中添加β-甘露聚糖酶消除了β-甘露聚糖的抗营养作用，促进胰岛素和类胰岛素增长因子（IGF-1）的分泌，在应激状况下，效果更明显。

（4）降解产物甘露寡糖（MOS）的益生作用　MOS对畜禽的免疫系统有一定影响，肠道中免疫应答的提高意味着与免疫识别有关的及与系统感染相对抗的免疫球蛋白水平的提高，而这对更好地抑制潜在性病理微生物有极其重要的作用。此外，甘露低聚糖能够调控动物胃肠道的微生态环境，促进有益菌生长繁殖、抑制有害菌在肠道上的定植，从而维持正常的消化道环境。

2. 应用效果

表4-23是隆科特β-甘露聚糖酶对断奶仔猪生长性能及腹泻率的影响，试验选取160头健康（40±2）日龄的"杜长大"杂交断奶仔猪，体重（13.95±0.29）kg，随机分成A、B、C、D4个处理组，每组处理4个重复，每个重复10头猪。其中A为对照组，饲喂基础日粮；B组为低能量组，基础日粮消化能降低251.13kJ/kg；C、D组分别添加β-甘露聚糖酶0.25U/g饲料、0.5U/g饲料。

表4-23　β-甘露聚糖酶对断奶仔猪生长性能的影响

组别	日增重/g	平均采食量/g	料重比	腹泻率/%
对照组A	526.46	1036.15	1.97	7.41
处理组B	489.15	986.85	2.01	7.45
处理组C	544.27	1047.56	1.92	5.00
处理组D	551.30	1054.28	1.91	3.84

（四）中性β-甘露聚糖酶的应用

中性β-甘露聚糖酶可应用于低聚甘露糖、苎麻脱胶和洗涤剂行业，隆科特中性β-甘露聚糖酶的典型使用方法见表4-24。

表4-24　　　　　　　　　　　隆科特中性β-甘露聚糖酶的典型用量

行业	效果	使用方法
苎麻脱胶	配合果胶酶、木聚糖酶用于苎麻等原麻的脱胶	pH6.0~7.0，温度35℃，浴比1：（20~30），加量0.2~1.0L/t原料，反应12~24h
洗涤剂	大幅提高去污效果，特别是巧克力、冰淇淋、烧烤酱等含有甘露聚糖的污渍	一般添加量为10~50U/g洗衣粉

九、果胶酶

（一）概述

果胶类物质是存在于高等植物初生壁和细胞间隙中的一组多糖，是非淀粉多糖中化学组成和分子结构变化最大的一类多糖，在不同植物组织中其化学结构和相对分子质量变化很大，其成分主要分为原果胶、果胶和果胶酸3类。其中，原果胶是存在于未成熟水果和蔬菜的果肉中的果胶物质，它与甲醇高度酯化，不溶于水，使未成熟的水果和蔬菜具有硬的结构；原果胶通过果胶裂解酶和果胶酯酶的作用生成了果胶；果胶酸是果胶在果胶甲酯酶的连续作用下，完全去除甲酯基的果胶物质，果胶酸可以是胶体，也可以是水溶性的。

目前，文献中已提出3种果胶分子的结构模型，用来描述果胶组件之间的链接方式，图4-21是果胶分子的"平滑和毛发区域（Smooth and Hair Region）"模型。在该模型中，聚半乳糖醛酸结构域（HG）、I型聚鼠李半乳糖醛酸结构域（RG-I）、Ⅱ型聚鼠李半乳糖醛酸结构域(RG-Ⅱ)、木聚半乳糖醛酸结构域（XGA）和芹菜聚半乳糖醛酸结构域（AGA）的主链交替链接形成骨架结构，其中线性无分支的HG型果胶为平滑（Smooth）区域，而带有阿拉伯糖、半乳糖等中性侧链的RG-I型及RG-Ⅱ型果胶结构域为毛发（Hair）区域。

上述模型中的中英文对照及英文缩写见表4-25。

表4-25　　　　　　　　　　　英文缩写及中英文对照

英文缩写	英文名	中文名
GalA	Galacturonic acid	半乳糖醛酸
Gal	Glucuronic acid	葡萄糖醛酸
Rha	Rhamnose	鼠李糖
Ara	Arabinose	阿拉伯糖
Dha	2-keto-3-deoxy-D-lyxo-heptulosaric acid	3-脱氧-D-来苏型-2-庚酮糖酸
KDO	2-keto-3-deoxy-D-manno-octulosonic acid	3-脱氧-D-甘露型-2-辛酮糖酸

续表

英文缩写	英文名	中文名
GlcA	Glucuronic acid	葡萄糖醛酸
Api	Apiose	芹菜糖
Xyl	Xylose	木糖
Fuc	Fucose	岩藻糖
M	Methyl	甲氧基
A	Acetyl	乙酰基
MeXyl	Methyl xylose	甲基木糖
AcMeFuc	Acetyl methyl fucose	乙酰甲基岩藻糖
AcAce	Acetylacetic acid	乙酰乙酸
RG-Ⅰ	Type I Rhamnogalacturonan	Ⅰ型聚鼠李半乳糖醛酸
RG-Ⅱ	Type II Rhamnogalacturonan	Ⅱ型聚鼠李半乳糖醛酸
AGA	Apiogalacturonan	芹菜聚半乳糖醛酸
HGA	Homogalacturonan	聚半乳糖醛酸
XGA	Xylogalacturonans	木聚半乳糖醛酸

果胶分子的平滑和毛发区域模型见图4-21。

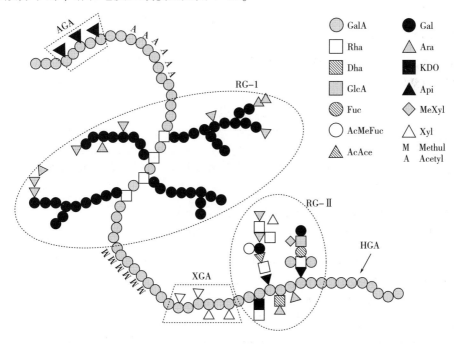

图4-21　果胶分子的"平滑和毛发区域"模型

果胶酶是指能协同分解果胶质的多种酶的总称。主要含有果胶甲基半乳糖醛酸酶（PMG）、聚半乳糖醛酸酶（PG）、聚半乳糖醛酸裂解酶（PGL）、果胶裂解酶（PL）和果胶酯酶（PE）。果胶酶作用于果胶中 D-半乳糖醛酸残基之间的糖苷键，可以打破果胶分子，降解果胶的多糖链，生成寡聚半乳糖醛酸和少量半乳糖醛酸小分子物质，从而降低黏度，提高超滤速度，提高榨汁性能，减少榨汁时间，增强果香味，降低成本，提高果汁出汁率，减少二次沉淀，提高产品品质。根据作用底物的不同，果胶酶的分类见表4-26。

表4-26　　　　　　　　　　　　　　　　不同的果胶酶分类

作用底物	作用方式	酶名称	E. C. 编号
酯类	水解	果胶甲酯酶（PE）	3. 1. 1. 11
	水解	果胶乙酯酶（PE）	3. 1. 1. 6
果胶	水解	果胶甲基半乳糖醛酸酶（PMG）	暂未收录
	裂解	果胶裂解酶（PL）	4. 2. 2. 10
聚半乳糖醛酸	水解	内切聚半乳糖醛酸酶（PG）	3. 2. 1. 15
	水解	外切聚半乳糖醛酸酶1（PG）	3. 2. 1. 67
	水解	外切聚半乳糖醛酸酶2（PG）	3. 2. 1. 82
	裂解	内切果胶裂解酶（PGL）	4. 2. 2. 2
	裂解	外切果胶裂解酶（PGL）	4. 2. 2. 9
鼠李半乳糖醛酸	水解	鼠李半乳糖醛酸酶（PG）	3. 2. 1. 171
	裂解	鼠李半乳糖醛酸裂解酶（PGL）	4. 2. 2. 23

果胶酶的执行标准为 GB 1886. 174—2016《食品工业用酶制剂》，相关指标见表2-1，商品果胶酶概况见表4-27。

表4-27　　　　　　　　　　　　　　　　商品果胶酶概况

项目	内容
酶活力定义	1g 酶粉或 1mL 酶液在 50℃、pH3.5 的条件下，1h 分解果胶产生 1mg 半乳糖醛酸为一个酶活力单位（U）
液体酶性状	浅褐色，25℃、pH3.0~5.0，密度≤1.25g/mL
固体酶性状	黄色至黄褐色粉末，0.4mm 标准筛通过率≥80%
商品酶活力	液体酶：$3×10^4$U/mL、$6×10^4$U/mL 固体酶：$6×10^4$U/g 食品级固体酶：$30×10^4$U/g
来源	黑曲霉发酵生产

（二）特性

隆科特公司酸性果胶酶特性见图 4-22 和图 4-23。

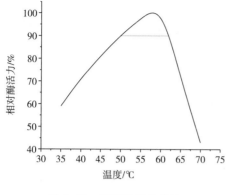

图 4-22　果胶酶温度特性

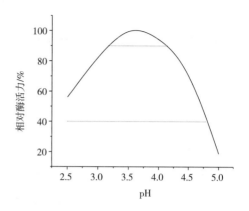

图 4-23　果胶酶 pH 特性

（三）浓缩苹果汁的酶法生产

由于在果汁工业中使用的酶制剂，90%都用于澄清苹果汁的生产，所以本部分对澄清苹果汁的生产工艺以及酶制剂使用情况做一介绍。

苹果汁的加工距今已有一百多年的历史，但直到 20 世纪 70 年代才有果胶酶处理苹果汁的报道，从而开辟了苹果汁工业化生产的新纪元。时至今日，果胶酶法生产苹果汁已经发展成为一种成熟的工艺。图 4-24 描述了一种苹果汁生产流程。

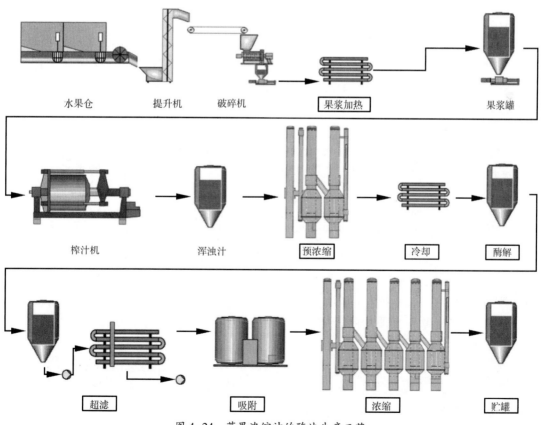

图 4-24　苹果浓缩汁的酶法生产工艺

1. 预处理

苹果首先经过分选、洗涤和破碎 3 道预处理工艺。预处理的目的在于分选出烂果和不适宜加工的苹果，去掉沙、石、草等杂物，将清洗干净的苹果用破碎机破碎为 2~6mm 的果浆。破碎粒度根据苹果的成熟度调整，收获前期苹果硬度大，破碎粒度小；贮存的苹果经自身酶系的糖化，破碎粒度大。要求分前、中、后三期更换破碎机筛网，分别用小、中、大筛网。

2. 果浆酶解

经过破碎的果浆，需要再次压榨才能得到果汁，破碎的苹果细胞间的原果胶已部分水解，但果浆的结构还保持一定的程度，经果浆酶处理后，果实细胞降解，达到彻底的液化，无需压榨即可得到流动的汁液，出汁率大于 90%。

果浆要经过果浆加热器，根据工艺控制将温度提升到 20~35℃，以利于果浆酶的分解和压榨，提高出汁率。隆科特果浆酶的加量一般为 0.2~0.3kg/t 果浆，加酶后的果浆泵入果浆罐中，根据控制的温度保留 1h 左右。果浆罐一般有 2 个，一个罐中果浆进行酶解，另一个保证正常生产。

由于没有必要完全分解苹果果胶，有限度和可控地水解可溶性果胶就能够获得足够高的出汁率，并能提高压榨机的压榨量，避免超滤问题的出现和生产干燥的苹果渣。因此商品果浆酶中内切果胶酶的活力要低，否则原果胶和半纤维素都被溶解，造成果浆的软化、黏稠，影响果浆的压榨性能。

3. 果汁酶解

适合苹果的榨汁机类型很多，如带式榨汁机、布赫榨汁机等。榨汁机中果浆是运动的，因而制得的苹果汁含有大量的高聚物，成熟的新鲜原料出汁率为 68%~86%，平均在 78%~81%。贮存过的原料或过熟原料，出汁率显著下降。此时的果汁还是浑浊的，如果生产稳定的浑浊汁，则不需要酶解处理，经过高温短时加热灭菌，离心出去不稳定的沉淀即可。

为了得到澄清的果汁，还需再用果胶酶进行处理，酶解不仅可以彻底分解高分子化合物、果胶、果肉颗粒和细胞碎片，还可以分解完全溶解在其中的半乳糖醛酸或低聚半乳糖醛酸。

首先，榨出的果汁马上进行巴氏杀菌来回收香气和控制微生物，在预浓缩阶段，将苹果汁的浓度从 11°Bx 提高到 17~18°Bx，随后将预浓缩的苹果汁冷却到 45~50℃，并添加果胶酶。在榨汁开始阶段，苹果中含有淀粉，会大大影响澄清效果，可将淀粉酶与果胶酶一起添加到果汁中，1~3h 后，苹果汁中的果胶和淀粉被完全水解。隆科特果胶酶的添加量一般为 3~9U/g 果汁、中温 α-淀粉酶用量为 0.04~0.2U/g 果汁，可用酸性酒精来检测果胶是否被完全水解，用碘试检测淀粉是否被完全水解，以确定最佳用酶量。

4. 超滤

果汁经过酶解后，还需要过滤才能得到澄清的苹果汁，超滤是目前最普遍使用的制备。苹果清汁的过滤技术，通常使用聚砜膜或陶瓷膜的过滤设备，截留相对分子质量在 1 万~3 万，透过膜孔的苹果汁即为苹果清汁。

实际生产中，超滤膜经常会被堵塞，如果不能及时清理，将会影响生产进度。造成超滤膜堵塞的原因主要是苹果汁中的果胶、纤维素、淀粉等高分子多糖被截留在膜的表面，当积累到一定量的时候，就造成了膜的堵塞。清洗超滤膜可以用稀盐酸、稀磷酸等，也可以采用酶法，如用果胶酶和淀粉酶等组成的复合酶。由于酶法具有条件温和、不伤害超滤膜的优点，可以部分取代化学品的使用，从而延长生产时间而无需经常停机清洗，并能延长超滤膜的寿命。

5. 贮存

澄清的果汁经过蒸发，将果汁浓缩至 72°Bx，并在 10℃ 以下存储于不锈钢罐中。也可以经过巴氏杀菌装瓶贮存，苹果汁的 pH 小于 4.5，杀菌可低于 100℃，也能杀灭果汁中的微生物，一般采用多管式或片式瞬间杀菌器加热至 95℃ 以上，维持 15 ~ 30s，杀菌后趁热灌装。

（四）中性果胶酶在纺织行业的应用

纺织品染色、印花之前都需要经过一定的精练过程，目的是去除棉、毛、麻、蚕丝以及合成纤维等各类纺织品上的天然杂质（如果胶质、半纤维素、木质素脂肪、蜡质、灰分等），在纺纱、织布过程中人为添加的物质（如浆料、油污等）以及沾污物，清除一切染色障碍，使织物有良好的手感和均衡一致的润湿性能，这个煮练的工艺过程通常叫做精练。

在传统的精练工艺中，需要添加酸、碱、氧化剂、还原剂和各类精练剂等，对织物进行润湿、渗透、乳化、洗涤、分散及络合作用等。精练剂中的表面活性剂成分，来源于石化原料，它们的生产以牺牲环境为代价，产生大量的环境问题，如污水排放、大气污染、白色污染、温室效应等。

目前市场上的精练剂产品品质良莠不齐：一方面，部分产品的精练效果未能达到使用要求，另一方面，有些产品不符合国内外相关法规与标准的生态要求，有些品种含有烷基酚聚氧乙烯醚类化合物（APEO）和可吸附的有机卤化物等禁用物质。织物经精练后，这些精练剂的 70% ~ 80% 进入废水中，对生态环境构成一定的危害，小部分残留于织物中，则对人体健康产生不良影响。寻找和开发不含禁用物质，且具有优异精练效果的精练剂成为印染领域急需解决的问题，而果胶酶在棉织物精练上的应用是纺织工业领域的创新性突破。

棉织物精练的目的是去除棉纤维中的果胶质、蜡质、含氮物质、棉籽壳等天然杂质，以提高织物毛效，利于后续加工。因此，精练时可采用果胶酶替代传统碱精练工艺，达到精练效果。棉织物精练常用的酶制剂包括果胶酶、纤维素酶和脂肪酶等。

果胶酶可以去除棉纤维表面的果胶物质，但单独使用果胶酶，很难达到理想的精练效果。果胶酶精练液中需添加合适的表面活性剂——非离子型表面活性剂，有利于果胶酶在织物表面的扩散和渗透，并与果胶底物充分作用，提高果胶酶的作用效果。果胶酶虽然不能去除蜡质，但能分解初生胞壁中果胶质，对纤维表面结构起到松懈作用，有利于棉蜡等非纤维素物质从棉纤维中分离。纤维素酶对果胶酶去除果胶质有一定的协同作用，能够进攻纤维初生胞壁内层和次生胞壁外层，使纤维膨化，增强各种复合酶的协同效应，促进杂质脱落，提高棉织物毛效和白度。此外，纤维素酶对棉织物表面的棉籽壳也有一定去除作用。虽然纤维素酶的加入使纤维强力有所下降，但条件合适，强力下降并不大。脂肪酶在精练中可以分解浆料中残留的甘油三酸酯等润滑剂，有利于脂肪类杂质的去除，提高生物精练的效果。但试验表明，脂肪酶在改善棉织物的润湿性方面不像果胶酶或纤维素酶那样有效。

近年来，国内外各大公司开发了适用于棉精练的各种酶制剂及其复配体系，可适应各种织物及工艺设备。

1. 传统精练工艺

传统工艺上，精练是用高浓度的强碱在高温条件下作用，用来除去一些初生壁上的疏水性物质（如果胶、蛋白质、有机酸）以及表皮（蜡质和脂肪）以提高棉织物的亲水性。高浓度的强碱意味着中和废水的压力极大，虽然碱精练非常有效且价格也很低，但其整个过程消耗大量的水和能量，对环境的污染严重（据统计数据，印染业的70%污水来源于前处理中的精练步骤）。另外，高碱性和高温会损伤棉纤维以及和棉纤维混纺的其他纤维，引起较显著的强力损失。精纺织物对纱线的强力要求，出口商品对环保、安全的要求，以及对环境保护的迫切需要，都呼唤一个绿色环保的解决方案，而生物酶精练方法为此提供了一个理想的选择。

2. 生物精练工艺

果胶酶和脂肪酶被确定为精练酶的代表。在应用过程中，果胶酶能提高织物的润湿性，脂肪酶则分解纤维中的油脂成分。果胶分解酶由于能对棉纤维织物在染色前进行处理而被广泛关注，被称为生物精练。比起传统工艺来，生物精练更有利于提高染料的上色率及节约用水。

酶精练替代碱精练工艺，为印染厂实现清洁生产创造了良好条件，具有节能减排、降低成本、有利于环境保护的优点。此外，将等离子体处理与酶精练联合处理棉织物，可实现退浆、精练二合一，同时，可降低酶制剂用量，缩短处理时间。果胶酶在使用时应注意选择适宜的处理条件，使其发挥出最大活性。

使用果胶酶在中性 pH 以及低温的条件下对织物进行酶法煮练，可以有效地分解去除果胶等杂质，提高织物亲水性，而且果胶酶的专一性使得酶法精练工艺对棉纤维没有损伤。

杜邦的果胶酶 Prima Green Ecoscour 可以在中性 pH 以及 50~60℃下发挥优异的去除果胶的效果，并且可以与杜邦的中性纤维素酶 Primafast Gold HSL 同浴作用，大大提高前处理生产效率。该工艺在生产性试验中取得了良好的效果，能够节约生产时间约41%，节约生产用水约60%，节约能耗约40%，染色质量也较传统工艺有所提高。

传统精练工艺与生物精练工艺的对比，见表 4-28。

表 4-28　　　　　　　　　　　传统精练工艺与生物精练工艺的对比

指标	传统精练工艺	生物精练工艺
失重率/%	5~6	2~3
毛效/（cm/30min）	13	12~14
染色	正常	上色率高且均匀
色牢度/级	3~4	3~4
手感	粗糙	柔软丰满

第二节　新型非淀粉多糖酶

一、菊粉酶

菊粉酶（2，1-β-D-果聚糖水解酶，E.C. 3.2.1.7），是一种诱导酶，不但能催化蔗糖水解，还能快速将菊粉水解成为果糖。菊粉酶有内切酶和外切酶之分，其中内切菊粉酶催化水解菊粉为功能性低聚果糖，是目前应用前景较好的菊粉酶，而外切菊粉酶则催化菊粉从末端切下果糖基形成 D-果糖。

目前，菊粉酶已有商品酶制剂，也有低聚果糖生产厂家自产自用，该酶尚无国家标准或行业标准，但作为食品生产用酶制剂，应满足 GB 1886.174—2016《食品安全国家标准　食品添加剂　食品工业用酶制剂》中规定的技术要求，详见表 2-1。

菊粉酶由于菌种来源不同，酶学性质有一定差异，下面提供一组来源于马克斯克鲁维酵母菌菊粉酶基因在毕赤酵母中异源表达的菊粉酶的性质，如图 4-25 和图 4-26 所示。

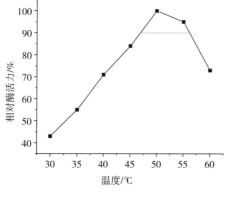

图 4-25　菊粉酶温度特性

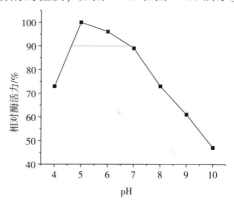

图 4-26　菊粉酶 pH 特性

近几年，低聚果糖的产品不仅风靡国内外保健品市场，而且被广泛应用于保健食品、饮料、乳制品、糖果等食品行业，应用前景十分广阔。菊粉酶法生产低聚果糖有转化率高、流程短、易控制等优点，是生产低聚果糖的重要方法。

二、溶菌酶

（一）概述

溶菌酶（肽聚糖 N-乙酰胞壁质水解酶，E.C. 3.2.1.17），是一种能将细胞壁中肽多糖水解的水解酶，由于它可以破坏细菌的细胞壁，使细菌死亡，因此用溶菌酶处理食品，可有效地防止和消除细菌对食品的污染，从而起到防腐保鲜的作用。

溶菌酶来源广泛，人们可以从动植物中提取，也可以利用微生物生产，常见的是从蛋清中分离。蛋清溶菌酶分子由 4 条肽链组成，相对分子质量约为 14500，等电点在 10~11，有效 pH3~9，有效作用温度 30~90℃，化学性质十分稳定。最适 pH 应根据不同细菌的细胞壁而定。

目前，溶菌酶尚无国家标准或行业标准，但作为食品生产用酶制剂，应满足 GB 1886.174—2016《食品安全国家标准　食品添加剂　食品工业用酶制剂》中规定的技术要求，详见表 2-1。商品溶菌酶的主要质量指标见表 4-29。

表 4-29　　　　　　　　　　　　　　　商品溶菌酶质量指标

项目	内容	项目	内容
感官指标	晶体粉末状	重金属	≤10mg/kg
气味	蛋的固有气味	菌落总数	≤100（CFU/g）
溶解性	≥98%	大肠菌群	≤30 个/100g
氮元素含量	≥16%	致病菌	阴性
灰分	≤2%	霉菌	≤25CFU/g
活性	≥20000U/mg	活力定义	在 25℃、pH6.20 的条件下，每分钟使溶壁微球菌 $OD_{450}=1$ 的菌悬液 OD 值下降 0.001 为 1 个活力单位，记为 U/mg
水含量	≤6%		
		来源	鸡蛋清提取

杨曼利报道了来源于鸡蛋清中提取的溶菌酶性质，如图 4-27、图 4-28 所示。

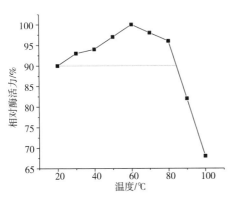

图 4-27　溶菌酶温度特性

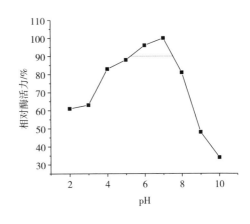

图 4-28　溶菌酶 pH 特性

（二）溶菌酶在食品保鲜中的应用

在食品工业中，常用的溶菌酶是从蛋清中提取的，它无毒无味，能选择性地"攻击"目标微生物，使其细胞壁溶解而失去生理活性，同时对食品中的其他营养成分几乎不会造成任何影响。因此溶菌酶可以安全地替代有害人体健康的化学防腐剂，如苯甲酸及其钠盐等，从而达到延长食品保存期限的目的，是一种非常好的生物防腐剂。

1. 水产品的防腐与保鲜

水产品是人们餐桌上常见的食品，并且深受人们的喜爱，但水产品非常不易保存，稍微处置不当，就会引起微生物的污染，从而引起腐败变质。人们通常采用冰冻或者盐渍的方法进行鱼类的保鲜，但是对于远洋捕鱼，大型的制冷设备会带来很多不便，而盐渍的方法则会改变鱼类原有的味道。现在利用酶法保鲜的技术已经越来越广泛地用于水产品的保鲜，使用时将一定浓度的溶菌酶溶液（通常为 0.05%）喷洒在水产品上即可起到防腐保鲜的作用。

2. 乳制品的保鲜

溶菌酶是一种非特异性免疫因子，对肠道中腐败性微生物有特殊的杀灭作用，是婴儿食品中的抗菌蛋白，是一种必需的添加因子。溶菌酶可以使婴儿肠道内的双歧杆菌增殖，可以促进婴儿胃肠内乳酪蛋白形成微细凝乳，延长在肠道内停留的时间，有利于婴儿消化吸收，它还可以促进人工哺育婴儿的肠道细菌菌群正常化；还能够强化血清灭菌蛋白、γ-球蛋白等体内防御因子，以增强对感染的抵抗力，特别是对早产婴儿有预防体重减轻、预防消化器官疾病、增加体重的功效，是婴儿食品及配方乳粉等的良好添加剂。

有实验表明，新鲜的牛乳中含有少量的溶菌酶，每 10mL 约含 13mg，而人乳中溶菌酶的浓度约为 40mg/mL，由此可见溶菌酶在婴儿乳粉中应用的巨大潜力。还有报道，溶菌酶特别适合巴氏杀菌后乳制品的防腐，一般在包装前加入 300～600mg/L 即可。

另外，溶菌酶还可以应用于乳酪加工。在乳酪的制作过程中特别是中后期，乳酪会发生起泡、风味变差等问题，添加定量的溶菌酶后可以防止乳酪的后期起泡、改善风味，在不改变原有品质的同时，还可以起到抑菌的作用，不会引起酪酸发酵，这是其他化学或物理防腐剂无法比拟的。溶菌酶能在乳酪组织中长期保持稳定，由于溶菌酶与乳酪凝块结合在一起，几乎没有溶菌酶被排入乳清中。在乳酪制作中，虽然溶菌酶会抑制作为发酵剂的乳酸菌，但它们对溶菌酶的敏感程度要比梭菌属细菌低很多，当溶菌酶在原料乳中添加量达到 500U/mL 时，对细菌就有足够的选择性。

3. 低度酒及饮料的保鲜

由于低度酒中的酒精含量较低，因此有些"顽强"的微生物还是可以在其中孳生，从而导致酒体的变质。例如，啤酒的酒精含量 2.5～7.5%vol、清酒的酒精含量为 15～17%vol，大部分微生物是无法在这种条件下生存的，但是有一种被称为火落菌的乳酸菌却可以完全适应这种条件，并可产生乳酸和不愉快的味道。以前是用水杨酸作为防腐剂来保鲜的，但水杨酸会损害人体的胃和肝脏。现在溶菌酶可以替代水杨酸来完成此工作，只需在清酒中添加 10～15mg/L 的溶菌酶即可起到良好的防腐效果。有报道称，向葡萄酒中加入一定量的溶菌酶，可以大大减少 SO_2 的使用量，减少了 SO_2 使用过多可能对人体造成的毒害作用。

溶菌酶还可以用于其他食品的保鲜，如香肠、奶油、生面条等。虽然溶菌酶可以应用在很多行业，但我们必须注意到，任何一种酶都不是万能的，因此在使用溶菌酶作为食品保鲜剂时，一定要考虑到酶的专一性，对于酵母、霉菌和革兰阴性菌等引起的腐败，蛋清中提取的溶菌酶不能起到防腐作用。

三、乳糖酶

(一) 概述

乳糖酶又称 β-半乳糖苷酶（β-D-半乳糖苷半乳糖水解酶，E.C. 3.2.1.23），它可以水解乳糖生成葡萄糖和半乳糖的混合物。植物、动物和微生物中都含有乳糖酶，目前工业上常用到的乳糖酶就是微生物发酵提取制得的。来源不同，乳糖酶的功能也不一样，有些乳糖酶不仅具有水解乳糖的能力，还可以将半乳糖连接到乳糖上，生成低聚半乳糖，是一种非常有益身体健康的食品添加剂。

乳糖酶广泛应用于食品行业，特别是乳品工业，在牛乳中添加乳糖酶可以水解乳糖，解决乳糖不耐症，增加牛奶营养的利用率；可以用于生成具有特殊生理功能的低聚半乳糖；可用于水解乳清，解决乳清的排放；还可用于梨、苹果、马铃薯和中国水粟的软化和番茄、胡椒、甜瓜、樱桃、核果类果实和牛油果的成熟。

乳糖酶是近几年完成国产工业化生产的酶制剂，目前没有国家标准或行业标准，但是作为食品工业用酶制剂，它首先满足 GB 1886.174—2016《食品安全国家标准 食品添加剂 食品工业用酶制剂》中的技术要求，详见表 2-1，在此基础上商品乳糖酶的概况如表 4-30 所示。

表 4-30　　　　　　　　　　　　　　商品乳糖酶概况

项目	内容
酶活力定义	在 pH5.5，37℃条件下，每分钟将邻硝基苯酚 β-D-半乳糖苷（ONPG）分解为 1μmol 邻硝基苯酚（ONP）所需的酶量为一个酶活力单位（U）
固体酶性状	白色至淡黄色粉末，0.4mm 标准筛通过率≥80%
商品酶活力	食品级：（10～20）×10^4U/g
来源	米曲霉发酵制得

(二) 特性

目前国内生产乳糖酶的厂家有山东隆科特酶制剂有限公司和中诺生物科技发展江苏有限公司等。以隆科特公司乳糖酶为例，其温度特性如图 4-29 所示，pH 特性如图 4-30 所示。

(三) 无乳糖酸奶的酶法生产

酸奶是牛乳经乳酸菌发酵后的一种乳制品，其牛乳中所含的乳糖在乳酸菌发酵后能降解 30%～40%，虽能在一定程度上缓解乳糖不

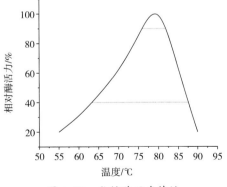

图 4-29　乳糖酶温度特性

耐症，但对那些重度乳糖不耐症患者来说，普通酸奶仍无法满足他们的需求。

利用乳糖酶的反应特征，在酸奶发酵过程中直接添加乳糖酶，将乳糖水解成能被人体正常吸收的葡萄糖和半乳糖，可从根本上缓解和消除乳糖不耐症。图 4-31 的水解结果表明：在酸奶发酵过程中添加中诺公司乳糖酶 5000U/L 牛乳，发酵结束后酸奶中乳糖水解率达到 83.6%，冷藏 5d 后乳糖水解率达到 100%。

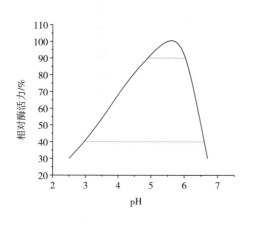

图 4-30　乳糖酶 pH 特性

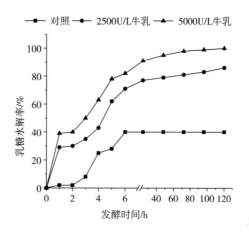

图 4-31　酸奶中添加乳糖酶后的乳糖水解率

（四）乳糖酶生产乳清水解糖浆

在奶酪制造过程中，会有大量的副产物乳清产生。乳清主要是用于生产各种糖果、糕点及食品，但是利用率不到 50%，余下乳清因为 BOD 高达 4500g/L，被作为污染物处理或做成附加值不高的产品。但是随着乳糖酶的工业化，乳清的利用率可以大大提高。在冰淇淋、沙拉酱等许多食品生产中，使用乳清水解糖浆可以代替甜炼乳、白砂糖和脱脂牛乳的使用。

乳清水解糖浆是以乳清或浓缩乳清蛋白的副产物为原料，经过浓缩、除盐、酶解、蒸发工序制成的糖和蛋白混合物。生产时首先将乳清固形物浓缩至 15%~20%，随后从离子交换、电渗析或纳滤这 3 种操作中选择一种将乳清进行脱盐处理，接着在 35~40℃ 的温度下添加乳糖酶 1000~5000U/L 原料，水解 6~24h。根据乳糖水解度或甜度要求控制加酶量和水解时间，最后将水解产物进一步蒸发至总固形物含量达到 60% 的成品糖浆。

四、蔗糖酶

（一）概述

蔗糖酶（β-D-呋喃果糖基呋喃果糖水解酶，E.C. 3.2.1.26）又称转化酶、β-呋喃果糖苷酶，能特异性地催化非还原糖中的 β-D-呋喃果糖苷键水解，不仅能催化蔗糖生成果糖和葡萄糖，还可以催化棉籽糖水解生成蜜二糖和果糖。该酶主要用于转化糖浆的生产，也可用于烘焙、饮料、中药提取等领域，用来降低蔗糖含量。

蔗糖酶是近几年完成国产工业化生产的酶制剂，目前没有国家标准或行业标准，但是作为食品工业用酶制剂，它首先满足 GB 1886.174—2016《食品安全国家标准 食品添加剂 食品工业用酶制剂》中的技术要求，详见表 2-1，在此基础上商品蔗糖酶的概况如表4-31 所示。

表 4-31 商品蔗糖酶概况

项目	内容
酶活力定义	在 pH5.0、50℃条件下，以浓度为 10%蔗糖溶液为底物，加入 1mL 酶液，每分钟产生 1μmol 的葡萄糖，为一个蔗糖酶单位（U）
固体酶性状	白色至淡黄色粉末，0.4mm 标准筛通过率≥80%
商品酶活力	食品级：$30×10^4$U/g
来源	酿酒酵母或黑曲霉发酵制得

（二）特性

目前国内生产蔗糖酶的厂家有山东隆科特酶制剂有限公司和中诺生物科技发展江苏有限公司等。以隆科特公司蔗糖酶为例，其温度特性如图 4-32 所示，pH 特性如图 4-33 所示。

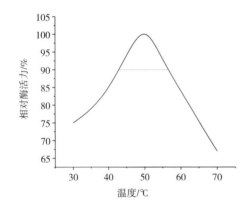

图 4-32 蔗糖酶温度特性

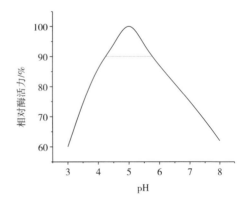

图 4-33 蔗糖酶 pH 特性

（三）转化糖浆的生产

蔗糖酶用于水解蔗糖，生成含有葡萄糖和果糖比例为 1∶1 的转化糖浆。在底物浓度70%、65℃、pH5.0 的条件下，无锡凯祥生物工程有限公司蔗糖酶按照 300U/g 加入，水解 1h，蔗糖含量降低至 50%，水解 4h 蔗糖含量降低至 10%，水解 16h 蔗糖完全水解。

转化糖浆是由蔗糖经催化水解制成，其色泽单一、黏度较小、品质稳定、保质期长，无返砂现象。由于转化糖浆风味独特，具有溶解度与吸水性高、甜味好等优点，被广泛地应用于食品、饮料、烘焙等领域，如表 4-32 所示。

表 4-32　　　　　　　　　　　　转化糖浆的应用领域及使用效果

应用领域	使用效果
面包和糕点	提高风味、改善色泽、显著提高产品保质期、缩短烘焙时间、降低烘焙温度
饮料	用在果汁和碳酸饮料中，是天然调味剂，可将配方中的风味调料减少15%，使饮料中的白砂糖用量降低20%，能在冷液体中迅速溶解，有效控制结晶
糖果	提高糖果风味、颜色和品质，帮助软糖润滑并保持水分，防止糖结晶，在太妃糖中消除蔗糖的沙感
冰淇淋	提高冰淇淋的风味，改善口感，使冰淇淋更加柔滑，消除蔗糖沙感，比蔗糖更甜，完全无杂质

五、海藻糖酶

（一）概述

海藻糖是由两分子葡萄糖以 α，$\alpha-1$，1-糖苷键形成的二糖，它是一种非还原性二糖。大量的研究结果表明，海藻糖是一种典型的应激代谢物，能够在高温、高寒、高渗透压及干燥失水等恶劣环境条件下在细胞表面形成独特的保护膜，有效地保护生物分子结构不被破坏，从而维持生命体的生命过程和生物特征。许多对外界恶劣环境表现出非凡抗逆耐受力的物种，都与它们体内存在大量的海藻糖有直接的关系。

海藻糖酶按来源主要分为3类：第一类来源于细菌；第二类来源于植物和动物；第三类来源于真菌。根据酶催化反应的最适 pH，将真菌来源的海藻糖酶分为两种：一种是酸性海藻糖酶，一种是中性海藻糖酶。酸性海藻糖酶存在于细胞膜上，不受磷酸化的调控，它的耐热性比较好；中性海藻糖酶存在于细胞内，受胞内磷酸化调控，但是它的耐热性不好。

工业应用前景较好的是来源于真菌的酸性海藻糖酶（α，α-海藻糖葡萄糖水解酶，E. C. 3. 2. 1. 28），可将海藻糖分解为两分子的葡萄糖，应用于发酵制品的生产之中，如氨基酸（谷氨酸、赖氨酸、苏氨酸、蛋氨酸等）、有机酸（柠檬酸、乳酸等）和酒精等行业。该酶是较新型的生物酶制剂，正处于应用效果的试验阶段，目前还没有国家标准和行业标准，但是与其在同一领域使用的酶制剂均执行 GB 1886.174—2016 的要求，因此该酶也应满足相同的技术要求，详见表 2-1。在此基础上商品海藻糖酶的概况如表 4-33 所示。

表 4-33　　　　　　　　　　　　商品海藻糖酶概况

项目	内容
酶活力定义	在 pH5.0、65℃条件下，每小时分解海藻糖产生相当于 1mg 葡萄糖的还原糖所需酶量，定义为一个酶活力单位（U）
液体酶性状	25℃、pH3.0~5.0，密度≤1.25g/mL
商品酶活力	食品级：$(2~5) \times 10^4$U/mL
来源	毕赤酵母发酵制得

罗会颖报道了一种酸性海藻糖酶的温度和 pH 性质，如图 4-34 和图 4-35 所示。

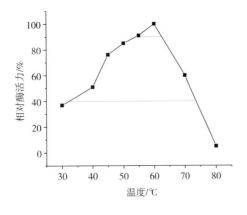

图 4-34　海藻糖酶温度特性

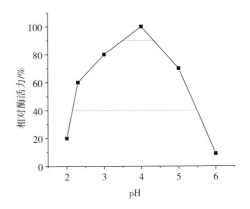

图 4-35　海藻糖酶 pH 特性

（二）海藻糖酶在酒精生产中的应用

虽然海藻糖酶在酒精行业的应用刚刚开始，但是海藻糖含量与酿酒酵母酒精耐受性及其对发酵的影响、酿酒酵母内源海藻糖酶的合成和作用模式等理论研究已较为成熟。

随着浓醪发酵工艺的广泛应用，对酿酒酵母的耐受性也提出了更高的要求，在发酵后期随着营养成分的消耗和酒精含量的增加，给酵母细胞的活性带来严重影响，海藻糖的合成途径被激活，但相应的水解途径则受到抑制，这导致海藻糖的积累。

在乙醇生产中，发酵结束约 50% 的二糖为海藻糖，这些海藻糖的含量可随着发酵温度的增加而增加，有时会占到发酵结束二糖含量的 60%～70%。因为海藻糖形成与葡萄糖利用处于直接竞争关系，所以这种损失的碳将导致乙醇收率的降低。然而，为了增强对发酵有益的效果而除去海藻糖可能对发酵的负面影响，但是有文献提出，细胞外海藻糖的水解可用于直接的乙醇生产以及酵母生长。正因海藻糖酶对降低发酵结束的残糖水平、增加乙醇收率有潜在的用途，所以其实践上的使用效果备受关注。

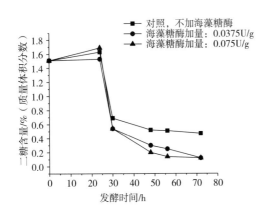

图 4-36　发酵过程二糖变化趋势

然而，截至目前还没有乙醇生产商或科研机构报道海藻糖酶的实践效果。丹尼斯克美国公司报道了实验室条件下在酒精生产中使用海藻糖酶的数据，其发酵条件为：从工厂收集的液化液、调节 pH4.8、600mg/kg 脲、0.1% 干酵母、36℃ 的条件下采用边糖化边发酵的方法发酵 72h，并在 24、30、48、56、72h 取样检测二糖含量和海藻糖含量以及发酵结束的乙醇含量。其结果如图 4-36、图 4-37、图 4-38 所示。

从上述发酵指标可以看出，添加海藻糖酶的样品海藻糖含量明显降低，若以该降低值水解生成葡萄糖的量为预期酒精度提高值，那么酒精度的增加值高于预期。尽管两个加酶量发酵结束的海藻糖含量相同，但是高添加量的样品在整个发酵过程中保持更低的海藻糖水平，并且发酵结束的乙醇含量也更高。

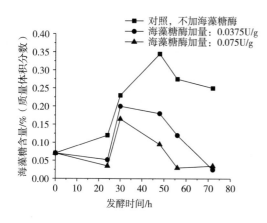

图 4-37　发酵过程海藻糖变化趋势

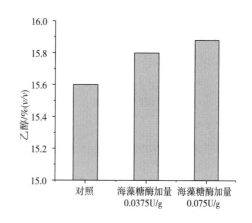

图 4-38　发酵结束的乙醇含量

本实验的酶活力是在 40℃、pH5.5 的条件下测出的。若按照表 4-33 中的酶活力定义计算，海藻糖酶的添加量为 1~3U/g 原料。另外，海藻糖酶在酒精行业的应用还不完善，需确定或者优化的条件还比较多，如添加量、添加时间、发酵周期等。

（三）海藻糖酶在味精生产中的应用

海藻糖酶在味精生产中的应用已有中试报道，韩隽等以 20m³ 的发酵罐做中试，主要条件为：装液量 11m³、接种量 10%、通过自动流加液氨控制 pH 在 7.0~7.2，搅拌转速和通风量根据要求而定，发酵周期 32h，在发酵 27~28h 添加海藻糖酶 0.1mg/L，若发酵过程中泡沫较多时，通过流加泡敌消泡。通过中试，发现结合实际生产推算糖耗在单批发酵中产生很大误差，需要在连续生产的过程中统计，5 个发酵批次的糖耗如图 4-39 所示。

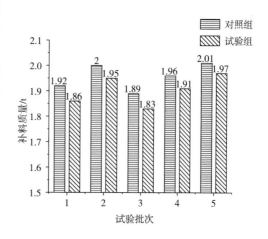

图 4-39　海藻糖酶对发酵糖耗的影响

从图 4-39 可以看出，在 20t 的发酵罐中，加酶组的补糖量平均要比不加酶组低 0.05t/批次，由此结果可以反映出海藻糖酶在谷氨酸发酵中的作用。另外，加酶组的糖酸转化率为 69.5%，而不加酶组的糖酸转化率为 68.9%，加酶组比不加酶组的糖酸转化率高 0.6 个百分点，用酶效果较明显。

六、右旋糖酐酶

(一) 概述

右旋糖酐酶（葡聚糖 6-α-D-葡萄糖水解酶，E.C. 3.2.1.70），又称 α-葡聚糖酶，是一种专一性水解右旋糖酐分子中的 α-1,6-葡萄糖苷键的水解酶，产物是具有还原性的低分子糖类，并且该酶不能作用于右旋糖酐中的 α-D-1,4 键与 α 链中 α-D-1,3 键。右旋糖酐酶按作用方式可分为内切型与外切型，内切型右旋糖酐酶可任意切开右旋糖酐分子结构内部的 α-1,6 葡萄糖苷键，将右旋糖酐迅速降解；外切型右旋糖酐酶则从直链右旋糖酐分子的末端，逐步向内水解。右旋糖酐酶水解右旋糖苷是不完全的，水解限度约在 60%。

右旋糖酐酶主要用于蔗糖生产，用来水解肠膜明串珠菌发酵蔗糖所生成的高黏性物质——右旋糖酐，避免其堵塞管道；此外这种酶还可用于分解牙垢，在牙膏中添加可预防龋齿。

右旋糖酐酶目前没有国家标准或行业标准，但是作为食品工业用酶制剂，它应满足 GB 1886.174—2016 中的技术要求，详见表 2-1。商品右旋糖酐的概况如表 4-34 所示。

表 4-34   **商品右旋糖酐酶概况**

项目	内容
酶活力定义	在 pH5.5、55℃条件下，以浓度为 2% 葡聚糖溶液为底物，每分钟产生 1μmol 还原糖所需的酶量，为一个右旋糖酐酶单位（U）
液体酶性状	微黄色液体，25℃、pH4.0~7.0，密度≤1.25g/mL
商品酶活力	10×10⁴U/mL、20×10⁴U/mL
来源	细丽毛壳菌诱变筛选的高产菌株发酵法制得

麻少莹报道了一种细丽毛壳菌来源的右旋糖酐酶，其温度特性如图 4-40 所示，pH 特性如图 4-41 所示。

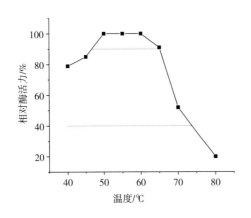 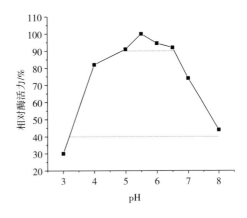

图 4-40 右旋糖酐酶温度特性   图 4-41 右旋糖酐酶 pH 特性

（二）蔗糖的酶法降黏

在蔗糖生产过程中，由肠膜明串珠菌利用蔗糖发酵产生的右旋糖酐，其相对分子质量为 15～2000 或更高，多见于输蔗带、压榨机底部、蔗汁槽和曲筛等地方。右旋糖酐的产生会明显增大糖液的黏度、降低糖液的过滤性，使蔗糖结晶时生产异常形态的晶体，增加了制糖成本，同时影响产品质量，大量生成时还会堵塞糖汁输送管路，影响正常生产。蔗糖工业中右旋糖酐的预防及处理方法见表 4-35。

表 4-35　　　　　　　　　　　蔗糖工业中预防及降低右旋糖酐的方法

方法	操作
保持原料清洁	减少甘蔗收获和存储过程中夹杂的蔗叶和泥土，从源头上减少微生物来源，从而减少右旋糖酐的生成
保持原料新鲜	甘蔗收割后堆放 12h 以上，随着时间的增长，右旋糖酐的含量快速增加，并且短段甘蔗较长段甘蔗更易生成右旋糖苷。甘蔗收割后应尽快运送到糖厂加工，以减少右旋糖酐的生成量
使用杀菌剂	清洁不彻底的压榨机内及其周围极易导致糖汁中的糖分损失，一小撮酸败的蔗渣能将流过它上面的温暖蔗汁全部感染，杀菌剂的使用能显著抑制微生物的生长，从而在源头上控制了右旋糖苷的产生
糖浆澄清	多糖类物质在蒸发浓缩时部分可形成悬浮物，在糖浆澄清时约 19% 的右旋糖酐被除去，从而减少了右旋糖酐进入成品糖的量
右旋糖酐酶酶解	用右旋糖苷酶将右旋糖酐水解成低分子质量的物质，降低右旋糖苷对制糖过程的影响是目前最有效的方法。该方法于 20 世纪 60 年代在日本率先被成功应用，目前，美国、南非、澳大利亚、日本、泰国、波兰等国家的制糖厂在生产时使用右旋糖酐酶

中诺生物科技发展江苏有限公司是目前我国右旋糖酐酶的主要酶制剂生产商，在含有 $1000\mu g/g$ 右旋糖酐浓度的蔗汁中，右旋糖酐酶按照 $0.8U/g$ 蔗汁添加，在 55℃ 时的水解效果如图 4-42 所示。

七、壳聚糖酶

（一）概述

壳聚糖酶（壳聚糖 N-乙酰氨基葡萄糖水解酶，E.C. 3.2.1.132）是专一性降解壳聚糖的内切水解酶，催化水解壳聚糖的产物是壳二糖、壳三糖及更高聚合度的寡糖等，各种类型的反应产物相对含量与酶解反应的条件有关。目前，壳聚糖酶的主要用途是降解壳聚糖（亦称几丁聚糖或脱乙酰基甲壳素等），制备壳寡糖以及水溶性低分子质量壳聚糖等壳聚糖的降

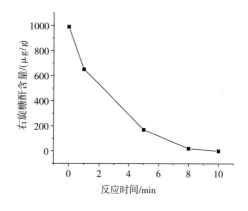

图 4-42　右旋糖酐酶的水解效果

解产物。上述壳聚糖的降解产物具有十分优异的生理生化活性，广泛应用于医药、食品工业、农牧渔业、日用化妆品等诸多领域。

目前，酶法水解壳聚糖所使用的酶制剂分为两类：一类是采用专一性酶水解甲壳素或壳聚糖，专一性酶包括壳聚糖酶、甲壳素酶；另一类是采用非专一性酶水解，现已发现有30多种非专一性酶可以降解甲壳素或壳聚糖，如淀粉酶、蛋白酶、非淀粉多糖酶。壳聚糖的专一性水解酶，对壳聚糖表现出极大的亲和性，酶用量小，水解液的黏度下降速度快，水解效果较好。目前壳聚糖酶还没有工业化生产，在实验室中有千克级的产出。正因如此，该酶尚未制定国标或行业标准，其技术要求可参照表2-1的指标。已知的壳聚糖酶概况如表4-36所示。

表4-36 壳聚糖酶制剂概况

项目	内容
酶活力定义	在45℃、pH5.5条件下，每分钟转化1mg的壳聚糖为水溶性组分所需要的酶量为一个活力单位（U）
固体酶性状	白色至淡黄色粉末
酶活力	250U/g
来源	枯草芽孢杆菌发酵法制得

（二）性质

壳聚糖酶在自然界的分布比较普遍，许多细菌、放线菌、真菌以及一些植物组织中均有这种酶。不同来源的酶其性质差别较大，其中来源于枯草芽孢杆菌的壳聚糖酶是有产业化前景的壳聚糖酶之一。周荣华报道了一种来源于枯草芽孢杆菌的壳聚糖酶的性质，如图4-43和图4-44所示。

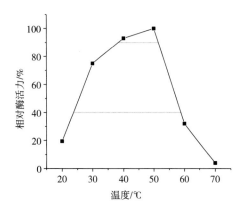

图4-43 壳聚糖酶温度特性

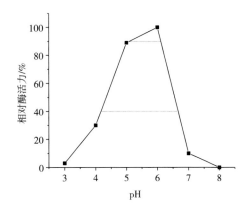

图4-44 壳聚糖酶pH特性

（三）酶法生产低聚壳聚糖的优势

（1）操作方便，生产条件温和。生产安全性大大提高，污染物排放显著降低。

（2）酶解产物主要是聚合度 2~12 的壳寡糖，5~10 的糖相对产率可以高达 60%。

（3）产品质量可控，使用壳聚糖酶可以根据具体的需求，制备具有特定聚合度分布范围和窄分子质量分布系数的壳寡糖产品。

参考文献

[1] 宋安东，谢慧，王凤芹，等. 斜卧青霉 A10 产纤维素酶的酶学性质研究 [J]. 激光生物学报，2009，18（5）：656-660.

[2] 曲音波，赵建，刘国栋. 纤维素乙醇工业化的必由之路——组合生物精炼 [J]. 生物产业技术，2018（4）：20-24.

[3] 姜岷，曲音波. 非粮生物质炼制技术——木质纤维素生物炼制原理与技术 [M]. 北京：化学工业出版社，2018.

[4] 王新明，肖林，杨建，等. 纤维素乙醇发酵方法及发酵抑制物 [J]. 中国酿造，2013，32（S1）：1-4.

[5] 王美美. 耐碱性纤维素酶的表达及其对纸浆改性和机制研究 [D]. 济南：山东大学，2017.

[6] 林影，张娜，郑穗平，等. S7 木聚糖酶辅助非木浆 DQP 漂白的效果 [J]. 华南理工大学学报（自然科学版），2012，40（12）：139-144.

[7] 廖超登. S7-xyn 木聚糖酶的酶学性质及其在麦草浆漂白中的应用 [D]. 广州：华南理工大学，2010.

[8] 蒋惟明，徐清. 食品的魔术师——酶 [M]. 北京：中国轻工业出版社，2005.

[9] 李保梅，乔欣，赵雅琴. 生物酶在印染工业中应用进展 [J]. 染整技术，2012（2）：12-15.

[10] 张瑞萍. 棉织物的生物酶煮练 [J]. 南通工学院学报（自然科学版），2002（2）：41-43.

[11] 段钢，刘慧娟. 酶制剂在洗涤和纺织行业的应用 [J]. 生物产业技术，2013（2）：68-78.

[12] 罗媛，李孟伟，陈清华. α-半乳糖苷酶在禽料生产中的应用进展 [J]. 湖南饲料，2015（4）：15-16.

[13] 邹洁，张继文，尤逊，等. 马克斯克鲁维酵母菌菊粉酶的异源表达及低聚果糖制备工艺优化 [J]. 微生物学通报，2016，43（7）：1429-1437.

[14] 杨曼利. 鸡蛋清中溶菌酶的提取及改性研究 [D]. 无锡：江南大学，2014.

[15] 王克芬，张杰，郭庆文，等. 一种采用米曲霉发酵生产乳糖酶的方法及其所产乳糖酶 CN 109295037 A [P]. 2019-02-01.

[16] 安扬东方. 阴沟肠杆菌海藻糖酶酶学性质鉴定及体外分子改良 [D]. 武汉：华中农业大学，2017.

[17] 罗会颖，姚斌，蒋肖，等. 酸性海藻糖酶 TreA 及其基因和应用 CN 107058415 A [P]. 2017-08-18.

[18] Parrou J L, Jules M, Beltran G, et al. Acid trehalase in yeasts andfilamentous fungi: localization, regulation and physiological function [J]. Fems Yeast Res, 2005, 5（6-7）：503-511.

[19] Arghya Basu, Soma Bhattacharyy, Paramita Chaudhuri, etc. Extracellular trehalose utilization by saccharomyces cerevisiae [J]. Biochimica et Biophysica Acta, 2006, 1760：134-140.

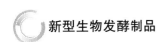

［20］麻少莹.细丽毛壳菌发酵生产右旋糖酐酶的工艺条件优化及应用研究［D］.南宁：广西大学，2014.

［21］周荣华，廖先清，刘芳，等.壳聚糖酶在枯草芽孢杆菌中的分泌表达研究［J］.湖北农业科学，2017，56（24）：4899-4901.

第五章　酯类加工用酶

第一节　中性脂肪酶

一、概述

脂类是存在于生物体中或食品中，微溶于水，能溶于有机溶剂的一类化合物的总称。油脂在常温下为固态时称为脂，在常温下为液态时称为油。它在自然界中广泛存在，按其来源可分为动物脂、植物脂、乳脂类、海产品动物油和微生物油脂。

脂肪酶（三酰基甘油酰基水解酶，E.C. 3.1.1.3），它能水解甘油三酯或脂肪酸酯产生单或双甘油酯和游离脂肪酸，将天然油脂水解为脂肪酸及甘油，同时也能催化酯合成和酯交换反应，它的特征是作用于异相系统，即在油-水分界面作用。脂肪酶的催化反应类型如表5-1所示。

表5-1　　　　　　　　　　　　　　脂肪酶催化反应类型

反应类型	反应简式
水解反应	$RCOOR_1 + H_2O \rightleftharpoons RCOOH + R_1OH$
酯化反应	$RCOOH + R_1OH \rightleftharpoons RCOOR_1 + H_2O$
酸化反应	$RCOOR_1 + R_2COOH \rightleftharpoons R_2COOR_1 + RCOOH$
醇化反应	$RCOOR_1 + R_2OH \rightleftharpoons RCOOR_2 + R_1OH$
酯交换反应	$RCOOR_1 + R_2COOR_3 \rightleftharpoons RCOOR_3 + R_2COOR_1$

根据以上反应机理，脂肪酶可广泛应用于洗涤剂、油脂加工、烘焙、饲料、皮革加工和生物能源等行业。脂肪酶质量执行中华人民共和国国家标准 GB/T 23535—2009《脂肪酶制剂》，见表5-2。

表5-2　　　　　　　　　　　GB/T 23535—2009 对脂肪酶的要求

要求类别	项目	固体剂型	液体剂型
外观		白色至黄褐色粉末或颗粒，无结块、无潮解现象。无异味，有特殊发酵气味	浅黄色至棕褐色液体，允许有少量凝聚物。无异味，有特殊发酵气味

续表

要求类别	项目	固体剂型	液体剂型
理化要求	酶活力^a/（U/mL 或 U/g）≥	5000	5000
	干燥失重^b/%≤	8.0	—
卫生要求		应符合国家有关规定	应符合国家有关规定

注：a 可按供需双方合同规定的酶活力规格执行；b 不适用于颗粒产品。

在达到国家标准的同时，商品脂肪酶一般满足如下指标，见表 5-3。

表 5-3 商品脂肪酶概况

项目	内容
液体酶性状	25℃、pH6.0~7.5，相对密度≤1.25g/mL
固体酶性状	0.4mm 标准筛通过率≥80%
颗粒酶性状	类白色至淡黄色均匀颗粒，20 目筛通过率 100%
酶活力定义	1g 固体酶粉（或 1mL 液体酶），在一定温度和 pH 条件下，1min 水解底物产生 1μmol 的可滴定的脂肪酸，即为 1 个酶活力单位（U），以 U/g（U/mL）表示
商品酶活力	10×10^4 U/g（mL）、20×10^4 U/g（mL）等活力
来源	黑曲霉或毕赤酵母发酵生产

二、性质

脂肪酶因菌种来源不同，特性也不相同，其最适温度一般为 30~60℃，它可分为酸性、中性和碱性 3 类，抑制剂和激活剂也有所不同，不同的反应介质对脂肪酶催化反应影响也不同，以山东隆科特脂肪酶为例，它的温度和 pH 性质见图 5-1 和图 5-2。此外，Ca^{2+} 和 Mg^{2+} 对该酶有明显的促进作用，Mn^{2+}、Fe^{2+} 和 Zn^{2+} 对该酶有抑制作用，Cu^{2+} 和 EDTA 对酶活性影响不明显。

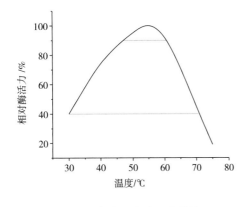

图 5-1 中性脂肪酶温度特性

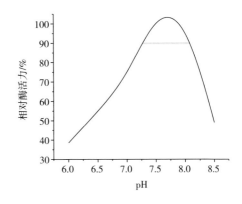

图 5-2 中性脂肪酶 pH 特性

三、脂肪酶在洗涤剂中的应用

脂肪酶是发现和使用较早的酶制剂，它是油脂水解的催化剂，能促进油脂和水的反应，使之生成甘油一酸酯、二酸酯和/或脂肪酸。人们衣物上的污渍中，脂肪类的物质，如食用的动物油脂、植物油脂、人体产生的皮脂、化妆品的脂类等，都是非常难以洗除干净的，即使洗涤时用了大量的肥皂和洗涤剂，也无法将其很好地洗净。甘油三酯分子的脂肪酸部分通过酯键连在一个甘油骨架上。加入脂肪酶可以将甘油三酯水解成为更为亲水的甘油单酯或者游离脂肪酸和甘油。这些水解产物在碱性洗涤环境下全部是溶于水的，所以加入脂肪酶可大大提高洗涤剂的去污效果。而且，脂肪酶是生物产品，易被降解、不污染环境，同时实现了低温清洗。

Lipolase 是第一个用于洗涤剂的商业化脂肪酶，也是第一个通过遗传工程生产的洗涤剂用酶，该酶的使用带来了巨大的经济效益。欧洲和美国的主要品牌从 1990—1991 年开始在粉末和液体洗涤剂中使用脂肪酶。商业化洗涤剂用脂肪酶发展缓慢，这要归因于发酵产量较低，并且，寻找能够用于家用洗涤剂的合适脂肪酶非常困难。专利文献显示，能够以可接受的消耗性比率生产脂肪酶的唯一有效途径是采用基因工程手段。Lipolase 最初是从细菌类 *Thermomyces lanuginosus* 中分离得到的，其表达量很低。通过重组 DNA 技术，脂肪酶已经可以在无害宿主微生物米曲霉（*Aspergillus oryzae*）中获得，其产量可以为目前的商业化生产所接受。蛋白质工程和遗传学技术为洗涤剂提供了具有改进活性的脂肪酶。目前，人们还在继续努力以获得更好的初次洗涤效果的脂肪酶。

影响脂肪酶在洗涤工业中应用效果的因素如下所示。

1. pH 对脂肪酶活力的影响

由于水解混合物中游离脂肪酸的存在，pH 能够强烈影响脂肪酶的活性和已降解污渍的去除。pH7~11 对清洗是有利的，最好的去污率是在 pH>8 时。

2. 表面活性剂对脂肪酶活力的影响

表面活性剂的加入影响了脂肪酶的活性。对于阴离子表面活性剂，随酶的种类不同其影响结果也不同。有的酶活性随阴离子表面活性剂浓度增大而增加，达到最大值后活性下降，这种情况相似于表面活性剂与蛋白质的相互作用，阴离子表面活性剂可能与脂肪酶形成了复合物，而该复合物比原来的酶具有较好的活性，也可以认为该复合物与底物作用能明显促进水解。可是，过多的阴离子表面活性剂将破坏酶分子的活性部位而对酶活力产生抑制。有的酶活性随阴离子表面活性剂的浓度增大几乎直线下降，并没有出现最大活性，这可能是由于表面活性剂与酶分子的作用程度太大而导致酶分子的构象发生了快速改变。另一方面，不带电荷的非离子表面活性剂分子与所有的脂肪酶分子的作用较弱，不会引起构象的快速改变，形成的表面活性剂分子与酶分子的复合物总是利于水解，因此，在体系中加入非离子表面活性剂，酶活性随表面活性剂浓度增大而增加，并出现最大活性。

3. 脂肪酶浓度的影响

在较小的脂肪酶浓度（<2μg/g）内，随着酶浓度的增大，体系的去污力提高；但达到一定浓度时，去污力不再变化。这是因为脂肪酶对油污的去除与其接触面积有关，污布

的面积决定了油污的总面积，当酶增大至一定浓度时，酶与油污的作用将达到饱和。

4. 洗涤温度的影响

在非含酶洗涤的条件下，温度升高则去污力增大。含酶洗涤时，在温度低于酶制剂最适反应温度前，去污力随温度升高而增强。在脂肪酶最适温度下酶对去污的贡献最大。以橄榄油为例，在 10~37℃，测量橄榄油乳浊液被脂肪酶释放的脂肪酸量，对所有的脂肪酶，分解出的脂肪酸量都随温度的升高而增加。

5. 洗涤时间的影响

在短时间内，随时间的增长，去污力显著提高。在一定时间后，去污力变化不大，但仍有上升趋势。

目前脂肪酶在洗涤剂中每年要消耗掉 1000t，而且还在逐年增加；脂肪酶也被广泛应用到其他行业，脂肪酶还有许多特性没有被发现。随着研究的不断深入，它的应用将越来越广。

四、制革行业的酶法脱脂

皮中的酯类物质主要存在于脂肪细胞和酯腺内，它的存在会影响水溶型化学材料向皮内的均匀渗透，使鞣制、复鞣、染色等工序的作用效果降低，从而影响成革的身骨和手感。特别当大量油脂存在于皮内，在皮受到酸、碱、酶等处理后，会有一部分油脂水解产生硬脂酸，在铬鞣时易与铬盐在皮内形成难溶于水的铬皂，由于铬皂在皮内的不均匀沉积和脂肪的不均匀分布，会使染色不均匀，革的手感变硬，也会使油脂在局部迁移到革面，在低温时形成油霜，影响涂层的粘着牢度。

传统的脱脂处理，一般用碱性材料或表面活性剂或有机溶剂，它们都会对环境造成污染，而酶法脱脂被公认为是一种清洁化的脱脂技术，有利于生产防水革和耐水洗革，还可提高汽车家具革的雾化值，且利于环境保护。酶法脱脂主要利用脂肪酶对油脂分子的水解作用，但是不能像溶剂那样除去各类脂肪，所以脂肪酶脱脂多用于非多脂皮的浸水、浸灰工序，及蓝湿革的辅助性脱脂。

在脱脂单元，脂肪酶的用量一般为 20~60U/g 原料，25~40℃下转动 60~120min，然后加入脱脂剂 Baymol AN 2%，转动 60min，用 30~35℃热水洗涤 2~3 遍。

用酶制剂脱脂既可单独进行，也可与浸水、浸灰、软化、浸酸等其他工序同时进行。在软化工序加入脂肪酶，可与蛋白酶起到协同效应，使软化效果更好。

五、脂肪酶在烘焙工业中的应用

发酵型面制品的品质很大程度上决定于气孔的稳定性，面团中气泡大小及分布则取决于面粉品质、辅料和生产条件。面粉中含有 1%~2% 的脂类，一般的脂肪酶水解其中的 1,3 位酯键，生成的产物是单甘酯或二甘酯等乳化剂，这使得脂肪酶的应用可以修补面筋网络结构中联结较弱的部分，提高面团强度和稳定性，提高面团持气能力，做出来的面包或馒头气孔分布和气孔大小更均匀，另外还有显著的增白效果。

隆科特食品级脂肪酶推荐用量 1~5U/g 面粉，在 SB/T10139—1993《馒头用小麦粉》的制作和评价体系下，单独使用脂肪酶的效果见表 5-4，一般情况下该酶与食品级木聚糖酶、真菌 α-淀粉酶、葡萄糖氧化酶配合使用，可以综合改善面制品品质。

表 5-4　　　　　　　　　　脂肪酶对馒头感官品质的影响

评分项目	项目总分	不添加脂肪酶	0.5U/g 原料	2.5U/g 原料	5.0U/g 原料	10.0U/g 原料
比容	20	8	10	10	10	10
外观性状	15	9	11	12	12	12
色泽	10	4	5	6	6	6
结构	15	9	11	12	11	11
弹韧性	20	12	12	14	14	13
粘牙性	15	9	10	12	10	11
气味	5	3	3	3	3	3
总分	100	54	62	69	66	66

六、脂肪酶在饲料行业中的应用

在饲料生产中，脂肪可能会引起以下几个问题：影响饲料制粒；若用量不适宜，会引起鸡的消化不良和下痢疾，造成饲料转化率下降，同时降低胴体品质；油脂长期在空气中微生物的作用下，会变性酸败，过量食用会出现类似缺硒或缺维生素 E 的症状。所以脂肪在饲料中的比例一定要严格控制，若原料脂肪含量过高，需要通过不同方法进行调整，其中添加脂肪酶已是较常用的方法。

在之前的研究中发现，在含全脂米糠、高油玉米、干苜蓿粉、血粉和饼粕等的饲料中添加脂肪酶，可提高表观消化能 5%~11%，提高猪、禽增重速度 4%~10%，提高饲料利用率 2%~7%，减少粪便排泄量。图 5-3 是脂肪酶对仔猪生产性能的影响。

上述试验用 21 日龄、体重接近、健康断奶仔猪 144 头，随机分成 2 组。对照组和试验组各 6 个重复，每个重复 12 头，试验共计 50d，试验组在基础日粮中添加隆科特脂肪酶100g/t 全价料。结果显示，在仔猪试验日粮中添加脂肪酶日增重比对照组高 9.21%，料重比降低 3.63%，营养性腹泻降低了 8

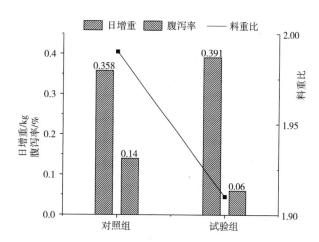

图 5-3　脂肪酶对仔猪生产性能的影响

个百分点。

七、油脂的酶法改性

油脂经过脱胶、脱色、除臭等加工后，成为油脂制品，天然油脂的组成和结构对满足人们的营养需求上或多或少地存在着某些方面的不足，如天然油脂不具备所需的熔点特征，饱和脂肪酸含量过高，中碳链脂肪酸和多不饱和脂肪酸含量较低等。因此，近1个世纪以来，人们一直在寻找油脂性能改进的方法，并取得了显著的成绩，油脂改性方法见表5-5，其中固体脂肪含量（SFC）是指在特定温度下，油脂中固体脂肪所占的比例，是评价改性油脂的重要参数。

表 5-5　　　　　　　　　　　　　　　油脂改性方法

方法	原理
分提	根据油脂熔点的不同，采用分离结晶工艺将某种油脂分成多种组分，显著改变油脂的固体脂肪含量
氢化	通过催化加氢反应提高油脂饱和度
化学酯交换（CIE）	使用化学催化剂来催化脂肪酸在两种脂肪间随机交换
酶法酯交换（EIE）	使用酶来催化脂肪酸在两种脂肪间随机或定向交换

但是随着新技术的涌现，传统的化学油脂改性技术的许多缺点日益突出，因为在反应中使用无机酸碱及金属氧化物等化学物质作为催化剂，高温、长时间和耐腐蚀设备都是必需的条件，由此会有成本高、能耗大、操作安全性差等问题，特别是产物脂肪酸的颜色较深或者发生热聚合反应，从而影响产品的质量。生物酶的出现正好可以解决上述弊端，因此油脂酶法改性技术正成为油脂研究的热点。

虽然酶在油脂行业中的使用还处于早期阶段，但是不少商品脂肪酶已经被开发出来，比如诺维信公司的脂肪酶 Lipozyme® TL IM，已经投入实际生产中，该酶可以特异性地识别某些脂肪酸，将特定脂肪酸连接到甘油三酯的两个外侧位点，而不会改变中间位点的脂肪酸残基，还能随意重排外侧位点上的脂肪酸残基，而对中间的脂肪酸残基不会触及。

目前我国食用油市场品种多样，常见的油脂制品有：色拉油、调和油、人造奶油、起酥油、类可可脂以及各种专用油。在蛋糕、面包、冰淇淋等许多食品中，常常会用到人造奶油或起酥油，这种油脂的熔点性质对它们在食品中的应用很关键，然而天然油脂不具备这种熔点特征，需要通过酯交换的方法将两种或以上的油脂混合后改性，其目的是在于改变油脂的熔点、起酥性、涂抹性、可塑性等。

在酶法酯交换的实际生产中，为了获得理想的结果，会通过间歇式 EIE 工艺来确定原料油脂的比例和反应条件。一般情况下，在油脂比例相同时，EIE 工艺制备的产物，油脂固体脂肪熔化曲线要稍低于 CIE 工艺，图 5-4 是 75% 大豆油与 25% 完全硬化大豆油组成的油脂，在化学酯交换、酶法酯交换和酯交换前的固脂熔化曲线，酶法酯交换采用 Lipozyme® TLIM 型脂肪酶。

通过微调原料比例，就能实现 EIE
与 CIE 工艺的精确匹配，也可采用类似
的方法替代氢化工艺。当确定固体油脂
和液体油脂的比例后，该原料油脂会被
用于连续式酶法酯交换工艺，在该工艺
中固定化脂肪酶被填充在以串联性质排
列的反应器中，每条生产线一般配置
4~6 个反应器，原料以顺流方式从第一
个反应器顶部流入，向下穿过酶反应
床，从底部流出后泵入第二个反应器顶
部，如此进行至最后一个反应器。CIE
和 EIE 工艺制备油脂的固脂熔化曲线，
如图 5-4 所示。为了确保生产出品质如
一的成品油脂，以及延长固定化酶的使

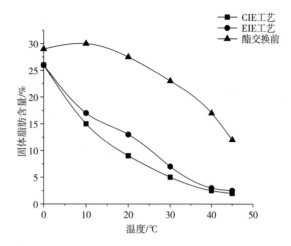

图 5-4　CIE 和 EIE 工艺制备油脂的固脂熔化曲线

用时间，进入酶反应器的原料油脂需满足表 5-6 的使用条件。

表 5-6　　　　　　　　　　　　EIE 工艺反应条件

指标	工艺条件
脂肪酸盐	<1mg/kg
磷脂	<3mg/kg
镍	<0.2mg/kg
过氧化值	<2meq/kg
pH	6.0~9.0
温度	70℃
流速	1.5~2.0kg 油/（kg 脂肪酶）

八、特种油脂的酶法合成

近些年来，油脂的营养性已成为人们关心的重点，人们对 α-亚麻酸（ALA）、γ-亚麻酸（GLA）、廿二碳五烯酸（EPA）、廿二碳六烯酸（DHA）等多不饱和脂肪酸（PUFA）以及中短链脂肪酸营养的重要性认识已取得了长足的发展，但在天然油脂中这些脂肪酸含量相对较少，而市场需要这类脂肪酸纯度高或其在甘三酯中有特定位置的产品。目前多采用对 PUFA 的浓缩富集和对油脂结构化处理的方法来获得这类产品。由于 PUFA 对热、氧非常不稳定，因此，采用在常温、常压，处于氮气流条件下的酶法富集要比物理分离或化学反应法更具有优势。

酶法富集多不饱和脂肪酸主要是利用多数脂肪酶对长碳链的多不饱和脂肪酸的作用性弱的特点，富集的方法有两步酶法和一步酶法。在两步酶法中，第一步用对脂肪酸专一性

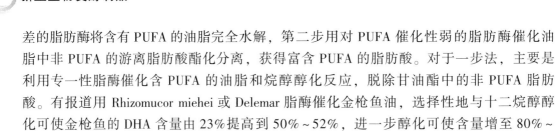

差的脂肪酶将含有 PUFA 的油脂完全水解，第二步用对 PUFA 催化性弱的脂肪酶催化油脂中非 PUFA 的游离脂肪酸酯化分离，获得富含 PUFA 的脂肪酸。对于一步法，主要是利用专一性脂酶催化含 PUFA 的油脂和烷醇醇化反应，脱除甘油酯中的非 PUFA 脂肪酸。有报道用 Rhizomucor miehei 或 Delemar 脂酶催化金枪鱼油，选择性地与十二烷醇醇化可使金枪鱼的 DHA 含量由 23% 提高到 50% ~ 52%，进一步醇化可使含量增至 80% ~ 93%。

第二节　碱性脂肪酶

一、概述

碱性脂肪酶是在碱性条件下于水和不溶底物中将脂肪催化水解为甘油、脂肪酸，同时也能催化酯合成和酯交换反应，主要应用于纺织、造纸、皮革、洗涤剂等领域。由华南理工大学林影教授课题组研发的碱性脂肪酶 ARL 已经工业化试生产，是一种较新型的商品酶制剂。该课题组以碱性脂肪酶 ARL 和碱性木聚糖酶 S7 为主要成分，复配得到一种商品生物脱墨剂，在造纸企业进行的中试级试验中，结果表明生物脱墨工艺的纸浆得率较高，废水 COD 值低，适宜大规模的应用。

碱性脂肪酶 ARL 的温度和 pH 性质如图 5-5 和图 5-6 所示，可以看出该碱性脂肪酶的最适催化温度是 55℃，最适 pH 为 9.0。该酶的发酵活力可达 2500U/mL，活力定义为：在 50℃、pH9.0 的条件下，每分钟从 50mmol/L 的对硝基苯酚辛酸酯溶液中降解释放 1mol 对硝基苯酚所需要的酶量为一个酶活力单位（U）。

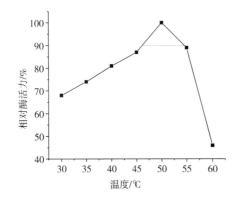

图 5-5　碱性脂肪酶温度性质

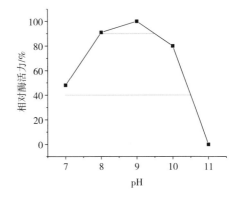

图 5-6　碱性脂肪酶 pH 性质

二、废纸的酶法脱墨

脱墨剂在废纸回用中主要用于破坏油墨对纤维的粘附力，使油墨从纤维上剥离并分散于水中。传统的化学脱墨剂包含碱、硅酸钠、过氧化氢、助剂等化学药品，分别起润湿皂化、缓冲、脱色和渗透分散的作用。化学脱墨效果明显，但纤维损失大，纸张强度下降，且废水的 COD、BOD 负荷大。

在过去的几十年中，很多酶在废纸脱墨回收工业中对化学法的可替代性已经得到研究。各种酶的脱墨机理不同且尚待进一步研究，目前较为认同的是：纤维素酶/半纤维素酶水解纤维表面的非结晶区部分，使油墨与纤维间的连接变弱，从而有利于分离；脂肪酶针对性地将油墨中油基连接的成分降解，使油墨中的炭黑及颜料从纸面散出、脱离；木质素降解酶，如漆酶，可以选择性地移除纸张表面的木质素，从而促进油墨的脱除。

生物酶脱墨剂可以由碱性脂肪酶、碱性木聚糖酶以及非离子表面活性剂等复合制得，与酶激活专用助剂配合使用，用于报纸、混合办公废纸、书籍、杂志等的脱墨。与传统化学脱墨相比，生物酶脱墨具有一系列突出的优点。

（1）生物酶脱墨条件温和，化学品用量少，纤维损失小，保持良好的纤维特性。

（2）大幅度降低污水 COD 和 BOD，减轻污水处理压力。

（3）提高纸浆得率及提高纸张强度。

（4）清洁生产，节省能源，降低物耗。

（5）使用简单，与现有大多数脱墨工艺匹配。

图 5-7 是一家书写纸生产商的工艺流程，该公司以废旧书籍纸为原料通过洗涤法生产书写纸，在碎浆过程中添加烧碱和双氧水以达到脱墨的目的，常温碎浆，洗涤法脱墨。书写纸对纸张性能的要求较高，生物脱墨剂中的碱性脂肪酶加量为 12U/g 废纸、碱性木聚糖酶加量为 7.7U/g 废纸。

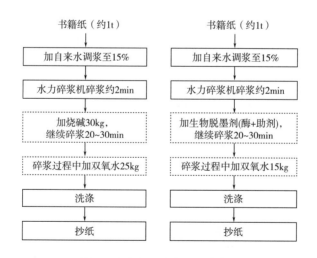

图 5-7　某企业的废纸脱墨工艺

该公司实际应用，将原化学脱墨法生产成纸与生物酶法生产成纸进行纸张性能检测，结果如表 5-7 所示。可以看出，从纸张白度和残余油墨来看，化学脱墨优于酶法脱墨，但化学脱墨纸张的返黄值较高；从撕裂指数、抗张指数和耐破指数来看，酶法脱墨有微弱优势，但这也说明酶改善了纸张的物理性能。

表 5-7　　　　　　　　　　　　不同脱墨剂处理后的纸张性能比较

脱墨方法	白度/ %ISO	残余油墨/ （mg/kg）	耐破指数/ （kPa·m²/g）	撕裂指数/ （mN·m²/g）	抗张指数/ （N·m/g）	返黄值
化学脱墨浆	65.6	208	1.537	4.92	30.10	1
酶法脱墨浆	64.7	241	1.538	5.63	32.22	0.1

第三节　磷脂酶

一、概述

磷脂（Phospholipid），也称磷脂类、磷脂质，是指含有磷酸的脂类，属于复合脂。磷脂是组成生物膜的主要成分，分为甘油磷脂与鞘磷脂两大类，分别由甘油和鞘氨醇构成。磷脂为两性分子，一端为亲水的含氮或磷的头，另一端为疏水（亲油）的长链烃基。由于此原因，磷脂分子亲水端相互靠近，疏水端相互靠近，常与蛋白质、糖脂、胆固醇等其他分子共同构成脂双分子层，即细胞膜的结构。

磷脂酶是在生物体内存在的可以水解甘油磷脂的一类酶，广泛分布于动植物和微生物中，根据磷脂酶作用于磷脂的不同位点，可将磷脂酶分为磷脂酶 A1，A2，B、C、D，如图 5-8 所示。

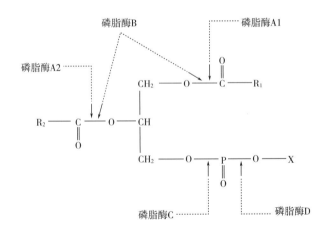

图 5-8　磷脂酶作用位点

Lecitase® Ultra 是诺维信公司推出的微生物磷脂酶 A1 产品（磷脂酰胆碱-1-酰基水解酶，E. C. 3. 1. 1. 32），它作用于 1 位的脂肪酸，水解生成 2-酰基溶血性磷脂，研究亦表明磷脂酶 A1 能表现出较为宽泛的底物专一性，A1、A2 除磷脂酶活性，还具有一定的脂肪酶活性。其基因背景为棉状嗜热丝孢菌的脂肪酶基因和尖孢镰刀菌的磷脂酶基因，由一种基因工程菌米曲霉经深层发酵制得，该酶目前主要应用于油脂脱胶工业。

国内磷脂酶的研究逐步深入，功能越来越被人们所重视，天津科技大学、中国农业大学、江南大学等高校和科研院所，都对磷脂酶的开发和应用展开了研究，得到一些成果。天津科技大学路福平教授团队研发出一种适用于磷脂改性和油脂脱胶的磷脂酶，可同时水解 sn1 位和 sn2 位的脂肪酸，即磷脂酶 B。该酶系是对酿酒酵母磷脂酶 B 基因进行克隆，并在毕赤酵母 GS115 中表达，发酵活力 1723U/mL，最适作用温度 40℃，最适作用 pH5.5，在温度 30~40℃、pH5.0~6.0 有稳定的酶活性。以磷脂酰胆碱（PC）为底物，应用该酶合成 L-α-甘油磷酸胆碱（GPC），转化率为 17%（质量分数）；在花生油脱胶中该酶有较高活性，3h 内磷脂含量由 91.8mg/kg 降至 3.7mg/kg。

磷脂酶在油脂精炼、磷脂改性、烘焙、饲料改良、化妆品和医药等行业有广阔的应用前景，正因如此，其工业化开发逐渐被国内的科研单位、用户和酶制剂厂商所重视。山东隆科特酶制剂有限公司在国内率先生产出磷脂酶产品，可以预见我国磷脂酶的生产水平和应用技术将逐步成熟并推广应用。

二、性质

隆科特公司磷脂酶的性质如图 5-9 和图 5-10 所示。

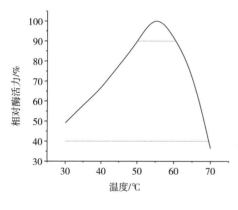

图 5-9　磷脂酶温度性质

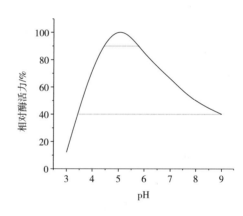

图 5-10　磷脂酶 pH 性质

有研究表明，金属离子中 Ca^{2+} 和 Mg^{2+} 对磷脂酶催化具有激活促进作用，Fe^{3+} 和 Cu^{2+} 具有较强的抑制作用，而 Zn^{2+} 的作用与浓度相关，0.1% 加量的 Triton X-100、Tween20、Tween80、Span40 和 Span80 都不同程度地提高了脱胶效果。

三、毛油的酶法脱胶

食用植物油的生产通常包含两个主要过程，即榨油和精炼。为了使植物油得到令人满意的风味和提高稳定性，在精炼时要将各种磷脂类物质从毛油中去除，即脱胶。植物油脂中有 4 种类型的磷脂，分别是磷脂酰胆碱（PC）、磷脂酰肌醇（PI）、磷脂酰乙醇胺（PE）、磷脂酸（PA），它们以水化或非水化形式存在，若以 PC 的水化速率为 100%，则另外 3 种磷脂的水化率依次约为 43%、17% 和 8.5%。不同类型磷脂含量随原料、贮存条件的差异而略有不同。PC、PI、PE 和 PA 在菜籽油中的比例约为 0.18 : 0.14 : 0.17 : 0.51，对于这种非水化磷脂含量较高的油脂，采用传统的脱胶方式很难将油脂中磷含量降至 10mg/L 的标准以下。传统的化学脱胶过程如图 5-11 所示。

图 5-11　传统的植物油化学脱胶流程

酶法脱胶可广泛应用于各种植物油，如菜籽油、大豆油、葵花籽油、玉米胚芽油、亚麻籽油和米糠油等，与传统的脱胶方法相比，酶法脱胶有收率高、质量好、设备少、污染小的优点，该工艺由预处理、酶解和分离 3 个步骤组成，如图 5-12 所示。

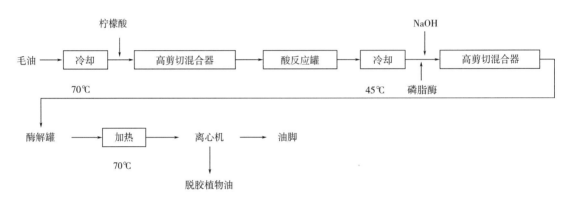

图 5-12　酶法脱胶工艺流程

1. 预处理

将浓度为 45% 的柠檬酸加入毛油中，使之在油脂中的质量分数为 0.04% ~ 0.1%，添加柠檬酸有助于螯合金属离子，将后者与磷脂酰胆碱（PC）形成的复合体分离。采用高剪切混合器混合油相与水相，将 PC 带入油-水界面处以便酶解。油脂在酸反应罐的停留时间一般为 10 ~ 30min。

2. 酶解

将毛油温度降至 45 ~ 50℃，添加氢氧化钠来调节水相的 pH 至 4.5 ~ 5.2，这两步操作均有利于磷脂酶发挥最大活性；水和磷脂酶一同添加，水占油脂质量分数的 1.5% ~ 2.5%；磷脂酶的加入量一般为每吨毛油 30 ~ 60g，反应时间 1 ~ 3h。第二台高剪切混合器的作用是将前述的辅料混匀，使磷脂分散在体系的油-水界面处，有利于酶解。

3. 分离

酶解完成后，非水化胶质变成了水化胶质，通过一步离心的方式就可以使 PC 随水相一起去除，油脂中磷含量需小于 10mg/L。与化学法脱胶相比，酶法脱胶工艺具有更低的黏度和更佳的流动性，从而容易分离。

就已公开的数据而言，酶法脱胶的出油率高于化学法，表 5-8 是一组大豆油脱胶的对比数据，可以看出毛油酶法脱胶的收率比化学法高 1.2%，按照大豆油的价格 8000 元/t 计算，每加工 1t 毛油增加收入约 96 元。

表 5-8　　　　　　　　　　　　两种脱胶方式的效果

指标	毛油		水化脱胶油	
	碱法脱胶	酶法脱胶	碱法脱胶	酶法脱胶
油中磷脂含量/（mg/L）	525	525	150	150
离心后磷脂含量/（mg/L）	2	2	2	2
皂脚/%	3.19	1.7	1.51	0.5
精炼损耗率/%	3.08	1.57	1.42	0.45
出油率/%	96.6	97.8	98.3	99.0

第四节　单宁酶

一、概述

单宁酶（单宁酰基水解酶，E.C. 3.1.1.20）又称鞣酸酶，广泛存在于富含单宁的植物和微生物中。单宁酶可专一性水解没食子酰单宁及鞣花单宁等水解型单宁以及没食子酸烷基酯中的酯键和缩酚羧键，生成没食子酸、葡萄糖、六羟基联苯二甲酸及醇类等物质。可用于处理啤酒中单宁、蛋白质，使酒体澄清透明，亦可用于除去柿子等食品的涩味，以及用于制造速溶茶，防止发酵茶浑浊等。

我国目前还没有单宁酶的国家标准或行业标准，作为食品添加剂，应满足 GB 1886.174—2016《食品工业用酶制剂》的技术要求，详见表 2-1。目前国内生产这种酶制剂的厂家比较少，有关厂家的单宁酶概况如表 5-9 所示。

表 5-9　　　　　　　　　　　　　商品单宁酶概况

项目	内容
酶活力定义	在 pH4.5、30℃条件下，1min 内水解没食子酸甲酯产生 1μmol 没食子酸所需的酶量为 1 个酶活力单位，以 U/mL（U/g）表示
性状	白色粉末
酶活力	食品级：1000U/g
来源	黑曲霉发酵法制得

李梦迪报道了一种单宁酶的性质，其温度特性见图 5-13，pH 特性见图 5-14。

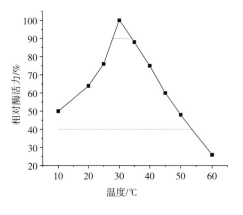

图 5-13 单宁酶温度性质

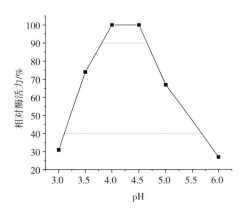

图 5-14 单宁酶 pH 性质

二、茶饮料的酶法制备

茶饮料是以茶叶的水提取液或其浓缩液、速溶茶粉为原料，经加工、调配等工序制成的饮料。茶饮料在国际上被称为"新时代饮料"，从长远的观点看，是可以与碳酸饮料相抗衡的产品，其特点是天然、保健且能解渴，符合现代人崇尚天然、追求健康保健的消费需求。

尽管茶饮料的生产量呈飞速发展趋势，但由于茶叶中营养成分复杂，含有茶多酚、氨基酸、蛋白质、果胶、茶多糖、色素、咖啡碱等，它们在茶饮料制造及贮藏过程中很容易发生反应而引起茶汤感官品质的下降。茶饮料的加工贮藏过程中，主要存在以下 3 大技术难点：一是茶的浑浊沉淀；二是加工过程中香气成分的保持；三是维持茶饮料在制造或贮存中色泽的稳定，国内外很多公司及研究人员对这些问题给予了很大关注，提出了不同的解决办法，其中酶制剂在茶饮料加工中的应用效果见表 5-10。

表 5-10　　　　　　　　　　　外源酶在茶饮料加工中的应用效果

酶类	作用机理	应用茶类	应用效果
单宁酶	促进多酚类化合物中酯键和缩酚酸键水解	速溶茶等茶饮料	提高速溶茶的冷溶性；防止茶饮料浑浊沉淀的形成；减轻夏秋绿茶的苦涩味
多酚氧化酶	促进儿茶素类的氧化	速溶茶、红茶、绿转红	形成红茶品质的色、香、味
纤维素酶	使茶叶细胞壁部分水解	速溶茶、红茶	提高速溶茶产品制取率；提高红茶水浸出物含量和茶黄素含量
蛋白酶	促进茶叶蛋白质的水解	速溶茶、红茶	提高茶叶中氨基酸含量；有利于红茶品质的形成；缩短发酵时间
果胶酶	使茶叶中部分果胶质水解	速溶茶	提高速溶茶制取率；减少速溶茶的泡沫

国内外茶饮料的生产流程不尽相同，但是用茶叶为原料，酶法生产茶浸出液的制备工艺基本上是一致的，其流程如图5-15所示。

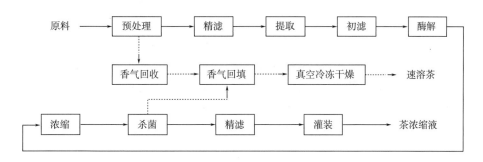

图 5-15 茶浓缩液的制备流程图

1. 提取工艺要点

茶浸出液的得率和品质主要取决于浸提工艺，影响其品质的主要因素包括浸提溶剂、茶叶破碎度、浸提温度、浸提时间、加水量等。其中延长时间、提高温度、增加水的用量有助于提高速溶茶得率，但过于追求得率会造成速溶茶品质的下降。一般茶叶破碎粒度为20~60目，茶与水的质量比为1:（10~100），通常以软化水作为浸提溶剂。

提取技术主要有：低温缓程提取技术、逆流连续提取技术、分段提取技术等。其中，分段提取技术是一种新方法，可根据茶叶成分的浸出特点调整工艺，在保持品质的基础上提高茶汤提取效率，适合用于速溶茶生产和茶饮料的加工。一般分段提取法宜采用二次提取，一般不超过3次。第一次提取采用30~40℃或常温，提取时间15~30min，过滤；第二次提取采用65~80℃，提取时间2~4min，过滤；将二次滤液合并，经调配后再进行澄清过滤。

2. 单宁酶的应用

茶饮料生产的关键技术是避免和消除茶饮料中的浑浊和沉淀。茶叶提取液冷却后产生白色茶乳酪沉淀，是由茶叶中的茶多酚及其氧化分解物与咖啡碱络合生成的，行业专家称之为"茶乳酪"。蛋白质、果胶、淀粉大分子物质也容易出现沉淀，而水中离子又是促进浑浊和沉淀的主要原因。

解决茶饮料浑浊的方法有几种，其中酶法因为操作简单、效果明显、增加成品风味等优点，逐渐成为焦点。单宁酶是将茶乳酪转溶的专一酶，它能断裂儿茶酚与没食子酸间的酯键，使苦涩味的酯型儿茶素水解，释放出的没食子酸阴离子又能与茶黄素、茶红素竞争结合咖啡碱，形成分子质量较小的水溶性短链物质，从而降低茶汤的浑浊度，提高原料的制取率，增加可溶性物质的含量，而且还能减轻一些苦涩味，增加茶叶的香气。

以红茶为例，酶解过程的 pH5.0~6.0，加酶量 5~20U/g 原料，35~45℃保温 30~60min，可使红茶中的茶乳酪大幅降低。

<h2 style="text-align:center">第五节　植酸酶</h2>

一、概述

植酸（Phytate，Phytic acid，IP6）又称籽酸，化学名称为环己六醇六磷酸酯，分子式为 $C_6H_{18}O_{24}P_6$，相对分子质量 660.04。植酸主要存在于植物的种子、根和茎中，其中以豆科植物的种子、谷物的麸皮和胚芽中含量最高，通常以复盐的形式存在，称为植酸盐。植酸分子中含有 6 个磷酸基团，是植物肌醇和磷酸的基本贮存形式。我国常用饲料中总磷和植酸磷的含量见表 5-11。

表 5-11　　　　　　　　　　我国常用饲料中总磷和植酸磷的含量

名称	总磷/%	植酸磷/%	植酸磷/总磷
小麦	0.30	0.20	66.67
玉米	0.26	0.17	65.38
小麦麸	1.37	0.96	70.07
菜籽饼（粕）	0.90	0.58	64.44
棉籽饼（粕）	1.07	0.75	70.09
豆饼（粕）	0.61	0.37	60.66

在动物生产中，由于单胃动物如猪、鸡、鸭等消化道极少分泌植酸酶，所以植酸对单胃动物具有很强的抗营养作用，主要表现在 3 个方面：第一，植酸在很宽的 pH 范围内均带负电荷，能与带正电荷的离子，如 Ca^{2+}、Zn^{2+}、Mn^{2+}、K^+、Na^+、Fe^{3+}、Mg^{2+}、Cu^{2+}、Mo^{2+}、I^+ 螯合形成溶解度很低的络合物，即植酸盐，极大地降低了食物中矿物质元素的生物效能；第二，植酸能与蛋白质形成植酸-氨基酸螯合物，这类螯合物不能被蛋白酶水解，所以影响饲料中蛋白质的消化率；第三，植酸还能与消化酶螯合，使其活性下降，内源酶活力大幅降低，使得动物消化功能下降。

植酸酶（肌醇-六磷酸-3-磷酸水解酶，E.C. 3.1.3.8），是催化植酸及植酸盐水解成肌醇磷酸或磷酸盐的一类酶的总称，是一种可使植酸磷络合物中的磷变成可利用的磷的酸性磷酸酯酶，可将磷元素游离出来被动物所利用。加入植酸酶能提高植酸利用率，降低植酸的抗营养作用，同时减少有机磷的排放，减轻对环境的污染。因此植酸酶的应用有重要的经济和社会价值。

植酸酶广泛存在于自然界中，植物、动物和微生物中均发现有此酶存在。目前分离出的植酸酶主要有两种：3-植酸酶（E.C. 3.1.3.8）和 6-植酸酶（E.C. 3.1.3.26），前者最先水解肌醇 3 号碳原子位置的磷酸根，主要存在于动物和微生物；后者最先水解 6 号碳原子的磷酸根，主要存在于植物组织中。具有开发价值的目前仅限于利用微生物生产的植酸酶，尤其是微生物所产生的胞外植酸酶。

植酸酶尚无国家标准或行业标准，其活力的测定方法执行 GB/T 18634—2009《饲用植酸酶活性的测定》，商品植酸酶概况如表 5-12 所示。

表 5-12 商品植酸酶概况

项目	内容
酶活力定义	在 37℃、pH5.5 的条件下，每分钟从 5.0mmol/L 植酸钠溶液中释放 1μmol 无机磷，即为一个植酸酶活力单位，以 U 表示
液体酶性状	浅褐色，25℃、pH3.0~5.0，密度≤1.25g/mL
固体酶性状	黄色粉末，0.4mm 标准筛通过率≥80%
商品酶活力	5000~10000U/g（U/mL）
来源	毕赤酵母发酵生产

二、植酸酶的性质

随着植酸酶科研的进展，植酸酶由普通型向耐温型、超耐温型发展，其中超耐温型植酸酶是最新型产品，其耐温、耐酸、耐蛋白酶和耐金属离子的性质都有所提高，应用价值显著。山东隆科特公司商品植酸酶的性质见图 5-16 和图 5-17。

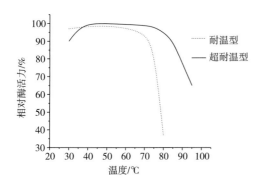

图 5-16　植酸酶温度特性

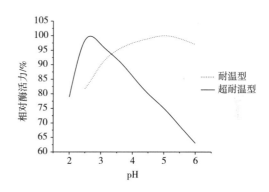

图 5-17　植酸酶 pH 特性

三、植酸酶在饲料中的应用

（一）添加方式

液体植酸酶的添加，需要安装专用喷涂设备，将酶喷涂于制粒料的表面。固体植酸酶的添加首先要与载体预混，由于商品植酸酶的活力较高，添加量很小，不经过预混而直接添加到饲料中，无法满足均匀度的要求。植酸酶预混合载体可以是复合维生素、预混料、玉米、麸皮、豆粕等，不宜作为载体的有矿物质、吸附性防腐剂、氯化胆碱、高水分含量的物质等。其他固体饲料酶的使用也应参照这个方法。

（二）潜在营养价值

潜在营养价值是消化酶和水解酶通过化学反应，从底物释放出来相应数量的营养素的量。其含义是指酶本身并不含有相应数量的营养素，而是存在于底物中，具有可能被利用的潜力。该数值是用消化实验或生长性能实验测定获得的，用常规养分分析方法无法测得。

植酸酶的潜在营养价值具有明显的产品特异性、饲料构成特异性、动物特异性和酶反应条件特异性。其中产品特异性是指：潜在营养价值与植酸酶产品有关，不同来源和不同活力的植酸酶，其潜在营养价值不同，所以不同商品植酸酶的潜在营养价值不同，甚至可能有较大的差别。

表5-13是山东隆科特公司植酸酶的潜在营养价值，表中数据表示每100g活力为5000U/g的植酸酶所能提供的潜在营养价值。如产蛋鸡总磷的潜在营养价值为2330%，表示100g该型号植酸酶相当于2330g磷酸氢钙中的磷。如每吨饲料中该型号植酸酶添加量为60g，则相当于磷的量为（60g/100g）×2330g=1398g。

表5-13　　　　　　　　　　　隆科特公司植酸酶的潜在营养价值

营养成分	产蛋鸡/%	肉鸡/%	猪/%
添加量/（g/t饲料）	60	100	100
总磷/g	2330	1150	1200
有效磷/g	1960	1000	1000
钙/g	1666	1000	1150
代谢能/（MJ/kg）	2215.4	2215.4	397.1
粗蛋白/g	2250	2250	2000
赖氨酸/g	125	125	90
甲硫氨酸/g	10	10	25
胱氨酸/g	30	30	30
色氨酸/g	20	20	25
异亮氨酸/g	110	110	50
苏氨酸/g	100	100	90
精氨酸/g	85	95	90

（三）影响植酸酶使用效果的因素

在饲料中使用植酸酶的效果受到多方面的影响，主要包括以下几个方面。

1. 饲料加工温度

植酸酶作为饲料添加剂，要考虑饲料加工时制粒的温度对植酸酶活性的影响。从温度性质曲线中可以看出耐温型植酸酶在70℃以上时，酶的活性会因失活而降低；超耐温型植酸酶在90℃时酶活力保留约70%。解决温度对植酸酶活力的影响主要有3种途径：一是特异微生物菌株的筛选；二是对酶制剂进行物理处理，如微囊化处理，以提高其耐温性能；三是液体植酸酶和喷涂工艺也可以减少加工过程中植酸酶活力的损失。

2. 植酸酶替代无机磷的比例

据报道，使用植酸酶可将植酸磷的消化率提高 60%~70%，总磷消化率提高 20%~30%，但无论添加多高量的植酸酶，完全使植酸磷释放以提供体内使用是不可能的。关于植酸酶在饲料中的最佳添加量，从综述可以看出，在鸡和猪饲料中分别添加 250~500U/kg 和 500~750U/g，畜禽日增重、饲料转化率和磷的利用率比对照组提高很大，再提高植酸酶的浓度，将影响用酶经济性。

3. 饲料中钙磷比例

由于植酸酶能提高饲料中磷的利用率，当饲料中添加植酸酶后，饲料中的非植酸磷水平往往会有所降低，而且，植酸酶可以水解与植酸络合的钙，从而提高了肉鸡和猪饲料中钙的利用率，过多的钙从饲料中释放出来，这样就增加了钙与磷之间的比例关系，此时饲料中添加植酸酶虽然也能够增加磷、各种矿物质的利用率，提高畜食的利用效率，但效果不是很理想。如果降低饲料中钙的比例，使饲料中钙与可利用磷始终保持在一比例范围，使用效果会更理想。

4. 饲料原料中植物来源植酸酶的含量

在小麦及其加工副产品中含有较多的植物性植酸酶，其对提高饲料磷的消化率起到了一定的作用。在含有大量麦类饲料原料的日粮中，可以减少无机磷和微生物植酸酶的添加。

5. 消化酶和其他酶对植酸酶作用的影响

植酸酶和酸性磷酸酶、果胶酶、柠檬酸之间有协同作用。就之前的研究总结：在对于 0~21 日龄肉仔鸡日粮中同时添加植酸酶和酸性磷酸酶，或同时添加植酸酶、酸性磷酸酶、果胶酶和柠檬酸比单独添加植酸酶的效果好，这几种物质同时添加可能在实际生产中全部代替 0~21 日龄肉仔鸡日粮中的无机磷。因此，在饲料生产中使用微生物酶时，饲料成分要与酶相适应。否则就起不到加入酶的作用。

6. 其他因素

在植酸酶应用过程中，一些饲料添加剂成分对植酸酶的活性也有一定的不良影响。特别是在饲料的加工贮存过程中，液体胆碱和含水的金属硫酸盐都能够导致植酸酶的部分失活，这可能是水分与植酸酶相互作用的结果。因此，在饲料的加工过程中，应尽量避免植酸酶与高水分含量的饲料添加剂成分长时间混合。

（四）应用实例

植酸酶在饲料中的应用，主要的功能有：提高日粮植酸磷的生物学利用率，减少粪尿中磷的排泄量；减少无机磷的使用，降低饲料成本，拓宽配方空间；提高畜禽平均日增重和平均采食量，改善生产性能；提高干物质、氨基酸和氮的表观消化率；消除植酸对消化酶的络合，恢复内源消化酶的活性。

图 5-18 是植酸酶对蛋鸡生产性能的影响，试验选用 800 只产蛋率和体重接近、健康的 30 周龄罗曼褐蛋鸡，随机分成两组，每组 8 个重复，每个重复 50 只鸡。对照组饲喂基

础日粮；试验组在基础日粮中添加隆科特公司超耐高温型植酸酶 750U/kg。试验期为 12 周。

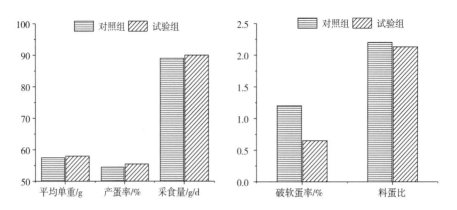

图 5-18　植酸酶对蛋鸡生产性能的影响

结果显示，在蛋鸡日粮中添加植酸酶与对照组相比，试验组鸡蛋平均单重提高 0.87%，产蛋率提高 1.83%，采食量提高 1.12%，破软蛋率降低 45.83%，料蛋比降低 3.18%。

参考文献

［1］ Robert J. Whitehurst, Maarten van Ootr. 酶在食品加工中的应用 ［M］. 赵学超，译. 上海：华东理工大学出版社，2017.

［2］ 华章熙，徐清. 洗涤剂酶应用手册 ［M］. 北京：中国轻工业出版社，1999.

［3］ 韩金志. 大豆油精炼新工艺的研究 ［D］. 福州：福建农林大学，2012.

［4］ 韩双艳，赵小兰，林小琼，等. 抗辐射不动杆菌碱性脂肪酶基因在毕赤酵母中的表达 ［J］. 现代食品科技，2013，29（7）：1477-1481.

［5］ 张建光. 脂肪酶和木聚糖酶在废纸脱墨中的应用研究 ［D］. 广州：华南理工大学，2014.

［6］ 林影，龚艳，韩双艳，等. 一种碱性生物酶脱墨剂及其在废纸脱墨中的应用工艺 CN 103437231 A ［P］. 2013-12-11.

［7］ 刘宁. 无溶剂体系固定化磷脂酶 Lecitase® Ultra 催化合成甘油二酯研究 ［D］. 广州：华南理工大学，2013.

［8］ Liu Y , Li M , Huang L , et al. Cloning, expression and haracterization of phospholipase B from *Saccharomyces cerevisiae* and its application in the synthesis of l-alpha-glycerylphosphorylcholine and peanut oil degumming ［J］. Biotechnology & Biotechnological Equipment, 2018：1-6.

［9］ 辛嘉英. 脂肪酶催化反应化学 ［M］. 北京：科学出版社，2017.

［10］ 李梦迪，张志萌，董自星，等. 黑曲霉单宁酶 TahA 的克隆表达和酶学特性解析 ［J］. 食品与发酵工业，2018，44（11）：15-21.

［11］ 陈清华. 生长猪内源磷的测定及植物性饲料真可消化磷预测模型的研究 ［D］. 长沙：湖南农业大学，2003.

第六章　特殊加工用酶

第一节　葡萄糖氧化酶

一、概述

葡萄糖氧化酶（β-D-葡萄糖氧化还原酶，E.C. 1.1.3.4），能专一性地将β-D-葡萄糖氧化成δ-葡萄糖酸内酯和过氧化氢。葡萄糖氧化酶广泛分布于动植物和微生物体内，微生物是其主要来源，主要生产菌株为黑曲霉和青霉。

葡萄糖氧化酶尚无国家标准或轻工标准，在同一领域使用的酶制剂均执行 GB 1886.174—2016《食品安全国家标准　食品添加剂　食品工业用酶制剂》的要求，因此该酶也应满足相同的技术要求，详见表2-1。在此基础上隆科特公司葡萄糖氧化酶的概况如表6-1所示。

表 6-1　　　　　　　　　　　　　商品葡萄糖氧化酶概况

项目	内容
酶活力定义	在 pH6.0 磷酸缓冲液、37℃ 条件下，每分钟产生 1μmol 双氧水所需要的酶量为一个酶活力单位，以 U/g 或 U/mL 表示
液体酶性状	浅褐色，25℃、pH6.0~7.0，密度≤1.25g/mL
固体酶性状	黄色粉末，0.4mm 标准筛通过率≥80%
商品酶活力	2000~10000 U/mL（U/g）
来源	黑曲霉发酵生产

隆科特公司葡萄糖氧化酶的温度性质和 pH 性质如图 6-1 和图 6-2 所示。

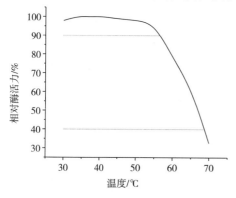

图 6-1　葡萄糖氧化酶温度性质

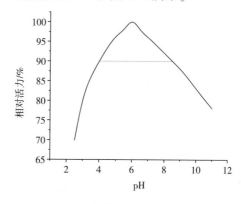

图 6-2　葡萄糖氧化酶 pH 性质

二、葡萄糖酸钠的酶法生产

酶法生产葡萄糖酸及其盐是新兴工艺，主要工艺有双酶法和全酶法。双酶法是以葡萄糖为原料，使用葡萄糖氧化酶和过氧化氢酶将葡萄糖氧化为葡萄糖酸。全酶法是以淀粉为原料，先使用淀粉酶和复合糖化酶将淀粉水解为葡萄糖，再使用葡萄糖氧化酶和过氧化氢酶将葡萄糖氧化成葡萄糖酸，最后用相应的碱反应生成葡萄糖酸盐。全酶法生产葡萄糖酸盐工艺具有产率高、纯度高、操作简便等优点，是必然趋势，将成为今后生产的主流工艺。

1. 葡萄糖氧化酶的反应机理

通常情况下葡萄糖氧化酶与过氧化氢酶组成一个氧化还原酶体系。葡萄糖氧化酶在氧分子存在条件下能够将葡萄糖氧化生成葡萄糖酸内酯，同时生成过氧化氢，过氧化氢会抑制葡萄糖氧化酶的活性，过氧化氢酶能够迅速将过氧化氢分解为水和氧，而后葡萄糖酸内酯与水结合生成葡萄糖酸。在此氧化过程中，葡萄糖氧化酶的作用是能够消耗氧气催化葡萄糖发生氧化。

第一步：$(C_6H_{10}O_5)_n + nH_2O \rightarrow nC_6H_{12}O_6$

第二步：$4C_6H_{12}O_6 + 3O_2 + 2H_2O \rightarrow 4C_6H_{12}O_7 + 2H_2O_2$

$2H_2O_2 \rightarrow 2H_2O + O_2$

$C_6H_{12}O_7 + NaOH \rightarrow C_6H_{11}O_7 \cdot Na + H_2O$

2. 全酶法生产工艺

全酶法是将淀粉原料通过"双酶法"工艺制得葡萄糖，再利用新"双酶法"将葡萄糖氧化为葡萄糖酸并同时流加碱中和生成葡萄糖酸盐。即淀粉等原料配料后添加耐高温α-淀粉酶，经过喷射液化变成糊精，再经过糖化酶的作用在一定条件下酶解成 DE>96 的葡萄糖，最后经过葡萄糖氧化酶和过氧化氢酶的催化作用将葡萄糖氧化成葡萄糖酸并中和成为葡萄糖酸盐，精制后得成品。全酶法生产葡萄糖酸钠工艺流程图见图6-3。

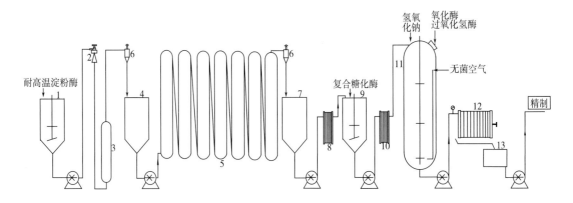

图6-3 全酶法生产葡萄糖酸钠工艺流程图

1—配料罐　2—喷射液化器　3—维持罐　4—高温贮罐　5—层流罐　6—气液分离器　7—贮罐　8—冷却器

9—糖化罐　10—冷却器　11—氧化反应罐　12—板框过滤机　13—清液贮罐

全酶法工艺简单、产品纯度高、能耗低，适合于食品级和医药级产品，是目前生产葡萄糖酸钠的主流方法，以隆科特公司葡萄糖氧化酶和过氧化氢酶为例，两种酶的加量均为2.5~4.0L/t 干物质，酶制剂分 1~4 次加入，底物浓度 30%~33%，DX96.0%~96.5%，pH 控制在 4.5~5.5，反应温度 40~45℃，反应时间 20~25h。

三、葡萄糖酸钙的酶法生产

随着人们生活水平的不断提高，健康成为人们首要的关注对象，"补钙"已成为保健强身的重要手段，而葡萄糖酸钙是人们补钙的首选产品。因为葡萄糖酸钙能促进骨骼和牙齿钙化，能维持神经和肌肉的正常兴奋，能用于缺钙性及过敏性疾病的治疗。葡萄糖酸钙还可以转化成其他葡萄糖酸盐和葡萄糖酸内脂，在国内外需求量与日俱增，产量不断扩大。

酶法生产葡萄糖酸钙就是利用酶制剂直接将葡萄糖转化成葡萄糖酸，再经过碱的中和作用，将其转化成葡萄糖酸盐系列产品。与发酵法相比，酶法最显著的特点就是不需要种子培养，免去了微生物和培养基等原辅材料对反应体系的干扰，提高了反应产物的纯度，给提取和精制带来方便。没有了种子培养，因而反应更加容易控制，生产也会变得更加平稳。对生产者而言，酶法工艺简便、设备简单、操作方便，没有染菌的危险，而且产物单一、纯度高，易于分离和精制，产品质量和收率显著提高，产品等级完全达到食品级和注射级标准。对于新建厂，可以省去种子罐和部分提取设备，降低了设备投资。与金属催化法相比，酶法还具有安全性高的特点。

通过工厂实验证明，利用葡萄糖或淀粉酶解后的葡萄糖浆作为原料，通过葡萄糖氧化酶和过氧化氢酶进行氧化所得到的产物，其纯度和收率等各项指标均可以达到甚至超过发酵法。该工艺已经在行业内逐步得到应用，技术已较为成熟。

1. 酶法生产工艺

酶法工艺的原料可以是结晶葡萄糖，也可以是酶法葡萄糖浆。碳酸钙用来中和葡萄糖酸，生成葡萄糖酸钙。原料葡萄糖的要求：一水葡萄糖结晶（$C_6H_{12}O_6 \cdot H_2O$），口服级，纯度 99.5% 或酶法葡萄糖浆，DE>96%；碳酸钙（$CaCO_3$），含量>53%。酶法生产葡萄糖酸钙的转化和后提取流程见图 6-4。

工业上，氧化反应可直接在发酵罐中进行。影响反应的主要因素包括溶氧、pH、温度和酶制剂添加量等。在特定的工艺条件下，葡萄糖的氧化反应和生成的葡萄糖酸的中和反应同时进行，这个过程是葡萄糖酸钙生产的重点控制环节，严格控制好反应的工艺条件是使氧化反应顺利进行的关键。

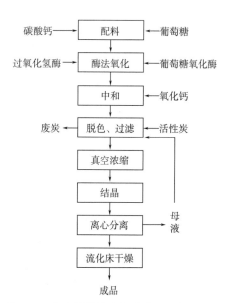

图 6-4　酶法葡萄糖酸钙的转化和提取流程

（1）葡萄糖浓度　葡萄糖浓度即底物浓度对氧化反应有较大影响。当底物浓度较低时，系统内的溶氧水平较高，反应速度较快。而当底物浓度增加时，随着反应的进行，当生成的钙盐浓度达到临界点时，钙盐就会结晶析出，称之为"反钙"，这一过程通常在极短时间内发生，将导致系统溶氧的降低而使反应速度变慢甚至停滞。因此，对于葡萄糖酸钙生产来说，酶法与发酵法一样必须控制起始的葡萄糖浓度，一般控制在质量分数15%～18%。

（2）温度　反应温度对氧化反应有直接的影响。提高反应温度可以加快氧化反应的速度，但会影响酶的热稳定性。长时间在过高的温度下反应，反应速度反而容易变慢，而且氧化反应是一个放热过程，因此需要利用冷却系统保持反应温度的稳定。反应温度过低同样不利于反应的进行，它会使反应速度变得很慢，增加能耗。由于氧化反应由双酶协同作用，需要兼顾两种酶的特性，经反复试验，反应的温度控制在30～35℃为好。在反应后期钙盐容易结晶析出，这时适当提高反应的温度将有利于增加溶氧，保证反应顺利进行。

（3）pH　配料后的pH由于加入了过量的碳酸钙，起始pH通常在7.5以上。但随着酶反应的开始，pH会在很短的时间迅速下降至7.0以下，并在反应的绝大部分时间里维持在6.0～7.0，这将有利于保持酶活力的稳定，保证反应顺利进行。当葡萄糖全部被转化为葡萄糖酸后，pH不再继续下降反而迅速升高，通常表示反应已经结束。

（4）加酶量与反应速度　加酶量决定氧化反应的速度，但它受到糖液质量、溶氧、pH、温度以及设备情况等诸多因素的影响，工厂应根据酶制剂供应商提供的葡萄糖氧化酶和过氧化氢酶的活力，经过实验确定合适的加酶量，国产酶制剂参考加量2.5～5.0L/t干物，并在此基础上优化。考虑到酶制剂成本在酶法工艺中所占的比重较大，应将酶成本控制在相对合理的水平。酶法反应速度非常平稳，通常呈现良好的线性关系，而发酵法开始是一个相对较长的平稳期，并造成反应周期较长，见图6-5。

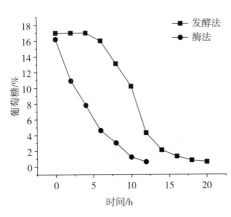

图6-5　氧化过程中葡萄糖的变化曲线

（5）葡萄糖的转化　通过测定pH和还原糖的含量可以监测反应的过程。检测还原糖的方法很多，工厂常用的有斐林法和碘量法。这些方法的优点是快速和简便，但测定值是还原糖而非葡萄糖，手工操作，准确性不高。目前采用的是酶快速测定法，它与血糖测定方法相似，通过专用仪器，使用葡萄糖氧化酶专用试剂片对样品中的葡萄糖进行检测。由于葡萄糖氧化酶对葡萄糖具有专一性，因此测定值非常准确。采用这一方法，酶法反应结束时的残糖可以降至0.5%以下，最低至0.1%，说明酶法转化葡萄糖非常彻底。

（6）酶法葡萄糖酸钙的提取和精制　酶法工艺的特点就在于反应体系单一，产物杂质少。除了过量的碳酸钙和少量酶制剂外，产物只有葡萄糖酸钙。过量的碳酸钙和变性凝固的少量酶蛋白可用板框过滤去除，因此过滤后的葡萄糖酸钙纯度很高，提取和精制也就容易进行，这是发酵法无法比拟的。为了去除杂质提升产品等级，目前发酵法必须采用二次结晶的方法才能达到注射级标准，而酶法工艺仅仅一次结晶就可以达到，收得率和产品质量进一步提高。工厂试验证明，酶法一次结晶的收得率较发酵法至少可以提高 6%～8%，产品质量可完全达到美国药典的质量标准。采用一次结晶的优点在于可以降低设备投资，简化工艺，减少因多次结晶造成的产品损耗，提高产品一次收得率。同时，一次结晶可以减少母液的生成量，减轻因母液排放对环境的污染以及给污水处理造成的压力和处理成本。另外，由于酶法过滤后的葡萄糖酸钙纯度很高，一次结晶的晶形大且整齐、色泽洁白、结晶量大，产量和收得率高，也不会像发酵法那样发生因为杂质多而出现结晶容易满槽的情况，使结晶和提取工序变得简单便捷。

2. 结论

酶法工艺通过一系列的工厂试验，可以初步得出以下结论。

（1）酶法生产葡萄糖酸钙具有操作简单、反应稳定、纯度提高等优点。经过一系列工业化放大生产试验证明，完全可以代替传统的发酵法和其他方法。

（2）在酶法生产的过程中，不需要菌种培养，无需培养基和发酵辅料，从而大大纯化了基料，减少了系统中的杂质，从而提高了产品的纯度，简化了提取精制的步骤。经生产验证，最终成品质量完全达到注射级标准。与发酵法相比，总的提取收率可进一步提高。同时对于新厂，固定资产的投资可大大减少。

（3）在精制的过程中，酶法工艺可以将发酵法的二次结晶减少为一次结晶。这样可以减少结晶设备的数量以及厂房占地面积，从而降低固定资产的投资。同时，由于提取收率的提高，生产成本也会随之降低。这些可以冲抵酶制剂的成本，使酶法比发酵法更加具有竞争力。

（4）酶法工艺是直接利用酶来氧化葡萄糖产生葡萄糖酸，进而生成葡萄糖酸钙。反应在常温下即可进行，无需消罐灭菌，可节约蒸汽的消耗，达到节约能源的目的。利用结晶葡萄糖作为底物可以大大加快酶反应的速度，还可以进一步降低酶制剂的添加量，可缩短反应的时间，进一步降低能耗和生产成本。

四、葡萄糖氧化酶在食品保鲜中的应用

葡萄糖氧化酶可以用来除去食品中残留的葡萄糖。如在蛋类制品（蛋白片、全蛋粉等）的生产、贮藏过程中，常会出现小黑点、溶解度下降等不良现象，这主要是由于蛋的蛋白中含有 0.5%～0.6% 的葡萄糖，其中葡萄糖的羰基与蛋白质中的氨基发生了美拉德反应。为了使蛋类制品保持原有的色泽与味道，必须将蛋白中的葡萄糖除去，以避免发生美拉德反应。以往采用接种乳酸菌的方法进行蛋白脱糖，不仅处理的时间长，而且产品质量也不是非常理想。现在随着葡萄糖氧化酶的工业化，完全可以用葡萄糖氧化酶替代乳酸菌来完成这项任务。

将适量的葡萄糖氧化酶（一般控制在 100～200mg/kg 蛋白质）加入蛋液中，并不断供给一定量的氧气，在合适的温度处理一段时间，使葡萄糖完全氧化成葡萄糖酸，从而达到除去葡萄糖的目的。同理，葡萄糖氧化酶还可应用在脱水蔬菜、肉类及虾类食品保鲜中，

防止因葡萄糖引起的褐变反应。

此外，在日常生活中，有很多食品需要在密闭环境中进行保存，因为即使含量很低的氧也可以使它们被氧化而发生变质。现在一种新型的生物保鲜剂出现在市场上，它的原理就是将葡萄糖氧化酶与其作用的底物葡萄糖混合在一起，包装于透气而不透水的薄膜袋中，封闭后置于装有需要保鲜的食品的密闭容器中。当密闭容器中的氧气透过薄膜进入袋中，葡萄糖氧化酶就可催化氧与葡萄糖发生反应，从而达到除氧保鲜的目的。

五、葡萄糖氧化酶在啤酒除氧中的应用

1. 氧对啤酒品质的影响

氧对啤酒品质的影响非常大：首先是啤酒易发生浑浊现象，这是因为啤酒中的多酚等物质在一定条件下发生氧化聚合，形成多聚体。如果啤酒中溶解有大量的氧，在一些金属离子的催化作用下，如铜、铁、锡等，这种聚合反应将加速进行，最终可形成酚-蛋白聚合体，此物质在低温条件下溶解度降低而析出，呈现雾状浑浊，遇热则又溶解，称为"冷浑浊"。如果氧继续存在，此聚合体将形成不易复溶的浑浊物，称为"永久浑浊"。其次是口味的改变，啤酒中的双乙酰含量高会给啤酒带来非常不好的影响，其中氧是 α-乙酰乳酸转化为双乙酰的反应条件，因此如何降低瓶颈中空气含量，即减少氧的含量成为啤酒生产中一个关键因素。再次是色泽，啤酒的色泽来源于黑色素、花色素、黄色素以及各种有机物的氧化物，啤酒中氧的含量越高，氧化形成的色素物质就越多，啤酒的色度就越深。由于氧化作用消耗掉大量的"保护性还原物质"，使得啤酒容易氧化变质。

氧对啤酒品质有不良影响，因此除去啤酒中的溶解氧与瓶颈氧成为生产厂商头痛的问题。现在，随着人们对葡萄糖氧化酶催化机制的研究，使得生产厂家们看到了希望。葡萄糖氧化酶是一种天然的食品添加剂，具有高度的专一性，不会参与到啤酒中其他物质的反应中，而且它经过 FDA、Koser 认证，食用安全。它可以除去啤酒中的溶解氧和瓶颈氧，阻止啤酒的氧化变质。它所催化反应的产物为葡萄糖酸内酯，比较稳定，没有酸味、无毒副作用，对啤酒质量不会有什么影响，而且不具备氧化能力。因此，葡萄糖氧化酶在防止啤酒老化，保持啤酒原有风味，延长保质期方面有着显著的效果。

2. 葡萄糖氧化酶除氧原理

葡萄糖氧化酶与过氧化氢酶配合使用，有更强的除氧效果，能将啤酒中极微量的葡萄糖（约 10mg/L）进行氧化作用，产生的过氧化氢被过氧化氢酶反应分解，从而很快耗尽了啤酒中的氧气，如下式所示。

$$4C_6H_{12}O_6+3O_2+2H_2O \rightarrow 4C_6H_{12}O_7+2H_2O_2$$
$$2H_2O_2 \rightarrow 2H_2O+O_2$$

啤酒中溶解氧为 0.3mg/L，瓶颈中空气 1.5mL（0.42mg 氧气），每吨啤酒为 1544 瓶，每瓶 640mL，每吨啤酒含氧量为 944mg。葡萄糖氧化酶的添加量为 0.004～0.02U/g 啤酒、过氧化氢酶 1～5U/g 啤酒，啤酒中的总氧量可从 2.5mg/L 下降到 0.05mg/mL，去氧率>90%。在葡萄糖氧化酶的使用过程中，无需添加任何设备，也无需改变原有生产工艺，使

用简单。

3. 葡萄糖氧化酶除氧效果

全麦芽啤酒厂生产对比效果见表 6-2。

表 6-2　　　　　　　　　　　　　全麦芽啤酒厂生产效果对比

项目	葡萄糖氧化酶 0.006U/g 啤酒	维生素 C 40mg/kg
溶解氧下降/%	96	82
瓶颈空气下降（3 周后）/%	23	17
色度 EBC 增加（3 周后）/%	3.8	6.4
冷热浑浊 EBC 循环 1	0.58	0.61
冷热浑浊 EBC 循环 2	0.83	1.02
冷热浑浊 EBC 循环 3	0.98	3.07

在江苏一啤酒厂应用结果：在清酒中添加葡萄糖氧化酶后，溶解氧下降大于 60%，成品酒溶解氧 OD 值从 0.09mg/L 下降到 0.03mg/L。

4. 添加方法

（1）由于葡萄糖氧化酶添加量比较少，为了提高加酶量的准确性，需要在添加前用 10~20 倍的去氧水或啤酒进行稀释，加入清酒罐中。

（2）必须使酶和啤酒混合均匀，可以用定量泵把稀释好的酶液输送到清酒罐管道上，或直接加到过滤时硅藻土添加罐中。

（3）保持管道、定量泵和设备的清洁卫生。

六、葡萄糖氧化酶在饲料中的应用

我国饲用酶制剂经过 30 多年的发展，主要应用在以下两大领域：一是补充动物体内消化道酶的不足，直接提高日粮营养的消化利用（脂肪酶等外源性消化酶）；二是消除饲料中的抗营养因子，间接改善日粮营养的消化利用（木聚糖酶等非淀粉多糖酶）。许多试验和实际应用结果都表明，饲用酶制剂作为一种饲料添加剂能有效地提高饲料的利用率，促进动物生长和防止动物疾病的发生，与抗生素和激素类物质相比，具有卓越的安全性，引起了全球范围内饲料行业的高度重视。

然而过去酶制剂饲料应用取得的成功也是基于这些方面的研究和认识，饲料酶制剂发展到现在，正面临新的突破和拓展。在食品安全和饲料安全的大趋势下，禁止使用抗生素的所谓"无抗"养殖有一个艰难的过程。2015 年，中国打响了"饲料禁抗"的第一枪，农业部首次正式发布"禁抗令"。"饲料禁抗"是畜牧业发展的必然趋势，是保障食品安全、推动健康养殖的必由之路。

1. 机理

以葡萄糖氧化酶为代表的"第三代分裂型酶制剂"是一种潜力很大的酶制剂，产自特异青霉和黑曲霉的葡萄糖氧化酶已被列入农业部《饲料添加剂品种目录（2013）》第 4 大类酶制剂。其通过非药物性机制和途径，杀菌抑菌、改善动物消化道的微生态及理化环境，从而提高动物的生产性能。为饲料酶制剂替代药物抗生素的健康养殖开辟了一个新领域，其作用机理及功效见图 6-6。

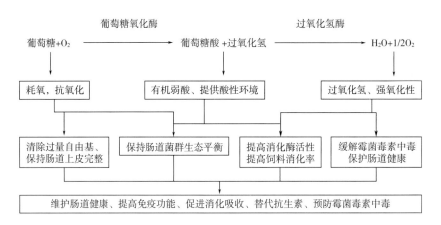

图 6-6　葡萄糖氧化酶在畜禽体内的作用机理及功效

2. 饲养试验

湖南农业大学陈清华教授较为详细地研究并报道了葡萄糖氧化酶对仔猪生长性能、养分消化率及肠道微生物和形态结构的影响。试验采用体重（8.71±0.13）kg 的"杜长大"三元杂交断奶仔猪 300 头，随机分成 I、II、III 3 个组，每个组 5 个重复，每个重复 20 头。试验 I 组为对照组，饲喂基础饲粮；试验 II 组在基础饲粮基础上添加 0.1% 的金霉素；试验 III 组在基础饲粮基础上添加 0.2U/g 饲料的葡萄糖氧化酶，试验期 28d，试验结果如表 6-3 所示。

表 6-3　　　　　　　　　　葡萄糖氧化酶对仔猪肌体影响

类别	项目	试验 I 组	试验 II 组	试验 III 组
生长性能	初重/kg	8.65±0.11	8.77±0.06	8.71±0.18
	末重/kg	25.26±0.34[b]	26.14±0.49[a]	27.20±0.21[a]
	平均日增重/（g/d）	553.7±41.5[b]	579.0±53.2[a]	616.3±28.9[a]
	平均日采食量/（g/d）	724.7±25.2[b]	751.5±18.2[b]	778.4±34.1[a]
	料重比	1.31±0.09[a]	1.30±0.16[ab]	1.26±0.05[b]
腹泻率/%		7.2±1.1[a]	3.1±1.3[b]	3.3±1.9[b]
饲粮消化率	干物质/%	8.14±1.57[b]	87.63±2.05[a]	88.48±1.74[a]
	粗蛋白质/%	83.52±2.12[b]	87.53±1.75[a]	86.82±2.01[a]
	总能/%	87.39±1.19	89.24±1.24	88.06±1.37

续表

类别	项目	试验Ⅰ组	试验Ⅱ组	试验Ⅲ组
胃肠食糜 pH	胃	4.16 ± 0.14^{Aa}	3.48 ± 0.06^{Bb}	3.16 ± 0.11^{Bc}
	十二指肠	5.76 ± 0.11^{a}	5.19 ± 0.07^{b}	5.33 ± 0.10^{b}
	空肠	6.44 ± 0.16^{a}	6.02 ± 0.12^{b}	6.16 ± 0.10^{ab}
	回肠	6.68 ± 0.09	6.47 ± 0.12	6.55 ± 0.08
	盲肠	5.83 ± 0.06	5.69 ± 0.04	5.78 ± 0.09
	结肠	6.11 ± 0.13	6.05 ± 0.05	5.98 ± 0.07
小肠形态结构	十二指肠			
	绒毛高度/μm	380.13 ± 35.47^{Bc}	482.38 ± 28.32^{Aa}	468.53 ± 37.32^{Ab}
	隐窝深度/μm	325.17 ± 49.59	343.43 ± 56.01	332.53 ± 28.66
	绒毛高度/隐窝深度	1.17 ± 0.04^{b}	1.40 ± 0.03^{a}	1.41 ± 0.03^{a}
	空肠			
	绒毛高度/μm	292.32 ± 43.01	317.43 ± 21.42	311.27 ± 37.10
	隐窝深度/μm	229.03 ± 31.92	236.58 ± 19.62	235.81 ± 38.81
	绒毛高度/隐窝深度	1.29 ± 0.02	1.34 ± 0.01	1.32 ± 0.03
	回肠			
	绒毛高度/μm	286.37 ± 53.04	289.56 ± 41.13	298.68 ± 33.71
	隐窝深度/μm	209.03 ± 19.92	216.57 ± 22.43	205.98 ± 28.70
	绒毛高度/隐窝深度	1.37 ± 0.10	1.34 ± 0.04	1.45 ± 0.05
微生物菌群数量	大肠杆菌数量/（CFU/g）			
	胃	10.7 ± 0.2^{a}	9.7 ± 0.2^{b}	9.8 ± 0.1^{b}
	回肠	7.7 ± 0.2^{a}	6.7 ± 0.2^{b}	6.8 ± 0.2^{b}
	盲肠	6.5 ± 0.2	6.3 ± 0.2	6.1 ± 0.1
	乳酸菌数量/（CFU/g）			
	胃	6.2 ± 0.2^{b}	7.3 ± 0.2^{a}	7.8 ± 0.2^{a}
	回肠	7.4 ± 0.2^{c}	8.6 ± 0.2^{b}	9.4 ± 0.2^{a}
	盲肠	7.8 ± 0.2	8.4 ± 0.2	8.3 ± 0.2

注：同行数据肩标不同的小写字母表示差异显著（$P<0.05$）；肩标不同的大写字母表示差异极显著（$P<0.01$）；肩标相同字母或无字母表示差异不显著（$P>0.05$）。

3. 数据讨论

（1）葡萄糖氧化酶对仔猪生长性能和腹泻率的影响　断奶阶段是仔猪生长中十分重要和关键的阶段，不良的环境条件、营养水平和心理因素都会降低仔猪的免疫力，导致仔猪腹泻，减慢生长速度。在饲粮中添加葡萄糖氧化酶，可改善仔猪的平均日采食量，降低仔猪腹泻率，提高仔猪的生长性能。

上述试验饲粮中添加葡萄糖氧化酶能显著提升断奶仔猪的平均日增重。试验结果显示，0.2U/g 饲料的葡萄糖氧化酶用量，可改善料重比、降低仔猪腹泻率，与 0.1%金霉素使用效果差异不显著。

（2）葡萄糖氧化酶对饲粮养分消化率的影响　葡萄糖氧化酶催化胃肠道中的葡萄糖生成葡萄糖酸和过氧化氢，降低胃肠道食糜的 pH，发挥酸化剂的作用，激活了胃蛋白酶，提高饲料中粗蛋白质的消化率。上述试验结果显示，添加葡萄糖氧化酶的试验组饲粮中的干物质和粗蛋白质的消化率显著高于对照组，但对饲料的总能消化率没有影响，这可能与葡萄糖氧化酶催化葡萄糖，减少了葡萄糖的能量代谢有关，其机理有待进一步研究。

（3）葡萄糖氧化酶对仔猪胃肠道食糜 pH 的影响　上述试验结果显示，葡萄糖氧化酶能显著降低胃、十二指肠和空肠食糜的 pH，但对回肠、盲肠、结肠食糜的 pH 影响不显著，这可能证实葡萄糖氧化酶主要是在胃肠道前段发挥作用，与葡萄糖氧化酶的特性相关。

（4）葡萄糖氧化酶对仔猪小肠形态结构的影响　小肠黏膜的上皮绒毛高度和隐窝深度与肠黏膜的吸收能力存在很大的关联，绒毛变短、隐窝变深说明绒毛萎缩，吸收能力下降，绒毛高度与隐窝深度比值越大说明肠上皮表面积越大，消化和吸收能力就会越强。仔猪断奶应激对肠道的形态和微生物区系产生不利影响，肠绒毛长度缩短，消化吸收能力下降。上述试验饲粮中添加葡萄糖氧化酶，断奶仔猪空肠、十二指肠的绒毛高度和绒毛高度/隐窝深度得到显著提高，进而改善了养分的吸收率，提高仔猪的平均日增重。

（5）葡萄糖氧化酶对仔猪胃肠道微生物菌群数量的影响　断奶应激会改变仔猪肠道微生物区系平衡和肠绒毛形态，对肠道的形态和微生物区系产生不利影响。葡萄糖氧化酶能氧化 β-D-葡萄糖生成过氧化氢和葡萄糖酸，同时消耗大量的氧气，从而发挥抑制有害菌、促进有益菌繁殖的作用，有效改善胃肠道微生态区系。离体培养试验结果显示，葡萄糖酸可以促进胃肠道内食糜产生更多的短链脂肪酸，而短链脂肪酸是肠道微生物的主要能量来源。

上述试验饲粮中添加葡萄糖氧化酶，显著降低了胃和回肠大肠杆菌数量，显著提高了仔猪胃和回肠内乳酸菌的数量。但对盲肠段乳酸菌和大肠杆菌数量没有显著影响。葡萄糖氧化酶氧化葡萄糖时消耗氧气，产生过氧化氢和葡萄糖酸，主要是在胃肠道前段发挥作用，降低肠道前段食糜的 pH，为乳酸菌的生长繁殖制造适宜的酸性环境，形成微生态乳酸菌的竞争优势，抑制大肠杆菌、沙门菌等有害菌的存活。葡萄糖氧化酶改善肠道菌群平衡，维持肠道良好的形态结构，从而改善仔猪肠道的健康水平，提高养分消化率，促进生长。

4. 结论

饲粮中添加 0.2U/g 的葡萄糖氧化酶，能显著降低仔猪胃和十二指肠的 pH，抑制大肠杆菌数量，增加乳酸菌的数量，改善肠道形态结构，降低断奶仔猪腹泻率，提高养分消化效率，促进养分的消化吸收，进而提高仔猪的生长性能。实际生产中，葡萄糖氧化酶可作为抗生素的替代品，进行推广使用。

葡萄糖氧化酶作为一种新型的饲料添加剂，其应用价值逐渐被挖掘，在畜禽中应用的效果必然是多方面的，因而评价也应该是多方面的。但目前其评价体系却尚未完善，然而已经有很多临床试验证明，葡萄糖氧化酶能够提高畜禽生长性能，改善动物健康水平。随着其生产技术方面的日趋成熟及绿色养殖概念的逐渐深入，可以预见葡萄糖氧化酶将在畜牧养殖业中发挥越来越重要的作用，更好的复合型饲料添加剂也将被开发使用。

七、葡萄糖氧化酶在其他行业的应用

葡萄糖氧化酶在烘焙等面制品加工行业已得到广泛应用。面粉中面筋蛋白主要由麦胶蛋白和麦谷蛋白组成，其数量和质量是影响面筋质量的重要因素，常用葡萄糖氧化酶与维生素 C 联用，取代溴酸钾，是一种高效的生物强筋剂。葡萄糖氧化酶作用机理：

$$葡萄糖+O_2+H_2O \xrightarrow{葡萄糖氧化酶} 葡萄糖酸+过氧化氢$$

$$面筋蛋白-SH+H_2O_2 \xrightarrow{葡萄糖氧化酶} 面筋蛋白-S-S-面筋蛋白+H_2O$$

葡萄糖氧化酶用量为 0.02~0.06U/g 面粉，维生素 C 用量为 20~30g/t 面粉。该酶常与真菌 α-淀粉酶、木聚糖酶等配合使用，综合改善面制品品质。

葡萄糖氧化酶还可用于果汁保鲜、茶叶保鲜、美白牙膏等行业，一般用量为 0.02~0.06U/g 原料。

第二节　过氧化氢酶

一、概述

过氧化氢酶（过氧化氢氧化还原酶，E.C. 1.11.1.6），以过氧化氢为专一底物，通过催化一对电子的转移，最终将其降解为水和氧气。研究表明，几乎所有的需氧微生物中都存在过氧化氢酶。自 1999 年开始，研究人员通过多种方法获得了纯化的过氧化氢酶，使该酶得到前所未有的发展，在各个领域的应用也受到广泛关注。目前该酶主要用于食品、乳品加工、纺织、啤酒、酶法葡萄糖酸钠、污水处理以及制浆造纸等去除过氧化氢的工业中。

过氧化氢酶执行轻工行业标准 QB/T 4614—2013《工业用过氧化氢酶制剂》，详见表 6-4。

表 6-4　　　　　　　　　QB/T 44614—2013 对过氧化氢酶的要求

要求类别	项目	固体剂型	液体剂型
感官要求		色泽均匀，呈粉状	淡黄色至深褐色液体，可有少量絮凝物
理化要求	酶活力[a]/（U/g 或 U/mL）≥	10000	10000
	干燥失重/%≤	8.0	—
	细度（0.4mm 标准筛通过率）[b]/%≥	80	—

注：a 表示具体规格可按供需双方合同的要求执行；b 表示如有特殊要求，按双方合同确定。

隆科特公司生产的商品过氧化氢酶满足表 6-5 的指标。

表 6-5   隆科特商品过氧化氢酶概况

项目	内容
酶活力定义	在 pH7.0、30℃条件下，1min 分解 1μmol 过氧化氢所需的酶量定义为 1 个活力单位，以 U/mL 或 U/g 表示
液体酶性状	25℃、pH6.0~7.0，密度≤1.25g/mL
固体酶性状	按上表规格执行
商品酶活力	液体酶活力：$5×10^4U/mL$、$20×10^4U/mL$
来源	黑曲霉发酵法制得

隆科特公司过氧化氢酶的温度性质和 pH 性质如图 6-7 和图 6-8 所示。

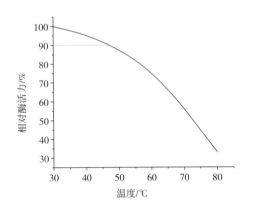

图 6-7 过氧化氢酶温度性质

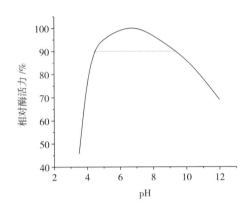

图 6-8 过氧化氢酶 pH 性质

二、织物氧漂后过氧化氢的酶法去除

1. 传统工艺去除氧漂残留后的过氧化氢

过氧化氢是现今使用最为普遍的漂白剂，在纺织加工中可用于纤维素纤维、蛋白质纤维及其与化学纤维混纺织物的漂白，主要用于纯棉和涤/棉等棉型织物以及棉针织物的漂白，同时兼具精练作用，并且对染料的破坏作用较小。在碱性条件下，过氧化氢能够破坏棉纤维中天然色素的发色体系，达到消色目的。另外，过氧化氢在漂白过程中对纤维也有损伤作用，使纤维大分子中的葡萄糖环开环和大分子链断裂，降低纤维平均聚合度。纯棉织物一般用活性染料染色，织物经过氧化氢漂白后进入染色阶段，若染浴中存在过氧化氢，会造成对氧化剂敏感的活性染料褪色，即使染料分子较小的改变都会导致色泽的变化甚至消失，因此，漂白过程结束后，为保证后续染色的安全性，必须将氧漂后残留的过氧化氢去除干净，避免染色过程发生问题。

在染整加工过程中，传统的去除过氧化氢的工艺有两种：一种是织物经漂白后用大量热水、冷水反复清洗再进行染色；另一种是织物经漂白后用还原剂还原，再用水清洗后染色。后一种方法虽然可以快速去除过氧化氢，但还原剂的用量较难控制。无论采用哪种方法去除织物上残留的过氧化氢，都将耗费大量的时间和水、电、汽能源，同时产生大量的工业废水，不仅增加了处理成本，也增加了环境负担，见图 6-9。

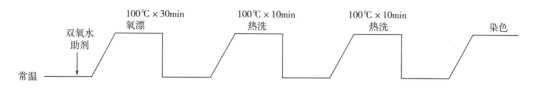

图 6-9 传统除氧工艺

2. 酶法去除氧漂残留后的过氧化氢

过氧化氢酶作用专一、反应条件温和、作用时间短，在冷水中短时间内即可快速彻底去除漂白后织物上残留的过氧化氢，避免了残留的过氧化氢给后续染色带来色花、色光变化等问题，且不会与布和染料发生不良反应，同时无需还原剂或水漂洗，可节约大量水，且水解产物为水和氧气，减轻了环境负荷。在印染工业用水量大、用水紧张的地区，生物除氧工艺的采用不但现实可行，而且从长远来看，对印染工业的可持续发展具有更深远的意义。该方法既显著提高了生产效率，又大幅度降低水、电、汽的消耗，节约了能源。酶处理液只要 pH 合适，就可以直接加入染料及助剂，满足染色过程的要求。总的来说，用过氧化氢酶去除残余的过氧化氢，其工艺简单、能耗小、去除彻底，只对过氧化氢作用，不损伤织物，并且环保，具有可持续发展前景，见图 6-10。

图 6-10 过氧化氢酶生物除氧工艺

3. 影响过氧化氢酶除氧的因素

（1）温度对过氧化氢酶除氧效果的影响 温度对酶的作用具有双重性：一方面，随着温度的升高，活化分子数增加，反应速度增加，有利于催化反应的进行；另一方面，由于酶是蛋白质，随温度升高，酶蛋白会逐渐失去活性而变性，从而失去了催化作用。用过氧化氢酶进行氧漂后除氧时，处理的最适温度是这两种影响相互作用的结果。选择合适的处理温度，对于提高过氧化氢酶活性，加快除氧速率，缩短处理时间具有特别重要的意义。在过氧化氢酶除氧工艺中，在 50℃以下，过氧化氢酶的作用效果都很好，一般 30℃时过氧化氢酶活性最大，在此温度下分解过氧化氢的量最大，在该温度下染色织物的色深值也较高。低于 30℃或高于 50℃时，过氧化氢酶的除氧效果有所下降。

（2）pH 对过氧化氢酶除氧效果的影响 在不同 pH 下，酶具有不同的活性。pH 虽然不会影响酶的分子结构，但会影响酶分子活性中心上一些基团的离解，从而影响酶与底物的结合。酶是蛋白质，具有两性性质，pH 的变化会直接改变酶中氨基酸的离解状态，从而影响离子平衡或分子链的电荷状态，导致蛋白质变性。在适当的 pH 下，通过静电作用维持酶活性中心的最佳三维构象，促进酶与底物结合。因此，选择适当的 pH 是促进过氧化氢酶与 H_2O_2 结合，提高除氧速率的重要环节。在 pH6～10 内，过氧化氢酶可以保持较好的活力，在 pH 约为 7 时，过氧化氢酶具有最好的活力，与底物过氧化氢的结合最好，分解过氧化氢的效果最佳。

（3）用量对过氧化氢酶除氧效果的影响　过氧化氢酶对催化分解过氧化氢具有专一性，催化效果优异。但酶的使用量会直接影响催化效果，也直接关系到生产成本。

随着酶用量的增加，过氧化氢的去除率逐渐提高，染色织物的得色也逐渐加深，然而酶用量过高会造成资源的浪费，生产成本增加。实践证明，当过氧化氢酶用量为 4g/L 时，即可将过氧化氢去除干净，同时染色织物的得色较好。此后再增加酶的用量，过氧化氢的分解量变化不大。因此，每种酶使用时，应根据实验结果找到酶的最佳使用量，以达到最佳效果且降低成本。

（4）处理时间对过氧化氢酶除氧效果的影响　随着过氧化氢酶处理时间的增长，过氧化氢的分解量增大，但当时间增长到一定程度，过氧化氢分解完全，为提高生产效率和节约成本应立刻停止。反应的最佳时间视实验数据而定。

三、过氧化氢酶催化羊毛漂白

羊毛纤维的漂白可以用氧化剂或还原剂，或者二者连续使用。氧化剂漂白一般采用双氧水在碱性条件下进行，双氧水虽能使羊毛中色素破坏，但会使纤维受到损伤；特别是工艺条件控制不当时，羊毛纤维损伤严重，强力明显下降，不但影响了产品质量，而且也给后续工序带来一定影响。在过氧化氢漂白中，如果过氧化氢的分解不被控制，会导致过氧化氢的浪费，同时出现白度差，一般需要加入稳定剂来保持漂白浴中过氧化氢的稳定，使其不会被分解，但是对工艺的要求较高。

国外许多资料介绍了在尿素存在下的双氧水漂白工艺，该工艺条件温和，可以减少纤维的损伤，但仍然不能从节约能源、节省时间、提高漂白质量等角度来解决漂白过程中遇到的问题。采用过氧化氢酶在酸性、室温条件下催化漂白，可以有效控制过氧化氢的浓度，减少过氧化氢的损失，使漂白浴中过氧化氢保持一定的浓度，对羊毛纤维的损伤程度低，漂白效果好，纤维强力下降与其他漂白工艺相比要轻微。用过氧化氢酶催化漂白，节约了能源，节省了时间，提高了生产效率，降低了生产成本。

四、过氧化氢酶处理漂白废水用于染色

过氧乙酸是冰醋酸和过氧化氢平衡反应的产物。使用过氧化氢酶和硫代硫酸钠处理过氧乙酸漂白纯棉针织物的废水，然后用于染色试验，研究其回收利用的可行性。结果表明，废水经该双重处理，再用于活性染料染色，可以获得较好的织物表观色深（K/S）值和染色牢度。试验确定的废水处理条件：在 40℃ 时，过氧化氢酶 2g/L，硫代硫酸钠 1g/L，分别对织物各处理 20min，即可达到良好效果。江南大学纺织工程学院的厉成宣应用固定

化过氧化氢酶处理的氧漂废水进行染色，染色织物的 K/S 值可以达到与新鲜水处理后相当的效果，两者的色差也很小，且耐摩擦牢度良好。

五、过氧化氢酶在其他行业的应用

（1）食品以及生鲜牛奶保鲜行业中，过氧化氢酶用于除去残留的过氧化氢，推荐加量为 2~8U/g 鲜原料，30~45℃保温 10~30min，不另调节 pH。

（2）制浆和造纸工业，该酶用于除去漂白纸浆后残留的过氧化氢。推荐加量为 5~15U/g 绝干浆，40~60℃处理 30min，不另调节 pH。

（3）在酶法葡萄糖酸钠的生产、啤酒除氧行业中，该酶与葡萄糖氧化酶配合使用，详见葡萄糖氧化酶部分。

第三节　漆酶

一、概述

漆酶（p-苯二醇：氧化还原酶，E. C. 1.10.3.2）属于多铜氧化酶，广泛存在于高等植物、真菌、一些昆虫和细菌中。

漆酶有很多工业方面的应用，例如去除木质纸浆中的木质素，进行含纤维的木质素处理和木质纤维的处理，从而调整纤维结构或重新组合纤维；提高木质纤维素原料生产燃料酒精的产量；食品加工业的应用（例如焙烤或啤酒、葡萄酒的澄清）；各种生物方法处理的纺织品应用，如牛仔裤加工、污物清除、纺织业各种纤维处理、脱色印染；住宅下水道处理；染发剂成分；硬质表面的清洗和去垢剂成分。

漆酶尚无国家标准或轻工标准，其在食品工业应用中应符合 GB 1886.174—2016 的要求，详见表 2-1。商品漆酶的概况如表 6-6 所示。

表 6-6　　　　　　　　　　　商品漆酶概况

项目	内容
活力定义	在 pH5.0、30℃条件下，每分钟使 1μmol 的 2，2′-联氮-双-3-乙基苯并噻唑啉-6-磺酸（ABTS）氧化所需的酶量为一个酶活力单位（U）
液体酶性状	浅黄褐色液体
固体酶性状	深棕色粉末
商品酶活力	$1×10^4$ U/mL（U/g）
来源	米曲霉发酵生产

刘芳等报道了一种商品漆酶的温度性质和 pH 性质，如图 6-11 和图 6-12 所示。

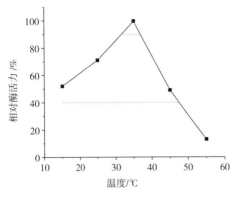

图 6-11　漆酶温度性质

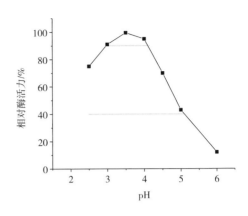

图 6-12　漆酶 pH 性质

二、漆酶对纺织纤维的改性

常规纤维通常采用物理或化学方法改性，改善纤维的某些性能（如吸湿性、染色性和阻燃性等），用生物酶法改性纤维则并不多见。近年来，有学者开始利用漆酶的催化氧化特性，对一些天然纤维如羊毛、棉、麻进行改性研究，获得了良好的效果。与采用化学试剂对羊毛纤维进行表面改性相比，采用生物酶处理对环境的影响要小得多。利用蛋白酶改性，容易造成羊毛纤维强力损伤。漆酶则无这方面的缺点，而且其还能改善纤维的抗皱性及染色性能。

木质素是植物细胞壁的主要组分之一，起支撑作用，木质素的含量对麻纤维的品质及染色性能都有很大影响，麻纤维的种类不同，木质素含量也有所不同，为 1%～12%。漆酶具有选择降解木质素的能力，可将高聚物木质素降解成低分子化合物，从而使纤维离析，达到脱除木质素的目的。

三、漆酶在织物漂白中的应用

在传统的棉织物前处理中，通常使用具有一定氧化能力的次氯酸钠或双氧水进行漂白以获得必要的白度指标，但在高温煮沸条件下，纤维会发生氧化损伤，且从织物上去除过量的过氧化氢需要大量的水，为了减少织物损伤和节约用水，许多学者最近已对酶系统的漂白进行了研究开发，结果表明：漆酶将来有望代替过氧化氢漂白棉织物。

四、漆酶在水洗后处理中的应用

1. 牛仔服装的水洗

自 1996 年丹麦诺和诺德公司（现诺维信公司）首先推出水洗用漆酶制剂 Denilite 以来，不断有学者们将漆酶用于靛蓝牛仔布的返旧水洗整理，发现整理后的织物手感厚实，表面光洁，色泽明快淡雅，与常规的纤维素酶水洗相比，利用漆酶水洗不但可减少水洗废水中的靛蓝含量、降低环境污染，有效减轻靛蓝返染程度，且不会对织物强力造成影响，提高服装的质量档次。从环保和处理效果方面而言，漆酶的牛仔布水洗具有很好的应用前景。

杜邦公司的漆酶 PrimaGreen EcoFade LT100 是一种全新的靛蓝漂白产品，能在低温下催化氧化降解靛蓝分子，使牛仔呈现出一系列全新的仿旧外观，如灰色调、高对比度和高度的漂白效果。该酶在室温下工作，节能节水，可生物降解，能替代传统的化学品，减少污染，减少二氧化碳的排放，能有效用于靛蓝牛仔织物的可持续性发展工艺。

2. 抗菌整理

漆酶/介体体系（LMS）的抗菌机理在于其对必需蛋白质及硫基的氧化。首先，漆酶催化介体氧化，失去电子的介体进而与细菌、真菌及病毒中的蛋白组分发生亲电反应，从而导致细胞中的必需氨基酸及功能性基团发生化学改性。Johansen 等将漆酶和介体配成液体制剂，根据一般消毒要求，其适宜用量及使用条件为：漆酶 0.1~5mg/L，介体 0.001~0.050mol/L，pH6.5~8.5，温度 30~50℃，时间 5~20min。其中，加入两种或多种介体，相互之间可以起到协同作用，从而有利于进一步提高抗菌效果。

五、漆酶在印染废水脱色中的应用

漆酶可对环境中的一些污染物进行降解，在印染废水处理方面得到了一定的应用。染料在溶解状态下用漆酶处理，约有 56% 的染料可基本脱色或色泽变得相当浅，若将色泽变得稍浅的染料也计算在内，那么漆酶可使 70% 的染料被分解。对于不同的染料结构，漆酶的作用效果不同，蒽醌类染料可被漆酶直接氧化，脱色和降解程度与酶活性成正比；对于偶氮和靛蓝类分子质量小于 8ku 的小分子染料，则不能被直接氧化，需要还原介体的存在才能导致漆酶与非酶底物染料之间的氧化作用，这类染料的脱色率取决于介体的浓度而不是漆酶的酶活力。温度、pH、助剂和金属离子的存在对漆酶处理染色废水的脱色有很大的影响。有研究人员比较了游离漆酶与固定化漆酶的酶学性质及在染料脱色和有色织物酶洗中的应用效果，结果表明：游离漆酶与固定化漆酶有相近的最适温度，固化漆酶的最适pH 为 5.0，游离漆酶的最适 pH 为 6.0。与游离漆酶相比，固化漆酶的热稳定性、pH 稳定性和可重复使用性都得到了提高，且有更好的底物亲和性。将漆酶应用于染色废水的脱色和皂洗过程中，不仅能有效降低污水的色度值，减轻印染污水处理的负担，同时又可取代常规的皂洗剂，在染色后的皂洗过程中进行自清洁处理，保持或提高织物的色牢度，有助于环境保护和降低污水处理成本。

六、漆酶在食品上的应用

1. 提高葡萄酒的稳定性

压榨的葡萄汁或成品葡萄酒的组分很复杂，一般含有大量的酒精、有机酸、盐和酚类等，酒精和各种有机酸赋予了葡萄酒香气，不同的酚类化合物则使葡萄酒有着不同的颜色与口感，因此这些组分造就了许多驰名中外的葡萄酒。但是在生产实践中发现，当葡萄酒贮存一段时间后，往往会出现酒体浑浊、颜色变深、酒的味道发生变化的现象。经研究人员的分析，发现这是一系列很复杂的反应，从香豆酸衍生物或者黄烷花色素产生的多酚扮演了重要的角色，它在金属离子铁、铜及酶的催化下，与酒体中的醛、氨基酸和蛋白质发生了氧化反应，从而使葡萄酒的品质发生改变。

如何避免这种氧化现象的发生成为很多生产厂商头痛的问题。目前多为采用传统的物理化学方法，如利用聚乙烯吡咯烷酮（PVPP）去除含酚类的化合物，利用二氧化硫防止氧化的发生等，但这些方法的缺点是对环境造成污染，如 PVPP 不能进行降解。而漆酶则可以作为一种生物吸附剂替代品用于葡萄酒行业，它可以将特定的多酚化合物氧化，氧化的酚类物质自身作为聚合物能被超滤膜截留，从而达到将多酚化合物从酒体中去除的目的。由于漆酶的高度专一性，使得整个反应很温和，对葡萄酒的品质影响很小。

国外这方面的研究很早就开始了。早在 1986 年 Cantarelli 利用从 *Pobyporus versicolor* 提取的漆酶处理黑葡萄汁，研究发现葡萄汁中 50%的多酚可被去除，这表明此漆酶的作用非常明显，处理后的葡萄汁保持了特有的品质，并且其稳定性也大大提高。随后 Zamorani 于 1989 年同时将单宁酸酶、酚酶、漆酶和花色素酶用于 Pinot 葡萄酒的处理，比较发现漆酶对酚类化合物去除的效果最好。但作者同时也指出氧化产物的去除必不可少。1990 年 Maier、Detrich 和 Wuhenfeming 等对未氧化的葡萄汁、氧化的葡萄汁及漆酶处理过的氧化葡萄汁的一系列参数进行比较，如颜色、浑浊度、多酚的含量、口感等。比较结果表明，氧化的葡萄汁经漆酶处理后变得更加稳定，品质上乘，同时 SO_2 则可以不使用或使用很少。

2. 啤酒与果蔬饮料的稳定性

1930 年以来酶制剂一直被用于饮料加工行业中，因为酶制剂可以加快果汁的澄清，使成品果汁不发生浑浊现象。而漆酶是饮料加工中常见的酶之一，主要用于饮料的澄清与色泽控制。

在啤酒生产中，生产厂商发现成熟的啤酒在贮存期间，甚至灌装好的成品中经常出现冷浑浊现象，当处于室温或更高温度时，此现象则会消失。其机制是在少量天然的原花色素多酚的作用下，啤酒中的蛋白质发生了凝聚，其中主要是氢键或者脯氨酸中疏水性基团相互作用的结果。Mathiasen 于 1995 年研究指出，漆酶可以在成熟的啤酒中使用，因为啤酒中的溶解氧是啤酒发生冷浑浊的因素之一，而漆酶催化多酚氧化时需要氧的帮助，这样漆酶不仅消除了氧，还除去了多余的多酚，PVPP 的用量也可以得到降低，真可谓"一箭三雕"。

在果蔬饮料中，褐变会影响其色泽、味道，特别是饮料的贮藏性。因此要避免褐变的发生，主要是除去水果或饮料中的酚类物质。漆酶作为氧化酶，可以将活性酚类化合物氧化，而氧化后的酚类物质自身作为聚合物被过滤，从而使果汁及浓缩果汁澄清，色泽浅且稳定。如苹果汁用漆酶处理，能除去其中的儿茶素、绿原酸、根皮苷等酚类物质。

3. 食品分子的交联

随着人们对食品的安全性、功能性需求的日益增长，越来越多的食品生产商希望能有更安全的多功能食品添加剂可以使用。甜菜果胶就是其中具有特殊功能的一种，它可以通过催化分子中的阿魏酸氧化交联形成凝胶。经过多项研究证实，漆酶具有此功能，它通过将临近链的阿魏酸酯结成缩水二聚物而使阿拉伯木聚糖溶液凝胶化。漆酶利用溶解在体系中的氧，使甜菜渣中的胶质凝胶，从而避免了化学药剂（如过二硫酸铵）所带入的不利影响。氧化剂（如过氧化氢）与酶的化合物同样可以使甜菜渣中的胶质凝胶，但是许多国家禁止在食品中添加过氧化氢，因此不能使用过氧化物酶作为凝胶剂，这使得向食品中添加漆酶将变成可能。用单一漆酶使甜菜胶结成的胶质具有非常出色的吸水性，从而扩展了甜菜胶的应用领域。凝胶过程可通过加入阿拉伯呋喃糖苷酶获得改善，它能加强阿魏酸基团的交联反应。与过氧化物酶相比，漆酶可以形成硬度更高的凝胶。漆酶浓度是控制交联度的主要参数之一，为了获得稳定的溶胀度，给漆酶提供足够长的作用时间非常重要。

在实际生产中，如在午餐肉的制作过程中，漆酶可以使脂肪酸链形成黏胶，从而将肉片胶黏在一起，使产品更便于切成薄片。但漆酶有时也有缺点，如它在催化乳制品的交联时，会切短牛奶中的脂肪酸链，这会导致牛奶香味的严重丧失。

4. 面粉改良剂

众所周知，酶制剂作为面粉改良剂已经被广泛应用在烘焙行业中。早在 1994 年，Si 将漆酶应用在生面团中，研究发现漆酶可以改善生面团中的面筋强度，降低面团的黏性，使面包的单位体积增大，不易产生面包屑。特别是如果面粉的质量不好时，通过使用漆酶可以大大改善生面团的机械加工性能，这对生产非常有好处。

漆酶还可应用在其他很多方面，如生物感应器、食品风味改善剂，甚至用在食用菌、药用菌的生产中。漆酶作为一种新型的酶制剂正日益引起人们越来越多的关注。

第四节　转谷氨酰胺酶（TG 酶）

一、概述

转谷氨酰胺酶（蛋白质-谷氨酰胺-γ-谷氨酰胺基转移酶，E.C. 2.3.2.13），简称 TG 酶，是一种催化蛋白质分子内或分子间连接反应的聚合酶，以催化赖氨酸残基上的 ε-氨基和谷氨酰胺残基上的 γ-羟酰胺基之间的连接为主。由于对蛋白质结构和功能的改变，因此该酶有广泛的应用前景，特别是在食品加工、纺织和医药等行业。

在食品加工行业，转谷氨酰胺酶改良了食品物性，使食品拥有特别的质构和口感，这种新型食品不仅符合人们营养需求，还能延长保质期以及降低食品的致敏性。作为一种新型食品添加剂，引起了国内外研究者的重视和兴趣，在食品工业中的作用日益显著，由于该酶出色的黏合能力，被誉为食品加工行业的"超级黏合剂"。

二、作用原理

转谷氨酰胺酶可以催化以下 4 种反应类型，如图 6-13 所示。

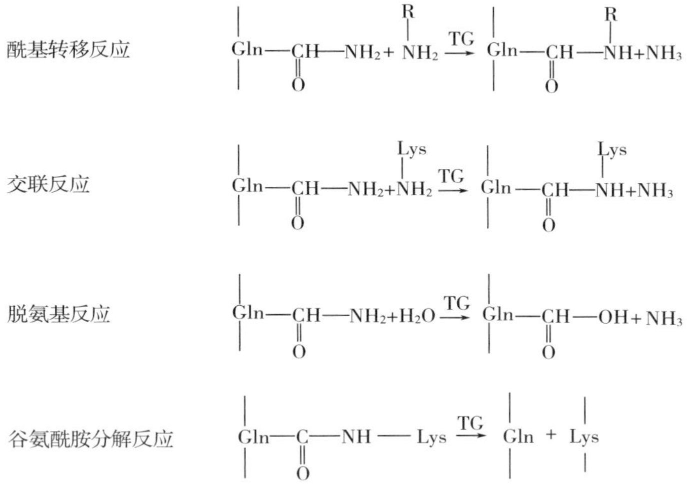

图 6-13　转谷氨酰胺酶的反应类型

1. 酰基转移反应

TG 酶催化肽链中伯氨基与谷氨酰胺残基 γ-羧酰胺基的酰基转移反应。利用此机理可以向蛋白质分子中引入一些限制性氨基酸，弥补生产过程中损失或自身缺失的必需氨基酸，从而提高食品营养价值。

2. 交联反应

交联反应以底物中赖氨酸残基为受体，在酶的作用下与谷氨酰胺残基发生反应，使蛋白质分子内或分子间构成共价异肽键 ε-（γ-谷氨基）赖氨酸。交联反应使蛋白质分子最终形成一个稳定的网络结构。该反应改变了食品的质构，改善了如可溶性、乳化性、气泡性、流变性等与蛋白质相关的性质。目前的实际应用如碎肉重组、火腿肠生产、肉丸加工、面制品加工。

3. 脱氨基化反应

水分子会在底物分子中不存在伯胺时成为酰基受体，此时谷氨酰胺残基进行脱氨基反应。蛋白质的等电点等性质会因此改变。

4. 谷氨酰胺分解反应

TG 酶还能催化谷氨酰胺水解，产物为谷氨酸和赖氨酸。一般情况下，脱氨基化反应的速度比酰基转移反应和交联反应速度要慢，第 4 种反应作为交联反应的逆反应，发生程度应该较低，对食品性质改变也较小。

三、商品 TG 酶概况

TG 酶尚无国家标准或轻工标准，其在食品工业中的应用应符合 GB 1886.174—2016 的要求，详见表 2-1。商品 TG 酶的概况如表 6-7 所示。

表 6-7	商品 TG 酶概况
项目	内容
酶活力定义	在37℃、pH6.0 的条件下，每分钟催化底物生成 1μmol 氧肟酸所需的酶量为一个酶活力单位（U）
液体酶性状	浅黄褐色液体
固体酶性状	白色至浅黄色粉末
商品酶活力	食品级固体酶：100U/g、200U/g 食品级液体酶：1000U/mL、2000U/mL
来源	茂原链轮丝菌发酵生产

隆科特公司 TG 酶的温度性质和 pH 性质如图 6-14 和图 6-15 所示。

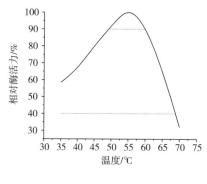

图 6-14　TG 酶温度性质

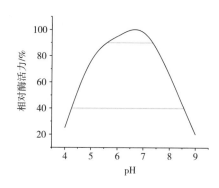

图 6-15　TG 酶 pH 性质

四、TG 酶在碎肉重组制品中的应用

在肉制品加工过程中，大量的碎肉、肉渣被浪费。如何利用好这些碎肉是生产商比较关注的问题。传统的碎肉重组方法，使用食盐、磷酸盐以及热处理共同作用，使肉块粘结在一起；对于常温肉制品来说，通常会冷冻处理，以增强它们的粘结性。现在使用 TG 酶将各种小碎肉粘结成整块肉，制作牛排、猪排、牛羊肉卷等，产品的外观、切片性、质地、香气和风味都得到了改善，在提高原料附加值的同时又提高了营养价值，在添加或不添加食盐和磷酸盐的情况下，TG 酶均能提高重组肉蛋白的凝胶强度。

重组肉制品的生产流程如图 6-16 所示。TG 酶在滚揉阶段添加，酶的使用量取决于肉排尺寸、表面积，一般 1kg 肉用 3~6gTG 酶。如第一章所述，TG 酶的活性中心为半胱氨酸与邻近的天冬氨酸和组氨酸构成的催化三联体，长时间与空气接触容易失活，因此混合好的原料肉装入模具，应在半小时内完成，并加一定压力，将空气排出，在 4~10℃的温度下冷藏 2~6h。应注意，TG 酶溶于水后立即加入肉中，放置时间过长的 TG 酶水溶液会因凝块而无法使用，开封的 TG 酶应尽快使用。

生产注意事项如下所示。

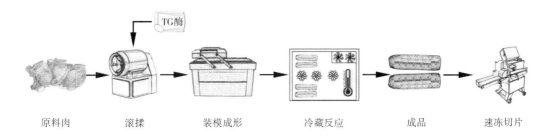

图 6-16　碎肉重组的流程

（1）原料肉的选择　一般选择的肉 pH5.5 左右，有理想的粉红色、硬度和保水性。

（2）保水剂用量　保水剂添加量过多，在速冻切片时形成的冰晶较大较多，降低肉块之间的接触面积，影响 TG 酶作用；此外，保水剂的 pH 对 TG 酶活性也有一定影响。

（3）滚揉　滚揉效果的好坏，在于是否将盐溶蛋白溶出以提供足够的 TG 酶作用底物。一个简单的辨别滚揉效果的方法是：原料肉块表面黏度增加、肉色变光泽。

（4）装模　碎肉之间的紧实度影响其接触面积。

（5）反应时间　4~10℃条件下，建议时间为 2~6h，可根据条件增加或减少黏合时间。

（6）速冻温度　应快速冻结，使得肌细胞来不及脱水便在细胞内部形成冰晶，降低水对黏合作用的负面影响。

五、TG 酶在丸子加工中的应用

肉丸是一种有着悠久历史的传统食品，20 世纪 80 年代中后期，我国食品生产企业借鉴先进的加工设备和技术，使肉丸的制作工艺形成了一整套完整的操作程序。肉丸是一种以新鲜肉为主要原料，经绞肉、斩拌、成形、速冻等工序制作而成，其香嫩柔软、气味浓郁，属于高蛋白、低脂肪的绿色健康食品。

TG 酶在丸子加工中应用，可以增加产品的弹性和脆度、增加收率、提高持水性、增强凝胶强度、提高产品品质。图 6-17 为一种肉丸的生产流程。

1. 原料处理

选择卫生检验检疫合格的新鲜肉，用自然循环空气或流水将原料肉解冻至中心温度0~4℃，要求无硬心，洗干净后控干水分，在绞肉机上绞至直径为 10mm 的肉粒。将大葱、生姜等辅料去皮洗净后在绞肉机中用 10mm 的孔板粗绞备用。

2. 斩拌

按配方准确称取绞制好的肉，倒入斩拌机中，加入 1/2 冰水及除淀粉、香料以外的其他辅料，高速斩拌 2~5min，至肉馅有一定黏性，馅料温度控制在 3~6℃。加入 1/2 的冰水、淀粉、香料以及 TG 酶，低速斩拌 1~2min，最终肉馅光滑细腻、有光泽、黏稠度良好，馅料温度控制在 8~10℃。TG 酶加量 0.1%~0.5%。

3. 成形、反应

将肉料加入肉丸成型机，根据生产规格调节好出料孔径及成型机速度，使制出的丸子

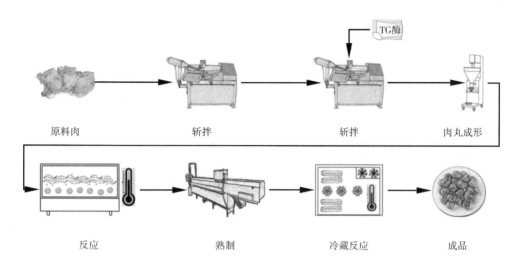

原料肉　　　斩拌　　　斩拌　　　肉丸成形

反应　　　熟制　　　冷藏反应　　　成品

图 6-17　肉丸的生产流程

呈圆形、饱满。将成形机出来的半成品立即放入 45~55℃ 的热水槽中，使 TG 酶反应 15~20min，然后升温至 65~70℃ 浸煮 3~5min 定形。

4. 熟制

成形后在 85~90℃ 的热水槽中煮制 5~10min 即可。为保证煮熟并达到杀菌效果，肉丸的中心温度应达到 72℃，并保温 3min 以上。煮制时间不宜过长，否则会导致肉丸出油而影响风味和口感。

5. 冷却

肉丸煮熟后，立即进入预冷室进行冷却，预冷室温度 0~4℃，冷却至肉丸中心温度至 8℃ 以下。预冷室的空气需用清洁的空冷机强制冷却，冬季可自然冷却后再入预冷室冷却，以节约能耗。将冷却的丸子转入速冻库速冻，库温 -35℃ 以下，时间 24h。肉丸的中心温度迅速降至 -18℃ 以下。

6. 成品检验

速冻后的肉丸放入塑料包装袋中，用封口机密封，打印生产日期等，迅速送入 -18℃ 冷库保存。产品自包装至入库时间不得超过 30min。按国家或企业标准，进行产品重量、性状、色泽、味道等感官指标和微生物指标检验，检验合格方可出厂。

六、TG 酶在肠类制品中的应用

肠类制品是指以肉为原料，经搅碎或切丁、腌制或不腌制、加入辅料斩拌或滚揉、充填入肠衣，再经晾晒或直接蒸煮等工艺制成的肉制品。肠类制品的种类繁多，我国各地生产的肠类制品至少也有上百种。按照加工工艺的不同，可将肠类制品分为中国腊肠、发酵香肠、生鲜香肠、熏煮香肠和火腿肠等。图 6-18 是火腿肠制作的一般流程。

火腿肠的制作方法较为成熟，并且其加工工艺与肉丸的制作有很多相似之处（主要差别在于成形），读者可以很方便地找到实用的生产方法。

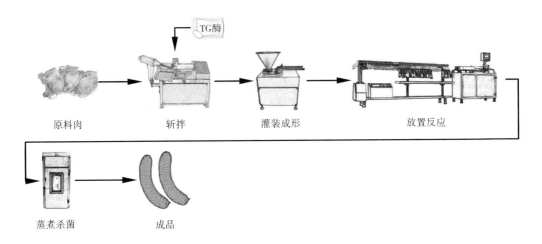

图 6-18　火腿肠工艺流程

很重要的一点是，在添加剂的选择中，复合磷酸盐和塑性增稠剂的选择可以使丸子品质和出品率得到保障。但是随着人们保健意识的增强，"低盐、低糖、低脂肪、高蛋白"的肉制品越来越受到人们的关注。在传统的肉制品行业中，食盐、磷酸盐、硝酸盐等是必不可少的。现在在肉制品中添加 TG 酶，能降低这些添加剂的使用量，同时还可以保持肉制品原有的风味。例如，将香肠中的食盐量降为 0.4%，TG 酶添加量为 0.25%，这种香肠的感官特性与添加 1.7%食盐的香肠完全相同；添加 3%磷酸盐的香肠与不加磷酸盐只加谷氨酰胺转氨酶制剂的香肠相比，其香肠的抗裂性等指标完全相同。谷氨酰胺转氨酶在肉制品中完全可以起到磷酸盐类添加剂在增加肠馅内聚力、保水性等方面的作用。

七、TG 酶在乳制品中的应用

酪蛋白是乳蛋白的重要成分，与乳制品性质密切相关，其中含有大量 TG 酶催化的良好底物。酸奶生产时添加 TG 酶，可替代或部分替代其他增稠剂如淀粉、蛋白质的用量，降低生产成本，也可显著提高酸奶凝胶强度，减少乳清析出，另外还能增强酸奶的耐热性、持水能力等性质。

乳品中的 α-乳清蛋白和 β-球蛋白也是 TG 酶的良好底物，经催化后可以与酪蛋白交联在一起，在奶酪生产中提高得率，这种方式克服了使用明胶的缺点，有利于生产稳定。

由于 TG 酶的使用位置在原料乳发酵工段，因此这里以酸奶为例，说明 TG 酶在乳制品加工中的使用效果。奶酪制品的生产请见本篇第三章的凝乳酶部分。

1. TG 酶加量

将灭菌后的原料乳按质量的 0.1%接种酸奶发酵剂，分别按照 0U/g 原料、0.05U/g 原料、0.10U/g 原料、0.15U/g 原料、0.20U/g 原料、0.25U/g 原料添加 TG 酶，在 43℃条件下发酵 12h。发酵结束放入 4℃冰箱贮藏，贮存 12h 后检测，结果如表 6-8 所示。

表 6-8　　　　　　　　　　　　　TG 酶对酸奶品质的影响

参数 ＼ TG 酶加量	0	0.05U/g	0.10U/g	0.15U/g	0.20U/g	0.25U/g
凝胶强度/（g/cm²）	17.33	43.33	45.00	49.33	46.67	45.33
乳清析出率/%	1.13	0.77	0.54	0.56	0.64	0.94
持水力/%	65.28	73.26	72.99	73.48	70.78	67.96
表观黏度/ηa	1180	1480	1308	1372	1252	1268
感官得分　风味和口味	44	54	49	49	49	49
感官得分　组织状态	25	29	29	29	29	24
感官得分　色泽	5	4	3	3	3	3
感官得分　总分	74	87	81	81	81	76

2. 结果分析

由上表可以看出，加入 TG 酶后的酸奶凝胶强度明显提高，最大值提高了 2.85 倍；与不添加 TG 酶相比，加酶后酸奶的乳清析出率有所降低，当加量为 0.20U/g 原料时，乳清析出率开始呈现回升趋势；加 TG 酶后酸奶的持水能力有所提高，但当用酶量为 0.25U/g 原料时，增加幅度已不明显；表观黏度方面，加酶后有所提高，但随着加酶量的增加，呈逐渐降低的趋势。从感官评价结果可以看出，用酶量为 0.05U/g 原料时酸奶组织细腻、质地均匀、口感幼滑、发酵香味浓郁，随着用酶量的增加，酸奶的色泽开始轻度变暗，风味也较淡寡。

综上，当 TG 酶用量为 0.05U/g 原料时，对酸奶品质的提高最明显，其中凝胶强度提高 250%，持水力提高约 7%，乳清析出率降低 0.56%，表观黏度提高 300ηa，感官评分时表现出更佳的风味、口味和组织状态。

八、TG 酶在千叶豆腐生产中的应用

千叶豆腐是以大豆分离蛋白及淀粉为主要材料制作而成，是一种高蛋白、低脂肪的美食，它不仅保持了豆腐原本的细嫩，更具备特有的嚼劲和爽脆感。TG 酶能够显著提高大豆分离蛋白的保水和保油效果，提高豆制品的弹性和韧性，是制作千叶豆腐不可缺少的原料之一。图 6-19 是生产千叶豆腐的一般流程。

1. 斩拌

斩拌可细分为两个阶段：第一阶段先将大豆分离蛋白、冰水斩拌约 3min，将分离蛋白打散成肉眼看无颗粒、光滑细腻的状态；然后慢速加入 TG 酶再转为快速，斩拌 2min，使膏状物均匀、无粗糙感。第二阶段边慢速斩拌边加入色拉油转为快速，斩拌 3~5min，乳状物由淡黄色变为乳白色，无油脂析出，光滑无肉眼可见颗粒，然后加入淀粉、味精、白糖等调味料快速斩拌 2~5min，充分搅拌均匀，温度控制在 12℃以下。上述原辅料的比例可参考表 6-9 的配方。

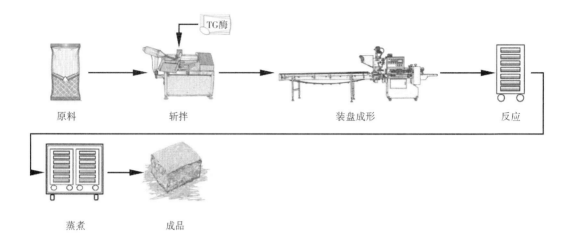

原料　　　　斩拌　　　　　　装盘成形　　　　　　反应

蒸煮　　　　成品

图6-19　千叶豆腐生产流程

表6-9　　　　　　　　　　千叶豆腐参考配方

成分	质量分数/%	成分	质量分数/%
大豆分离蛋白	11.84	味精	0.12
大豆油	5.92	玉米淀粉	4.52
食盐	0.16	冰水	76.94
糖	0.31	TG酶	0.20

2. 装盘成形

将打好的浆液倒入托盘中，厚度约4cm为宜，表面盖上薄胶布，移入冷藏间在4~10℃条件下定形6~12h，至半成品有弹性及爽脆即可。装模速度要快，确保无大的气泡产生。

3. 蒸煮

80~90℃蒸煮30~60min，使产品中心温度大于75℃。

4. 成品保存

将蒸煮后的半成品冷却至常温后切块，经速冻后包装，然后移入冻库贮存，冷藏温度在-18℃左右。

九、TG酶在面制品加工中的应用

麦胶蛋白、麦谷蛋白、面筋蛋白都是小麦粉中主要蛋白质，是TG酶的良好反应底物，由于催化形成的共价键耐热性良好，因此经过TG酶改性后面制品的弹性、乳化性、起泡性和保水性都得到了提高。

在烘焙食品的生产中，TG酶可以同时起到乳化剂和氧化剂的作用，适当的加量可改善面团稳定性，使面包内部组织结构均匀、比容增加等，从而整体提高烘焙食品品质，目前TG酶在面包加工中的应用已非常广泛。

在面条生产中，TG催化交联形成的蛋白质热稳定性好，在蒸煮后强度和弹性均能保持更长时间；另外，由于面筋网络结构得到加强，可以更好地包裹面粉，因此降低了面条在蒸煮时进入沸水中的干物质比例。

在速冻饺子等生湿面制品生产中，TG 的使用可改善水饺皮的白度和开裂率，同时增加透明度、咀嚼度和光滑度，进一步证明 TG 酶的添加对面团的流变性、质构等有一定的改善。

隆科特 TG 酶在面制品加工中的推荐用量为 0.01~0.04U/g 面粉，在和面操作时加入。

第五节　核酸酶

一、概述

核酸酶（3′-二磷酸-5′-鸟苷水解酶，E.C. 3.6.1.72）又名 5′-磷酸二酯酶，该酶作用于 RNA 或 DNA 单链中 3′-碳原子上的羟基与磷酸形成的磷酸二酯键，得到 5′-核苷酸。5′-核苷酸具有很好的营养保健作用，其中 5′-腺苷酸（5′-AMP）和 5′-鸟苷酸（5′-GMP）是一种天然的风味增强剂，能够明显改善或提高产品的风味特性，并且 5′-AMP 还可以在脱氨酶的作用下转化为风味增强效果更好的 5′-肌苷酸（5-IMP）。

以往根据催化的化学反应，酶被划分为 6 大类。然而这 6 大类酶中并未涉及能够催化离子或分子跨膜转运或在膜内移动的酶，如有些涉及 ATP 水解反应的酶被归为水解酶类（E.C. 3.6.3.-），但是水解反应并非这类酶的主要功能，因此国际生物化学与分子生物学联盟命名委员会（NC-IUBMB）于 2018 年 8 月发布消息，在原来 6 大类酶的基础上再增加易位酶为第 7 大类酶。易位酶（E.C. 7）即催化离子或分子跨膜转运或在细胞膜内易位反应的酶。具体什么酶应被包括在这第 7 大类酶中，未来可能还会进行修正，随着核酸酶反应类型的研究进展，不排除其具有易位酶的催化性能，如一种 P 型 H^+ 输出转运蛋白（E.C. 7.1.2.1）可能与核酸酶有同源性。

目前核酸酶主要应用于两个领域：一是分子生物学领域，在该领域中要求使用高纯度的核酸酶 P1，其在国内外很多试剂公司都能买到；另一个重要领域就是医药核苷酸及食品呈味核苷酸的生产，即将核酸降解为 5′-核苷酸。在呈味食品的生产中，核酸酶水解核酸产生的 5′-核苷酸是食物鲜味的主要成分。目前，核酸酶已产业化生产，也有酵母抽提物生产商自产自用。该酶尚无国家标准或行业标准，具体要求可参照 GB 1886.174—2016执行，详见表 2-1。商品核酸酶的概况见表 6-10。

表 6-10　　　　　　　　　　　商品核酸酶概况

项目	内容
活力定义	在 68℃、pH5.0 的条件下，以 3% 酵母核糖核酸为底物，每分钟生成的核苷酸量在 260nm 处吸光值的差值为 1.0 时，定义为一个酶活力单位（U）
固体酶性状	白色至淡黄色粉末
商品酶活力	5×10^4 U/g
来源	橘青霉发酵生产

二、特性

核酸酶的温度性质和 pH 性质曲线如图 6-20 和图 6-21 所示。

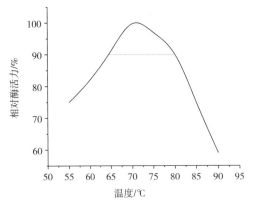

图 6-20 核酸酶温度特性

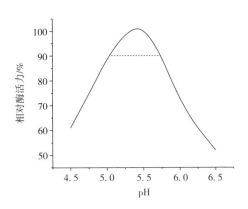

图 6-21 核酸酶 pH 特性

三、酵母抽提物的酶法生产

1. 酵母抽提物介绍

酵母抽提物是以面包酵母、啤酒酵母或葡萄酒酵母为原料，采用自溶或加酶水解工艺，经分离、脱色（或浓缩、喷雾干燥）制成的，含氨基酸、肽、核苷酸以及酵母水溶性成分的产品。

酵母抽提物含有 18 种以上的氨基酸，氨基酸平衡，且富含谷物蛋白所缺少的赖氨酸，同时还含有丰富的 B 族维生素、微量元素、谷胱甘肽、核酸等营养成分，并且不含胆固醇。在国外，酵母抽提物已经被广泛用于婴幼儿和老年人食品、营养强化剂、保健食品中。

酵母抽提物发展迅速，可成为一种重要的食品添加剂来源，最重要的原因在于酵母抽提物特有的调味特性。酵母抽提物含有丰富的氨基酸、低分子肽、呈味核苷酸和挥发性芳香化合物等组分，这些组分的作用使酵母抽提物呈现出浓郁的肉香，并且酵母有高含量的呈味核苷酸 5′-鸟苷酸以及 5′-肌苷酸，这两种核苷酸和传统的鲜味剂谷氨酸盐具有鲜味协同增效作用，能够使谷氨酸盐的鲜味成倍增长。作为一种重要的天然调味基料，酵母抽提物已经在调味品加工领域得到广泛的应用。

另外，需要指出的是，酵母抽提物和作为发酵原料使用的酵母浸膏不同，酵母浸膏是酵母菌体的集合物，而酵母抽提物是对酵母细胞内组分进行分解抽提制得的一种新型呈味物质。酵母浸膏是作为食品发酵的原料之一，本身不具备显味特性。

2. 酵母抽提物的生产

酵母抽提物的生产原料包括面包酵母、啤酒酵母、葡萄酒酵母等，我国主要以面包酵母为原料生产酵母抽提物，如湖北宜昌的"安琪"、广东的"一品鲜"。欧美国家主要以啤酒生产的下脚料为原料来生产酵母抽提物，我国是啤酒大国，啤酒产量连续多年位居世界第一。2019 年我国啤酒废酵母的总量达 6 万 t，这些废酵母主要用于饲料中，也有一部分直接排放于环境中，不仅浪费资源，并且对环境也造成了污染。所以对啤酒酵母抽提物的研究，也是国内研究的热点之一。

酵母抽提物的生产方法主要有 4 种：自溶法、外加酶水解法、酸水解法、机械磨碎法。工业上主要采用前两种方法，其中酶解法制备酵母抽提物的工艺流程如图 6-22 所示。

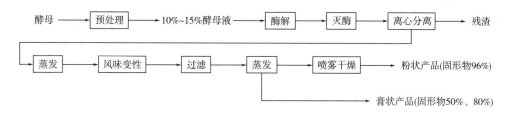

图 6-22　酶解法制备酵母抽提物主要流程

（1）预处理　对于啤酒酵母，因为酵母中含有麦芽根、酒花、残余啤酒等各种杂质，所以需要对原料进行预处理。其方法是向啤酒酵母中加 2 倍体积的水，搅拌均匀，采用 70 目筛筛除杂质，然后加 2 倍体积 0.5% 的 $NaHCO_3$ 溶液，搅拌均匀、离心分离，去除上清液；再依次用 2 倍体积的水和 0.5% 的 $NaHCO_3$ 溶液进行洗涤，最后用水洗至中性。脱苦后的啤酒酵母，加水调成 10%～15% 的浆液，加入 5% 的酒精，一方面可防止由杂菌引起的腐败，另一方面也具有一定的促溶作用。

（2）酶解　成熟酵母菌细胞壁质量占细胞干重的 25% 左右，其主要成分为酵母纤维素，它呈三明治结构：外层为甘露聚糖，内层为葡聚糖，中间夹杂着一层蛋白质。有些酵母还含有少量的几丁质。

在酵母自溶过程中，酵母细胞壁很少降解，只是发生某些结构上的变化，从而使酵母细胞壁的通透性增加，有利于降解产物及酵母内部的小分子物质通过扩散作用渗入介质中。因此，通过破壁处理可以对酵母细胞壁进行一定程度的破碎，诱导及促进酵母自溶，加强扩散作用，提高得率及产品氨基氮的含量。常见的破壁方法有碱处理、高压均质、超声波处理、破壁酶处理等。

酵母破壁中用到的酶包括纤维素酶、β-葡聚糖酶、甘露聚糖酶等，通过这些酶的作用，可以使细胞壁上的孔隙增大，细胞壁疏松，有利于细胞内生物大分子的溶出，从而提高酵母抽提物的收得率。除破壁酶外，酵母抽提物生产中还可以使用蛋白酶、葡萄糖氧化酶和核酸酶。

在酵母自溶过程中，RNA 的酶解是非定向的，其产物也较多，可能为 5′-核苷酸，也可能为 3′-核苷酸，即使生成了 5′-核苷酸也会在酵母自身体内 5′-核苷酸酶的作用下进一步分解为核苷和碱基，最终导致产品中 5′-IMP 及 5′-GMP 呈味核苷酸的含量偏低。在酵母抽提物工业化生产中，呈味核苷酸的含量是至关重要的，所以一方面，可以通过调整酶解条件控制 RNA 的水解方向；另一方面，通过加入 5′-磷酸二酯酶和腺苷酸脱氨酶，可以将 RNA 定向水解为 5′-核苷酸，同时将 5′-AMP 降解生成呈味核苷酸 5′-IMP，从而提高呈味核苷酸的含量。

酶解前先将酵母浆的 pH 调至 6.0 左右，在 50~55℃ 条件下酶解 12~20h。其中破壁类酶制剂的加量约为酵母干重的 0.02%~0.05%；蛋白酶可以选择中性蛋白酶、碱性蛋白酶、风味中性蛋白酶、氨基肽酶、木瓜蛋白酶中的一种或几种，总加量为酵母干重的 0.2%~0.5%；核酸酶的加量为酵母干重的 0.1%~0.5%。

3. 灭酶等步骤

酶解结束后，可以迅速升温至 80℃，保温 10min，一方面达到灭酶的效果，另一方面可以促进美拉德反应的发生，从而赋予产品特殊的肉香味。灭酶的半成品冷却至常温，通过离心或过滤除去沉淀物，得到澄清液，再经过真空蒸发与喷雾干燥后，得到粉状的酵母抽提物。

参考文献

［1］陈凤鸣，马杰，陈清华，等. 葡萄糖氧化酶及其在猪生产中的应用研究进展［J］. 饲料工业，2017，38（2）：25-29.

［2］陈清华，陈凤鸣，肖晶，等. 葡萄糖氧化酶对仔猪生长性能、养分消化率及肠道微生物和形态结构的影响［J］. 动物营养学报，2015，27（10）：3218-3224.

［3］张东旭，堵国成，陈坚. 微生物过氧化氢酶的发酵生产及其在纺织工业的应用［J］. 生物工程学报，2010，26（11）：1473-1481.

［4］厉成宣. 固定化过氧化氢酶对 H_2O_2 的催化分解［D］. 无锡：江南大学，2008.

［5］刘芳，张双，吕玉翠，等. 固定化漆酶在循环冷却水系统除油中的应用［J］. 石油学报（石油加工），2016，32（3）：637-644.

［6］季立才，胡培植. 漆酶的结构、功能及其应用［J］. 氨基酸和生物资源，1996，18（1）：25-29.

［7］施磊，黄洁，张瑞平. 漆酶在染整加工中的应用［J］. 纺织科技进展，2012，3：5-8.

［8］张学全. 肉制品加工技术［M］. 北京：中国科学技术出版社，2013.

第二篇

酵　素

第七章　概述

第一节　酵素的基本知识

一、酵素的定义、分类及起源

酵素是以动物、植物、菌类等为原料经微生物发酵制得的含有特定生物活性成分的产品。酵素（Enzyme）一词源于日本，据日本学者山内慎一所著《保健食品袖珍典》（保健食品ミニバブル）记述，"酵素"在日本的原名"植物酵素エキス"，翻译成中文是"植物之酶的提取物"或"植物酶提取之精华"，是用各类植物作原料，用乳酸菌或酵母菌发酵所制成的发酵食品。目前的酵素多是由水果、蔬菜、藻类等发酵而成的一种功能食品，并非纯粹的酶，而是富含包括酶在内的多种活性成分，如维生素、氨基酸、有机酸、低聚糖等。

酵素按应用领域划分可分为食用酵素、环保酵素、日化酵素、饲用酵素、农用酵素及其他酵素；按产品形态分类可分为液态酵素、半固态酵素和固态酵素；按照生产工艺分类包括纯种发酵酵素、群种（混菌）发酵酵素、复合发酵酵素；按其原料种类分为植物酵素、菌类酵素、动物酵素以及其他酵素。

人类对酵素的无意识应用可以追溯到远古时代。中国早在4000多年前的夏禹时代，酿酒就已经盛行；3000多年前的周朝，中国人就会利用麦曲将淀粉降解为麦芽糖制造饴糖；2500多年前的春秋战国时期，中国人的祖先用酒曲来治疗肠胃病，用鸡内金治疗消化不良等。凡此种种，说明虽然古人并不知道酵素是何物，也不了解其性质，但根据生产和生活经验累积，已经把酵素应用到相当广泛的程度了。

自1985年爱德华·贺威尔博士发现酵素与人类及健康的关系以来，各国人们才开始重视酵素食品的摄取，并热衷酵素食品的养生理念。酵素的商业化大生产始于20世纪的日本，在日本应用50多年至今劲头不减，并以"生命之源"的美誉受到日本消费者深爱。酵素从2007年开始进入中国大陆市场，销售模式以代购、网店、直接零售为主。

二、酵素的成分

酵素的功能取决于所用原料品种、比例以及发酵菌种，概括来说其功能性成分主要有以下几类。

（一）抗氧化成分

肌体新陈代谢过程中产生的活性氧是导致心血管病和癌症的主要原因，活性氧最终通过人体内的超氧化物歧化酶（SOD）和过氧化氢酶（CAT）来清除。酵素中含有丰富的黄酮类化合物、酚类化合物及其衍生物、皂素、维生素 A、维生素 C 及维生素 E、胡萝卜素等抗氧化成分，和含锌、铜的超氧化物歧化酶以及含硒的谷胱甘肽过氧化物酶，能够有效地保护肌体免受氧化伤害。

（二）酶

酵素的主要功效酶包括淀粉酶、脂肪酶、蛋白酶和超氧化物歧化酶。前 3 种酶的作用原理请读者参考第一篇相关章节。超氧化物歧化酶是一种能催化超氧阴离子自由基发生歧化反应的特殊金属酶，它能有效清除体内超氧阴离子自由基、羟自由基和过氧化氢等活性氧，是细胞防御系统中的主要抗氧化酶，具有防氧毒性、防衰老、抗辐射及消炎和抗肿瘤等功效。

（三）维生素和矿物质

维生素是维持身体健康所必需的一类有机化合物，主要作为人体中重要代谢酶的辅酶。这类物质由于体内不能合成或合成量不足，所以虽然需要量很少，但必须经常由食物供给。酵素中除含有抗氧化功能的维生素外，还含有维生素 B_1、维生素 B_2 等。

酵素的矿物质元素主要来自原料本身，也可以另外添加，其中钙、磷是身体中含量最多的矿物质元素，是维持肌体正常运作所不可缺少的。

（四）肽与氨基酸

这两种成分来自原料蛋白质和菌体蛋白质的降解。其中肽是蛋白质降解的中间产物，具有较好的消化性，还有降血压、醒酒、抗疲劳等作用；氨基酸是蛋白质降解的最终产物，是酵素中重要活性成分，能够促进肌体的新陈代谢，帮助受损组织修复。

（五）有机酸

有机酸是酵素的主要风味成分之一，对酵素的味道、颜色、香味和稳定性具有很大影响，同时也是酵素发挥生理作用的重要组分。根据酵素的品种不同，其含有的有机酸的成分和含量也有所不同。有机酸种类主要有酒石酸、乙酸、柠檬酸、咖啡酸、绿原酸等。

（六）益生菌和益生元

益生菌是一类对宿主有益的活性微生物。酵素原料在多种有益菌的共同作用下，不但发酵产生了新的生理活性物质和次级代谢产物，同时作为"加工工厂"的益生菌也存留在酵素之中，继续发挥功效。酵素中所含的益生菌主要包括酵母菌、乳酸菌、醋酸菌、曲霉和某些芽孢杆菌。

益生元也是酵素中主要成分之一，主要包括低聚木糖、低聚果糖、低聚半乳糖等。其来源为益生菌和酶对原料中相关物质的水解，其水解过程及益生原理请读者参考第四篇相关章节。

三、酵素的生产及应用

（一）酵素的生产

酵素目前大部分是以各种植物、菌类为原料，包括谷物、果蔬、菌菇、中药材、豆类等，依靠多种菌种进行发酵。目前分为传统发酵和现代发酵。传统发酵一般多是自然发酵，依靠天然的微生物，在一定温度下，经过数十天甚至数百天的天然发酵，形成了特定的有益菌群、微生物、酶和活性肽等物质，但是很多发酵条件是不可控的。现代发酵选择优良菌种，纯种培养优良的菌种，进行接种扩培，使用自动化标准化设备，在条件可控的情况下进行发酵，即培养了菌种，又获得了发酵产物。

我国传统酿酒过程中，白酒所用的大曲、小曲、麸曲，黄酒生产所用的酒药，食醋生产所用的曲块、小曲、麸曲、红曲等，涉及众多微生物，主要是霉菌、酵母、细菌、乳酸菌、醋酸菌等。在多种微生物作用下，使淀粉质原料在一定工艺条件下，产生白酒、黄酒、食醋，同时也会产生香气物质，以及多种氨基酸和维生素等。

我国名白酒——董酒，在制曲过程中，采用中草药和大曲、小曲相结合，产生了52种萜烯类化合物，具有抗癌、抗病毒、抗氧化等功能。黄酒中含有丰富的蛋白质、多种必需氨基酸、丰富的无机盐及微量元素。食醋也是一种对健康有益的食品。

我国传统食品，包括白酒、黄酒、食醋、酱类、豆豉、腐乳、酱油等，不但具备调味功效，还具有一定营养价值，是人们生活中不可缺少的食物。其生产过程都是采用原料选择、制曲和发酵过程，都是利用有益微生物生理活动及代谢物质形成"色、香、味、体、卫"的过程，发酵过程分为两部分：第一步为大分子降解，第二步是代谢产物的形成。发酵过程中，淀粉转化为糖类，蛋白质降解为肽和氨基酸，脂肪降解为甘油和脂肪酸。这些代谢产物在发酵过程中又转化为酒精、低聚肽、氨基酸、醋酸、香气物质等。

因发酵过程是一个复杂的生化过程，在生产时需要加强原料的控制，应选择无霉变、无腐烂的原料进行酵素生产，这样一方面可以降低染杂菌的概率，另一方面可以减少微生物毒素对酵素生产菌的抑制，提高成品质量。另外，要用科学的配料方法，在干净、安全、无菌的环境中进行发酵，加强管道、阀门、热交换器等设备的卫生清洁工作，不留死角。发酵结束达到预定的目标，产品须经过无菌过滤才算完成。

（二）酵素的应用

按照酵素产品的应用领域，可将其分为如下种类，如表7-1所示。下面的章节中，将会按照此应用领域介绍主要酵素产品的生产工艺以及应用效果和应用方法。

表7-1　　　　　　　　　　　　产品应用领域分类表

酵素产品分类	产品示例
食用酵素	苹果酵素、糙米酵素、香菇酵素、玫瑰花酵素、桑葚酵素、益生菌酵素等
环保酵素	除臭酵素、空气净化酵素、水体净化酵素等

续表

酵素产品分类	产品示例
日化酵素	洁面酵素、护肤酵素、口腔护理酵素、洗涤酵素等
饲用酵素	宠物酵素、饲料酵素
农用酵素	促生长酵素、驱虫酵素、抗病酵素、土壤改良酵素
其他酵素	以上未涵盖的酵素产品

第二节　酵素产业的发展概况

一、酵素产业的现状

(一) 整体酵素的产业结构及发展现状

按照《酵素产品分类导则》定义，目前我国市场上的许多产品特别是生物发酵产品都属于酵素产品，比如酱油、醋、酱、腌渍菜、氨基酸、有机酸、酶制剂、有机肥等。其中传统发酵食品产业年产值约为 2800 亿元，生物发酵产业年产值约 3100 亿元，生物有机肥产业年产值约 900 亿元，发酵饲料产业产值约 1200 亿元，现代酵素产业年产值约 120 亿元。

图 7-1 是 2016—2018 年间相关发酵产业的产值比例，图 7-2 是 2016—2018 年相关发酵产业的平均增长率。由这两幅图可知，在相关的发酵行业当中，现代酵素所占产值还比较小，但现代酵素的平均增长率却是远高于传统发酵行业。造成这种情况的原因主要是传统行业发展历史较长，产业发展完备，市场需求稳定。而现代酵素则不同，现代酵素发展历史仅十余年，正是处于由小到大、由弱变强的阶段，因此虽然产值较低，但发展迅速，富有生命力，未来必将增长到较高的份额和产值。

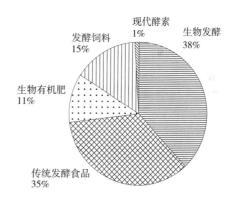

图 7-1　发酵相关产业的产值比例

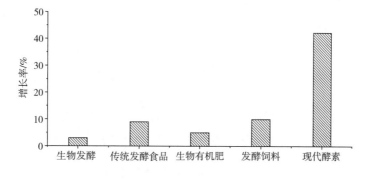

图 7-2　酵素相关产业增长率

新型生物发酵制品

（二）现代酵素的产品结构及发展现状

酵素产品中饲用酵素和农用酵素在我国均有较长的发展历史，且技术一直在进步，环保酵素刚刚起步，前景非常广阔，但目前尚没有到达规模化应用阶段，食用酵素和日化酵素发展十数年，应用已比较广泛。

现代酵素在2007年开始兴起，由日本传入我国台湾地区，然后再由日本和我国台湾地区传到我国大陆，进而辐射东亚和美澳地区，近年来才开始在中国大陆市场升温，目前正处于蓬勃发展的阶段。

每年全球酵素消费约55亿美元，其中国大陆消费达到11.4亿美元，接近80亿元人民币。中国酵素消费量已经在全球占有较大份额，但同中国庞大的人口数量是不匹配的，这也表示中国的酵素市场还没有饱和，市场前景还很广阔。图7-3是2016—2018年全球酵素消费市值的比例，东亚地区的酵素消费占全球大多数。

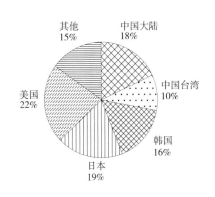

图7-3 全球国家或地区酵素消费市值比例

我国市场所消费酵素的原产地变化不大，但各原产地所占的市场份额有所变化，如图7-4所示。最初，酵素的主要产地是在日本，后来考虑到中国台湾地区气候适宜优质水果生长，日本人来到中国台湾地区建设工厂进行酵素生产，从而带动中国台湾地区酵素产业的发展。2012年，我国销售的酵素主要是由中国台湾地区和日本生产的。

经过近10年的市场历练和产业发展，随着我国酵素消费能力的提升，酵素生产能力也得到巨大提高。目前，国内市场上的酵素近7成由中国大陆生产，中国台湾地区和日本的市场份额已经大大减少。

这种情况主要由以下几方面原因导致。

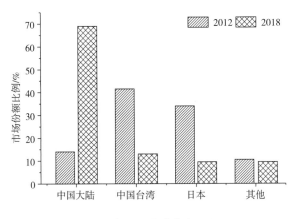

图7-4 我国市售酵素来源变化

（1）随着国内政策发展优势和国内市场规模的不断扩大，刺激酶素产业在国内发展壮大。

（2）由于本国和地区经济形势发展，加上日本酶素天然原料品质受到冲击，不被用户看好，酶素产业逐渐转移到国内。

（3）近年来，国内企业开始加大力度研发生产适合中国人体质的酶素产品，是根据中国人的饮食习惯和环境与健康状况综合考量研发的，更符合中国人体质和健康需求。

（4）中国大陆地区优质的果蔬酶素原料有利于酶素产业发展。

（5）酶素产业作为新型产业，吸引许多企业加入，但由于门槛较低，导致一些低质企业大量加入。

国内现代酶素市场中产品种类繁多，但总体上可以分为两类：食用酶素和日化酶素。其他酶素在市场中比例不大，影响较小。2016—2018 年国内不同类别酶素的平均市场占比如图 7-5 所示，其中食用酶素占目前消费额大约 43%，日化酶素占 51%，其他占约 6%。

当前酶素的代表类别其实是食用酶素，人们往往提起酶素就会想到食用酶素。食用酶素与人们生活饮食密切相关，发展空间及增长潜力巨大，食用酶素种类主要包括酶素粉、酶素液、酶素果，其他还包括酶素糖果、酶素果冻、自制酶素用品等，但比例较小。

一般人们认为酶素主要以酶素液为主，但实际上，酶素粉所占市场份额最大，占到四成，酶素液占有近两成，酶素果以酶素梅为代表产品，占到 16%，酶素压片糖占 15%（国内市场不允许）。2016—2018年，不同类别食品酶素的市场份额如图 7-6 所示。

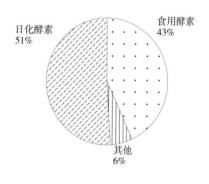

图 7-5　国内不同类别酶素的市场占比

市场中食用酶素价格差别较大，酶素粉均价约 150 元，净含量 150g 左右。酶素液均价约 400 元，净含量 1000mL 左右，酶素果均价 60 元，酶素片或胶囊均价约 200 元。

从图 7-4 可以看到，目前国内消费的酶素产品大多数都是由国内生产，但是不同地区生产的酶素产品类型并不一致。国内生产的酶素产品同国内消费的酶素产品基本类型较一致，但酶素胶囊和片剂生产较少。中国台湾地区以酶素粉产品为主。日本主要生产酶素胶囊或片剂（在中国不允许）和酶素粉产品，其中又以酶素胶囊或片剂产品为主。不同地区产品类型的差别受到市场影响，但也和产品技术水平有关，这值得我国酶素产品生产企业研究。

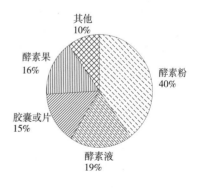

图 7-6　不同类别食品酶素的市场份额

食用酶素品牌数量较多，目前市场上大约有 600 多个品牌，其中中国大陆占 2/3。排名前十的品牌销售总额大约占市场总额一半，这说明行业集中程度仍然较低，后入企业仍然有较大的机会。国内食用酶素行业还没有"巨无霸"品牌产生。

日化酵素产品主要有底液类、面膜类、衣物清洁类和牙膏类，产量以衣物清洁类和牙膏类为主，但市值以底液类和面膜类为主。这在一定程度上反映了产品价格：底液类和面膜类等化妆品，定价相应偏高；以洗衣粉、洗衣液、牙膏为代表的普通消费品，定价一般较低。日化酵素的类别及市值对比如图7-7所示。

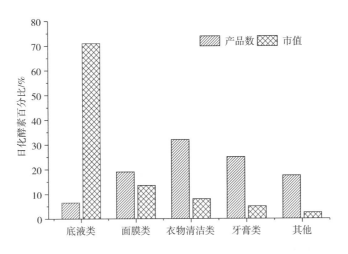

图7-7 日化酵素类别及市值对比

日化酵素品牌数量较少，主要品牌数量不足一百。前10品牌销售额占总数的98%以上。这也说明日化酵素行业集中度高，品牌竞争激烈。但是，日化酵素大多为添加一定量的酵母提取物，技术简单。因此，目前的日化酵素竞争实质上就是日化企业的竞争。

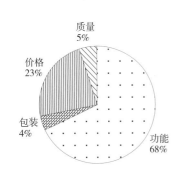

图7-8 国内酵素消费者关心问题

与普通食品产品相比，酵素经过微生物发酵，成本略高，加上商家诱导，导致酵素产品价格高出普通产品价格。消费者比较关心酵素产品的功效、价格、服用方式和口味，有68%的消费者关心产品功能效果，23%关心产品价格，5%关心质量，4%关心包装情况，如图7-8所示。

虽然消费者非常注重产品的功能效果，但价格仍然影响到产品的销售情况，在高收入地区，酵素产品的销售量要比低收入地区高许多。在我国，收入和消费水平较高的华东和华南地区消费了我国一半以上的酵素，如图7-9所示。

酵素的购买渠道比较多样化，食用酵素购买渠道主要以线上、线下、代购为主。线上仍然是目前酵素的主要销售渠道，其中以天猫、淘宝、京东等平台为主，微商占有一定比例，线下以超市、美容院、健身会所、药店为主。随着近年来国产酵素产业发展，国产优秀品牌的出现，海外代购有所减少。

二、现代酵素产业存在的问题

酵素在中国大陆起步较晚，近几年才开始工业化生产，虽然取得较快发展，但依然存在着一些突出问题和制约因素。

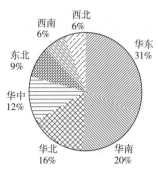

图 7-9　国内不同地区的酵素消费

1. 社会对酵素产品的认知度不统一，部分企业误导消费者

部分企业利用广大消费者越来越注重养生的客观需求，夸大乃至虚假宣传，把酵素食品宣传成了保健品甚至包治百病的药品，误导消费者对酵素功能的正确认知，在很大程度上扰乱了酵素行业的健康发展，导致当前酵素行业乱象丛生。

2. 监管和自律机制不健全，经营环境较混乱

有些不良厂商为了牟取暴利，打着酵素的名义，不惜生产假冒伪劣产品充斥市场，这些产品或原材料单一，或设备简陋，或工艺水平不达标，或添加违法物质。

3. 产业政策引导不足

酵素产品分类广、品种多，涉及多行业、多领域、多部门，目前缺乏有关行业调研、部门协调、科技创新、政策制定、国际合作、人才资源等相关政策的引导，以推进产业良性有序发展。

4. 研发力度相对不足

国内从事酵素研究的科研人才较少，酵素产品的基础研究薄弱，缺少理论支撑，对产品成分和功效研究相对滞后。

5. 生产规模小，产品品质参差不齐

目前中国大陆酵素生产企业小而散，多数企业存在生产技术不规范的问题，因此产品品质良莠不齐，缺少研发实力强、生产水平高的酵素企业。

6. 酵素产品相关知识产权重视不够，市场同质化严重。

三、现代酵素产业的发展趋势

经过十数年的发展，我国酵素产业得到了社会各行业的广泛关注，行业整体呈现如下发展趋势。

1. 标准法规的建设越来越完善

2018 年 12 月，经工业和信息化部批准，酵素的两项行业标准于 2019 年 7 月 1 日起正式实施。标准编号分别为 QB/T 5323—2018《植物酵素》、QB/T 5324—2018《酵素产品分类导则》。该标准的实施意义重大，将极大规范酵素行业的发展，促进行业自律。

2. 市场监管机制越来越健全

随着《"十三五"国家食品安全规划》的实施，酵素质量的监管得到加强，酵素产品流通秩序得到维护，不正当竞争行为得到查处，销售假冒伪劣酵素产品将被追责。

3. 行业自律性建设受到越来越多的重视

如果酵素行业不加强自律、合法经营，必将受到法律的惩罚，同时也会对整个酵素产业造成巨大的伤害。越来越多的从业者在原料、生产、宣传、市场等方面规范经营，自我约束。

4. 行业集中度提升

随着酵素生产日趋规模化、专业化，市场消费升级，传统的、产能低下、创新能力低的小企业将被淘汰，行业规范程度提高，行业集中度提升，酵素产业聚集区逐步完成。

5. 自主品牌崭露头角

随着消费者对酵素产品的认知加深，行业规范程度的提升，国内酵素生产企业依据本土丰富的果蔬、中草药原料，生产具有民族特色的酵素产品，消费者对自主生产的酵素产品更加认可，自主品牌逐渐崛起。

6. 科研力度不断加强，创新水平不断提高

针对作用机制、代谢定向调控、菌种选育、营养靶向设计等科学问题的研究逐渐开展；新原料、新技术、新工艺、新装备、新产品等逐渐得到应用和推广。

7. 质量体系建设得到加强

在以产品安全为核心的品质控制模式下，酵素产品的质量控制水平和质量检验体系逐步完善。要想实现产品品质的有效控制，目前国家鼓励大中型企业采用 HACCP 体系来建设和管理工厂，国家原食药监管总局非常重视该系统，因为它对生产系统的控制起到很重要的作用。

8. 应用领域不断拓宽

除食用酵素和日化酵素外，饲用酵素、农用酵素、环保酵素逐渐得到开发和应用，酵素产品的功效也逐渐多样化。

四、现代酵素产业的创新发展

根据现代酵素产业现状，目前酵素产业品种改革创新的方向主要在于以下几个方面。

1. 原料创新

中国具有丰富的中草药资源，科学家和中医学家经过研究，运用中医的理论基础，把不同的中药跟单一的水果进行混合发酵来解决单一水果的使用问题，于是，中药酵素诞生了。后来，专家们以此为基础，研制出采用对每一种原料进行单一发酵再螯合的工艺，做出来的酵素原液功能也是非常全面的，这就是综合蔬果酵素原液。

2. 产业形式创新

以酵素产业为经济增长点，相关特色资源为基础，构建产业集群、特色经济区域，包括特色科技园、创业园、经济开发区、中国酵素城、中国酵素镇、田园综合体等。

3. 产品形式创新

在国内，酵素液和酵素粉产品现在已经比较常见，酵素果和酵素果冻也占有不小的份额。近几年，酵素片、酵素胶囊在日本和美国也已出现。

4. 加工工艺创新

加强酵素产业链装备制造及自动化标准化等技术，提升酵素产业现代化生产水平。

总之，技术和产品创新是一个产业发展的基础动力。只有不断创新和技术进步，企业才能在即将到来的激烈竞争中存活下来，酵素产业才能有序、健康、规范、可持续的发展。

注：本章为个人研究资料及相关内容编写，故无参考文献。

第八章　食用酵素

第一节　食用酵素概况

一、食用酵素的定义及成分

食用酵素（Edible Jiaosu）是在传统发酵食品的基础上发展起来的一种新型食品。2018 年中国生物发酵产业协会起草的行业标准 QB/T5323—2018《植物酵素》对食用酵素的定义为：以动物、植物、菌类等为原料，经微生物发酵制得的含有特定生物活性成分的可食用酵素产品。如玫瑰花酵素、覆盆子酵素、蓝莓酵素等。

上述标准规定，食用酵素应符合的感官要求，如表 8-1 所示，食用植物酵素一般理化指标如表 8-2 所示，食用植物酵素特征性指标如表 8-3 所示。

表 8-1　　　　　　　　　　　　　　　　感官要求

项目	要求
色泽	具有产品应有的色泽
组织形态	液态、半固态或固态
滋味	具有产品应有的滋味
气味	具有产品应有的气味
杂质	无正常视力可见的外来杂质

表 8-2　　　　　　　　　　　食用植物酵素一般理化指标

项目	指标		
	液态	半固态	固态
pH≤	4.5	4.5	—
乙醇含量/（g/100g）≤	0.5	0.5	—

注：表中各指标项为酵素发酵过程产生的非外源添加物质。

表 8-3 食用植物酵素特征性指标

项目	指标		
	液态	半固态	固态
总酸（以乳酸计）/（g/100g）≥	0.8	1.1	2.4
维生素（B_1、B_2、B_6、B_{12}）合计/（mg/kg）≥	1.1	1.2	2.3
游离氨基酸/（mg/100g）≥	33	35	97
有机酸（以乳酸计）/（mg/kg）≥	660	900	6400
乳酸/（mg/kg）≥	550	800	1150
粗多糖/（g/100g）≥	0.1	0.15	2.8
γ-氨基丁酸/（mg/kg）≥	0.03	0.039	0.06
多酚/（mg/g）≥	0.5	0.6	1.4
乳酸菌/［CFU/mL（液态），CFU/g（固态）］≥	$1×10^5$	$1×10^5$	$1×10^5$
酵母菌/［CFU/mL（液态），CFU/g（固态）］≥	$1×10^5$	$1×10^5$	$1×10^5$
SOD 酶活性[a]/［U/L（液态），U/kg（固态）］≥	15	20	30

注：[a]酶活性在 25℃条件下保存不少于半年；表中各指标项为酵素发酵过程产生的非外源添加的物质；半固态样品按 60%水分折算。

酵素在发酵的过程中，由于微生物代谢作用，发酵原料产生一系列生理生化变化，可以使大分子物质转化为小分子物质，产生一些新的生物活性成分，使酵素的成分复杂多样。除氨基酸、有机酸、多肽、酶等共同含有的成分外，植物原料生产的酵素一般还含有糖、蛋白质、脂质、核酸，以及二次生理代谢所产生的生物糖苷类、苯丙素类、醌类、黄酮类、萜及其苷类、甾体及其苷类、生物碱类等成分；动物原料生产的酵素一般还含有辅酶 Q、γ-氨基丁酸、褪黑素及左旋肉碱等成分。

食用植物酵素与发酵型果蔬汁的区别在于：食用植物酵素含有特定生物活性成分、发酵型果蔬汁中没有特定生物活性成分；从原料范围方面来看，食用植物酵素的原料更为广泛，包含水果、蔬菜和菌类等，多样化的原料来源能够使其在保证营养的同时，实现更强的养生及保健效用。此外，在酵素中未有除原料外的其他食品原辅料或食品添加剂的添加规定，更多强调的是纯天然，而发酵果蔬汁可添加其他食品原辅料或食品添加剂作为辅助。

二、食用酵素的活性成分及功能

食用酵素具有丰富的营养物质和生物活性物质，因其原料及加工工艺的不同，食用酵素具有不同的功能特性。根据报道，食用酵素主要具有如下功效。

食用酵素的酶类改善肠胃健康：食用酵素含有的有益菌、各种酶类可以将大分子的有机物质分解成小分子的成分，有利于肠胃的吸收，而且可以保护肠道微生物，抑制有害微生物，提高肠道修复能力，使肠道微生物处于平衡状态。

肌体在代谢的过程中会产生自由基，自由基能够损害生物膜、破坏细胞、阻碍正常的新陈代谢。大量资料表明，自由基可引起炎症、肿瘤、衰老、糖尿病、高血压以及心、肝、肺、皮肤等多种疾病。自由基是由 SOD 和过氧化氢酶清除的，但是随着年纪的增长，人体内的酶活性和酶的数量会下降，致使人体衰老得更快。酵素中含有多种维生素、黄酮类、SOD、多酚类、β-胡萝卜素等保护肌体免受氧化伤害的抗氧化成分，其中被认为最有效的是 SOD，它可将毒性大的活性氧转化为毒性小的 H_2O_2，然后由相应的水解酶将 H_2O_2 水解为水和氧气。

食用酵素的蛋白质、氨基酸提升肌体免疫力：随着人们生活节奏的加快，压力的增大，肌体免疫力也随之降低，越来越多的人也就会关注如何提高免疫力。人体蛋白质参与免疫器官、抗体等重要物质的组成，酵素保留了原料本身的营养物质，含有的氨基酸种类丰富，还含有丰富的人体所需的锌、铁等元素。酵素中分离出来的某些多糖成分可调节巨噬细胞、T 细胞、NK 细胞的活力从而达到增强免疫的效果。

由于饮食习惯和生活方式的不当，我国血糖、血脂高的人群越来越多。根据研究，海芦笋、蔬菜酵素等可明显抑制葡萄糖苷酶活性，提高肌体的葡萄糖耐受性。蔬菜源酵素食品含有丰富的不溶性膳食纤维，可以降解可溶性膳食纤维或低聚糖，具有益生作用，通过调节结肠微生物生长达到降低血脂、体脂等效果。

三、食用酵素的发展状况

（一）食用酵素面临的问题

酵素食品营养丰富，对人体有许多益处，因此我国已有许多人重视食用酵素产品。虽然食用酵素产品快速发展起来，但是市场上依然存在着一些突出的问题：第一，食用酵素产品的质量安全问题。涉及到原材料、菌种的选择，酵素食品生产过程的监控，以及产品的最终质量检测。第二，国内的食用酵素产品大部分都没有自主知识产权。第三，一些消费者在对酵素的认识上存在着一些误解，认为酵素无所不能，可以解决一切疑难病症。第四，有关食用酵素的法律法规还不健全。第五，我国尚未树立有影响力的品牌。第六，市场上销售的酵素产品良莠不齐，一些生产厂家在制作过程中操作不规范，杀菌温度过高导致酶失活，灭菌不彻底导致污染等。因此可以说，我国的食用酵素产业面临的问题依然很多。

（二）食用酵素的发展动态

中国大陆食用酵素产品自主研发处于起步阶段，中国大陆购买的食用酵素产品很大一部分来自中国台湾。通过代购、零售或者是网上购买等渠道购买。中国酵素市场大且杂乱，存在着一些问题，食用酵素产品也不例外，比如监管力度不够、产品的质量不合格、生产过程不明确等。另外还有很大一部分消费者对酵素认识还不够，这从另一个方面也说明，中国酵素市场有待挖掘和成熟，市场空间巨大。

相比国内，国外医疗条件发达的国家和地区，酵素食品已经非常流行。日本的食用酵素已有上百年的历史，发明了其独有的氨基酸、核酸发酵技术，日本的酵素发展较快，在世界上位居前列。近几年，果蔬酵素在一些欧美国家占据了主要市场，并且市场上也有很大的增长幅度。

(三) 食用酵素的展望

随着科技的进步，人们生活水平的提高，追求健康与长寿是人们共同的理想和目标。国人的膳食结构也由温饱型向小康型过渡，人们已经不满足于填饱肚子，而是渴望吃到有利于健康的食品。健康产业涵盖的保健养生食品大致可以分为两类：药物保健品和天然保健品。大多数消费者对药物保健品敬而远之，对天然养生食品却情有独钟，而酵素食品符合现代人生活追求的特点。

我国的食用酵素产品与日本、欧美国家相比，虽然起步晚，并且目前的发展中也存在着许多问题，但是我国食用酵素产业发展形势较好。根据统计，自 2012 年起，我国的食用酵素产值逐年升高，到 2016 年酵素行业产值达 2.3 亿元，随着人们对食用酵素认知程度的提高，我国相关科研机构、企业研发投入的增加以及国家标准、法规的不断健全，食用酵素产业将快速步入高速发展期，有望达到千亿元的产业规模，食用酵素也必定会成为国人青睐的健康养生食品。

第二节　食用酵素发酵所用的主要微生物和酶

一、食用酵素发酵所用主要的微生物

食用酵素是食品，不管是选用原料还是发酵菌株，必须符合国家的食品安全法，发酵原料从药食同源中优选，而发酵菌种必须在国家批准的菌种目录之中。关于菌种的详细信息，请参考本书第十六章。

传统酵素食品本身是一个发酵体系，发酵中微生物主要来自原材料和环境中的微生物，一部分微生物快速繁殖成为主要的微生物。目前，研究人员已经研究了大量的酵素食品微生物，但是对于微生物的结构和功能还没有全面的分析，还有很多的功能性酵素产品未得到开发应用。

Kombucha 是国际上研究较多的一类自然发酵饮料，在其菌膜和发酵液中发现了木醋杆菌、葡萄糖醋杆菌、醋化醋杆菌、巴氏醋杆菌等醋酸菌，以及接合酵母、假丝酵母、汉逊酵母、有孢圆酵母、毕赤酵母、酿酒酵母、酒香酵母、类酵母等酵母菌，同时检测到以保加利亚乳杆菌为主的乳酸菌，其中，木醋杆菌、葡萄糖醋杆菌和接合酵母被公认为红茶加工过程中的重要微生物。土耳其传统发酵饮料波扎（Boza）中检测出乳杆菌、乳球菌、片球菌、明串珠菌、假丝酵母、有孢圆酵母、伊萨酵母、毕赤酵母、酿酒酵母、红酵母、隐球酵母等。

杨芳采用变性梯度凝胶电泳分析了 6 种自制酵素的微生物多样性，细菌群落结构相似度高达60%以上，其中优势细菌为乳杆菌、巴氏醋杆菌和多形拟杆菌，酵母群落结构相似性在 5.9%~74.9%，优势酵母为毕赤酵母，少见伊萨酵母和 *exigua* 酿酒酵母。

新鲜的水果和蔬菜本身会带有一些乳酸菌和酵母菌，且是发酵中的优势微生物。在葡萄的表皮有许多酵母菌，糖分高的环境下可以快速繁殖，是发酵中的优势微生物。

新型生物发酵制品

N. Markkinen 等研究乳酸发酵对黑苦莓和沙棘汁中酸/糖和酚类化合物的影响，研究表明，植物乳杆菌发酵可以生产高苹果酸的浆果汁，可用于进一步增加营养含量高但感官价值低的浆果的使用。莫大美等研发玫瑰花酵素，采用醋酸菌、酵母菌、乳酸菌复合发酵，发酵出的产品口感风味佳，并且具有抗氧化活性的 SOD，其活性高。

二、食用酵素发酵主要酶类

食用酵素的发酵过程中，微生物会代谢各种酶类，可以将大分子的有机物质分解成小分子，有利于胃肠的吸收，而且可以保护肠道微生物，抑制有害微生物，提高肠道修复能力，使肠道微生物处于平衡状态。

酵素中的酶类主要有超氧化物歧化酶、淀粉酶、脂肪酶和蛋白酶。陈爽等用分光光度法分析水果酵素酶活力，其中超氧化物歧化酶活力较高，蛋白酶次之，淀粉酶和脂肪酶活力较低。蓝莓酵素含有丰富的超氧化物歧化酶、蛋白酶、脂肪酶、淀粉酶以及酚类、维生素、黄酮类等次生代谢产物。酵素中的酶种类和活力与原料及工艺有关，刘鑫等利用酵母菌发酵蓝莓酵素，并通过单因素实验和正交实验对蓝莓酵素优化，优化后蛋白酶活力及 SOD 活力达到最佳值。

第三节　食用酵素的生产工艺

根据《食用酵素良好生产规范》，发酵车间要清洁卫生，以免杂菌生长；采用纯种发酵，要使用规定的可用于食品生产的菌种，在菌种管理上要制定严格的操作制度，菌种保存、扩大培养应按照规定严格执行；采用群种发酵，应严格遵守企业工艺规程进行操作，确保发酵产物符合食品的有关规定。

食用酵素的生产工艺根据发酵原料的种类多少可分为单一原料发酵和混合原料发酵。前者原料单一，发酵之后可以保持原料的原始风味口感。Kumar 等研究比较西瓜单一原料，西瓜和香蕉、西瓜和菠萝混合原料制得的酵素，结果发现西瓜单一原料发酵比混合原料发酵品质更高。Moayedi 等将番茄加工废弃物接种枯草芽孢杆菌作单一原料发酵，获得了具有抗氧化性和抗菌活性的食用酵素，后来的研究者采用混合原料发酵，增加体系的发酵稳定性，可以提高微生物对原料的利用，提高发酵效率。李杰等将果蔬和核桃青皮作为原材料，经过发酵制得的酵素原液口感酸甜舒适、营养丰富、SOD 活性高，具有很好的抗氧化功能。杨婧娟等采用芦荟、山楂、山药、薏苡仁和枸杞混合原料，研制出一种酵素产品，并且经过发酵优化测定蛋白酶活力、多糖含量及超氧化物歧化酶酶活力均较高。

最近几年，我国对食用酵素的发酵工艺进行了深入研究并取得了一定进展。

孙大庆等以淀粉酶活力为指标，采用单因素实验和正交试验，最后得出了一个使小米酵素中淀粉酶活力最高的条件，即接种量 3.5%，培养时间 4.5h，温度 32℃。

董洁等对金丝小枣枣泥酵素进行优化，在金丝小枣枣泥中接种酵母菌和乳酸菌发酵，通过正交试验最终得出一个优化的最佳结果：酵母菌接种量为 0.1%，30℃下发酵 12h，然后接种 0.5%乳酸菌，37℃下发酵 28h，最后控制温度在 6~8℃发酵 24h。

陈庶来等研究糙米酵素发酵工艺，把还原糖消耗量作为试验指标，采用活性面包干酵母进行发酵试验，对酵母活化时间、发酵时间、接种量做正交试验，得出最佳优化工艺：接种菌量1.2g/20g，原料发酵时间11h，酵母活化时间1h，且在每8g发酵样品中消耗还原糖达13.682mg时，发酵较为完善。

王乃鑫等研究复合牛蒡果蔬酵素饮料，对配方进行优化。以牛蒡为主要原料，并添加多种蔬菜与水果进行发酵，并对酵素液进行调配制作饮料，先通过配方法优化主要发酵原料的配比，再用DesignExpert软件设计响应面试验优化酵素饮料配方。复合牛蒡酵素发酵原料最优配比为：牛蒡20.00%、山楂48.24%、枸杞10.72%、苹果3.92%、胡萝卜、橘子、火龙果、芹菜、卷心菜、梨、西兰花等其他水果蔬菜17.12%，该条件下酵素原液SOD活力最高可达43.80U/mL。酵素饮料最佳配方为：酵素添加量13.65%、白糖添加量15%、蜂蜜添加量2.95%，该条件下酵素饮料的感官得分最高，风味良好、色泽淡黄、澄清透明。

一、糙米酵素

糙米酵素产品是以糙米为主要原料，粉碎处理后，经酵母菌或乳酸菌发酵制得的富含多种酶、氨基酸、多糖和活性成分的新型食品配料。糙米酵素作为功能保健食品，可直接食用，也可以加工成粉状食品使用，提供人体生长和代谢所必需的多种酵素成分及营养因子，也可应用于淀粉质食品加工，如焙烤食品的配料和产品改性，提高相应产品的功能性，改善加工特性。

（一）糙米酵素生产工艺流程

糙米酵素生产工艺流程见图8-1。

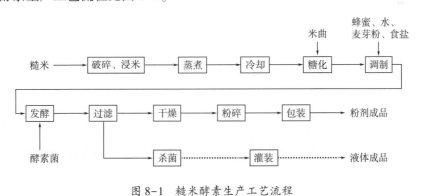

图8-1 糙米酵素生产工艺流程

（二）操作要点

1. 浸米、破碎

糙米粉碎至80~100目，室温等量水浸没，浸泡4h后沥干。

2. 蒸煮、冷却

常压蒸煮30~40min，期间每15min翻拌一次，取出摊平，冷却至40℃。

3. 按照糙米重量的1%接入大米曲，30~35℃糖化24h。

4. 调制

按照总料液比1：1.5加水；接入糙米质量8%的蜂蜜、1%的麦芽粉和1%的食盐。

5. 发酵

按糙米质量的3%接入酵素菌。酵素菌组成为酵母菌：乳酸菌=1：1.5，分别活化后加入，30℃发酵6h。

6. 干燥

55℃减压干燥至恒重。

7. 粉碎、包装

过100目筛，无菌包装，得固体剂型的成品。

8. 液体成品

发酵结束的滤液经巴氏杀菌后无菌灌装。

（三）固体饮料的产品指标

固体饮料酵素成品的指标见表8-4，同类型酵素的质量标准也可以参照该标准。

表8-4 糙米酵素的产品指标

类别	项目	指标
感官指标	外观	具有乳白略发黄的独特外观，粉末状，无可见杂质
	组织状态	颗粒外形完整、均匀
	气味和滋味	具有酸香的独特风味，口味纯正、无异味、无霉变味
	风味	具有米香风味，无异味
理化指标	淀粉/%	≥30
	还原糖（干基）/%	≥2.0
	水分/%	≤14
	粗蛋白/%	≥5
	游离氨基酸/（mg/g）	≥20
	淀粉酶/（U/g）	≥600
	蛋白酶/（U/g）	≥400
	植酸/（mg/g）	≥1.0
卫生指标	农药残留最大限量	按GB 2715—2016《食品安全国家标准 粮食》的规定执行
	黄曲霉毒素B_1/（μg/kg）	≤10.0
	砷/（mg/kg）	≤0.15
	汞/（mg/kg）	≤0.02
	铅/（mg/kg）	≤0.20
	铬/（mg/kg）	≤0.20

（四）糙米酵素的应用

1. 糙米酵素用于面包生产

在面粉中加入糙米酵素粉后，随着糙米酵素粉添加量的增加，面粉的糊化温度和糊化时间逐渐减小；由于糙米酵素粉中的多种蛋白水解酶作用于面粉，延缓了小麦蛋白分子内或分子间的交联，减弱了面团网络结构的稳定；5%~10%的添加量对淀粉的拉伸特性影响较大。在面粉中加入糙米酵素粉做成烘焙食品时，不仅可以增加食品的营养价值，而且可以缩短面包的制作过程，对面包的品质有一定的改进作用。

2. 糙米酵素用于馒头生产

加入糙米酵素粉的面粉流变学特性因糙米酵素的添加量不同而存在着一定差异，对馒头的品质影响也较大。总体看，10%的添加量制成的馒头品质较好，是低筋面粉较为理想的改良剂。

3. 糙米酵素用于发酵乳品的生产

糙米酵素的添加，可以改变酸奶的发酵进程，影响发酵效果。酸奶生产中使用糙米酵素，会导致原料乳乳酸度增大，当其加量为6%时，对成品酸奶品质的改善效果最为明显。

二、玫瑰花酵素

玫瑰为蔷薇科蔷薇属的多年生常绿或落叶性灌木。玫瑰花瓣富含花青素、黄酮类物质、挥发性油脂、多酚类物质、多种维生素、氨基酸、微量元素以及生物碱等，具有较高的食用价值和药用价值。

玫瑰酵素属于食用植物酵素，它是一种以玫瑰花为主要原料，添加糖浆、蜂蜜、苹果汁等辅料，利用特定乳酸菌、酵母菌进行发酵而成的，除了作为一款天然功能性饮品或食品之外，玫瑰酵素还可用于日化行业。玫瑰酵素除了保留原有玫瑰花中的维生素，特别是B族维生素外，还富含多种人体所需的生物酶以及氨基酸等。

（一）玫瑰花酵素制备工艺流程

玫瑰花→除杂→清洗→烫漂→加入无菌水→加糖→酵母活化后混合→
调节糖度→发酵（5d）→过滤→添加醋酸菌→发酵（45d）→过滤→玫瑰酵素原液

（二）操作要点

1. 玫瑰花预处理

将新鲜玫瑰花瓣用无菌水冲洗干净后，晾干，用沸水烫漂2min后，取出淋干水分，添加到发酵罐中，随后添加无菌水，使玫瑰花与水的质量比为1∶11。

2. 菌种的添加

将称量好的酵母和醋酸菌添加到5%的白糖溶液中，置于30℃恒温水浴锅中活化，活化至体积膨胀 3 倍以上，活化结束转移至发酵罐中与玫瑰花混合，其中酵母添加量为无菌水质量的 0.8%、醋酸菌添加量为无菌水质量的 1%。

3. 发酵过程控制

发酵液中白糖的添加量为无菌水质量的 16%，接种后在 28℃密封发酵 45d，发酵前 5d 每天搅拌一次，之后每 3d 测定一次酒精度，发酵液酒精体积分数至 4%后，过滤，除去玫瑰花花瓣，按比例添加醋酸菌，密封保存；每 9d 检测一次 pH，当发酵液 pH 下降至 3.5，结束发酵，再次过滤，即得玫瑰花酵素原液。

（三）玫瑰花酵素产品质量指标

1. 玫瑰花酵素感官指标

色泽：颜色呈鲜红色。

形态：澄清透明、无浑浊。

香气：玫瑰花香气浓郁，香气协调。

滋味：酸甜适中。

2. 微生物指标

玫瑰酵素产品中，细菌总数小于 10^7CFU/mL，大肠菌群小于 3MPN/100mL，致病菌未检出，符合酵素相应指标要求。

注：最大或然数（Most Probable Number，MPN）计数又称稀释培养计数，适用于测定在一个混杂的微生物群落中虽不占优势，但却具有特殊生理功能的类群。

（四）玫瑰酵素用于化妆品制作

朱玉珍公开了一种含有玫瑰酵素的护肤液和制备方法，该护肤液包括玫瑰酵素、醋、甘油、丙二醇。通过鲜玫瑰花清洗粉碎打浆，得到浆液，加入果蔬及中草药，混合后加水和纤维素酶，经酵母菌发酵、过滤除渣，得到玫瑰酵素。向上述玫瑰酵素中加入醋、甘油、丙二醇，搅拌均匀密封，25~30℃避光静置 7d，得到具有美白、延缓衰老的含有玫瑰酵素的护肤液。

莫新春等公开了一种玫瑰酵素及其在化妆品中的应用方法。该方法首先将玫瑰花瓣与水混合后加入适量的酵母、糖和柠檬片，控制温度在 20~35℃的条件下发酵，发酵产物固液分离后，向滤液中加入醋酸杆菌，在 10~40℃进行无醇化控温发酵或者是发酵产物固液分离后，向滤液中加入由醋酸杆菌和益生菌组成的混合物，在 10~40℃进行无醇化控温发酵，发酵产物过滤除菌即得玫瑰酵素。将上述玫瑰酵素与美白、抗氧化、抗糖化和抗炎症等活性成分复配，进而开发出系列功能性的酵素化妆品产品。这些化妆品利用了玫瑰酵素的生物学属性，其中在抗衰老功能方面主要通过添加玫瑰酵素加抗氧化和抗衰老活性成分，针对抗衰老的各个靶点起作用（精华+霜）；在美白功能中，利用玫瑰酵素并复合添加针对酪氨酸酶抑制、黑色素小体迁移、内皮素拮抗等综合添加（乳霜）；在抗炎症功能中，则使用玫瑰酵素配合相应抗炎症植物提取物达成其生物学功能（面膜+乳）。

三、苹果酵素

（一）工艺流程

苹果→ 去核 → 打浆 → 果汁过滤 → 灭菌 → 加白砂糖及接种酵母 →

发酵 → 杀灭酵母 → 发酵液过滤 →苹果酵素

（二）操作要点

1. 先用自来水冲洗苹果表面数次，直至去除粘附在苹果表面的杂物，去核后用纯净水冲洗苹果并晾干。

2. 苹果打成浆进行过滤，滤液灭菌处理。

3. 滤液中接种酵母及白砂糖，白砂糖用紫外灯提前辐照处理 45min，苹果与白砂糖质量比 2∶1，封口，暗处 15~25℃发酵。

4. 发酵液灭菌，杀灭酵母。

5. 发酵液过滤，得到苹果酵素液。

四、香菇酵素

（一）香菇酵素制备工艺流程

清洗→ 香菇水提液的制备 → 糖化 → 灭菌 → 接种发酵 → 发酵液过滤、纯化

（二）操作要点

1. 清洗

将新鲜香菇洗净，去除菌体表面杂质。

2. 香菇水提液的制备

将香菇切碎，按料液质量比 1∶8~10 加水 95℃浸泡 30min 后用高速组织捣碎机打浆，采用纤维素酶和果胶酶对香菇浆进行酶解，过滤即得香菇水提液。

3. 糖化

向香菇水提液中加入适量红糖，溶解后糖浓度为 8%~10%。

4. 灭菌

将糖化后的香菇水提液放入灭菌锅，115℃下灭菌 30min。

5. 接种发酵

接种安琪高活性干酵母，放入 30℃恒温箱中进行发酵 8h。

6. 发酵液过滤、纯化

发酵结束，发酵液经 3800r/min 低温离心 30min，再经 30~50μm 过滤，即得香菇酵素原液。

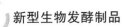

五、桑葚酵素

(一) 桑葚酵素制备工艺流程

桑葚干→ 粉碎 → 浓缩苹果汁和水调配 → 灭菌 → 冷却 → 接种发酵

(二) 操作要点

1. 粉碎

为促进发酵效果，将桑葚干用粉碎机粉碎 1min，使其固体颗粒<0.125cm³。

2. 调配

由于桑葚干为干制品，其水添加量以完全浸没桑葚干为基本原则，通过前期预实验，水和桑葚干的添加比例为 8 : 1 （质量比）。

3. 灭菌

采用巴氏灭菌，60℃，30min。

4. 接种

待灭菌后的原辅料冷却，于无菌环境接入菌种。

5. 发酵

在 30~35℃下发酵 100~120h，即得桑葚酵素原液。

六、益生菌酵素

(一) 益生菌酵素制备工艺流程

果蔬、白砂糖→ 混合 → 接种酵母菌 → 接种醋酸杆菌 → 80 目过滤 → 灭活 →
接种乳酸菌混合菌剂和双歧杆菌混合菌剂 → 恒温静置发酵 →益生菌酵素

(二) 操作要点

第一步：将新鲜无腐烂果蔬原料和白砂糖按质量比为 1 : 0.2~0.4 混合均匀，获得果蔬原料和白砂糖混合物，待混合物浸出汁液后，向上述混合物中接入酵母菌剂，所述酵母菌剂的接入量为上述果蔬原料和白砂糖混合物总重量的 0.5%~3%，于无光、28~30℃条件下发酵，每天搅拌 1~3 次，持续 3~5d，静置发酵至发酵液中酒精含量为 3%~6% （体积分数）。

第二步：向上述步骤获得的发酵液中接入醋酸杆菌液体菌种，醋酸杆菌液体菌种的接入量为上述果蔬原料和白砂糖混合物总重量的 1%~10%，于无光、30~33℃条件下发酵，每天搅拌 1~3 次，发酵至发酵液中酒精含量低于 1% （体积分数）。

第三步：将第二步获得的发酵液进行 80 目过滤得到滤液，将滤液装进经过蒸汽空消灭菌的发酵罐进行灭活处理，灭活温度为 85~95℃，灭活时间为 20~50min，滤液灭活到未检出酵母菌和醋酸杆菌为止。

第四步：将上述发酵罐中的温度控制在 30~35℃，在无菌条件下，向所述发酵罐中接入乳酸菌混合菌剂和双歧杆菌混合菌剂，其中乳酸菌混合菌剂和双歧杆菌混合菌剂的接入量均为第三步所述滤液重量的 1%~3%，恒温静置发酵培养 3~7d，无菌灌装，获得益生菌酵素。

七、其他食用酵素

市场上的酵素产品，种类繁多，有些科学家将其分为两大类，即单一酵素和复合酵素。单一酵素如木瓜酵素、小麦草酵素，这类酵素只对一种物质产生作用，而复合酵素则是由多种单一酵素集合在一起，其作用具有多重性的特点。

相对于酵素食品，酵素饮品是市场中更为常见的一个产品，技术也更为成熟，该技术或采用单一植物或者水果作为原料，或采用多种原料混合发酵，发酵周期一般较长（某些产品的发酵时间多达 3 年以上），分为自然发酵（不额外添加微生物，利用自然界微生物进行发酵）和外源微生物制备（原料灭菌后，接入食品级微生物进行发酵）。结合报道简要介绍一种酵素饮品的制备工艺：将水果（植物）原料和水按照 3：1 的比例进行混合，发酵温度为 28~32℃，密封发酵 1~3 个月，当不再产生气体，pH 在 2~4 时，发酵结束，过滤制得水果酵素原液。后熟温度为 30~32℃，时间为 1 个月，过滤后进入调配环节，加入白砂糖 4%~8%，蜂蜜 0.8%~1.2%，过滤后，在无菌条件下灌装，即得酵素饮品。

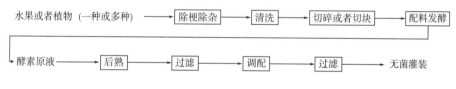

图 8-2　水果（植物）酵素饮品的生产工艺

参考文献

［1］杜丽平，刘艳，焦媛媛，等．PCR-DGGE 分析木瓜酵素自然发酵过程中微生物的多样性［J］.现代食品科技，2017（8）：80-87.

［2］杨芳．基于 PCR-DGGE 技术的自制酵素微生物群落结构分析［D］．大理：大理大学，2016.

［3］N Markkinen，O Laaksonen，R Nahku，R Kuldjärv，B Yang. Impact of lactic acid fermentation on acids，sugars，and phenolic compounds in black chokeberry and sea buckthorn juices［J］. Food Chemistry，2019，DOI：10. 1016/j. foodchem. 2019. 01. 189.

［4］莫大美，吴荣书．复合菌种发酵法制备玫瑰酵素工艺研究［J］.食品工业，2016（10）：64-69.

［5］陈爽，朱忠顺，高妍妍，等．分光光度法分析水果酵素中功效酶活性的研究［J］.食品工业科技，2017，38（8）：218-221.

［6］刘鑫，朱丹，牛广财，等．酵母菌发酵蓝莓酵素的工艺优化［J］.农业科技与装备，2018（3）：50-53.

[7] Kumar A, Mishra S. Studies on production of alcoholic beverages from some tropical fruits [J]. Indian J Microbiol, 2010, 50 (1): 88-92.

[8] Moayedi A, Hashemi M, Safari M. Valorization of tomato waste proteins through production of antioxidant and antibacterial hydrolysates by proteolytic *Bacillus subtilis*: optimization of fermentation conditions [J]. Journal of Food Science and Technology, 2016, 531: 391-400.

[9] 李杰, 赵声兰, 陈朝银. 核桃青皮果蔬酵素的成分组成及体外抗氧化活性研究 [J]. 食品工业科技, 2016, 37 (10): 117-122.

[10] 杨婧娟, 李娜, 赵声兰. 一种酵素的配方优化研究 [J]. 中国酿造, 2016, 35 (1): 95-99.

[11] 孙大庆, 杨冬雪, 李洪飞, 等. 小米酵素发酵工艺条件的研究 [J]. 农产品加工, 2015 (18): 41-42, 66.

[12] 董洁, 夏敏敏, 王成忠, 等. 金丝小枣枣泥酵素发酵工艺的研究 [J]. 食品工业科技, 2014, 35 (2): 197-200, 205.

[13] 陈庶来, 杨小明, 刘伟民, 等. 糙米酵素发酵工艺的研究 [J]. 食品科学, 2005, 26 (7): 275-277.

[14] 王乃馨, 丁朋, 丁利, 等. 复合牛蒡果蔬酵素饮料配方优化研究 [J]. 现代食品, 2018 (17): 137-144.

[15] 李志江, 王霞. 糙米酵素的生产与应用 [M]. 北京: 科学出版社, 2016.

[16] 朱玉珍. 一种含有玫瑰酵素的护肤液 CN104546653 A [P]. 2015-04-29.

[17] 莫新春, 廖翠琴, 赵观胜. 具有美白、抗衰老、消炎功效的玫瑰酵素及其在化妆品中的应用 CN108096146 A [P]. 2018-06-01.

第九章　环保酵素

第一节　环保酵素概况

一、环保酵素简介

环保酵素（Environmental Jiaosu）：以动物、植物、菌类等为原料，经微生物发酵制得的含有特定生物活性成分的，用于环境治理、环境保护等的酵素制品。如除臭酵素、水体净化酵素、空气净化酵素等。

环保酵素是将糖、厨余垃圾和水，按照一定比例混合、发酵产生的棕色液体，是固体废弃物资源化的有效途径。与普通的水体净化剂、空气除臭剂相比，环保酵素具有安全、高效和节约等优点。

环保酵素制作原料廉价易得，工艺流程简单便易，可以减少厨房垃圾的排放。发酵好的酵素液用于清洗青菜，不仅清洗得干净，还能明显降低青菜中的农药残留；环保酵素用于垃圾处理，有加速垃圾的发酵分解、抑制腐败细菌、病原微生物的生长，改善垃圾渗出液的水质、减轻污染、减少蚊蝇孳生等效果；环保酵素用于污水处理，可减少氨气、硫化氢和胺类物质的产生，快速净化水质；将环保酵素直接灌浇土壤，能有效改善土壤中营养成分含量，起到活化土壤的作用。环保酵素应用广泛，国内外酵素市场发展广阔，酵素产品种类多样，正逐渐商业化生产并得到应用。

根据中华人民共和国轻工行业标准 QB/T 5323—2018《植物酵素》，环保酵素应符合表 9-1 中的指标要求。

表 9-1　　　　　　　　　　　　　　环保酵素指标要求

要求类别	项目	要求
感官要求	色泽	具有产品应有的色泽
	组织形态	液态、固态、半固态
	气味	具有产品应有的气味
一般理化指标	pH	≤4.5
	总溶解固形物（TDS）/（mg/L）	≥1000

续表

要求类别	项目	要求
特征性理化指标	总酸（以乳酸计）/（g/100g）	≥0.8
	醋酸/（mg/kg）	≥100
	有机酸（以乳酸计）/（mg/kg）	≥660
	总菌数/（CFU/mL）	≥1×10⁶

注：表中各指标项为酵素发酵过程产生的非外源添加的物质。

二、环保酵素的活性成分

（一）生物酶

蔡毅飞对环保酵素清洁作用的成分做出分析，发现环保酵素中存在纤维素酶、脂肪酶、蛋白酶、淀粉酶等多种具有清洁作用的生物酶。通过实验得出纤维素酶平均含量为725μg/g，脂肪酶 540.1μg/g，蛋白酶 1282.5μg/g，淀粉酶 30.2μg/g。生物酶是由活细胞产生的具有催化作用的有机物，大部分为蛋白质，也有极少部分为 RNA。生物酶具有高催化性、作用专一、反应温度低等优点，极少量生物酶的存在，就可以使大量底物发生化学变化。

（二）有机酸

环保酵素的发酵过程，以厌氧发酵为主。在发酵前期，大分子有机底物酸化产生挥发性脂肪酸，造成 pH 降低，其中 pH5.5~6.5 和 pH4.5~5.0 为丁酸型发酵，pH4.0~4.5 的条件下主要为乙醇型发酵，随后由于氨的产生 pH 会有所上升，并逐渐趋于平衡。一般环保酵素发酵结束时 pH 在 3.0~4.0。

环保酵素的发酵过程中，醋酸菌发酵和乳酸菌发酵是其重要组成，因此发酵产物中有机酸以醋酸和乳酸为多。杨钰昆利用高效液相色谱法对酵素原液中的乳酸和醋酸进行定性和定量分析，优化了高效液相色谱的操作条件，同时对酵素中的乳酸和醋酸进行测定，通过 6 次平均测定得出乳酸浓度平均值为 1.520mg/mL，醋酸平均浓度为 0.577mg/mL，实验精密度和重复性良好。

张梦梅等对酵素食品中微生物指标与主要功效酶和有机酸进行分析，对酵素食品中有机酸进行测定得出：草酸含量为 2.5mg/mL，乳酸 25mg/mL，柠檬酸 15mg/mL，乙酸 30mg/mL，苹果酸 15mg/mL，琥珀酸 15mg/mL，酒石酸 25mg/mL。在对不同样品中的有机酸测定时发现，有机酸种类和含量均不同，这可能与发酵过程中微生物以及各物质之间的相互转化有关。

（三）微生物

酵素发酵本质上是复杂的多元发酵体系，只有确切了解环保酵素各阶段微生物群落特征，才能够更好地使用环保酵素。

在研究环保酵素对土壤肥力改善效果时发现，环保酵素主要的微生物是酵母菌、霉菌、乳酸杆菌和醋酸杆菌，这些厌氧菌通过反硝化作用、氨化作用可以降低土壤中余氮含量，霉菌可以分解纤维素，降低含碳量，从而减少有机质含量。此外环保酵素中还具有较高浓度的有机质、氮素等成分，可以使土壤更加肥沃。

张梦梅研究了不同原料酵素发酵过程中微生物的组成，对23份不同原料酵素样品的微生物指标、理化指标、主要功效酶活力和有机酸组成等指标做出检测，结果显示其中均含有酵母菌、乳酸菌和醋酸菌，但是不同原料发酵的过程中，菌体数量有所差异。

（四）多酚类化合物

多酚类化合物又称为黄酮类化合物，除环保效果外，对人体健康的重要性越来越受科学界的关注。多酚类化合物在瓜果蔬菜中广泛存在，具有抗氧化、强化血管壁、增强身体抵抗力等作用。蒋增良在研究蓝莓酵素发酵过程中，以还原力、羟基自由基清除能力、DPPH自由基清除能力为指标，多体系比较了蓝莓酵素在发酵前后抗氧化性的变化，结果表明，经过发酵的酵素DPPH自由基清除能力、超氧自由基清除能力和总酚含量等均有显著性增加。尚琪等提出酵素中含有多酚类化学物，并对20家重点酵素企业的产品进行多酚含量检测，结果显示，不同原料生产的酵素其多酚含量差异较大，其中在含有果蔬原料的酵素中，游离态多酚占总多酚的比例超过了90%。

邹梦遥使用不同单一原料自制环保酵素，以酵素对羟基自由基、超氧自由基和DPPH自由基的清除能力为指标，对比火龙果果肉和果皮、西瓜皮、黄瓜皮和白菜制作的环保酵素的抗氧化能力。结果表明，羟基自由基、超氧自由基和DPPH自由基的最大去除率分别可达到79.09%、99.62%和99.41%。

三、环保酵素的功能

（一）清洁作用

环保酵素具有清洁作用，主要包括洗涤清洁和空气净化两个方面。现在市场上应用环保酵素研发出洁厕剂、空气清洗剂等多种产品，清洁效果显著，受到一致好评。

余金良等验证了环保酵素对空气净化的实际效果，用林业废弃物发酵制作成酵素，对封闭和开放式两个空间内的空气质量净化效果进行了测定，从结果可以看出在封闭空间内喷洒酵素后，室内空气中的PM2.5和PM10在1h内先呈现升高后逐渐降低的趋势，喷洒前后具有差异性。但在开放环境中喷洒，因为温度、光照、气流等影响，喷洒前后的差异不显著。

祝子焓的研究成果显示，环保酵素不仅可以清洗蔬菜，清洁卫生间和清洗衣物，还具有抑制皮肤病和减少头皮油脂和头屑、治愈伤口等功能。

环保酵素制作材料便宜且来源广泛，减少了垃圾污染，大大降低社会处理垃圾的负担及费用，对环保起着较大的作用；环保型洗涤剂无有害化学成分，经过稀释后，可当成清洁剂，是生活中进行洁净工作的好帮手，过滤后的残渣晒干后，搅碎埋在土里可当作肥料，加入马桶可净化粪池。

（二）净化水体

生活用水往往经过氯消毒，消毒后残留的氯以正价形式在水中存在。实际生活中为了避免水体中微生物在流通中繁殖，所以供水网中必须保证有一定的余氯量，按照 GB 5750—2006《生活饮用水卫生标准检验方法》的规定，氯与水接触 30min 后余氯含量不应低于 0.3mg/L。但是余氯对我们生活以及人体都有一定的危害，薛书雅等在研究利用环保酵素除去水中的余氯实验中，分别对环保酵素的用量、环保酵素在水体中反应时间做了单因素实验分析，得出在室温条件下，将 20mL 环保酵素加入 100mL 的水中反应 30min，就可以去除水体中 96.7% 的氯。

面对水资源短缺和严重污染的问题，污水处理一直是研究的热点。废水处理的方法包括过滤、絮凝、化学和生物方法，但大多数处理方法的费用比较高，不易在农村普及和推广，这些废水常常是没有经过处理就直接排放到河流中，对水体造成了污染。近年来，环保酵素用于污水处理的技术开始推广，荆秀艳等对环保酵素处理生活废水进行了可行性探讨，其使用的环保酵素采用厨余垃圾制备，以氨氮值（NH_4^+-N）、TP 和 COD 为指标对生活废水和模拟废水进行处理。结果表明酵素对单一成分的 COD 和 TP 处理的效果并不显著，添加不同浓度的酵素后废水的 COD 和 TP 呈现上升→下降→平稳的趋势，但酵素对氨氮值（NH_4^+-N）的去除具有明显的作用，浓度为 5%~10% 的酵素对 NH_4^+-N 的去除效果达到了 70%。在对生活废水处理的过程中，酵素浓度为 10% 时对水体中的 NH_4^+-N、TP 和 COD 的去除效果较明显，去除率分别达到 85%、50% 和 80%。

（三）抗氧化能力

徐德金使用不同原料制成植物环保酵素，测定同种酵素不同发酵时间和不同稀释度下环保酵素的抗氧化能力。结果表明，不同原料的环保酵素都具有抗氧化力，维生素 C 含量较高的酵素对羟基自由基、超氧自由基和 DPPH 自由基的最大去除率分别可以达到 98.52%、96.98% 和 99.77%。为了达到最大的自由基去除率，分别测试发酵 3 个月、9 个月的环保酵素的抗氧化能力，结果显示发酵时间对酵素抗氧化能力的影响不明显。

酵素的抗氧化能力使其应用领域多样化，经过提取的酵素制作成酵素净化剂，用于日化产品中可以起到有效的抗氧化作用。

（四）改善农业种植环境

制作环保酵素的原材料不仅仅是厨余垃圾，许多果园的烂果也可以制作成环保酵素。温岭市大寨地果业有限公司运用环保酵素技术，使用落果、次果和烂果加入一定比例的糖和水，装入密封的容器内，经过厌氧发酵后制作成环保酵素。将发酵好的酵素归于梯田，是很好的有机肥料，这项技术不仅可以改善土壤中营养成分的构成，而且可以起到净化空气的效果。烂果发酵再次入园的做法从生态的角度来看，是循环农业体系，实现了产前节约集约，产中清洁控污，产后废物利用的循环经济。

环保酵素在农业上的应用逐渐展开，酵素肥用于灌浇蔬菜、大米、小麦等农作物，收获的农产品没有农药添加，产量得到提高，口感更好，在市场上深受人们的喜爱。环保酵素在农业上的推广应用还处于探索阶段，应不断总结经验，提高环保酵素的制作水平，加强环保酵素在农业生产中的试验示范，逐渐推广环保酵素在农业上的应用。

（五）展望

目前环保酵素的制作水平虽然有明显提升，但是酵素中所含有微生物的种类及数量等方面仍然需要进一步探究。在环保酵素进一步的研究中，应加大研发投入，增加科技含量，展现特色，使环保酵素取得进一步的进展与突破。在环保酵素的市场宣传中，应是实事求是，勿一味夸大宣传效果，进一步赢得市场占领份额。

第二节　环保酵素的生产流程及应用

一、环保酵素的生产流程

环保酵素，是对混合了糖和水的厨余垃圾经厌氧发酵后产生的棕色液体，其特点在于制作过程简单、制作材料随手可得、节省成本、用途广泛，还帮助减少垃圾排放量。

环保酵素的一般制作方法如下所示。

第一步：准备有密封盖口的宽口耐酸塑料容器。

第二步：将垃圾、红糖和水按照 3∶1∶10 的比例混合均匀后放置在密封容器中。制作酵素的原料，如菜渣、果皮等切碎或磨浆，细度越低越有助于分解。

第三步：如果希望成品酵素有清香的气味，可加入橘子皮、柠檬皮、甘蓝叶等有香味的蔬菜和果皮。

第四步：第一个月内需要每天打开瓶盖排气，并把浮在液面上的垃圾按下去，使其浸泡在液中充分发酵。

第五步：环保酵素应该置放在空气流通及阴凉处，避免阳光直照，一般发酵 3 个月后即可使用。

第六步：若大规模生产，可利用糖蜜代替红糖以节约成本。若发现液体表面产生白色、黑色或棕色的漂浮物、苍蝇卵等，均不必担心，发酵过程会将它们分解掉。

二、环保酵素的生产要点

（一）原料的选择

为了满足不同层次人的消费，果蔬产品流向市场前往往需要加工和包装，在加工阶段往往一些果蔬的外层被弃掉，这不仅造成了资源的浪费，同时产生很多果蔬垃圾。环保酵素主要原料之一就是果蔬垃圾，这不仅解决了果蔬皮的污染，也增大了果蔬的利用率。需要注意的是酵素发酵主要是新鲜的果蔬残余，包括蔬菜叶、菜头菜尾、果皮等，所选原料必须清洁卫生、无霉烂、无变质，不能使用熟制的水果蔬菜和残留的肉制品等作为原料。

（二）容器的选择

盛放环保酵素的容器选择也十分重要，因环保酵素在发酵过程中有大量的气体排出，易造成罐体炸裂。容器的体积、材料的选择要符合发酵的条件，同时容器内外必须是清洁、卫生、干净的。一般发酵容器应该选择比内容物体积大一些的罐子，一般发酵内容物占发酵容器体积的 3/4，罐体太大或太小影响发酵质量。选择发酵罐的时候要选择塑料材质的，不能够选择玻璃容器或者金属容器，以免因发酵过程中产生大量的气体使发酵罐炸裂或与罐体内壁物质发生化学反应。发酵罐应该要具有良好的密封性，避免发酵过程后期漏气的现象。

（三）发酵时间的控制

发酵时间的控制对环保酵素的质量影响至关重要。在环保酵素的制作过程中，有人提出发酵时间越长，发酵越充分。只有长时间的发酵，发酵物体才能够被充分地降解，发酵液的效果越好。但也有人提出，长时间的发酵会使发酵的内容物变质，里面的微生物大量孳生，破坏发酵液中有益的成分。

经对比试验，环保酵素在按照红糖∶水∶新鲜果蔬残余＝1∶10∶3 的比例进行发酵，在发酵内容物一定的情况下，发酵时间越长，物质分解越充分。但是超过最大时间，用于益生菌生长的糖分被消耗完后，没有及时补给糖源，会造成益生菌凋亡。发酵时间一般是三个月左右，发酵时间过短，发酵不充分，没有使益生菌达到最大值，发酵时间过长会造成益生菌凋亡，出现发酵液发黑、发臭现象。但根据原料成分和产品的不同要求，有的环保酵素发酵时间会比较长，甚至可达数百天。

（四）发酵过程的排气处理

环保酵素发酵期一般为三个月，前一个月为环保酵素发酵的前期。在前期酵素发酵的过程中，会产生大量的气体使罐内气压增高，所以无论是大批量生产酵素还是自己手工制作少量的酵素，在发酵前期每天早晚都要给环保酵素容器放气，避免因气体增多造成压力增大使瓶罐炸裂，在随后的两到三个月内可以减少放气的次数。

（五）发酵过程的温度控制

在环保酵素发酵的过程中，温度的高低直接影响酵素的活性，所以在发酵过程中，应该合理调整温度。蔡毅飞等的研究结果表明在 20℃ 和 30℃ 时酵素的水解酸化率最大；30℃ 发酵的酵素电导率稍高；在 20℃、30℃ 和 50℃ 制得的酵素固形物分别为 46%、21% 和 33%，结果显示发酵温度为 30℃ 时更有利于环保酵素的制作。

三、除臭用环保酵素的生产及应用

（一）生产方法

于景成等开发出一种环保型洁厕剂，基本配方为：环保酵素 15%～25%，脂肪酸甲酯磺酸钠 1.5%~2.5%，柠檬酸 15%~25% 和去离子水 47.5%~68.5%。制作工艺为：将去离子水加热到 30~40℃，一次将一定比例的脂肪酸甲酯磺酸钠和柠檬酸加入水中搅拌均匀后加入环保酵素，混合均匀后即可得到环保型洁厕剂。该酵素腐蚀性小、挂壁性能好、去垢去污力强、稳定性好、去臭增香效果优异。该洁厕剂具有温和环保、原料组分安全可靠、成本较低、工艺简明等优点。

杨星亮等运用培养基与酵素菌混合，经过发酵制得一款生物酵素除臭剂。培养基是由糖蜜提取物、酵母浸出物和水等组成，酵素菌包括光合细菌、乳酸菌、放线菌、芽孢杆菌和酵母菌等，利用微生物作用除臭，效果较好、能量消耗小、不产生二次污染。

（二）应用方法

环保酵素通过两种途径达到除臭的效果：第一种途径是抑制腐败细菌的生长，减少氨气、硫化氢和胺类物质的产生；第二种途径是酵素中某些光合菌的生长会利用硫化氢做供氢体，从而减少硫化氢的释放，消除环境中的恶臭。

1. 厕所和生活污水处理

用环保酵素处理厕所和生活污水，酵素在水源口加入，便于与污水混合均匀，混合后的污水经沉淀、发酵、净化过程，粪便被分解，形成无块、无臭、无蝇的粪水，净化 3d 后污水透明度达标。处理好的水可加入下一批的污水处理中，形成循环利用。以 50 人/d 活动场所的生活污水处理为例，在污水的水源口每天分 4 次加入酵素液，每次加酵素液 1kg 和 0.1kg 糖蜜，在净化池中净化 3d，水的透明度即达标。

2. 垃圾处理

在垃圾填埋过程中，使用环保酵素喷洒处理，可以加速垃圾分解，使其体积变小，并通过抑制腐败细菌生长，能有效地解决除臭灭蝇等问题，促进填埋区域土壤化。也可以在垃圾搜集或运输途中喷洒酵素，效果更佳。

在开始处理的前 3 个月，按每天进场 200t 垃圾计算，每天向垃圾中喷洒 1t 环保酵素稀释液（稀释倍数为 100 倍），如果垃圾场内有排沼气管道，可用酵素稀释液灌入垃圾底层以增加处理效果。以后根据处理进度，按垃圾进场的实际数量，向新到的垃圾喷洒 0.3~0.5t 稀释 10 倍的酵素液。若要增加杀灭蚊蝇效果，酵素稀释液中可加入 0.5%~1.0%桉叶、冬青或其他植物提取剂，此种提取物对人畜无害，符合环保和卫生要求。

四、净化水体用环保酵素的生产及应用

（一）生产方法

李再兴等发明了一种具有水体净化功能的酵素，并用其组成了一种水体净化系统。该酵素以果蔬类植物的根、叶或者果皮为原料，按照原料、糖和水的比例为 1∶6∶20 配料，进行封闭发酵三个月。将制得的酵素加入特定的净化系统中，水体净化型酵素可以分解水体中的油脂和有害化学物质，将水体中的氨和二氧化碳转化为硝酸盐和碳化物，微生物生态床吸附微生物形成群落，抑制蓝绿藻类的生长，增加水生微生物的多样性，最终提高水体自身的净化能力。

(二) 应用方法

1. 有机废水处理

进口处按流量的 0.9% 添加稀释 200 倍的酵素液；污水进入沉淀池后，在沉淀池中按 2.5% 的比例浇泼稀释 200 倍的酵素液。在废水排放口添加吸附性强的材料（如多孔陶器），吸附酵素液和发酵料，形成酵素菌群大量繁殖的场所，使废水在该场所得到净化处理。多孔陶器的形状、大小、废水滞留时间等条件，要随废水所含成分和排放量而定。为了使酵素中菌群生长健壮，在多孔陶器内可以添加污水质量 0.1% 的糖蜜，经过沉淀、发酵、净化处理，有机物被分解，经 3d 后使水质透明度达标。

2. 工业废水处理

屠宰场、制革厂、淀粉厂、酿酒厂、造纸厂等工业废水都可以用环保酵素进行有效的净化。其方法是：进口处按流量的 0.9% 添加稀释 200 倍的酵素液（边进水边加酵素液），废水流入一级沉淀池，池内装曝气管，按 3% 的比例浇泼稀释 200 倍的酵素液。曝气管不断曝气，使废水 24h 循环，在一级沉淀池出口处添加吸附性强的材料，如多孔陶器，用来吸附酵素和污水中的营养物质，形成酵素菌群大量繁殖的场所，废水经该场所流入二级沉淀池，经过同样办法处理后流入三级沉淀池，废水得以净化，水质清亮。

五、净化空气用环保酵素的生产

严超研发出一种除甲醛的酵素空气清新剂，主要是由寡一糖、水溶橄榄油、迟缓芽孢杆菌、燕麦多肽、聚季铵盐、红没药醇、胡萝卜籽、绿茶香精、植物除螨剂、木聚糖醇、醋酸等与水混合配制而成的天然微生物表面活性剂，能够将甲醛分子分解成水和二氧化碳，或者是其他对人体无害、无异味的稳定物质。薛鹏飞等利用环保酵素发酵过程中产生的有机酸、次生代谢产物和具有活性的益生菌的相互作用，优化环保酵素配方，最后得到的各配方比为环保酵素 10%~14%、十二烷酸甲酯磺酸钠 10%~14%、柠檬酸 10%~14%、精矿石粉 5%~10%、野草赋香剂 5%~10%、杀菌消毒剂 5%~10% 和水 28%~55%。该环保酵素能够达到除臭净化空气的效果，具有环保、生态、效果显著等优点。

六、家庭环保酵素的用法汇总

环保酵素用途广泛，随着研究的深入，其应用领域将得到拓展。表9-2 总结了家庭环保酵素的部分用途及用法。

表9-2　　　　　　　　　　　家庭环保酵素的用途及用法

用途	份量	稀释率	用法
洗澡（加入水中促进肌肤健康）	50~100mL	酵素原液	隔夜使用
洗衣机（洗洁及衣物柔软剂）	20~50mL	酵素原液	浸泡后清洗
马桶（防止阻塞及净化粪池）	250mL	酵素原液	加入后冲水

续表

用途	份量	稀释率	用法
厕所水箱（净化用水）	20~50mL	酵素原液	每星期倒入 2~3 次
花园池塘及户外水塔（净化用水）	1/10000L	酵素原液	偶尔加入
皮质沙发椅（除污去霉）	适量	酵素原液	喷洒后擦拭，每 10d 使用 1 次
地毯及榻榻米（除臭杀菌）	稍微喷湿	10~50 倍	每个月喷洒 1~2 次
鞋子及汽车内部（除臭杀菌）	适量	10~50 倍	偶尔喷洒
厨房去污槽及灶炉（去除油污）	适量	10~50 倍	偶尔浸泡及擦拭
浴室黑霉菌（除霉）	适量	10~50 倍	偶尔浸泡及擦拭
动物粪便及宠物笼子（除臭杀菌）	适量	10~50 倍	偶尔喷洒
洗脸盆（洁净去污）	适量	500 倍	偶尔浸泡及擦拭
橱柜及冰箱（除臭）	适量	500 倍	偶尔喷洒
污水排水孔（防止阻塞）	适量	500 倍	偶尔冲洗
宠物（洗澡及除臭杀菌）	适量	500 倍	洗澡及刷洗时
厕所（洁净去污及除臭杀菌）	适量	500 倍	喷洒及擦拭
室内（净化空气，除臭防虫）	适量	500~1000 倍	时常喷洒
衣橱及衣服（除臭杀菌）	适量	500~1000 倍	偶尔喷洒
冷气房（除臭杀菌）	适量	200~500 倍	偶尔喷洒
播种及种植（肥料）	适量	1000 倍	每天浇洒

参考文献

[1] 蔡毅飞. 环保酵素中具有清洁作用的成分分析 [J]. 科技经济导刊, 2018, 26 (29): 118.

[2] 杨钰昆, 宋佳, 乔沈, 郭园园, 常媛媛, 王兴华. 高效液相色谱法同时测定酵素原液中的乳酸和醋酸 [J]. 食品工业科技, 2018, 39 (10): 246-250.

[3] 张梦梅, 刘芳, 胡凯弟, 等. 酵素食品微生物指标与主要功效酶及有机酸分析 [J]. 食品与发酵工业, 2017, 43 (9): 195-200.

[4] 蒋增良, 毛建卫, 黄俊, 等. 蓝莓酵素在天然发酵过程中抗氧化性能的变化 [J]. 食品工业科技, 2013, 34 (2): 194-197, 201.

[5] 尚琪, 苏小育. 浅谈酵素抗氧化活性成分——多酚 [J]. 企业科技与发展, 2018 (9): 72-74.

[6] 邹梦遥, 吴俊良, 胡卓, 等. 不同单一原料自制环保酵素抗氧化力初探 [J]. 广东化工, 2015, 42 (16): 296-297, 287.

[7] 余金良, 郭帅, 盛元梁, 等. 环保酵素对空气净化效果的研究 [J]. 现代园艺, 2017 (11): 21-22.

[8] 祝子烙. 环保酵素对环境改善的贡献 [J]. 环境与发展, 2018, 30 (1): 227-228.

[9] 薛书雅, 李凤梅, 高云霞. 环保酵素对去除水中余氯的试验研究 [J]. 河北建筑工程学院学报, 2017, 35 (2): 138-141.

[10] 荆秀艳, 李吉祥, 王娜, 等. 环保酵素处理生活废水可行性探讨 [J]. 水处理技术, 2019, 45

（1）：98-101.

[11] 徐德金，陈智松，康天旭，等．不同自制植物环保酵素在不同发酵时间抗氧化力的对比研究 [J]．南方农业，2018，12（11）：138-142.

[12] 蔡毅飞，唐敏．环保酵素的发酵过程研究 [J]．科技资讯，2017，15（14）：230-232.

[13] 于景成，田丹，靳国良，等．环保型洁厕剂 CN105505593A [P]．2016-04-20.

[14] 杨星亮，陈绍章，杨文聪，等．一种生物酵素除臭剂 CN109092049A [P]．2018-12-28.

[15] 刘福埥，付伟，刘洋，等．微生物酵素及其应用 [M]．沈阳：辽宁科学技术出版社，2014.

[16] 李再兴，张旭峰，冯兰军，等．一种生态酵素的获取方法及应用其组成的水体净化系统 CN106045054A [P]．2016-10-26.

[17] 严超．一种除甲醛酵素空气清新剂的配制方法 CN106984150A [P]．2017-07-28.

[18] 薛鹏飞，陈晋銮，苏亚平，等．一种具有除臭空气净化功能的环保酵素及其制备工艺 CN107281928A [P]．2017-10-24.

第十章 日化酵素

第一节 日化酵素概述

一、日化酵素简介

日化酵素（Daily Chemical Products Jiaosu）是在现有日用化妆品配方基础上添加一定量酵素成分，QB/T5323—2018《植物酵素》中定义：日化酵素是以动物、植物、菌类等为原料，经微生物发酵制得的含有特定生物活性成分的、用于化妆品、口腔用品、洗涤用品等的酵素产品。如酵素洁面皂、酵素牙膏、酵素洗衣液、酵素果蔬清洗剂等。

根据酵素分类导则规定，日化植物酵素应符合表10-1中的指标要求。

表 10-1 　　　　　　　　　　　　日化植物酵素指标要求

要求类别	项目	要求
感官要求	色泽	具有产品应有的色泽
	组织形态	液态、固态、半固态
	气味	具有产品应有的气味
	杂质	无正常视力可见外来杂质
一般理化指标	pH（25℃，原液/1% dd 溶液）	≤7.5
	乙醇含量/（g/100g）	≤2
特征性理化指标	有效活菌数/（CFU/mL）	≥1000
	脂肪酶酶活性[a]/（U/L）	≥100
	蛋白酶酶活性[a]/（U/L）	≥200
	SOD 酶活性[a]/（U/L）	≥50
	有机酸/（g/L）	≥0.2
	总活性物/%	≥5
	表面活性剂生物降解度/%	≥60

注：[a]酶活性在 25℃条件下保存不少于半年；表中各指标项为酵素发酵过程产生的非外源添加的物质；特征性理化指标应有 3 项或 3 项以上符合上表的规定；* dd 指重蒸馏（Double distilled）。

酵素产业主要分为两大类：一是将酵素直接作为产品；二是将酵素作为原料与其他原

料配合并进行深加工后的各类产品，日化酵素属于后者。近年来，酵素在生活中的应用开始受到人们的重视，日化酵素产品在日本、中国台湾地区以及欧美国家形成了较为成熟的产业，在我国也越来越多地将酵素引入美容保健、日用化学品中。酵素日化品涉及了生活的方方面面，包括洗面奶、牙膏、护肤液、洗衣液、洗发露、沐浴液等，其中日本和韩国对于美容护肤类以及清洁类酵素研究较多，我国对日化酵素的研究并不深入，但是有大量关于日化酵素生产工艺方面的发明专利。

二、日化酵素的主要活性成分

酵素中的溶菌酶，可以破坏细胞壁中的 N-乙酰胞壁酸和 N-乙酰氨基葡萄糖之间的 β-酰胺-1，4-糖苷键，使细胞壁不溶性黏多糖分解成可溶性糖肽，导致细胞壁破裂，内容物逸出而使细菌溶解。目前市场已有类似的产品，例如 Marubi 丸美溶菌酶祛痘无印精纯原聚素、雅茚药妆·酶多酚祛痘洁面乳等。

芦荟的植物乳杆菌发酵液有很强的抗氧化能力，其中 DPPH 自氧化抑制率 86%、超氧自由基清除率 85%、羟自由基清除率 76%、亚铁螯合力 82%、还原力 242.5mg/L，同时对鼠伤寒沙门菌、肠炎沙门菌、痢疾杆菌、大肠杆菌、李斯特菌、金黄色葡萄球菌和痤疮丙酸杆菌有一定的抑制作用。张淑华等以新鲜果皮为原料，采用安琪酵母制备果皮酵素，并以超氧化物歧化酶（SOD）活力为测定指标测定不同果皮的抗氧化活性，在最优条件下果皮酵素的 SOD 活力平均值为 46.84U/mL。

三、日化酵素的功能

（一）具有护肤功能的酵素日化品

日化酵素可以改善肌肤状况。有研究表明，在自然发酵条件下对芒果和木瓜进行发酵，并对其进行抗氧化性检测，发现发酵过程中 DPPH 自由基、超氧自由基、还原力、ABTS 自由基和羟基自由基清除能力呈逐渐增加趋势。表明芒果木瓜酵素具有强抗氧化力，可添加至护肤品中作为配料。

以有机籼稻麸皮为原料，利用乳酸菌进行无污染发酵制得的酵素，可以生产一种不含酒精，具有保湿、美白、抗皱作用的，但对敏感肌肤无酒精刺激的米膜类护肤产品。该产品所使用的酵素是以有机籼稻麸皮为原料，利用乳酸菌进行无污染发酵制得。在抗氧化方面，100.0mg/mL 麸皮酵素对自由基的清除能力为相同浓度维生素 C 的 71.4%。在抑制黑色素合成方面，麸皮酵素浓度越高，抑制黑色素中间体多巴胺合成的能力越好。在增白评价方面，在 30d 的试验中，增白率为 9.29%（20% 稀释）。在保湿评价中，20% 稀释后的保湿改善率为 44.31%。

（二）具有清洁功能的酵素日化品

目前，化妆品研发的热门方向之一，是抑制化妆品腐败菌和人体面部细菌孳生的方法。有研究对微生物酵素的抑菌功效进行评价，并对比了膏状酵素和粉状酵素对大肠杆菌、铜绿假单胞菌、金黄色葡萄球菌以及痤疮病原菌的抑制率差异，结果表明膏状酵素和粉状酵素都有一定的抑菌功效，并且可将酵素作为一种抑菌有效成分加入化妆品或洗浴用品中，从而起到抑菌效果。

（三）具有护理功能的酵素日化品

南非茶是一种很受欢迎的护肤品成分，然而，很少有科学数据探索其治疗潜力。评估发酵南非茶在各种体外模型中对真皮伤口愈合的影响，用发酵南非茶处理 RAW264.7 巨噬细胞，可增加一氧化氮的产生，增加细胞诱导的一氧化氮合酶和环氧合酶-2 水平。相比之下，绿色提取物则没有这种活性。

绿茶酵素对烫发后的头发也有影响。首先将头发漂白，然后用喷雾机将发酵绿茶提取物和水供给头发，最后把头发烫一下，测试头发的损伤程度。利用扫描电子显微镜研究毛发的形态变化，特别是毛发水分水平和波浪的形成。发现在波浪形成方面，绿茶发酵液型烫发要比普通烫发好得多。利用扫描电镜对头发水分进行分析，发现普通烫发对头发的损伤更为普遍。因此，证实了绿茶提取物烫发对角质层的损伤较小。此外，结果表明利用发酵绿茶提取物的消炎和抗菌性能，有助于开发低刺激性的头皮和头发护理产品。

四、日化酵素的动态与展望

（一）研发动态

我国的酵素产品主要来自于进口，国产特殊用途化妆品的当前批件仅有 2 个，而进口化妆品当前批件有 68 个属于酵素类，大部分来自于日本、韩国，还有一部分国产产品来自于中国台湾生产的酵素面膜、洁颜粉和精华液，大多采用的是植物酵素。国产非特殊用途化妆品备案的数据达 9533 条，表明国产酵素类产品正在快速发展，而进口非特殊用途化妆品备案的数据仅有 3 条。其中，国产非特殊用途化妆品中酵素面膜有 691 个相关产品，酵素精华液有 347 个相关产品，洗发护发类酵素有 232 个相关产品，这三者占据国产化妆品的较大比例。

（二）展望

国产化妆品大多来自于广州、上海以及杭州，表明我国南部关于酵素日化品的研发和生产正在发展壮大，同时表明我国中部和北部地区的酵素产业还未发展起来，大部分酵素产品依赖于我国南部和进口酵素日化品，因此我国的中部和北部地区具有较大的酵素产品开发空间。关于酵素原料大多采用的是植物花果，采用中草药、菌类以及农副产品为原料生产酵素的生产加工较少。因此，选取优质原料尤其是农副产品，生产日化酵素是一大创新，也是中北部地区的一大优势。随着我国生物发酵技术的日渐成熟，选择适宜原料发酵的菌种以及工艺条件也是酵素日化品开发的一项关键环节。其次，打造我国优质酵素品牌，借助品牌影响力，壮大酵素产品的消费群。

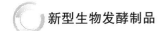

新型生物发酵制品

第二节　酵素日化品的生产方法

酵素日化品的加工工艺一般分为两部分：一是日化酵素的生产；二是含酵素的日化品的生产。

一、日化酵素的生产

日化酵素的生产与食用酵素基本相同，读者可参考第八章的相关内容。这里介绍几种不同原料制作酵素的工艺。

木瓜复合酵素：将芒果和木瓜进行清洗处理，置于无菌操作台自然晾干后，除核切片，使用紫外线照射杀菌 45min 的适量红糖，按照芒果：木瓜：红糖（质量比）＝1：1：2 的比例混合均匀，放于密封罐中，在 30℃ 条件下自然发酵，制得芒果木瓜复合酵素。

樱桃李酵素：取樱桃李榨汁加入 1~8 倍水，加入蜂蜜及少量白砂糖，接种益生发酵菌种，搅拌均匀，密封进行厌氧发酵，在 33~40℃ 发酵 3~10d，发酵后加水稀释，离心取上清液即为樱桃李酵素液。

海藻酵素：将洗净海藻破碎；将海藻破碎物和水按质量比（5~30）：（70~95）置于搅拌罐中，在 50~100℃ 下搅拌 1~12h，得到糖化海藻；将糖化海藻进行压滤得到海藻滤液和海藻滤渣；将海藻渣、尿素、硫酸镁、氯化钠、磷酸二氢钾和葡萄糖按照质量比95.5：1：0.5：1：1：1 加入灭菌后的发酵罐中，混匀调水量至含水量为 50%~70%；接入产朊假丝酵母，接种量为产朊假丝酵母和混合培养基质量比为（0.2~2）：（98~99.8）；在 25~35℃，含氧量 0.1~0.5mg/L，发酵 2~7d；发酵结束后在 70~150℃ 条件下灭菌 20~90min，最终得到海藻酵素。

二、酵素日化品的生产

酵素作为一种活性物质，其活性易受酸碱、高温等条件的影响，故常与其他成分配合使用且在制备过程和贮存过程中需要特别注意，常做成膏状、乳状、霜状、液状等不同类型的产品。不同产品生产工艺差异较大，主要为配制比例、生产方法和生产条件的差异。

海藻酵素面膜的制备：将海藻酵素、乳化剂、保湿剂、滋补剂、增稠剂、珠光剂、成膜物质、香精和水按照质量比为（5~40）：（2~30）：（0~30）：（0~30）：（0~5）：（0~20）：（0.5~10）：（0~4）：（1~90）加入到均质机中，在温度为 50~80℃，压力为 2~45MPa 条件下，至少匀质一次，匀质时间为 10~40min，将均质后的混合物均匀涂布于面膜载体上，得到海藻酵素面膜。

红梨酵素牙膏的制备：采用红梨酵素精华液 3.5%，山梨醇 7%，水合硅石 18%，甘油15%，蛋白酶 0.4%，植物类氨基酸 0.35%，椰油酰胺丙基甜菜碱 0.35%，聚乙二醇0.4%，月桂酰肌氨酸钠 2.5%，食用香精 1.2%，卡拉胶 1%，纤维素胶 0.4%，羟乙基纤维素 0.4%，植酸钠 1%，糖精钠 0.2%，焦磷酸钠 1%，植酸酶 0.00008%，果胶酶

0.0001%，糖化酶 0.0001%，β-葡聚糖酶 0.00004%，过氧化物酶 0.00003%，木聚糖酶 0.00003%，酸性蛋白酶 0.00008%，冰片 0.3%，肌酸 0.04%，增白剂 0.02%，硼砂 0.3% 和余量的水混匀、研磨、真空脱气（以上质量分数均以牙膏的总质量为基准并且各组分的质量分数之和为 100% 计）。

纯植物酵素洗涤剂的制备：先将制备的酵素发酵液的 pH 调至 4.5~6.5，添加 0.01%~5% 的植物精油和 0.01%~3% 的增稠剂，充分混匀得到纯植物酵素洗涤剂。

海带酵素洗发露的制备：首先制备乳化液：十二烷基葡萄糖苷 10~15 份、椰油酰胺丙基甜菜碱 5~9 份、卡拉胶 0.01~0.3 份、水 1000~1500 份，充分混匀，在 65~75℃ 恒温 1~5h，得乳化液，降温至 35~40℃；其次将海带酵素 25~30 份、纳米银溶胶 1~5 份、甘油 3~5 份、精油 0.1~0.3 份与乳化液混合并用胶体磨均质，所得混合物即为海带酵素洗发露（以上为质量比）。

青木瓜酵素护肤液的制备：将原料进行混合，向萃取好 6%~11% 的木瓜酵素中添加 12%~18% 鳄梨油、3%~6% 柠檬汁、3%~5% 蔓越莓多酚、15%~22% 马鲁拉油、9%~12% 薰衣草精油，其余量为去离子水，在混料罐中搅拌均匀；将搅拌均匀的混合液体置于真空乳化机中，添加 2%~6% 羊毛脂进行乳化，其温度设定为 75~85℃，均质器的搅拌速度控制在 2000~3000r/min，时间 3~10min；待乳化液稳定后密封，在 15~20℃ 的背阴环境下，静置 5d，即可得到一种青木瓜护肤液。

无患子酵素手工皂的制备：厨房废油先经过过滤除去不溶性杂质，再水浴加热到 40~50℃，加入磷酸混合，其中厨房废油与磷酸的体积比例为 10:（1~2），得到的油-酸混合液在 40~50℃ 下搅拌 10min，室温静置使胶质凝聚，将上层的油相液体和凝聚物分离，对油相液体进行水浴加热处理，得到脱胶油脂；将脱胶油脂加热到 95~105℃，与活性白土混合，脱胶油脂与活性白土的质量比为 3:（1~2），然后将吸附后的白土与脱胶油脂混合物进行压滤，收集的滤液为脱色废油；利用所述脱色废油制备皂基；采用热皂化法或者冷皂化法，将 40g/100mL 的氢氧化钠溶液:95% 的乙醇溶液:脱色废油的体积比为 3:4:3 的原料混合后皂化，得到皂化液；将皂化液倒入饱和氯化钠溶液中，搅拌至形成肥皂絮状物皂胶，过滤并收集絮状物皂胶；将絮状物皂胶放入模具中，在小于等于 30℃ 的条件下保温 24~48h，得到定型的皂基；将无患子发酵液浓缩成胶态，将皂基融化后与胶态无患子发酵液融合，定型，得到无患子酵素手工皂。

三、酵素浴技术

酵素浴是一种源自日本的独特酵素养生浴，是将微生物酵素与酵素营养剂，混合添加在天然柔软的香柏木屑中，利用发酵后自然产生的温和热能进行温浴，其木屑温度可达 50~65℃，把身体埋入其中（这只是一种概念而已，其安全性未见相关报道）。

（一）生产方法

酵素浴要通过微生物发酵产生热量才会起作用，最常用的发酵剂就是枯草芽孢杆菌、纳豆菌、酵母菌等。使用枯草芽孢杆菌的标准就是活菌数量的高低，一般来说，活菌数越多，发酵升温越快，保温时间越长。市面上比较常见的枯草芽孢杆菌，活菌数量是20～70亿/g。

发酵方法：按物料质量的千分之一添加枯草芽孢杆菌，如1t物料加1kg枯草芽孢杆菌或纳豆菌。把菌种、红糖和水按1∶1∶20的比例，浸泡8～12h，称之为活化。活化好后，把这些水与物料搅拌均匀即可。一般情况下，发酵6～24h会逐渐升温，最高可达70℃。温度只要控制在50～60℃即可进行酵素浴。此温度一般可持续几天，当温度下降时，可加入适当的营养粉，搅拌均匀即可。菌体得到营养补充，会继续起作用，使用一段时间后，把物料重新换掉、重新发酵，否则使用时间过长会产生杂菌。

（二）沐浴方法

（1）沐浴前饮用30～60mL食用酵素。

（2）卸妆、更换衣物，换上挡胸、短裤，戴上盖住耳朵和头发的头套。

（3）进入合适温度的浴坑，注意头尾位置。将木屑覆盖住全身，一直到颈部。进行15～20min温浴。充分出汗后，抬起上半身，腰部固定，继续半身浴15～20min。

（4）沐浴结束，走出浴坑用刷子将身上的锯末掸掉。仅用清水淋浴，冲掉残留的木屑和汗。

（5）酵素浴后会继续出汗，应让身体充分休息，直到消汗并适当补充水分。

（6）沐浴注意事项可参照桑拿浴执行，切要注意沐浴安全。

参考文献

[1] 张淑华，叶柳健，张振鑫，窦伟浩，李洋. 果皮酵素的制备及抗氧化活性研究 [J]. 长春理工大学学报（自然科学版），2016，39（4）：63-66.

[2] 苏龙，庄明川，陆孔泳，梁广波，何静，韦媛媛. 芒果木瓜天然酵素抗氧化性能分析 [J]. 湖北农业科学，2017，56（7）：1312-1314.

[3] 任清，于晓艳，潘妍，刘杰，胡英杰，董银卯. 微生物酵素美白抗衰老功效研究 [J]. 香料香精化妆品，2008（3）：28-32.

[4] Chen LH, Chen IC, Chen PY, et al. Efficacy of rice bran fermentation in cosmetics and skin care products [J]. Bioscience Journal, 2018, 34（4）：1102-1113.

[5] 董银卯，于晓艳，潘妍，刘永国，任清. 微生物酵素抑菌功效研究 [J]. 香料香精化妆品，2008（4）：27-29.

[6] Pringle NA, Koekemoer TC, Holzer A, et al. Potential therapeutic benefits of green and fermented rooibos（aspalathus linearis）in Dermal Wound Healing [J]. Planta Medica, 2018, 84：9-10.

[7] Piao EX, Lin JN. A study of effects of fermented green tea extract-based treatment on hair [J]. Textile Coloration and Finishing, 2014, 26（4）：353-362.

[8] 张佐政，黄宝玺. 一种用于治疗口腔溃疡的酵素漱口水及其制备方法 CN104888007A [P]. 2015-06-10.

[9] 成钢，成进学. 酵素酶牙膏 CN106937921A [P]. 2014-03-22.

[10] 吴佳佳. 一种含樱桃李酵素美白祛皱面膜及制备方法 CN 107951817A [P]. 2017-12-21.

[11] 王雷. 一种海藻酵素面膜的制备方法 CN107550769A [P]. 2017-09-14.

［12］朱苾锋，朱景宇，李云玮，等．一种红梨酵素牙膏及其制备方法 CN107648176A ［P］. 2017-11-10.

［13］陈志兵，李银塔．一种海带酵素洗发露的制备方法 CN107595683A ［P］. 2017-11-07.

［14］冯程．一种青木瓜护肤液 CN106726910A ［P］. 2016-12-09.

［15］廖晓峰，于荣，王琪．一种无患子酵素手工皂及其制备方法 CN108373953A ［P］. 2018-08-07.

［16］刘福堃，付伟，刘洋，等．微生物酵素及其应用 ［M］. 沈阳：辽宁科学技术出版社，2014.

第十一章 饲用酵素

第一节 饲用酵素概述

一、饲用酵素简介

饲用酵素（Feed Jiaosu）是在微生物发酵饲料菌剂（微生态饲料）的基础上发展起来的，QB/T 5324—2018《酵素分类导则》中对饲用酵素的定义为：饲用酵素是以动物、植物、菌类等为原料，经微生物发酵制得的含有特定生物活性成分的用于动物养殖的酵素产品。如宠物酵素、饲料酵素等。

2019 年 7 月，农业农村部发布《中华人民共和国农业农村部公告第 194 号（药物饲料添加剂退出计划）》，明确规定了停止生产、进口、经营、使用部分药物饲料添加剂的时间表。这一政策的出台，将推动养殖行业转型升级，寻求药物饲料添加剂的替代方法，其中饲用酵素作为备选方案之一，正受到人们的关注和青睐。

各国微生态学家在总结多年研究成果的基础上将微生态饲料定义为：含活菌和（或）死菌，包括其组分和产物的细菌制品，经口或经由其他黏膜途径投入，旨在改善黏膜表面微生物或酶的平衡，或者刺激特异性或非特异性免疫机制。作为现代生物工程技术的重大成果之一，微生态制剂广泛应用于生产领域，将导致畜禽、水产、种植业、环境保护和医学等领域的根本变革。

饲用酵素的发酵过程与微生态饲料相似，但是特殊的要求是含有氨基酸、有机酸、粗多糖、低聚糖、蛋白酶、α-淀粉酶、脂肪酶等生物活性成分的 3 种以上。养殖业用植物酵素一般理化指标应符合表 11-1 的规定；特征性指标应有 3 项或 3 项以上指标符合表 11-2 的规定。

表 11-1 养殖业用植物酵素一般理化指标

项目	指标	
	液态	固态
pH≤	7.5	—
水分/%≤	—	30
乙醇含量/（g/L）≤	0.8	—

注：表中各指标项为酵素发酵过程中产生的非外源添加的物质。

表 11-2   养殖业用植物酵素特征性理化指标

项目	指标	
	液态	固态
有效活菌数/ [CFU/mL（液态）或 CFU/g（固态）] ≥	1×10^7	1×10^7
氨基酸/ [g/L（液态）,%（固态）] ≥	15	15
游离氨基酸/ [g/L（液态）,%（固态）] ≥	10	5
总酸/ [g/L（液态）,%（固态）] ≥	5	15
有机酸（以乳酸计）/ [g/L（液态）,%（固态）] ≥	1	5
粗多糖/ [g/L（液态）,%（固态）] ≥	10	15
低聚糖/ [g/L（液态）,%（固态）] ≥	5	5
蛋白酶活性[a]/ [U/L（液态），U/kg（固态）] ≥	100	500
α-淀粉酶活性[a]/ [U/L（液态），U/kg（固态）] ≥	200	1000
脂肪酶活性[a]/ [U/L（液态），U/kg（固态）] ≥	50	200

注：[a]酶活性在25℃条件下保存不少于半年；表中各指标项为酵素发酵过程中产生的非外源添加的物质。

饲用酵素首先要符合饲料的卫生标准，发酵菌种是饲用酵素功能和质量的基础，也是产品安全的首要保证，世界各国对此都有明确规定和严格管理。美国饲料公定协会（AAFCO）公布了44种"可直接饲喂且通常认为是安全的微生物（Generally Recognizedas-safe，GRAS）"菌株，包括细菌（Bacteria）、酵母（Yeast）和真菌（Fungi）。其中乳酸菌28种、酵母菌2种，拟（类）杆菌属（Bacteroides）4种，酵母菌属（Yeast）2种，曲霉菌属（Aspergillus）2种。

我国农业部推荐的《饲料添加剂品种目录》中饲料使用的菌种有：地衣芽孢杆菌、枯草芽孢杆菌、两歧双歧杆菌、粪肠球菌、屎肠球菌、乳酸肠球菌、嗜酸乳杆菌、干酪乳杆菌、乳酸乳杆菌、植物乳杆菌、乳酸片球菌、戊糖片球菌、产朊假丝酵母、酿酒酵母、沼泽红假单胞菌、婴儿双歧杆菌、长双歧杆菌、短双歧杆菌、青春双歧杆菌、嗜热链球菌、罗伊乳杆菌、动物双歧杆菌、黑曲霉、米曲霉、迟缓芽孢杆菌、短小芽孢杆菌、纤维二糖乳杆菌、发酵乳杆菌、保加利亚乳杆菌用于养殖动物；产丙酸丙酸杆菌、布氏乳杆菌、副干酪乳杆菌用于青贮饲料、牛饲料；凝结芽孢杆菌、侧孢芽孢杆菌用于肉鸡、生长育肥猪、肉鸭、虾等。

二、宠物酵素

近年来，我国宠物数量日渐庞大，家养宠物食用的狗粮、猫粮等均为加工的食品，长期食用会导致摄入各种食品添加剂，同时由于抗生素的广泛使用，肌体耐药性和药物残留使宠物肠道正常菌群失调，使宠物容易产生便秘、腹泻、消化不良、肠胃炎等肠胃疾病，给宠物的健康带来了危害。

目前关于宠物酵素的研究相对较少，但市面上已经出现了多元化的产品，有宠物天然酵素饮用水、酵素整肠膏、宠物用酵素益生菌、酵素卵磷脂美毛素等。

根据商家的介绍，天然酵素饮用水的功能有：补充水分、平衡肠道菌群、帮助消化吸收、祛除宠物身体异味（包括口腔臭味、尿骚味以及粪便臭味等）。酵素整肠膏的作用有：改善稳定肠道内 pH、促进肠道蠕动、提高食物的消化吸收率、排便通畅等。宠物用酵素益生菌的功能有：增强宠物消化能力、促进肠黏膜免疫和肠道菌群平衡、改善肠道微生态环境、抑制病菌的生长繁殖、减少肠道氨气和臭气、保护免疫系统、增强肝脏功能。酵素 & 卵磷脂美毛素的功能有：促进细胞组织的新陈代谢、促进营养物质分解吸收、清除体内毒素、增强体质、活化肌体细胞。概括来说，依据功能的不同，宠物酵素可分为如下两种类型。

（一）异味去除酵素

这种类型的宠物酵素以饮用酵素液为代表，因其含有生物活性成分，可除去宠物异味和臭味，促进消化功能，发挥抗氧化作用，并维持动物肠道健康。陈向东等公开了一种宠物饮用酵素液及其制备方法，具体是将苹果、香蕉、火龙果、黑枸杞、柠檬、洋葱为原料制成复合果蔬原液，过滤后再调配加入低聚糖、维生素、蜂蜜等，均质后分装即得。这种酵素可祛异味，如口腔臭味、尿液骚味、粪便臭味以及其他令人感到不愉快的气味，同时生产工艺简单易操作，适于工业化生产。

宠物酵素沐浴露是宠物洗浴行业的一种突破，研究发现宠物皮肤表层仅有 2~5 层，而人体有 12~16 层，并且人和宠物的皮肤在 pH 上有差异，这一发现促进了市场上宠物酵素沐浴露的开发与拓展。

（二）促消化酵素

猫犬在进食后，由于食物中的有些营养成分结构复杂、粒度太大，并不能被身体直接吸收。消化酵素的作用就是促进各类食物分解成身体能够充分吸收的简单营养元素。对于一些肠胃较弱的猫狗，若吃下的食物经常未被完全消化成小分子就透过肠壁进入血液，又或者直接进入大肠，除了会导致整体上身体较差或瘦弱，更有机会引发各种敏感症，如肠漏症等难缠的慢性炎症。

酵素的益生菌中含有源于肠道内的乳酸菌、双歧杆菌，以及凝结芽孢杆菌，可快速补充至肠道内，使肠内益生菌数量恢复至健康水平，促进营养物质的消化。除此之外，益生菌通过夺取有害细菌生存所需的氧，产生可抑制有害细菌生长的乳酸，占领有害细菌在肠道的粘附位置，多种途径有效抑制有害细菌的生长，恢复健康的肠道微生态环境。益生菌具备优秀的协同能力，可与多种药品、营养品长期搭配服用，促进猫犬对营养的吸收，减轻多种药物的毒副作用，让肠道倍添活力。

三、饲料酵素

（一）酵素菌技术

酵素菌技术作为一种现代生物技术，在种植业、养殖业、卫生环保、食品加工等领域已得到广泛应用，并已取得显著的经济效益和生态效益。

日本磐亚株式会社的微生物专家岛本觉于 20 世纪 40 年代发明了一种农用生物技术——酵素菌技术，该技术是将生产农肥中分离出的 3 类微生物，分别为酵母菌（Yeast，Y）、细菌（Bacteria，B）和丝状菌（Mold，M）共 24 种有益菌，将其按一定比例混合制成酵素菌原菌，因此酵素菌又简称 BYM，最初由中国海外农业发展总公司从日本引进酵素原菌和生产酵素菌及饲料添加剂的技术。

由于日本方面一直对酵素菌技术保密，直到 2000 年日方提供了酵素菌 6 种优势种的种名（细菌 3 种，酵母菌 2 种，霉菌 1 种），并于当年 12 月在我国农业部进行了酵素菌原菌登记。目前，日本磐亚株式会社在中国的各省（市）酵素菌独家总代理，从日本进口酵素菌原菌（一级菌），用它生产酵素菌扩培菌（二级菌），各厂家购买酵素菌扩培菌生产各种有机质发酵肥料、发酵饲料和饲料添加剂等。

（二）酵素菌发酵饲料和饲料添加剂

以作物秸秆或饲草作为原料，经过一定的预处理，接种酵素菌扩培菌，进行充分的好氧发酵，使料温在 50～60℃ 的条件下按一定的工艺流程处理。发酵结束，将料抖松、晾干，便制成了酵素菌发酵饲料。发酵饲料可提高粗蛋白含量、降低纤维含量，节省饲料、促进进食、提高产量。

在麦麸、谷类和糖类等物质中按比例接种酵素菌扩培菌，就制成了酵素菌饲料添加剂。不同畜禽种类其配方也不相同。在基础饲料里按比例添加酵素菌饲料添加剂，就制成了酵素菌饲料，可直接喂养畜禽。

（三）酵素菌技术的作用机理

酵素菌是复合微生物菌群，是一群有生命的活体，其繁殖和代谢能力很强。酵素菌在生命活动中会分泌出多种酶和一些活性物质，主要有糖化酶、蛋白酶、脂肪酶、纤维酶、氧化还原酶等。利用酵素菌蛋白酶的强分解能力，制成的饲料添加剂能提高饲料利用率，取得显著的经济效益，例如酵母菌特有的氧化分解酶系可直接降解高浓度油脂类物质，得到 SCP（单细胞蛋白），其作为动物饲料添加剂有着不可估量的价值；酵素菌本身也是一种营养价值很高的物质，糖化能力和蛋白质分解的活性都很强；酵素菌催化分解有机物质可以产生多种发酵物质，例如维生素、核酸、促进生长的未知因子、动物和微生物的营养物质、促进胆固醇代谢的物质等。

酵素菌技术应用于养殖业，充分显示了微生态制剂和复合酶制剂的双重功效，在畜禽生产中应用酵素菌添加剂，既能够提高饲料的利用率，又能够预防和消除畜禽消化系统的多种疾病，增加畜禽免疫力，肉质好，产仔率和产蛋率高，并能预防疾病和减轻粪便臭味污染，是一种安全、有效、绿色的饲料添加剂。

（四）饲料酵素的应用效果

酵素菌发酵饲料其实与微生态发酵饲料大同小异，添加了酵素概念而已。

1. 饲料酵素在养畜业上的应用

畜类在取食酵素菌饲料添加剂后，肠道内有益菌数量大量增加，确立了以有益微生物为主体的微生物菌群。付延军等试验结果表明，使用生物酵素饲料饲喂生长育肥猪可降低料重比，促进饲料转化吸收，使饲料转化率较常规饲料提高 6.4%，且提高猪的生长性能，改善健康状况，减轻环境污染，增加养猪经济效益。赵启文等发现西宁地区牛羊屠宰厂废弃物中营养元素多、有机质含量高，添加酵素菌可以缩短发酵时间，减少养分损失。

2. 饲料酵素在养禽业上的应用

陈鲜鑫等利用酵素菌发酵蛋白饲料饲喂产蛋鸡，发现可显著提高鸡蛋蛋白质含量，降低蛋黄胆固醇含量，说明酵素菌发酵蛋白饲料有提高蛋鸡产蛋性能和改善鸡蛋营养品质的作用。杨桂芹等在蛋鸡基础日粮中添加酵素菌制剂，采集粪样测定鸡粪中臭气化合物的排出量，发现鸡粪中总有机酸含量、挥发酸含量、挥发性盐基氮含量分别比对照组降低，且粪中吲哚和粪臭素的含量随酵素菌制剂添加量的增多而降低，表明酵素菌制剂能够有效减少鸡粪中臭味物质的排出量。李馨等在鸡的养殖过程中发现，用含有酵素菌饲料的混合饲料喂养，鸡的食欲增加，产蛋率与蛋的重量均有显著的提高，发病率明显降低，鸡腹泻的现象也明显减少，起到减少鸡粪臭味和改善环境卫生的作用。

3. 饲料酵素在水产养殖上的应用

酵素菌生物有机鱼肥是根据我国水体理化性质及生态学特点，采用现代生物发酵工程技术，以多功能酵素菌为核心，以优质有机质为载体，复配适量无机养分和营养蛋白，形成的一种高效生物鱼用肥料。酵素菌能促进水体中优良微藻、有益细菌及浮游动物增长，具有改良水质、净化水体，平衡藻相、菌相，抑制有害菌、病原微生物生长的作用，鱼肥中各种养分配比合理，可均衡养殖动物营养，提高水产品品质，实现健康生态养殖。

杨建设等进行了施用酵素菌对南美白对虾水质综合调控影响的研究，结果表明施用酵素菌可以很好地调控南美白对虾养殖水体中的 pH、DO、亚硝酸盐氮、氨氮、COD 等指标，虾种生长速度增快，虾池水清亮。

四、饲用酵素存在的问题与应用前景

(一) 存在的问题

酵素菌技术自 1994 年引进国内以来，已在种植业、养殖业、卫生环保和食品生产等领域大面积推广应用，取得了良好的经济效益、社会效益和生态效益，但也存在不少问题。

第一，不知道酵素菌添加剂的具体配方，最初中国海外农业发展总公司引进 BYM 技术时，日本磐亚株式会社未转让酵素菌原菌生产技术，现在也未得知 24 种有益菌具体名称及其比例，且酵素菌菌种的分离和鉴定相当复杂。所以各厂家均需从日本进口原菌再生产放大菌，进口原菌不仅价格昂贵，而且购买还受制于人，这几乎成了企业发展的一大瓶颈，也给饲料质检工作带来了很大的困难。因此，加快酵素菌原菌生产国产化进程，是我国推广应用酵素菌技术及饲料中刻不容缓的任务。

第二，由于酵素菌成本较高，酵素菌饲料的应用成本高于普通饲料和饲用抗生素，也就是说酵素菌饲料完全替代普通饲料并不现实。且我国畜牧业发展多年已有固定经营体系，酵素饲料虽健康环保，但生效略显缓慢，使用该技术体系并不一定完全适合我国畜牧业生产习惯。酵素菌技术作为一项高新技术，要求较高的养殖水平和较强的接受新事物的能力，生产成本也较高，且畜牧业生产有周期较长的特点，要让人们接受酵素菌技术，还有许多工作要做。

第三，对酵素菌技术的基础理论研究不足，使用效果存在不确定性。目前市场上的酵素菌产品，药品公司的宣传较多，但缺乏系统、全面的研究结果。由于酵素菌的配方尚未明确，所以它的生物活性和作用机理并不清楚，且尚未从细胞和分子的水平上予以研究证实，也缺乏对生长性能影响的系统性研究，这在一定程度上限制了酵素菌的使用范围。目前关于酵素菌的研究主要集中在生产和实践上，缺乏严格可控条件下的实验室研究，生产和实践上的研究存在诸多的不可控因素，缺乏针对性。有文献报道，酵素菌有机鱼肥能防治一些病害，增强水产动物的免疫能力，但究竟是酵素菌增强了水产动物自身抗体的缘故，还是其发酵产物或代谢产物杀灭了致病菌，其作用机制尚不清楚。高树清等的研究表明，酵素菌菌群种类多，能很好地进行发酵，但是发酵后菌群数量及酶的活性迅速降低。酵素菌作为一种生物活性物质，其发酵和作用效果还受温度、湿度等的影响。

总之，酵素菌技术虽然在我国使用了 20 年，但各方面还不是很成熟，尤其在分子机制等方面的应用研究还存在许多空白，大范围推广使用也不易实行。

（二）应用前景及建议

近年来，随着饲料的不断涨价，养殖病害逐年加重，许多养殖户压力加大。酵素菌技术本身作为一项高科技农业微生物有机肥料生产技术，从应用效果看，开发酵素菌技术是解决上述问题的一项有效措施。它的推广应用，能带来可观的生态效益和经济效益，有巨大的应用价值和极其广阔的应用前景。相信随着人们环保意识的加强及对健康的高要求，酵素菌饲料的使用量将会越来越大。

对于酵素菌技术在我国的推广应用中存在的问题，有以下几点建议。

首先，需要尽快引进原菌生产技术，加快酵素菌企业发展步伐、拓展企业发展空间，给各地生产、检测酵素菌饲料质量提供依据。与此同时，有关部门及各生产厂家应尽快制定饲料酵素生产标准，加强质量检测，以保证饲料质量。

其次，降低酵素菌的生产成本，提高其经济效益。应根据我国畜牧业生产的实际情况来酌量施用，例如与普通饲料配合施用，做到物尽其用。

最后，在引进应用日本酵素菌技术的基础上，应积极研制各种畜禽的专用肥，使其针对性更强，用量更科学合理，减少营养元素的浪费，提高肥效、降低成本，最大程度地发挥酵素菌技术的优势。

总之，应在饲用酵素的推广应用过程中不断总结经验教训，根据我国的国情和农业生产实际情况不断改进和创新该技术，使其在我国畜牧业增产、养殖户增收和产业结构调整中发挥更大的作用。

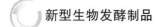
新型生物发酵制品

第二节　饲料酵素的生产与应用方法

一、酵素菌发酵饲料的生产与应用方法

（一）工艺流程

用酵素菌发酵的植物饲草、秸秆，经粉碎后是畜禽的好饲料，可以作为配合饲料的重要成分。研究表明优质发酵草粉所含营养水平接近或等同于糠麸，可消化粗蛋白含量优于燕麦、大麦、高粱和其他精料。

生产酵素菌发酵饲料所需原料为秸秆或饲草、麸皮、红糖、石膏以及酵素菌接种剂等，其工艺流程如下。

1. 原材料处理

把新鲜无霉变的玉米秸秆或饲草进行粉碎，根据喂养畜禽种类决定粉碎的细度，喂牛、喂羊用的铡成 2cm 左右，喂猪的粉碎成糠麸状。

2. 拌料

先将红糖、石膏溶于水，而后将粉碎的秸秆、麸皮与酵素菌拌匀后，再将红糖、石膏水喷洒在上述的混合料上，最后用喷壶边喷水边搅拌，搅拌均匀。其原料比例如表 11-3 所示。

表 11-3　　　　　　　　　　　　　　酵素菌发酵饲料的配方

原料	数量/kg	原料	数量/kg
秸秆或饲草	93.0	石膏	1.0
麸皮	5.0	酵素菌接种剂	1.0
红糖	1.0	水	50.0

3. 堆制发酵

把喷透水、拌均匀的饲料自然堆成山型，上面覆盖麻袋片，保温保湿。

4. 翻堆

堆制 24~28h，料温升到 45℃以上时，进行第一次翻堆，以后每天翻一次，连翻 3 次，翻堆时打碎坷垃、硬块，自然堆制，不要拍实。

5. 发酵结束

当料温达到 50~60℃，持续 48h 以上时发酵结束，一般整个发酵周期为 7~15d。发酵结束后把饲料抖松、晾干，即为成品，可作为粗饲料直接喂食畜禽，按常规喂食方法、用量及时间即可。

6. 贮藏

无论是生产期间还是贮藏期间，都要防日晒、雨淋，保持干净卫生。

7. 对酵素菌发酵秸秆饲料的检测结果表明，其中含粗蛋白 8.32%，粗脂肪 1.71%，无氮浸出物 40.81%。

254

（二）应用方法

酵素菌发酵饲料把原料中所含的淀粉、蛋白质、纤维素等有机物降解为单糖、双糖、氨基酸和微量元素等，促使饲料变软变香，更加适口，最终使不易被动物吸收利用的粗纤维转化为能被动物吸收的营养物质。

饲草、秸秆制作成酵素菌发酵饲料（蛋白质草粉），营养价值提高数倍，成本较低，可替代部分精料，在土地有限、粮食短缺、饲草昂贵、养殖成本高的条件下，是解决饲料问题的最经济、最现实、最可行的办法。

酵素菌发酵饲料直接喂养畜禽，饲喂量占饲料总量的比例分别为：母猪 20%、肥猪 10%、仔猪 5%、牛羊 50%（按黄贮喂量）、鹅 30%。

（三）应用效果

（1）缩短秸秆、饲草饲料青贮或黄贮成熟时间，提高饲料存贮质量。原料发酵转化率可达 95%，可节省精粮 15%~20%。

（2）改善饲料适口性，饲料质地柔软，有醇香、酸香、果香味，采食量提高 20%~30%，采食速度提高 30%~40%。

（3）显著提高饲料养分，增加了纤维原料的柔软性和膨胀度，使瘤胃微生物直接与纤维素接触，提高了原料的消化率。

（4）提高免疫力，预防并治疗肠道疾病，建立肠道微生态平衡。

（5）减少粪便中氮、磷、钙元素排泄量，减少粪便臭味及有害气体排放，减少饲料中蛋白质转化为氨气的浪费。

（6）改善肉奶品质，可代替抗生素生产"绿色肉""无抗奶"。

二、酵素菌饲料添加剂的生产与应用方法

（一）工艺流程

生产酵素菌饲料添加剂所需原料为页岩或沸石粉、麸皮、贝壳粉、鱼粉、红糖及酵素菌接种剂等。不同畜禽种类的配方略有不同。生产步骤和方法与生产发酵饲料基本一样，但要求更高，主要体现在工艺的控制上：一是如果在堆制 24h 内料温升至 40℃以上，除翻堆外一直保持这个温度并出现发酵味道说明发酵良好；如果出现氨味说明发酵过度，应立即翻堆并进行干燥。翻堆次数主要由发酵物的气味决定。二是发酵结束后要彻底晾干或经干燥处理，并进行粉碎。不同畜禽种类的饲料添加剂要求细度有所不同，干燥粉碎后装袋即可使用或贮存。具体流程如下。

1. 原料预处理

按照要求对原料进行粉碎等相关处理。原材料必须新鲜、无霉变、无污染，生产场地清洁卫生，防止雨淋，防止阳光直射。

2. 拌料

先把米糠、麸皮和酵素菌接种剂拌匀，然后用开水把红糖化开，待糖水温度降至 30℃

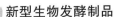

以下，再喷到上述拌匀的混合物上，边喷边搅拌，最后加水搅拌均匀，注意要使用清洁的水源，避免杂菌污染。不同畜禽种类的基本配方如表 11-4 所示。

表 11-4   酵素菌饲料添加剂基本配方

原料	畜禽种类		
	鸡	猪	牛
页岩或沸石粉/kg	700	700	600
麸皮或米糠/kg	300	300	400
贝壳粉/kg	50	—	—
骨粉/kg	10	8.0	8.0
红糖/kg	3.5	3.5	3.5
酵素菌接种剂/kg	12	12	10
鱼粉/kg	10	15	—
水 */kg	300	300	300
成品细度/mm	1.5	0.25	0.125

注：*拌料时加水量多少是发酵成败的关键因素之一，配方中虽然给出了加水量，但必须注意当时的空气湿度、原材料含水量等因素，做到加水量适中。

3. 堆置发酵

将上述原料拌好后堆成山形，用干净的布盖严遮光，保温发酵。

4. 翻堆

当发酵温度达 40℃以上时进行第一次翻堆，以后每天翻堆 1 次，连翻 2~3 次发酵结束。如果生产量小，室温又低，则应采取保温措施，防止 40℃以上的温度持续时间过短，导致发酵失败。

5. 粉碎

发酵结束后，将发酵物摊开晾干，粉碎至相应细度。

6. 贮藏

粉碎后进行计量分装，在干燥阴凉处贮藏。

（二）应用方法

酵素饲料添加剂不能直接喂食畜禽，必须加在基础饲料里搅拌均匀，不同畜禽种类有不同的酵素菌饲料添加剂配方，不能通用。使用量一般为基础饲料质量的 3%~5%。通常原则上是幼小的畜禽所加比例小，成年畜禽所加比例大。

使用酵素饲料添加剂后，基础饲料里不要加抗生素。防止两者相互干扰，影响使用效果。另外，要认真检查产品质量，在堆置发酵过程中，一旦造成厌氧发酵，则本批产品即为不合格产品，不能用来喂养畜禽。

（三）应用效果

表 11-5 是酵素菌饲料添加剂饲喂蛋鸡的试验效果，其中供试蛋鸡 200 只，对照组饲

喂基础饲料蛋鸡 200 只，试验周期 3 个月。

表 11-5　　　　　　　　　酵素菌饲料添加剂对蛋鸡产蛋量的影响

项目	酵素菌饲料添加剂组	对照组（基础饲料）
饲养鸡数量/只	200	200
存活鸡数量/只	193	156
存活率/%	96.5	78
产蛋总数/个	14506	10865
产蛋率/%	75.2	69.6
产蛋总重/kg	1018.3	699.7

数据显示，酵素菌饲料添加剂加基础饲料饲养蛋鸡，与对照组相比，蛋鸡存活率提高 23.7%，产蛋量提高 31.8%，产蛋收入与饲料开支相抵后，经济效益提高约 70%。

第三节　酵素在饲料原料上的加工技术

一、发酵豆粕

发酵豆粕又称微生态豆粕、生物活性小肽，即利用现代生物技术将大豆粕通过微生物、酵素菌降解为可溶性蛋白和小分子肽的混合物。该产品是利用现代生物工程技术发酵的菌种或由日本引进的纳豆菌等进行固体发酵，原料采用优质豆粕，通过最大限度地消除大豆蛋白中的脲酶、胰蛋白酶抑制因子、凝血素、大豆球蛋白、植酸等抗营养因子，有效地降解蛋白质的分子质量，成为小分子蛋白和小肽的无抗原优质小肽蛋白源，并可生产大量菌丝体蛋白、寡肽、谷氨酸、乳酸、维生素等营养物质，具有提高适口性、易吸收的特性，被认为是幼龄动物饲料的理想植物蛋白。

（一）发酵豆粕常用菌种

目前发酵豆粕的主要菌种有乳酸菌、酵母、芽孢杆菌等。

研究者利用乳酸链球菌发酵豆粕。豆粕经乳酸菌发酵后有酸甜芳香的气味，pH 下降，能有效改善豆粕的适口性，促进畜禽生长，同时可以降低抗生素、酸化剂的添加量，降低饲料成本。除此之外，霉菌也经常被研究人员用于固态发酵豆粕的生产，且常常与其他菌种混合发酵。研究者采用米曲霉和啤酒酵母混合菌株固态发酵法生产发酵豆粕，利用霉菌产生的多种酶系，降解其中的纤维素及蛋白质等物质，利用酵母菌合成菌体蛋白，得到的发酵豆粕中粗蛋白含量可达 49.10%，比原料中增加 12.1%。而用米曲霉菌和酵母以麸皮和豆饼粉为主要底物，30℃混合固态发酵 36h，获得了酸性蛋白酶活性达 1440U/g、酵母菌数 $6.29×10^9$ 个/g、粗蛋白质高达 70.56%（其中小肽 10.12%）、还原糖 8% 的新型蛋白质饲料，从而形成一项富含小肽的新型蛋白质饲料生产工艺。

(二) 固态发酵生产豆粕过程

发酵过程分为好氧发酵和厌氧发酵。在发酵前期采用好氧发酵，促使芽孢杆菌、酵母等好氧微生物繁殖生长，同时芽孢杆菌、酵母分泌产生大量酶类、维生素等活性产物促进乳酸菌的生长。后期的厌氧发酵，促进乳酸菌的增殖，并产生大量乳酸。微生物在无氧条件下发生强制自溶，细胞中的胞内酶及其他生物活性成分分泌出来。厌氧发酵时蛋白酶发生酶解反应，并产生香味物质，其工艺流程如图 11-1 所示。

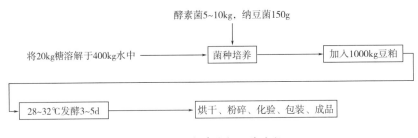

图 11-1　发酵豆粕工艺流程

综合好氧发酵和厌氧发酵的优缺点，将两者结合起来用于发酵豆粕基本可以达到以下指标：发酵酶解产生的小肽占豆粕中粗蛋白含量的 10%，占成品的 5% 以上。发酵豆粕与酶解相比风味得到极大改善，且产生大量生物活性成分，但分子质量多在 10000u 以下，属于多肽范畴，离大豆寡肽、小肽的生理活性、易吸收性距离很大，所以成本相对也比较低。豆粕通过生物发酵处理后，豆粕中的各种抗原成分、抗营养因子被有效降低去除，豆粕中的蛋白质被分解成大量的植物小肽。这种无抗原的植物小肽吸收率高，可作为断奶仔猪、幼禽，尤其是许多高档经济动物的优良蛋白质来源，在高档水产饲料中可以替代 40% 以内的鱼粉用量，降低饲料生产成本。

(三) 发酵前后营养物质的变化

豆粕经过微生物发酵脱毒，其中的多种抗原得以降解，各种抗营养因子的含量大幅度下降。发酵豆粕中胰蛋白酶抑制因子一般 ≤200TIU/g，凝血素 ≤6μg/g，寡糖 ≤1%，脲酶活性 ≤0.1mg/（g·min），而抗营养因子、植酸、伴球蛋白，可有效去除致甲状腺肿素，消除了大豆蛋白中抗营养因子的抗营养作用。IRENE 等研究表明，豆粕经过乳酸发酵，其维生素 B_{12} 会大大提高，由原来的不足 1ng/g 升高到 148ng/g。

利用枯草芽孢杆菌、酿酒酵母、乳酸菌对豆粕进行发酵，并对发酵后豆粕的营养特性进行分析，结果表明，其主要营养指标中粗蛋白 43%～70%、粗脂肪 1%～3%、粗纤维 ≤5%、粗灰分 ≤7%、水分 ≤13%、菌数 ≥$3×10^9$ 个/g、活性 ≥90%。同时发现，磷的含量比发酵前提高了 55.56%（$P<0.01$），氨基酸的含量比发酵前提高了 11.49%，胰蛋白酶抑制因子和豆粕中的其他抗营养因子被彻底消除。

二、发酵棉籽蛋白

发酵棉籽蛋白是以脱壳程度高的棉籽粕或棉籽蛋白为主要原料（≥95%），以麸皮、玉米等为辅助原料，使用农业部《饲料添加剂品种目录》中批准使用的酵母和芽孢杆菌进行固态发酵，并经干燥制成的粗蛋白质含量在50%以上的产品。棉籽粕是一种蛋白质含量较高的饲料，粗蛋白含量为36%～50%，各氨基酸组成较好，但由于棉籽粕中含有0.12%～0.28%游离棉酚，对畜禽有毒害作用。棉酚中毒的原因是棉酚与蛋白质分子中的游离氨基酸中赖氨酸的ε-氨基结合，直接降低了蛋白质和赖氨酸的利用率，使消化道中的酶活性降低从而影响整个消化过程，因而限制了其在畜牧饲养中的应用。

（一）棉粕发酵的脱毒效果

棉粕经过微生物发酵以后，所含的棉酚、环丙烯脂肪酸、植酸及植酸盐、α-半乳糖苷、非淀粉多糖等抗营养因子就会降低或消除，饲喂效果大大改善。研究发现，发酵后的棉籽粕的粗蛋白质提高10.92%，必需氨基酸除精氨酸外均增加，赖氨酸、蛋氨酸和苏氨酸分别提高12.73%，22.39%和52.00%。施安辉等利用4种酵母混合发酵，使棉酚得到高效降解，脱毒率高达97.45%。

（二）发酵棉粕在动物生产中的应用效果

利用微生物发酵棉粕代替豆粕进行饲喂犊牛试验，经过17d的实验研究，结果发现实验1组、实验2组与对照组相比，在生产性能上没有显著性差异，但是饲料成本分别降低了36.84%和21.37%。同时发现，棉粕经过发酵后适口性提高，粪尿中的NH_3、H_2S等有害气体浓度大大降低，生态环境得到改善。

三、发酵菜籽粕

和其他的蛋白源相比，菜籽粕是一种比较廉价的蛋白质饲料资源，其含有较丰富的蛋白质与氨基酸组成，但因为菜籽粕中含有大量的毒素及抗营养因子，限制了其在饲料的使用。目前国内外关于菜籽粕脱毒的方法主要有：物理脱毒法、化学脱毒法及生物脱毒法三大类。生物脱毒法主要有酶催化水解法、微生物发酵法，和其他脱毒方法相比，微生物发酵法具有条件温和、工艺过程简单、干物质损失小等优点。

（一）微生物发酵对菜籽粕的作用效果

经科学实验研究表明，利用曲霉菌将菜籽饼粕与酱油渣混合发酵生产蛋白饲料，发酵后总脱毒率可达89.8%，粗蛋白质提高16.9%，粗纤维下降，适口性改善。研究人员利用模拟瘤胃技术对菜籽粕进行发酵脱毒，试验表明，在菜籽粕发酵培养基含水60%的条件下，39℃厌氧发酵4d，其噁唑烷硫酮（OZT）和异硫氰酸酯（ITC）的总脱毒率可达82.7%和90.5%，单宁的降解率为48.3%。

（二）发酵菜籽粕在动物生产上的应用效果

分别以 5%、10% 和 15% 的固态发酵菜籽粕替代玉米-豆粕型基础日粮中的豆粕，以研究固态发酵菜籽粕对肉鸡肝脏和甲状腺的影响，结果表明，日粮中用 15% 以内的固态发酵菜籽粕替代部分豆粕，对肉鸡的肝脏和甲状腺指数没有显著影响，因此在日粮中使用 15% 以内的固态发酵菜籽粕替代部分豆粕不会引起肉鸡的表观毒性反应。

四、处理羽毛粉、血粉等动物性蛋白原料

羽毛、血粉等产量很大，含有丰富的营养物质，如胱氨酸、赖氨酸，粗蛋白质含量在 75%~90%，矿物质铁、磷、钙含量很高，但磷钙大多以羟磷灰石形式存在，不利于动物消化吸收。微生物发酵产酸使羟磷灰石中磷酸钙在酸的作用下生成可溶性乳酸钙，有利于动物吸收。家禽羽毛粉蛋白质含量在 85%~90%，胱氨酸含量高达 4.65%，也含有维生素 B 和一些未知的生长素，铁、锌、硒含量很高。羽毛粉经过微生物发酵或酶解，羽毛角质蛋白被降解产生大量的游离氨基酸和小肽，胃蛋白酶的消化率从 30%~50% 提高到 70%~80%，具有更高的营养价值。

经过深度发酵酶解处理的羽毛粉胃蛋白酶体外消化率明显优于未经处理的羽毛粉，而且经过深加工的羽毛粉消化率比水解的羽毛粉消化率高，这可能是因为羽毛粉经过水解、酶解、发酵后游离氨基酸和短肽增多，从而有利于羽毛粉的消化。

在生产中，高温高压水解羽毛粉常因蛋白质生物学价值低、适口性差、氨基酸组成不平衡而被限量利用。在高温高压水解羽毛粉的氨基酸含量方面，赖氨酸、蛋氨酸、色氨酸、组氨酸明显低于鲱鱼粉，但胱氨酸、精氨酸、亮氨酸、异亮氨酸、苯丙氨酸、苏氨酸、缬氨酸、甘氨酸、酪氨酸均高于鲱鱼粉。近来研究表明：羽毛粉和血粉合理配伍，除蛋氨酸外其余必需氨基酸均可获得营养互补，若补加蛋氨酸可达到良好的饲喂效果。由于高温高压水解羽毛粉因氨基酸组成不平衡，适口性差，在单胃动物饲料中的添加量不应过高，一般控制在 5%~7% 比较合适。研究表明：蛋、肉鸡日粮中高温高压水解羽毛粉的添加量以 4% 为宜；生长猪日粮中，以 3%~5% 为宜；鱼饲料中推荐量一般以 3%~10% 较好。

经过高温高压水解、酶解、发酵深加工的羽毛粉和血粉混合物，可以明显改善蛋氨酸和赖氨酸等必需氨基酸的含量，这对于提高氨基酸的利用率有重要的意义。

参考文献

[1] 陈向东，汪辉，谭丽丽，等．一种宠物饮用酵素液及其制备方法 CN107594109 A [P]．2018.01.19.

[2] 冯蕾，赵运林，彭姣，等．酵素菌微生物在农业生产中的应用进展 [J]．现代农业科技，2016 (1)：220-223.

[3] 付延军，董万福，孙洪山，等．生物酵素饲喂生长育肥猪效果观察 [J]．猪业科学，2018，35 (1)：92-93.

[4] 赵启文，李松龄，石庆斌，等．牛羊屠宰厂废弃物组成检测和发酵试验 [J]．畜牧与饲料科学，

2009, 30（10）：98-99.

　　[5] 陈鲜鑫, 刘震坤, 鲜凌瑾, 等. 酵素菌发酵蛋白饲料对蛋鸡产蛋性能及蛋营养成分的影响 [J].
黑龙江畜牧兽医, 2017（10）：166-169.

　　[6] 杨桂芹, 冯军平, 田河, 等. 添加酵素菌制剂对蛋鸡粪中臭味物质排出量的影响 [J]. 中国畜
牧杂志, 2010, 46（7）：55-57.

　　[7] 李馨, 钱姗姗. 酵素菌对蛋种鸡生产性能的影响 [J]. 畜牧与饲料科学, 2001（4）：11-13.

　　[8] 杨建设, 林东年, 梁健华. 酵素菌对虾池水质综合调控影响研究 [J]. 广东石油化工学院学报,
2011, 21（3）：24-27.

　　[9] 高树清, 王炳华, 徐静, 等. 生物有机肥生产中发酵菌剂的选择研究 [J]. 安徽农业科学,
2010, 38（14）：7251-7253.

　　[10] 李济宸, 苑凤瑞, 李天亮, 等. 酵素菌肥料及饲料生产与使用技术问答 [M]. 北京：金盾出
版社, 2002.

　　[11] 姜锡瑞, 霍兴云, 黄继红, 等. 生物发酵产业技术 [M]. 北京：中国轻工业出版社, 2016.

　　[12] 余宝, 兰小燕, 何志军, 等. 我国微生物发酵饲料研究进展 [J]. 现代畜牧科技, 2019（10）：
6-8.

第十二章　农用酵素

第一节　农用酵素概况

一、农用酵素的定义及分类

农用酵素（Agricultural Jiaosu）：以动物、植物、菌类等为原料，经微生物发酵制得的含有特定生物活性成分的，用于土壤改良、农作物生长、病虫害防治等的酵素产品。如驱虫酵素、抗病酵素、土壤改良酵素等。

农用酵素又称为酵素菌肥料、植物源作物酵素营养液、酵素菌（BYM），有固体和液体等剂型。农用酵素是以天然植物组织或经济作物残体，如叶片、花朵、果实等为主要材料，按一定比例混合红糖、酵素菌、水等辅料，在设定条件下发酵而成的酵素制剂。它含有大量作物所需的营养物质，包括氨基酸、蛋白质、葡萄糖、各种维生素和微量元素等，又含有高活性的生长调节物质和抗菌物质，包括益生菌及其代谢产生的酶、有机酸、生物激素等。农用酵素具有促进作物生长发育、提高作物产量与品质、增强作物对病虫害抗性及改良土壤等功效，且环境友好、制备工艺简单和成本低廉。随着社会对农业资源与生态环境问题的日益重视，以及人们对绿色食品需求的持续增长，有机生物农业得到蓬勃发展，而农用酵素的研发、应用和推广，对我国农业的可持续发展具有重要意义。

农用酵素按照功能及其用途可分为 3 大类：一是以改良土壤、培肥地力为主的肥料，有各种酵素菌堆肥、土曲子等；二是以供给作物营养为主的肥料，有高级粒状肥、磷酸粒状肥、鸡粪粒状肥、酵素液肥和酵素粪肥等；三是以改善作物品质为主的肥料，有酵素菌叶面肥。这 3 种肥料虽然都有肥效作用，但主要作用又略有不同，因此这 3 类肥料配套使用效果更好。

QB/T 5323—2018《植物酵素》中，对种植业用植物酵素的感官没有严格的要求，但是理化指标应符合表 12-1 的要求，其中特征性指标应有 3 项或 3 项以上指标符合表 12-2 的规定。

表 12-1　　　　　　　　　　　种植业用植物酵素一般理化指标

项目	指标	
	液态	固态
pH≤	8.0	8.0

续表

项目	指标	
	液态	固态
水分/%≤	—	30
有机质/〔g/L（液态）,%（固态）〕≥	5	45
有机酸（以乳酸计）/〔g/L（液态）,%（固态）〕≥	1	5

注：表中各指标项为酵素发酵过程产生的非外源添加的物质。

表 12-2　　　　　　　　　种植业用植物酵素特征性理化指标

项目	指标	
	液态	固态
有效活菌数/〔CFU/mL（液态），CFU/g（固态）〕≥	1×10^7	1×10^7
微量元素/〔g/L（液态）,%（固态）〕≥	2	1
氨基酸/〔g/L（液态）,%（固态）〕≥	10	15
低聚糖/〔g/L（液态）,%（固态）〕≥	5	5
蛋白酶酶活性[a]/〔U/L（液态），U/kg（固态）〕≥	100	500
β-葡聚糖酶酶活性[a]〔U/L（液态），U/kg（固态）〕≥	200	1000
多酚/〔g/L（液态）,%（固态）〕≥	0.1	0.05
粗多糖/〔g/L（液态）,%（固态）〕≥	20	10

注：[a]酶活性在25℃条件下保存不少于半年；表中各指标项为酵素发酵过程产生的非外源添加的物质。

土壤改良植物酵素一般理化指标应符合表 12-3 的规定；特征性指标应有 2 项或 2 项以上指标符合表 12-4 的规定。

表 12-3　　　　　　　　　土壤改良植物酵素一般理化指标

项目	指标	
	液态	固态
pH≤	7.5	7.5
水分/（%）≤	—	30
有机酸（以乳酸计）/〔g/L（液态）,%（固态）〕≥	1	5

注：表中各指标项为酵素发酵过程产生的非外源添加的物质。

表 12-4　　　　　　　　　土壤改良植物酵素特征性理化指标

项目	指标	
	液态	固态
有效活菌数/〔CFU/mL（液态），CFU/g（固态）〕≥	1×10^7	1×10^7
有机质/〔g/L（液态）,%（固态）〕≥	5	45

续表

项目	指标	
	液态	固态
微量元素/〔g/L（液态）,%（固态）〕 ≥	2	1
氨基酸/〔g/L（液态）,%（固态）〕 ≥	10	10
粗多糖/〔g/L（液态）,%（固态）〕 ≥	20	15

注：表中各指标项为酵素发酵过程产生的非外源添加的物质。

二、农用酵素的成分

农用酵素的成分除了氨基酸、蛋白质、葡萄糖、纤维素、各种维生素和微量元素外，在发酵过程中形成了庞大的有益微生物群体，及其代谢产生的酶、有机酸、生物激素类物质等多种生理活性物，能促进作物细胞分裂及光合作用，加速有益微生物的繁殖，因此相较常规农肥在促进作物生长、提高作物对病虫害的抗性等方面具有更显著的作用。

（一）有机酸

农用酵素中的微生物通过自身 TCA 循环产生以氨基酸、柠檬酸和腐殖酸为主的多种有机酸，除具有螯合作用和酸溶作用外，本身就属于高活性的生理活性物，可促进作物生长。酵素中的氨基酸主要来源于植物材料中蛋白质酶解，各种微生物发酵过程中的代谢产物以及发酵完毕后微生物细胞的自溶。腐植酸的形成分为两个阶段：首先，微生物将植物组织分解并转化为较简单的有机化合物，形成腐殖酸的组成成分，即芳香化合物和含氮化合物，然后缩合为腐殖质分子。

柳明娟等通过对樱桃发酵营养液的氨基酸成分分析，发现营养液中与植物能量代谢密切相关的丝氨酸族氨基酸、天冬氨酸族氨基酸、谷氨酸族氨基酸和丙酮酸族氨基酸占总量的 97%。其中天冬氨酸和谷氨酸的含量最多，分别达到 716.660mg/100mL 和 145.821mg/100mL，这两种氨基酸可直接与植物 TCA 循环的中间产物 α-环酮戊二酸和草酰乙酸进行转化，进入 TCA 循环，以便在植物需要供能时快速提供足够的 ATP。

（二）矿物质

农用酵素中含有多种非金属元素和金属元素，其中 16 种元素为农作物生长所必需的元素，即包括农作物所需的 N、P、K 三大营养元素，也包括 Ca、Mg、S 等常量元素和 B、Cu、Cl、Fe、Mn、Zn 等各种微量元素。

耿健等分析测定了孔雀草、紫苏、神香草、薄荷和香矢车菊 5 种作物酵素营养液中矿物质养分的含量，结果表明，5 种芳香植物源营养液中的 P、Ca、Mg 含量显著高于对照品南国春叶面肥，且各种矿物质元素含量比例较为平衡。其中神香草营养液中 K 元素含量最高达到 589.01mg/kg；薄荷营养液中 N、P、Mg、Fe 元素含量最高，分别达到 0.30mg/kg、0.27mg/L、987.96mg/kg 和 32.11mg/kg；孔雀草营养液的 Ca、Cu、Zn 含量最高达到

1469. 19mg/kg、2. 71mg/kg 和 6. 22mg/kg。

(三) 有益微生物

植物源作物酵素营养液中的有益微生物群体由细菌、真菌与放线菌 3 大类微生物组成,不同菌种间相配合补充,形成有益微生物的群体优势,能抑制有害微生物的繁殖,同时分泌出多种具强催化能力的酶,包括糖化酶、蛋白质分解酶、纤维素分解酶和氧化还原酶等,能有效降解有机物并转化为可被植物直接吸收的营养成分和活性物质。

有益细菌如乳酸菌等能摄取光合细菌产生的物质,分解难降解的木质素和纤维素,转化成有利于植物吸收的养分,其发酵代谢产物中有机酸等可以穿透细胞膜,起到抑菌作用。真菌如酵母菌可产生促进细胞分裂的活性物质和促进其他有益微生物增殖的基质。乳酸菌和酵母菌等产生的代谢产物为放线菌提供营养物质,促进放线菌产生抗菌物质,抑制有害菌群的繁殖生长,提高农作物对病虫害的抗性。

(四) 植物生长激素

农用酵素中的植物生长激素包含生长素类、赤霉素类、细胞分裂素类和脱落酸等。研究表明,农作物酵素营养液中的微生物产生的外源细胞分裂素与作物细胞分裂、叶绿素的积累、叶面扩展以及叶片脱落的延迟等有很好的相关性;农用酵素中还含有赤霉素,能促进农作物地上部茎叶、侧芽的生长,打破种子休眠,并诱导开花;生长素的作用不仅在于直接促进农作物生长,还可以抑制农作物防卫系统酶如几丁质酶等的活性,使有益微生物更易定殖于植物。

耿健等采用孔雀草、紫苏、神香草、薄荷和香矢车菊 5 种芳香植物制备农作物酵素营养液,发现各芳香植物源营养液的生长素和细胞分裂素含量均高于对照品南国春氨基酸叶面肥。其中神香草营养液的生长素和细胞分裂素的含量最高,分别达到 303. 77ng/mL 和 129. 98ng/mL,同时还含有赤霉素和脱落酸,分别为 82. 03ng/mL 和 52. 94ng/mL。

三、农用酵素的推广情况

农用酵素中的细菌 (Bacteria)、酵母菌 (Yeast) 和丝状真菌 (Mold) 组成的好氧有益微生物群,也称为酵素菌 (BYM),含有多种有益微生物。酵素菌技术是由日本磐亚株式会社的微生物专家岛本觉也发明的一种农用生物技术,从 20 世纪 80 年代开始应用于农业生产,先后被 20 多个国家和地区引进推广,现已广泛应用于世界许多国家的种植业、养殖业和食品加工业等领域。

农用酵素产品在很多农作物上使用过。世界上的植物、动物千千万万,农作物种植的地区、土壤、气候、环境也千差万别,动物水产等的养殖也是各不相同。我国农用酵素从研发试用到正式大面积推广已有 10 多年。通过对一些有代表性的农作物多年反复的田间试验,已经取得了可靠的田间试验数据和令人意想不到的增产提质效果。

东北的水稻、大豆、玉米、中草药、草莓和甜瓜等的种植,陕西的玉米、小杂粮、水果、葡萄、冬枣、红枣和蔬菜等的种植,河南小麦、蔬菜和甜瓜等的种植,北京的草莓、花卉和蔬菜等的种植与保鲜，山东的蔬菜、苹果和冬枣的种植，河北的香菇栽培，花生、蔬菜等的种植，梨树、橡树的育苗，以及宁夏和东北的人参、枸杞、黄芪、甘草等中草药种植，云南的花卉、烟叶、茶叶等的种植等。经过多次的田间试验，取得了第一手的田间试验数据和资料。多年的田间试验表明：农用酵素能够适用于所有农作物种植栽培的全过程，对不同的土壤、气候，以及农作物生长各个阶段均有明显效果，是一种通用的、全程的、无公害的、绿色环保产品。

有的农户更直接将使用酵素种植的农产品命名为"酵素香米""酵素草莓""酵素西红柿""酵素甜瓜"等。同时，因为使用农用酵素能够大大减少传统的化肥、农药用量，可大大降低劳作强度与风险，大大降低了农业生产及劳作成本，大大提升农业种植收益，使得当地农民、种植户在全民奔小康的道路上领先一步。

四、农用酵素的使用效果

目前关于农用酵素应用效果的研究主要集中在蔬菜、果树等经济作物，一般采用叶喷的方式以维持农作物叶面微生态系统平衡，或采用根施的方式改善土壤微生态环境，具有促进农作物生长发育、提高农作物品质、增强农作物对病虫害的抗性和改良土壤等功效。

（一）促进农作物生长发育

农用酵素中的活性物质，如植物生长激素、有机酸、维生素和矿质元素等能相互协调、相互制约，不同程度地刺激调节植物的生长发育。

杨文静等的研究表明，对"富士-八棱海棠"嫁接苹果树每隔12d叶面喷施稀释200倍的孔雀草、紫苏、罗勒、薄荷营养液1kg/株，共计喷施5次，与对照比较能显著促进苹果新梢生长，增加叶面积，提高叶绿素含量和叶片中矿质元素的含量。其中薄荷营养液的效果较优，新梢生长量为16.22cm，叶面积为69.48cm^2，叶绿素含量达2.19mg/g，叶片中N、P、K、Ca、Fe、Mn、Cu、Zn的含量分别达到2.62%、0.08%、4.60%、3.80%、240.53mg/kg、25.84mg/kg、26.74mg/kg和12.56mg/kg。

张乔丽等以缺铁平邑甜茶幼苗为试材，采用300倍稀释苹果发酵液与$FeSO_4$混合根施，螯合铁浓度为1.208g/L，幼苗中活性铁含量、叶绿素含量及净光合速率提高显著，分别达到34.93mg/kg、12.83mg/g和13.16μmol/（m^2·s），幼苗株高和干粗的增长率达到8.72%和13.85%。

（二）提高农作物品质

农用酵素中的有效活性成分能直接作用于农作物发育，改善农作物中矿物质成分的含量和状态，提高叶片效能，增加叶片光合能力，促进同化物的积累，使果实发育所需营养得以充足供应。

刘祥林等以人工疏除的鲜桃花和桃果为原料，混合红糖、绿洲酵素、熟豆浆和水等辅料，在20~25℃下发酵3周，制备桃花、桃果营养液，对大久保桃树连续施用3次，结果证明，单株产量、可溶性固形物和单果质量比对照组分别提高6.9%~12.1%、0.4%~

1.2% 和 9.3% ~ 23.0%。

杨文静等研究发现，孔雀草、紫苏、罗勒、薄荷营养液能提高苹果品质，其中喷施稀释 200 倍的薄荷营养液的果实品质较优，单果质量为 462.54g，可溶性固形物含量为 11.86%，维生素 C 含量达 6.38mg/100g。蓝木香等对小麦草幼苗每隔 2~3d 喷洒稀释 1000 倍的酵素营养液，待小麦长至 13~15cm 时采收并测定其营养成分，发现小麦草的蛋白质和粗灰分含量显著提高。

（三）增强农作物对病虫害的抗性

农用酵素对农作物病虫害抗性的增强来自以下几方面：营养液中有益微生物群体对有害微生物具有积极的抑制作用，同时，丰富的生物活性物质促进农作物的生长发育，从而提高了植物本身的抵抗能力；营养液的弱酸性环境也不利于病原菌的生长。以芳香植物为原料制备的酵素营养液抑菌活性尤其明显，因其含有较多的萜烯类、生物碱、黄酮类、甾体、酚类和多糖类等活性物。

王丽丽等研究了大蒜、洋葱、韭菜、生姜、夹竹桃叶、夹竹桃花和丁香 7 种植物发酵液对朱砂叶螨和青枯劳尔菌的防治作用，结果表明，大蒜、丁香和洋葱发酵液对朱砂叶螨有较好的毒杀作用，试验后 72h 校正死亡率分别达到 77.1%、65.7% 和 67.0%，而生姜发酵液对青枯劳尔菌的抑制作用最强，48h 后的抑菌圈直径达到 3.0cm。

（四）改良和修复土壤

农作物生长特别是根系生长，不但需要土壤有充足的养分，还需要有良好的理化性能。农用酵素中的有益微生物在农作物根部大量繁殖，优化了土壤微生物种群结构，活化了土壤酶活性，改善了根系的微生态环境。有益微生物分泌出的多种酶能高效分解矿物质产生可被农作物吸收的活性元素，降解农药等化学物质，溶解土壤中被固化的微量元素。同时，农作物酵素营养液中含有的丰富有机养分、矿物质元素和生理活性物质，在干湿交替的环境中迅速转化为有效态养分，促进土壤中团粒结构的形成，改良土壤理化特性，提高土壤保水和保肥性能，为农作物利用土壤养分提供有利条件，进而促进了农作物生长，提高农作物产量和品质。

赵玲玲等采用黄豆、绿豆、白三叶、紫花苜蓿、沙打旺植株地上部分等不同植物材料，混合梨树嫩梢发酵制备植物源营养液，结果表明植物源营养液能有效提高土壤有机质含量，年均增幅为 0.03% ~ 0.16%；降低土壤失水率，干旱处理 19d 后，日失水率为 7.24%~23.26%；改善土壤养分含量及其平衡关系，土壤碱解 N、有效 P、有效 K 含量、最大效应期含量均显著高于对照组，土壤交换性 Ca、Mg 含量以及土壤微量元素含量及其比例显著提升。

农用酵素对土壤修复目前处于研究阶段。农用酵素就是为了使有毒的土壤恢复到原有的健康状态而研发的，称为酵素土壤修复法。农用酵素系列产品可以改善板结土质、分解农药、除草剂等有害物质，屏蔽植物对重金属的吸收，同时也是很好的生态肥料和植物营养液。动物粪便添加农用酵素之后，便成为酵素有机肥。泥炭、草炭、分化煤等矿物有机质，加入农用酵素系列产品后，可以起到强化修复土壤的作用。

（五）解决农作物重茬病

连作障碍，就是老百姓通常所说的农作物重茬病问题，是指在一块田地上连续栽种同一种农作物。不少农作物如豆科植物、瓜类、蔬菜、草莓及某些中草药等，都因重茬造成植物根部染菌，导致植物患枯萎病、叶枯病、病毒病等危害，严重影响农作物生长。农用酵素系列产品完全可以解决农作物重茬病的问题：一方面，农用酵素排除有害病菌与农作物接触，并杀死部分致病菌，同时分泌一些有益于植物的化学物质促进植物健康生长；另一方面，农作物根部分泌的化学物质和部分脱落死亡的细胞对农用酵素中有益微生物的生长和定殖有重要的促进作用，酵素与作物之间的这种互惠共生关系是克服重茬病的动力所在。

通过在日本的试验，受重茬病危害严重的西红柿、黄瓜、西瓜等农作物施用农用酵素系列产品后，在原地种植五六年后，其产量、质量均不断提高。辽宁省丹东市进行的甜瓜抗重茬田间试验，不仅解决了重茬病问题，亩产量增加了18%，甜瓜糖度也增加3~4度。

（六）环保、无公害

未被植物及时吸收利用的化肥，以不能被土壤胶体吸附的 NO_3^- 的形式存在，会随下渗土壤的水转移至根系以下，导致河川、湖泊和内海的富营养化、土壤污染，水中有毒成分增加。NO_3^- 本身无毒，但摄入人体后会被还原为 NO_2^-，使血液的载氧能力下降，诱发白血症。同时，NO_3^- 还可以在体内转变成强致癌物质亚硝胺，诱发各种癌变。而农用酵素是经生物工程技术制作，其本身就富含大量有益微生物菌群及营养物质，不存在有害物堆积及降解难的问题。

对于大量使用的农药，通过雨水冲刷溶解流失到江河湖海等环境中，造成海洋河流污染；还通过蒸发、蒸腾作用，农药分子飘浮到大气中。飘浮的农药又被空气中的尘埃吸附，并随风扩散，造成大气环境的污染。大气中的农药，又通过降雨，进一步造成水环境的污染，对人、畜，特别是水生生物造成危害。施用农用酵素系列产品则无毒、无害、无残留，对农作物安全，无副作用、不污染环境、保护农业生态。

五、农用酵素的不足

（1）酵素菌肥料有全元、长效、高活性等优点，但速效养分含量偏低，且针对性不强。这样一来，很难满足农作物在各时期的需肥要求，如果单一大量施用，还可能造成某些元素过剩，而另一些元素不足的情况。

（2）酵素菌肥有土壤改良、培肥地力的作用，但需要长期施用。酵素菌改良土壤的本质是通过其强大的催化分解能力形成腐殖质等，并壮大有益菌群，但需要的时间一般较长。如果土壤问题比较严重亟需解决，建议施用含矿源腐殖酸、海藻提取物产品海精灵生物刺激剂效果更佳。

（3）酵素菌防病治虫的机理还不明确，效果也有待商榷。生产实践结果表明，在农作物病虫害发生较重的情况下，仅靠使用酵素叶面肥尚不能控制病虫危害，必须用农药防治。

第二节　农用酵素的生产技术

农用酵素是将植物材料、酵素、红糖和水按一定配比混合均匀后，在设定条件下发酵数月后制备而成。影响发酵过程的主要因素有原料的种类和性状、原料配比、发酵体系、发酵温度和时间等。

原料是影响营养液品质的关键因素，需具备一定的透气性与持水性，且含有丰富的有机物和营养元素。目前用于农用酵素生产的植物原料主要包括 3 类：新鲜果蔬、植物残体，包括自然掉落或人工采集的嫩梢、茎叶、花朵和果实等；芳香源植物，包括孔雀草、紫苏、罗勒和薄荷等；谷物副产物，如米糠、麦麸等。

发酵体系主要采用混菌发酵，通过添加酵素引入外源益生菌，如乳酸菌、酵母菌等促进发酵以及腐殖化进程，发酵周期短，一般为 1~3 个月；或采用天然发酵，发酵周期较长，为 1~3 年，以保证大分子有机物的有效降解和养分的充分释放。发酵性质与常规农肥的厌氧发酵不同，多采用有氧发酵，主要产生氨基酸、葡萄糖、高级醇类和硝态氮，有利于农作物吸收。

比如，以苹果为原料，洗净后匀浆，按苹果：水：红砂糖：酵素质量比为 50：20：2：1 装入玻璃瓶中，8 层纱布封口，28℃条件下保持自然 pH，发酵 25~30d，制备苹果果实发酵液。以黄金梨树生理落果和人工疏除的果实为原料，研究不同的糖量、水量、果实粉碎状态、有无氧发酵和发酵时间等条件对发酵液营养成分的影响，结果表明最佳原料配方为梨幼果：酵素：红糖：水 = 50：1：10：35（质量比），最佳发酵条件为果实呈浆状，在有氧条件下，室温 25~28℃，发酵 30~45d。芳香植物源营养液发酵制作方法是以芳香植物：赤砂糖：酵素：水 = 1000g：75g：15g：800mL，有氧条件下在瓷缸或塑料容器中进行微生物发酵 40~45d。植物有机液制作方法是将红糖 10kg、酵素 2kg、稻糠或麦麸5kg 混合均匀，与铡成 3cm 长茎段的新鲜紫花苜蓿草、白三叶草、紫穗槐等各种植物共100kg 交替分层放置，加水 100kg，桶口用纱布覆盖，放置遮荫处发酵 30~60d。

生产各种酵素菌肥料是农用酵素的主要应用方式，根据其功能和施用方法也可归类为土壤改良类（酵素菌堆肥、土曲子）、土壤施肥类（酵素菌粒状肥、液体肥料）和叶面施肥类。下面介绍这几种农用酵素生产工艺及使用方法。

一、酵素菌堆肥的生产工艺及使用方法

（一）生产工艺

酵素菌堆肥常用作基肥，能起到控制土壤的病虫害传播、克服农作物重茬病、改善土壤量化性状、增强土壤的保水保肥能力、提高地温和促使农作物早熟的效果。

生产时将各种有机物料、红糖、水及酵素菌的扩培菌按一定比例混合，发酵形成肥料，有机物料可以是农作物秸秆，也可以是稻壳、木屑和草炭等，一般适用比例可参照表12-5。

表 12-5　　　　　　　　　　　　　酵素菌堆肥各种原料配比表

种类	秸秆堆肥	稻壳堆肥	木屑堆肥	草炭堆肥
秸秆/kg	880			
稻壳/kg		880		
木屑/kg			880	
草炭/kg				880
干鸡粪/kg	100	100	100	100
米糠/kg	15	15	15	15
红糖/kg	1	1	1	1
酵素菌液/kg	5	5	5	5
水/kg	600	600	600	600

酵素菌堆肥的生产主要有以下步骤。

1. 备料

如以秸秆为原料，先将秸秆铡碎，一般长为 5cm 左右。

2. 拌料

将铡碎的秸秆放在水泥地面或塑料布上，充分喷水搅拌，使秸秆含水量达到约 60%。

3. 接菌

先将干鸡粪或其他粪肥均匀地撒在喷水后的秸秆上，将红糖化开并同酵素菌液、米糠混匀，洒在上述处理好的秸秆上，充分搅拌均匀。

4. 堆置发酵

如前述多层堆积达到 1m 左右，再进行翻拌，然后堆成 1.5m 左右的堆垛，进行发酵。堆垛要自然堆置，不要拍实，堆好后用麻袋盖好，起到保温保湿的作用，要避免水分蒸发和阳光直射。

5. 翻堆

当堆温升到 50℃ 以上时，需要翻堆。夏季约第 5 天进行第 1 次翻堆；第 1 次翻堆后的第 7 天进行第 2 次翻堆；再间隔 7 天进行第 3 次翻堆，第 3 次翻堆后再过 7 天发酵结束。冬季制作时，约每 10 天翻堆一次，第 3 次翻堆后再过 10 天发酵结束。

以木屑为原料制作堆肥时，每 20 天翻堆 1 次，共需翻堆 4 次，第 4 次翻堆后堆放两个月以上，发酵结束。

6. 贮存

成肥后堆温缓慢下降，应将堆制成的肥料摊成 10~20cm 厚，阴干保存。

（二）使用方法

施用酵素菌堆肥的用量，一般每亩地 2~4m³（1 亩=666.67m²），如果连年使用，则可以每年递减 0.5m³，第 4 年以后每亩施用 1.5~2m³。施用酵素菌堆肥，最好铺施在土壤表面，然后进行翻耕，与土壤充分混合。如果施用量太少，也可进行沟施。连年施用酵素菌堆肥，可达到用地养地相结合的目的。

二、普通粒状肥的生产工艺及使用方法

（一）生产工艺

普通粒状肥也称土曲子，是一种土壤活化剂，不但能培肥地力，还有一定的抑制有害病菌的作用，在果园和蔬菜地使用，会减少病虫害的发生。

原料配比：页岩粉（或沸石粉）1000kg、米糠 30kg、红糖 1.2kg、酵素菌液 4~6kg。

酵素菌堆肥的生产主要有以下步骤。

1. 备料

将作为载体的页岩粉或沸石粉粉碎，细度控制在 0.2mm 左右。

2. 拌料接菌

将红糖倒入水中搅拌均匀，然后将页岩（或沸石）摊开，依次撒上米糠、酵素菌后喷上红糖水，使含水量达 45% 左右（手握成团、撒手即散）。

3. 堆置

上述原料彻底拌匀后，堆成 60~100cm 高的梯形堆并用麻袋或草帘盖好，保温保湿，促使发酵。

4. 翻堆

当堆内温度达到 40℃ 以上时，进行第 1 次翻堆。以后每 1~3 天翻堆 1 次，共翻 3~4 次。

5. 贮存

发酵完成后即可使用，或摊开晾干、分装使用。注意及时干燥防止霉变并避免阳光直射。

（二）使用方法

土曲子的主要功能是改良土壤、培肥地力，多用于重茬地块、苗床土、营养土等。一般地块的用量为每亩 200~300kg，重茬地块的用量为每亩 500~700kg，苗床土和营养土按其质量的 2%~5% 添加土曲子。

土曲子使用时要均匀地施入耕层土壤中，避免直接撒施地表。另外，虽然土曲子中含有大量的有益菌，但营养成分含量较低，因此必须照常施用化肥、农家肥和其他酵素菌肥料。

三、有机质粒状肥的生产工艺及使用方法

有机质粒状肥主要有高级粒状肥、磷酸粒状肥、鸡粪粒状肥。高级粒状肥能促进农作物生长，改善农产品品质；磷酸粒状肥能有效提高磷肥利用率，增强农作物长势，可以用来培育幼苗，用磷酸粒状肥培育的秧苗健壮，根系发达；鸡粪粒状肥能够丰富氮源，有利于农作物生长。

（一）生产工艺

有机质粒状肥的生产工艺与普通粒状肥的生产方法类似，适用比例可参照表12-6。

表 12-6　　　　　　　　　　　　　　　有机质粒状肥配方

原料	高级粒状肥	磷酸粒状肥	鸡粪粒状肥
页岩/kg	250	400	250
酵素菌扩培菌/kg	3~5	2~3	2~3
红糖/kg	0.6	0.6	0.6
米糠/kg	15	15	15
干鸡粪/kg	100	40	250
鱼粉/kg	50	—	—
骨粉/kg	50	—	—
豆饼粉/kg	50	—	—
磷矿粉或过磷酸钙/kg	—	120	—

（二）使用方法

高级粒状肥是由植物性有机物、动物性有机物、矿物质和酵素菌经充分混合发酵而成，有益菌含量高于2000万个/g。对于粮食作物、经济作物和果树都可以使用。一般粮食作物每亩50~100kg，做基肥；蔬菜作物每亩施100~150kg，做基肥；果树每株施5~10kg，穴施。

四、酵素菌液体肥的生产工艺及使用方法

酵素菌液体肥料施入土壤后，能促进农作物根系生长，增强根系活力，特别是重茬地或土壤板结，土传病害严重的地块效果明显。

生产工艺：把30~50kg的绿色植物放入大缸内，加水100kg，再加入豆饼5kg、米糠1kg，酵素菌扩大菌1kg，夏季发酵3~4天，冬季发酵7~10天，有气泡冒出即开始发酵，缸内液体黄绿色时即可使用。

使用方法：取出发酵液体稀释100~200倍根际浇施或随水灌施。

五、酵素菌叶面肥的生产工艺及使用方法

酵素菌叶面肥可增加植物营养，施用后还可以克服过量氮引起的植物生理障碍，促进光合作用，减少由于天气不良对农作物造成的不良影响。

生产工艺：将10L玻璃瓶用开水消毒，红糖用开水溶化，大豆200g加水煮沸30min，放置冷却到40℃，然后将3.5kg红糖、1kg酵素菌、5L水加入瓶中搅匀，用透气性好的布

盖好瓶口，每 3~4 天搅 1 次，一般夏季发酵 20 天、冬季发酵 30~40 天即可取液施用。

使用方法：取滤液稀释 100 倍喷于农作物上，一般每 7~10 天喷 1 次，连喷 2~3 次。喷洒酵素菌叶面肥适宜在 16 时以后进行，避免阳光暴晒，阴天时可全天喷洒。

参考文献

[1] 李济宸，苑凤瑞，李天亮，等．酵素菌肥料及饲料生产与使用技术问答 [M]．北京：金盾出版社，2002.

[2] 王保江．"多物"农用酵素生态平衡农业新理念 [J]．食品安全导刊，2017（11）：32-33.

[3] 耿健，崔楠楠，张杰，等．喷施芳香植物源营养液对梨树生长、果实品质及病害的影响 [J]．生态学报，2011，31（5）：1285-1294.

[4] 杨文静，田佶，张杰．芳香植物营养液对苹果生长及果实品质的影响 [J]．北京农学院学报，2015，30（1）：19-21.

[5] 张乔丽，咸亚平，邵微，等．苹果发酵液对 Fe^{2+} 的螯合能力及对缺铁平邑甜茶幼苗的影响 [J]．植物营养与肥料学报，2013，19（2）：517-522.

[6] 王丽丽，谌江华，柴伟纲，等．7 种生物酵素对病虫害的室内防治作用初探 [J]．浙江农业科学，2014（8）：1209-1211.

[7] 赵玲玲，张杰，刘艳，等．植物源有机肥配方设计及对梨幼树的营养效应 [J]．中国农业科学，2011，44（12）：2504-2514.

[8] 饶智，陈彦坤，刘斌，等．"药食同源"植物酵素研究进展 [J/OL]．食品与发酵工业 [2020-02-29]．https://doi.org/10.13995/j.cnki.11-1802/ts.023465：1-5.

第三篇
生物活性肽

第十三章 概述

第一节 肽的简介

一、肽的定义

肽是由 20 种天然氨基酸以不同组成和排列方式构成的，从二肽到复杂多肽的一类化合物的总称。肽的分子结构介于氨基酸和蛋白质之间，肽和蛋白质的区别只在于氨基酸聚合度的多少。每种肽都具有独特的组成结构，不同的组成结构决定了其功能。

根据现今命名法则，组成中少于 10 个氨基酸的肽称为"寡肽"或"低聚肽"，由 10~50 个氨基酸组成的肽称为"多肽"，含多于 50 个氨基酸的化合物称为"蛋白质"。另外，有的命名习惯也将分子质量小于 1000u 的肽称为"低聚肽"。

肽在生物体内的含量很少，但却具有显著的生理活性，其中可调节生物体生理功能的肽，如提高免疫力、调节激素分泌、抗菌、抗病毒、降血压、降血脂、抗氧化等，称为生物活性肽，又称为功能肽。其中，食源性生物活性肽是指食物中的蛋白质，经过生物酶解形成的、符合国家和行业标准的、安全可食用的低聚肽。

二、肽的分类

目前，从生物体中分离出的生物活性肽已达数百种，具有结构、功能与来源的多样性。肽的分类比较复杂，目前尚无比较一致的分类方法，一般可根据下述方法进行分类。

（一）按来源分类

根据肽的来源不同，肽可分为内源性生物活性肽和外源性生物活性肽。

内源性生物活性肽指由生物体自身产生，且在体内发挥作用的活性肽，主要包括肌体分泌的肽类激素、血液或组织中的蛋白质经蛋白酶作用而产生的组织激肽、作为神经递质或神经活动调节因子的神经肽以及生物体内产生的抗菌肽等。

外源性生物活性肽指生物体从外界摄入的活性肽，直接或间接来源于食物蛋白质，一般以特定的氨基酸序列片段存在于食物蛋白质中，在蛋白质消化过程中被释放出来，通过直接与肠道受体结合，参与肌体的生理调节作用或被吸收进入血液循环，从而发挥与内源性活性肽相同的功能。

（二）按功能分类

根据功能的不同，肽可分为生理活性肽和食品感官肽。

生理活性肽是指在体内发挥重要生理作用的肽类。生理活性肽的功能具有多样性，如来源于动物、植物和微生物的抗菌及抗病毒活性肽；来源于乳蛋白、鱼贝类及植物的抗高血压肽；通过水解牛奶、鱼、大豆和谷物蛋白等得到的神经活性肽；人和哺乳动物体内存在的可调节细胞分化、生长及增殖的多肽生长因子；可调节激素反应的激素调节肽；从大豆中得到的具有降胆固醇作用的降脂肽等。

另有一些生物活性肽可能不发挥重要的生理功能，但可改善食品的感官性状，称为食品感官肽，包括酸味肽、甜味肽、苦味肽、咸味肽、鲜味肽、风味肽、表面活性肽等。由于一些肽同时具有多种功能，因此实际上肽的分类错综复杂，不易分清。

（三）按原料分类

根据原料来源的不同，肽可分为植物蛋白肽、动物蛋白肽、微生物蛋白肽等。根据原料的具体种类，植物蛋白肽可分为大豆肽、玉米肽、花生肽、小麦肽、豌豆肽等；动物蛋白肽可分为鱼肽、虾肽、海参肽、扇贝肽、蚕蛹肽、蚯蚓肽、黄粉虫肽、乳肽等；微生物肽可分为螺旋藻肽、酵母蛋白肽等。

目前，这种分类方式在生物活性肽的生产和流通中较为常用，本书按照该方法进行分类，介绍一些主要生物活性肽的生产方法和应用领域等。

三、肽的性能

不同来源的生物活性肽其生理功能不同，主要有降低血脂和胆固醇、降血压、减轻运动疲劳、调节免疫系统、提高免疫力、促进脂肪与能量代谢、抗氧化等作用。

（一）营养特点

1. 氨基酸含量高、组成合理、营养丰富

生物活性肽的氨基酸组成与其生产所采用的蛋白质原料相似。常见肽类产品的氨基酸组成如表13-1所示，均富含8种人体必需氨基酸，具有较高的营养价值。需指出的是，由于同类原料中氨基酸含量有所不同，因此同类原料在不同报道中的氨基酸含量也有所差异。

表 13-1　　　　　　　　　　常见生物活性肽的氨基酸组成比较　　　　　　　　单位：g/100g

氨基酸	大豆肽	卵蛋白肽	小麦肽	绿豆肽	玉米肽	胶原肽	豌豆肽
天冬氨酸	10.222	9.265	2.498	11.162	5.19	5.44	11.259
谷氨酸	21.987	14.268	34.396	18.442	23.94	10.56	18.474
丝氨酸	4.192	4.959	3.729	5.161	4.3	3.64	4.125
组氨酸	2.328	1.897	1.493	2.874	1.45	0.98	2.354

续表

氨基酸	大豆肽	卵蛋白肽	小麦肽	绿豆肽	玉米肽	胶原肽	豌豆肽
甘氨酸	3.633	3.14	3.066	3.491	2.04	25.38	3.564
苏氨酸	2.974	4	2.162	3.239	2.98	2.74	3.112
精氨酸	7.127	4.466	1.567	6.507	1.76	5.92	7.375
丙氨酸	3.248	4.728	1.835	3.963	7.83	9.06	3.404
酪氨酸	3.41	2.722	2.427	3.001	3.92	0.56	3.17
胱氨酸	0.429	0.956	0.787	0.202	0.4	0.02	0.373
缬氨酸	4.812	5.594	3.824	5.93	4.35	2.51	5.361
甲硫氨酸	1.275	2.357	1.933	1.569	2.06	1.41	1.171
苯丙氨酸	4.261	3.863	4.474	6.249	5.16	1.02	4.638
异亮氨酸	4.404	3.812	3.142	4.927	3.89	1.47	4.895
亮氨酸	6.061	6.055	4.339	8.579	15.72	2.58	7.375
赖氨酸	6.515	6.259	0.844	6.754	1.08	3.56	7.867
脯氨酸	5.503	5.085	11.705	4.335	12.25	14.83	4.692
羟脯氨酸	—	—	—	—	—	6.37	—
合计	92.380	83.427	84.222	96.384	98.320	98.050	93.209

2. 易于消化与吸收

小分子的生物活性肽可不经消化直接以完整的形式进入小肠，被人体吸收，而且具有吸收率高、没有废物及排泄物、能被人体全部利用、吸收时不需耗费能量、不增加胃肠负担等特点。小分子肽比蛋白质，甚至比游离氨基酸，更容易被人体消化与吸收，具有更高的吸收利用率。以大豆肽为例，研究者将一定数量的大豆肽、大豆蛋白与游离氨基酸分别滞留于大鼠胃中，1h 后测定消化道内的残留量，结果发现大豆肽的残留量最低，这说明大豆肽更容易被大鼠吸收利用。另外，有学者利用人工合成的肽进行类似的实验，也证实了二肽和三肽的吸收速度比同一组的氨基酸更快。

3. 低过敏原性

很多动植物蛋白质中都存在一些过敏原，有可能导致过敏反应。过敏原在消化过程中是稳定的，要消除或降低过敏原，最有效的方法是在体外将蛋白质进行降解。通过酶联免疫吸附测定法（ELISA）对大豆肽等生物活性肽的抗原性进行测定，结果发现其抗原性仅为其蛋白质原料的 0.1%~1%。因此，生物活性肽可作为蛋白过敏患者的蛋白营养源，具有较高的临床应用价值。

（二）物化特点

肽的物化特点是指在食品加工、贮藏和销售过程中，对食品特征做出贡献的那些物理和化学性质，其在很大程度上都与肽的分子质量、水解度有关，同时也受到母体蛋白质的一级结构和生产工艺的影响。

蛋白质在水解过程中，主要发生 3 个变化：第一，肽链长度与分子质量降低，NH_4^+、COO^- 等亲水性基团增多，静电荷数增加，原本包埋于分子内部的疏水性基团暴露出来；第二，多肽链聚合度的降低，分子质量变小，并导致其抗原性急剧下降；第三，肽空间结构的改变导致内部隐藏的疏水性基团暴露于水环境中。这些变化的程度将导致肽的溶解性、吸水性、凝胶性、起泡性、黏度及风味等物化性质均发生了改变。

1. 黏度

蛋白质中肽键的断裂降低了肽的疏水性，增加了净电荷，使肽产品在缺乏蛋白凝胶时，其疏水性在吸引力和排斥力之间保持严格的平衡，与母体蛋白质相比黏度急剧下降。动植物蛋白液的黏度随着其浓度的增加而增加，而生物活性肽即使在很高的浓度下，仍可以保持较低的黏度。例如，花生分离蛋白在溶液中含量达到 13% 以上时，黏度急剧上升，几乎失去流动性，而花生肽在溶液中含量达到 30% 时，依然具有良好的流动性。玉米肽在常温条件下，即使在 50% 的高浓度下，黏度值仅为 9mPa·s，流动性也很好。在同一浓度下，肽溶液的黏度对温度的变化也不敏感。

蛋白质水解液黏度的降低可明显缓解因高黏度导致的换热器效能低，并有利于物料的输送、搅拌、浓缩以及喷雾干燥。生物活性肽在高浓度时具有低黏度的特性，特别适用于需要高蛋白质含量而又无法添加动植物蛋白的流体食品中，既可提高其蛋白含量，又不会影响其流体性质。在另一些生产情况中，蛋白质水解液黏度降低可以提高生产效率，降低能耗。

2. 溶解性

蛋白质的好多性质与其溶解度有关，如增稠、起泡、乳化和凝胶作用等。相比母体蛋白质而言，肽的最重要功能特性之一就是溶解度提高。动植物蛋白一般在其等电点附近溶解度最低，例如大豆蛋白与花生蛋白在酸性条件下，特别是 pH4.2~4.6 时基本不溶解，其溶液容易凝析沉淀。而生物活性肽在任何 pH 的溶液中均具有良好的溶解性，能保持溶液澄清透明，其原因是水解后肽链分子质量减小，可解离的氨基和羧基数量增加，分子的亲水性增强。此外，生物活性肽在较宽的 pH、温度、离子强度、氮浓度范围内仍可保持很好的溶解性。

水解度对生物活性肽的溶解性具有显著影响，水解度越大，肽的溶解性越好，但二者不是线性关系。肽的溶解度随溶液 pH 上升而提高，在等电点仍然具有最低溶解度，但明显高于母体蛋白质。蛋白质水解度较高时，其溶解度受溶液 pH 的影响降低，且水解后的等电点向高 pH 变化。

生物活性肽在酸性环境下仍具有较好的溶解性，可广泛应用于酸性饮料行业，以提高饮品中含氮量，提升产品营养价值。当酸性饮料中含有还原糖时，低 pH 还可以降低美拉德反应，提升产品外观品质。

3. 乳化性

一般动植物蛋白均具有一定的乳化性，它能降低油-水界面的表面张力，并能够在油-水界面间移动、伸展和重排，把亲水基团带到水表面，亲脂基团带到油表面，围绕脂肪颗粒形成一个带电层，引起排斥作用，从而减小表面张力，阻止脂肪颗粒发生凝聚。动植物蛋白轻度水解会增加其乳化能力，其原因可能是蛋白质分子内部掩蔽的疏水基团适度暴露，改善了亲水-疏水平衡，蛋白质表面失去亲水肽，导致表面疏水作用增强，而有利于表面吸附。然而，当水解度继续增大时，乳化能力降低，这是由于疏水基团过度暴露，打破了亲水-疏水平衡。目前比较公认的是中度和深度水解（水解度>10%）会导致肽乳化能力的丧失。

影响肽乳化性的一个重要因素是生产方法，特别是酶法生产时所用蛋白酶的化学键专一性，因为其强烈影响所得产物的疏水性和分子质量。对亲水性氨基酸专一性强的蛋白酶，其酶解产物乳化性高于对疏水性氨基酸专一性强的蛋白酶酶解产物。

4. 起泡性

蛋白质或肽的起泡性是指其在气-液界面形成坚韧的薄膜，使大量气泡并入和稳定的能力。许多加工食品是泡沫型产品，如蛋糕、面包、冰淇淋、啤酒、奶油冻等，蛋白质或肽在泡沫食品体系的泡沫形成和稳定中起着重要作用。

蛋白质或肽的起泡性受水解度的影响，水解度对发酵法和酶解法生产的生物活性肽的起泡性的影响不同。例如，在同样浓度下，酶解法生产的花生肽的起泡性大于发酵法生产的花生肽，但其泡沫稳定性却小于发酵法生产的花生肽。其原因可能是二者化学组成不同，发酵法生产的花生肽含有一些微生物的代谢产物，且有些肽分子是经微生物修饰或重新合成的。

5. 热稳定性

生物活性肽的物化性质、营养特点与生理功能具有热稳定性。例如，玉米肽在 $20\sim100℃$ 条件下水浴 2h，组分基本不变，各个分子质量区间的组分比例变化不超过 2%，且其生理功能不会因为加热而丧失。

6. 凝胶性

蛋白质和肽在加热、酶、二价金属离子的参与下，会从"溶胶状态"转变成"凝胶状态"。凝胶性是某些蛋白质和肽的主要功能，在许多食品的生产中起着重要作用，不仅可以用来形成固态黏弹性凝胶，还能增稠，提高吸水性和颗粒粘结，维持乳状液形态和增强泡沫稳定性，从而使食品具有期望的质构和口感。

蛋白质深度水解后，产物为氨基酸、寡肽和多肽，造成净电荷的增加，可能会导致多肽间电荷排斥的增加，会显著降低其凝胶形成能力。但是肽本身凝胶强度的变弱并不意味着其在食品体系中的凝胶性变差，这与肽同其他食品原料间的相互作用、相互影响有关。

7. 水合性与持水性

蛋白质和肽与水相互作用，是其重要的理化性质，可区分为结合水的能力和持水能力两种基本作用方式，前者是化学变化，后者是物理变化。

蛋白质水解产物的水合能力随着水解度的增大而增大，这是因为水解导致大量可电离侧链的暴露，同时伴随着亲水性和净电荷的增加，从产品表观来看，喷雾干燥制得的活性肽暴露在空气中极易吸潮。

持水性即将干燥的肽与液态水直接作用，其吸收水分的能力即为持水性。一般认为，持水性是蛋白质溶胀、黏度增加、凝胶形成等一系列反应综合作用的结果。酶法生产活性肽的持水性受蛋白质母体种类、水解度、蛋白酶专一性等多种因素影响。如用木瓜蛋白酶水解大豆蛋白，在水解度为 5.38% 时持水率最高，而用风味蛋白酶、中性蛋白酶和碱性蛋白酶水解大豆蛋白时，其持水性逐渐降低。

（三）生理功能

生物体内的各种组织，如骨骼、肌肉、感觉器官、消化系统、内分泌系统、生殖系统、免疫系统和神经系统等都存在活性肽，特定的寡肽和多肽具有多种人体代谢和生理调节功能，可以调节自主神经系统、活化细胞免疫机能、改善心血管功能和抗衰老等生理活性，还具有激素调节、传递信息、滋肝养胃、排毒养颜等作用。

1. 降低血脂和胆固醇

生物活性肽具有降低血脂和胆固醇的作用，可以用于生产降低胆固醇及预防心血管系统疾病的保健食品。其作用机理是肽可刺激肌体，提升甲状腺激素的分泌量，促进胆固醇的胆汁酸化，阻碍胆固醇的再吸收，并促使其排出体外。对高胆固醇患者而言，肽可明显降低其血清胆固醇，但对正常的人而言，肽无降低血清胆固醇的作用。肽可有效降低对人体有害的低密度胆固醇，但不降低对人体无害的高密度胆固醇。

2. 降血压作用

通常认为，肾素作用于血管紧张素原，释放出无活性的血管紧张素-Ⅰ，进而在 ACE（血管紧张素-Ⅰ转化酶）作用下，转化成有活性的血管紧张素-Ⅱ，从而使血压升高。临床中通过抑制 ACE 的活性，即可有效预防高血压的发生。生物活性肽中含有能抑制 ACE 活性的肽段，从而具有降血压的作用。生物活性肽仅对高血压患者具有显著降低血压的作用，而对血压正常的人没有降压作用，且与降压药物相比，其降压作用平稳，是一种非常安全的降压食品。

3. 减轻运动疲劳

人体试验已经证实，生物活性肽有助于减轻剧烈运动后的疲劳现象。其机理是肽容易被人体快速吸收，能够及时修复运动过程中损伤的骨骼肌细胞，维持骨骼肌细胞结构和功能的完整性；同时，能够增加睾酮的分泌，促进蛋白质的合成。

4. 调节免疫系统，提高免疫力

生物活性肽对 T 淋巴细胞的增殖有明显的促进作用，还可增强巨噬细胞和 NK 细胞的生物活性。肽中富含精氨酸和谷氨酸等可提高免疫力的氨基酸，精氨酸可以增强免疫细胞中吞噬细胞的免疫功能，同时抵御病毒的入侵。谷氨酸可在病毒大量入侵时，刺激肌体产生大量的免疫细胞，有助于抵御病毒入侵。

5. 促进脂肪和能量代谢

生物活性肽具有促进脂肪与能量代谢的作用，并能抑制体内脂肪的贮存，长期食用能有效控制体重的增加，预防肥胖。以大豆肽为例，日本科学家以小鼠为研究对象，给它服用大豆肽，发现能刺激产生热能的褐色脂肪组织 BAT 的活性，且随着服用量的增加而提高。在给年幼的肥胖小鼠服用大豆肽时，发现可以减少皮下脂肪量，增加散热量，提高基础代谢水平。

6. 抗氧化作用

生物活性肽具有类似超氧化歧化酶（SOD）的抗氧化作用，对超氧阴离子自由基和羟基自由基有强烈的清除作用。因此，生物活性肽不仅对肝脏有保护作用，还能提高身体的抗氧化能力，有助于延缓身体的衰老。

7. 其他作用

大豆肽等生物活性肽对 α-葡萄糖苷酶有抑制作用，能够控制肌体内血糖的急剧上升，具有降低血糖的作用。此外，肽还具有促进微生物增殖和有益代谢产物分泌的作用，在发酵工业中具有重要的应用价值。

几种生物活性肽的功能见表 13-2。

表 13-2　　　　　　　　　　　几种生物活性肽的功能

肽	功能
谷胱甘肽	清除自由基、解毒、抗辐射、预防脂肪肝
高 F 值* 低聚肽	预防肝脑病、抗疲劳、易吸收
酪蛋白磷肽	促进钙吸收、预防骨质疏松、治疗贫血
糖巨肽**	抑制食欲、减肥、促进肠道双歧杆菌增殖
大豆肽	易消化吸收、促进脂肪代谢、降低血清胆固醇
阿斯巴甜	高效甜味剂、风味增强剂
阿力甜	高效甜味剂
纽甜	高效甜味剂、风味增强剂
乳酸链球菌素	高效杀菌剂、生物防腐剂

注：* F 值（Fischer ratio），是支链氨基酸（BCAA：Val，Ile，Leu）与芳香族氨基酸（AAA：Trp，Tyr，Phe）含量的摩尔数比值；** 糖巨肽是乳清蛋白中很独特的一种肽，有很高含量的支链氨基酸、亮氨酸和缬氨酸，是用于帮助婴幼儿抵制流感病毒的有机物，具有多种生理活性功能。

第二节　肽的生产

一、肽的生产方法

目前，获得生物活性肽的途径主要有 3 种：一种是直接提取法，适用于生物体中存在的天然活性肽，例如，肽类激素、酶抑制剂等；一种是化学合成或生物合成法，即通过化学法或 DNA 重组技术合成生物活性肽；一种是蛋白质水解，即通过化学法、酶法或发酵法将蛋白质水解，产生生物活性肽。

（一）直接提取法

植物、动物与微生物菌体是生物活性肽的天然资源宝库。到现在为止，已经发现数百种天然生物活性肽，包括具有生物活性的环肽、环肽生物碱、寡肽、糖肽等肽类化合物。其中有些天然活性肽具有非常强的生理活性，包括神经生理活性、抗溃疡活性、抗脂肪分解活性、抗肿瘤活性、降压活性、抗炎活性等，与中药治疗疾病的功效密切相关。从生物体中直接提出的生物活性肽具有活性高、毒性低、无污染等特点，在医药、食品与养殖业中都有广泛的应用前景。

然而，由于生物活性肽在生物体内的含量一般是很低的，直接从生物体中提取生物活性肽成本很高，而且目前提取工艺还不是很完善，无法满足人类的需要。

（二）化学合成法

除了天然的外源性生物活性肽外，人们还通过化学合成的方法合成了一些外源性生物活性肽。根据合成介质的不同，化学合成法可分为"固相合成"和"液相合成"。

1. 固相合成法

1963 年，美国著名化学家 Merrifield 开发了固相合成法，合成了（Leu-Ala-Gly-Val）并因此获得 1984 年诺贝尔化学奖。其原理是将带有氨基保护基的氨基酸的羧基端固定到不溶性树脂上，然后脱去氨基保护基，同时与下一个氨基酸的活化羧基形成酯键，使肽链延伸，形成多肽。目前，固相合成法已经广泛应用于蛋白质和多肽的研究，尤其是低聚肽的合成。

2. 液相合成法

液相合成法是合成小分子肽的有效方法，分为 4 个步骤：①保护非反应性基团；②活化羧基；③形成肽键；④脱保护基团。该法的缺点是在多肽的化学合成过程中，尤其是在活化步骤中，存在着氨基酸消旋化的可能。此外，液相合成法的终产物中含有多种序列接近的多肽，产物分离纯化比较困难。

目前，很多分子质量较小的生物活性肽都能用化学方法合成，并具有生物活性，但由于价格太高，难以广泛应用。其原因是无论液相法还是固相法，其所采用的反应底物和反应试剂都价格昂贵，反应过程中还有可能产生有害物质，没有实际应用和市场竞争力。

（三）蛋白质水解法

食物蛋白质中蕴藏着一些具有生物活性的肽段，蛋白质水解后，可以释放出生物活性肽。常用的蛋白质水解方法有化学水解法、微生物发酵法和酶解法等。

1. 化学水解法

化学水解法是采用强酸或强碱将蛋白质水解成肽与氨基酸。化学水解法的优点是操作简单、成本较低；缺点是强酸与强碱具有腐蚀性，对设备材质要求高，且生产条件苛刻，生产过程中水解程度难以控制、水解产物复杂，某些氨基酸会发生降解反应或聚合反应，产品的营养价值较低。这些缺点，限制了化学水解法在食品工业中的广泛应用。

2. 微生物发酵法

微生物发酵过程中会产生一些蛋白酶，可以将蛋白质水解成肽。微生物发酵过程是一个复杂的生物转化过程，除蛋白质水解反应外，还存在许多其他生物反应：①不同肽分子之间的移接与重排，其结果是某些肽段的生物活性有可能发生改变；②肽分子某些苦味基团的修饰与转移，其结果是肽的苦味得以减轻。此外，发酵过程中微生物还合成一些新的生物活性肽。

3. 酶解法

酶解法是目前应用最广泛的生物活性肽生产方法，也是本书主要介绍的方法。酶解法的优点有安全性高、反应条件温和、酶催化的位置有选择性、价廉、收率高、易于推广等。酶解法的关键技术是蛋白酶种类的选择、酶解过程的定量控制、生物活性肽的分离与纯化，这些技术是否成熟，决定了酶解法能否实现大规模工业化生产。目前已从酪蛋白、豌豆蛋白、大豆蛋白、卵白蛋白、玉米蛋白、丝蛋白等的酶解产物中获得了一系列功能各异的生物活性肽。

随着酶制剂工业迅速发展，酶的品种增多、活性增加、纯度提高，因此酶法工艺已成为当前的热点，我国目前都是使用酶法来生产生物活性肽，并且生产企业越来越多，产量迅速提升，已成为一个新兴行业，已在保健品等行业得到了广泛的应用。下面将主要介绍蛋白质的酶解技术。

二、蛋白质酶解过程的化学反应

在蛋白质酶解过程中，蛋白质水解产生小分子蛋白质、胨、多肽、寡肽和氨基酸的过程是酶解的主导反应，但是蛋白质原料中其他营养物质，如脂肪、碳水化合物、矿物质、维生素、食品色素等，可能也伴随发生多种复杂的化学反应，这些反应可能会对酶解产物造成明显的影响，了解和控制这些反应对提高水解效率、提高产品品质具有重要意义。

（一）蛋白酶的水解反应

蛋白质在蛋白酶的作用下进行水解的过程为：蛋白质→䏡、胨→多肽→寡肽→氨基酸，在这一系列过程中酶的选择是关键，它不仅影响最终产品的功能、得率、反应速度，而且也直接影响产品的风味和理化特性。蛋白酶种类繁多，各有特点，应在明确蛋白酶催化性质和产品要求的前提下选择酶制剂，有关酶学特性、底物专一性等蛋白酶的相关信息，读者可以参考本书第三章。

此外，酶解过程控制也是制备目标产物的关键技术，应根据目标产物对酶解参数进行优化，达到提高生产效率的目的。

（二）美拉德反应

美拉德反应又称羰氨反应，指含有氨基的化合物和含有羰基的化合物之间经缩合、聚合而生成类黑精的反应。此反应最初是由法国化学家美拉德于 1912 年在将甘氨酸与葡萄糖混合共热时发现的，故称为美拉德反应。由于产物是棕色的，也被称为褐变反应。反应物中羰基化合物包括醛、酮、还原糖，氨基化合物包括氨基酸、寡肽、多肽、胨、蛋白质，反应的结果使食品颜色加深并赋予食品一定的风味。

在蛋白质酶解过程中，酶解前的加热处理、酶解过程的保温维持和酶解后的升温灭酶，都会促进美拉德反应发生，进而导致产品颜色的褐变和营养成分的损失。美拉德反应的程度与酶解液 pH、酶解温度、酶解产物的生物活性以及还原糖浓度有关。一般认为降低温度、控制水活度、改变 pH、减少产物与氧的接触、添加还原剂、减少金属离子含量、使用褐变抑制剂等方法可以减少美拉德反应的发生。在实际应用中，降低还原糖含量和添加微量亚硝酸盐是比较容易操作的方法。

（三）酶解产物与脂肪的反应

蛋白质酶解过程产生的疏水性肽和蛋白质易于与脂肪形成蛋白质-脂肪复合体，这些复合体漂浮在酶解液上层，造成酶解清液损失和油脂回收困难，必要时需要对原料进行加热处理，进行油水分离，然后再降温酶解。

另外，不饱和脂肪的氧化会生成烷氧化自由基和过氧化自由基，这些自由基与蛋白质及其酶解产物反应生成脂-蛋白质自由基，而脂-蛋白质自由基能使蛋白质聚合交联，这种相互作用是有害的，不仅能够降低酶解产物中几种氨基酸的有效性，降低蛋白质的功效比和生物学价值，也会产生不良风味。

（四）酶解产物与多酚的反应

酚类物质，如对羟基苯酚、儿茶酚、咖啡酸、棉酚、绿原酸、阿魏酸等，是植物体内一类重要的次级代谢产物，具有较强的抗氧化作用。蛋白质及其酶解产物与多酚相互作用，会引起蛋白质及肽的结构改变，导致蛋白质及肽的亲水-疏水性发生相应改变，最终影响其溶解度。这些变化不仅能够影响蛋白质的功能性质，如乳化性、起泡性等，并且在一定程度上改变蛋白质、酶和肽的生物活性，导致酶解效率降低。另外，由于多酚与蛋白质的结合，酚类化合物的性质也会受到影响，例如，以化学键的形式连接到蛋白质上，酚类化合物的抗氧化活性下降。

（五）酶解产物的氧化反应

氧化剂广泛存在于蛋白质酶解的加工和贮存过程，如氧气、过氧化氢、漂白剂以及一些内源性氧化剂。这些高活性氧化剂可导致肽和氨基酸的氧化，氧化的氨基酸不能被利用，且相互交联，降低蛋白质及其酶解产物的营养价值。对氧化反应最敏感的氨基酸是含硫氨基酸和色氨酸，其次是酪氨酸和组氨酸，在蛋白质酶解或贮存过程中，可以检测到这类氨基酸的损失。

三、蛋白质酶解过程的技术要点

研究者对蛋白质酶解过程的中心工作，是如何以最经济有效的方式实现蛋白质的水解，其一般工艺流程为。

含蛋白质原料→ 筛选和预处理 → 调浆配料 → 酶解 → 灭酶 → 分离纯化 →
超滤脱盐 → 浓缩 → 干燥 →包装成品

下面将对蛋白质酶解的主要技术要点做简单介绍。

（一）原料的筛选和预处理

选择合适的蛋白质原料十分重要，涉及生产工艺、生产成本、市场需求和产品性能等方面。不同的原料预处理方法是不同的，首先要将原料挑选分级，特别是动物下脚料，要去除杂物，然后进行原料粉碎，并根据原料性能采用加酸或加热的方法，进行灭菌和蛋白质变性，有利于后道工序提高水解度。原料预处理技术的操作原则主要有两条。

1. 释放蛋白，有利于蛋白酶和蛋白质的充分接触

蛋白酶只有同蛋白质充分接触，才能发挥作用。对于带有细胞壁的蛋白原料，如酵母原料，需要对其进行破壁预处理；对于一些纤维成分含量高，纤维和蛋白紧密结合，相互杂糅的原料，如米糠、玉米等，应首先对其去除纤维，也有利于蛋白酶对蛋白质的水解作用；对于一些形状较大的粗蛋白原料，如水产品、畜类蛋白等，应对其进行粉碎、研磨处理，可以大大加快酶解速度、降低蛋白酶用量，磨浆细度越高，底物与蛋白酶接触的机率越大，水解效果越好。

2. 蛋白质的变性处理

对于天然蛋白，蛋白质分子呈现紧密、有规则的空间构型。蛋白酶的水解作用需要底物具有合适的位点，所以蛋白酶对天然蛋白的水解效率很低，甚至不能水解，如蛋白酶对胶原蛋白的水解等。对蛋白原料进行预处理，使其规则结构解体，更多的内部基团暴露出来，将会有效提高水解效率。

蛋白质的变性方法有很多，常用的主要工艺是热处理。蛋白质不同，需要变性的温度也不同，过度高温处理，往往还会引起蛋白质的交联聚集，形成蛋白酶难以作用的大分子聚合物。所以需要选择合适的热处理条件。一般情况下，动物蛋白的变性温度低于植物蛋白。

(二) 调浆配料

合适的料水比是提高酶解效率的重要因素。料液太稀，虽然有利于水解度的提高，但是会降低设备利用率；料液太浓，虽然可提高设备利用率，但是会降低水解度。选择合适的料水比必须根据原料、细度等试验而定。动物原料和植物原料相差很大，原料的种类以及细度都影响料水比。

生产操作中，一般先调整料水比，然后根据生产需要来确定是否调节 pH，这与酶制剂的选择、目标水解度、生产工艺、成品品质等因素有关，一般酶解初始 pH 是中性或偏碱性。

(三) 酶解

1. 酶制剂的选择

蛋白酶的种类很多，选择合适的蛋白酶，对于酶解目标的实现非常重要，以下为蛋白酶选择的基本要点。

(1) 卫生指标要求　蛋白酶分为医药级、食品级、工业级等各个级别。不同级别蛋白酶的卫生指标、杂质含量、处理工艺都不同，市场价格差异也很大。所以要根据具体产品的应用，选择合适级别种类的酶。

(2) 酶解效率、特点的选择　不同蛋白酶作用的位点不同，选择性也不同，所以水解效率差异也很大。具体各种蛋白酶的特点可以参照相关蛋白酶的章节，根据蛋白酶的特点选择合适的蛋白酶种类。为了提高蛋白酶的水解效率或者改善口感，实际中往往选择多种蛋白酶对蛋白质进行复合水解。

（3）杂酶的影响　工业化酶制剂往往是一种混合产品，除含有一些杂质外，还会含有其他酶系，如淀粉酶、脂肪酶等。工业蛋白酶产品是多种蛋白酶的混合酶系，如胰酶是蛋白酶、淀粉酶、脂肪酶的混合物，用于水解含有脂肪成分的肉类蛋白时，就可以提高水解效率；木瓜蛋白酶中含有多种不同应用条件的蛋白酶系，所以木瓜蛋白酶整体上耐温性较高，应用 pH 范围较宽，可以用于肉的嫩化等。但在蛋白质的提取应用中，杂酶的存在往往会带来一些不利因素，在对蛋白质水解的同时，杂酶也会对一些不需要的成分，如纤维、脂肪等进行作用，从而导致杂质含量提高，最终产品的纯度也会受到影响。

2. 酶解条件的选择

影响蛋白酶作用的因素包括 pH、温度、加酶量、底物浓度、酶解时间、搅拌等。酶解条件的确定将直接影响产品收率、产品质量和生产成本等。

（1）水解温度　一般而言，温度越高化学反应越快，但酶本质是一种蛋白质，若温度过高就会出现蛋白质变性，从而活性也会逐渐下降。

（2）水解 pH　酶限于某一 pH 范围内才能表现出最大活力，该 pH 范围也就是酶的最适 pH；另外，在蛋白酶酶解的过程中，随着酶解的变化，pH 也会随之变化，所以在水解过程中，对 pH 进行控制，使 pH 保持在酶的最适作用范围内，也可以提高蛋白酶的水解效率。

（3）加酶量　在一定条件下，加酶量越高，反应速度越快，加酶量增加往往会伴随着水解度的增加，但是当加酶量达到一定的阈值，水解度将达到稳定，不再随加酶量的提高而增加。在实际操作中，考虑到经济因素，加酶量一般都会低于该阈值。需要指出的是，实际生产中的加酶量应根据实验来确定，本书中给出的数值可作为实验起点的参考加量。

（4）酶解时间　酶解时间越长，达到相同水解度的用酶量越少，用酶成本越低，但是酶解时间过长会增加产物中挥发性盐基氮的含量，从而影响产品品质。综合多种因素考虑，生物活性肽的酶解时间一般为 2~6h。

（5）底物浓度　同等加酶条件下，在一定范围内，底物浓度越小，酶和蛋白质底物的接触机会越大，越有利于蛋白酶发挥作用；另一方面，底物浓度过低将影响蛋白酶的稳定性，表现在酶活力损失快、酶解效率低等，从而不利于蛋白酶发挥作用。

底物浓度越低，最终产品需要消耗更多的能源来对其进行浓缩，因此从经济性方面来讲，要求底物浓度越高越好；但是过高的底物浓度往往会使反应体系的黏度升高，进而导致反应液搅拌困难，反应体系温度、pH 等条件不均一，物质和能量难以有效扩散。

因此选择合适的、经济的底物浓度十分重要，一般需要通过一段时间的生产实践，才能确定最适合自身工艺的底物浓度。

（6）其他条件　适度的搅拌也有利于蛋白酶和底物的充分接触，从而有利于蛋白酶发挥作用。除此之外，一些酶制剂的激活因子和抑制剂对蛋白酶的作用都有影响，特别是海产品活性肽的生产中，应注意盐浓度对酶活力的影响。

3. 酶解方式的选择

对于使用单一蛋白酶的工艺来说，加酶方式可以是一次加酶或多次加酶，其中多次加酶操作复杂，但可以减少酶制剂用量，一般适用于价格高、加量大的酶制剂。对于使用多种蛋白酶进行水解的工艺来说，可以一次性加酶，也可以分步加入不同的酶制剂，利用分步加酶，可以针对不同蛋白酶的特性改变反应条件，以达到最佳酶解效果，需要注意的是，分步加酶根据加酶顺序的不同，水解度和水解产物也有一定的差异。多数企业采用多种蛋白酶、分段酶解的方式进行生产，水解效果更加突出。

（四）灭酶

酶解结束后，要使产物中的蛋白酶失活。灭酶方法很多，在生物活性肽的生产中，最简单的是升温灭酶，即将酶解液升温到 80~90℃，保持 10~20min 可使蛋白酶失活。

（五）分离纯化

1. 分离

酶解结束后，利用分离机去除固形物，可选用板框压滤机、高速离心机等设备。通常选用卧螺离心机，在 4500r/min 的高速旋转下，产生离心力把密度不同的物料进行分离。

2. 脱色

根据产品需要，为了减轻色素、去除杂质，可以采用物理方法脱去大部分颜色，使产品色泽减轻、纯度提高。脱色可采用粉末活性炭、颗粒活性炭、白土、硅藻土等脱色剂。脱色条件一般为：脱色剂加量 2%、pH5.0、70~80℃ 的条件下维持 30min，然后通过板框过滤得到清液。

（六）超滤脱盐、浓缩

脱盐方法有多种，离子交换、超滤、电渗析等。离子交换是常用的脱盐方法，常用的交换剂为合成树脂，分为阳离子交换柱和阴离子交换柱，通过阳离子交换树脂可去除金属离子，通过阴离子交换树脂，不仅除去阴离子杂质，还可去除色素，通常将阳离子树脂柱与阴离子树脂柱串联而用。该方法交换量大、速度快、去盐率高，但是操作麻烦，树脂再生必须用酸碱溶液处理，废水带来环保负荷，逐渐被超滤方法所代替。

超滤是一种加压膜分离的新技术，在一定压力下，使小分子和水穿过一定孔径的薄膜，而使大分子截留下来。电渗析是使用特殊膜来分离带电离子，阳离子交换膜对阳离子有渗析作用，而阴离子交换膜对阴离子有渗析作用。在电渗析池中，阴离子膜和阳离子膜以交替方式排列，在外加电场作用下，正电荷和负电荷以相反方向向相应电荷膜移动，从而两种离子都从溶液中除去，达到除盐效果。

使用膜过滤技术和不同功能的膜组成组件，可同时达到分离、浓缩、除盐的目的，该方法已经被普遍使用。例如采用超滤膜，可从酶解液中分离出低聚肽、水、盐，达到去除多肽等大分子溶质的目的；分离出的低聚肽溶液进入纳滤膜，纳滤膜表面有 1nm 大小的微小结构，可截留分子质量为 150~1000u 小分子肽，去除直径 1nm 左右的物质，如水和盐离子，达到分离、浓缩、纯化的目的；最后低聚肽溶液进入反渗透膜，借助于半透膜的选择截留作用，分离低聚肽与水，达到浓缩的目的，使干燥成本大大降低。

（七）干燥

干燥方法很多，通常采用喷雾干燥法。喷雾干燥有 3 种形式。

1. 离心式

料液由料液槽经过滤器由泵送至干燥器顶部的离心雾化器，料液在转速 30000r/min、圆周速度 100~160m/s 的离心力作用下，形成极小的雾状液滴，料液和热空气并流接触，水分迅速蒸发，在极短时间内干燥成成品，成品由干燥塔底部和旋风分离器排出。由于离心式喷雾干燥操作稳定、弹性较大、动力消耗较低，因此更适用于生物活性肽的生产。

2. 压力式

压力式喷雾干燥机是一种可以同时完成干燥和造粒的装置。按工艺要求可以调节料液泵的压力、流量、喷孔的大小，得到所需的按一定大小比例的球形颗粒。其工作过程为：料液通过高压泵输入，喷嘴内有螺旋结构，液体经高压旋转成为雾状，然后同热空气并流下降，大部分粉粒由塔底排料口收集，废气及其微小粉末经旋风分离器分离，废气由抽风机排出，粉末由设在旋风分离器下端的授粉筒收集，风机出口处还可装备二级除尘装置，回收率在 96%~98%。由于压力式喷雾干燥动力消耗小、弹性小、喷嘴孔径小、易堵塞和磨损，因此适用于一般黏度的液体。

3. 气流式

气流式喷雾干燥法是指湿物料经输送机以 250m/s 的速度从喷嘴喷出，靠气液两相的速度差所产生的摩擦力，使料液产生雾状，与热空气混合，从而在很短的时间内达到蒸发干燥的目的。干燥后的成品从旋风分离器排出，一小部分飞粉由旋风除尘器或布袋除尘器得到回收利用。气流式喷雾干燥动力消耗大，适用于任何黏度的液体或者较细的悬浮液。

四、蛋白质酶解产物的脱苦

（一）苦味肽的产生

对酪蛋白、马铃薯蛋白、大豆蛋白、大米蛋白和小麦蛋白等进行酶解，都会出现苦味。酶解蛋白的苦味问题，是其在食品中扩展应用的主要障碍之一。酶解蛋白的苦味主要与蛋白质中的疏水氨基酸有关，在完整蛋白质分子中，大部分疏水性氨基酸侧链藏在分子内部，不与舌上的味蕾接触，所以感觉不到苦味。在蛋白质水解过程中，疏水氨基酸暴露出来，就会呈现苦味。蛋白质中的疏水氨基酸含量越高，苦味越大。除了疏水性氨基酸外，如果某些碱性氨基酸位于肽链两端时，也会产生很强的苦味。

苦味肽的生成量与水解度直接相关，水解初始时，随水解度的增大，苦味肽的生成量增加；但当水解度较高时，苦味肽被继续水解成小肽或游离氨基酸，苦味又会减弱或消失。研究表明，苦味主要由相对分子质量 1000~5000 的多肽引起。苦味的形成不仅与多肽的分子质量、疏水性氨基酸在肽链中数量以及位置有关，还跟多肽链的空间结构有很大的关系。除了构象，氨基酸残基的构型对苦味也有很大的影响。

（二）脱苦的方法

对酶解蛋白的脱苦，目前主要有 5 种途径。

1. 类蛋白反应

类蛋白反应是指在一定条件下，采用蛋白酶催化蛋白质水解物或低聚肽混合物反应，

新型生物发酵制品

生成一种不溶于水的弹性胶状蛋白类物质。在反应过程中，游离疏水氨基酸残基减少，苦味得以降低，这种方法还主要局限于实验室研究。

2. 遮掩

不同研究者证实苹果酸、柠檬酸等一些有机酸、环状糊精、麦芽糊精、淀粉、果胶等可以掩盖苦味，都有不同程度的脱苦效果。

3. 选择性分离

利用吸附法、萃取法、沉淀法、膜分离法等生物分离技术，可以部分除去苦味肽，改善生物活性肽的口感与风味。选择性分离法具有脱苦效果好、操作简单以及成本低等特点；但这种方法会造成蛋白氮的损失，特别是一些含有疏水性氨基酸残基的肽（如色氨酸、亮氨酸等），所以目前大多采用掩盖法和酶法进行脱苦。

（1）吸附法 吸附法脱苦是目前最为成熟、应用较广泛的脱苦方法。活性炭脱苦的最佳条件为：活性炭用量 1%～2%，pH5.0，料液温度 65℃，反应时间 15min。活性炭用量大时，虽然苦味轻，但是会有活性炭带来的轻微异味，肽的损失率也会升高，因此活性炭的用量不宜太大。

（2）萃取法 利用乙醇、丙醇或丁醇等有机溶剂进行脱苦。实验证实，乙醇溶液能够有效地脱除苦味肽。

（3）沉淀法 利用疏水性多肽在水溶液中的不稳定性，通过调节水解液 pH，可使其沉淀除去。

（4）膜分离法 超滤处理也是肽脱苦的有效方法。一般情况下，苦味肽的分子质量比非苦味肽要小很多，通过使用几种不同分子质量截留范围的超滤膜，即可将苦味肽脱除。

（5）疏水性层析柱处理法 将蛋白水解液 pH 调到 7.0，然后通过己基-琼脂糖凝胶柱进行室温洗脱，疏水性苦味肽便与凝胶载体结合，从而达到脱苦的目的，但是此方法脱苦不是很彻底。

4. 酶解条件的选择

一方面，酶制剂的选择，特别是用一些外切蛋白酶（氨肽酶、羧肽酶）对酶解蛋白进行处理。不同研究者也都证明，外切酶对于减少苦味具有良好的效果。另外，研究和实践经验都表明，因为在碱性蛋白酶的作用下会产生更多的疏水性氨基酸端，所以碱性蛋白酶的水解产物苦味最大；而真菌蛋白酶相对其他酶，水解产物苦味要小一些，其原因可能在于真菌蛋白酶中含有的一些肽酶的作用。目前在实践中，采用外切酶的脱苦方法最为常见，但这种方法使用不当也会造成产品中氨基酸比例过高，因此这些应用中需要对水解均匀度进行控制。

蛋白水解所用的酶大都是内切酶，但是由于催化反应方式所限，用于脱苦的内切酶就很少了。将黑曲霉酸性蛋白酶（含外切酶）与碱性蛋白酶（内切酶）结合起来水解大豆蛋白，不仅可以提高大豆蛋白的降解率、水解度，而且还能起到很好的脱苦效果。由风味蛋白酶与碱性蛋白酶组成的复合酶也可用于肽的脱苦，例如大豆肽脱苦的最佳条件为pH7.2，温度 50.0℃，加酶量 6000U/g，风味蛋白酶与碱性蛋白酶酶单位配比 3∶2，酶解时间 3h。

控制水解度也是工业上常用的控制苦味的方法，蛋白质的水解度和水解产物的苦味存在着密切的关系。水解度较低时，肽链较长，许多疏水性氨基酸还没有完全暴露，苦味较弱；随着水解度进一步增加，疏水性氨基酸暴露程度增加，苦味增加；水解度进一步增加时，苦味肽被水解为更小的肽或氨基酸，苦味就会减弱或消失。也有资料介绍，蛋白质水解的水解度在10%~15%时，对苦味的影响不大，而大于15%时，蛋白质水解物的苦味将急剧增加。所以需要在酶解过程中严格控制水解度的变化，在酶解结束后，立即采取有效措施将蛋白酶灭活，防止蛋白质继续过度水解，尽量降低蛋白质水解物的苦味产生。

研究者也证明，pH、酶浓度、底物浓度对苦味也存在着不同的影响。通过对不同酶解条件的优化，也可以降低水解产物苦味。

5. 微生物脱苦

许多微生物都能产生肽酶，利用微生物脱苦的原理和利用外切蛋白酶进行脱苦的原理类似。利用微生物脱苦具有价廉的优点，但微生物脱苦也不免会在蛋白质底物中带入新的杂质。目前，研究具有脱苦效果的微生物包括米曲霉、黑曲霉、酵母、乳酸菌等。

五、蛋白质酶解产物的脱腥

(一) 水产品腥味形成的主要原因

水产品，包括其水解产物，都存在着不同程度的土腥味、腥臭味等不良气味。目前我国的水产品产量逐年增加，水产品的深度加工已成为研究热点，如何控制腥味物质的形成，减少其不良影响越来越为研究者所重视。水产品的腥味受新鲜程度、饵料来源、生长环境和流通过程的影响。目前学者研究得出水产品腥味形成的主要原因有以下几点。

1. 生存环境中的异味物质在体内的蓄积

当前国际上研究得出，水产品的腥异味主要是由养殖池塘中蓝藻、绿藻门和硅藻门的一些属种的代谢废物，以及某些微生物产生的挥发性物质引起。

2. 吸附来自外部的不良挥发性化合物

水产品肌肉中存在的腥臭味是由水体中的某些能够引起异味的化学物质，通过渗透作用进入水产品体内，研究发现水产品对异味化合物的吸收能力受脂肪含量和温度的影响。

3. 不适当加工和贮藏导致微生物和酶的作用或自动氧化

水产品从采收到食用的一段时间通常进行冷链流通，腐败微生物的生长繁殖会导致产品的腐败，散发腥臭味；另外还有由酶催化引起的脂质降解、类胡萝卜素以及含硫含氮前体物质的转化和游离脂肪酸的自动氧化分解都会产生腥臭味。

(二) 水产品腥味物质的主要化学成分

腥味物质不是一种物质，而是多种物质的总称。腥味物质的组成比较复杂，在不同的水产品或者同一水产品不同部位的分布均不同。研究表明，一般情况下，鱼类往往比虾类含有更多的腥味物质，高脂肪鱼类比低脂肪鱼类含有更多的腥味物质，鱼皮和内脏比鱼肉含有更多腥味物质。

水产品大多都存在着不同程度的腥臭味等不良气味，往往是多种挥发性物质共同作用的结果，主要有醛类、醇类、酮类、呋喃、硫醚、萘类以及氨、二甲胺、三甲胺等。一些不饱和醛类，如 2, 6-壬二烯醛、4-庚烯醛、2-己烯醛和一些直链饱和醛，如己醛、庚醛等物质的阈值较低，通常会产生一些令人不愉快、腥臭、辛辣的刺激性气味；不饱和醇类物质，如 1-辛烯-3-醇会使人产生不愉快的、类似金属或泥土的气味；烯类和酮类物质对挥发性成分起协同增效作用。

（三）水产品腥味脱除方法

1. 物理脱腥法

（1）吸附法　吸附法脱腥，主要是利用吸附剂的多孔结构和特殊的表面，将腥臭物质吸附在其表面而达到去除腥味的目的。常用的吸附剂有活性炭、活性氧化铝、分子筛、硅胶等。有研究者利用活性炭吸附法有效去除罗非鱼皮明胶的腥味，改善其理化性，正交试验确定的活性炭吸附脱腥的适宜条件为：添加 15g/L 活性炭到 50g/L 明胶溶液中，40℃吸附 30min，经脱腥处理后制得的明胶无腥味，粗蛋白含量为 91.3%，凝胶强度高达 301g/cm^2。

（2）有机溶剂萃取法　有机溶剂萃取法是选择无毒的水-有机物互不相溶两相体系，二者容易分离，在水相中可得到无腥味的产品，有机相回收再利用。常用萃取剂有乙醇、乙醚等，在对酶解液进行脱腥的同时，还可以除去部分脂肪，而且脱腥效果随着萃取次数的增加而提高。

（3）微胶囊包埋法　微胶囊技术是利用高分子物质作为壁材，将腥味物质包在微小封闭的胶囊内，从而达到脱腥目的。

（4）蒸汽脱腥法　包括真空脱腥和水蒸气脱腥两种。真空脱腥是利用真空装置达到一定的真空度，通过加热使产品中的不良风味物质挥发而达到脱腥目的，对于固体粉末具有良好的脱腥效果。水蒸气脱腥是将水蒸气源源不断地通过样品，从而将样品中的腥味物质带出。

2. 化学脱腥法

（1）酸碱中和法　水产品中的腥味成分与酸碱发生化学反应可生成无腥味的物质，其中盐的作用一般认为主要是促进水产品中腥味成分的析出，从而实现脱腥。鱼肉蛋白经食用有机酸处理后，鱼肉蛋白质发生较温和的酸变性，保持和改善了蛋白质的功能性。有机酸对脂肪、色素、腥臭物质有溶解萃取作用，并能部分去除。另外有机酸具有杀菌和消除组胺作用，降低鱼肉 pH，加工、贮藏中有助于抑制微生物的繁殖。

（2）抗氧化剂法　茶叶中的茶多酚是天然抗氧化剂；黄酮类化合物可以消除甲基硫化物，并可与氨基酸结合，具有一定的钝化酶类和杀菌作用；萜烯类化合物具有吸附异味的功能，所以常把茶作为脱腥剂。

（3）臭氧脱腥　臭氧是一种强氧化剂，在水中不稳定，能够降解产生极活泼、具有强烈氧化作用的单原子态氧和羟基自由基，可氧化水中的还原性物质，还可以与一些有机物发生反应，使有机物发生不同程度的降解。因此，当臭氧与腥味成分萜类、醛类、醇类、胺类、吡啶类等物质作用时，即可将其氧化分解成无腥味或者腥味阈值大的物质。

3. 生物脱腥法

生物脱腥法主要分为两类：一类是通过微生物自身代谢产生的各类生物酶，对腥味物质进行分子结构修饰使其转化为无腥味物质；另一类是利用微生物的新陈代谢，使腥味物质参与各类代谢反应生成无腥味物质，或是利用其疏松结构吸附腥味物质。因生物法脱腥不引入化学物质，所以易被消费者接受，脱腥效果良好，但发酵过度易产生异味，发酵过程中产生的 CO_2 等气体会影响水产品质地，所以采用生物法脱腥时应注意发酵用量和发酵时间。

4. 感官屏蔽脱腥法

感官掩蔽法是通过添加姜、葱、花椒等香辛调味料或某些呈味物质特有的风味来掩盖水产品的腥味，该法通常适用于家庭烹饪，有一定程度的脱腥效果，但不能彻底将腥味脱除。

5. 复合脱腥法

对特定的产品或某些高要求产品，单一脱腥的方法往往不能很好或完全地将腥味除去，采用复合法，利用各方法之间的互补和协同增效作用，往往能达到更好的脱腥效果。

六、蛋白质酶解液浑浊物的去除

在对牡蛎、大豆蛋白、小麦面筋蛋白、珍珠贝等蛋白质原料进行酶解时，酶解过程或产品贮存期间常出现浑浊现象，这会严重影响产品外观形态，并限制其进一步加工利用，同时蛋白质沉淀还会导致其蛋白质营养价值的改变，因此酶解液的澄清化处理对拓宽其加工和贮藏性能有着重要意义。

吴胜旭等在研究珍珠贝蛋白酶解液浑浊物成分时发现，浑浊物质主要是由蛋白质组成，蛋白质占浑浊物干质量的 54.30%，其次是脂肪，占干质量的 26.10%。该浑浊物质中氮主要以肽的形式存在，肽主要由疏水性氨基酸组成，疏水性氨基酸占肽基氨基酸的 42%。浑浊物质主要是肽通过疏水相互作用所形成的聚集体，经过脱脂工艺后研究表明脂肪的存在对浑浊影响较小。

蛋白质酶解液浑浊的现象与使用的蛋白酶种类、水解度、pH、离子强度有关。Zeta 电位测定仪显示蛋白质酶解液中浑浊物表面带负电荷，浑浊物颗粒粒径小、负电荷形成的斥力是导致浑浊物的主要原因。根据这一发现，在酶解液中添加壳聚糖、聚合氯化铝、氯化钙、氯化镁等带正电荷的加工助剂，以及活性炭、硅藻土等具有强疏水相互作用的加工助剂可改善酶解液的浑浊现象。

七、蛋白质酶解产物的检测

蛋白质的酶解技术已经是蛋白质加工工业中应用最为广泛的技术之一。蛋白酶可以广泛用于蛋白质的提取、蛋白质的改性、生物多肽的生产等。但对于水解效果如何评判，如何确定水解程度，进而决定何时是水解终点都是蛋白质水解领域研究的重点之一。

当前评判水解过程的指标和方法有很多，包括水解度（DH）、提取率、酸溶性蛋白、分子质量范围、氨基酸含量等。不同的产品和应用领域，对蛋白质酶解过程具有不同的要求，所以对于水解过程也不存在单一的全能指标。如蛋白质提取过程，一般主要评价蛋白质的得率；对于生物活性肽的生产，则要求目标分子质量的肽含量越高越好。

（一）提取率

提取率作为蛋白质水解过程中的宏观指标，一般针对蛋白质的提取过程而提出。由于方法简单、容易操作、易于判断，所以在蛋白质提取领域经常用到。在实际工作中，根据实际情况，提取率也具有很多应用形式。如式 13-1，式 13-2 所示。

$$蛋白质提取率=\frac{水解液蛋白质含量×水解液质量}{原料中蛋白质总量}×100\% \tag{13-1}$$

$$质量提取率=\frac{水解前原料质量-水解后残余原料质量}{水解前原料质量}×100\% \tag{13-2}$$

另外，也可直接利用糖度（°Bx）或折光率的变化来对水解过程进行粗略判断和控制。糖度值和折光度是淀粉糖生产领域常用的一个指标，在蛋白质水解领域，其应用的原理为：对于确定的一个水解过程，在持续的酶水解作用下，水解液中可溶性蛋白含量增加，从而会导致水解液折光率的增加。一定条件下折光率和可溶性蛋白的量成正比，从而测定折光率或糖度的变化，就可以对该水解过程进行监控和判断。

该指标比较适用于蛋白质的提取过程，折光率不再变化，意味着水解过程已经临近于反应的终点，继续水解将不会对提取率有所帮助。但是，这个指标只是对反应的判断，了解反应过程的速度和程度，但影响水解程度的因素有很多，如水解过程中水分蒸发、pH 调节中的盐分变化、水解过程中的其他组分的水解等，这些都会对该指标产生影响。

（二）水解度

水解度是当前研究和生产中应用最多的一个指标，其定义为：蛋白质水解反应过程中，被裂解的肽键占总蛋白质中总肽键的百分数。水解度检测方法的主要原理为：检测水解液中实际游离氨基的量，同水解液完全水解得到的游离氨基的总量（可以理论计算也可以试验检测）进行比较。其比值就为水解度的值，如式 13-3，式 13-4 所示。

形式一 $$水解度（DH）=\frac{水解液中游离氨基态氮}{水解液中总氮}×100\% \tag{13-3}$$

形式二 $$水解度（DH）=\frac{被水解的肽键数}{肽键总数}×100\% \tag{13-4}$$

游离氨基态氮的检测方法有很多种，包括 pH-Stat 方法、甲醛滴定方法、茚三酮比色法、邻苯二醛法等、三硝基苯磺酸法等。这些方法各有利弊，得到的结果偏差也较大。总氮的测定一般使用凯氏定氮法。

（三）酸溶性蛋白

三氯乙酸（TCA）可溶性氮指数的定义是：在 10% 的 TCA 水溶液中，酶解液中可溶性含氮物质（游离氨基酸、寡肽）占总氮的比例。TCA 是一种蛋白质沉淀剂，它可以沉淀蛋白质和大分子的肽段。在 GB/T 22492—2008《大豆肽粉》的测定方法中，运用 15% 的溶液处理大豆肽粉，滤液中的可溶性蛋白质减去游离氨基酸含量，即为小分子肽的含量。

就特定底物而言，TCA 可溶性氮指数越高，表明酶解液中较短肽段的含量越高。因此，TCA 可溶性氮指数不仅反映了水解产物的溶解性能，同时也表明酶解产物中小分子肽段的含量。

实践中，很多研究者把三氯乙酸沉淀等方法得到的结果也认同为水解度。虽然这些指标一定程度上也是蛋白质水解的一种指标，但这种试验方法的原理与标准的水解度的定义存在着一定的偏差，应该是一种宽松定义下的水解度概念。

（四）肽相对分子质量分布

肽相对分子质量分布，就是蛋白质酶解产物的相对分子质量分布情况。在当前蛋白质水解领域，特别是在生物活性肽的生产中，相对分子质量分布越来越受到关注，甚至是某些产品的主要指标。

对于不同的生物酶制剂，以及不同的水解过程，相同的水解度并不意味着相同的水解效果。有些蛋白质水解液相对分子质量分布不均匀，虽然表观水解度很高，但水解度主要由一些游离氨基酸和低分子肽类造成，其整体上水解产品中的有效功能性成分依然达不到要求。所以，单纯强调水解度忽视肽相对分子质量的分布情况，对于蛋白质的水解，特别是在生物活性肽类产品的生产中往往缺乏实际意义。

对于水解均匀度的检测，当前的检测方法主要是 HPLC 法，另外还有电泳法、色谱柱分离法、凝胶层析色谱法等。

（五）游离氨基酸含量

相对于肽分子质量的检测，游离氨基酸含量的测定未得到广泛应用。在 GB/T 22492—2008《大豆肽粉》中，给出了一种游离氨基酸含量的测定方法，该方法使用氨基酸自动分析仪检测，具有高效、快速、灵敏的特点。

杜晓宁等就多肽类物质分析检测方法进行了详细的阐述。除了传统的方法外，还列举了高效液相色谱、毛细管电泳、质谱及其联用技术、同位素标记技术以及其他新出现的一些检测技术。

<h2 style="text-align:center">参考文献</h2>

［1］李勇，蔡木易. 肽营养学［M］. 北京：北京大学医学出版社，2012.

［2］崔春. 食物蛋白质控制酶解技术［M］. 北京：中国轻工业出版社，2018.

［3］姜锡瑞，霍兴云，黄继红，等. 生物发酵产业技术［M］. 北京：中国轻工业出版社，2016.

［4］段钢，姜锡瑞. 酶制剂应用技术问答（第二版）［M］. 北京：中国轻工业出版社，2014.

［5］刘慧. 牡蛎蛋白饮料脱腥技术的研究［D］. 湛江：广东海洋大学，2011.

［6］吴胜旭，崔春，赵谋明，章超桦，秦小明. 珍珠贝肉蛋白酶解液浑浊物质组成及形成机理研究［J］. 食品科学，2010，31（1）：19-23.

［7］杜晓宁，宋明鸣. 多肽类物质分析检测方法的研究进展［J］. 上海化工，2009，34（11）：6-11.

第十四章 植物肽

第一节 大豆肽

一、大豆肽的基本情况

（一）大豆肽简介

大豆肽是以大豆分离蛋白或大豆粕为原料，用酶解或微生物发酵法生产的，相对分子质量在 5000 以下，主要成分为肽的物质。大豆肽具有溶解性好、黏度低、流动性好、热稳定性好、在体内吸收快、利用率高的优点。

美国在 20 世纪 70 年代初研制出大豆肽产品，并由 DeldownSpeciaties 公司建成了年产5000t 的食用大豆肽工厂；日本在 20 世纪 80 年代攻克水解产物苦味和蛋白酶菌种选育难关，不二制油公司、雪印和森永等乳业公司成功生产功能性大豆肽，并用于功能性饮料、运动营养食品、酸奶等食品的生产。

我国在 20 世纪 80 年代中后期开始研究大豆肽，中国食品发酵工业研究院、江南大学、华南理工大学、中国农业大学等相继展开了大豆蛋白酶解工艺、功能性质和生理活性的研究。目前大豆肽已实现工业化生产，大豆肽国家标准 GB/T 22492—2008《大豆肽粉》于 2009 年 1 月 1 日实施。国内已有数家公司，包括中食都庆生物技术有限公司、广州合诚实业有限公司、武汉天天好生物制品有限公司等，建成年产千吨的大豆肽生产线，产品质量稳定，技术指标已达到国外同类产品的水平。

（二）大豆肽的功能

大豆肽不仅具有大豆蛋白的营养成分，而且有多种生理功能和理化特性。大豆肽的氨基酸组成与大豆蛋白相似，组成合理，营养丰富，富含 8 种人体必需氨基酸，除甲硫氨酸为限制氨基酸外，其他氨基酸均超过或接近世界卫生组织（WHO）的推荐标准，具有较高的营养价值。大豆肽吸收利用率高、过敏性低，可作为食品过敏患者的蛋白质营养源，具有较高的临床应用价值。

大豆肽具有易吸收、降低血脂和胆固醇、降血压、减轻运动疲劳、调节免疫系统与提高免疫力、促进脂肪与能量代谢、抗氧化等诸多功能特性，对许多人群具有良好的效果。众多的科学研究发现，将蛋白质转化为低聚肽，使肽出现了蛋白质所不具备的多种特殊性。

（三）大豆肽的质量标准

目前，大豆肽执行国家标准 GB/T 22492—2008《大豆肽粉》，其感官指标与理化指标如表 14-1 和表 14-2 所示。

表 14-1　　　　　　　　　　　　大豆肽的感官指标

项目	质量要求
细度	100%通过孔径为 0.25mm 的筛
颜色	白色、淡黄色、黄色
滋味与气味	具有本产品特有的滋味与气味，无其他异味
杂质	无肉眼可见的外来物质

表 14-2　　　　　　　　　　　　大豆肽的理化指标

项目	质 量 指 标		
	一级	二级	三级
粗蛋白质（以干基计）/%≥	90.0	85.0	80.0
肽含量（以干基计）/%≥	80.0	70.0	55.0
80%肽段的相对分子质量≤	2000	5000	5000
灰分（以干基计）/%≤	6.5	8.0	8.0
水分/%≤	7.0	7.0	7.0
粗脂肪（干基）/%≤	1.0	1.0	1.0
脲酶（尿素酶）活性	阴性	阴性	阴性

（四）大豆肽的氨基酸组成

大豆肽的氨基酸组成如表 14-3 所示，可以看出大豆肽的氨基酸组成与大豆原蛋白近似，其中几种必需氨基酸的组成具有很好的平衡，只是含硫氨基酸，如胱氨酸和甲硫氨酸的量偏低。因此在使用大豆肽作为配料时，可根据实际情况强化一定量的含硫氨基酸，可进一步提高大豆肽的营养价值。

表 14-3　　　　　　　　　　　　大豆肽的氨基酸组成

氨基酸名称	含量/（g/100g）	氨基酸名称	含量/（g/100g）
天冬氨酸	9.40	胱氨酸	0.74
谷氨酸	15.87	缬氨酸	3.55
丝氨酸	4.40	蛋氨酸	1.04
组氨酸	1.44	苯丙氨酸	4.35
甘氨酸	3.38	异亮氨酸	3.43
苏氨酸	3.19	亮氨酸	6.08

续表

氨基酸名称	含量/（g/100g）	氨基酸名称	含量/（g/100g）
精氨酸	5.02	赖氨酸	4.32
丙氨酸	3.39	脯氨酸	3.49
酪氨酸	3.26	色氨酸	0.08

（五）大豆肽的应用

1. 在饮料中的应用

由于大豆肽具有高营养、易吸收、溶于酸性溶液、口感及风味好等特性，决定其在饮料中有广泛的应用。在运动饮料中添加大豆肽或以大豆肽为主要原料的运动饮料，适应了当代人及时补充运动消耗的各种营养素的需求，同时可起到提高肌体免疫力、抗疲劳、快速恢复体力等作用。饮用含有大豆肽的饮料，能使饮用者在吸收各种营养成分的同时，减少对热量物质的摄入量，长期饮用可明显增强体力和耐力，并能显著减肥，特别适合中青年肥胖者饮用。大豆肽还可以使饮料中的其他微粒成分均匀分布，不易产生沉淀和分层现象。在饮料中添加大豆肽，还能改善饮料的口感和风味，因此含有大豆肽的饮料不仅可作为运动饮料，还可作为具有高营养价值的休闲、时尚新型饮品。

2. 在乳制品中的应用

基于双蛋白理论及大豆肽溶于酸性溶液、口感及风味好等，可在乳制品中添加大豆肽，用于改善饮料的口感和风味，增加其营养价值。

3. 便秘和腹泻人群的功能性食品

大豆肽可应用于调节微生态平衡、润肠通便的功能性食品。人体摄入大豆肽后，能促进肠道内有益菌的生长、增加抗体的分泌、抑制致病菌生长、消除肠道菌群紊乱、恢复原有菌群平衡，可有效防止腹泻。

4. 婴幼儿食品中的应用

大豆肽具有易消化吸收和吸收速度快的特点，可应用于消化功能未成熟的婴幼儿服用。由于断乳后的婴幼儿体内双歧杆菌骤减，导致腹泻厌食，发育迟缓，营养成分利用率降低，而食用富含大豆肽的食品，可提高婴幼儿对营养素的综合利用率，促进肌体对钙、铁、锌等微量元素的吸收。由于其低抗原性，还可替代大豆蛋白用在牛奶蛋白不能耐受的婴幼儿奶粉中。

5. 糖尿病人群的功能性食品

由于肌体内合成蛋白质的原材料供应不足或代谢不平衡，直接导致胰岛素合成不足和胰岛素受体活性不足，因而发生糖尿病。大豆寡肽能直接增加胰岛素的合成与分泌，同时可增强胰岛素受体的活性，能从不同的方面对糖尿病的治疗起到积极作用。

6. 用于美容和减肥产品

大豆肽具有保护表皮细胞，防止黑色素沉积的功能。大豆肽具有很强的吸湿性，能保持表皮细胞湿润，起到护肤养颜护发的作用。大豆肽能清除体内的氧自由基、阻止皮肤色素的沉积、延缓皮肤衰老松弛，可用于生产养颜护肤品。此外，大豆肽还能够阻碍脂肪的吸收、促进脂质代谢，有益于减肥，可用于生产减肥食品。

7. 用于微生物发酵促进剂

大豆肽可以满足微生物的营养需求，使其生长苗壮，活性提高。例如，酸奶发酵时，加入大豆肽，可使乳酸菌生长旺盛，菌种容易存活，并能明显改善酸奶的口感。

8. 用于新型发酵类食品的开发

大豆肽具有促进微生物的生长和代谢的作用，用于生产酸奶、干酪、醋、面包、酱油和发酵火腿等食品，可提高生产效率、改善产品稳定性、营养性及风味。大豆肽还可用于酶制剂的生产，提高发酵液的酶活力。大豆肽具有良好的兼容性，可作为载体或辅料添加到任何一种产品中。

二、大豆肽的生产

（一）大豆肽原料的生产方法

大豆肽的生产原料主要是大豆分离蛋白。大豆分离蛋白是以低温脱溶豆粕为原料生产的一种植物蛋白质原料，蛋白质含量在90%以上。所采购的大豆分离蛋白必须严格检验，确保符合大豆肽生产的要求。在食品安全国家标准 GB 20371—2016《食品加工用植物蛋白》中，对大豆分离蛋白的技术要求如表 14-4、表 14-5 和表 14-6 所示。

表 14-4　　　　　　　　　　　大豆分离蛋白的感官质量要求

项目	质量要求	检验方法
色泽	具有产品应有的色泽	取适量试样置于洁净的白色盘（瓷盘或同类容器）中，在自然光下观察色泽和状态。闻其气味，用温开水漱口，品其滋味
滋味、气味	具有产品应有的滋味和气味，无异味	
状态	具有产品应有的状态，无正常视力可见外来异物	

表 14-5　　　　　　　　　　　大豆分离蛋白的理化指标

项目	指标	检验方法
蛋白质（以干基计，N×6.25）/%	≥90	GB 5009.5—2016
水分/%	≤10.0	GB 5009.3—2016
脲酶（尿素酶）活性	阴性/非阴性[a]	GB 5413.31—2013[b]或附录 A[c]

注：a 仅适用于需加热灭酶处理后方可食用的产品；b 定性检测法，浆状液态产品取样量应根据干物质含量进行折算；c 定量检测法，阴性产品尿素酶活性指数应 ≤0.02U/g。

表 14-6　　　　　　　　　　　大豆分离蛋白的微生物限量

项目	采样方案及限量				检验方法
	n/件	c/个	m	M	
菌落总数/（CFU/g）	5	2	3×10^4	10^5	GB 4789.2—2016
大肠菌群/（CFU/g）	5	1	10	10^2	GB 4789.3—2016

注：样品的采样及处理按 GB 4789.1—2016 执行；致病菌限量应符合 GB 29921—2013 中粮食制品类的规定；n：同一批次产品应采集的样品件数；c：最大可允许超出 m 值的样品数；m：微生物指标可接受水平限量值（三级采样方案）或最高安全限量值（二级采样方案），CFU/g；M：微生物指标的最高安全限量值，CFU/g。

目前，大豆分离蛋白的制备方法仍以碱溶酸沉法为主，超滤法和离子交换法还在研究与尝试之中。豆粕中的蛋白质大部分能溶于稀碱溶液，用稀碱液浸提后，再把浸出液的pH调至4.5左右，使蛋白质凝集沉淀下来，再经洗涤、中和、干燥即得大豆分离蛋白。

1. 工艺流程

大豆分离蛋白的一般生产工艺流程图如图14-1所示。

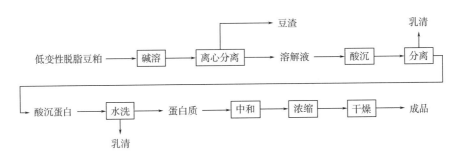

图14-1　大豆分离蛋白的生产工艺流程图

2. 操作要点

将低温脱脂大豆粕粉碎至粒度为0.15~0.30mm，按料水比1:（12~20）加水，于15~80℃浸泡100~120min，加NaOH溶液至pH7~11进行抽提，然后滤除残渣，获得蛋白质抽提液，残渣可进行二次抽提，以提高蛋白质的提取率。将二次浸提液输入酸沉罐中，边搅拌边缓缓加入10%~35%酸溶液，调pH至4.4~4.6，静置20~30min，进行酸沉，使蛋白质在等电点附近形成沉淀。然后进行离心分离，沉淀为大豆分离蛋白，上清液称为乳清液。蛋白质沉淀用50~60℃温水溶解后，加入0.5%NaOH溶液中和，然后用50~60℃温水冲洗，再经真空浓缩与喷雾干燥后获得大豆分离蛋白。

3. 副产物乳清液的综合利用——大豆低聚糖的制备

乳清液中碳水化合物含量约为62%，粗蛋白的含量约为21%。碳水化合物中含量较高的是大豆低聚糖。从乳清液中提取大豆低聚糖有超滤法、膜集成法、水浸法、碱液提取法、酸沉淀法和微波提取法等，其中以超滤法与膜集成法应用较多。

超滤法流程：

乳清→预处理脱色（活性炭）→过滤→滤液→无机膜超滤→透过液→

纳滤→未透过液→真空浓缩→喷雾干燥→成品低聚糖

在超滤过程中压力和温度对通透量有一定的影响，一般压力设定为0.18MPa，透过温度为45℃；在超滤过程中不断补充水分可使低聚糖更充分地透过超滤膜；膜在运行过程中会被阻塞，造成污染，可在0.2MPa下反冲洗3min，然后分别用0.1mol/L NaOH、0.1mol/L HCl浸泡10min，恢复率可达96.4%。

膜集成法流程：

乳清→高速离心→高温除蛋白→硅藻土过滤→热交换降温→超滤净化→

电渗析脱盐→反渗透浓缩→离子交换脱色→超滤二次净化→三效浓缩→成品

在膜集成技术中超滤作为后续膜过程的预处理，超滤的稳定运行是关键，采用自动冲洗、反冲洗、气吹开洗、气液混合吹洗，结合化学清洗可保证超滤系统稳定运行。

大豆低聚糖还可进一步脱色与脱盐，以提高产品质量。向乳清中加入 0.8%～1.2% 的粉末状活性炭（200 目），在 40℃、pH4.0～4.8 的条件下吸附 30～50min，可取得较好的脱色结果。脱盐可采用 732 型强酸性阳离子交换树脂和 717 型强碱性阴离子交换树脂。

除大豆分离蛋白外，各类大豆蛋白粉也可用于生产大豆肽，但因其蛋白质含量较低，仅能用于大豆肽三级产品的生产。

生产大豆肽所用的蛋白酶主要包括碱性蛋白酶、中性蛋白酶、木瓜蛋白酶、风味蛋白酶等，根据实际需要进行购买，所用蛋白酶的级别必须是食品添加剂。饲料添加剂与工业级的蛋白酶不能用于大豆肽的生产。蛋白酶所用的载体以不溶性矿质原料为最佳，尽量不采用淀粉与可溶性糖类或可溶性盐类载体，以免增加大豆肽产品的色度与灰分。

大豆肽生产用水应满足生活饮用水的卫生标准，但最好采用去离子水或纯净水，以防水中的矿物质进入产品，提高灰分含量。

（二）大豆肽的生产方法

大豆肽的生产方法主要有化学水解法、酶解法与发酵法，其中酶法生产工艺如图 14-2 所示。

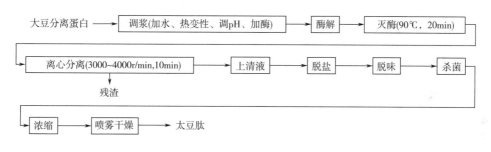

图 14-2　酶法大豆肽的生产流程

1. 调浆

（1）投料　向调浆罐中加入生产用水，开动搅拌，缓缓倒入大豆分离蛋白，搅拌均匀，避免结块。调浆罐的装料系数不宜太大，一般控制在 70% 左右，以防加热变性时泡沫外溢。底物浓度对大豆分离蛋白的水解速度与水解度具有显著影响，一般控制料水比 1∶10 左右。底物浓度过高，大豆分离蛋白溶液黏度很大，会造成体系中的水活度过低，降低了底物和蛋白酶的扩散运动，对水解产生抑制作用。底物浓度过低时，使设备利用率降低、后处理能量消耗增大，因此实际生产中选择合适的料水比很重要，一般以 8%～10% 作为最佳底物浓度。

（2）加热变性　大豆分离蛋白的热变性程度对其水解度有显著影响。适度变性有利于提高大豆分离蛋白的水解度，其原因是加热使紧密的蛋白结构松散开，暴露出分子内部的酶切位点，有利于蛋白酶的结合。但热变性温度与时间过长，会导致大豆分离蛋白过度变性，水解度反而下降。实际生产中，一般向夹套通入蒸汽，升温至 80～85℃，维持 5～10mim，然后迅速降温至 55℃。

（3）调整 pH　根据所选用的蛋白酶的种类，采用纯碱、NaOH 或 HCl 将大豆分离蛋白浆的 pH 调整至酶的最适 pH。例如，采用碱性蛋白酶进行水解时，最适 pH 为 8.0~9.0。实际生产中，有时为减少产品的灰分，采用碱性蛋白酶、中性蛋白酶、风味蛋白酶等酶制剂进行水解时，也可以不调节 pH。在自然 pH 条件下进行水解时，虽然水解速度稍慢，但对最终水解度的影响不大。酶解过程中，特别是酶解初期，酶解液的 pH 会逐渐降低，可根据需要进行调整。

（4）加酶　几乎所有的常规蛋白酶都可以用来生产大豆肽，其中以碱性蛋白酶、风味蛋白酶、木瓜蛋白酶和中性蛋白酶应用最广泛。各种蛋白酶对大豆分离蛋白的水解能力不同，碱性蛋白酶的水解能力最强，中性蛋白酶次之，风味蛋白酶由于是商品酶价格较高，一般不单独使用，通常与前两者配合使用，起到辅助水解、减轻苦味、提高风味的作用。与碱性蛋白酶和风味蛋白酶相比，木瓜蛋白酶与菠萝蛋白酶等植物源的蛋白酶对大豆分离蛋白的酶解效率不高，这是因为其与大豆分离蛋白的结合位点少，且在水解过程中易被氧化失活。

2. 酶解

大豆肽的生理功能和理化特性与其分子质量有关，适当提高水解度，降低分子质量，有利于大豆肽的生理活性和物化特性。但单独一种蛋白酶很难实现大豆分离蛋白的深度水解，这是因为蛋白酶的酶切位点具有专一性，一种蛋白酶只能切断特定的几种肽键。同时或依次采用不同的蛋白酶进行水解，可以提高水解度，降低大豆肽的分子质量。多酶联合水解对大豆肽的水解度与收率的影响如表 14-7 所示。多酶水解时，水解度均高于单酶水解，这是因为不同蛋白酶的酶切位点不同，多种蛋白酶同时作用更有利于蛋白质的水解。双酶水解的处理中，碱性蛋白酶与风味蛋白酶联用，水解度显著高于其他双酶水解。三酶水解中，碱性蛋白酶、风味蛋白酶与中性蛋白酶复合酶解，水解度高于双酶组合与其他三酶组合，且差异显著（$P<0.05$）。但四酶与五酶复合水解时，水解度与碱性蛋白酶、风味蛋白酶与中性蛋白酶三酶组合的差异关系并不显著（$P>0.05$），这说明复合酶解时并非酶的种类越多越好。多酶水解时，大豆肽的收率均高于单酶水解，差异显著（$P<0.01$），但复合酶解的不同处理间，差异并不显著（$P>0.05$）。

表 14-7　　　　多酶复合水解对大豆分离蛋白的水解度与大豆肽收率的影响

方式	蛋白酶种类与用量	水解度/%	收率/%
单酶水解	碱性蛋白酶 1%	12.59±0.53	76.41±1.37
双酶水解	碱性蛋白酶 1%，菠萝蛋白酶 0.5%	13.51±0.62	78.27±0.98
	碱性蛋白酶 1%，中性蛋白酶 0.5%	14.28±0.54	79.04±0.47
	碱性蛋白酶 1%，木瓜蛋白酶 0.5%	13.12±0.53	77.81±0.85
	碱性蛋白酶 1%，风味蛋白酶 0.5%	16.58±0.92	79.12±0.19
三酶水解	碱性蛋白酶 1%，风味蛋白酶 0.5%，菠萝蛋白酶 0.5%	16.58±0.99	79.26±0.19

续表

方式	蛋白酶种类与用量	水解度/%	收率/%
四酶水解	碱性蛋白酶 1%，风味蛋白酶 0.5%，木瓜蛋白酶 0.5%	16.29±0.86	78.79±0.55
	碱性蛋白酶 1%，风味蛋白酶 0.5%，中性蛋白酶 0.5%	18.29±0.50	79.97±0.73
	碱性蛋白酶 1%，风味蛋白酶 0.5%，中性蛋白酶 0.5%，菠萝蛋白酶 0.5%	17.77±0.77	80.90±0.44
	碱性蛋白酶 1%，风味蛋白酶 0.5%，中性蛋白酶 0.5%，木瓜蛋白酶 0.5%	17.77±0.77	78.94±1.42
五酶水解	碱性蛋白酶 1%，风味蛋白酶 0.5%，中性蛋白酶 0.5%，木瓜蛋白酶 0.5%，菠萝蛋白酶 0.5%	18.80±0.89	80.52±0.37

注：表中数据为 3 次重复的平均值。

水解温度与时间是影响水解速度与最终水解度的两个最重要参数。各种蛋白酶的最适作用温度不同，采用碱性蛋白酶与风味蛋白酶水解时，一般控制 55℃ 为最佳水解温度；采用中性蛋白酶水解时，可控制 50℃ 为最佳水解温度。水解初期，水解度迅速提高，但水解一段时间后，水解度随时间延长的增速变慢，水解时间过长没有实际意义，且可能引起酶解液腐败变质，实际生产中，一般控制水解时间为 2~6h。酶解期间搅拌转速控制在 60r/min，并随时加碱，保持 pH 约 7.8。

酶解产物达到特定的指标后应终止反应，该特定指标可以是氨基氮含量、水解度、酸溶性蛋白、pH、干物质含量以及酶解时间等。酶解终点的判定对大豆肽的品质和得率影响较大，要生产批次稳定的大豆肽产品，生产企业应根据不同的生产线特点，通过多次生产调试并分析酶解产物的特征，确定酶解终点的关键指标。达到特定指标后，将料液温度升至 90℃，维持 20min 可以达到终止酶解反应的效果。

3. 固液分离

酶解结束的固液分离可采用板框过滤机、碟片离心机或陶瓷膜过滤机等设备。其中碟片式离心机的操作条件为 3000~4000r/min、10min，达到分离效果。板框过滤时，最初流出来的滤液并不澄清，需进行回流过滤。板框前后压差宜慢慢升高，切忌升压过快，以防将滤饼压实，导致过滤困难。酶解液过滤完毕后，板框过滤机中还存留有大量的酶解液，要及时泵入清水进行置换与洗糟。当流出的滤液颜色很浅时，说明酶解液已基本流尽，可停止洗糟。如果滤液澄清度不够，需进行精滤。精滤可采用袋式精滤机、板框精滤机或陶瓷膜过滤机等设备。如对大豆肽的分子质量分布有严格要求，还可以采用超滤法进行分级分离，一般采用截断分子质量为 2000~5000u 的超滤膜。

4. 脱盐

经过离心流出的大豆肽液泵入脱盐装置，脱盐后电导率≤35μS/cm。

5. 脱味

大豆肽在低酶解度或原料中的呈味物质——异黄酮、皂苷等未经分离提取处理时，常具有令人难以接受的异味。为脱除异味，可将大豆肽液通过活性炭柱进行处理，大豆肽液与活性炭比约为 1∶10（即通过时大豆肽液流量是活性炭粒总体积的 1/10），过柱温度约 40℃，经过活性炭处理后，即可得到色泽透明、基本无味的大豆肽液。

另外，影响大豆肽苦味的因素包括以下几个方面：①大豆原料的来源及预处理方法。②所用的酶以及酶水解条件（主要是水解度和 pH）。③酶制剂的选择。④分离精制等后处理方法。关于活性肽脱苦的方法，读者可以参考第十三章的相关内容。

6. 杀菌

由于在生产分离蛋白时，已将大部分水溶性非蛋白成分去除，所以有助于肽纯度的提高。经脱味处理后的大豆肽液，为杀灭有害菌并将酶制剂灭活，将滤过液泵入 135℃的高温瞬时灭酶杀菌装置，通过时间为 5~7s。酶解液不宜长时间处于高温状态，以防产品颜色加深，影响质量。

7. 浓缩

可采用双效或三效真空浓缩设备进行浓缩。经过杀菌灭酶的大豆肽液，泵入蒸汽压力为 180kPa、真空度为 90kPa、温度为 55℃的双效浓缩设备，由于大豆肽溶液具有起泡性，宜加强生产过程控制，严防泡沫逃逸。如果蒸出的水有颜色，说明有大豆肽随泡沫进入蒸馏水，如果颜色较深，可考虑回收，以减少损失。一般浓缩至干物质含量 40%，提高浓缩倍数，有利于提高后续喷雾干燥的速度并节约能源，但浓缩倍数过高，会影响物料的流动性。

8. 喷雾干燥

采用喷雾干燥机，于进口温度 220~240℃、出口温度 70~80℃的条件下进行喷雾干燥。大豆肽具有较强的吸潮性，喷雾干燥设备宜配置冷风收料系统，冷却后的大豆肽产品应及时密封保存。目前大豆肽生产中多采用立式喷雾干燥设备，也可以采用卧式喷雾干燥设备，两种设备各有优缺点，可根据生产实际情况选择。

第二节 玉米肽

一、玉米肽的基本情况

（一）玉米肽简介

玉米肽是以玉米蛋白为原料，用相应蛋白酶水解后得到的分子质量小且具有一定活性的多肽分子。玉米肽中富含疏水性氨基酸，如丙氨酸和亮氨酸等，以及谷氨酸和脯氨酸。

玉米蛋白粉是玉米经湿磨法工艺制得的粗淀粉乳，再经蛋白质分离得到麸质水，然后浓缩干燥制成，因其色泽为玉米黄，又称"黄粉"，它是玉米湿法加工淀粉时的主要副产物，大约含蛋白质 60%以上，有的达 70%，其中主要为玉米醇溶蛋白（68%）、谷蛋白（28%）、球蛋白和白蛋白 4 种蛋白，此外还含有无机盐及多种维生素。玉米蛋白粉所含蛋白质因缺少赖氨酸、色氨酸等人体必需氨基酸，所以其生物学价值低，严重影响了其在食品工业中的应用，当今国内主要将玉米蛋白粉用于饲料工业。但是玉米蛋白粉中支链氨基酸和中性氨基酸含量均相当高，是植物蛋白中少见的特色组成，所以以往玉米蛋白利用的限制因素，近年来却是深层次加工的依据。正是因为这种氨基酸的特殊构成使得玉米蛋白具有独特的生理功能，通过生物工程手段，控制一定水解度可获得具有多种生理功能的活性肽。

日本在玉米肽的研发利用方面处于世界领先水平，1996 年日本食品化工株式会社 Magoichi Yamaguchi 等首先报道了玉米肽除降血压外，还具有抑制乙醇中毒和恢复肌体疲劳的作用，随后日本烟草公司利用玉米肽开发出了低热量饮料、降血压玉米肽混合物"缩氨酸"等商品化产品。此外欧洲、美国等也相继有玉米肽产品上市。

我国科研工作者在玉米蛋白的深加工领域做了大量研究，拥有一大批从事玉米蛋白深加工的高科技企业，如北京中食海氏生物技术有限公司、广州华缘食品科技有限公司、中食都庆（山东）生物技术有限公司、武汉天天好生物制品有限公司的部分成果已实现产业化。2009 年，中国食品发酵工业研究院与北京中食海氏生物技术有限公司合作，建成年产1500t 玉米低聚肽工业化生产线。2014 行业标准 QB/T 4707—2014《玉米低聚肽粉》由工业和信息化部颁布实施。

（二）玉米肽的功能

玉米肽除具有辅助降血压、减轻运动疲劳等生理功能外，主要具有保护肝脏、解酒醒酒的作用。

1. 保护肝脏

玉米肽能促进肝脏的解毒功能，减少有毒有害化学物质对肝脏的损伤。实验证明，玉米肽对四氯化碳、硫代乙酰胺、酒精等多种化学物质引起的肝损伤均具有明显的治疗作用。另外，病理学研究表明，玉米肽可减轻肝细胞脂肪的变性，降低肝组织损伤的程度，对肝脏有重要的保护作用。

2. 促进酒精代谢

玉米肽具有醒酒作用，主要是因为玉米肽含有高比例的丙氨酸和亮氨酸。摄入体内的酒精经肠胃吸收后，主要在肝脏中代谢，丙氨酸和亮氨酸是与酒精代谢有关的关键氨基酸，丙氨酸能促进血液中酒精的分解，增强肝功能，具有保肝护肝的作用，亮氨酸可以减轻因酒精而引起的人体化学反应失调的症状，可以防治酒精中毒。摄入玉米肽后，血液中丙氨酸和亮氨酸的浓度提高，能够产生稳定的分解乙醇的辅脱氢酶，增强肝脏乙醇脱氢酶和乙醛脱氢酶的活性，促进体内乙醇的分解和代谢，从而降低血液中乙醇的浓度，达到降低醉酒程度和醒酒的作用。

此外，摄入酒精过多会抑制谷氨酸的合成，而谷氨酸能够参与脑的蛋白和糖代谢，促进氧化，改善中枢神经活动，有维持和促进脑细胞功能的作用。玉米肽中含有丰富的谷氨酸，摄入玉米肽，能够补充血液中因受酒精抑制而减少的谷氨酸，从而有助于维持脑细胞的能量供应和神经活动，减少酒精造成的神经系统症状。

（三）玉米肽的质量标准

玉米肽执行轻工行业标准 QB/T 4707—2014《玉米低聚肽粉》，其感官指标与理化指标如表 14-8 和表 14-9 所示。

表 14-8 玉米肽的感官指标

项目	要求
形态	粉末状，无结块
色泽	淡黄色到棕黄色
滋味、气味	具有产品特有的滋味、气味
杂质	无外来可见杂质

表 14-9 玉米肽的理化指标

项目	指标
蛋白质（以干基计）/（g/100g） ≥	80.0
低聚肽（以干基计）/% ≥	70.0
相对分子质量小于 1000 的蛋白质水解物所占比例/%（$\lambda = 220nm$） ≥	85.0
水分/（g/100g） ≤	7.0
灰分/（g/100g） ≤	8.0

（四）玉米肽的应用

1. 降血压保健品

玉米肽可抑制血管紧张素转换酶的活性，作为一种血管紧张素的竞争性抑制剂，减轻血管紧张度，产生降压作用。高血压患者口服 24h 后可使血压下降。也可预防高血压的发生，对健康人起保健作用。

2. 醒酒产品

玉米肽能抑制胃对酒精的吸收，增加体内乙醇脱氢酶和乙醛脱氢酶的活性，促进酒精在体内的代谢和排出。

3. 护肝产品

玉米肽的氨基酸组成中，支链氨基酸（亮氨酸、异亮氨酸、缬氨酸）含量很高。有报道称，肝昏迷、肝性脑病患者血液中支链氨基酸含量下降，输入高含量支链氨基酸可使病情得到缓解，高支链氨基酸输液广泛应用于肝昏迷、肝硬化、重症肝炎和慢性肝炎的治疗。玉米肽中高支链氨基酸含量在此方面可能具有很高的应用前景。

4. 增强免疫及增强运动能力产品

玉米肽氨基酸的组成中谷氨酰胺含量很高，谷氨酰胺既是构成蛋白质的氨基酸，又是合成核酸的氮源，与组织生长、修复密切相关，虽是非必需氨基酸，但在提高肌体免疫力、维持肠道黏膜正常结构和机能，提高肌体适应外界有害刺激的能力都具有重要价值。如将其制成谷氨酰胺二肽，能够开发出具有改进免疫功能和增强运动能力等高附加值的营养剂。

5. 运动员食品

玉米肽富含疏水性氨基酸，又称疏水性肽，摄取后能促进高血糖素的分泌，保持高运动量者的能量需要，有利运动成绩提高。并且，玉米肽富含支链氨基酸，支链氨基酸通过血液流进大脑，降低大脑的 5-羟色胺的产生，而 5-羟色胺可使人产生疲劳感，通过减少 5-羟色胺的含量可减轻疲劳感，从而达到提高运动能力、减缓疲劳的作用。

6. 降血脂食品

疏水性肽具有降低胆固醇、促进体内胆固醇代谢，增加粪甾醇的排泄等功能。玉米肽可作为降血脂食品的主要功能成分。

7. 强化蛋白饮料

日本等国应用玉米肽开发出强化蛋白质或抗疲劳饮料，由于玉米肽有较高含量的谷氨酸，还可制成健脑饮料。

二、玉米肽的生产

玉米肽生产的主要原料是玉米黄粉。我国生产的玉米中有 80% 用于湿法淀粉工业，因此玉米黄粉资源非常丰富。以玉米黄粉为原料生产玉米肽的方法主要是酶解法，也可以采用微生物发酵法。以酶解法为例，玉米肽的生产工艺如下。

（一）生产方法一

酶法生产玉米肽的工艺有多种，主要的区别在于原料预处理方法和后提取工艺的选择，其中醇提法原料预处理工艺如图 14-3 所示。

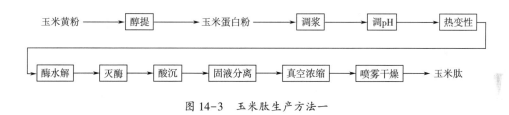

图 14-3　玉米肽生产方法一

1. 原料的预处理

以碱醇溶液（0.1mol/L NaOH：95%乙醇）为溶剂，将玉米黄粉按料液比 1：15（体积分数）进行配料，50℃水浴中浸提 2h 后，3000r/min 离心 10min，然后取上清液按 1：1（体积分数）加水，调 pH 至 6.3（pI）左右，按体积比 5：1 加 2% NaCl 溶液盐析，3000r/min 离心 10min，取沉淀部分于低于 40℃烘干，研细后过 80 目筛，得到玉米浓缩蛋白。其粗蛋白含量为 90% 左右。

2. 调浆、调节 pH

加水调浆，料水比 1：（8~10），并调 pH 至 7.5~8.0。

3. 热变性

玉米蛋白粉在酶解前应进行预热，将其溶于蒸馏水中，100℃加热 5~10min，目的是为了打破其蛋白分子内部的结构，使蛋白酶的作用位点增加。这样一来，提高了酶解速度，增加了水解度，除去了内部的有毒物质。因此，水解前进行短时间高温处理是很有必要的。

4. 酶解

碱性蛋白酶、中性蛋白酶、木瓜蛋白酶等均可用于玉米蛋白的酶解。其中碱性蛋白酶使用条件为 55℃、pH8.0、底物浓度 10%、酶浓度 840U/g 原料、水解时间 2h。中性蛋白酶使用条件为 55℃、pH7.0、底物浓度 10%、酶浓度 3544U/g 原料、水解时间 2h。水解结束后，升温至 90℃，20min 灭酶。

采用中性蛋白酶水解的水解度比碱性蛋白酶水解的水解度大，但是，碱性蛋白酶水解后的水解液中氨基酸态氮的含量和液态氮的含量比中性蛋白酶要高得多。从原料利用率的角度上考虑，碱性蛋白酶水解玉米蛋白粉的效果要比中性蛋白酶好。

另外，在中性蛋白酶和碱性蛋白酶复合水解的实验中，随着水解时间的延长水解度越高，且在水解 9h 后水解度显著增大，水解后的蛋白质溶出率可以达到 89% 左右，因此这两种酶配合使用效果更好。

5. 酸沉

用柠檬酸调节 pH 至 4.2，使未分解的大分子蛋白在等电点处沉淀出来。

6. 固液分离

采用板框过滤法或离心法进行固液分离。

7. 真空浓缩

采用双效真空浓缩设备进行浓缩，真空度 0.09MPa、温度 60~70℃。

8. 喷雾干燥

喷雾干燥的条件为进口温度：200~220℃，出口温度 70~90℃。

（二）生产方法二

河南工业大学陆启明研制出一种玉米肽的生产工艺，已进行中试生产。该工艺采用热变性法对原料进行预处理，除去玉米蛋白粉中的淀粉成分，并在酶解后采用膜过滤技术浓缩和除盐，其工艺流程如图 14-4 所示。

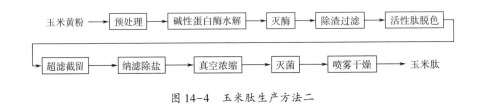

图 14-4 玉米肽生产方法二

1. 玉米蛋白粉的预处理

取原料蛋白粉过 60~80 目筛，除去较大的颗粒和其他杂质。原料玉米蛋白粉按 1:5 加水配料，加热至 121℃维持 30min，冷却后调整 pH 至 5.0 过滤，除去过滤液后按原料质量的 10 倍加水进行水解。

2. 酶解操作

将一定质量的玉米蛋白粉溶液置于酶解罐中，用 NaOH 调 pH 为 9.0，按反应液体积的 0.5‰加入碱性蛋白酶，升温至 45~50℃水解 2h。酶解反应结束，调整 pH4.5~5.0，加热进行灭酶，除渣过滤，滤液待用。

3. 除渣过滤

将水解液用隔膜泵打入板框过滤机，得到含有多肽的水解滤液。

4. 超滤截留和纳滤除盐

将过滤后的水解液先经过保安滤芯进一步除去杂质，经中空纤维超滤膜进行超滤，截留分子质量较大的组分，截留液返回至酶解罐进行二次酶解。透过液再通过截留分子质量1000u的纳滤膜对超滤液脱盐处理。按照一定的配比在浓缩脱水工艺过程中添加掩蔽剂，实现掩蔽苦味效果，改善生物活性肽的风味、口感及应用性能。添加苦味掩盖剂的纳滤截留液经蒸发浓缩至30%~40%。

5. 喷雾干燥

浓缩后进行高温灭菌，利用离心喷雾塔，通过调整转速、进出口温度来控制肽粉的颗粒大小和水分要求。

第三节　小麦肽

一、小麦肽的基本情况

（一）小麦肽简介

小麦肽是以从小麦胚芽中提取的蛋白质为原料，采用酶法或发酵法生产的主要成分为肽的新型功能性食品原料。目前国内外对小麦肽的研究较多，涉及的酶制剂种类广泛，几乎所有的商品工业蛋白酶都可以生产小麦肽。其酶解产物的活性研究主要涉及降血压肽、类吗啡活性肽、免疫多肽、谷氨酰胺肽，以及抗氧化肽和抗菌肽，其中前5种肽得到明确的氨基酸序列，而小麦抗菌肽因组分复杂，构效关系确定较难，至今无明确氨基酸序列的报道发表。

由中国食品发酵工业研究院和广东中食营科生物科技有限公司合作，在广东东莞建成了全球较大的低聚肽产业基地，是实现低聚肽营养产品工业化生产和市场化的重要平台，开启"肽科技"新名片，其最核心技术是运用酶膜耦合、多级生物膜分离、连续混合制粒等国际先进生物制备技术。该企业已建立起年产1200t全球首家小麦肽产业化生产线，中食营科总投资7.5亿，总建筑面积5.8万 m^2，拥有庞大科技团队，计划投产大米肽、豌豆肽、鹰嘴豆肽、乳肽、酪蛋白肽等。

中国食品发酵研究院院长蔡木易教授认为，我国低聚肽研究领域处于普及性推广应用阶段，低聚肽是目前最为领先的营养科学之一，到现在也不过十多年的研究历史，大多还没有走出实验室，国际上能够产业化应用的也不过美国、日本等极少数国家，而我们拥有自主专利的小麦低聚肽生产技术，与国际领先水平同步，甚至局部还要领先，产业化规模也最大。

（二）小麦肽的氨基酸组成

研究机构对小麦低聚肽的氨基酸含量进行了系统的分析，结果见表14-10。

表 14-10　　　　　　　　　　　小麦低聚肽的氨基酸构成　　　　　　　　　　单位：g/100g

氨基酸	含量	氨基酸	含量
谷氨酸	34.60	亮氨酸	5.06
苏氨酸	2.60	酪氨酸	0.85
丝氨酸	4.50	苯丙氨酸	3.63
天冬氨酸	2.45	赖氨酸	0.93
甘氨酸	4.27	组氨酸	2.81
丙氨酸	1.97	精氨酸	1.34
缬氨酸	4.15	脯氨酸	10.10
甲硫氨酸	2.60	半胱氨酸	0.84
异亮氨酸	1.85	色氨酸	0.60

从上表可以看出，小麦低聚肽的特点就是谷氨酸含量很丰富，检测发现其谷氨酰胺的含量也很丰富，达到 23.5%，这是小麦低聚肽非常重要的特点。谷氨酰胺是一种非常重要的生物活性物质，是小麦低聚肽具有多种生理调节功能的重要物质基础。

(三) 小麦肽的功能

谷氨酰胺 (Gln) 肽是指一类含有谷氨酰胺的肽，这类肽的主要功能是供给肌体谷氨酰胺。谷氨酰胺肽是针对游离谷氨酰胺不稳定问题而产生的，是谷氨酰胺的稳态化载体，它能够为应激肌体补充谷氨酰胺。谷氨酰胺是肌体在应激状态下的一种"条件必需氨基酸"。在正常状态下，人体自身合成的谷氨酰胺能够满足需要，但是当人体处于烧伤、疾病、手术等应急状态时，肌体合成的谷氨酰胺不能满足自身需要，则需要从外界补充谷氨酰胺。而游离谷氨酰胺溶解性较差、极不稳定，在水溶液中很快降解为谷氨酸或焦谷氨酸。研究发现，当谷氨酰胺的游离 α-氨基被取代时，谷氨酰胺的稳定性大大增加，也就是说谷氨酰胺以肽的形式存在时是很稳定的，由此使得制备谷氨酰胺肽成为必然。小麦面筋蛋白中醇溶蛋白和麦谷蛋白的氨基酸组成中含有大量谷氨酰胺 (约 35%)，特别是其结构序列的高度重复区含有大量谷氨酰胺，因此小麦面筋蛋白是制备谷氨酰胺肽的良好蛋白质源。

除有效供给应激体谷氨酰胺外，小麦肽还具有免疫活性、抗氧化活性、阿片样活性、血管紧张素转换酶 (ACE) 抑制肽活性，能起到调节免疫器官、增强肌体免疫力、清除自由基、镇痛、降血压等作用。

(四) 小麦肽质量标准

目前我国小麦低聚肽粉的标准为 QB/T 5298—2018《小麦低聚肽粉》，该标准由工业和信息化部颁发，于 2019 年 4 月开始实施，标准中对小麦低聚肽粉的感官要求和理化指标如表 14-11 和表 14-12 所示。

表 14-11 感官要求

项目	要求
形态	粉末状，无结块
色泽	白色到浅灰色粉末
滋味、气味	具有产品特有的淡苦味和气味
杂质	无外来可见杂质

表 14-12 理化指标

项目	指标	
	一级	二级
蛋白质（以干基计）/（g/100g）≥	90.0	75.0
低聚肽（以干基计）/（g/100g）≥	75.0	50.0
相对分子质量小于 1000 的蛋白质水解物所占比例/%（$\lambda = 220nm$）≥	85.0	—
谷氨酸/（g/100g）≥	25.0	20.0
水分/（g/100g）≤	6.5	
灰分/（g/100g）≤	6.0	

（五）小麦肽的应用

在应用方面，小麦肽不仅可以增强免疫力、抗氧化、缓解体力疲劳、增加耐缺氧能力、保护胃肠黏膜，还具有良好的水溶性、乳化性、配伍性，并且含有丰富的谷氨酰胺，可用于开发功能性食品、运动饮料、保健品及医用食品等，具有广阔的应用前景。小麦肽富含谷氨酰胺且易于被人体吸收，具有阿片样活性，能够起到镇痛作用，可用于生产医用食品。

在普通食品中加入小麦肽不仅能丰富其营养、易被人体消化，还能在风味口感、产品品质上有一定的提升。新宇力公司生产的"小麦低聚肽螺旋藻片"即是含有小麦肽的普通食品。

由于小麦肽分子质量小，大部分片段可以不经过肠道消化而直接被人体吸收，充分利用这一特征，生产具有营养疗效的食品、肠内营养食品，特别是针对胃肠道功能受损的病人和术后康复期的病人作为其特殊营养剂，具有巨大的发展空间。目前江中集团生产的"初元复合肽"系列产品即为小麦肽营养饮品。

由于小麦肽在降血压降胆固醇等方面具有较好的疗效，因此小麦肽在防止人类因营养失衡产生的高血压、高血脂等问题上具有很好的作用。中食营科公司生产的"态立方"系列产品，即为含小麦肽的保健食品。

二、小麦肽的生产

小麦肽可以用谷朊粉和麦胚蛋白等为原料来生产，其中以谷朊粉为主要原料。生产小麦肽的方法有酶解法与微生物发酵法等，下面根据原料的不同，介绍两种酶解法小麦肽的生产工艺。

（一）生产方法一

1. 麦胚蛋白的制备

脱脂麦胚粉过 80 目筛，按料水比 1:10 调浆，用 1mol/L 的 NaOH 调 pH 至 10，41℃下搅拌浸提 30min，5000r/min 离心 10min，上清液备用。沉淀物再重复提取一次，合并两次的上清液，用 1mol/L 的 HCl 调 pH 至 4.0，使蛋白质沉淀析出，经静置沉淀后，离心（5000r/min，10min），将沉淀加水匀浆，调 pH 至 7.0 复溶，然后真空冷冻干燥，得到麦胚蛋白，其蛋白质含量为 80%~90%。

2. 小麦肽的制备

酸性蛋白酶、碱性蛋白酶、中性蛋白酶、木瓜蛋白酶等蛋白酶均可用于酶解麦胚蛋白制备小麦肽，但以木瓜蛋白酶效果为好。使用一种蛋白酶酶解处理麦胚蛋白，作用时间长，不利于工业化生产，为进一步提高酶解效率和缩短酶解时间，可选用中性蛋白酶、碱性蛋白酶和木瓜蛋白酶 3 种蛋白酶对麦胚蛋白进行双酶分步酶解，麦胚蛋白浓度 80g/L，pH6.5，木瓜蛋白酶 3%（$[C_E]/[C_S]$，酶浓度与底物浓度的比值），恒温 40℃ 酶解 90min 后，再升温至 50℃，加碱性蛋白酶 1.6%（$[C_E]/[C_S]$），酶解 60min，所得小麦肽的抗氧化活性最佳。双酶分步酶解效果优于单酶酶解，且加酶顺序对酶解效率及酶解产物的抗氧化能力有较大影响。

微波技术能有效改善麦胚蛋白的微观结构，更有利于后续酶解。微波辅助酶解麦胚蛋白的工艺条件为底物浓度 80g/L，微波功率为 540W，作用时间 120s，pH6.5，加酶量 3%（$[C_E]/[C_S]$），温度 40℃，水解时间 3h，水解度可达 31.58%。所制备的小麦肽的抗氧化活性与双酶分步酶解的产物抗氧化能力相当。

（二）生产方法二

中国农业科学院刘丽娅等公开了一种以谷朊粉为原料生产小麦肽的工艺，其在原料调浆时添加了在水溶液中呈负电性的多糖，以提高谷朊粉在水中的溶解度和分散性，酶解后的反应液经酶解-膜分离耦合工艺处理，透过液经灭酶、除盐、喷雾干燥等工序制得小麦肽，工艺步骤如图 14-5 所示。

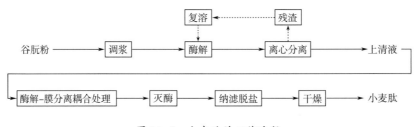

图 14-5　小麦肽的工艺流程

1. 调浆

将谷朊粉与多糖共混，多糖质量占谷朊粉质量的 0.1%~0.5%，加水至蛋白质浓度为 10%~20%，充分搅拌，形成均匀悬浮液。多糖可以选择羧甲基纤维素钠、果胶、大豆多糖等在水溶液中带负电荷的物质，通过多糖与蛋白质之间的静电相互作用和水合作用，获得分散性良好的谷朊粉悬浮液，避免原料遇水结团、酶解效率低下。

2. 酶解

调节料液的 pH 为 7.0±0.5，维持温度（50±2）℃，添加原料质量 0.1%~0.5% 的复合蛋白酶进行水解，当水解度达到 3%~5% 时，将酶解液离心分离，重相加水复溶后浓度调至 10%~20%，再添加相同用量的蛋白酶酶解，如此循环 1~2 次，直至重相中蛋白质干基含量小于 5%。

3. 酶解-膜分离耦合处理

将离心得到的清液打入连续酶解-膜分离耦合系统反应罐，加碱使料液 pH 维持在 8.0±0.5，温度（50±2）℃，反应罐中加入碱性蛋白酶，加酶量为谷朊粉原料质量的 0.1%~0.5%，酶解液连续通过截留分子质量为 3000u 的超滤膜，得到分子质量为 3000u 以下的酶解产物，截留液回流至反应罐继续酶解。当透过液体积达到料液总体积的 3/4 时停止超滤。

4. 灭酶、脱盐、干燥

超滤透过液升温至 95℃ 保持 10min 灭酶。再冷却至（25±5）℃，调节 pH 至中性，采用纳滤膜脱盐，并将肽溶液浓缩至干物质 20%~40%，浓缩液经喷雾干燥去除水分，制得小麦肽。

凝胶色谱分析结果显示，该方法生产的小麦肽 1000u 以下的肽含量大于 90%；另外经检测得出，其有效谷氨酰胺含量大于 30%。

第四节　核桃肽

一、核桃肽的基本情况

（一）核桃肽简介

核桃肽是将核桃去除油脂后，以核桃粕为原料，利用生物酶解技术，从核桃蛋白酶解产物中提取而成的小分子物质。核桃肽富含人体必需的 8 种氨基酸，是一种新型营养物质，不仅具有健脑功能，同时还有核桃不具备的营养功效。

目前关于核桃多肽的研究尚处于初级探索阶段，大多限于酶解工艺优化和活性研究，并未深入涉及肽的生物活性及构效关系研究。研究的主要方向有：定向酶解核桃蛋白制备活性肽的技术开发，包括蛋白酶菌种选育、酶解条件等，分离纯化技术耦联制备核桃多肽等新技术。核桃多肽的分离纯化一直是最复杂也是最有意义的工作，鉴于活性肽分子质量接近、性质差异小，结合不同分离纯化方法，开发分离分析、结构鉴定等新技术逐渐成为该领域的主要方向之一，包括高效分离设备和分离工艺，灵敏度高的目标活性肽分析检测技术，以及核桃肽功能食品开发等。

（二）核桃肽的功能

1. 提高记忆力、安眠

核桃肽中含有丰富的谷氨酸，它是参加脑代谢的唯一氨基酸，会增加脑内乙酰胆碱含量，使大脑皮层神经细胞活动旺盛、促进脑组织新陈代谢、恢复脑细胞功能。对于经常用脑者，可快速恢复精力，保护脑部健康，增强思维敏捷度，有效防止记忆力减退。

核桃肽中的谷氨酸，能够在体内代谢形成 γ-氨基丁酸，缓解脑部神经紧张、紊乱状态，使入睡更容易，睡眠质量更好。同时，γ-氨基丁酸对因失眠而引起的焦虑情绪，也有显著的缓解作用。

2. 促进精氨酸代谢，有助于肌体恢复

研究发现核桃蛋白中精氨酸含量占总氨基酸含量的 11.7%，是一般食品的 2~3 倍，这是核桃养生的另一个重要原因所在。多吃含有精氨酸的食品可以增加人体精氨酸代谢活性，有助于将血液中的氨转变为尿素而排泄出去，同时精氨酸也是精子蛋白的主要成分，有促进生精的作用。现代研究还表明，补充精氨酸有助于肌体修复，病人在进行手术前，如先补充 30g 的精氨酸，会使病人维持正氮平衡而易于恢复。

3. 改善消化系统，促进营养物质吸收

核桃肽是小分子物质，可被人体主动、快速吸收，无需消化系统进行再次消化，不消耗人体能量，可以极大程度减轻消化系统负担。此外，小分子肽能够促进肠道内益生菌的生长，从而保持肠道菌落平衡，提高消化系统免疫力，全面提高消化系统能力。

4. 辅助治疗心脑血管疾病

人体中有一种与生俱来的能够调节血压的物质——降压肽，但是随着年龄的增长，人体内降压肽的分泌量会逐渐减少，或者因为环境污染、不良生活习惯等外界因素，会抑制体内降压肽的分泌，此时就必须要通过外界干预，才能使血压恢复正常。核桃肽是一种极其类似人体中降压肽的物质，经科学认证，它可作为人体降压肽的补充剂，快速通过消化黏膜进入血液循环，起到和人体降压肽一样的降压效果。

5. 提高人体免疫力，抑制癌细胞增长

核桃肽具有极强的抗菌作用，并且抗菌范围极广，可有效减少人体中有害菌的菌落数量，使人体免于有害菌的伤害。同时，核桃肽可以增强吞噬细胞的吞噬能力，通过增强其清除人体内凋亡细胞、代谢废物和有害病毒的能力，达到提高人体免疫力的效果。

就现在的医疗水平而言，癌症还不能完全治愈，目前最好的办法就是预防，而核桃肽具有增强人体免疫力的功效，可全面增强人体免疫细胞对癌细胞的"监控"能力，防止原癌细胞癌变，达到抗癌的作用。

（三）核桃肽的氨基酸组成

核桃肽粗品的氨基酸组成如表14-13所示。可以看出核桃肽含有除色氨酸以外的7种必需氨基酸，其中谷氨酸、精氨酸、天冬氨酸含量较高，分别是 15.60g/100g、11.01g/100g、7.78g/100g。在核桃肽中含有较低的赖氨酸和较高的精氨酸，其精氨酸与赖氨酸之比为 6.3275，精氨酸含量高是核桃蛋白的一个重要特性。

表 14-13		核桃肽氨基酸组成	单位：g/100g
氨基酸	含量	氨基酸	含量
天冬氨酸	7.78	异亮氨酸	3.35
苏氨酸	2.46	亮氨酸	6.21
丝氨酸	3.72	酪氨酸	2.75
谷氨酸	15.60	苯丙氨酸	4.03
甘氨酸	3.29	赖氨酸	1.74
丙氨酸	3.77	组氨酸	1.60
半胱氨酸	0.00	精氨酸	11.01
缬氨酸	4.59	脯氨酸	1.89
甲硫氨酸	1.20	必需氨基酸	23.40

（四）核桃肽的应用

核桃肽不同于蛋白质和氨基酸在营养学上的许多优点，具有更好的理化特性、加工特性和营养生理功能，利用这些独特的功能，在食品工业上能得到多方面的应用。可作为食品原料应用到肉制品、乳制品、冷饮食品及焙烤食品的加工中，以改善食品的质构品质、风味，增加食品营养价值。

核桃肽具有良好的营养学特性，小分子的肽比蛋白质容易被吸收，因此，核桃肽比较适合用于营养剂，特别是作为消化系统中肠道营养剂和流质食品，可满足人对蛋白质的需要。

核桃肽的主要应用领域有：

（1）食品 用于乳制食品、肉制食品、烘焙食品、面制食品、调味食品等。

（2）医药 保健食品、填充剂、医药原料等。

（3）化妆品 洗面乳、美容霜、化妆水、洗发水、面膜等。

（4）饲料 宠物罐头、动物饲料、水产饲料、维生素饲料、兽药产品等。

二、核桃肽的生产

（一）生产方法一

核桃肽的一般工艺流程如图 14-6 所示，这种工艺具有简单易操作、生产周期短、设备投资少等优点，同时也有产品不精细、低聚肽含量低等缺点。

1. 原料的选择和预处理

以颜色正常、无异味、无霉变的脱脂核桃粕为原料，将脱脂核桃粕用粉碎机粉碎并过40目筛后制得核桃粕粉碎料，再将核桃粕粉碎料与水按重量比 1∶4 的比例混合均匀后制得核桃粕混悬液。将核桃粕混悬液通过胶体磨磨浆后再通过高压均质机均质处理制得核桃粕混合液，均质压力为 30MPa。

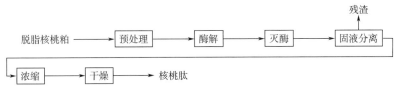

图 14-6　核桃肽生产方法一

2. 酶解和灭酶

调节料液的 pH 至 8.0~8.5，加入碱性蛋白酶与木瓜蛋白酶，加量各为脱脂核桃粕质量的 0.15%，在 55~60℃的条件下水解 4~10h，制得核桃粕酶解液。将核桃粕酶解液升温至 80~90℃，并保温 10min 灭酶。

另有研究表明，以水解度为指标的最佳酶解条件为：酶解温度 47℃，酶解时间 4h，酶解 pH7.0，底物浓度 10%，碱性蛋白酶加量 5200U/g 原料，水解度达到 12.4%，水解液仅微苦。

3. 固液分离、浓缩

将经过高温灭酶的核桃粕酶解液通过碟片离心机进行液-固分离，除去不溶性固形物，制得核桃肽液。将核桃肽液经真空浓缩制得核桃肽浓缩液，核桃肽浓缩液的干物质含量为 30%~35%。

4. 干燥

将水分含量为 65%~70%的核桃肽浓缩液引入喷雾干燥塔中，并控制喷雾干燥塔进口热空气温度为 160℃，出口热空气温度为 70~80℃，即可制得核桃肽粉。

核桃多肽具有良好的性质，溶解性高，受 pH 的影响很小；与核桃蛋白相比，核桃多肽在吸湿性、吸油性、乳化性、乳化稳定性、起泡性等方面都更加优良，但泡沫的稳定性稍差些。

（二）生产方法二

目前核桃肽生产工艺的改良主要在原料预处理、酶解和提取等方面。张尓等发明了一种核桃肽的生产方法，利用不同类型的酶制剂对原料预处理，对原料蛋白起到护色、提纯的作用，蛋白质酶解后经过酸沉淀、膜过滤和喷雾干燥等工艺制得核桃肽。所得产品呈淡黄色粉末状，易溶于水、无沉淀、无明显苦味，溶液澄清透明，其中相对分子质量在 500~5000 的多肽纯度不低于 80%，其工艺流程如图 14-7 所示。

1. 原料预处理

将脱脂核桃蛋白粉粉碎至 40 目的细度，置于酶解罐中按 1:4 的料水比调浆，浸泡 30min 后高速匀浆 5~10min，其中匀浆机转速 15000r/min，每次运行 1~2min 后间歇 1~2min，连续匀浆 3~4 次。

2. 复合酶酶解和灭酶

酶解过程首先按原料质量的 0.01%~0.05%添加单宁酶，在 50℃条件下水解 30min，以除去多酚和单宁类物质，减少此类物质的褐变反应；其次按照原料质量的 0.05%~

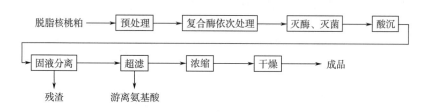

图 14-7　核桃肽生产方法二

0.08%添加高温淀粉酶，升温至 85~95℃并保持 30min，使淀粉类物质水解成可溶性糊精，提高蛋白酶的酶解效率；第三步按原料质量的 0.1%添加糖化酶，在 55℃水解 60min，使糊精转变为葡萄糖等小分子物质，使之在膜分离的步骤中去除，以减少糖类物质引起的美拉德褐变反应。

在上述预处理过的料液中，按原料质量的 0.2%添加食品级中性蛋白酶、按照原料质量的 0.1%添加食品级风味蛋白酶，在 pH6.0~7.0、55℃下水解 2~6h。所得酶解液升温至 90℃保持 10min，进行灭酶、灭菌处理。

3. 酸沉、膜过滤

将上述酶解液 pH 调至 4.0~4.5，搅拌均匀后室温静置 1h，酶解液中大分子蛋白质和分子质量 10000u 以上的多肽会逐渐沉淀析出，然后采用卧螺离心机进行固液分离，上清液暂存于超滤前罐。采用截留分子质量在 500u 的中空纤维超滤膜，除去游离氨基酸和短肽，将酶解液中相对分子质量在 500 以上的多肽分离出来，截留液进入下道工序。

4. 浓缩、干燥

将上述截留液进行真空浓缩，使固形物含量达到 30%~50%，采用离心式喷雾干燥机干燥，制得核桃肽产品。

第五节　花生肽

一、花生肽的基本情况

（一）花生肽简介

花生肽是以花生粕或花生蛋白为主要原料，用酶解或微生物发酵法生产的、分子质量在 5000u 以下，主要成分为肽的产品，一般呈粉末状、无结块、无杂质、无异味，且有淡淡的花生原有风味。花生肽营养价值丰富，氨基酸组成合理，含有 8 种人体必需氨基酸，赖氨酸和苏氨酸含量接近联合国粮农组织所规定的标准，其中赖氨酸的相对含量比大米、玉米和小麦高 3~8 倍。此外，花生肽还含有丰富的谷氨酸和天冬氨酸，对脑细胞发育有促进作用，有利于增强记忆力。但花生肽中蛋氨酸和色氨酸含量较少，是限制性氨基酸，对花生肽补充蛋氨酸和色氨酸有利于改善其营养价值。

花生肽的生理功能与大豆肽类似：①对血管紧张素转换酶（Angiotensin-convertin-genzyme，ACE）具有明显的抑制作用，是一种良好的降血压活性肽。②能有效降低血液中胆固醇和甘油三酯的含量，可用于预防和治疗心血管系统疾病。③能清除人体内的自由

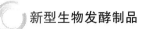

基，具有很强的抗氧化活性。④提高人体免疫功能。⑤能促进双歧杆菌等有益菌群的生长与代谢。

（二）花生肽应用

1. 用于高蛋白食品的生产

花生肽具有较强的保湿功能，还是良好的粘合剂、填充剂，用于各类豆制品、肉制品与火腿等高蛋白食品中，可以起到保持水分、增加风味、促进营养物质的吸收等作用。

2. 用于生产医疗补充剂与保健食品

花生肽能与肌体中的胆酸结合，降低人体血清胆固醇，因而有降血压、血脂的功能。另外，花生肽中的活性成分对再生性贫血、出血、咯血、糖尿病等都有一定的功效。

3. 用于生产运动员食品

在体育运动时，体内热量消耗的 4% ~ 10% 是消耗蛋白质来补充的，由于花生肽易吸收，可作为运动员迅速恢复和增强体力的食品。

4. 用于功能性饮料与冰淇淋的生产

花生肽营养丰富且在酸性条件下溶解性好，其溶液澄清透明，对酸与热稳定，与其他食品添加剂相容性好，可作为蛋白质与能量来源用于生产功能性饮料。花生肽还可用于生产冰淇淋，可以增加产品的乳化性，提高膨胀率、改进产品质量、改善营养结构。

二、花生肽的生产

生产花生肽所用的原料主要有花生饼（粕）与花生蛋白。花生饼是以脱壳花生果为原料，经提取油脂后的副产品，为淡褐色或深褐色，有淡花生香味，形状为小块状或粉末状，含有少量花生壳，目前主要用于饲料，其中蛋白质含量为 50% 左右，是一种优质蛋白。

目前国际市场上根据花生蛋白质含量不同，将其分为花生蛋白粉、花生浓缩蛋白粉与花生分离蛋白粉。花生蛋白粉的蛋白质含量小于 56%，根据脂肪含量又可以分为全脂、半脱脂和脱脂花生蛋白粉。花生浓缩蛋白的蛋白质含量高于 65%，而花生分离蛋白的蛋白质含量高于 85%。

（一）脱脂花生蛋白生产花生肽

使用脱脂花生蛋白生产花生肽的生产工艺如图 14-8 所示，其中酶解阶段以碱性蛋白酶、风味蛋白酶、木瓜蛋白酶和中性蛋白酶应用最多。

1. 预处理

将花生蛋白加水溶解（料液比 1：11），用碱调节 pH 至 9，升温至 70℃，搅拌 1h 以增加蛋白质溶解度，过滤后的溶液用酸调节 pH 至 4.0 沉淀蛋白质，离心分离收集沉淀。

2. 酶解灭酶

将沉淀加水补足至料液比 1：10，待温度为 57℃，按酸沉后蛋白质量的 0.35% ~ 1.0% 加入碱性蛋白酶，酶解 180min；随后按原料质量的 0.1% 加入中性蛋白酶，继续酶解

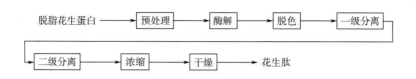

图 14-8　脱脂花生蛋白生产花生肽的工艺

120min；酶解结束后升温至 90℃ 保持 15min 灭酶。

3. 脱色

向灭酶后的酶解液中加入活性炭脱色，保持温度 65℃，搅拌 35min；将脱色后的溶液进行过滤，立式精密板式过滤器工作压力 0.2~0.4MPa。

4. 分离

采用膜过滤器对大分子蛋白或其他杂质进行一级分离；膜过滤的孔径大小为 0.2μm，工作压力在 0.1~0.2MPa。采用中空纤维超滤膜设备对大分子的肽进行二级过滤分离，超滤膜设备截留分子质量大小为 2000u。

5. 浓缩、干燥

两级分离后的液体通过浓缩。高速离心喷雾干燥得花生肽粉，经包装即得到高蛋白含量的花生肽粉成品。

（二）花生饼生产花生肽

陈燕飞发明了一种以花生饼为原料生产肽的工艺，原料首先经粉碎、浸提后得到脱脂花生饼粉末，再经碱溶、酸沉后得到花生蛋白，酶解后经离心和超滤得到小分子肽超滤液，再经交换树脂脱盐、浓缩、干燥得到花生肽干粉，工艺流程如图 14-9 所示。

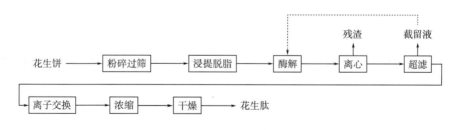

图 14-9　花生饼生产花生肽的工艺

1. 粉碎过筛

将花生饼粉碎过 60 目筛，用 95% 正己烷溶剂在 50℃ 条件下浸泡 2h，过滤浸提液，将滤渣晾晒至正己烷试剂完全挥发，得到脱脂花生饼粉末。

2. 浸提脱脂

花生饼粉按 1∶5 的料水比溶解于水中，加热至 45~55℃，用 NaOH 调节 pH 至 8.0，搅拌 15min，在 4000r/min 的转速下离心 15min；将离心后的上清液加热至 80℃，用柠檬酸调节 pH 至 4.0，搅拌 15min，在 4000r/min 的转速下离心 15min，沉淀即为花生蛋白。

3. 酶解

将花生蛋白与水按 1 : 10 的质量比溶解于水中，加热至 90~100℃，保持 15~30min，然后冷却至 40~50℃，用 NaOH 试剂调节并保持 pH 在 8.0~8.5，按照花生蛋白质量的 0.2%~0.5% 添加碱性蛋白酶，酶解 2~4h。酶解结束后，用 HCl 调节 pH 至 4.0~4.5，在 4000r/min 的转速下离心 15min，上清液即为花生肽粗制液。

4. 将花生肽粗制液注入贮罐中，经微滤后通过截留分子质量为 1000u 的超滤膜，溶液中的小分子物质经中空纤维膜的内壁渗透出来成为花生肽超滤液；溶液中的蛋白质等大分子物质得以保留并得到浓缩，将截留液回收至酶解工段再次酶解。

5. 离子交换

将树脂于去离子水中浸泡 24h 后装柱，然后分别用 7.5% 盐酸和 10% NaOH 对其进行浸泡，转化为 H^+ 型阳离子交换树脂和 OH^- 型阴离子交换树脂，再用去离子水清洗至 pH7.0 左右。将花生肽超滤液以 5~10 倍柱体积/h 的流速通过 H^+ 型阳离子交换树脂来脱除阳离子，待流出液 pH4.0 左右时停止加样，之后将此流出液以同样流速通过 OH^- 型阴离子交换树脂来脱除阴离子，至流出液呈 pH7.0 时停止加样，离子交换后得花生肽精制液。

6. 浓缩、干燥

将上述花生肽减压浓缩至固型物含量 30%~40%，然后经喷雾干燥制成花生肽干粉。

(三) 高水解度花生肽的制备技术

通过调节加酶量、酶解时间、酶解 pH 等条件，可以制备包括花生肽在内的不同水解度的生物活性肽。由于水解度和酶制剂品种等条件的不同，活性肽的物理性质和生理活性均会发生变化。

何东平报道了一种以冷榨花生饼为原料（粗蛋白含量 50.47%），采用碱性蛋白酶水解制备不同水解度的花生多肽（低水解度花生多肽：DH<15%；高水解度花生多肽：DH>15%）。高水解度花生多肽制备最佳技术条件为：加酶量 75AU/kg 原料（表示每千克原料加入 75AU 的酶，AU 为部分酶制剂公司自己使用的单位，具体酶活力应在实验前测量）、酶解温度 45~48℃、pH8.0~8.2、酶解时间 2~3h，所得花生蛋白最高水解度为 19.61%，花生多肽得率为 95.87%。花生多肽分子质量为 543.0u，肽链平均聚合度为 5.10 个氨基酸。

通过高效液相色谱（HPLC）分析了花生多肽的分子质量分布及氨基酸的组成和含量。花生多肽的分子质量主要集中在 3000u 以下，分子质量 1000u 以下最多，含量高达 84.73%。使用截留分子质量 3000u 的超滤膜处理后，花生多肽超滤组分小肽混合物（分子质量 1000u 以下）的含量升为 90.53%。这部分组分的平均分子质量为 506.7u，平均肽链长度为 4.77。高水解度花生多肽、花生多肽超滤组分氨基酸组成与花生蛋白相比，大部分氨基酸的含量和组成无明显差异，花生多肽的谷氨酸、精氨酸含量分别提高 2.4% 和 4.1%，芳香族氨基酸含量增加 0.4%。

第六节　绿豆肽

一、绿豆肽的基本情况

（一）绿豆肽简介

绿豆肽是以绿豆蛋白粉为原料，利用酶法或发酵法生产的肽类产品，分子质量主要分布在1000u以下，属于寡肽混合物，其物化性质主要有以下几点。

1. 高溶解性

绿豆蛋白在等电点附近pH5.2~5.8时会形成沉淀，而绿豆肽的溶解性很好，在任何pH下都可显示出良好的溶解性。绿豆肽不仅保留了绿豆蛋白的营养成分，而且功能特性更好，在食品领域的应用更加广泛。此外，绿豆蛋白受热后会发生变性，形成胶状悬浮物，外观品质较差。绿豆肽的溶解度与温度的关系不大，特别是在酸性或加热条件下，绿豆肽比绿豆蛋白有更强的稳定性，不易产生沉淀。

2. 吸水性

绿豆蛋白水解后，空间结构被破坏，亲水性基团由内部转移到外部，导致吸水率升高。一些研究表明绿豆蛋白的吸水性随pH变化较大，而绿豆肽的吸水性受pH的影响较小。当温度在30℃以上时，绿豆蛋白的吸水性与温度成反比例关系，而绿豆肽的吸水性在30~90℃内随着温度的增加而增加。这种强烈的吸水性使绿豆肽具有良好的保湿性能，可作为保湿剂加入面包或糕点中，具有防止食物脱水老化的作用。

3. 低黏度，高流动性

绿豆蛋白溶液的黏度随着浓度的增加而升高，浓度为10%以下时黏度随浓度的增加并不是很明显，当浓度超过10%以后，溶液的黏度随浓度的增加而迅速升高。绿豆蛋白酶解后，网状结构被破坏，膨胀性减小，溶液的黏度下降。实验证明，绿豆肽溶液在浓度为35%时的黏度比10%的绿豆蛋白溶液的黏度还要小，并且绿豆肽溶液的浓度增加时，其黏度增加并不是十分明显，即使在浓度为50%时，溶液的黏度仍然很低，非常适合在高蛋白流体性食品中使用。

绿豆蛋白营养丰富，但并不一定适合所有的人群，绿豆肽与绿豆蛋白所含氨基酸组成相同，但比绿豆蛋白更容易被人体消化吸收，且抗原性只有绿豆蛋白的0.1%~1%。因此，绿豆多肽可以作为蛋白质的替代品，更加适合于病人、消化系统不健全的婴幼儿使用。绿豆肽的作用与大豆肽类似，也具有降低血脂和胆固醇、降血压作用、减轻运动疲劳、调节免疫系统与提高免疫力、促进脂肪与能量代谢、抗氧化等生理活性。

（二）绿豆肽应用

1. 在食品加工中的应用

绿豆肽具有高溶解性、高吸湿性和高保湿性，用于食品生产能使产品软化、口感和风味更好、营养更加丰富、易于消化吸收。绿豆肽用于鱼与肉类制品当中，可使其质地柔软，口感明显改善。绿豆肽能使烘烤食品质地疏松、富有弹性、口感更加绵软、保存时间更长。绿豆肽溶解度大，即使在酸性条件下也具有很高的溶解度，同时具有很好的发泡效果，特别适合在冰淇淋和酸性饮料中使用。

2. 在营养食品中的应用

绿豆肽可以直接被肠道吸收，吸收速率快，特别适用于肠胃消化功能不健全或功能衰退的婴幼儿和老年人。根据此类人群的生理特点和营养需求，以绿豆肽为基料，添加一些牛奶和蜂蜜，生产专用食品，不仅营养丰富，而且口感更好。

3. 在运动食品中的应用

一般在运动 15~30min 后生长激素的分泌达到最高，生长激素能够促进肌肉蛋白质的合成，这期间如果能提供消化性良好且易于吸收的绿豆肽，将十分有利于肌肉蛋白的合成。因为绿豆肽吸收速度快，能迅速弥补由于蛋白质消耗带来的负面影响，使肌体蛋白质的消耗与合成保持平衡状态，为肌体提供充足的能量，从而具有抗疲劳作用。

4. 在发酵工业中的应用

绿豆肽能促进微生物的生长与有益代谢产物的分泌，可用于酸乳、奶酪、发酵豆奶、腐乳、酱油等发酵食品的生产，也可用于酶制剂、氨基酸与有机酸等产品的发酵生产。

二、绿豆肽的生产

（一）绿豆肽的生产方法一

叶传发等发明了一种绿豆肽的生产方法，该方法生产周期短、成本低，具体步骤为：

绿豆蛋白粉→ 蒸煮 → 酶解 → 灭酶 → 分离 → 吸附 → 脱盐浓缩 → 喷雾干燥 →绿豆肽

1. 蒸煮

以绿豆蛋白粉为原料，按原料重量的 7~8 倍加水，再按原料绿豆蛋白粉重量的 5.5%~8% 和 1.5%~2% 分别加入 95% 的乙醇和亚硫酸钠搅拌均匀，90~95℃回流蒸煮 3~5h，蒸煮完毕趁热过滤。

2. 酶解

滤液冷却至 50~60℃，调 pH 为 7~8，按原料绿豆蛋白粉重量的 0.2%~0.4% 加入碱性蛋白酶，搅拌酶解 4~6h，酶解过程中保持 pH 稳定在 7~8；再按原料绿豆蛋白粉重量的 0.15%~0.2% 加入风味蛋白酶，搅拌酶解 5~7h，酶解过程中保持 pH 稳定在 7~8。

3. 灭酶

将得到的酶解液升温至 90℃，恒温灭酶 10min。

4. 分离

将酶解液过滤，得上清液。

5. 吸附

将上清液冷却至 55℃，按原料绿豆蛋白粉重量的 2%~2.5% 加入粉末状活性炭，55℃搅拌吸附 1h，然后过滤除去活性炭。

6. 脱盐浓缩

将过滤液用膜分离技术脱盐和浓缩。

7. 喷雾干燥

将浓缩液经喷雾干燥，得到产品。

（二）绿豆肽的生产方法二

张九勋等公开了一种绿豆肽的生产方法，主要特点在于酶解后的提取精制操作，其中提取操作有离心分离和膜过滤，精制操作有纳滤、脱色和离子交换，大大提高了产品的品质和技术含量，该方法的工艺流程如图 14-10 所示。

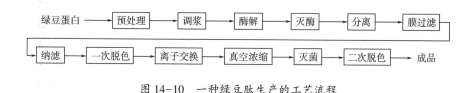

图 14-10　一种绿豆肽生产的工艺流程

1. 预处理、调浆

将绿豆蛋白粉与去离子水按照质量比 1∶8 的比例混合，并升温至 50℃ 保温 1h 使绿豆蛋白充分溶解，然后过滤除去不溶物，溶液打入酶解罐。将不溶物与水按照 1∶20 的比例混合，升温至 57℃ 浸泡 0.5h，通过乳化剪切机剪切，并使料液流入酶解罐，与上一步的清液合并，准备酶解。

2. 酶解、灭酶

将上述料液调节 pH9.0，按原料重量的 0.35% 加入碱性蛋白酶，酶解期间添加 NaOH 溶液保持 pH 为 8.8~9.0，保持温度在 55~57℃，酶解 4h。酶解后往料液中加酸调 pH 为 4.0，然后将料液于 120℃ 下进行灭酶。

3. 分离、微滤、纳滤

将灭酶后的料液进行离心分离，用 0.1μm 膜过滤，收集料液进行纳滤脱盐。

4. 脱色、离子交换、真空浓缩

在 35~38℃ 下，调节料液 pH4.0 加入活性炭，保温 1h 后过滤，然后将滤除的料液进入离子交换工序。将料液真空浓缩至质量浓度为 20% 后出料。

5. 灭菌、二次脱色、喷雾干燥

于 120~125℃ 下灭菌，往灭菌后的料液中加入活性炭，于 85℃ 下保温 0.5h，进行板框过滤，将料液喷雾干燥，过 40 目筛得到产品。

第七节　大米肽

一、大米蛋白与大米肽的概况

大米是世界上的主要粮食之一，全世界一半以上、我国 2/3 以上的人口以大米为主食，大米蛋白是人们膳食中重要的蛋白质来源，具有氨基酸组成平衡合理和低过敏性等特点。我国稻谷种植面积很大，每年的稻谷产量有 1800 亿 kg。这些稻谷加工的大米除了供应人们的日常饮食需要外，还作为抗生素、有机酸和淀粉糖生产的原料，在这些加工环节中产生了大量的副产品碎米、米糠和米渣。米糠含有丰富的营养物质，其中蛋白质的含量约12%，脱脂米糠中蛋白质的含量可高达18%；米渣中蛋白质的含量在40%以上，俗称大米蛋白粉和大米浓缩蛋白（RPC），它们都是宝贵的蛋白质资源，过去我国将它们作为动物饲料使用，资源未得到合理利用，造成极大的浪费。

大米中的蛋白质按溶解性分为清蛋白、球蛋白、醇溶蛋白和谷蛋白，其中水不溶性的谷蛋白占80%以上，因此从经济性角度看，直接从大米中提取蛋白质并不合适。米渣是将大米粉经高温淀粉酶液化并过滤除去糖类物质后的残渣，它保留了大米中的大部分蛋白质，与大米蛋白质具有几乎相同的营养价值，因其资源丰富、蛋白含量高，所以从米渣中提取大米蛋白更具经济性和实用性。

国外非常重视米糠和米渣的开发利用，并生产出了附加值很高的营养保健食品和化妆品。近年来国内对此给予高度重视，一些科研机构和企业加大了研究开发力度。无锡金农生物科技有限公司是一家粮食精深加工企业，主要生产大米蛋白、大米蛋白肽及大米淀粉，该公司与江南大学协作开发出具有自主知识产权的大米蛋白和大米肽生产技术，并在无锡市和南昌市建有生产基地，是我国最大的大米肽生产企业之一。

大米肽是大米蛋白经蛋白酶作用，再经特殊工艺处理得到的一种蛋白质水解产物，它的主要成分是低聚肽和少量的游离氨基酸、糖类、水分和无机盐。大米蛋白肽与大米蛋白的氨基酸组成一致，故能保留大米蛋白所具有的营养性，其致过敏性极低，易消化吸收，而且还具有更丰富的功能活性。

二、大米肽的功能和应用

(一) 大米肽的功能

1. 抗氧化性

有研究证明，大米蛋白肽具有清除自由基的能力，其对 $DPPH\cdot$、$\cdot O_2^-$ 及 $\cdot OH$ 3 种自由基均有较好的清除能力，而且其清除自由基的能力与大米蛋白水解物的浓度之间存在计量效应关系。

2. 提高免疫力

大米肽是我国卫生部批准的具有调节免疫力的功能食品，它能提高人血液多形核白细胞（PMN）吞噬指数，提高免疫力，其中报道较多的是一种名为 Oryzatensin 的多功能肽，具有类阿片样拮抗活性和免疫调节活性。

3. 降低胆固醇

大米多肽降低胆固醇的作用已多次被动物实验和临床试验证明，其作用机理在于大米肽能刺激甲状腺激素分泌增加，促进胆固醇的胆汁酸化，使粪便排泄胆固醇增加，从而起到降低血液胆固醇的作用。

4. 降低血压

大米肽能抑制血管紧张素转化酶（ACE）的活性，而 ACE 能使血管紧张素生成，从而引起末梢血管收缩致使血压升高，可见大米肽能够间接阻止血管紧张素的生成，从而起到降低人体血压的作用，并且大米多肽对正常血压无降压作用。

5. 美白抗衰老

将大米肽添加在护肤乳液基础配方中，添加量 4g/kg，使用该乳液 4 周后能使脸部皱纹减少 11.8%，故而有抗衰老功效。

（二）大米肽的应用

1. 婴幼儿配方食品

从大米蛋白中得到的大米肽继承了大米蛋白一系列的优点，同时也具有它独特的功能优势。大米肽中含有人体所需的各种氨基酸，并且配比合理、极少产生过敏反应；大米肽比氨基酸或蛋白质更易消化吸收，这对胃肠消化功能尚不完全的婴儿很有利，故它被认为是一种理想的婴幼儿食品原料，可添加到婴幼儿配方奶粉、米粉中。

2. 营养强化剂

经酶处理得到的大米肽水解液，溶解性比大米蛋白有明显提高，同时适度的水解和脱氨作用也增加了大米肽的乳化能力和乳化稳定性。这就扩大了其在食品中的应用范围，可用于饮料、涂抹酱、咖啡伴侣、花色蛋糕、发泡装饰配料、调味汁、配烤食品、夹心料、卤汁、肉食品、风味料、果脯蜜饯以及软饮料和果汁的营养强化剂。

3. 风味增强剂

大米蛋白中含有很高的天冬氨酸和谷氨酸，其脱酰胺肽和蛋白质的水解物可用作食品风味增强剂，用于肉制品、即食米饭、汤料、沙司、肉汁以及其他可口食品中。

4. 功能性食品

大米肽具一定的表面活性，表现为良好的发泡能力，控制水解度能够得到最佳的发泡性能，可用于开发研制大米肽发泡粉。大米肽还有一定的药用保健价值，它具有抑制血管紧张素转换酶（ACE）作用，可以降低血压。据此，武汉天天好生物制品有限公司研制出了"降压肽"，另外大米肽还具有防病、治病，调节人体生理机能的功效，它已被中国卫生部批准为具有调节免疫功能的食品。

随着对大米肽的营养、生理功效及其他功能更多更深入的研究，大米肽必将更广泛、科学地运用于食品工业和医学工业，从而进一步推动大米资源的综合利用和深度开发。

三、大米肽的生产

（一）大米蛋白的生产

目前大米蛋白的生产方法很多，但工业上主要是碱法和酶法。碱法工艺简单，生产大米蛋白的同时还可以获得大米淀粉，但是高浓度的碱液对氨基酸有破坏，提取时需要消耗大量的酸和水，因而会产生大量的工业废水，而提取的大米蛋白颜色发黑、蛋白含量不高，且会产生有毒物质，对肾脏有损坏。

在淀粉糖和发酵行业应用的酶法工艺则是将大米蛋白作为一种副产物，大米浆经过90℃以上的高温喷射液化后，过滤得到大米米渣，此米渣经过干燥后蛋白含量一般为50%~60%，其工艺流程如图 14-11 所示。

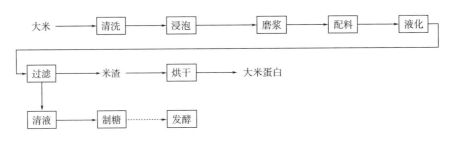

图 14-11　酶法大米蛋白生产流程

工艺操作要点如下所示。

1. 米浆制备

生产大米蛋白的原料，可以是大米、碎米、籼米等。首先将原料进行除石、除铁、除沙等除杂处理，除去杂质确保产品质量稳定，达到食品安全卫生要求。将除杂后的原料清洗并浸泡 2~4h，用手可将米粒碾碎为止，然后用砂轮磨磨浆至可通过 40 目筛网的米浆，要求细度均匀，无明显的颗粒感。

2. 配料、液化

将米浆浓度调至 25%~30%、pH5.8~6.0，按原料质量的 0.05% 加入高温 α-淀粉酶。采用喷射液化技术，在 90~100℃ 的条件下高温液化淀粉，90~120min 后淀粉水解成可溶性糊精，大米蛋白凝聚为变性蛋白（米渣）。

3. 板框过滤

变性大米蛋白过滤性良好，很容易从液体中分离出去。过滤结束后用清水将米渣中的残留糖液洗涤出来，再用压缩空气将滤饼吹干。

4. 大米蛋白成品

采用管束干燥机将滤饼烘干，即制成大米蛋白（米渣蛋白）。在以米渣为原料生产大米肽的工艺中，过滤后的米渣可不烘干，直接进行大米肽的生产，这种方式生产大米肽具有成本低、污染小、质量好的优点。

5. 清液制糖及发酵

液化后的淀粉转变为糊精，糊精经过不同的酶制剂糖化可以生产不同类型的淀粉糖，制糖的详细工艺请参考淀粉加工用酶和益生元的相关内容，其中以葡萄糖为原料，通过发酵可以生产许多生物发酵制品，如氨基酸、有机酸、酒精、抗生素等。

(二) 米糠肽的生产

米糠是将糙米加工成白米这一生产过程中产生的主要副产品，其成分主要为碎米、米胚还有稻壳等物质。米糠集中了稻谷的大部分营养成分，在没有经过脱脂处理时，其中不仅含有脂肪、粗蛋白、膳食粗纤维、灰分及水分等（占据稻谷营养成分的 64% 左右），同时还含有一些生理活性成分，如谷甾醇、维生素还有角鲨烯等。因此，米糠肽被公认为是一种非常有前途的功能活性肽。

米糠肽是以脱脂米糠为原料，采用蛋白酶水解，再经离心分离、脱色、过滤、浓缩、灭菌，最终喷雾干燥得到的食品级米糠多肽蛋白粉。目前主要有多肽含量 35%~90% 的多种产品，其他成分为低聚糖、膳食纤维、无机盐和水分，其中分子质量在 100~1000u 的生物活性肽约占总肽含量的 60% 以上。

有科研实验报道米糠肽的工艺流程为：

米糠→ 脱脂 → 碱溶酸沉 → 煮沸 → 酶解 → 灭酶 → 脱臭脱色 → 浓缩 → 喷雾干燥 →米糠肽

工艺操作要点如下所示。

1. 脱脂

将米糠粉碎过 60 目筛，用 95% 正己烷溶剂在 50℃ 条件下浸泡 2h，过滤并将滤渣晾晒至正己烷试剂完全挥发，得到脱脂米糠粉。

2. 碱溶酸沉

将脱脂米糠粉与水按照 1:5 的比例混合，调节 pH9.0 左右，在 50℃ 的温度下搅拌 2h，使蛋白质充分溶出，经高速离心分离除去不溶物，将上层清液 pH 调为 4.0，然后高速离心去除上层清液，下层沉淀即为米糠蛋白。酸沉除去了脱脂米糠蛋白中可溶性纤维、糖分、脂肪、矿物元素等，这对脱脂米糠多肽的纯度至关重要。

3. 煮沸

将提纯的脱脂米糠蛋白粉与水按照 1:10 的比例混合，进行煮沸处理，其作用是将蛋白质充分变性，使蛋白质中尽可能多地打开二硫键，使脱脂米糠蛋白结构松弛，从而使得蛋白质能更好地被酶水解，增大其水解程度，变性蛋白质比没有变性的消化效果要好些。煮沸操作控制条件为：温度 100℃、加热 30min。

4. 冷却与酶解

将煮沸的米糠蛋白浆冷却至 50℃，调节并保持 pH 在 7.0~7.5，按照原料质量的 0.2%~0.5% 添加中性蛋白酶，酶解 2~4h。酶解结束后，调 pH 至 4.0~4.5，高速离心后的上清液即为米糠肽粗制液。调节 pH 不仅可以起到沉淀大分子蛋白的作用，还可以使中性蛋白酶失活。

5. 脱臭脱色

这一过程主要是除去产品的色素、臭味和苦味物质，从而改变产品的色泽等感官指标。活性炭用量越多残留的苦味越少，但损失的蛋白质和使用成本越高，用量一般约为干物质质量的 0.1%~0.2%，达到吸附平衡后，可用离心法或者过滤法除去活性炭。经过活性炭的处理，异味部分消除。

6. 浓缩、喷雾干燥

将米糠肽清液经真空浓缩制得浓缩液，其干物质含量为 30%~35%。将米糠肽浓缩液引入喷雾干燥塔中，并控制喷雾干燥塔进口热空气温度为 160℃，出口热空气温度为 70~80℃，即可制得米糠肽粉。

（三）米渣肽的生产

米渣肽的原料可以是图 14-11 中的大米蛋白，也可以是过滤后的湿米渣，以后者为例，其生产米渣肽的工艺流程如图 14-12 所示。

工艺操作要点如下所示。

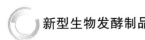

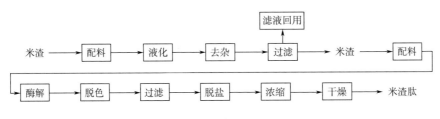

图 14-12　米渣肽工艺流程

1. 配料、液化

按照 1:3 的料水比拌料、调节 pH5.8~6.0，按原料质量的 0.02% 添加中温 α-淀粉酶。将上述浆料升温至 85~90℃ 保温 1h，除去残留淀粉。

2. 去杂、过滤

去杂是为了进一步提高米渣蛋白的纯度，可采用酶解等方法去除脂肪、纤维素、灰分等杂质。去杂后的料液经过滤得到精制米渣，滤液可以回用到大米清洗、浸泡、调浆等工段。

3. 配料、酶解

将去杂后的米渣按照料水比 1:10 的比例调浆，调节 pH 为 8.0~8.5，按照精制米渣质量的 0.2%~0.5% 加入碱性蛋白酶，在 50~55℃ 的条件下酶解 2~6h，然后按照米渣质量的 0.1%~0.3% 加入中性蛋白酶或风味蛋白酶，继续酶解 2~6h。

4. 脱色、过滤

按米渣质量的 0.2%~0.5% 添加活性炭，在 40~50℃、pH6.0 的条件下脱色 30min，板框过滤除去不溶物，滤液即为米渣肽溶液。

5. 脱盐、浓缩

米渣肽溶液通过截留分子质量 1000u 的纳滤膜进行脱盐处理，并将截留液浓缩至干物质含量 30%~35%，浓缩可以使用减压蒸发设备或者反渗透设备进行。

6. 喷雾干燥

上述浓缩液经离心式喷雾干燥制得米渣肽。喷雾干燥条件为：进风温度 180℃，出风温度 70~80℃，出料水分 ≤5%。

所得米渣肽产品，其氨基酸含量和肽相对分子质量分布分别如表 14-14 和表 14-15 所示。

表 14-14　　　　　　　　　　　　　米渣肽的氨基酸含量　　　　　　　　　　　单位：g/100g

氨基酸种类	含量	氨基酸种类	含量
丙氨酸	5.36	苯丙氨酸	5.05
精氨酸	7.58	脯氨酸	4.29
天冬氨酸	7.45	丝氨酸	4.38
谷氨酸	16.09	苏氨酸	3.22
甘氨酸	3.70	缬氨酸	5.92

续表

氨基酸种类	含量	氨基酸种类	含量
组氨酸	2.18	酪氨酸	5.04
异亮氨酸	3.93	胱氨酸	2.04
亮氨酸	7.35	甲硫氨酸	2.35
赖氨酸	2.98	色氨酸	1.08

表 14-15　　　　　　　　　　米渣肽的相对分子质量分布　　　　　　　　　单位:%

相对分子质量片段	含量	相对分子质量片段	含量
>10000	0	180~500	35.42
5000~10000	1.84	<180	13.48
2000~5000	10.89	<2000 的总和	87.28
1000~2000	15.56	<1000 的总和	71.72
500~1000	22.82		

参考文献

[1] 姜锡瑞，霍兴云，黄继红，等．生物发酵产业技术 [M]．北京：中国轻工业出版社，2016．

[2] 李勇，蔡木易．肽营养学 [M]．北京：北京大学医学出版社，2012．

[3] 大豆低聚肽理化性质检验及保健功能试验报告汇编 [C]．中食都庆（山东）生物技术有限公司，2004．

[4] 赵谋明，赵强忠．食物蛋白酶解理论与技术 [M]．北京：化学工业出版社，2017．

[5] 陆启明．玉米生物活性肽生产关键技术研究与开发 [D]．郑州：河南工业大学，2017：26-38．

[6] 何东平，刘良忠．多肽制备技术 [M]．北京：中国轻工业出版社，2013．

[7] 刘丽娅，周素梅，佟立涛，等．一种利用小麦蛋白制备肠营养肽的方法 CN103667408 A [P]．2014-03-26．

[8] 田娅玲．核桃抗氧化肽的制备及其分离纯化 [D]．贵阳：贵州大学，2016．

[9] 张㳁，刘洋，陈志宏，等．一种核桃肽的复合酶制作方法 CN109055472 A [P]．2018-12-21．

[10] 陈燕飞，亓培实，何东平，等．一种花生生物活性肽的制备方法 CN102174628 A [P]．2011-09-07．

[11] 叶传发，张小东，胡承四，等．一种酶法生产绿豆肽的方法 CN101979655 A [P]．2011-02-23．

[12] 张九勋，李雷，张学军，等．从绿豆蛋白粉中酶法制取绿豆低聚肽的方法 CN103409490 A [P]．2013-11-27．

[13] 王章存．米渣蛋白的制备及其酶法改性研究 [D]．无锡：江南大学，2005．

第十五章　动物肽

第一节　胶原蛋白肽

一、胶原蛋白肽的基本情况

（一）相关概念

胶原蛋白的相关概念比较多，在不同文献中有以下名称：胶原、胶原蛋白、明胶、胶原多肽、水解胶原、水解胶原蛋白、水解明胶等。为了叙述方便，对其中几个主要概念做如下区分。

1. 胶原

胶原是指具有完整三螺旋结构的蛋白，相对分子质量约为 $30×10^4$，还保留有生物活性，胶原不溶于冷水和热水，除胶原酶外，不能被其他蛋白酶水解。胶原是一种天然蛋白质，广泛存在于动物的皮肤、骨、软骨、牙齿、肌腱和血管中，起到支撑器官、保护肌体的功能。胶原一般是白色透明、无分支的原纤维，在它的周围是由黏多糖和其他蛋白质构成的基质。胶原具有特殊的氨基酸组成，含有丰富的酸性、碱性和羟化氨基酸残基，其中甘氨酸（Gly）占氨基酸总数的 1/3，组氨酸和酪氨酸含量很少，几乎不含半胱氨酸和色氨酸，因此胶原蛋白不属于营养均衡的蛋白质。

2. 明胶

胶原在酸、碱、酶或高温作用下的部分水解产物，已经失去了生物活性，相对分子质量从几千到 $10×10^4$，分布范围也很宽。在食品行业、制药行业以及照相行业中广泛被用作黏合剂和成型剂，目前市场上的明胶主要是从陆生动物的皮或骨等结缔组织中提取干燥获得。

3. 胶原蛋白

胶原蛋白指从生物体中提取的、结构和相对分子质量都发生了变化的胶原，两者最大的区别是胶原不溶于水，而胶原蛋白可溶于水。胶原蛋白是皮肤组织的主要成分，相对分子质量从几千到 $3×10^4$，分布范围较宽，因其口感柔和、味道清淡、易于消化，一直受到食品工业的青睐，在许多食品中被用作营养成分和功能配料。

4. 胶原蛋白肽

根据 GB 31645—2018《胶原蛋白肽》中的定义，胶原蛋白肽是以富含胶原蛋白的新鲜动物组织（包括皮、骨、筋、腱、鳞等）为原料，经过提取、水解、精制生产的，相对

分子质量低于 1×10^4 的产品。

（二）胶原蛋白肽的原料及提取方法

长期以来，人们都是使用猪、牛的皮和骨作为胶原蛋白及其多肽的来源，但因疯牛病、口蹄疫等疾病的爆发，使人们对牲畜胶原制品安全性产生疑虑。另外，由于宗教和习俗等原因，有些地区也不能使用牲畜胶原蛋白制品。

水产品胶原蛋白与猪、牛等陆生动物胶原蛋白相比，胶原蛋白的特性、组成及溶液性质都存在着显著的不同，具有低抗原性、低过敏性、分子结构较脆弱和易酶解等特点，正因如此，水产品胶原蛋白已经成为生产胶原蛋白肽的主要原料之一。水产品加工后产生了大量的下脚料，占鱼体总重量的 35%～55%，其中鱼皮占鱼体重量的 5%～10%，鱼鳞占鱼体总重量的 1%～5%，以前这些下脚料往往被遗弃，造成了蛋白资源的严重流失，并且还会造成环境污染，利用现代生物工程技术和食品加工技术，从这些高蛋白原料中提取出胶原蛋白，进而开发成胶原蛋白肽，可以起到变废为宝，提高水产品附加值的目的。

胶原蛋白的提取方法通常有酸法、碱法和酶法，以及酸、酶结合法，碱、酶结合法。酸法一般使用盐酸等强酸作用于动物皮、骨原料，根据所用酸的浓度、水解温度、水解时间等条件的不同，可以得到分子质量分布范围较宽的胶原蛋白及其水解物，甚至彻底水解成混合氨基酸，而且在水解过程中色氨酸全部被破坏，丝氨酸和酪氨酸部分被破坏。同样碱法水解不仅使胶原中的羟基、巯基全部破坏，且产物发生消旋作用，工业制明胶主要就采用此法。胶原蛋白的酸碱提取方法能耗高、时间长、污染严重，还破坏了胶原中氨基酸组成和结构，其营养价值和生理活性也随之减少或降低，对胶原蛋白的应用带来了极大的限制。蛋白酶水解胶原方法反应条件温和，所需设备简单，减少了环境污染，根据所使用的蛋白酶不同，对一定的胶原蛋白中的肽链进行酶解，不破坏其氨基酸组成和结构，分子质量分布相对均匀，产品纯度高、水溶性好、理化性质稳定，保留甚至增加营养特性和生理活性。

目前，市场上销售的酶解胶原蛋白，平均相对分子质量在几千，实际是胶原蛋白肽。胶原蛋白肽是胶原或明胶经蛋白酶降解后的产物，相对分子质量 200～10000，是由 3～22 个氨基酸组成的多肽混合物。

（三）胶原蛋白肽的功能与应用

胶原蛋白肽除了具有多肽的典型特征（包括分子质量小、易吸收、无抗原性、不过敏、安全性高、无副作用、生物活性高、作用准确、载体运输能力强等）外，因其结构特殊，脯氨酸和羟脯氨酸含量明显高于其他蛋白原料来源的活性肽，又具有其他多肽所不具备的功能。大量的国内外研究证实，胶原肽可以作为胶原蛋白的新陈代谢促进剂，它可以促进生物体胶原的生物合成，改善随着年龄增长而导致的生物组织衰老和功能的衰退，可以延缓皮肤的衰老，具有显著的美容（抗皱、美白、修复、保湿、滋养、丰胸、改善皮肤弹性、抗辐射等）、促进骨骼关节健康（促进骨细胞生成、加速骨骼发育、提高骨骼坚固性、缓解关节疼痛、改善关节软骨内蛋白多糖的耗损等）、控制体重等功效。

胶原蛋白肽被称为"皮肤的软黄金""肤中之肤、骨中之骨"，广泛用于化妆品、补钙食品、保健食品、特殊营养食品、医用材料及医药中。

1. 生物医学材料

人工皮肤、人工食道、人工气管、烧伤保护膜。

2. 医药品与医学用途

外科整形、缓释性药物、膀胱失禁用药等。

3. 化妆品

护肤霜（膏）（保水性）、润发剂等。

4. 食品工业

保健食品、饮料。

5. 化工原料

涂料、塑料、油墨等。

6. 研究用途

用于细胞培养及生物感测器、生物反应器担体膜、血小板凝集用试药。

（四）胶原蛋白肽的质量标准

国家标准 GB 31645—2018《胶原蛋白肽》，其感官指标与理化指标如表 15-1 和表 15-2所示。

表 15-1 胶原蛋白肽的感官指标

项目	要求	检验方法
色泽	白色或淡黄色	取 2g 试样置于洁净的烧杯中，用 200mL 温开水配制成 1% 溶液，在自然光下观察色泽和有无沉淀。闻其气味，用温开水漱口，品其滋味
滋味、气味	具有产品应有的滋味和气味，无异味	
状态	粉末状或颗粒状、无结块，无正常视力可见的外来异物	

表 15-2 胶原蛋白肽的理化指标

项目	指标	检验方法
相对分子质量<10000 的胶原蛋白肽所占比例/%	≥90.0	本标准附录 A
羟脯氨酸（以干基计）/（g/100g）	≥3.0	GB/T 9695.23—2008
总氮（以干基计）/（g/100g）	≥15.0	GB 5009.5—2016
灰分/（g/100g）	≤7.0	GB 5009.4—2016
水分/（g/100g）	≤7.0	GB 5009.3—2016 第一法

另外由中华人民共和国商务部发布的国内贸易行业标准 SB/T 10634—2011《淡水鱼胶原蛋白肽粉》，对淡水鱼胶原蛋白肽粉的理化指标要求如表 15-3 所示，标准中相对分子质量小于 5000 的蛋白水解物所占比例是评价胶原蛋白肽等级的重要指标之一。

表 15-3 SB/T 10634—2011《淡水鱼胶原蛋白肽粉》中的理化指标

项目	要求		
	一级	二级	三级
蛋白质（以干基计，N×5.79）/（g/100g）≥	90.0	85.0	85.0
肽含量（以干基计）/（g/100g）≥	85.0	75.0	55.0
相对分子质量小于 5000 的蛋白水解物所占比例 /%≥	80.0	75.0	65.0
灰分（以干基计）/（g/100g）≤	7.0	7.0	7.0
水分/（g/100g）≤	7.0	7.0	7.0
粗脂肪（以干基计）/（g/100g）≤	0.5	0.5	0.5
羟脯氨酸/（g/100g）≥	5.5	5.5	5.5
（游离羟脯氨酸/总羟脯氨酸）/%≤	5.0	5.0	5.0
透射比 λ 450nm≥	70.0	70.0	70.0
620nm≥	85.0	85.0	85.0

二、胶原蛋白肽的生产

同其他生物活性肽一样，胶原蛋白肽的生产过程主要是由提取、水解、精制 3 个阶段组成。其中提取阶段的工艺差别较大，主要是由原料成分和性质的差异所导致的。目前水解阶段基本上都是使用蛋白酶水解，因原料氨基酸组成的不同、蛋白酶专一性的不同、成品水解度要求的不同，蛋白酶的选择没有固定模式，但主要选择碱性蛋白酶、中性蛋白酶、风味蛋白酶、木瓜蛋白酶、胰酶等。精制阶段的技术较为成熟，如采用过滤或离心的方式进行固液分离，采用超滤、纳滤、离子交换等方式脱盐，采用脱色、美拉德反应、遮盖等方式去除腥味、苦味，改善感官指标，采用真空浓缩、喷雾干燥的方式将产品制成相应剂型。

生产上应根据原料特点、成品质量等方面的要求，选择最优工艺流程。下面介绍几种不同原料生产胶原蛋白肽的方法。

（一）鱼皮胶原蛋白肽的生产

鱼皮胶原蛋白肽的生产流程如图 15-1 所示，该工艺使用酶法提取胶原蛋白，精制工艺采用离心法进行固液分离，采用微滤、超滤、纳滤进行精制，喷雾干燥后制得成品。

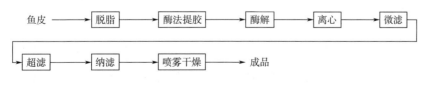

图 15-1 鱼皮胶原蛋白肽的生产流程

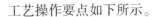

工艺操作要点如下所示。

1. 脱脂

将鱼皮解冻，用自来水清洗除去杂质，然后用 10% 正己烷在 50℃ 萃取 2h，将鱼皮沥干并晾晒至正己烷完全挥发，去除脂肪类物质，用水清洗鱼皮并搅碎成碎片。

2. 酶法提胶

将鱼皮与 0.4% 氢氧化钠溶液按照 1∶10 混合，35~45℃ 下搅拌 2h，清洗至中性；加 8 倍质量的浓度为 0.3% 的乙酸溶液，可加入蛋白酶促进胶原蛋白的提取。例如按照原料质量的 0.1% 加入胃蛋白酶，相同温度下搅拌 1~2h，过滤后的滤液即为胶原蛋白溶液。该法制备的胶原蛋白分子质量较大，且比较稳定。在酶法提胶过程中需要强调几点。

（1）清洗鱼皮时，外表的黏液和色素类物质尽量清除掉，否则会影响胶原产品的颜色。

（2）要注意温度和时间的控制，防止胃蛋白酶过度水解胶原蛋白。

（3）脱脂过程并不是必需的步骤，有些鱼皮脂质含量比较低，可以省去该步骤。

（4）提取用的酸一般是乙酸，根据实际原料，有时候还可以选择其他有机酸，如柠檬酸和乳酸，特别是柠檬酸，还可以降低鱼产品的腥味。

（5）目前胃蛋白酶是酶法提取胶原蛋白的主要用酶，在低温和 pH 为 2~3 时，胃蛋白酶能够顺利地将末端肽从完整的胶原主体分子上切割下来，交联的胶原巨型分子的短肽结构受到破坏，从而近似完整的胶原蛋白从胶原纤维中分离出来而被提取。

3. 酶解

酶解工艺是胶原蛋白制备胶原蛋白肽的关键步骤，直接决定了产品的风味特性、分子质量分布和功能特性。一般而言，胶原蛋白溶液的浓度以 10%~20% 为宜，酶解温度以 50~55℃ 为宜，pH 为溶液的自然值，一般为 6.5 左右。

以 15% 的胶原蛋白溶液为原料，分别添加木瓜蛋白酶、胰酶、中性蛋白酶、碱性蛋白酶、风味蛋白酶和胃蛋白酶，蛋白酶的添加量均为鱼皮重量的 0.20%，水解 7h 后灭酶，测定蛋白回收率、水解度和感官特性，具体结果如表 15-4 所示。

表 15-4　　　　　　　　不同蛋白酶对鱼皮水解效率和风味的影响

酶制剂种类	蛋白质回收率/%	水解度/%	滋味评价
木瓜蛋白酶	88.59	6.34	较苦
胰酶	90.71	8.37	苦
中性蛋白酶	84.79	5.81	较苦
碱性蛋白酶	87.59	5.45	微苦
风味蛋白酶	76.31	4.63	无苦味、微咸
胃蛋白酶	72.48	3.89	苦、咸

从蛋白质回收率和水解度这两个指标来看，胰酶、木瓜蛋白酶的水解效率最优；从水解产物的风味来看，风味蛋白酶的水解产物苦味最弱，胰酶和胃蛋白酶的苦味最强，这与两种蛋白酶以碱性氨基酸和疏水性氨基酸为酶切位点有关；木瓜蛋白酶、碱性蛋白酶和中

性蛋白酶的苦味较弱，可用于生产胶原蛋白肽，其中碱性蛋白酶水解产物的苦味最弱。

4. 离心

酶解结束后，升温至90℃，保持10min灭酶。将经过高温灭酶的胶原蛋白肽通过碟片离心机进行固液分离，除去不溶性固形物。

5. 微滤

鱼胶原蛋白肽酶解过程产生大量小分子肽类及部分细小悬浮物等杂质，因此需要对酶解液进行粗滤处理以除去微粒、悬浮物、细菌等。微滤效果与膜通量、截留率相关，整个过程应使跨膜压力、物料温度保持稳定。微滤是物料进行超滤操作的前加工操作，一般采用0.2μm微滤膜进行截留。

6. 超滤

卷式膜的优点是结构紧凑、安装操作方便。缺点是膜污染后不易清洗，因此可以采用无机陶瓷膜进行预处理后采用卷式超滤膜处理。采用超滤技术可以用来高效截留小分子肽类，而截留液的大分子蛋白可以用其他种类蛋白酶重新酶解成小分子肽类以循环利用。可根据目标物的分子质量采用适应的截留孔径的超滤膜，以提高生产效率和最终产品的质量，超滤膜的截留分子质量一般为5000u。

7. 纳滤

由于原料预处理及酶解过程使用酸碱处理，酶解液中存在一定量的无机盐，并且超滤液固形物含量较低，不适合直接喷雾干燥。纳滤膜能同时达到脱盐和浓缩的目的，其透过液为水分、无机盐和游离氨基酸，截留液主要是浓缩胶原蛋白肽。经纳滤膜处理，可以提高喷雾干燥效率，减少干燥过程能量的消耗。

8. 喷雾干燥

生物活性肽的生产一般采用喷雾干燥。纳滤浓缩胶原蛋白肽，用喷雾干燥机进行干燥，严格控制物料浓度、入口温度、物料流速、雾化器转速等影响因素，尽可能提高喷雾干燥得率，减少粘壁、结块等的发生。

（二）鱼鳞胶原蛋白肽的生产

根据现代食品的生产原则，尽量保证生产的连续化、机械化，采用资源合理利用、经济可行、技术先进的生产方式。图15-2是以鱼鳞为原料生产胶原蛋白肽工艺流程的一种：首先将原料清洗后加入柠檬酸脱除钙质，清洗熬胶得到高品质的鱼鳞胶原蛋白溶液，经过滤机去除胶液中的杂质，在酶解罐中采用蛋白酶水解，然后加入甜味剂及调味剂等辅料，通过喷雾干燥方式生产胶原活性肽产品。

1. 工艺操作要点

（1）原料验收　鱼鳞是水产加工业在加工过程中产生的副产物，具有批量性、集中性、方便收集的特点。鱼鳞的新鲜程度和胶原肽的质量密切相关，因此在鱼鳞的验收环节一定要严格，入原料库前要对于水分过高的鱼鳞进行初步干燥，使水分含量低于规定的水平。通过感官评定和微生物评价指标，将鱼鳞进行分级，应选用新鲜无异味的鱼鳞作为制备胶原蛋白肽的原料。

（2）清洗除杂　将鱼鳞通过传送带转运到清洗罐中，配制浓度为0.1%~0.2%的氢氧

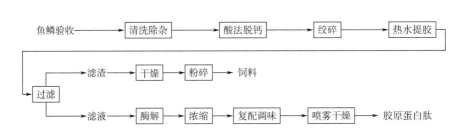

图 15-2　鱼鳞胶原蛋白的生产流程

化钠溶液进行清洗，除去可见杂质；充分搅动 3~6h，然后剔除漂浮的碎鱼肉、线头等杂质。碱处理后用清水将鱼鳞冲洗至中性。经过碱处理，鱼鳞大概吸水增重 30%。

（3）原料的前处理　前处理是胶原肽生产过程中最重要的环节之一，包括酸法脱钙、水洗调节 pH 以及绞碎过滤等环节，脱钙环节效果的好坏直接影响到胶原的提取数量和质量。将碱处理后的干净鱼鳞投入反应罐中，酸浓度 0.6mol/L、脱钙时间 3h、料液比1:5，反应过程中开启搅动泵，温度控制在 20℃ 左右。

（4）热水提胶、过滤　将冲洗干净的脱钙鱼鳞投入反应罐中，按照料液比 1:5 加入清水，控制水温在 60℃，搅拌状态下提胶 4h。提胶结束后，经滤网粗滤，并用少量清水冲洗滤渣，滤液和冲洗液合并后以硅藻土为介质上过滤机过滤。

（5）酶解处理 1　经板框过滤机的澄清滤液导入酶解罐中，先后调节浓度至 10%，调节 pH 至 9.0，然后加入 0.2%~0.5% 的碱性蛋白酶进行酶解，酶解温度控制在 50~55℃，酶解过程不断搅拌，反应 4~12h 结束，然后将酶解液导入板框过滤机进行过滤，滤渣丢弃。

酶解处理 2　有资料表明，可以使用中性蛋白酶进行酶解，用酶条件为：胶原蛋白浓度 6%、温度 50℃、pH7.0、中性蛋白酶加量为原料质量的 2%、酶解时间 4h。

（6）浓缩、复配调味　过滤后的胶原肽滤液进入多效真空浓缩装置，将胶原蛋白肽浓缩到 30% 左右。

（7）喷雾干燥　浓缩后的胶原肽溶液经喷雾干燥得到胶原肽产品。

2. 胶原蛋白肽的氨基酸组成

采用全自动氨基酸分析仪分析鱼鳞胶原蛋白中的氨基酸成分及含量，结果见表 15-5。

表 15-5　　　　　　　　　　鱼鳞胶原蛋白中的氨基酸组成　　　　　　　　　单位：g/100g

氨基酸	含量	氨基酸	含量
天冬氨酸	5.18	甲硫氨酸	1.38
苏氨酸	2.69	异亮氨酸	0.93
丝氨酸	4.16	亮氨酸	2.32
谷氨酸	8.21	酪氨酸	0.35
脯氨酸	13.23	苯丙氨酸	1.33
甘氨酸	38.21	赖氨酸	2.81

续表

氨基酸	含量	氨基酸	含量
丙氨酸	11.04	组氨酸	0.54
半胱氨酸	1.98	精氨酸	5.64
缬氨酸	0.00		

从表中可以看出，鱼鳞胶原蛋白肽中检测出 16 种氨基酸，其中包含必需氨基酸 6 种和非必需氨基酸 10 种，其中甘氨酸含量高达 38.21%，脯氨酸含量高达 13.23%，丙氨酸和谷氨酸含量也较高，酪氨酸、组氨酸和异亮氨酸的含量很低。

由于不同蛋白酶酶切位点不同，故蛋白的氨基酸组成一定程度上也会影响酶解效果。例如碱性蛋白酶是一种内切酶，主要作用于含疏水性羧基的肽键。

（三）骨胶原蛋白肽的生产

工艺流程如下：

原料前处理 → 脱糖 → 酶解 → 水解 → 精制 → 过滤 → 干燥 → 胶原蛋白肽

工艺操作要点如下所示。

1. 原料前处理

将新鲜原料放入骨肉分离机中进行分离，将分离出的软骨称重。

2. 脱糖

将处理好的软骨采用碱盐法水提脱去软骨中的多糖成分。

3. 酶解

将脱糖后的软骨投入粉碎机，粉碎颗粒粒径至 6~10mm；按照软骨与去离子水质量比 1∶2 准备去离子水，将去离子水升温到 45~50℃，并加入氢氧化钠调节 pH 至 9.0~9.5，按照原料质量的 0.3%~0.5% 加入碱性蛋白酶，搅拌均匀待用；将粉碎后的软骨原料投入骨泥粉碎机，并向骨泥粉碎机中注入制备好的碱性蛋白酶水溶液，进行磨泥，直至研磨颗粒粒径为 0.5~1mm。

4. 水解

磨泥结束后，在反应釜中恒温酶解 60~80min。

5. 精制

将酶解液用酸中和 pH 至 5.5~7.5，升温到 70~80℃，恒温 15~20min 后通过精密过滤机，过滤澄清后加入软骨质量的 0.5%~1% 的活性炭吸附 30~40min，再次精密过滤得到澄清液体，将过滤后的澄清液体浓缩至原体积的 15%~20%。

6. 干燥

精制后的液体通过高压泵进入干燥塔，控制排风温度 80~95℃，喷雾干燥后包装得到成品。

第二节　鱼肽

一、鱼肽的基本情况

(一) 鱼肽简介

根据相关标准，可将鱼肽分为淡水鱼蛋白肽和海洋鱼低聚肽粉。其中淡水鱼蛋白肽是以淡水鱼肉、鱼皮或鱼鳞为主要原料，用酶解法生产的、相对分子质量在 5000 以下的肽为主要成分的产品；海洋鱼低聚肽是以海洋鱼皮、鱼骨或鱼肉为原料，用酶解法生产的、相对分子质量低于 1000 的低聚肽（短肽）为主要成分的产品。由于以鱼皮、鱼鳞为原料生产活性肽的技术在第一节中已经介绍，因此本节介绍的鱼肽是以鱼肉蛋白为原料。

海洋是人类资源的宝库，海洋中的鱼、虾、贝类为人类提供了重要的蛋白质和生物活性物质来源。目前为止，人们食用的动物蛋白有四分之一来自海洋，随着科技不断发展，海洋资源将更加广泛地被开发利用。相对于陆地上的动物及淡水鱼类，海洋鱼受到的污染要小得多，也不会含有前者所接触到的外源物质，如促生长类添加剂，以海洋生物为原料生产的活性肽也具有更可靠的安全性。另外由于海洋高盐、高压、低温等极端环境也使海洋生物在进化过程中产生了众多结构新颖、功能特别的生物活性物质。海洋生物活性物质资源无论在数量上和质量上都远远多于和优于陆地，具有巨大的开发潜力。

在国外，海洋动物蛋白质的研究工作开展比较早，特别是日本、美国和欧洲等国家和地区，把海洋蛋白质的研究与开发作为发展"蓝色经济"的一个重要方向，其中一些由海洋蛋白质酶解制备的肽产品已经实现了工业化，取得了丰硕的成果。在我国以海洋鱼肉蛋白生产的活性肽已经陆续上市，取得较好的经济效益和社会效益，所用原料有金枪鱼、马哈鱼等。

从进展情况来看，国内外对海洋鱼肉蛋白质酶解的研究经历了两个阶段：第一阶段的研究重点集中在酶解过程的酶制剂选择、海洋鱼低聚肽的氨基酸组成、分子质量分布以及营养价值等几方面的内容；第二阶段的研究重点在海洋鱼低聚肽的生理活性及其应用等方面，如抗氧化性、血管紧张素转换酶抑制活性、抗冻活性等。

(二) 鱼肽的功能与应用

鱼蛋白氨基酸组成比例平衡，必需氨基酸含量高，尤其赖氨酸含量是谷物蛋白质中的 5 倍，蛋白质消化率高达 95% 以上，是营养价值极高的食物蛋白。以鱼蛋白为原料生产得到的鱼肽不仅具有鱼蛋白的上述优点，同时还具有良好的酸稳定性、热稳定性和溶解性，黏度低，且比鱼蛋白更易于消化与吸收，可以作为食品原料或辅料应用于婴幼儿营养配方食品、方便食品、速溶饮品和调味品等。此外，鱼肽可以与钙、锌、铜、铁等矿物质离子形成螯合物，这些螯合态的矿物质元素更容易被人体吸收利用。

鱼肽相对于鱼蛋白不仅具有易消化、易吸收、低抗原性等营养特点，还具有抗氧化、降血压、提高免疫力、降低胆固醇等诸多生理功能。鱼肽有显著的抗氧化活性，其 DPPH·自由基消除率达到 80% 以上，可有效提高肌体的抗氧化性能；鱼肽还是血管紧张素转化酶抑制肽的重要来源，而血管紧张素转化酶抑制肽能在一定程度上抑制血管紧张素转化酶的活性，在人体血压调节过程中起着重要作用；鱼肽还对脂肪代谢起着重要的调节作用，可以有效抑制肌体血清中总胆固醇、甘油三酯和高密度脂蛋白胆固醇浓度的升高，具有降低血脂的作用；此外鱼肽中还存在一些具有免疫刺激和抗菌活性的肽分子，可作为免疫增强剂，用于提高肌体的免疫力。

（三）鱼肽的质量标准

海洋鱼低聚肽执行国家标准 GB/T 22729—2008《海洋鱼低聚肽粉》，淡水鱼蛋白肽执行轻工行业标准 QB 4588—2013《淡水鱼蛋白肽》，其感官指标与理化指标如表 15-6 和表 15-7 所示。

表 15-6　　　　　　　　　　　　　　鱼肽的感官指标

项目	海洋鱼低聚肽要求	淡水鱼蛋白肽要求
形态	粉末状、无结块	粉末状或颗粒状
色泽	白色或淡黄色	白色或淡黄色
杂质	无正常视力可见的外来杂质	无正常视力可见的杂质
气味	—	产品特有气味

表 15-7　　　　　　　　　　　　　　鱼肽的理化指标

项目	海洋鱼低聚肽要求	淡水鱼蛋白肽要求
总氮（以干基计）/% ≥	13.5	13.0
低聚肽或肽含量（以干基计）/% ≥	80.0	70.0
灰分/% ≤	7.0	7.0
（相对分子质量<1000 的蛋白质水解物所占比例）/% ≥	85.0	—
（相对分子质量<5000 的蛋白质水解物所占比例）/% ≥	—	75.0
干燥失重或水分/% ≤	7.0	7.0

二、鱼肽的生产

鱼肽的生产通常采用酶解法。酶解法条件温和，能在一定条件下对鱼蛋白进行定向水解产生特定的肽分子，且水解进程易于控制，氨基酸的化学构型与营养价值不会被破坏，因而是目前包括鱼肽在内的各种动植物蛋白肽的主要生产方法，其生产工艺流程如下所示。

鱼→ 预处理 → 绞碎 → 脱脂 → 匀浆 → 调浆 → 调 pH → 酶解 → 灭酶 → 固液分离 →
浓缩 → 干燥 →鱼肽

（一）工艺操作要点

1. 预处理

只有新鲜度良好的鱼才能用于鱼肽的生产，腐烂、腥臭、污染的鱼必须挑选弃除。然后依次对鱼进行清洗、去鳞、去头、去内脏、去骨、切块等处理，确保所需鱼肉中不含杂物。处理好的鱼切成鱼块，然后用绞肉机绞碎成肉糜。

2. 脱脂

将鱼肉糜与异丙醇1:1（体积比）混合，于45℃条件下恒温搅拌100min，使脂肪充分溶入异丙醇中，然后进行过滤，去除异丙醇，并将脱脂后的鱼糜置于真空容器中，挥发掉残余的异丙醇。

3. 匀浆与调浆

将脱脂后的鱼肉糜放入组织捣碎机，匀浆10min，然后转入配料罐，加入适量的去离子水，将底物浓度调节至5%（以干物质计），搅拌均匀后，加热至80~90℃保温10min，使鱼蛋白适度变性，同时具有一定的杀菌作用，以防鱼糜在水解过程中腐败。保温结束后迅速冷却至50~55℃，然后采用1%的NaOH溶液调节pH。酶解反应的最适pH主要取决于蛋白酶的种类。例如，中性蛋白酶的最适pH为7.0左右，碱性蛋白酶的最适pH为8.0~9.0，木瓜蛋白酶的最适pH为6.0~7.0等。但实际上酶促反应的最适pH还受底物的种类和酶解温度等多种因素影响。例如，pH可影响蛋白质的可溶性、酶稳定性、金属离子等激活剂或抑制剂的解离度等，这都会间接影响酶促反应速度。因此，酶促反应的最适pH必须通过实验来确定，不能简单地通过蛋白酶的特性进行推断。采用以碱性蛋白酶和中性蛋白酶为主要成分的复合酶制剂生产鱼肽时，一般将pH调至7.0~8.0，也有的不进行调节，在自然pH进行水解。

4. 酶解、灭酶

中性蛋白酶、碱性蛋白酶、木瓜蛋白酶等各类蛋白酶或复合酶均可用于鱼肽的生产，加酶量一般为500U/g（以鱼糜质量计）。酶解温度一般控制在50~55℃，酶解时间为4~6h，酶解结束后，升温至88~90℃并保温10~15min进行灭酶，同时具有杀菌防腐的作用。保温结束后，应迅速降温，以减少色素的形成，防止产品颜色过深。

5. 固液分离

将酶解液的pH调至中性，然后进行固液分离。固液分离可采用板框过滤机、真空转鼓过滤机和碟片离心机等。碟片离心机因其自动化程度高、生产效率高，在鱼肽生产中的应用越来越广泛。固液分离后获得的鱼肽溶液如果澄清度不够，还可采用陶瓷膜过滤器或预铺硅藻土助滤层的板框过滤机进行精滤。

6. 真空浓缩

可采用双效或三效真空浓缩设备进行浓缩，浓缩温度为70~80℃，真空度70~90kPa，浓缩倍数宜控制在5~10倍。

7. 灭菌

为减少产品中的细菌总数，浓缩液可采用蒸汽超高温瞬时灭菌机于130~140℃灭菌3~5s。

8. 喷雾干燥

采用喷雾干燥机，于进口温度220~240℃、出口温度70~80℃的条件下进行喷雾干燥。鱼肽具有一定的吸潮性，喷雾干燥设备宜配置冷风收料系统，冷却后的产品应及时密封保存。

（二）挥发性盐基氮的形成与控制

挥发性盐基氮（TVB-N）是动物性食品由于酶和细菌的作用，在腐败过程中，使蛋白质分解而产生氨以及胺类等碱性含氮物质，因生成的含氮物质在碱性条件下易挥发，所以称为挥发性盐基氮。挥发性盐基氮测定的不是具体某一种化合物，而是小分子胺类以及铵盐等碱性含氮物质总和。许多水产品的 TVB-N 值与感官评定之间有很高的相关性，且其在新鲜样品和变质样品间差异显著，该方法操作简单、检测费用低，是目前国际上水产、肉、蛋等食品及食品加工中较为普遍的衡量新鲜度的指标。

胺是一类具有生物活性的低分子质量含氮有机化合物的总称，生物胺普遍存在于各种动植物的组织和发酵食品中。食品中的生物胺主要是在发酵或成熟过程中由微生物分泌的氨基酸脱羧酶作用于氨基酸而形成的，一种氨基酸脱羧酶可能对几种氨基酸都能产生脱羧作用。

水产品酶解过程中可能会遇到 TVB-N 含量升高的问题，其原因有以下两方面：①蛋白质和氨基酸在外源细菌性脱氢酶、脱氨酶和脱羧酶的作用下，生成氨以及胺。②蛋白质和氨基酸在鱼体自身脱氨酶和脱羧酶作用下的结果。因此生产中可以通过控制如下几点，来降低 TVB-N 的升高程度，增强产品的新鲜度。

1. 原料贮存期间要保持干净卫生

生产时应选择新鲜、无霉变、无腐烂的原料，以降低外源微生物污染，提高产品质量。

2. 科学的配料方法

在干净、安全、无菌的环境中进行生产，以免杂菌生长。加强管道、阀门、热交换器等设备的卫生清洁工作，不留死角。

3. 原料的预处理

酶解前对原料进行热处理，可显著降低酶解液中的微生物数量，但同时会导致水产品内源性酶的失活和原料蛋白质的变性，可能会导致酶解效率下降。因此是否需要热处理，应根据具体原料通过试验来确定。

4. 选择合适的酶制剂

蛋白酶种类很多，每一种酶制剂又分为医药级、食品级、工业级，不同级别蛋白酶的卫生指标、杂质含量、处理工艺都不相同，价格差异也很大。所以要根据具体需要，优先选择食品级蛋白酶来生产活性肽。

5. 控制游离氨基酸含量

应选择内切性强、外切性弱或者无外切性的蛋白酶。在实际生产中，氨基肽酶或羧基肽酶可能对产物的感官性能有较好的作用，这时可以采用分步加酶的方式，即控制外切酶的水解时间，来降低游离氨基酸含量，减少 TVB-N 的前体物质。

6. 酶解条件的控制

在不进行原料热处理的条件下，酶解时间、酶解温度和搅拌方式对酶解液的细菌总数的影响较为重要。研究表明，在大多数情况下较高的酶解温度会导致水产品表面和消化道中的大部分嗜冷菌死亡，这表现为酶解液的细菌总数在酶解前 9h 显著下降，然而进一步延长酶解时间可能导致细菌总数进一步上升，因此选择耐温性强、酶解速度快的酶制剂有利于控制 TBV-N 含量。另外，机械搅拌的同时在酶解罐底部通入压缩无菌空气 20min，相比于单纯的机械搅拌，其酶解产物的细菌总数、生物胺、挥发性盐基氮的含量均有所降低。

7. 其他方法

控制 TBV-N 归根结底是控制杂菌生长，除加热处理外，还有以下几方面的方法：①物理法：通过臭氧处理、辐照杀菌、超高压灭菌等处理方式直接减少微生物数量。②化学法：通过向酶解液中添加糖、食盐、山梨酸钾等化合物或茶多酚、壳聚糖等天然提取物来抑制微生物的生长。③生物法：使用溶菌酶控制杂菌生长是一种常用方法，具有操作简单、抑菌效果好、不改变产品成分、无残留等优点。

第三节　牡蛎肽

一、牡蛎肽的基本情况

（一）牡蛎肽简介

牡蛎又称生蚝，是世界上最大的养殖贝类，也是我国养殖产量最大的经济贝类，约占贝类总产量的 32%。牡蛎具有很多方面的保健功能，《海药草本》《名医别录》《本草纲目》等著作中，早就记载牡蛎具有"补肾正气、疗泄精，补虚劳损伤，解丹毒"等壮阳功效。牡蛎是国家卫生部公布的第一批药食同源的食品之一，现代医学认为生蚝有清淤通络、生精固肾、消除疲劳、促进新陈代谢等作用。牡蛎肉蛋白质干基含量高达 60.78%，是制备生物活性肽良好的蛋白质来源。

牡蛎肽是以牡蛎肉粉为原料，经酶解、分离、精制和干燥等加工过程而制得的相对分子质量在 200~1000 的小分子低聚肽。牡蛎肽由 2~6 个氨基酸组成，因此可不经消化而快速被人体吸收。牡蛎肽不仅含有丰富的活性肽、维生素、比例合适的微量元素和牛磺酸，而且还含有海洋生物所特有的多种营养成分，以及较高的生物活性功能。

牡蛎肽与牡蛎蛋白相比，两者功能大不相同。首先，牡蛎肽具有高活性，在微量和低浓度的情况下，都能发挥其独特的生理作用；其次，牡蛎肽分子质量小，不需消化直接吸收。体外消化试验表明，经胃蛋白酶和胰蛋白酶处理后，超过 90% 的牡蛎肽未被消化，说明在体内牡蛎肽主要以多肽的形式直接吸收。牡蛎肽含有大量制造精子所不可缺少的精氨酸、微量元素亚铅、硒，以及丰富的维生素。

在国外，尤其是日本，在该领域的开发水平最高，以牡蛎肉提取物为原料研制生产了胶囊型、片剂型及液体型的功能食品、疗效品。1974 年日本 CLINIC 株式会社率先研制出了系列牡蛎提取物，具有显著的医疗保健作用，现在日本牡蛎功能食品和疗效产品的品种已达 70 多种，年产值超过 200 亿日元。在美国，牡蛎功能食品和疗效产品等营养辅助食品已经成为一大产业。

（二）牡蛎肽的功能与应用

近年来，研究牡蛎的生物活性成为热点，牡蛎深加工正从生鲜水产品和传统加工食品，向海洋活性物质的提取转变，并且已经取得了巨大的成果。总结起来牡蛎肽的功能有以下几点。

1. 增强男性性功能

牡蛎低聚肽保留原有营养成分，含有丰富的男性必须营养素，其中生物锌、硒、精氨酸、牛磺酸等能有效提高血清睾酮水平，对男性性功能保健具有极其重要的作用。

2. 增强免疫力

牡蛎肽可改善环磷酰胺所致免疫低下（有研究表明环磷酰胺可使小鼠胸腺和脾脏萎缩，显微结构紊乱），恢复环磷酰胺造成的小鼠 T 淋巴细胞比例失调及细胞因子紊乱，升高骨髓有核细胞数及骨髓 DNA 含量，从而增强肌体免疫功能。

3. 增强体能、抗疲劳

牡蛎肽使小鼠的力竭游泳时间显著延长、肝糖原的含量延长，具有抗疲劳的作用。

4. 降血糖、降血压

牡蛎蛋白水解产物具有 α-葡萄糖苷酶抑制活性，显示出降血糖的功效。牡蛎低聚肽中含有 ACE 抑制肽，具有降血压的作用。

5. 抗氧化

牡蛎肽具有一定的还原能力，具有显著抗氧化的能力。牡蛎中糖胺聚糖对 H_2O_2 引起的血管内皮细胞损伤有保护作用。

6. 保肝护肝

牡蛎低聚肽通过抗氧化起到保护肝细胞，抑制肝细胞凋亡的作用。牛磺酸能抗脂质过氧化，保护肝细胞，抑制肝细胞凋亡，同时提高肝脏的解毒能力。

7. 改善记忆功能

牡蛎肽具有改善正常小鼠及东莨菪碱所致的学习记忆功能障碍，其作用机理可能与清除自由基、降低脑组织氧化损伤作用密切联系，以及调节脑组织中的神经递质（胆碱能）有关；而且对 PC12 细胞具有促生长增殖作用，对 H_2O_2 损伤的 PC12 细胞具有显著的保护修复作用。

8. 抗肿瘤

牡蛎低聚肽含有活性肽段，能有效抑制胃癌 BCC-823 细胞增殖活动，有显著的癌细胞诱导凋亡作用。牛磺酸能抑制癌细胞的增殖，还通过抗氧化作用改善化疗对肌体免疫功能的损伤，硒元素也能诱导肿瘤细胞的损伤、凋亡，起到抗癌作用。

9. 抑菌

牡蛎低聚肽对枯草芽孢杆菌、哈维弧菌和副溶血弧菌具有一定的抑制作用。

由于牡蛎肽的功能特点，使其在食品及医疗领域应用广泛，特别适用于老年人、男性等肾虚及弱精患者、体虚易疲劳者、免疫力低下、亚健康及肿瘤术后人群等。可应用于功能性食品、保健食品、特医食品、运动产品等多个方面，例如，辅助降三高类、增强免疫力类、抗疲劳类、男性产品、肠内营养剂、运动饮料等。

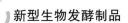

二、牡蛎肽的生产

(一) 生产方法
工艺流程如下:

牡蛎→ 预处理 → 酶解 → 过滤 → 脱色 → 超滤 → 纳滤 → 干燥 →成品

工艺操作要点如下所示。

1. 预处理

将新鲜的牡蛎去壳,取软体部分;若采用冷冻牡蛎肉为原料,则解冻即可。按料水比1:2加水浸泡1h,沥干以达到清洗除盐的目的。以料水比1:1的比例加水,用组织捣碎机将牡蛎进行匀浆,细度越高酶解效果越好,可以使用胶体磨进行二次磨浆,以提高酶解效果和收率。将料液温度升至80℃持续10min,使牡蛎灭菌的同时实现蛋白变性。

2. 酶解

将料液温度降至50~55℃,一般初始pH为6.5~7.5,按照原料质量的0.2%~0.5%添加蛋白酶,一般酶解2~6h。可根据生产需要决定是否调节pH,调节pH一般使用食品级氢氧化钠,调pH至7.5~8.0。

3. 过滤、脱色

酶解结束后将料液通过离心或板框过滤机,除去固形物,料渣可以重新酶解,也可以烘干后作为饲料销售,清液即为粗制牡蛎肽溶液。然后按照清液质量的0.2%添加活性炭,将温度升至80℃维持30min脱色,板框过滤除去活性炭,得到澄清牡蛎肽溶液。脱色可以使用活性炭,也可以使用微滤膜。

4. 超滤

根据成品的不同要求,选择合适截留分子质量的超滤膜,透过液进入下道工序,截留液重新酶解。

5. 纳滤

通过截留相对分子质量200~500的纳滤膜,进行除盐和浓缩,将牡蛎肽溶液浓度提高至30%~40%。

6. 干燥

喷雾干燥得到牡蛎肽粉,也可以经过调配后以液体形式上市销售。

(二) 牡蛎肽的氨基酸组成
氨基酸组成与牡蛎肽的风味、生物活性及功能特性相关,利用反向高效液相色谱对牡蛎及牡蛎肽的氨基酸组成进行分析,结果如表15-8所示。

表 15-8　　　　　　　　牡蛎酶解前后氨基酸的组成　　　　　　　单位:g/100g

氨基酸名称	酶解前含量	酶解后含量	氨基酸名称	酶解前含量	酶解后含量
天冬氨酸	2.958	3.791	甲硫氨酸	1.810	0.914

续表

氨基酸名称	酶解前含量	酶解后含量	氨基酸名称	酶解前含量	酶解后含量
谷氨酸	6.339	5.708	苯丙氨酸	0.639	1.717
丝氨酸	1.024	1.491	异亮氨酸	1.169	1.898
组氨酸	0.563	0.772	亮氨酸	1.851	2.801
甘氨酸	2.102	2.957	赖氨酸	2.056	3.099
苏氨酸	1.203	1.713	羟脯氨酸	1.236	1.777
精氨酸	2.074	3.169	脯氨酸	1.087	1.373
丙氨酸	1.810	2.232	必需氨基酸	10.170	14.241
酪氨酸	0.810	1.212	疏水性氨基酸	10.729	14.487
半胱氨酸	0.111	0.241	总氨基酸	30.284	38.963
缬氨酸	1.442	2.099			

由上表可知，牡蛎蛋白的氨基酸组成中，谷氨酸含量最高，天冬氨酸、甘氨酸次之，赖氨酸和精氨酸等含量高，半胱氨酸含量最少。氨基酸是食品中重要的呈味物质，牡蛎和牡蛎肽味道鲜美的原因可能在于谷氨酸、甘氨酸、天冬氨酸、丙氨酸等鲜味氨基酸含量高。牡蛎中必需氨基酸含量占总氨基酸的 33.6%，表明牡蛎具有较高的营养价值。牡蛎的疏水性氨基酸含量为 10.729g/100g，占总氨酸的 35.4%，是制备血管紧张素转换酶（ACE）抑制肽的良好原料。

牡蛎肽的总氨基酸含量比酶解前高，表明牡蛎肽纯度提升。酶解后牡蛎肽氨基酸组成中，谷氨酸含量最高，天冬氨酸、精氨酸次之，赖氨酸和甘氨酸等含量高，半胱氨酸含量最少。牡蛎肽中必需氨基酸含量占总氨基酸的 36.6%，表明牡蛎肽营养价值较高。

（三）酶解效果评价

佛山市海天调味品股份有限公司邓嫣容研究了不同蛋白酶对牡蛎的酶解效果，见表 15-9。该研究综合考虑蛋白质回收率、水解度以及酶解液的感官质量，采用酶复配的方法，以提高酶解效果、原料利用率和风味。

表 15-9　　　　　　　　　　不同蛋白酶对牡蛎肽酶解效果的影响

酶的种类	酶解温度/℃	pH	蛋白质回收率/%	水解度/%	感官评分
风味蛋白酶	50	6.0~6.5	65	42	75
复合蛋白酶	50	6.0~6.5	72	40	78
碱性蛋白酶	50	7.5~8.0	83	37	57
木瓜蛋白酶	50	6.0~6.5	41	33	53
酸性蛋白酶	50	3.0~3.5	65	36	26
中性蛋白酶	50	6.5~7.0	80	38	60
胃蛋白酶	50	3.0~3.5	63	19	39
胰蛋白酶	50	6.0~6.5	79	28	45

从表中可以看出，各种酶的蛋白质回收率高低依次是：碱性蛋白酶>中性蛋白酶>胰蛋白酶>复合蛋白酶>风味蛋白酶=酸性蛋白酶>胃蛋白酶>木瓜蛋白酶，以碱性蛋白酶和中性蛋白酶的水解效果比较好；各种酶的水解度高低依次是：风味蛋白酶>复合蛋白酶>中性蛋白酶>碱性蛋白酶>酸性蛋白酶>木瓜蛋白酶>胰蛋白酶>胃蛋白酶，以风味蛋白酶和复合蛋白酶的水解效果比较好；各种酶的感官评分高低依次是：复合蛋白酶>风味蛋白酶>中性蛋白酶>碱性蛋白酶>木瓜蛋白酶>胰蛋白酶>胃蛋白酶>酸性蛋白酶，也是以风味蛋白酶和复合蛋白酶的水解效果较好。

通过正交试验确定酶制剂最佳配比为：0.05%中性蛋白酶+0.1%碱性蛋白酶+0.1%风味蛋白酶+0.1%复合蛋白酶，蛋白质回收率达到85%，水解度达到43.5%，感官评分为87，获得了酶用量少、水解效果好的酶制剂组合。

从以上数据可以看出，感官品评在活性肽质量的评价体系中具有非常重要的作用，甚至是决定性的作用。有的工艺所产活性肽水解度高、蛋白质回收率高，但是感官品评不过关，如成品苦涩、有异味，也没有市场，所以生产中的用酶方案是感官品评和理化指标综合最优的结果。

但是感官品评的建立并不容易，目前行业还没有统一的标准，一般是各生产工厂根据客户需求制定符合本工厂的指标，综合来看成品的气味、香味、苦味、滋味是比较重要的组成部分。上述试验的感官评分标准见表15-10，该方法选取15人，组成感官鉴定小组，对牡蛎酶解液的气味和滋味进行综合评价，各项指标按1~5等级评分，满分为100分，气味和滋味的评分根据各项指标所占比例（30%、70%）的不同，计算最终得分。

表15-10　　　　　　　　牡蛎水解液感官评分标准

等级	评分	气味（30%）	滋味（70%）
5	81~100	无腥味，牡蛎特征香气浓郁	鲜味突出，无苦涩味
4	61~80	微有腥味，牡蛎特征香气明显	鲜味明显，苦涩味轻微
3	41~60	有腥味，牡蛎特征香气一般	鲜味一般，有苦涩味
2	21~40	腥味明显，牡蛎特征香气淡	鲜味淡，苦涩味明显
1	1~20	腥味重，牡蛎特征香味微或无	鲜味淡薄，苦涩味重

第四节　蚕蛹肽

一、蚕蛹肽的基本情况

蚕蛹是蚕丝业的主要副产品，是一种高蛋白、高脂肪、氨基酸含量全面且富含微量元素的宝贵资源，具有良好的药用和食用价值。蚕蛹的蛋白质含量高达45%~50%，且主要为优质球蛋白。蚕蛹蛋白质含有18种氨基酸，比例均衡，其中8种人体必需氨基酸占氨基酸总量的40%以上，超过了联合国粮农和世界卫生组织（FAO/WHO）规定的36%的标准，是一种优质蛋白源。但蚕蛹蛋白分子质量大，结构复杂，使其消化率和生物效价受到影响。采用生物技术将蚕蛹蛋白酶解为蚕蛹肽，可以改善蚕蛹蛋白质在营养学上的缺陷，有利于拓展蚕蛹蛋白的应用。

（一）蚕蛹肽的营养与功能

脱脂蚕蛹及其水解后制备的蚕蛹肽的化学组成如表 15-11 所示，水解后粗蛋白含量由 66% 提高至 75.4%，其原因是一些非蛋白成分因不溶于水而被除去。脱脂蚕蛹中肽含量仅 1.87%，水解后增加至 69.9%。蚕蛹肽中游离氨基酸含量仅为 5.26%，这说明蚕蛹蛋白酶解后，主要以肽的形式存在，而没有被水解成游离氨基酸。

表 15-11　　　　　　　　　　　　蚕蛹与蚕蛹肽的化学组成

项目	脱脂蚕蛹	蚕蛹肽
蛋白质（以干基计）/（g/100g）	66	75.4
粗脂肪/（g/100g）	0.81	0.78
灰分/（g/100g）	5.12	7.8
水分/（g/100g）	7.7	2.86
肽含量/（g/100g）	1.87	69.9
游离氨基酸/（g/100g）	0.32	5.26
脲酶/（U/g）	—	—

以脱脂蚕蛹为原料生产的蚕蛹肽的氨基酸组成如表 15-12 所示，可以看出，蚕蛹肽中必需氨基酸的比例含量非常符合（FAO/WHO）的要求，且酸性氨基酸的含量较高，如天冬氨酸（5.78%）和谷氨酸（7.52%），其他氨基酸几乎均匀分布。据报道，酸性氨基酸具有较强的自由基清除能力，这说明蚕蛹肽不仅具有较高的营养价值，还是一种很好的抗氧化剂。

表 15-12　　　　　　　　　　　蚕蛹肽氨基酸的组成　　　　　　　　　　单位：g/100g

氨基酸	游离氨基酸	原料中氨基酸含量	氨基酸	游离氨基酸	原料中氨基酸含量
天冬氨酸	0.63	5.78	亮氨酸	0.21	3.63
苏氨酸	0.17	2.45	酪氨酸	0.36	2.66
丝氨酸	0.42	2.61	苯丙氨酸	0.15	2.31
谷氨酸	0.34	7.52	组氨酸	1.13	1.5
甘氨酸	0.22	2.91	赖氨酸	0.28	3.55
丙氨酸	0.28	3.37	精氨酸	0.25	2.38
缬氨酸	0.18	3.19	脯氨酸	0.21	2.78
甲硫氨酸	0.28	1.77	总计	5.26	50.66
异亮氨酸	0.15	2.25			

蚕蛹肽的生理活性与大豆肽类似，也具有降血脂、胆固醇、降血压，减轻运动疲劳、

提高人体免疫力、调节免疫系统、促进脂肪代谢等多种生理功能。大量的临床试验表明蚕蛹肽还具有增加红细胞携氧量、防止血栓、防治冠心病的功效，可用于防治由心脑血管硬化引起的各类疾病。

（二）蚕蛹肽的物化性质

蚕蛹蛋白水解为蚕蛹肽后，其溶解性、起泡性等物化性质发生了改变。

1. 分子质量小

蚕蛹肽的分子质量分布是衡量水解度的一个重要指标，它与蚕蛹肽的理化性质和营养功能有直接的关系。蚕蛹肽的分子质量如表 15-13 所示，主要分布在 5000u 以下，分子质量在 2000~3000u 的比例占到 68.63%。

表 15-13 蚕蛹肽的分子质量分布

分子质量/u	含量/%	分子质量/u	含量/%
>5000	5.21	2000~3000	68.63
4000~5000	4.11	1000~2000	7.74
3000~4000	14.25	<1000	0.07

2. 溶解性好

蚕蛹蛋白在碱性条件及 pH<3 的条件下具有较好的溶解性，但受等电点效应的影响，在 pH4~6 时溶解性较差。蚕蛹蛋白水解为蚕蛹肽后，等电点效应不再明显，在 pH4~6 时的溶解性得到显著改善，当水解度≥35%时，溶解性接近 100%。

3. 乳化性低

蚕蛹蛋白水解后，乳化性显著降低，其主要原因是酶解降低了肽的长度，导致界面张力降低，不能在水-油界面形成高黏弹性的保护膜，从而使乳化性降低。

在 pH5~9，脱脂蚕蛹蛋白水解后，乳化性降低，且随着水解度升高，乳化活性逐渐降低。然而，水解度为 5% 的蚕蛹肽在 pH3 时的乳化性高于脱脂蚕蛹蛋白，可能是因为水解度很低时，疏水性增加，溶液黏度下降，阻止了胶束周围小油滴的形成，从而提高了其乳化活性。不同水解度的蚕蛹肽的乳化稳定性在 pH5~9，普遍比蚕蛹蛋白低。随着水解度的增加，蚕蛹肽在 pH3~9 乳化稳定性逐渐降低。

4. 起泡性强

在酸性和中性条件下（pH3~7），蚕蛹蛋白酶解后起泡能力显著增强，在水解度为 5%时，起泡能力最强，此后随着水解度的增加，起泡能力降低。其原因是起泡性受表面张力的影响，蛋白质轻度水解后溶液黏度与表面张力降低，对泡沫的形成比较有利；但水解度较高时，酶解产物的分子质量过小，溶液黏度与表面张力过低，起泡能力反而下降。但在碱性 pH 时，蚕蛹蛋白酶解后起泡能力反而下降，其原因可能是蚕蛹蛋白在碱性条件下溶解性好，起泡性也比较高，酶解后分子质量降低，溶液黏度和表面张力降低，起泡能力反而下降。水解度对起泡稳定性的影响十分显著（$P<0.01$），水解度为 5%时起泡稳定性远高于蚕蛹蛋白和其他水解度时的酶解物，这说明轻度水解有利于提高起泡稳定性，但

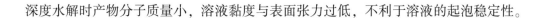

深度水解时产物分子质量小，溶液黏度与表面张力过低，不利于溶液的起泡稳定性。

二、蚕蛹肽的生产

（一）蚕蛹肽的生产原料

干蛹粉中除蛋白质外，还含有 30% 左右的蛹油。蚕蛹的特殊腥臭气味主要来自蛹油，必须在提取蛋白质之前将蛹油尽可能除去，脂肪含量控制在 2% 以下，否则所得蚕蛹蛋白粉无论是色泽还是气味均难以达到要求。

1. 蚕蛹的脱脂

蚕蛹油的去除方法主要有压榨法、提取法及超临界流体萃取法 3 种。

（1）压榨法　蚕蛹蛋白质由于油脂含量高，但粗纤维含量很低，仅约 3.5%，质地比较软，与植物油料有很大的区别，压榨提取油脂十分困难。当蚕蛹压榨时，开始有油流出，但随后大量蛹渣就随着蚕蛹油一起被挤出，致使压榨无法再进行。压榨法提取蛹油得率很低，残油量超过 50%，无应用价值。而且机械压榨法操作温度高达约 140℃，使蚕蛹蛋白变性严重，影响脱脂蛹粉的再利用。

（2）浸出法　浸出法提取油脂，不受油料质地软硬的影响，油料经适当的预处理后，选择合适的溶剂，即可浸出油脂，且因操作温度较低，提取的蛹油及脱脂蛹粉质量较好。采用石油醚等有机溶剂或者 120# 溶剂汽油在索氏提取器中对干蛹粉进行脱脂，提取液采用蒸馏的方式分离溶剂和蛹油。但浸出法脱脂可造成溶剂残留，影响蚕蛹蛋白粉的品质。

（3）超临界流体萃取技术　超临界流体萃取技术（SFE）是近 20 多年来发展起来的一项新型超微分离精制技术，工艺简单，操作方便，它克服了传统溶剂提取法的溶剂残留问题，对热敏性和易挥发性物质具有良好的保护作用。目前，常用的超临界流体有 CO_2、乙烯、丙烷、丙烯和水等，最常用的是 CO_2，与其他萃取剂相比，CO_2 具有以下优点：临界温度低（31.6℃），可以在接近室温的条件下进行萃取，特别适合于对天然活性物质的萃取分离。另外 CO_2 食用后无毒、无味、不易燃、廉价易得，可循环利用。CO_2 具有良好的选择性，可以通过控制压力和温度，有针对性地萃取所需成分。

超临界 CO_2 萃取（SCF）在萃取油脂及脂肪酸成分时具有良好的保护性，可以有效防止油脂及脂肪酸受热分解，既没有溶剂残留，也不会使油脂变质，可得到含油脂低的蚕蛹蛋白粉，是一种十分可行的蚕蛹脱脂技术。

2. 蚕蛹蛋白的提取

从脱脂蚕蛹中提取蛋白质的工艺过程如下：

（1）浸泡　取一定量的脱脂蚕蛹，加水将其完全浸没，浸泡 24h。

（2）微波处理　将泡胀的脱脂蚕蛹进行微波处理 2~3min，得微波处理样。

（3）"碱液切割"处理　取微波处理样装在金属筛网中，在一定温度下置于 1.0% NaOH 溶液中进行一定时间的"碱液切割"处理，随后取出。

（4）粗分离　将"碱液切割"处理后的蚕蛹倒入水中，调整水量为固∶液＝1∶（4~5），搅拌 30min，煮沸，用筛网捞出漂浮物（主要含甲壳素），保留蛋白质固形物于悬浊液水中。

（5）从蛋白质固形物中提取蛋白质　沥水（沥出的水待用）至固∶液＝1∶（2~3），

打浆，微波脱臭处理3~5s。将沥出的水重新加入、煮沸，加入 H_2O_2 于 $80 \sim 90℃$ 脱色至微黄色；加入盐酸调pH，采用有机溶剂法沉淀蛋白质，离心分离后的沉淀物中再加入一定量的乙醇-水溶液，喷雾干燥，得乳黄色的蚕蛹蛋白粉。

（6）从漂浮物中回收蛋白和甲壳粗品　用"碱液切割"处理后的碱液浸提 ［浸提条件：（$70 \sim 80℃$）×6h，固：液 = 1：2，1.0% NaOH］漂浮物中的蛋白质，尼龙筛网过滤，分别得到蛋白质碱液和甲壳质固形物。甲壳质固形物水洗至中性，烘干为甲壳粗品。蛋白质碱液煮沸后，加入 H_2O_2 于 $80 \sim 90℃$ 脱色至微黄色，加入盐酸调pH，用等电点法和溶剂沉淀法沉淀蛋白，离心分离后的沉淀物中再加入一定量的乙醇-水溶液混匀，然后喷雾-风干干燥，得乳黄色的蚕蛹蛋白粉。

（二）蚕蛹肽的生产方法

蚕蛹肽的生产主要采用酶解法，包括单酶法和复合酶法。

单酶法即只采用一种蛋白酶进行水解，生产中主要使用碱性蛋白酶。陈静等以超临界提取油脂后的蚕蛹蛋白粉为原料，采用碱性蛋白酶水解制备蚕蛹肽，通过正交试验确定了最佳工艺条件：酶解温度55℃、酶解时间2.5h、固液比1：7、pH8.0、加酶量7kg/t原料，在此条件下水解度可达29.97%。其他蛋白酶也可以用于蚕蛹肽的生产，碱性蛋白酶、风味蛋白酶、胰蛋白酶和中性蛋白酶的水解度明显高于木瓜蛋白酶（$P<0.01$），但是这4种蛋白酶之间的差异性并不明显（$P>0.05$）。

对于收率来说，碱性蛋白酶、中性蛋白酶和胰蛋白酶的收率明显高于风味蛋白酶和木瓜蛋白酶（$P<0.01$），而这3种蛋白酶之间的差异性并不明显（$P>0.05$）。风味蛋白酶的水解度较高，但是收率却很低，这可能是因为风味蛋白酶是端肽酶，该酶除了含有外切肽酶活性外，还包含了一定的内切蛋白酶活性。收率主要取决于蛋白酶的内切酶活力，外切酶活力对收率的贡献较低，而风味蛋白酶的外切肽酶活性强，导致收率偏低。

复合酶法是同时采用多种蛋白酶进行水解。在碱性蛋白酶的基础上，同时加入其他蛋白酶有助于提高蚕蛹蛋白的水解度和蚕蛹肽的收率。刘红梅等对不同复合酶对蚕蛹蛋白水解度与蚕蛹肽收率的影响进行了较系统的研究。

1. 双酶复合水解

选择酶解效果最好的碱性蛋白酶1.5%（质量分数）作为第一种酶，然后分别再加入1.5%（质量分数）的胰蛋白酶、风味蛋白酶、木瓜蛋白酶和中性蛋白酶，进行双酶水解实验。

2. 三酶复合水解

在双酶水解实验中酶解效果最好的碱性蛋白酶1%（质量分数）与风味蛋白酶1%（质量分数）组合的基础上，再分别加入1%（质量分数）的胰蛋白酶或木瓜蛋白酶或中性蛋白酶中的一种，进行三酶水解实验。

3. 四酶与五酶复合水解

在三酶水解实验中酶解效果最好的碱性蛋白酶0.75%（质量分数）、风味蛋白酶0.75%（质量分数）和胰蛋白酶0.75%（质量分数）组合的基础上，再分别加入0.75%（质量分数）的中性蛋白酶和木瓜蛋白酶中的一种，进行四酶水解实验，或以相同的比例同时加入碱性蛋白酶、风味蛋白酶、木瓜蛋白酶、胰蛋白酶和中性蛋白酶进行五酶水解实验。多酶水解的方法同单酶水解实验，酶解时间为12h，酶解结束后迅速升温至90℃并保温10min进行灭酶。酶解液真空抽滤，分别收集滤液与滤饼，测定水解度和收率。

　　多酶复合水解对水解度与收率的影响如表15-14所示。多酶水解时的水解度和收率均高于单酶水解，并且差异极显著（$P<0.01$），这是因为不同的蛋白酶具有不同的底物特性，而且不同蛋白酶的酶切位点不同，多酶可以作用互补，更有利于蛋白质水解成小肽。双酶水解的处理中，碱性蛋白酶与风味蛋白酶复合水解时的水解度显著高于其他双酶水解（$P<0.01$），收率并没有明显的差异性（$P>0.05$），综合考虑选择碱性蛋白酶与风味蛋白酶为双酶的最佳组合。三酶水解中，碱性蛋白酶、风味蛋白酶与中性蛋白酶复合酶解时，水解度和收率高于双酶与其他三酶水解（$P<0.05$），是最佳的三酶组合。四酶复合水解时，复合酶水解的水解度和收率均高于以上复合酶的水解度（$P<0.05$）。五酶复合水解时水解度低于四酶水解（$P<0.05$），收率并没有明显的差异性（$P>0.05$），这说明复合酶解时并不是酶的种类越多越好。综合考虑水解度、收率和生产成本，碱性蛋白酶、风味蛋白酶、胰蛋白酶与中性蛋白酶四酶水解为最佳组合。

表15-14　　　　　　　　多酶复合水解对蚕蛹蛋白水解度与得率的影响

蛋白酶种类	水解度/%	收率/%
碱性蛋白酶	20.18±1.47	59.76±0.54
碱性蛋白酶、风味蛋白酶	26.16±1.01	62.19±1.87
碱性蛋白酶、风味蛋白酶、中性蛋白酶	30.03±0.86	64.07±1.36
碱性蛋白酶、风味蛋白酶、胰蛋白酶、中性蛋白酶	32.12±1.13	66.4±1.24
碱性蛋白酶、风味蛋白酶、中性蛋白酶、胰蛋白酶、木瓜蛋白酶	31.93±0.86	66.07±1.36

第五节　乳肽

一、乳肽的基本情况

（一）乳肽简介

　　乳肽主要由动物乳中的酪蛋白与乳清蛋白被酶解或发酵制得，比原蛋白更易溶解于水和被人体消化吸收，且耐酸、耐热、渗透压低，是活性肽中需求量最大、应用最广的保健食品素材。牛奶是优质的营养食品，但对某些婴儿，特别是某些具有家族过敏史的婴儿会引起过敏反应，用乳肽代替乳粉可预防牛奶的过敏。我国婴儿用特制奶粉的蛋白浓度比母乳约高50%，但由于新生儿胃肠内蛋白酶活性较低，若喂给高浓度的蛋白质，将有部分呈高分子状态被肠壁直接吸收，往往出现牛乳蛋白过敏。将部分乳清蛋白进行酶解，使其变成肽，更易于被新生儿消化。动物实验表明，肠管对乳肽的吸收速度不仅比乳清蛋白快，也比氨基酸混合物快；在蛋白质消化率、蛋白质功效比值、生物价及蛋白质净利用率等营养评价方面，也是乳肽优于乳蛋白。

乳肽除具有降低血脂和胆固醇、降血压，减轻运动疲劳、调节免疫系统与提高免疫力、促进脂肪与能量代谢、抗氧化等一般生理活性外，还具有抗菌活性。乳铁蛋白（Laetoferricim，Lf）是牛乳中研究最多的抗菌活性肽，存在于哺乳动物的绝大多数生理性液体中，如乳汁、唾液、眼泪及抗炎症的活性嗜中性白血球中等。Mamoru Tomita 等（1991）实验研究指出，可消化的牛乳铁蛋白水解物为广谱高效的天然抗菌物质，尤其对肠道致病菌，如大肠杆菌、链球菌、霍乱弧菌、绿脓杆菌及病毒具有显著的抗菌作用。

（二）乳肽的应用

1. 婴儿配方乳粉

在婴儿配方乳粉中添加部分乳肽，除了考虑到乳肽具有低抗原性，可预防过敏反应外，更主要的是考虑到乳肽，特别是短肽可以直接被肠壁吸收，具有较高的消化吸收率。这样，不仅能使蛋白质组成接近母乳，而且能使未经消化的蛋白质含量降到婴儿所能负担的水平。同时，乳蛋白酶解物也是微生物极具价值的营养源，尤其对乳酸链球菌、双歧杆菌等益生菌的生长有明显促进作用。其中某些肽段还具有较强的免疫调节作用和抗菌作用。因此，在婴儿配方乳粉中添加部分乳肽，对改善婴儿肠道菌群组成，提高免疫能力和抗感染能力很有益处。

2. 运动员食品

乳肽不仅渗透压较低，而且可被肠壁直接吸收。同氨基酸相比，肽具有吸收快、耗能低、不易饱和，而且各种肽段之间转运无竞争性和抑制性等特点。这不仅有利于胃的排空，而且能作为蛋白质营养补充运动消耗，促进肌肉、血液等蛋白质的合成和组织修复。同时也有助于增强运动神经系统的兴奋性，加强神经反射活动，提高激素效应。

3. 医疗食品

（1）抗高血压食品　乳肽具有降血压作用，可以用于生产抗高血压食品。

（2）防治苯丙酮尿症和肝性脑病食品　苯丙酮尿症（PKU）是苯丙氨酸的遗传代谢缺陷。婴儿在出生几个月后，由于苯丙氨酸在血液或脑中积蓄，会产生呕吐、智能障碍、行走障碍等症状。特别是幼儿期，对苯丙氨酸无耐受力，要求其食物中最大限度不含苯丙氨酸。另外，肝脏疾病患者也难以代谢苯丙氨酸，其随血液进入大脑后，有可能并发脑炎。为减少这种危险性，必须摄入代谢应力小的支链氨基酸（亮氨酸、异亮氨酸、缬氨酸）含量较多的食物，也就是支链氨基酸与芳香族氨基酸摩尔比值较高，即 F 值大于 5 的食物。资料表明，κ-酪蛋白经凝乳酶水解后产生的酪蛋白糖巨肽（CGMP）共由 64 个氨基酸残基组成。从其一级结构来看，即从 κ-酪蛋白 N 末端第 106 号（Met）起至第 160（Val）C 末端止，不存在苯丙氨酸。CGMP 的这一结构特点对制造防治 PKU 和肝性脑病患者的食品十分有利。

二、生产工艺

（一）酶解法生产乳肽

酶解法是乳肽制备的最首选方法，且随着固定化酶技术的应用，该方法更易于实现工业化生产。

1. 脱脂

牛乳中含有 15% 左右的乳脂，乳脂混杂在蛋白质中会妨碍蛋白质和酶的结合，降低酶解的效率。乳脂的存在还会影响脱苦和过滤，因其粘附在活性炭表面会降低其脱苦能力，乳脂会增大流体的黏度，使过滤困难，所以新鲜牛乳应脱脂以利于后工序的进行。

2. 酶解

酶解是乳肽生产的关键工序，蛋白质的部分降解和功能性多肽的产生就在这个工序中实现。为了使牛乳蛋白质在酶解时处于良好的溶解性，便于酶与蛋白质特征部位的结合，要避免在等电点附近操作，牛乳蛋白质的等电点在 pH5.4 左右，为此选择酶解的 pH 尽量在中性或偏碱性是比较合理的。一般的酶解条件为：温度 55~60℃、pH8.0~9.0、底物浓度 4%~6%、碱性蛋白酶或中性蛋白酶加酶量 0.2%~0.4%、酶解 2~4h。

3. 脱苦

乳蛋白水解后产生一些分子质量小于 6000u 的疏水性小肽，具有苦味。可以采用活性炭、β-环糊精等进行脱苦。活性炭的脱苦效果较好，添加量为溶液质量的 0.3%。脱苦后的活性炭经板框过滤机过滤除去。

4. 浓缩

乳蛋白水解液在喷雾干燥之前需要浓缩到适当浓度，以提高干燥效率。可采用双效真空浓缩设备进行浓缩。

5. 干燥

很多干燥技术都可用于乳肽粉的生产，如冷冻干燥、喷雾干燥等。在工业生产中选择喷雾干燥通常是最经济有效的。

（二）益生菌发酵法生产乳肽

微生物在乳中发酵时，其自身的蛋白酶水解系统分泌的胞外蛋白酶首先将乳中蛋白质水解生成多肽，这些多肽经转运至细胞内，再被胞内的内肽酶进一步水解成寡肽，无活性的肽段得以释放出来，从而产生各种生物活性肽，如血管紧张素转换酶抑制肽（ACE 抑制肽）、抗氧化肽、抗菌性肽、促进矿物质吸收肽、免疫调节肽等。

1. ACE 抑制肽

目前用于发酵制备乳源 ACE 抑制肽的微生物主要为益生菌（Probiotics），其是国际公认的 GRAS（"通常认为是安全的"）微生物，利用益生菌发酵生产的乳制品无需分离纯化 ACE 抑制肽，其具有益生菌和 ACE 抑制肽的双重保健功能，可调节肠道菌群平衡和降低高血压，因此有利于产品的开发。目前报道的产 ACE 抑制肽的菌种有干酪乳杆菌（*L. casei*）、瑞士乳杆菌（*Lactobacillus helveticus*）、植物乳杆菌（*L. plantarum*）、鼠李糖乳杆菌

（*L. rhamnosus*）、嗜酸乳杆菌（*L. acidophilus*）、乳酸乳球菌乳酸亚种（*L. lactis ssp. Lactis*）、两歧双歧杆菌（*Bifidobacterium bifidum*）、长双歧杆菌（*Bifidobacterium longum*）等，国内主要为瑞士乳杆菌、干酪乳杆菌及植物乳杆菌。

舒国伟利用保加利亚乳杆菌 LB6 发酵羊乳产 ACE 抑制肽，结果表明发酵条件和营养成分对 ACE 抑制肽产量均有显著影响，主要的影响因素有发酵温度、乳清粉、乳酸钙、蛋白胨、葡萄糖和酪蛋白，其中大豆分离蛋白胨和酪蛋白为负效应，其余均为正效应。保加利亚乳杆菌 LB6 发酵羊乳产 ACE 抑制肽的最佳培养基组成为：羊奶粉 110g/L、大豆蛋白胨 3.0g/L、葡萄糖 1.15g/L、酪蛋白 1.50g/L，在 37℃、初始 pH6.2、接种量 5% 的条件下培养 12h，发酵结束的羊乳中 ACE 抑制率为（92.31±0.57）%，比对照组提高 20%。

吴霖等对典型乳杆菌 *Lactobcillus helveticus* GY-3 进行发酵条件优化，得到其 ACE 抑制活性最高的发酵乳条件为：接种量 3%（体积比）、发酵温度 37℃、培养基中添加 1.0%（体积比）的葡萄糖、0.6%（体积比）的大豆蛋白胨、1.0%（体积比）的酵母浸粉和 0.04%（体积比）的 $MnSO_4 \cdot 4H_2O$，恒温发酵 18~22h，ACE 抑制肽活性最高。

2. 抗氧化肽

发酵法生产抗氧化肽，是利用益生菌自身的酶系统来降解蛋白质，在发酵过程中产生抗氧化肽的方法。相较于酶解法，微生物发酵法能够将产酶和酶解的过程合二为一，减少了酶分离纯化的步骤，节约了成本。另外，乳源抗氧化肽制备所选取的微生物大多为乳酸菌，乳酸菌由于其较强的蛋白质水解性能、良好的益生作用以及较高的安全性，目前已普遍应用于食品产业。因此，利用乳酸菌发酵法制得的抗氧化肽没有苦味，发酵得到的乳制品可直接食用，更有利于功能性乳制品的开发。

惠翌昕以植物乳杆菌 L60 为菌株发酵羊乳制备抗氧化肽，其最佳发酵条件为：接种量 5%、复原乳浓度 14%、发酵温度 41℃、发酵时间 12.3h；优化的培养基配方为：氯化钠 1.02%、蛋白胨 0.82%、葡萄糖 0.72%。验证试验得知：DPPH 自由基清除率为（80.23±0.43）%，植物乳杆菌 L60 的活菌数为（1.09±0.0072）$\times 10^9$ CFU/mL，肽含量 0.67mg/mL，较优化前均有显著提高。

参考文献

[1] 庄永亮，侯虎，林琳. 鱼皮鱼骨胶原肽制备及生物活性研究 [M]. 北京：科学出版社，2015.

[2] 李勇，蔡木易. 肽营养学 [M]. 北京：北京大学医学出版社，2012.

[3] 李德俊. 鱼鳞胶原蛋白肽的制备及工厂设计 [D]. 南昌：南昌大学，2015.

[4] 崔春. 食物蛋白质控制酶解技术 [M]. 北京：中国轻工业出版社，2018.

[5] 赵雪冰. 罗非鱼胶原肽中试车间设计与中试生产 [D]. 厦门：集美大学，2015.

[6] 姜锡瑞，霍兴云，黄继红，等. 生物发酵产业技术 [M]. 北京：中国轻工业出版社，2016.

[7] 邓嫣容. 牡蛎复合酶解提高蚝油风味的工艺探讨 [J]. 现代食品科技，2011，27（7）：788-790+787.

[8] 邱娟. 牡蛎生物活性肽的制备及其中试生产 [D]. 厦门：集美大学，2016.

[9] 舒国伟. 羊乳源 ACE 抑制肽制备、分离纯化及鉴定 [D]. 西安：陕西科技大学，2016.

[10] 吴霖, 葛洋, 张海坤, 李岩, 胡晓珂. 一株高 ACE 抑制活性乳杆菌的筛选鉴定、培养条件优化及其基因组分析 [J/OL]. [2019 - 08 - 01]. 微生物学通报: https://doi.org/10.13344/j.microbiol.china.180927: 1-24.

[11] 惠翌昕. 发酵羊乳产抗氧化肽乳杆菌的筛选及产肽条件优化 [D]. 西安: 陕西科技大学, 2016.

第四篇
益生菌和益生元

第十六章 概述

第一节 益生菌概况

一、益生菌的概念及分类

(一) 益生菌的概念

联合国粮农组织（FAO）在 2002 年给出益生菌的定义为：当被摄取足够数量或者根殖于宿主肠道时，将提供一种或多种特定的保健功能的活性微生物。

益生菌广泛存在于自然界中，人们普遍认为益生菌必须具备以下几个条件：①来源于目标宿主的正常菌群，不产生毒素、无致病性，不携带可转移的耐药因子。②满足生产工艺的要求，在加工和贮存过程中能够保持活性，并能维持遗传稳定性。③能抵抗胃的酸性环境和小肠内的胆盐，并保持其生物活性，能在动物肠道中定殖。④能产生多种有益活性物质或抗菌物质，对动物免疫力的提高和健康生长都有促进作用。

(二) 益生菌的分类

目前可以将已发现的益生菌分成 3 类，如表 16-1 所示。

1. 乳杆菌

包括嗜酸乳杆菌、干酪乳杆菌、詹氏乳杆菌等。

2. 双歧杆菌

包括长双歧杆菌、短双歧杆菌、卵形双歧杆菌、拉曼乳杆菌等。

3. 其他菌株

包括粪链球菌、乳球菌、中介球菌等。

表 16-1　　　　　　　　　　常见益生菌的分类和菌株名称

益生菌分类	菌株名称
乳杆菌（*Lactobacillus*）	嗜酸乳杆菌（*L. acidophilus* NCFM）
	嗜酸乳杆菌（*L. acidophilus* SBT-2062）
	嗜酸乳杆菌（*L. acidophilus* LA-1）
	嗜酸乳杆菌（*L. acidophilus* LA-5）
	嗜酸乳杆菌（*L. acidophilus* DDS-1）
	干酪乳杆菌［*L. casei* Shirota（LcS）］
	干酪乳杆菌（*L. casei* DN114001）

续表

益生菌分类	菌 株 名 称
乳杆菌（*Lactobacillus*）	副干酪乳杆菌（*L. paracasei* CRL431）
	副干酪乳杆菌（*L. paracasei* F19）
	鼠李糖乳杆菌（*L. rhamnosus* GG）
	鼠李糖乳杆菌（*L. rhamnasus* LB21）
	鼠李糖乳杆菌（*L. rhamnasus* GR-1）
	植物乳杆菌（*L. plantarum* WCFS1）
	格氏乳杆菌（*L. gasseri* TMC0356）
	格氏乳杆菌（*L. gasseri* OLL2809）
	格氏乳杆菌（*L. gasseri* LG21）
	发酵乳杆菌（*L. fermentum* RC-14）
	罗伊乳菌（*L. reuteri* ATCC55730）
	约氏乳杆菌（*L. johnsonii* La1）
	瑞氏乳菌（*L. helveticus* H9）
双歧杆菌（*Bifidobacterium*）	两歧双歧杆菌（*B. bifidum*）
	动物双歧杆菌（*B. animalissubsp. lactis* Bb12）
	动物双歧杆菌（*B. animalissubsp. lactis* Bi-07）
	动物双歧杆菌（*B. animalissubsp. lactis* DN-173010）
	短双歧杆菌（*B. breve* Yakult）
	长双歧杆菌（*B. longum* BB536）
	长双歧杆菌（*B. longum* SBT-2928）
	长双歧杆菌（*B. longum* NCC3001）
	婴儿双歧杆菌（*B. infantis* UCC35624）
其他菌株	凝结芽孢杆菌（*Bacillus coagulans* GBI-30，6086）
	枯草芽孢杆菌（*Bacillus subtilis* CH16）
	大肠杆菌（*Escherichia coli* strain Nissle1917）
	嗜热链球菌（*Streptococcus thermophilus* CHCC3534）
	啤酒酵母菌（*Saccharomyces cerevisiae* var. *boulardii* CNCMI-3799）
	粪肠菌（*Enterococcus faecium* NCIMB10415）
	乳酸乳球菌（*Lactococcus lactis* L1A）
	乳酸乳球菌（*Lactococcus lactis subsp. lactis* HV219）
	詹氏丙酸杆菌（*Propionibacterium jensenii* 702）
	费氏丙酸杆菌（*Propionibacterium freudenreichii* SI41）

二、益生菌的主要功能

（一）促进营养物质的产生和代谢

作为食品最基本的功能，益生菌制品可以提供给消费者基本的营养物质，如蛋白质、脂肪、糖类等。此外，益生菌进入消化道后，可产生维生素、氨基酸、促生长因子等功能性成分，调节肌体的新陈代谢情况，还能合成维生素 B_2、维生素 B_5、维生素 B_9 等多种营养成分，参与到肌体的代谢当中。益生菌在肌体内可生成乳糖酶、淀粉酶、蛋白酶和葡萄糖酶等促消化性酶，促进肌体营养成分的消化和吸收。某些益生菌可通过产酸，提高 Ca、P、Fe 的利用率，还能促进麦角钙化醇和胆钙化醇的吸收和利用。

（二）改善微生态平衡

益生菌可以改善肠内的微生态系统，从而治疗肠道功能紊乱，这是通过它们的上皮屏障功能或免疫响应的调节表现出来的，其主要作用机理为。

（1）与病原微生物竞争成为信号接收者以及作为基础营养成分。

（2）分泌抗菌物质抑制病原体的过度繁殖或其炎症活性。

（3）抑制上皮细胞的自溶。

（4）强化黏膜的屏障功能。

（5）诱发和刺激通过体液以及细胞进行的免疫反应。

（6）调整免疫反应和胞浆分泌。

（7）诱导固有层内的 T 细胞自溶。

（三）调节免疫功能

益生菌能显著增强宿主的非特异性免疫和特异性免疫应答，增强机制包括激活肌体巨噬细胞含量、增强 NK 细胞活性、提高免疫球蛋白数量等。益生菌细胞的活菌细胞、死细胞或发酵产物都具有免疫调节功能。

乳酸菌发酵产物可降低宿主肠道中与结肠癌有关的各种还原酶活性，增加非特异性免疫系统细胞的数量，同时增加 B 淋巴细胞和 NK 细胞数量，从而增强特异性免疫应答，起到提高免疫力的作用。人体的免疫系统是防止疾病的第一道防线，可分为先天性免疫和适应性免疫，当肌体发生创伤、感染或应激反应时，肌体的免疫系统会引发急性或慢性炎症，一些情况下甚至会使生命受到严重威胁。实验表明，乳酸菌及其细胞壁成分能够促进人体外周血单核细胞分泌 TNF-α、IL-6 和 IL-10，激活人体的免疫系统。

（四）降低血清胆固醇

动脉粥样硬化症、高血压和冠心病等心血管疾病已对人类的健康造成了严重威胁，而血液中胆固醇含量过高已成为众多心血管类疾病的高危因素之一。诸多学者的研究已充分证明了一些益生菌在体内或体外具有降低胆固醇的作用，也对菌体降解胆固醇的机理进行探索，虽尚不明确，但可以概括为以下两种理论。

（1）菌体产生的胆盐水解酶将胆盐由结合态水解为游离态，进一步与胆固醇发生共沉淀作用。

（2）菌体细胞直接将胆固醇吸收或降解。

（五）抑制癌症

近年来，人们广泛地关注通过摄入膳食纤维和益生菌来降低由环境因素引起的癌变风险。大量的研究证实，益生菌及其制品具有降低癌变风险、预防癌变及癌前病变发生的作用，例如通过抑制组织畸变腺体的形成、抑制促前致癌物向致癌物转化的酶的活性和抗突变等。2014 年，王淑梅从婴儿和成人的粪便中筛选出抗结肠癌的益生菌，并就其诱导89HT-29 细胞的凋亡机制进行研究，最终获得具有抗癌功效的益生菌 X12 和 M5 肽聚糖，表明益生菌肽聚糖可以剂量依赖性地诱导 HT-29 细胞凋亡，其诱导细胞凋亡过程是通过凋亡线粒体途径来实现的。

三、益生菌与人体健康

无锡市第二人民医院医生苏建华博士在医学理论、临床治疗、保健强身等领域都有丰富的经验，以下是苏博士论证益生菌与健康的关系。

人体内都有益生菌和有害菌，它们是相互依存、相互制衡、相互竞争达到一个动态平衡。一个健康人自身体内益生菌占有优势地位，一旦破坏了这种平衡，肠道的益生菌数量减少，有害菌的数量就会大大增加，引发相关疾病，并表现出衰老的现象，因此要维持这种平衡，只有增强自身免疫功能，创造有利于益生菌增殖的条件，是十分必要的。

益生菌是一个大族，是一类对人体健康有益细菌的总称。包括乳酸杆菌、双歧杆菌、嗜酸杆菌、酪酸菌等。据有关报道，益生菌对人体有一定功效，表现在以下几方面：能促进肠道菌群平衡，维持肠道正常功能；增强免疫力和抗感染能力；降低血液中胆固醇含量，防治过敏性疾病；改善消化功能，防治糖尿病等。

益生菌是有一定功能，但绝不是有些商家夸大的效果，将它"神化"可治多病。益生菌的功效未获国际权威医学的认可，也没有太多理论根据，因此我们应该辩证理性地对待，重要的是有一个健康的理念和习惯，靠自身潜能增扩益生菌、增加免疫力、保持健康。对于消化不良、慢性腹泻等疾病人群都需适当增加一些外来益生菌。益生菌商品是以制剂形式提供，并不是含量越多，吸收越多，过多的活菌体是不可能被吸附在肠内的，而是前进后出，不仅无益，甚至有害。一个健康人不应该，也没有必要热衷于益生菌，患者想治好病，只有在医生指导下，对症下药，才能恢复健康。

要有一个健康的身体，营养是多方面的。食用益生菌的同时，也应该注意饮食的搭配，益生菌必须要有益生元共同辅助才起作用。益生元是提供益生菌的营养和能源，二者是相互补充的。低聚糖是益生菌的营养物，低聚糖又称寡糖，它不能被人体消化吸收而是直接进入大肠内，被益生菌利用，使其达到增殖作用。常见的低聚糖有：低聚异麦芽糖、低聚果糖、低聚木糖、水苏糖等。在日本，常将功能性低聚糖代替蔗糖被广泛应用到饮料、糖果、冰淇淋等食品中来增殖益生菌。因此单靠益生菌或任何一种保健品达到健康都是不可能的，只有全面、多样、均衡的食品才能满足人体需求。

益生菌的不同菌种、不同配方、不同工艺产生的效果也是大相径庭。因此，希望益生菌生产企业严格防止杂菌侵入，选用优良菌种，做到纯种扩培，达到高度安全性，希望国家严格把控质量、迅速出台国家标准和严格审批制度，真正使益生菌制品起到安全性、保健性作用，有利于人民对健康的需求。希望益生菌行业向"高水平""高安全""多样化"方向健康发展。

四、益生菌的评估标准

益生菌行业的发展越来越繁荣，在世界各地的实验室中保存有成千上万的菌株，但很少进入工业发展阶段，更少进入工业生产阶段。一株优良的益生菌从实验室走向商品，需要经历严格筛选，最后才会得到性能优良、稳定性极佳的益生菌产品。随着科学家对益生菌研究的逐渐深入，基于安全性、功能性和加工性 3 方面的评估标准也逐渐被建立起来。

（一）安全性

益生菌通常被认为是安全的，但在某些情况下，它们的安全性也受到关注。如免疫缺陷、短肠综合征、中心静脉导管闭塞、心脏瓣膜疾病患者和早产儿，若服用益生菌，可能有更高的发生不良事件的风险；在严重的炎症性肠病患者中，存在活细菌从胃肠道到达内部器官（细菌移位）的危险，这可能导致菌血症；免疫系统功能降低的儿童或已经危重的儿童若服用益生菌可能导致菌血症或真菌血症（即血液中含有细菌或真菌），进一步可能导致败血症。所以在使用益生菌时，应通过最低要求的测试来评估其安全性，包括：

（1）微生物在构成微生态制剂前需经过菌株的鉴定，确定其属、种、株。

（2）对菌株的抗生素耐药谱进行明确，不允许带有任何可转移的抗生素抗性基因。

（3）评估特定物质的代谢活性。

（4）用于人群研究时的副作用评估。

（5）消费者不良事件的流行病监测。

（6）如果评估的菌株属于已知的哺乳动物中产毒菌种，则必须测试其产毒能力；如果评价的菌株属于具有已知溶血能力的菌种，则需要测定溶血活性。

目前对于益生菌的安全性评价方法已逐渐被建立起来。主要包括体外试验、动物模型和人体试验。体外评价方法主要有耐药性、致病基因与产生毒性代谢产物、对宿主的粘附、血小板凝集、溶血作用、胆盐降解及对肠胃黏膜蛋白分解能力等。

（二）功能性

益生菌的功能性主要从以下方面评估。

（1）菌株应对消化道内的苛刻环境有一定的耐受能力，即耐胃酸和胆盐。

（2）菌株应具备在消化道内的表面粘附和定殖的能力。

（3）菌株应具有增强免疫功能，提高宿主抗病性，促进生长的能力。

（4）菌株应具有产生各种有益代谢产物，如维生素、各种消化酶、有机酸、细菌素等的能力。

（5）菌株应能维持肌体内的正常菌群平衡或者预防菌群失调。

（6）对病原菌如幽门螺杆菌、沙门菌、单增李斯特菌、金黄色葡萄球菌、大肠杆菌等有拮抗作用（抑菌作用）。

（7）抗诱变和抗癌的能力。

（三）加工性

性能优良的益生菌，应具备以下加工性能。

（1）菌株应易于大量培养，对各种苛刻条件有较强的耐受能力。

（2）具有良好的感官特性。

（3）菌株应在产品加工、应用及保藏的过程中保持较稳定的状态。

（4）能够抗噬菌体。

五、益生菌的应用领域

（一）益生菌在食品中的应用

含有益生菌和益生元的食品均属于功能食品。据估计益生菌的功能食品占总功能食品的 60%~80%，益生菌的食物主要包括发酵的乳制品、蔬菜、果汁和肉类产品，近年来酸奶产品的受欢迎程度持续增长，生产商不断改进所加入的益生元、益生菌来吸引有健康意识的消费者，而乳酸菌和双歧杆菌是常见的两种酸奶用益生菌。益生元和益生菌组合使用可以提高益生菌的存活率，在宿主体内更好地发挥益生作用。

（二）益生菌在畜牧养殖业中的应用

随着畜牧养殖业的迅猛发展，很早开始就普遍使用抗生素作为饲料添加剂，但是抗生素污染不仅让肉类口感品质变差，还使动物耐药性增强，间接给人类健康造成危害。2006年 1 月，欧盟开始全面禁止抗生素作为饲料添加剂，我国药物饲料添加剂将在 2020 年全部退出。益生菌因其无毒、无残留、无抗药性的优点及其本身的益生作用，成为抗生素有效的替代产品之一，并且一般用于动物饲料。

益生菌应用于猪生产方面比较多，尤其是仔猪。益生菌制剂能强化免疫系统，降低断奶仔猪的发病率和死亡率，提高生产性能和肉的品质。Liu 等发现，把含 L. 酵母菌 I5007 配方奶粉（每日剂量：$6×10^9$ CFU/mL）溶于 3mL 的 0.1% 蛋白胨水中，1 天 1 次，喂养14d（0.1% 蛋白胨水作对照）后发现试验组肠道发育更好，还减少了仔猪大肠埃希菌和梭状芽孢杆菌，这与 Siggers 一项早期研究相符。益生菌还能用于牛、鸡以及水产动物的养殖。

（三）益生菌在农业上的应用

生物农药具有安全、高效、不杀害害虫天敌、环境友好等优点，其不仅可以替代传统化肥，为植物提供养分，而且具有促进生长、拮抗病原微生物、提高植物抵御不良环境和减少化肥农药使用量等作用，对促进作物增产、作物生物灾害预防、生态可持续控制、无污染无公害的绿色食品生产及农民负担的减轻有着不可估量的应用价值，发展生物农药产业对保障我国粮食和食品安全、提升我国农产品的国际竞争力具有重要意义。

目前，国内外多把芽孢杆菌作为重要的微生物农药出发菌。芽孢杆菌是一群好氧或兼性厌氧、产芽孢的革兰阳性杆菌的总称，其生理特征丰富多样，分布极其广泛，是土壤和

新型生物发酵制品

植物微生态的优势微生物种群。芽孢杆菌具有抗逆性强、繁殖速度快、营养要求简单和易于在植物根周围定殖的特点，在植物病害生物防治中被广泛地研究和利用。芽孢杆菌还有个突出的特征就是能产生耐热抗逆的芽孢，这有利于生物防治菌剂的生产、剂型的加工及在环境中的存活、定殖与繁殖。田间应用研究已证实，芽孢杆菌生物防治菌剂在稳定性，与化学农药的相容性和在不同年份防治效果的一致性等方面明显优于非芽孢杆菌和真菌生物防治菌剂。迄今为止，美国已经有 4 株芽孢杆菌菌株获得环保局（EPA）商品化或有限商品化生产应用许可，这些菌株植物具有防病和促进植物生长的作用，在欧美获得大面积推广应用。芽孢杆菌中的苏云金芽孢杆菌（*Bacillusthuringiensis*）、枯草芽孢杆菌（*Bacillussubtilis*）和蜡样芽孢杆菌（*Bacilluscereus*）等在生物防治中研究应用较多。

（四）益生菌在临床上的应用

很多益生菌都被用于临床研究并取得一定的效果，比如现在越来越多的专家学者研究益生菌对口腔健康的影响。这些研究大部分都集中在两个主要的牙科疾病：龋齿和牙周炎。Kraft-Bodi 等表明，当病人服用益生菌后可轻微或中度改善口腔念珠菌病。对婴儿来说，益生菌用于临床可以有不同方法：添加到婴儿配方奶粉中（非母乳喂养）；母亲补充后婴儿从母亲乳汁中获得（母乳喂养）；怀孕期间经胎盘由母体获得。直接和间接的证据显示，在孕期、哺乳期、婴儿时期补充益生菌能使婴儿患湿疹的风险降低。益生菌已被建议用于预防过敏性疾病的发生。

六、食用益生菌的产业现状及发展趋势

（一）可用于食品的菌种

食品微生物菌种（Microbial food cultures，MFC）是指在食品生产中使用的所有微生物。我国在 2010 年和 2011 年先后发布了《可用于食品的菌种名单》和《可用于婴幼儿食品的菌种名单》，在随后几年以公告形式对名单进行了增补。截至 2019 年，我国批准的益生菌菌种名单如下。

1. 可用于食品的菌种名单

可用于食品中的菌种名单见表 16-2。

表 16-2 可用于食品的菌种名单

菌属	名称	拉丁学名
双歧杆菌属		*Bifidobacterium*
	青春双歧杆菌	*Bifidobacterium adolescentis*
	动物双歧杆菌（乳双歧杆菌）	*Bifidobacterium animalis*（*Bifidobacterium lactis*）
	两歧双歧杆菌	*Bifidobacterium bifidum*
	短双歧杆菌	*Bifidobacterium breve*
	婴儿双歧杆菌	*Bifidobacterium infantis*
	长双歧杆菌	*Bifidobacterium longum*

续表

菌属	名称	拉丁学名
乳杆菌属		*Lactobacillus*
	嗜酸乳杆菌	*Lactobacillus acidophilus*
	干酪乳杆菌	*Lactobacillus casei*
	卷曲乳杆菌	*Lactobacillus crispatus*
	保加利亚乳杆菌	*Lactobacillus bulgaricus*
	德氏乳杆菌乳亚种	*Lactobacillus delbrueckii* subsp. *lactis*
	发酵乳杆菌	*Lactobacillus fermentum*
	格氏乳杆菌	*Lactobacillus gasseri*
	瑞士乳杆菌	*Lactobacillus helveticus*
	约氏乳杆菌	*Lactobacillus johnsonii*
	副干酪乳杆菌	*Lactobacillus paracasei*
	植物乳杆菌	*Lactobacillus plantarum*
	罗伊乳杆菌	*Lactobacillus reuteri*
	鼠李糖乳杆菌	*Lactobacillus rhamnosus*
	唾液乳杆菌	*Lactobacillus salivarius*
	清酒乳杆菌	*Lactobacillus sakei*
	弯曲乳杆菌	*Lactobacillus curvatus*
链球菌属		*Streptococcus*
	嗜热链球菌	*Streptococcus thermophilus*
乳球菌属		*Lactococcus*
	乳酸乳球菌乳酸亚种	*Lactococcus Lactis* subsp. *Lactis*
	乳酸乳球菌乳脂亚种	*Lactococcus Lactis* subsp. *Cremoris*
	乳酸乳球菌双乙酰亚种	*Lactococcus Lactis* subsp. *Diacetylactis*
明串球菌属		*Leuconostoc*
	肠膜明串珠菌肠膜亚种	*Leuconostoc. mesenteroides* subsp
丙酸杆菌属		*Propionibacterium*
	费氏丙酸杆菌谢氏亚种	*Propionibacterium freudenreichii* subsp
	产丙酸丙酸杆菌	*Propionibacterium acidipropionici*
片球菌属		*Pediococcus*
	乳酸片球菌	*Pediococcus acidilactici*
	戊糖片球菌	*Pediococcus pentosaceu*
葡萄球菌属		*Staphylococcus*
	小牛葡萄球菌	*Staphylococcus vitulinus*
	木糖葡萄球菌	*Staphylococcus xylosus*
	肉葡萄球菌	*Staphylococcus carnosus*

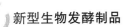 新型生物发酵制品

续表

菌属	名称	拉丁学名
芽孢杆菌属		*Bacillus*
	凝结芽孢杆菌	*Bacillus coagulans*
克鲁维酵母属		*Kluyveromyces*
	马克斯克鲁维酵母	*Kluyveromyces marxianus*

注：传统上用于食品生产加工的菌种允许继续使用，名单以外的、新菌种按照《新食品原料申报授理规定》执行。

2. 可用于婴幼儿食品的菌种名单

可用于婴幼儿食品的菌种名单见表 16-3。

表 16-3　　　　　　　　可用于婴幼儿食品的菌种名单

菌种名称	拉丁学名	菌株号
动物双歧杆菌	*Bifidobacterium animalis*	Bb-12
乳双歧杆菌	*Bifidobacterium lactis*	HN019 或 Bi-07
短双歧杆菌	*Bifidobacterium breve*	M-16V
嗜酸乳杆菌 *	*Lactobacillus acidophilus*	NCFM
鼠李糖乳杆菌	*Lactobacillus rhamnosus*	LGG 或 HN001
发酵乳杆菌	*Lactobacillus fermentum*	CECT5716
罗伊乳杆菌	*Lactobacillus reuteri*	DSM17938

注：* 仅限用于 1 岁以上幼儿的食品。

3. 可用于保健食品的益生菌菌种名单

可用于保健食品的益生菌菌种名单见表 16-4。

表 16-4　　　　　　　　可用于保健食品的益生菌菌种名单

菌属	名称	拉丁学名
双歧杆菌属		*Bifidobacterium*
	两歧双歧杆菌	*Bifidobacterium bifidum*
	婴儿双歧杆菌	*Bifidobacterium infantis*
	长双歧杆菌	*Bifidobacterium longum*
	短双歧杆菌	*Bifidobacterium breve*
	青春双歧杆菌	*Bifidobacterium adolescentis*
乳杆菌属		*Lactobacillus*
	德氏乳杆菌保加利亚亚种	*Lactobacillus bulgaricus* subsp. *bulgaricus*
	嗜酸乳杆菌	*Lactobacillus acidophilus*
	干酪乳杆菌干酪亚种	*Lactobacillus casei* subsp. *casei*
	罗伊乳杆菌	*Lactobacillus reuteri*
链球菌属		*Streptococcus*
	嗜热链球菌	*Streptococcus thermophilus*

4. 可用于保健食品的真菌菌种名单

可用于保健食品的真菌菌种名单见表 16-5。

表 16-5 可用于保健食品的真菌菌种名单

名称	拉丁学名
酿酒酵母	*Saccharomyces cerevisiae*
产朊假丝酵母	*Cadida atilis*
乳酸克鲁维酵母	*Kluyveromyces lactis*
卡氏酵母	*Saccharomyces carlsbergensis*
蝙蝠蛾拟青霉	*Paecilomyces hepialid* Chen et Dai, subsp. *nov*
蝙蝠蛾被毛孢	*Hirsutell ahepialid* Chen et Shen
灵芝	*Ganoderma lucidum*
紫芝	*Ganoderma sinensis*
松杉灵芝	*Ganoderma tsugae*
红曲霉	*Monacus anka*
紫红曲霉	*Monacus purpureus*

（二）菌株商业化

目前，世界各国对于益生菌的研究都非常重视，许多知名企业都已具有了自主知识产权的菌株，并且已有大量菌株应用于食品中，尤其是发酵食品。国外的益生菌产业起步较早、制度较为完善、技术相对成熟，占据了全球市场的有利地位，在日本、法国、俄罗斯、德国等国家较受重视，且对于益生菌的研究也已更加趋向系统和专业，一些国际大型企业拥有雄厚的资金及品牌能力，对美国乃至全球益生菌市场形成垄断。如法国拉曼、科汉森和杜邦（丹尼斯克）共占据美国 70% 的市场，其技术先进、研究成熟并拥有全球知名的专利菌株，如鼠李糖乳杆菌 GG、动物双歧杆菌 BB12、嗜酸乳杆菌 NCFM 等。

虽然国内益生菌产业开发起步较晚，但仍旧在菌株的专利申请及开发方面取得较为显著的成果，如昂立的 ONLLY 品牌（植物乳杆菌 LP-ONLLY、嗜酸乳杆菌 LA11-ONLLY、长双歧杆菌 BL88-ONLLY）等。在益生菌下游产品应用方面，乳制品仍旧是益生菌应用的主要领域。雀巢、伊利、蒙牛等大型企业推出益生菌奶粉、酸奶、乳饮料等产品，如雀巢超级能恩系列、伊利每益添等。同时，益生菌功能性食品将成为益生菌产业热门及重要领域。表 16-6 列举出目前市售的主要益生菌。

表 16-6   市售商业化益生菌

生产公司	菌株	生产公司	菌株
法国罗地亚公司	*L. acidophilus* NCFM	加拿大 Urex 公司	*L. rhamnosus* GR-1
	L. acidophilus LA-1&LA-5	瑞士雀巢公司	*L. johnsonii* LA1&Lj1
丹麦汉森公司	*L. paracasei* CAL431	日本 Calpis 公司	*L. helveticus* L-92
	L. lactis Bb12	瑞典 ProbiAB 公司	*L. plantarum* 299v
荷兰 DSM 公司	*L. acidophilus* L10		*L. rhamnosus* 271
	L. casei L26	德国 Biogaia 公司	*L. reuteri* SD2112&MM2
美国纳贝斯克公司	*L. acidophilus* DDS-1	瑞典 Essum 公司	*L. rhamnosus* LB21
加拿大 Istitut – Rosell 公司	*L. acidophilus* R0052		*L. actococcus lactis* L1A
	L. rhamnosus R0011	爱尔兰大学	*L. salivarius* UCC118
		芬兰 Valio 乳品公司	*L. rhamnosus* GG
日本雪印乳品有限公司	*L. acidophilus* SBT-2062	丹尼斯克公司	*L. rhamnosus* HN001
	B. longum SBT-2928		*B. lactis* HN019
日本 YaKult 公司	*L. casei* Shirota	日本 Morinnaga 公司	*B. longum* BB536
	B. breve YsKult	日本 Meigi 公司	*L. delbrueckii subsp. Bulgaricus* 2038
法国达能公司	*L. casei* DN014001		
	L. casei DN114	瑞典阿拉公司	*L. paracasei* F19
加拿大 Urex 公司	*L. fermentum* Rc-14	中国光明公司	*L. plantarum* ST-Ⅲ

（三）市场份额

随着近年来食品工业的快速发展，含益生菌的食品已经是功能性食品的重要构成部分。随着国民生活水平的提升，人们对健康越来越重视，将来功能性食品、药品的消费市场也将会较大幅度的增长，欧睿国际的数据显示，全球益生菌市场价值约 400 亿欧元。大部分益生菌产品在发达国家已形成了较成熟的市场，截至 2017 年，美国与益生菌相关的产业规模已达到了 750 亿美元左右。在其他发达国家，欧盟和日本功能性食品、药品市场也较为发达。

亚太地区益生菌产业起步较晚，但据统计 2016 年亚太地区益生菌市场销售额约 176 亿美元，占全球总额 47.6%；预计到 2021 年达到 314 亿美元，此期间内亚太地区的益生菌市场年均增长率达 15.7%。在亚太地区中，日本的益生菌产业处于领先地位。益生菌的功效作用在日本得到较为普遍的认可，其应用领域广泛、产品形式多样，遍及乳制品、口服液、口香糖、化妆品、酱油、牙膏、胶囊等。日本益生菌企业在亚太地区拥有优良品牌影响力并拥有知名菌株。

我国的益生菌产业起步较晚，而且由于一株成熟的商业菌株开发需要大量的时间及成熟的技术，国内厂商市场占有率较低。国内益生菌原料占有方面，美国杜邦（50%）与丹麦科汉森（35%）两家公司是占比最大的，其余厂商占国内整体原料市场15%。在国内厂商中，年产能及产值在千万规模以上的公司主要有江苏微康生物科技有限公司、北京科拓恒通生物技术股份有限公司、河北一然生物科技有限公司、润盈生物工程（上海）有限公司4家公司。国内厂家除了上海交大昂立股份有限公司在20世纪80年代进行菌株的研究，其余基本在2000年后建立相关研究。

　　近年来，随着国内消费市场对益生菌产品的需求大幅增加，益生菌产业也迎来了井喷式发展。有数据显示，近5年来我国益生菌产业每年以高于15%的增速快速发展，其中70%以上应用于乳品工业行业，乳制品成为益生菌市场的最常见载体，其中酸奶销量逐年增加，每年以30%以上的增速高速发展，近两年其产销量增长速度更高达40%以上。2017年中国益生菌及益生菌衍生产品产量达到1395万t，约559亿元人民币。

（四）发展趋势

　　在我国，随着科学研究不断深入以及消费者认知水平的不断提升，业界对于益生菌技术的应用更加科学与理性，整个产业进入稳步增长的新时期。益生菌产品已成为食品产业健康转型的先行军与探索者，从益生菌产品的形式看，包括发酵乳制品、饮料、药品、膳食补充剂、糖果零食、口腔护理品、日化用品等众多产品；从产品的功能诉求看，包括促进肠道健康、免疫发育、营养代谢、情绪管理、肝脏疾病、口腔健康、妇科健康等各个方面。随着消费者需求增加，益生菌产品加工技术不断成熟，剂型多元化、功能差异化是益生菌产品发展的主要趋势。

第二节　益生元概况

一、益生元的定义及种类

（一）益生元的定义

　　益生元是一种不可消化的食物成分，通过选择性地刺激结肠中一种或有限数量的天然有益细菌的生长和/或活性，从而对宿主有益，改善宿主健康。益生元必须满足的条件是：在上消化道（胃和小肠）有限水解和吸收；选择性刺激结肠中有益细菌增殖；通过诸如免疫刺激和选择刺激有益菌群生长的过程而抵抗病原体的定殖、抑制病原体的生长并限制病原体毒力，改善宿主健康。

　　最基本的益生元为碳水化合物，但定义并不排除被用作益生元的非碳水化合物。理论上来讲，任何可以减少肠道有害菌种，而有益于促进健康菌种活性的物质都可以称为益生元。此定义并没有侧重地强调某一特定的菌种，然而由于双歧杆菌和乳酸菌被认为对人体有很多有益的影响，所以一般的益生元被假设认为能促进此两种菌数量的增加或是其活性的增强。

（二）益生元的种类

　　益生元主要包括功能性低聚糖类、多糖类、多元醇、一些天然植物提取物、蛋白质水解物等，还有些微藻类如螺旋藻、节旋藻等也可作为益生元使用。功能性低聚糖是目前益生元研究的重点，已开发应用的有低聚乳果糖、低聚果糖（FOS）、低聚半乳糖（GOS）、低聚异麦芽糖、低聚壳聚糖、低聚木糖等，不同品种之间其物化性能、生理功能有所差异。

我国低聚糖的开发和应用起源于 20 世纪 90 年代中后期，目前市场上最为常见并已实现工业规模化生产的低聚糖品种主要有低聚果糖、低聚半乳糖、低聚异麦芽糖和低聚木糖等。低聚异麦芽糖在我国发展最早、产量最大，对双歧杆菌具有一定的增殖作用；低聚果糖对双歧杆菌增殖效果明显，能提高矿物质吸收功效，价格适中；低聚半乳糖对双歧杆菌和乳酸菌同时有增殖性。

二、益生元的性质

（一）低聚麦芽糖

低聚麦芽糖是以淀粉质为原料，经酶制剂转化生成含有 2~10 个葡萄糖分子的糖液，再通过精制得到的液体或粉末状产品。低聚麦芽糖的商品化产品为麦芽糖、麦芽三糖、麦芽四糖、麦芽五糖、麦芽六糖，由于还没有发现可生成麦芽七糖及以上的酶，所以目前很难生产麦芽七糖及以上的低聚麦芽糖。现有的低聚麦芽糖产品主要应用于饮料、糖果、糕点、乳制品、果酱、冷冻食品、保健食品的制作和生产中。

（二）低聚异麦芽糖

低聚异麦芽糖的甜度为蔗糖的 45%~50%，在食品中加入等量糖时可降低食品甜度，其甜味醇美、柔和，对味觉刺激小。低聚异麦芽糖的黏度较低，所以具有较好的流动性和操作性，同时低聚异麦芽糖的耐热耐酸性能较好。在较高温度、pH 为 3 的酸性溶液中加热一段时间，分子仅出现轻微的分解，因此可以广泛在食品中应用。低聚异麦芽糖具有良好的保湿性能和降低冰点的性能，属于低发酵性糖，即该产品被酵母菌和乳酸菌利用程度较低。低聚异麦芽糖与反应物中的氨基酸、蛋白质一起被加热会发生褐变反应，使产品着色，而葡萄糖及异构糖发生着色反应的稳定性不及低聚异麦芽糖。低聚异麦芽糖对人体有益无害，安全性极高，它的食用最大限量为 1.5g/kg 体重。

（三）低聚果糖

低聚果糖的甜度是蔗糖的 30%~60%，低聚果糖易溶于水，且极易吸湿，其冻干产品接触到外部空气很快就失去稳定状态。有效摄入量为 3g/d，安全摄入量为 20g/d，在 pH 4~7 稳定性较强，在 pH3~4 的酸性条件下加热易发生分解。低聚果糖分为两种结构类型：菊苣低聚果糖，果糖基间以 β-1，2 键连接及以 β-2，6 键连接；蔗果低聚果糖，果糖基以 β-2，6 键连接到蔗糖的葡萄糖基上。

（四）低聚木糖

低聚木糖又称木寡糖，是由 2~7 个木糖分子通过 β-1，4 糖苷键连接而成的功能性低聚糖，其主要有效成分为木二糖、木三糖和木四糖。低聚木糖甜度是蔗糖的 30% ~ 40%，稳定性好，耐酸耐热，在 pH2.5 ~ 8.0 稳定。低聚木糖有降低水分活度的作用，其增殖双歧杆菌的选择性强、增殖效果好，添加量不大就能起到良好的生理功能。

（五）低聚半乳糖

低聚半乳糖是一种天然存在的低聚糖，在动物乳汁中微量存在，母乳中的含量比较多。低聚半乳糖对酸的稳定性较好，在酸性条件下可长时间贮存。在中性条件下，160℃ 加热 10min 很少发生分解，pH3、120℃ 或 pH4、100℃，处理 10min 也不会发生降解，但是在同样条件下，超半数的蔗糖会发生降解。

低聚半乳糖的酶法生产过程是以乳糖为底物，在 β-D-半乳糖苷酶的水解及转糖苷活性作用下，部分乳糖水解产生的半乳糖基接枝到未作用的乳糖分子上，生产低聚 β-半乳糖。由于半乳糖基不断接枝到乳糖的半乳糖基上，因而这类低聚糖的末端一般以葡萄糖才能结尾。从理论上来说，改降解-接枝（转苷）过程可以连续进行，因而有一系列的反应产物。日本成功合成了 α-低聚半乳糖，它也是以半乳糖为原料，经 β-半乳糖苷酶催化水解反应、α-半乳糖苷酶催化缩合反应制备，产物 α-低聚半乳糖的重要成分是蜜二糖，它是半乳糖与葡萄糖以 α-1，6 糖苷键结合而成的双糖，蜜二糖不能被人体消化吸收，也是一种双歧杆菌增殖因子。

（六）低聚龙胆糖

低聚龙胆糖是一类由葡萄糖以 β-1，6 糖苷键结合而形成的新型功能性低聚糖，包括龙胆二糖，少量的三糖和四糖。低聚龙胆糖是一种天然存在的低聚糖，例如龙胆属的茎和根含有低聚龙胆糖，提炼出的产品可作为苦味健胃剂；藏红花的色素中含有龙胆二糖的残基；蜂蜜、海藻类的多糖中含有低聚龙胆糖结构。低聚龙胆糖有轻微的苦味，不被人体的消化酶酶解，低黏度，低水分活度，对 pH 和热非常稳定。主要应用于糖果甜食、食品和饮料。

（七）低聚壳聚糖

低聚壳聚糖是一种灰白色或者白色，略带有珍珠光泽半透明固体，无毒无味道，可被生物降解，水溶性良好。

酶降解法是用专一性的壳聚糖酶、甲壳素酶、溶菌酶或其他非专一性酶，对壳聚糖进行降解。降解壳聚糖的酶非常多，其中非专一性酶就有 30 多种。酶法降解壳聚糖条件温和，降解过程及降解产物分子质量分布都易于控制，酶法水解中高聚合度的低聚糖得率比酸水解高。另外，酶法生产过程不对环境造成污染，是比较理想的低聚壳聚糖生产方法。但目前，酶水解法虽然也有少量商业应用，但离大规模工业化生产尚有一定距离，还需寻找廉价、高效的酶及合适的反应系统。

（八）乳果糖

乳果糖（4-O-β-D-吡喃半乳糖基-D-果糖）又称异构乳糖、乳酮糖或半乳糖苷果糖，是半乳糖和果糖以 β-1，4 糖苷键结合的双糖。乳果糖一般不存在于自然界中，是一种人工合成的二糖，为白色的粉末物质，易溶于水，甜度比乳糖高。

（九）低聚乳果糖

1957 年，研究者发现蔗糖和乳糖通过果聚糖蔗糖酶的转糖苷作用可合成低聚乳果糖。后来有人提出用 β-半乳糖苷酶作用于蔗糖和乳糖发生转半乳糖反应合成低聚乳果糖，但当时还没有将低聚乳果糖工业化生产。后来发现从土壤中分离出来的节杆菌能够产生 β-呋喃果糖苷酶，该酶主要催化转糖基反应及水解反应，当有合适的受体如乳糖存在时，该酶主要催化转糖基反应并将果糖基优先转移至受体分子，不是蔗糖分子。

（十）低聚甘露糖

低聚甘露糖是由 2~10 个甘露糖残基，通过 β-1，4 糖苷键聚合而成的低聚糖，又称甘露寡糖，可用于食品或饲料添加剂及保健食品。颜色呈黄色或淡黄色的粉末状；甜度是蔗糖的 10%，不具有还原性，不会产生美拉德反应，不引起产品色泽的变化；酸稳定性和热稳定性好，在 pH2.0~8.0 加热 1h 不分解；抗氧化剂、防霉剂等状态下稳定，耐受各种条件下的加工工艺。

魔芋是目前唯一能大量提供低聚甘露糖的经济作物，目前国内提出直接利用新鲜魔芋生产低聚甘露糖，一方面省去制粉的加工成本和设备投入，另一方面从源头控制二氧化硫等护色剂的添加，生产低聚甘露糖的加工成本将大幅度降低，生产的产品将更安全、绿色。

（十一）半乳甘露寡糖

半乳甘露寡糖又称为半乳甘露低聚糖，是半乳甘露多糖的水解产物，由 D-半乳糖和 D-甘露寡糖组成。半乳甘露寡糖的来源主要是田菁胶、胡芦巴胶、长角豆胶、瓜尔豆胶和他拉胶，是一种无臭、无味、耐酸、耐盐、热稳定性好的白色粉末。可溶于水，水溶液透明，呈中性并有很低的黏度，是一种无污染、无残留的新型添加剂。

三、益生元的功能及应用

（一）益生元的功能

1. 改善胃肠道功能

益生元作为微生物选择性利用的营养成分能够提高有益菌的新陈代谢，促进有益菌的增殖，有益菌通过生态位竞争，产生抗菌物质、代谢产物和群体感应效应干扰病原体致病基因的表达，调节肠道菌群组成、丰度和活性，维持肠道微生态平衡。在配方奶中添加低聚果糖、低聚半乳糖、葡聚糖混合物能够增加婴儿肠道内双歧杆菌丰度，降低肠道 pH，增加大便次数，大便也变得更软。作为代谢底物，益生元被菌群代谢生成短链脂肪酸（如乙酸、丙酸、丁酸、乳酸）和大量气体（如 CO_2、H_2、CH_4）。短链脂肪酸能够降低肠道 pH，增加矿物质吸收，促进肠蠕动，产生的气体物质能够增大肠体积，缩短食物在胃肠道的停留时间。短链脂肪酸中的丁酸盐还可以发挥促进肠上皮细胞生长，中和结肠内的毒性物质，保护肠道屏障的作用。很多研究结果显示丁酸盐对结肠炎和结肠癌有预防效果。

2. 提高免疫力

益生元能够调节人体整体的免疫功能,降低外来刺激对人体的影响。益生元对特异性皮炎、慢性炎症、特定病原体的干预治疗显示出积极效果,补充益生元可以增强免疫接种者或病菌感染者的免疫记忆,提高其二次免疫/感染时的免疫反应。针对婴儿的临床实验显示益生元对儿童湿疹有预防作用,说明益生元在过敏性疾病中也存在应用价值。利用蛋白激酶组芯片评估在无微生物存在时宿主肠道细胞对益生元的信号响应,证明低聚果糖/菊粉无须改变肠道菌群,可直接调节宿主的激酶组以调控宿主的炎症响应。

3. 对认知、情绪的作用

肠道菌群和大脑之间相互影响的网络系统称为肠-脑轴,肠-脑轴主要包含迷走神经、内分泌和免疫3个途径。肠道微生物产生的短链脂肪酸、神经递质等代谢产物可以通过交感神经传到中枢神经系统,调节中枢神经系统的功能和神经内分泌应答。肠道微生物还可以直接或间接作用于肠黏膜免疫系统、肠道神经系统、脊神经和迷走神经。反过来,中枢神经系统和神经分泌系统的信号分子也可以改变肠道微生物的组成和丰度。虽然很多研究证据都有待补充,但是认知能力、情绪、孤独症等大脑方面的问题都可以用肠-脑轴做出解释,也可以通过补充益生元进行改善。

已有研究结果表明,低聚果糖和低聚半乳糖的摄入能够降低慢性应激导致的皮质酮和促炎性细胞因子水平,缓解抑郁和焦虑心理,还可以让压力下的菌群恢复正常。摄入低聚果糖和菊粉能够在一定程度上改善焦虑情绪、提高记忆力、缩短反应时间。

4. 对心血管疾病的保健作用

肠道菌群在依赖饮食的心血管疾病中起着重要的作用,肠道微生物产生的大量代谢依赖性和代谢非依赖性的因子在心血管疾病的发展中起调控作用,细菌内毒素引起的慢性低水平的炎症也可以造成胆固醇升高、胰岛素抵抗和血管炎症。因此摄入益生元及富含益生元的食物是预防心血管疾病及肥胖并发症的方案之一。研究表明口服丁酸盐可抑制下丘脑中促进食欲的神经元活性,减少食物摄入,从而防止饮食诱导的肥胖、高胰岛素血症、高血脂和脂肪肝。通过全植物的食物、益生菌来调制肠道菌群,正在成为减少心血管疾病风险的有效工具。

5. 提高骨密度

肠道微生物发酵产生的短链脂肪酸能够提高肠道的通透性,降低肠道pH,增加钙、镁溶解度,因此补充益生元提高了肠道对钙、镁等矿物质的吸收能力,从而提高骨再生能力,改善骨质疏松症。

(二)益生元的应用

1. 食品领域

益生元在食品领域的应用最广泛,可用于乳制品、面包、饼干、饮料、糖果、调味品、婴幼儿配方食品和酸奶冰淇淋等多种食品中。在不同类型的食品生产中,主要应用了益生元的以下3种性质。

(1)作为食品的有效或营养成分 功能性低聚糖可以优化奶粉功能,提高奶粉的营养,是婴幼儿和中老年人配方奶粉中重要的营养强化因子。目前在我国婴儿配方奶粉中,应用最多的是低聚半乳糖和低聚果糖以及二者的组合。

（2）作为特殊食品的甜味剂　功能性低聚糖由于具有水溶性、一定的甜度等糖类的共性，以及不易消化的特性，可应用于低热量食品、减肥食品中，其中纯度为95%的功能性低聚糖可用于糖尿病人的食品和防龋齿食品中。

（3）作为天然食品保鲜剂　功能性低聚糖的抗氧化活性、抗真菌活性和抑制细菌增殖等特性使其可被用作天然食品保鲜剂。

2. 饲料领域

养殖业中，使用抗生素时会杀死部分有益菌，还会导致动物肌体免疫力下降及药物残留等许多不良反应。益生元可以作为抗生素替代物，促进饲料消化，达到促进生长和增重的作用，并刺激肠道免疫器官生长，可用作饲料添加剂。在饲料中，益生元可以作为绿色天然添加剂，已经被广泛应用到鸡饲料、猪饲料和水产饲料中，异麦芽寡糖、果寡糖、甘露寡糖等都是饲料中经常添加的益生元，在提高养殖质量方面发挥着重要作用。

3. 益生菌和益生元的复合制剂

由于双歧杆菌和低聚果糖极佳的协同效用，加上低聚果糖的良好风味和安全性，使二者的组合被广泛应用于保健食品、发酵乳制品、婴幼儿食品、饮料以及巧克力糖果等产品中。在欧美，超市中含益生菌和益生元的产品高达1000余种，其中也不乏"益生菌+益生元"的组合；在中国，益生合剂已出现，并有逐渐增多的趋势，分别应用于食品以及饲料如禽、猪等或反刍动物如绵羊饲料及单胃动物饲料等。

（三）　益生菌与益生元的区别

益生元与益生菌都会影响肠道菌群的平衡，但影响的方式不同。主要区别是：益生元作用于人和动物肠道已经存在的内源益生菌，而益生菌是外部添加的微生物，可能与内源益生菌种相同，也有可能完全不一样。

益生元主要作为内源益生菌生长的有效碳源，以未经消化的形式进入肠道，促进内源益生菌的生长，间接地保护肠道健康和促进营养物质的吸收。益生菌是补给人或动物的外来微生物，作用更直接，但对不同病因和体质有较明显的针对性，如口服枯草芽孢杆菌、地衣芽孢杆菌和粪肠球菌可以控制肠道有害菌以防治腹泻等疾病。一般来说，益生菌主要通过口服形式进行补给，因此需经过胃部强酸和胆盐的环境，只有部分益生菌可以活着进入肠道；而益生元不是生物，不需要活着进入肠道。

另外，免疫系统对于由外部而来的益生菌有识别的过程，特殊体质的人可能会产生过大的免疫反应，而人类对益生元基本不存在过敏等免疫反应。目前，市场上有很多合生元的产品，其实质就是把益生菌和益生元整合在一起，做到优势互补，使内源和补加的益生菌都能够在人和动物肠道发挥作用。

四、益生元的产业现状及发展趋势

（一）　产业现状

国外益生元行业的研究起步较早，早在20世纪70年代日本就开始对益生元进行研究，现已陆续开发出数十种以功能性低聚糖为代表的益生元，实际年产以万吨计的品种有低聚果糖、低聚半乳糖、低聚异麦芽糖、低聚木糖等，年产以千吨计的品种有低聚壳聚糖、大豆低聚糖、水苏糖。在欧洲市场，目前主要功能性低聚糖商品只有低聚果糖和低聚半乳糖。全球益生元市场在 2018 年约为 38.5 亿美元，从 2019 年到 2024 年预计将保持 12.2% 的年复合成长率，到 2025 年预计市场份额将超过 100 亿美元。

我国益生元的开发和应用，虽然在 20 世纪 90 年代才起步，但发展速度很快。目前中国已经成为全球最主要的益生元生产基地和新兴的消费市场，产量占到全球总量的 30% 左右。在中国，市场认可度较高的益生元主要是低聚异麦芽糖、低聚果糖、低聚木糖、低聚半乳糖和低聚甘露糖等产品，主要体现在生产原材料和工艺之间的差异。目前国内几大龙头企业各有侧重点和发展重心，并在某一细分市场具有较强的话语权，凭借 1～2 款龙头产品，市场占有率不断提高，行业呈现出整合的态势。

1. 低聚异麦芽糖

目前我国低聚异麦芽糖能规模化生产的企业有 10 余家，其中山东百龙创园生物科技股份有限公司年产量 3 万 t、保龄宝生物股份有限公司年产量 2 万 t，产品主要用于保健食品和功能饮料行业。

2. 低聚果糖

目前国内低聚果糖生产企业约 8 家，包括保龄宝生物股份有限公司、广东江门量子高科生物股份有限公司和云南天元健康食品有限责任公司等，总产能约 1.5 万 t/年。其中，保龄宝生物股份有限公司和广东江门量子高科生物有限公司两家企业的低聚果糖市场占有率达到了 70% 以上。

3. 低聚木糖

目前，我国低聚木糖的年产能达数万吨，但能规模化生产的企业仅有几家，包括山东丰源中科生态科技有限公司、江苏康维生物有限公司以及山东龙力生物科技有限公司。

4. 低聚半乳糖

我国从 20 世纪 90 年代开始研究生产低聚半乳糖，研究单位包括南京工业大学、江南大学、山东龙力生物科技股份有限公司、江门量子高科生物股份有限公司等。目前，我国低聚半乳糖的年产能达数万吨，但能规模化生产的企业仅有几家，包括我国首家商业量产化低聚半乳糖的专业制造商——新金山生物科技有限公司。

5. 低聚甘露糖

目前，我国低聚甘露糖已规模化生产的企业有成都禾日生物科技有限公司（500t/年）、桂林微邦生物技术有限公司（500t/年）和成都协力魔芋科学种植加工园（100t/年）。从市场应用领域来看，甘露低聚糖在动物饲料添加剂领域应用份额较大，技术较为成熟，其次是食品、饮料领域，其附加值较高，发展前景较大；而在医药领域，目前主要作为添加成分，市场应用较小。我国自主进行甘露低聚糖饲料添加剂产品开发的企业主要有：安琪酵母股份有限公司（代表产品为福邦甘露寡糖）、武汉东方天琪生物工程有限公司（代表产品为劲肠素）等。

（二）发展趋势

目前对益生元的研究主要集中在以下几个方面。

（1）新型益生元物质的寻找开发。

（2）益生元提高肌体免疫作用的机理。

（3）寡糖对双歧杆菌等有益菌的促进作用及作用机制的研究。

（4）与其他促生长物质的联合使用效果的研究。

（5）改进现有的生产工艺，降低生产成本。

（6）益生元的合适剂量，这需要从分子、细胞、动物和临床的不同水平进行基础研究。

制造技术方面，由于酶法生产益生元潜力巨大，因此要进一步研发相关微生物和酶，促进大规模生产。另外，还要进一步开发和利用农业、工业废物或副产品作为低聚糖生产原料，降低生产成本，使生产过程可持续发展；进一步研究和改善生产过程中的下游环节，以提高低聚糖产率和最终产品的纯度。对益生元生产过程的全面关注和研发，必将促进该产业的快速升级发展，满足和推动益生元及相关产业的健康发展。

参考文献

[1] 薛玉玲，朱宏，罗永康，等.益生菌健康功能的研究进展 [J].乳业科学与技术，2014，37：27-30.

[2] 段楠.干酪乳杆菌发酵豆奶肽的功能性研究 [D].哈尔滨：东北农业大学，2018.

[3] 赵彤.开菲尔乳杆菌 KL22 的鉴定及其益生潜力评价 [D].邯郸：河北工程大学，2019.

[4] 李鸣.益生菌的功能及安全性 [N].[2017-05-26].四川科技报，004.

[5] 李情敏.液、固态发酵法制备双益生菌菌剂的研究 [D].南昌：江西农业大学，2016.

[6] 胡永红，陈卫，欧阳平凯.高效有益微生态制剂开发与利用——蜡样芽孢杆菌 [M].北京：化学工业出版社，2013：176.

[7] 马赛荣，王新明，崔艳，等.益生菌产业的发展和趋势 [J].生物产业技术，2019（3）：99-104.

[8] 李宝磊，张丽，耿艳艳，等.几种功能性低聚糖的综述 [J].饮料工业，2019，22（1）：75-80.

[9] 于国萍，徐红华，张英华.低聚乳果糖的酶法合成 [J].食品科技，2001（5）：47-48.

[10] 于何宇，王遂.酶法制备低聚壳聚糖的研究 [J].食品科学，2008，29（8）：464-466.

[11] 刘玲玲. β-葡萄糖苷酶转化葡萄糖制备低聚龙胆糖的研究 [D].无锡：江南大学，2009.

[12] 唐存多. β-甘露聚糖酶的基因克隆、分子改造及低聚甘露糖的酶法制备 [D].无锡：江南大学，2013.

[13] 薛晓舟，黄锦，林海龙，等.乳果糖合成研究进展及其生理调节作用 [J].当代化工，2016，45（10）：2480-2484.

[14] 肖敏.功能性低聚糖及其生产应用 [J].生物产业技术，2018（6）：29-34.

[15] 台一鸿，石良.功能性低聚糖的生理功能及应用研究进展 [J].食品安全导刊，2019（12）：175-177+183.

[16] 赵若春，赵晓勤，毛开云.我国功能性低聚糖产业发展现状及发展趋势分析 [J].生物产业技术，2018（6）：5-8.

第十七章　益生菌

第一节　乳酸菌

一、乳酸菌的概念

乳酸菌是指发酵糖类产乳酸的一类无芽孢、不含过氧化氢酶、革兰染色阳性菌的总称。乳酸菌能分解蛋白质，但不产生腐败产物，不运动或极少运动，乳酸菌发酵能产生大量的有机酸、醇类及各种氨基酸等代谢物，具有抑制腐败菌、提高消化率、防癌等生理功效。就细菌分类学而言，乳酸菌是非正式、非规范的名称，由于该名称易于为人们所理解和接受，所以通常被人们所引用。

目前乳酸菌是研究得较为深入、应用较广的益生菌。自然界中的乳酸菌种类很多，包括乳球菌属（*Lactococcus*）、乳杆菌属（*Lactobacillus*）、肠球菌属（*Enterococcus*）、明串珠菌属（*Leuconostoc*）、链球菌属（*Streptococcus*）、双歧杆菌属（*Bifidobacterium*）等多个属，在发酵食品、人或动物的肠道等环境中都有分布。目前，有两大类乳酸菌群作为益生菌被广泛应用：一类以双歧杆菌为代表，另一类为乳杆菌为代表。

二、乳酸菌的益生性质

近年来一些研究发现，乳酸菌可以调节人体消化道菌群稳定、抑制肠道内致病菌生长繁殖，保持胃肠道微生态平衡，提高食物消化率，还可以降低哺乳动物肠道内胆固醇含量，制造营养物质，促进肌体吸收利用，从而调节肌体的营养状态和生理功能。作用于细胞感染、药物效应、毒性反应、免疫反应、肿瘤发生和应急反应等过程，对人体有很强的益生作用。在健康人类肠道中，共生有丰富的乳酸菌，种类繁多、数量庞大。有研究者曾从人的肠道中培养和筛选了23种不同的乳酸菌。乳酸菌的益生途径主要有以下几种。

1. 竞争粘附位点

益生菌与病原菌竞争上皮表面的粘附位点是其发挥益生作用的机理之一，与病原菌竞争黏附位点不仅可以减少病原菌的繁殖，更重要的是可以保护宿主免受感染。

2. 产生抑菌物质

乳酸菌所产生的抗菌物质对活细胞具有一定的抑制作用，如细菌素、有机酸和过氧化氢。这些化合物对革兰阳性菌和革兰阴性菌的拮抗作用在体外均得到证实。在食品行业中，细菌素可以通过拮抗有害微生物的生长防止食品的腐败从而提高食品的质量，在食品的保藏方面发挥着重要作用。

3. 调节宿主免疫反应

乳酸菌能够促进中枢淋巴器官和外周淋巴器官的发育，促进淋巴器官中淋巴细胞的成熟，增强淋巴器官中吞噬细胞和树突状细胞的活力，提高先天免疫的识别能力；促进 T 细胞与 B 细胞对抗原的反应能力，提高获得性免疫力；活化肠道浆细胞，增加分泌型免疫球蛋白的表达与分泌，提高肠道黏膜免疫功能。

4. 促进宿主的消化和吸收功能

乳酸菌主要是从以下 3 个方面促进肌体的消化和吸收作用：①本身可以分泌胞外消化酶或者刺激肌体细胞产生如蛋白酶、脂肪酶和碳水化合物酶等消化酶类，帮助肌体加强对营养物质的消化。②在肌体内的代谢可以产生营养物质，如氨基酸、维生素和蛋白质等。③可以改善肠道形态结构，如增加肠绒毛长度和营养物质的吸收面积。

5. 调节宿主代谢途径

经过长时间的共同进化，肠道微生物已经与宿主形成互利共生的作用关系，这种相互作用主要通过微生物和肠道上皮细胞之间分泌的信号分子所介导。通过这些信号分子及其介导的途径，微生物群系可以调节宿主肠道及其他器官如肌肉的一些代谢途径。

近年来，我国对于乳酸杆菌的开发和利用已经有了较快的发展，但在益生菌主要功能基因的鉴定等理论与实践的研究还是比较落后。要更加深入地研究乳酸杆菌等益生菌，从而为乳酸杆菌等益生菌制品的研制开发提供更加准确的理论依据。

三、乳酸菌的生产

益生菌的生产流程可以概括为以下几步：首先挑选优良菌株，根据菌株的特性配制适合生长的培养基，选择合适的工艺条件进行发酵，如发酵温度、pH 和时间，以得到含高浓度活菌的发酵液，然后进行浓缩和干燥，得到不同剂型的含有一定数量的活菌制品。

（一）乳杆菌的生产

方曙光等公开了一种嗜酸乳杆菌的生产工艺，该工艺采用天然的发酵方式，是一种低环境污染、低残留的有机益生菌菌粉的生产方法，主要包括以下步骤：

菌株活化及扩培 → 厌氧发酵 → 菌体收集及乳化 → 冷冻干燥 → 粉碎后包装

1. 菌株活化及扩培

采用来源于传统发酵食品老酸奶中筛选保藏的嗜酸乳杆菌活化扩培，在 30~40℃ 下培养 12~36h，连续进行二代逐级扩培。培养基配方质量分数组成为：有机木薯淀粉 1%、有机玉米糖浆 2%，有机亚麻籽蛋白 0.5%，有机大米肽粉 0.5%，硫酸镁 0.005%，氯化钙 0.01%，碳酸钙 0.05%，其余为水。

将盐离子成分（硫酸镁、碳酸铵、无水氯化钙）进行分消 121℃、30min。补加碳酸钠溶液，控制初始 pH6.8~7.0，灭菌条件 115℃、20min，厌氧培养。待检测 pH<5.0，镜检无异常后进行移种发酵。

2. 厌氧发酵

将种液按 5%～10%（体积分数）接种量移种至发酵培养罐中进行培养。发酵培养基配方：有机碳源包括玉米糖浆 2.0% 和木薯淀粉 1.0%，有机氮源包括大米肽粉 0.3% 和大豆蛋白粉 1.2%，生长因子包括蓝莓粉 0.15%，缓冲盐包括碳酸铵 0.01%，微量元素包括硫酸镁 0.02% 和无水氯化钙 0.015%。

培养基中的盐离子成分（硫酸镁、碳酸铵、无水氯化钙）进行分消 121℃、30min，其余发酵培养基化料后进行 80 目过滤，采用 115℃、30min 灭菌；同时补加碳酸钠溶液控制初始 pH6.8～7.0。发酵培养时间 16～18h，培养温度 34～37℃；利用补碱液控制发酵过程 pH6.0～6.2。

跟踪检测发酵培养基残糖含量低于 0.8%，终止生物量 A_{600}>12.0，镜检观测无杂菌污染，终止发酵并降温至 20℃ 以下，检测发酵液活菌数。

3. 菌体收集及乳化

采用管式或碟式离心设备进行分离，按照菌泥质量比 2：1 添加冻干保护剂。冻干保护剂配方重量百分比组成为：甘油 6%、脱脂乳粉 12%、麦芽糊精 7%、抗坏血酸 0.5%、菊糖 15%。除脱脂乳粉、抗坏血酸外其余成分溶解于水后 118℃、20min 灭菌，再将保护剂直接按要求比例添加到菌泥中进行平衡乳化，乳化时间 15～45min。

4. 冷冻干燥

将菌泥与保护剂混合后的乳化液进行低温真空干燥，预冻周期 2～6h，预抽真空温度为 -50℃，真空度控制为（45±15）Pa，真空干燥时间 15～30h 完成。

真空冷冻干燥技术是目前微生物菌种保藏的主要应用技术之一，当微生物冷冻时，其内部的水分快速蒸发掉，只保持最低的水分质量分数，使其生理活动降低到低程度，以增加微生物的寿命，延长其保藏期。

真空冷冻干燥是先将被干燥物料中的水冻成冰，然后使冰升华而除去水的一种干燥方法，在冻干工艺中，低温和水分蒸发会对乳酸细菌细胞造成很大的伤害，甚至会导致菌体细胞死亡，如果直接冷冻乳酸菌菌液，会使活菌数目大幅度下降。为了提高冻干过程中乳酸菌的存活率，向菌体中加入保护剂是一种非常有效的方法。保护剂使悬浮的微生物在冷冻时形成完全或近似完全玻璃化态，从而改变微生物样品冷冻干燥时的物理、化学环境，减轻或防止冷冻干燥或复水时对细胞的损害，尽可能保持原有的各种生理生化特性和生物活性，从而减少微生物在冻干及保存过程中的损害。常用的保护剂有多羟基醇、多糖、氨基酸类等物质。如乳糖、葡萄糖、海藻糖、甘露糖、蔗糖、可溶性淀粉、甘油、谷氨酸、半胱氨酸、脱脂奶粉等。

5. 粉碎包装

将冻干后产品进行低强度粉碎过筛，获得高活性植物乳杆菌冻干菌粉，采用铝箔袋进行包装密封。所得高活性嗜酸乳杆菌菌粉产品，其活菌数大于 $1.0×10^{11}$CFU/g，产品水分低于 5.0%，水活度（A_w）低于 0.1，性状呈乳黄色或淡黄色，无杂质及异物。

6. 微胶囊的生产方法

益生菌虽然具有重要的生理作用，但多数益生菌在进入人和动物消化道后，由于受到胃酸、胆盐等不利因素的影响，难以有足够数量的活菌到达肠道或定植肠道而发挥作用。

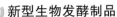

目前，微胶囊技术是提高益生菌存活率和利用率，保护菌体有效性最为有效和实用的方法之一。微胶囊技术还具有防止噬菌体侵染、提高冷冻和干燥过程中存活率、提高贮藏稳定性等优点。嗜酸乳杆菌微胶囊的生产方法如下。

采用离心机将嗜酸乳杆菌发酵液于4℃、7500r/min离心10min，收集菌体。按照菌体与保护剂质量比1:3混合均匀后制得菌悬液（保护剂配方：10%的脱脂奶95%。海藻糖1.5%、甘油0.5%、山梨醇2%、麦芽糊精1%）。然后对菌体进行三层包埋：首先加入等体积的第一层包埋材料（4%大豆蛋白溶液），常温下200r/min搅拌20min；然后等体积加入第二层包埋材料（4%微孔淀粉溶液），200r/min搅拌20min；最后加入2倍溶液体积的第三层包埋材料（2%海藻酸钠溶液），200r/min搅拌30min；将此时得到的混合液滴入2%CaCl$_2$溶液中，固化30min成微球；将上述制得的微球用无菌水漂洗后，放在-70℃的冰箱中预冻3h后进行真空冷冻干燥，冷阱温度-51℃，真空度9Pa，干燥时间24h，即制得嗜酸乳杆菌微胶囊。

（二）双歧杆菌的生产

高鹏飞等公开了一种双歧乳杆菌的生产方法，在优化培养基和发酵条件下控制实现菌体高密度发酵，发酵液活菌数可达$2.0×10^{10}$CFU/mL以上，冻干成品可应用于益生菌发酵剂或益生菌制剂。其主要生产步骤与控制条件如下。

1. 菌种的活化

将-40℃冷冻保存的双歧乳杆V9（*Bifidobacterium animalis* subsp. lactis V9）接种于5mL TPY液体培养基中（TPY培养基：乳糖10g、牛肉膏5g、酵母粉5g、酪蛋白胨10g、大豆蛋白胨5g、KH$_2$PO$_4$ 2.5g、K$_2$HPO$_4$ 2.5g、MgSO$_4$ 0.1g、吐温-80 0.25g、蒸馏水1000mL、pH7.0、121℃灭菌15min），37℃厌氧培养20h，如此传代培养2次得到活化的菌种。

2. 制备种子培养液

将上述活化好的菌种接种于优化培养基中，接种量8%，在37℃厌氧培养至pH为4.8时停止。优化培养基的配制方法：乳糖12.0kg、牛肉膏5.0kg、酵母粉5.0kg、酪蛋白胨12.0kg、大豆蛋白胨5.0kg、KH$_2$PO$_4$ 4.0kg、K$_2$HPO$_4$ 2.0kg、MgSO$_4$ 0.15kg、吐温80 0.35kg、L-半胱氨酸盐酸盐0.5kg、碳酸钙1.2kg、蒸馏水1000L，充分溶解。

3. 接种发酵

将种子培养液接种于上述优化培养基中，接种量10%。先在32℃恒温培养，自然发酵至pH为5.0~5.8；再调整发酵温度为37℃恒温培养，按照每2h通一次氮气的方法保持厌氧条件，自动控制流加10mol/L NaOH溶液保持pH5.9发酵至产酸停止，得到双歧乳杆菌V9高密度培养液，发酵液中活菌数大于$2.0×10^{10}$CFU/mL。

4. 冻干菌粉的制备

将双歧乳杆菌V9高密度发酵液经10000×*g*离心得到浓缩菌体，按浓缩菌体与保护剂溶液比例1:5加入保护剂溶液（保护剂配制比例：脱脂乳10kg、乳糖8kg、维生素C 1kg、谷氨酸钠1kg、蒸馏水1000L），混合均匀后放入冷冻干燥机中冷冻干燥30h，得到双歧乳杆菌V9冻干菌粉，菌粉的活菌数可达$6.0×10^{11}$CFU/g以上，可直接应用于益生菌发酵剂或益生菌制剂。

（三）链球菌的生产

李帅伟公布了一种畜禽养殖用嗜热链球菌微生态制剂的生产方法，用普通发酵罐即可完成高密度发酵，具有操作简单、效果稳定、能耗低的特点。

1. 菌种活化

该方法采用嗜热链球菌活菌作为发酵菌种，将在-80℃保存的嗜热链球菌活菌菌种在MRS培养基固体斜面上划线，37℃培养16h左右，菌种活化1~3次。MRS培养基成分：蛋白胨10.0g、牛肉膏10.0g、酵母膏5.0g、柠檬酸氢二铵2.0g、葡萄糖20.0g、吐温-80 1.0mL、乙酸钠5.0g、磷酸氢二钾2.0g、硫酸镁0.58g、硫酸锰0.25g、琼脂粉15.0g、蒸馏水1000mL，pH6.2~6.6，高温高压灭菌。

2. 制备一级种子

将活化的嗜热链球菌活菌，用接种环挑取一环接种于20mL MRS液体的试管中，37℃深层静置培养20h左右，菌液以3%的接种量接种到装有适当体积MRS培养基的三角瓶中，37℃深层静置培养20h左右备用。

3. 配制液体发酵培养基

经过优化后的嗜热链球菌液体发酵培养基配方：酵母膏7.5g、蛋白胨7.5g、葡萄糖10g、KH_2PO_4 2g、西红柿汁100mL、吐温-80 0.5mL、蒸馏水900mL、pH6.8、搅拌均匀，经121℃、20min高温高压灭菌，在发酵罐降温至45℃时，加入无机盐1.2g/1000mL基料。无机盐：$CaCl_2$ 0.02%、$MgSO_4 \cdot 7H_2O$ 0.04%、$MnSO_4 \cdot H_2O$ 0.04%，为避免形成沉淀，在加入过程中搅拌均匀，然后加入液体石蜡至厚度为2cm。

4. 液体发酵

将经过灭菌处理的液体发酵培养基按照5%的接种量接入一级种子菌，搅拌均匀，保持温度为40~42℃，pH6.6~6.8，培养20h放罐。将嗜热链球菌活菌培养物进行菌落计数，经过这样发酵的活菌体浓度达3.5×10^{10}CFU/mL。

5. 稳定化处理

以玉米粉、小麦粉和豆饼粉，质量比为1:1:1的混合物，作为发酵液的吸附剂，并将植物淀粉吸附的发酵液混合物进行烘干干燥，然后加入质量比为0.25%的聚丙烯酸钠和5%的PEG4000（预先溶解于水），搅拌混匀，65℃下加温处理60min以内，经过干燥、粉碎和包装，制成用于畜禽养殖的微生态饲料添加剂。

四、乳酸菌的应用

（一）乳酸菌在食品中的应用

1. 乳酸菌在酸乳中的应用

由于酸乳的营养价值和特殊的风味，越来越被人们所接受和欢迎，人均年消费量日益提高，商品酸乳基本上分为3大类，即天然型、果料型和调味型。酸奶的发酵历史已达数千年，一直以来嗜热链球菌常与保加利亚乳杆菌复配进行酸奶发酵，二者互利共生、提高菌株生长速度、改善发酵乳风味和品质，至今这两种菌仍然被用于我国各大主流品牌酸奶的制作中。除此之外，德式乳杆菌和双歧杆菌也常用于酸乳的生产，其中各菌株接种量的多少、使用菌种类型和比例、培养温度和时间都会影响酸乳的品质。

除具有优良的发酵特性以外，嗜热链球菌还具有一定的益生功能，例如缓解乳糖不耐症、抗氧化特性、抗炎症特性以及产生叶酸和细菌素等功能性物质。牛奶等原料乳中含有丰富的乳糖，中国人群中有一部分人因缺乏乳糖酶而难以消化乳糖，因而患有乳糖不耐症。嗜热链球菌产生的乳糖酶能够分解乳中的乳糖产生半乳糖，从而促进乳糖不耐症人群全面吸收乳中的营养。

酸乳生产工艺多样，接种和培养发酵有所不同，根据产品类型和加工设备择优选择，其一般流程如下。

（1）乳预处理　可调配乳汁比例，将脂肪含量标准化为 0.5% ~ 3.0%、固形物 12% ~ 14%。可根据需要来添加糖类和稳定剂，将原料在 60℃下预热、在高压下匀质，然后加热至 90 ~ 95℃维持 3 ~ 5min，再冷却至 30 ~ 40℃。

（2）接入益生菌成熟液　对原料乳接入德式乳杆菌、保加利亚乳杆菌和嗜热链球菌占优势的菌群，可以接入大型容器中，也可以接入小型瓶中，进行酸乳发酵，接种量约为 3%。

（3）发酵　选用混合菌种发酵，一定要保持比例平衡。发酵温度高则所用时间短，如在 40℃发酵，时间约为 3h，在 30℃的条件下发酵，时间为 10 ~ 18h，当酸度达到 0.9%、pH4.6 即为发酵结束。

（4）冷却　发酵结束一般将酸乳冷却到 10℃以下，根据需要可加入果汁和其他配料，也可根据产品需要进行巴氏杀菌和浓缩。

（5）包装　在冷藏和清洁卫生条件下进行包装。

2. 乳酸菌在肉制品中的应用

发酵肉制品主要应用的是乳酸菌，我国云南省傣族人民有食用酸肉的习惯，即将鲜肉切片放置于密闭的容器中，使之经过 1 ~ 2 个月的乳酸菌发酵后食用，既有肉香味，又有乳酸菌发酵的酸味。随着肉类加工技术的提高，乳酸菌在肉制品中的应用日益广泛。

3. 乳酸菌在果蔬发酵中的应用

应用最普遍的是乳酸菌发酵蔬菜。蔬菜中含有丰富的纤维素和矿物质，利用乳酸菌对蔬菜发酵不仅有利于保持蔬菜的营养成分和色泽，而且发酵蔬菜中的乳酸菌摄入消化道后，具有增强肌体免疫力作用，同时还可以促进肠胃蠕动，具有治疗便秘的作用。

4. 乳酸菌在食品应用中的其他领域

乳酸菌在酿造工业中的应用也较广泛，如葡萄酒、啤酒、发酵乳酒、酱油、食醋等行业。此外，乳酸菌在谷物加工领域也有应用，如黑麦酸面包、苏打饼干、格瓦斯饮料、发酵大米饮料、发酵玉米饮料等。

（二）乳酸菌在医药领域的应用

乳酸菌可用于调节人体微生态平衡，提高健康水平，其中双歧杆菌活菌制剂起步较早，药品名称如金双歧三联活菌片、双歧杆菌三联活菌胶囊等，均含有双歧杆菌活菌制剂。双歧杆菌三联活菌胶囊商品名称培菲康，组分为长型双歧杆菌、嗜酸乳杆菌和粪肠球菌，含活菌数分别不低于 $4.7×10^7$ CFU/g，主治因肠道菌群失调引起的急慢性腹泻、便秘，也可以用于治疗轻中型急性腹泻，慢性腹泻及消化不良、腹胀，以及辅助治疗因肠道菌群失调引起的内毒素血症。

（三）乳酸菌在动物养殖中的应用

乳酸菌在反刍动物中的应用逐渐成为研究热点，通过饲喂乳酸菌，可以刺激反刍动物肠道微生物群，提高黏膜免疫力和预防病原体，增强肠道健康。乳酸菌也被广泛应用在家禽的养殖中，在大规模养殖场中，肉鸡容易发生应激性、肠道感染等疾病，研究发现饲喂乳酸菌可以改善肉鸡这一症状，减少养殖户的经济损失。另外，通过单一或复合乳酸菌制剂饲喂仔猪，可以激发胃肠道有益微生物的活性，从而对肠道菌群稳态、仔猪生长性能和免疫功能产生影响。

（四）乳酸菌在发酵饲料中的应用

青贮饲料是利用乳酸菌的发酵机能，将新鲜的牧草或饲料作物切短装入密封的青贮设施，如窖、壕、塔、袋等中，经过微生物发酵作用，制成一种具有特殊芳香气味、营养丰富的多汁饲料。它能够长期保存青绿多汁的特性，具有家畜适口性好、营养价值高的特点，可扩大饲料资源，保证家畜均衡供应，因此已被世界许多国家广泛利用。

第二节　芽孢杆菌

一、芽孢杆菌的概念

芽孢杆菌是普遍存在的一种好氧或兼性厌氧的、产抗逆性内生孢子的杆状细菌，为革兰阳性菌。这类细菌多数为腐生菌，主要分布于土壤、植物体表面及水体中，由于其产生的芽孢能够产生对热、紫外线、电磁辐射和某些化学药品很强的抗性，因此能耐受多种不良环境。

芽孢杆菌属中的各种菌种在适宜温度、所需营养成分、构成、代谢等方面有较大的差异。芽孢杆菌属中有100多个种，主要包括地衣芽孢杆菌、蜡样芽孢杆菌、苏云金芽孢杆菌、枯草芽孢杆菌、解淀粉芽孢杆菌、短芽孢杆菌、短小芽孢杆菌、环状芽孢杆菌等，其中益生芽孢杆菌主要包括地衣芽孢杆菌、枯草芽孢杆菌、解淀粉芽孢杆菌、凝结芽孢杆菌和需氧芽孢杆菌。

二、芽孢杆菌的益生性质

芽孢杆菌除了具有乳酸菌等普通肠道有益菌的保健功能外，还能耐胃酸、耐高温高压、无耐药性，并具有易于培养和贮存等优点，其主要益生性质及特点如下。

（一）益生芽孢杆菌的抗逆性

芽孢是芽孢杆菌特有的结构，其主要特点是抗性强，对高温、紫外线、干燥、辐射等有毒化学物质有较强的抵抗力。由于芽孢具有厚而含水量低的多层结构，所以折光性强、对染料不易着色。在孢子状态下稳定性好，耐氧化、耐挤压、耐高温，如枯草芽孢杆菌一般在95℃下存放5min，活性能够保存89%；另外，芽孢杆菌耐酸碱性强，在胃酸环境中能保持活性，可以耐唾液和胆汁的消化降解。有数据显示，益生芽孢杆菌加工制粒后，在水产动物体内95%可以变成营养体。

（二）益生芽孢杆菌的营养性质

1. 产生多种消化酶

芽孢杆菌在生长繁殖过程中能产生淀粉酶、蛋白酶、脂肪酶和植酸酶等，促使营养成分的消化吸收；产生的氨基氧化酶及分解硫化氢的酶类，可将吲哚类氧化成无毒、无害的物质；在动物养殖中，可以降低环境中氨氮、亚硝酸盐、硫化氢等有毒有害物质的浓度，创造优质的养殖环境。

2. 产生多种营养物质

芽孢杆菌定殖在肠道内，产生氨基酸、维生素、短链脂肪酸等营养物质，同肠道其他益生菌如乳酸杆菌和双歧杆菌等有益菌协同作用，加快小肠蠕动，使肠道消化功能得以改善，维持肠道内微生态的菌群平衡，提高肌体免疫能力和抗病能力，减少肠道疾病，促进动物和人的生长。

3. 抑菌效果

芽孢杆菌通过分泌抑菌物质，如凝结素从而抑制大肠埃希菌、沙门菌、志贺菌等常见肠道致病菌的生长。

三、芽孢杆菌的生产

（一）枯草芽孢杆菌的生产

芽孢杆菌类微生态制剂的生产主要有以下步骤：

$$菌种 \rightarrow \boxed{种子培养} \rightarrow \boxed{发酵培养} \rightarrow \boxed{制剂化} \rightarrow \boxed{成品包装}$$

其中枯草芽孢杆菌的一般生产过程如下。

1. 菌种活化

芽孢杆菌原始菌种可以自行筛选，或从菌种保藏中心购买。长时间保存的菌种在用于生产前还需要活化，先稀释涂平板培养一两天后，挑取分隔良好的单克隆菌落接种于牛肉膏蛋白胨培养基中，37℃摇床恒温培养8h，再按0.5%~1%的比例转接。培养好的菌液可以立即用于种子培养，或放于4℃环境中保存待用，可保存一周左右。

2. 种子培养

种子的培养常用摇瓶培养后再放入种子罐进行逐级培养。如果发酵规模不大，则进行一级种子培养或两级摇瓶培养即可。

枯草芽孢杆菌的种子制备，可配制枯草芽孢杆菌批量培养基8~12mL，装入100mL的三角瓶中，121℃灭菌20min，冷却至40℃以下，从单克隆菌落培养皿挑取单克隆接种，

37℃恒温摇床中（200r/min）培养 12~24h，使其处于对数生长中后期。种子培养基配方：淀粉 15g/L、玉米浆 15g/L、酵母抽提物 3g/L、玉米粉 8g/L、蛋白胨 6g/L、磷酸氢二钾 0.5g/L，pH7.2。

二级种子培养使用种子罐，种子罐的大小需要根据发酵产品和发酵罐的容积配套确定，一般按发酵液体积的 0.5%~1.0% 来确定，种子罐的搅拌转速及通风量根据具体芽孢杆菌生长特性而定。

3. 发酵培养

发酵水平的高低除了取决于芽孢杆菌菌种本身的性能外，还受到发酵条件和工艺等的影响。在大规模发酵生产之前，在实验研究阶段需要弄清生产菌种对环境条件的要求，掌握菌种在发酵过程中的生长规律、芽孢形成条件等。在此基础上，在大罐发酵中通过有效地调节控制各种工艺条件和参数，使生产菌种能始终处于生长或芽孢形成的优化环境中，从而最大限度地发挥生产菌种的生长和合成产物的能力，进而取得最大的经济效益。

液态发酵法生产枯草芽孢杆菌的工艺：将培养好的种子液接入发酵培养基中，于32℃、250rpm 的条件下培养 40h，得到枯草芽孢杆菌发酵液，该发酵液的活芽孢数达到350 亿CFU/mL。发酵培养基：淀粉 30g/L、玉米浆 30g/L、酵母抽提物 15g/L、玉米粉 10g/L、蛋白胨 25g/L、豆粕 15g/L、氯化钙 0.5g/L、硫酸镁 0.8g/L、氯化锰 0.2g/L、磷酸二氢钾0.2g/L，pH7.5。

固态发酵法生产枯草芽孢杆菌的工艺：将种子接种至固体培养基上，发酵培养 36h 后粉碎，得到枯草芽孢杆菌的发酵物制品。固体培养基：二乙氨基乙基交联葡聚糖凝胶 10kg、1-[2-(β-D-吡喃葡萄糖氧基)-4,6-二羟基苯基]-3-(4-羟基苯基)-丙酮 5kg、D-2,3,5,6-四羟基-2-己烯酸-γ-内酯 3kg 均匀混合，之后加入水 30kg 中浸泡 0.3h，之后加入秸秆 24kg、玉米粉 24kg、麸皮 10kg，搅拌均匀即得。

4. 制剂化

液态发酵的枯草芽孢杆菌，需要制剂化才能方便贮存和流通，其所用辅料及工艺控制有多种形式，其真空冷冻操作步骤可以为：按质量百分比为发酵液 80%、脱脂奶粉 10%、经过研磨过 60 目筛的精细粉末麦麸 10%，将 3 种原料混合均匀，采用-80℃预冷冻，温度-50℃，真空度23Pa，冷冻干燥48h，得枯草芽孢杆菌制剂。

（二）凝结芽孢杆菌的固态发酵生产

凝结芽孢杆菌（*Bacillus coagulans*）是近几年益生菌领域研究的热点。凝结芽孢杆菌为革兰阳性菌，耐热性好，为兼性厌氧芽孢菌，需要微量氧，能够产生内孢子，可耐受胃酸和胆汁，食用后到达肠胃仍保持着较高的存活率，由其制成的微生态制剂已被广泛地应用于畜牧业、水产养殖业、食品以及医药等行业中，具有较大的发展前景。

王云龙等公开了一种凝结芽孢杆菌的制备方法，该方法采用半封闭式固体发酵工艺，在发酵过程中物料处于半封闭状态，与少量空气接触，生长期可以充分利用残余氧气使凝结芽孢杆菌菌体大量繁殖，生长后期氧气大量减少，刺激芽孢快速形成，通过夺氧作用抑制杂菌的生长，解决固体发酵污染的情况，其主要工艺如下。

1. 种子培养

将原始菌种接种至一级斜面培养基上，30~45℃培养20~32h。培养基成分及含量：酵母膏5~15g/L、蛋白胨5~15g/L、葡萄糖0.5~5g/L、氯化钠5~10g/L、磷酸氢二钾1~5g/L、硫酸锰0.1~2g/L、pH7.0~7.2。

将上述一级凝结芽孢杆菌单菌落接种于二级培养液中，装液量为50~100mL/500mL，30~45℃、160~300rpm条件下培养20~32h得到二级凝结芽孢杆菌种子液。二级液体培养基成分及含量：葡萄糖5~20g/L、氯化钠1~5g/L、酵母膏3~12g/L、胰蛋白胨10~25g/L、牛肉膏5~10g/L、磷酸二氢钾1~5g/L、硫酸镁1~5g/L、硫酸锰0.1~2g/L、碳酸钙1~5g/L、pH6.6~7.0。

将二级种子液按照体积分数0.5%~10%接种于三级培养液中，在30~45℃、160~300rpm的条件下培养20~36h，得到凝结芽孢杆菌三级种子液，培养基配比与二级液体培养基相同。

2. 固体发酵培养

培养基按1%~10%的质量分数接入固体发酵培养基中，培养基含水量控制在49%~58%、pH在6.0~7.0、曲房相对湿度保持在85%以上、料温控制在30~45℃，采用半封闭式发酵48~72h，芽孢率达到90%以上，芽孢达到1.5×10^{10}CFU/g。固体发酵培养基成分及占比：麸皮55%~70%、豆粕20%~40%、玉米粉1%~5%、蔗糖0.1%~1%、乳糖0.5%~1.5%、葡萄糖0.1%~1%、酵母膏0.1%~1%、pH7.0~7.2。

3. 成品加工

在不高于50℃条件下将发酵物烘干、粉碎成40目后，检验、包装成产品。

（三）凝结芽孢杆菌的液态发酵生产

胡永红等公开了一种液态发酵法生产凝结芽孢杆菌的方法，该方法经种子活化、发酵、过滤、干燥、制粒、筛分等工序，得到凝结芽孢杆菌预混剂，具有生产成本低、操作简便的特点。所得微生态制剂可改善土壤团粒结构，改良土壤，使植物免受病原微生物危害，从而促进农作物生长，其主要过程如下。

1. 菌种活化

将凝结芽孢杆菌（*Bacillus coagulans* CGMCC No.6681）的1个菌落接入活化培养基中，活化培养基成分：葡萄糖55g/L、蛋白胨8g/L、酵母膏4g/L、pH为6.5、体积装液量为20%，活化培养温度32℃、pH6.5、转速200r/min、活化培养24h。

2. 发酵

将活化液以体积分数接种量为3%接种于发酵培养基中，发酵培养基成分：葡萄糖7.0g/L、KH_2PO_4 2.0g/L、$MnSO_4 \cdot H_2O$ 0.15g/L、$MgSO_4 \cdot 7H_2O$ 0.11g/L。发酵罐体积装液量20%、温度32℃、初始pH6.5、转速210r/min。

待发酵到对数生长期后，添加如下培养基成分。按质量比为1:1添加葡萄糖和蔗糖，添加总质量与凝结芽孢杆菌发酵液体积比为2.5g:1L；酵母浸出物和胰蛋白胨按照质量比为1:1添加，添加总质量与凝结芽孢杆菌发酵液体积比为5g:1L；添加氯化钠，添加质量与凝结芽孢杆菌发酵液体积比为0.01g:1L。

发酵 20h 后，添加多元醇，按照质量比为 1∶1 添加聚乙二醇 1000 和山梨醇，添加总质量与凝结芽孢杆菌发酵液体积比为 4.5g∶1L；添加精氨酸，添加质量与凝结芽孢杆菌发酵液体积比为 2.5g∶1L；添加井冈霉素和赤霉素，按照质量比为 2∶3 添加，添加总质量与凝结芽孢杆菌发酵液体积比为 1400mg∶1L，最后搅拌均匀。

3. 后处理

将发酵结束后的发酵液温度控制在 32℃，用质量分数为 25% 的氢氧化钠溶液调节 pH 为 6.5，添加助滤剂珍珠岩，加入助滤剂的重量与发酵液的体积比为（2～10g）∶1mL，采用板框进行压滤，得到凝结芽孢杆菌滤饼。将滤饼进行闪蒸干燥，闪蒸干燥条件为进风温度 120℃，出风温度 60℃，物料温度 80℃，干燥 35min，经过粉碎后，得到凝结芽孢杆菌菌体粉。

然后将凝结芽孢杆菌菌体粉与载体混合得到混合物，载体为十二烷基苯磺酸钠，载体过 80 目筛，其中菌体粉占混合物质量的 25%，载体占混合物质量的 75%，加入水进行挤压制粒，水的加入量为混合物质量的 25%，从而得到凝结芽孢杆菌预混剂湿颗粒剂，经流化床干燥，流化床干燥条件为：进风温度 150℃，出风温度 60℃，干燥 55min，最后过 60 目筛，得到颗粒度为 60 目的干燥凝结芽孢杆菌预混剂颗粒剂。

（四）复合微生态制剂的生产

微生态制剂是利用正常微生物或促进微生物生长的物质（益生元等）制成的活的微生物制剂，其无毒副作用、无耐药性、无残留、低成本，调整或维持动物肠道内微生态平衡等特点，使微生态制剂在畜禽和水产养殖上应用广泛。目前在畜禽和水产养殖生产上应用的微生态制剂，通常由 4 类微生物构成，即乳酸菌类（如嗜乳酸杆菌、双歧杆菌、粪链球菌等）、酵母菌类（如酿酒酵母、石油酵母等）、芽孢杆菌类（如枯草芽孢杆菌、地衣芽孢杆菌和蜡样芽孢杆菌等）和光合细菌类。

王颖公开了一种水产养殖用微生态制剂的生产方法，该微生态制剂包含光合细菌、酿酒酵母、芽孢杆菌等益生菌，可以增加水体透明度和溶氧，降解吸收和转化水产养殖环境中的有机污染物及水体中的亚硝酸盐、硫化物、氮、磷等有害物质，降低饵料系数，减少生产成本，迅速优化养殖环境，增强养殖鱼类抗病能力，促进养殖对象的快速生长。

首先在不同培养条件下分别得到枯草芽孢杆菌固体菌剂、酿酒酵母固体菌剂、反硝化细菌固体菌剂、光合细菌固体菌剂，将上述 4 种菌剂与粉碎的有机混合物混合均匀，挤压造粒，得到活菌原菌柱状颗粒，颗粒的直径为 0.3cm，长为 0.9～1.2cm；然后将微生物絮凝剂圆盘造粒，得到白色球形颗粒，球形颗粒的直径优选为 0.07cm；然后将活菌原菌柱状颗粒和球形颗粒混合，搅拌均匀即得。

成品中各成分的质量分数分别为：枯草芽孢杆菌 11.5%、酿酒酵母 11.0%、反硝化细菌 33.5%、光合细菌 14.5%、微生物絮凝剂 0.5%、有机混合物 29.0%。其中微生物絮凝剂为 NOC-1 型，分子质量 70 万～100 万 u；有机混合物的成分及质量分数分别为：沸石粉 50%、豆粕 40%、果渣 10%。

四、芽孢杆菌的应用

(一) 芽孢杆菌在畜禽养殖行业的应用

目前芽孢杆菌类微生物饲料添加剂已广泛用于畜禽养殖行业中，在养殖家禽、养猪和反刍动物等方面都取得了良好的应用效果。饲料中添加芽孢杆菌微生态制剂不仅能提高畜禽生产肉、奶和蛋等的产量，而且有望大量降低抗生素用量，提高肉、蛋、奶等产品的品质，给养殖户带来显著的经济效益。芽孢杆菌还能产生多种酶，故能减少维生素和酶制剂的添加量，显著降低饲料企业的生产成本。据统计，国内外用于畜禽生产的芽孢杆菌种类有枯草芽孢杆菌、凝结芽孢杆菌、缓慢芽孢杆菌、地衣芽孢杆菌、短小芽孢杆菌、蜡样芽孢杆菌、环状芽孢杆菌、巨大芽孢杆菌、坚强芽孢杆菌、东洋芽孢杆菌、纳豆芽孢杆菌、芽孢乳杆菌和丁酸梭菌等。

芽孢杆菌作为理想的微生物添加剂，具有可逆性强、产酶种类多等优势。芽孢杆菌菌种是微生物饲料添加剂产品质量和应用效果的关键，作为微生物饲料添加剂，其应具备以下几个条件：①来源于畜禽体内有益芽孢杆菌，这种微生物经人工培养、繁殖和制成添加剂后，很容易在家畜体内定植和繁殖。②微生物的繁殖率高、生长快，这样可以迅速占据消化道，抑制其他病原微生物的侵入和定植。③具有较强的产酶能力，产酶利于消化道对营养物质的消化，提高饲料的转化率。④所选用的微生物应具有较强的生命力及耐受性。在生产添加剂的过程中，不至于失去活性而丧失功效。⑤安全性良好，微生物必须是非病原性，菌株及代谢产物也必须是确定安全的。

(二) 芽孢杆菌在农业生产中的应用

现代农业是建立在肥料的基础之上，为了克服化肥过量使用带来的弊端，科学家一直在努力探索如何提高化肥利用率、平衡施肥、合理施肥，并开发了微生物肥料等新型肥料。微生物肥料是一类含有活微生物的特定制剂，应用于农业生产中，能够获得特定的肥料效应。能够用作微生物肥料的芽孢杆菌种类很多，按其作用机理可分为根瘤菌肥料、固氮菌肥料、解磷类肥料、解钾类肥料等。

2000 年，微生物肥料被国家科技部列为高科技产品，并作为优先发展的农业项目，目前我国微生物肥料的生产厂家超过 400 家，年产量达到 500 万 t。经过几十年的研究和探索，我国已经自行筛选出多株有肥效功能的芽孢杆菌，如有固氮作用的短小芽孢杆菌、固氮芽孢杆菌 (*B. azotofixans*) 等 10 多种，解磷的巨大芽孢杆菌、侧胞芽孢杆菌等，解钾的多黏芽孢杆菌、环状芽孢杆菌等，部分菌株已经投入生产。

此外，我国利用芽孢杆菌防治植物病害的应用研究达到了世界先进水平，现已开发出一批生物防护作用优良的枯草芽孢杆菌菌株，如 B916、B908、B3、B903、BL03、XM16，蜡状芽孢杆菌 R2 菌株，短小芽孢杆菌 A3 菌株和增产菌系列产品等。B916 菌株对多种病原真菌和水稻白叶枯病菌都有显著抑制作用，自 1991 年至今对水稻纹枯病田间防效稳定在 50%~81%。南京农业大学生防菌 B3 (商品名麦丰宁) 对小麦纹枯病田间防效达 50%~80%。莱阳农学院 BL03 和 XM16 菌株对苹果霉心病和棉花炭疽病田间防效达 90%。其他具有增产防病作用的芽孢杆菌还有 B908、R2 等菌株。

（三）芽孢杆菌在医药领域的应用

用作医药的芽孢杆菌主要是活菌制剂，目前芽孢杆菌类活菌制剂主要有蜡质芽孢杆菌、地衣芽孢杆菌和枯草芽孢杆菌等。最有代表性的产品之一就是 1992 年问世的"整肠生"制剂，其生产菌种地衣芽孢杆菌是我国自行分离出来并用于生产的新菌株，具有调节微生态平衡、治疗肠炎和腹泻等多种作用，由东北制药集团公司沈阳第一制药有限公司生产。其他的已商业化的医药产品有"促菌生"（蜡样芽孢杆菌，成都生物制品研究所）、"乳康生"（蜡样芽孢杆菌，大连医科大学）、"爽舒宝"（凝结芽孢杆菌活菌片，青岛东海药业有限公司）、"阿泰宁"（酪酸梭菌活菌胶囊，青岛东海药业有限公司）等。

除此之外还有小儿药品"妈咪爱"（枯草杆菌二联活菌颗粒，含枯草芽孢杆菌和屎肠球菌，北京韩美药品有限公司）。仅"妈咪爱"一种产品，每年全国的销售额就达数亿元。

（四）芽孢杆菌在环境保护领域的应用

芽孢杆菌在水体净化方面也有广阔的应用。在水产养殖中，微生态环境起着水产动物排泄物及残余饵料的分解、转化以及水质调节与稳定等作用，它的正常与否决定着水质的优劣，进而影响水产动物的健康生长。我国水产养殖多以在静水中投饵喂养为主，池塘老化严重，自净与调节能力较差，水体富营养化严重，导致水产动物疾病频繁发生。

芽孢杆菌是土壤中的优势菌种，分解、转化和适应能力强，对养殖生物和人体无害，已被大量地用于水产养殖中。国内水产养殖中最常用的芽孢杆菌是枯草芽孢杆菌，枯草芽孢杆菌能够降低水体的富营养化程度、改善水质、优化养殖水体环境、保持养殖池微生态平衡，从而降低病害的发生、提高水产品的品质。如在虾类养殖中施用枯草芽孢杆菌制剂，通过其繁殖和代谢作用，施用 5d 后养殖池中的有害物质如亚硝酸盐、硫化氢减少，亚硝酸盐浓度降低 20%，衡量水质污染状况的化学耗氧量值（COD）降低 21%。

（五）芽孢杆菌在酶制剂生产领域的应用

芽孢杆菌产酶研究历史悠久，早在 1917 年法国的 Boidin 和 Effront 首创了用枯草芽孢杆菌生产淀粉酶，在纺织工业中用作退浆剂。我国工业酶制剂始于 1965 年，为由枯草芽孢杆菌生产的 BF-7658 型淀粉酶；1966 年我国自行选育的枯草芽孢杆菌 1.398 中性蛋白酶投入生产，自此我国的酶制剂工业迅速发展起来。枯草芽孢杆菌是最早也是最多用于酶制剂生产的菌种，有关枯草芽孢杆菌酶的研究也是最深入的，例如高产菌株的选育、工程菌的研究、蛋白分泌机制的探讨等对提高酶产量和质量都起到了积极的推动作用。

据不完全统计，目前国内已经投产的以芽孢杆菌为主要生产菌株的酶制剂有 α-淀粉酶（BF7658、JD32 枯草芽孢杆菌）、碱性蛋白酶（2.709 地衣芽孢杆菌、289 短小芽孢杆菌）、中性蛋白酶（1.398、5114 和 172 枯草芽孢杆菌）。芽孢杆菌能够形成的酶类达到几十种，比较典型的是蛋白酶和淀粉酶，其次是甘露聚糖酶、果胶酶、几丁质酶、木聚糖酶、纳豆激酶、β-葡萄糖苷酶、纤维素酶、脂肪酶、植酸酶等，还有 α-乙酰乳酸脱羧酶、超氧化物歧化酶、磷脂酶、木质素酶等。

第三节　益生菌的中试工艺技术

随着益生菌知识的普及，益生菌产品被越来越多的消费者关注。2017 年全球益生菌市场规模占 3472.51 亿元，其中中国市场约占 559 亿元人民币。前瞻产业研究院预测，到 2020 年，我国益生菌类产品市场规模将接近 850 亿元，可见其市场发展潜力巨大。

实验室条件无法满足产业化工艺调试需求，其与正式的产业化工艺之间仍存在较大差距，往往需进一步创造放大条件，缩短与产业化之间的距离。鉴于此，建设益生菌粉剂中试生产基地，可以填补高效科技成果转化中的"中试空白"，提高科研成果转化的概率和效率。

一、工艺流程

项目建设包含研发实验室、中试车间、仓库三个部分，预估总面积 600m²。具体工艺流程、设备清单和空间需求见图 17-1。

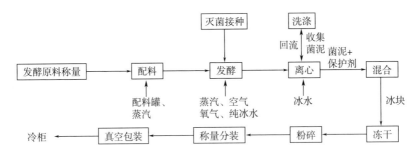

图 17-1　益生菌工艺流程

二、设备清单

设备清单见表 17-1，表 17-2。

表 17-1　　　　　　　　　　　　　　　研发实验室设备清单

编号	设备名称	数量	用途	单价/万元
1	-80℃冰箱	1	菌种贮藏	6.0
2	超净工作台	2	无菌操作	0.8
3	电子天平	1	样品及试剂的称取	0.6
4	分析天平	1	样品及试剂的精确称取	0.6
5	磁力搅拌	2	试剂的溶解	0.4
6	全自动灭菌锅	1	灭菌	3.5

续表

编号	设备名称	数量	用途	单价/万元
7	烘箱	1	物品烘干及培养基保温	0.6
8	电陶炉	1	固体培养基的配制及融化	0.1
9	旋涡振荡器	3	旋涡振荡	0.35
10	培养箱	2	细菌培养	0.6
11	pH 计	1	培养基及样品 pH 的测定及调整	0.3
12	可见分光光度计	1	菌体浓度和糖的测定	1.0
13	离心机	1	液体样品离心（规格 2mL）	2.5
14	离心机	1	液体样品离心（规格 50mL）	4.5
15	拍击式均质机	1	样品的均质，均质完全的样品用于后续测定	1.0
16	普通显微镜	1	菌体的观察	0.5
17	快速水分测定仪	1	快速测定菌粉水分含量	0.6
18	水分活度仪	1	快速测定菌粉水分活度	10
19	八连发酵罐（500mL）	1	发酵参数的摸索	25
20	三升或五升原位灭菌罐	1	双歧杆菌的培养工艺	35
21	水浴锅（4 孔）	1	样品的保温及测定	0.2
	总价			96.65

表 17-2　　　　　　　　　　　　中试车间设备清单

流程	数量	设备	单价/万元
原料贮存	2	除湿机	0.325
发酵原料称量	1	电子秤	0.02
发酵系统	1	GUJS-500L 发酵罐×1 台；50L 种子罐 150L×3；自动 CIP 系统 80L；全自动酸碱罐 100L；配料罐蒸汽发生器；无油空压机；制氮机 30L；菌泥混合罐 50L；洗涤罐	120
纯水设备	1	0.5t/h 水处理设备	14.6
均质	1	100L 均质机 ATS	60
离心	1	GQ145 管式离心机	4.9
冻干机	1	LyoBeta6P（基本机型）×1 台	120
烘箱	1	电热干燥箱	0.6
粉碎	1	家用粉碎机	0.034
称量	1	量程 1~5kg 天平	0.15
真空包装	1	DZ-400 真空包装机	0.3
冷柜	1	YC-280 冷藏冰箱	0.5
总价			321.754

三、空间需求

整个项目预计所需面积约 600m²，其中实验室 120m²、中试车间 400m²、仓库 80m²，空间高度要求 4.5~5m。鉴于项目包含中试车间及仓库建设，空间需设置在 1 楼，便于生产和运输。

四、项目总投资预算

项目总投资预算见表 17-3。

表 17-3　　　　　　　　　　项目总投资预算

项　　目	金额/万元
设备	418.404
实验室、仓库装修	6
中试车间装修	60
消防	6
总额	490.404

参考文献

[1] 沙玉杰. 乳酸菌对凡纳滨对虾益生机理的研究 [D]. 青岛：中国科学院研究生院（海洋研究所），2016.

[2] 方曙光，陈珂可，严涛，等. 有机益生菌菌粉的制备方法 CN109355231A [P]. 2019-02-19.

[3] 闫海，尹春华，刘晓璐. 益生菌培养与应用 [M]. 北京：清华大学出版社，2018.

[4] 高鹏飞，赵旭，张善亭. 一种双歧乳杆菌的高密度培养方法及其冻干菌粉制备 CN103898018A [P]. 2014-07-02.

[5] 李帅伟，李本涛. 一种稳定安全的嗜热链球菌活菌制剂及其制备方法 CN103404703A [P]. 2013-11-27.

[6] 胡永红，陈卫，刘邮洲，等. 益生芽孢杆菌生产与应用 [M]. 北京：化学工业出版社，2015.

[7] 于佳民，张建梅，谷巍. 微生态益生菌凝结芽孢杆菌的应用研究进展 [J]. 广东饲料，2013，22（6）：26-28.

[8] 王云龙，吴勃. 凝结芽孢杆菌的芽孢制剂的制备方法 CN103160455A [P]. 2013-06-19.

[9] 胡永红，曹花，杨文革，等. 一种制备凝结芽孢杆菌预混剂的方法 CN107568211A [P]. 2018-01-12.

[10] 黄业翔. 絮凝固定化光合细菌处理生活污水的研究 [D]. 南宁：广西大学，2018.

[11] 何若天，何永强，农友业. 农用益生菌生产与应用手册 [M]. 北京：金盾出版社，2015.

[12] 王颖. 净化水体的微生态制剂及其制备方法 CN101698539A [P]. 2010-04-28.

第十八章 益生元

第一节 低聚麦芽糖

一、简介

低聚麦芽糖是以淀粉或玉米、薯类等淀粉质农产品为原料，经淀粉酶和相应糖化酶的作用，低程度转化生成含有 2~10 个直链葡萄糖分子的糖液，再经后处理制成的液体或粉末状产品。

低聚麦芽糖浆主要成分是 G2~G8 混合糖，研究表明 G3 以上聚合度的低聚糖和 G2 及以下的糖在抗菌活性、保湿性、黏度、发酵性以及体内利用性等方面有明显的差别。葡萄糖（G1）和麦芽糖（G2）具有很好的发酵性，人体大量饮用后，主要在胃中吸收，部分进入肠道，被肠内产气荚膜梭菌等有害菌群利用进行繁殖、发酵，从而伤害人体，而麦芽三糖（G3）以上的糖，由于其难发酵性，能有效地抑制有害的菌群，因此 G3 以上聚合度的低聚麦芽糖浆具有更加广阔的应用空间，尤其是富含麦芽四糖的低聚麦芽糖浆具有甜度低、黏度高、保湿性好、吸湿性低、增稠作用强等独特的性质，使其具有良好的食品加工性，具有广阔的市场前景。

二、性质

低聚麦芽糖的性质见表 18-1。

表 18-1　　　　　　　　　　　　　低聚麦芽糖的一般性质

类别	一 般 性 状
甜度	设定蔗糖的甜度为 100，则各种低聚麦芽糖的甜度分别为：麦芽二糖为 44、麦芽三糖为 32、麦芽四糖为 20、麦芽五糖为 17、麦芽六糖为 10、麦芽七糖 5。随着聚合度的增加，甜度逐渐降低，麦芽四糖以上的低聚麦芽糖只能隐约感觉到甜味
黏度	麦芽三糖以上和麦芽二糖之间有显著差异，麦芽二糖与蔗糖相同，麦芽三糖以上则随着聚合度的增加，黏度逐渐增加，且大于蔗糖的黏度。麦芽五糖以下仍有较好的流动性，麦芽七糖则会使食品有浓稠感
保湿性	麦芽三糖的吸湿性最高，麦芽二糖的吸湿性最低，麦芽四糖和麦芽七糖的吸湿性总是小于麦芽三糖

续表

类别	一 般 性 状
渗透性	低聚麦芽糖的渗透压随聚合度的增加而逐渐减小
颜色稳定性	低聚麦芽糖颜色的稳定性比葡萄糖、麦芽糖浆、玉米高果糖浆等要好，不易发生褐变
功能性	低聚麦芽糖具有滋补营养性，是一种能延长供能、强化肌体耐力、易消化吸收、低甜度、低渗透压的新糖源。可提高人体对钙离子的吸收能力，吸收时可不经胃消化而直接经肠吸收，可作为婴儿食品的能量来源

三、生产

低聚麦芽糖的商品化产品为麦芽三糖、麦芽四糖、麦芽五糖、麦芽六糖，由于还没有发现可生成麦芽七糖以上的酶。目前很难生产麦芽七糖以上的低聚麦芽糖。现有的低聚麦芽糖产品主要应用于饮料、糖果、糕点、乳制品、果酱、冷冻食品、保健食品的制作和生产中。

低聚麦芽糖的生产工艺与葡萄糖和麦芽糖相似，不同之处在于糖化阶段所用酶制剂种类。读者可以参考第二章淀粉加工用酶，了解更多的关于淀粉制糖的单元操作，下面以麦芽四糖的生产为例，介绍低聚麦芽糖的生产。其流程为：

淀粉→ 调浆 → 液化 → 糖化 → 灭酶 → 除渣 → 脱色 → 离子交换 → 浓缩 → 喷雾干燥 →成品

1. 调浆

淀粉与普通工业用水按照一定比例混合，调节淀粉浆浓度为15%~25%。

2. 液化

调节淀粉浆 pH5.5~6.0，高温 α-淀粉酶加量 0.2~0.5kg/t 干物，搅拌均匀后进行两次喷射液化得到液化液。其中一次喷射液化温度 108~110℃，二次喷射液化温度 130~140℃。

3. 糖化、灭酶

液化液降温至58~60℃，同时加入普鲁兰酶和麦芽四糖酶，反应 16~24h，升温至75~80℃进行灭酶处理，得到高含量的麦芽四糖水解液。根据麦芽四糖含量的高低选择酶制剂的加量，其中普鲁兰酶一般加量为 0.5~2.0kg/t 干物，麦芽四糖酶的加量为 1.0~2.5kg/t 干物。

4. 除渣、脱色、离子交换

上述麦芽四糖糖化液经珍珠岩涂层过滤，除去蛋白渣，得到一次过滤液。过滤液经活性炭脱色（温度 75~80℃，保温时间 30~40min，活性炭添加量为干物质量分数的 1%~2%）、阴阳离子树脂交换，得到经提纯后的低聚麦芽糖液。

5. 浓缩、喷雾干燥

将上述低聚麦芽糖液真空蒸发浓缩，蒸发温度控制为 60~65℃，浓缩至质量分数 75%~78%，得到无色、透明、黏稠的低聚麦芽糖浆。该低聚麦芽糖浆的各成分质量分数为：葡萄糖 2%~3%、麦芽糖 4%~6%、麦芽三糖 8%~12%、麦芽四糖 59%~62%、四糖以上 22%~28%。

四、应用

低聚麦芽糖可以代替部分蔗糖添加到食品、饮料、饲料和日化品之中，如表 18-2 所示。该糖焙烤食品时建议添加量为 5%～20%；在果酱、罐头、香肠各种酒类等食品中，使用低聚麦芽糖可以生产各类无糖的、糖尿病人食用的、具有特定功能的保健食品，建议添加量为 10%～20%；在饲料中添加低聚麦芽糖，如在肉鸡饲料中添加，可提高鸡的育成率、鸡肉可食部分的比例；加于猪饲料中，可提高母猪产奶率；加于鱼饲料中，可促进鱼类生长，减少死亡率，降低粪便中氨的排放，防止污染等，建议添加量为 0.1%～0.3%。

表 18-2	低聚麦芽糖的应用领域
类别	一般类别
食品行业	用于乳制食品、肉制食品、烘焙食品、面制食品，各式饮料、糖果、调味食品等
医药制造	保健食品、基料、填充剂、生物药品、医药原料等
工业产品	石油业、制造业、农业产品，科技研发、蓄电池、精密铸件等
其他行业	可代替甘油作烟丝的加香、防冻保湿剂
日化用品	洗面乳、美容霜、化妆水、洗发水、牙膏、沐浴露、面膜等
饲料兽药	宠物罐头中动物饲料、营养饲料、转基因饲料研发、水产饲料、维生素饲料、兽药产品等
实验试剂	可用于各类实验研发

第二节　低聚异麦芽糖

一、简介

低聚异麦芽糖又名分枝低聚糖、异麦芽低聚糖、异麦芽寡糖，属淀粉糖的一种，是指葡萄糖基以 $\alpha-1$，6 糖苷键结合而成的，单糖数在 2～5 的一类低聚糖，主要成分为异麦芽糖（IG2）、潘糖（P）、异麦芽三糖（IG3）、异麦芽四糖（IG4）及以上的低聚糖。自然界中低聚异麦芽糖极少以游离状态存在，而是作为支链淀粉、右旋糖和多糖等的组成部分。在某些发酵食品如酱油、酒或酶法葡萄糖浆中有少量存在。低聚异麦芽糖的制取是以由淀粉制得的高浓度麦芽糖浆为反应底物，通过葡萄糖基转移酶催化作用发生 $\alpha-$葡萄糖基转移反应而制得。

商品低聚异麦芽糖产品规格主要有两种：IMO-50 型（$IG_2+P+IG_3+Gn>50\%$）和 IMO-90 型（$IG_2+P+IG_3+Gn>90\%$）。IMO-50 中含有一定量的葡萄糖、麦芽糖，而 IMO-90 中含有较少的葡萄糖和麦芽糖，产品纯度较高，其中异麦芽糖、潘糖和异麦芽三糖是体现低聚异麦芽糖功能性的主要成分，其含量高低反映了产品质量的好坏，也影响产品的应用前景和价格。

二、性质

低聚异麦芽糖有甜味，异麦芽三糖、四糖、五糖等随其聚合度的增加，其甜度降低甚至消失。低聚异麦芽糖具有良好的保湿性，能抑制食品中淀粉回生、老化和结晶糖的析出。低聚异麦芽糖也具有双歧杆菌增殖活性和低龋齿特性。低聚异麦芽糖的一般性质见表18-3。

表18-3　　　　　　　　　　　　低聚异麦芽糖的一般特性

类别	一 般 特 性
性状	无色或浅黄色，透明黏稠液体，无定型粉末
甜度	甜味柔和醇美，口感较爽，无异味，甜度为蔗糖的45%~50%
热度	低聚糖热能含量仅为蔗糖的1/10~1/6
黏度	低聚异麦芽糖黏度较低，高于同浓度蔗糖液，低于麦芽糖
稳定性	耐热耐酸性极佳，它在pH3和120℃下长时间加热仅出现轻微分解
着色性	末端有还原基团，可与蛋白质或氨基酸共热产生美拉德褐变反应，着色度与糖浓度有关，并受共热蛋白质或氨基酸的种类、pH、加热温度及时间长短等的影响
保湿性	具有良好的保湿性，水分保持力好，对各种食品的湿润和品质的维持效果较好，防止淀粉食品的老化和糖结晶的析出
水分活度	水分活度为0.75，比蔗糖（0.85）、高麦芽糖浆（0.77）都要低，比砂糖有更强的抑菌效果
冰点	冰点下降与蔗糖接近，冻结温度高于果糖，比蔗糖水易于冻结
渗透性	低聚异麦芽糖显示出比蔗糖高的渗透压
发酵性	食品加工中最不易发酵，不能为酵母和乳酸菌利用，添加到面包、酸奶中，被酵母菌和乳酸菌利用的程度极低，绝大部分保留在食品中，发挥其特有的防病、延年益寿的保健功能，同时促进双歧杆菌发育，但不影响乳酸菌等正常发酵的进行
龋齿性	抗龋齿效果甚佳，不易被蛀牙病原菌变异链球菌发酵，牙齿不易被腐蚀，而且与蔗糖作用时，还能抑制蔗糖被链球菌利用
消化性	属于非消化低聚糖类，在消化道中不被吸收，几乎全部进入肠道，能起到水溶性膳食纤维的功能
益生性	促进人体肠道内双歧杆菌的增殖，能抑制肠道内有害菌及腐败物质的形成，增加有益菌群的比例，从而改善肠道微生态环境
安全性	不易引起腹泻

三、生产

低聚异麦芽糖的生产大致有以下两种途径：一是利用糖化酶的逆合作用，在高浓度的葡萄糖溶液中将之逆合生成异麦芽糖、麦芽糖等低聚糖，但该方法生产的IMO有产率低、产物复杂、生产周期长等缺点而难以工业化大量推广；二是以淀粉制得的高浓度麦芽糖浆为底物，通过 α-葡萄糖转苷酶催化发生 α-葡萄糖基转移反应而得。工业化生产低聚异麦芽糖一般为第二种方法，技术以日本最为成熟。据报道，噬热脂肪芽孢杆菌产生的新普鲁兰酶具有很强的 α-1，6 转苷基作用，可应用于异麦芽低聚糖的生产。另外，微生物发酵法生产 IMO 处于起步阶段，与传统的多酶协同法生产 IMO 相比，以微生物发酵法生产 IMO 能很好地弥补传统工艺依赖于 α-葡萄糖苷酶酶制剂生产所存在的诸多不足，极大地促进了我国 IMO 产业的发展。

IMO-90 是在 IMO-50 基础上采用色谱分离法、微生物法或膜法进行分离精制，去除其中的葡萄糖与麦芽糖等可发酵性成分，使有效三糖在产品总固形物中比例达到 45%（质量分数），再进行浓缩或喷雾干燥，制成 IMO-90 型糖浆或粉末。IMO-90 属于 IMO 的高端产品，在某些国家和地区 IMO-90 甚至被当成临床辅助疗品，且取得极其良好的疗效。

采用酵母发酵纯化低聚异麦芽糖简便实用，可用硅藻土分离除净酵母；而采用色谱分离技术所得产品中不含酵母发酵残留物质，纯度更高，口感也更好。因此在净化分离技术方面，要推广树脂吸附脱色代替活性炭；采用微滤装置过滤糖浆，以进一步提高产品的纯度和卫生指标。应用纳滤分离方法去除葡萄糖提高低聚异麦芽糖浆纯度也是高效实用的方法。可以选用 200 型纳滤膜，组装和使用纳滤分离设备，在操作压力 1.5~1.8MPa，温度 40~45℃，通量 15~20L/min 的工艺条件下，进行糖液持续循环分离葡萄糖，所得低聚异麦芽糖的纯度、IMO 收得率和产出率呈现规律性的变化。当纯化 5 倍时，产品纯度 ≥85%，产出率73.21%；当纯化 25 倍时，产品纯度 ≥90%，产出率为 53.30%，随着纯化倍数的递增，低聚异麦芽糖纯度不断提高，而产出率相应降低。

用淀粉制取异麦芽寡糖的传统方法，通常要经过两步酶反应，如图 18-1 所示。生产过程共使用 4 种酶，即先用 α-淀粉酶水解淀粉和用支链淀粉酶和 β-淀粉酶生产麦芽糖，再用 α-D-葡糖苷酶进行转糖基作用，产生 α-1，6 键寡糖（异麦芽寡糖），再经脱色、脱盐、浓缩、干燥即可制成商品化低聚异麦芽糖。

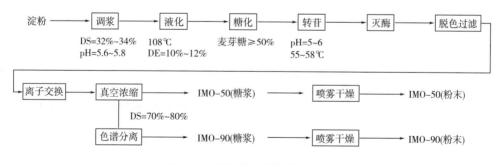

图 18-1　低聚异麦芽糖的生产流程

关键控制条件如下。

1. 液化

液化是糖化的前提和基础，液化的好坏直接影响着低聚异麦芽糖的含量，所以液化操作工序掌握一种"眼看、嘴尝"的工作经验。"眼看"就是要用眼仔细观察液体中的蛋白质是否以一种絮凝状态悬浮在液化液中，仔细观察料液从絮凝状逐渐变成半透明状液体；

"嘴尝"即品尝少许液化液，应有微甜味，而无黏状感觉。掌握了以上两方面要领，控制好流量和气压，稳定 DE 值在 10%～12%，液化就是成功的。

2. 糖化、转苷

糖化和转苷是两种不同的反应过程，糖化是将液化液中的糊精经 β-淀粉酶的作用生成麦芽糖和其他低聚糖。转苷是通过葡萄糖转苷酶的作用，将糖液中已经游离出来的葡萄糖转移到另一个葡萄糖或麦芽糖等分子的 α-1，6 位上，生成异麦芽糖或潘糖等具有分支结构的低聚糖类。

生产上，糖化和转苷反应常在一个罐内进行，可以将两种酶同时加入，使两种反应同时进行，也可以先进行糖化反应，待反应几小时后有部分麦芽糖生成，再加入转苷酶进行转苷反应。由于转苷反应要将麦芽糖的 α-1，4 键转为 α-1，6 键，因此麦芽糖含量越高，提供的底物越多，越有利于转苷反应，从而生成更多的异麦芽低聚糖。通常选择 β-淀粉酶，并辅以普鲁兰酶以提高麦芽糖含量。

以无锡凯祥生物公司的酶制剂为例，其 β-淀粉酶加量 0.3～0.5L/t 干物，α-葡萄糖苷酶（转苷酶）加量 0.5～1.0L/t 干物，糖化转苷的周期 24～48h，pH5.0～5.5，温度 55～58℃，适宜的酶解条件是保证低聚异麦芽糖含量的关键之一。

3. 脱色、离子交换

在低聚异麦芽糖生产中，脱色和离子交换在整个工艺中起到了糖液精制的作用。糖液中存在大量的色素和无机元素，以往脱色都是通过两级活性炭脱色完成。而较先进的脱色工艺是：第一级脱色通过活性炭完成，第二级脱色通过树脂的吸附来完成。活性炭脱色是物理的吸附作用，将色素吸附在炭的表面上，由于活性炭的吸附作用是可逆的，在工艺中影响脱色的主要因素是：温度和时间。脱色温度一般保持在 75～80℃，时间为 30min 即可。活性炭脱色完成后，经厢式压滤机过滤，得到较澄清的糖液，然后进入离子交换工序，进行脱盐、脱色。脱盐是通过阴、阳离子交换树脂，以除去糖液中无机元素，提高低聚异麦芽糖的纯度。经脱盐后的糖液直接进入专用脱色树脂床，活性炭脱色主要是吸附糖液中的非极性色素，而用树脂脱色主要是吸附糖液中的极性色素。

4. 浓缩、干燥

经活性炭和树脂两级脱色后，糖液通过浓缩、喷雾干燥得到的粉状低聚异麦芽糖。集粉装置为袋滤器的压力喷雾设备，比较适合低聚异麦芽糖的生产，将粉状产品溶解成 50% 的糖液，在 440nm 的波长下，其透光率在 97% 左右。

四、应用

低聚异麦芽糖是集营养、保健、疗效三位于一体的新型淀粉糖，特别适于老年及婴幼儿保健食品的配料原料、食品添加剂。目前低聚异麦芽糖的应用开发已十分广泛，在糖果、焙烤、功能性饮料、乳制品中都有添加。不仅作为医药、保健食品、饮品等生产原料，而且在酒类生产中也普遍使用，如表 18-4 所示。

表 18-4	低聚异麦芽糖在食品中的应用
类别	一 般 应 用
饮料	低聚异麦芽糖可以作为功能性食品添加剂添加到碳酸饮料、豆奶饮料、果汁饮料、蔬菜汁饮料、茶饮料、营养饮料、酒精饮料、咖啡、冷饮、益生元饮料、乳酸菌饮料及粉末饮料中。低聚异麦芽糖添加量一般在 1%~3%
酒类	由于低聚异麦芽糖的甜度特性可利用它替代蔗糖作为酒类的糖源。同时低聚异麦芽糖具有不发酵性，增加产品的醇和性和柔和性，故将其加入黑米酒、黄酒、果酒、稠酒等发酵酒中陈酿可制成营养甜酒保健品
食醋、酱油	在发酵调味品酱油、食醋中，以低聚异麦芽糖替代蔗糖，能提高产品品质
乳制品	可用于婴儿奶粉、鲜乳、调味乳、发酵乳、冰淇淋等
月饼	能防止淀粉的老化作用，用于无糖和低糖月饼中
糖果、糕点	可用于高级奶糖、巧克力、口香糖、泡泡糖、蜜饯果脯、果冻、奶油鸡蛋糕等各种中西式糕点
保健食品	低聚异麦芽糖具有显著改善肠功能和润肠通便的作用，而且适合糖尿病患者食用，在脑白金、乐百氏、娃哈哈 AD 钙奶、昂立、盐水瓶口服液等保健品和众多高档食品中得到广泛应用
其他	果酱、含片、泡腾片、蜂蜜加工品、焙烤食品、雪糕、保健型话梅润喉片

第三节　低聚果糖

一、简介

低聚果糖（Fructooligsacchride，FOS）又名蔗果低聚糖、寡果糖或蔗果三糖族低聚糖，天然的和微生物酶法得到的低聚果糖几乎是直链状，分子式为 $G-F-F_n$（$n=1$、2、3，G 为葡萄糖，F 为果糖），它是由蔗糖和 1~3 个果糖基通过 $\beta-1$，2 苷键与蔗糖中的果糖基结合而成的蔗果三糖（GF_2）、蔗果四糖（GF_3）和蔗果五糖（GF_4），属于果糖和葡萄糖构成的直链杂低聚糖。FOS 广泛存在于自然界中，如香蕉、黑麦、大蒜、牛蒡、芦笋根茎、菊芋、小麦、洋葱、马铃薯、雪莲果、蜂蜜等，牛蒡中含 3.6%、洋葱中含 2.8%、大蒜中含 1%、黑麦中含 0.7%，雪莲果中果寡糖含量为干物质的 60%~70%，菊芋块茎中含量最为丰富，占块茎干重的 70%~80%。

商业化的低聚果糖产品是葡萄糖、蔗糖、GF_2、GF_3、GF_4 的混合物，其相对分子量最多不超过 823，分子聚合度应在 2~7，平均聚合度为 2.7。典型的低聚果糖产品有非精制的糖浆产品 G 型（普通型，即含量 55% 的低聚果糖）与经过精制纯化的白色粉状产品 P 型（高纯度型，即含量 95% 的低聚果糖）两种。低聚果糖 G 和 P 的甜度分别约为蔗糖的 60% 和 30%，它们均保持了蔗糖良好的甜味特性。

二、性质

低聚果糖的性质见表18-5。

表 18-5   低聚果糖的一般性质

类别	性质
性状	白色粉末
溶解性	溶解性好，溶液呈无色透明
甜度	纯度为55%~60%的果寡糖甜度约为蔗糖的60%，纯度为96%的果寡糖甜度约为蔗糖的30%，具有蔗糖的纯正甜味，又比蔗糖甜味清爽、纯净，不带任何后味
稳定性	热稳定性较蔗糖高，在中性条件下，120℃时还非常稳定；在酸性（pH=3）条件下，温度达到70℃以后，稳定性才显著降低。它在一般的食品pH（4.0~7.0）非常稳定，可在冷藏温度下保存一年以上
黏度	在0~70℃，果寡糖的黏度同玉米高果糖浆相似，比同浓度的蔗糖溶液略大，并随温度的上升而下降
保湿性、吸湿性	低聚果糖的保湿性与山梨醇、饴糖相似，保湿性比蔗糖高，即使在低温环境下，也不会像砂糖那样因为干燥而使重量大幅度减少，具有优秀的保持水分的能力，适用于保湿时间长的食品，以保证食品的货架期；防霉性能好，可以延长饲料保存期；吸湿性低，可减缓饲料因吸湿而发霉、变酸
结晶性	难以结晶的特性，从而和其他糖类合用时，也具有防止结晶的效果
水分活度	水分活性与蔗糖相似，但低聚果糖略高，低聚果糖G成分（G：33%，GF：12%，FOS：55%）的水分活性与蔗糖相当，低聚果糖P成分（G：2%，GF：3%，FOS：95%）略高
营养性	不被人体消化酶水解，非消化性，胰岛素非依赖性，摄食果寡糖能有效降低空腹时的血液葡萄糖水平，因此非常适合于糖尿病患者及肥胖者食用
发酵性	不能被口腔中突变链球菌等口腔微生物发酵，可以用做防龋齿的功能性甜味剂
益生性	低聚果糖通过选择性促进乳酸杆菌、双歧杆菌和链球菌等有益菌在消化道中的定植，抑制有害细菌生长，改善肠道菌，间接达到对动物体的营养及促生长效应。促进B族维生素及叶酸的形成，能维护神经系统的正常功能，促进消化及新陈代谢；清肠排毒、润肠通便、防治便秘和痔疮、预防直肠和结肠癌；减少肝脏毒素，增强人体免疫力
其他	良好的溶解性、非着色性、赋形性、耐碱性、抗老化性等

三、生产

自1980年以来，人们逐渐了解果寡糖的优良生理特性。1982年日本明治糖果株式会社首先工业化生产果寡糖；1983年Hidaka采用一般的食品组分生产工艺分离和研制了果寄糖；1988年Hirayama等研究了黑曲霉中β-呋喃果糖苷酶的性质，分离、提纯了该酶，并采用聚焦色谱法测定了该酶的纯度和等电点；1990年Fujita得到了β-呋喃果糖苷糖的3个同工酶。

低聚果糖主要有两大类生产工艺：一种是以蔗糖为原料，利用微生物发酵生产的β-果糖基转移酶或β-呋喃果糖苷酶转化而成；另一种是以菊糖为原料，采用酶水解生成。中国、日本和韩国等国家的主流是第一种方法，以蔗糖为原料，利用黑曲霉、镰刀霉、日本曲霉等菌种分泌的β-呋喃果糖苷酶和β-果糖基转移酶进行酶反应，依次经过滤、净化、精制和浓缩而得到成品。工业生产上一般采用黑曲霉等产生的果糖转移酶作用于高浓度（50%~60%）的蔗糖溶液，经过一系列的酶转移作用而获得低聚果糖产品。

（一）以蔗糖为原料的酶转化法

以蔗糖为原料，生产低聚果糖的工艺为：

蔗糖→ 加酶转化 → 脱色 → 脱盐 → 真空浓缩 →液体低聚果糖（低聚果糖含量≥55%）→

分离提纯 → 精制 →高纯度低聚果糖（低聚果糖含量≥95%）

工艺操作要点如下。

1. 酶法转化

酶法转化在低聚果糖的生产中至关重要，无锡凯祥公司果糖基转移酶的使用条件为：将蔗糖溶解，使其浓度控制在500~600 g/L，原料溶解后调pH到5.0~5.5，加温到45~50℃并维持温度稳定，果糖基转移酶一般加入量为3.0L/t蔗糖（干基），转化时间为8~10h，低聚果糖一次转化率达56%~59%，如图18-2和图18-3所示。

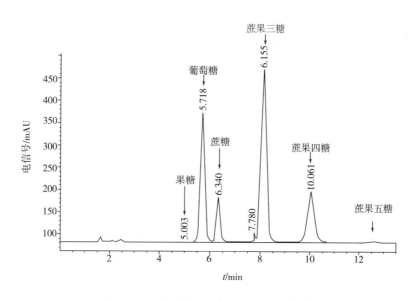

图18-2　典型酶法合成FOS的反应糖谱

2. 脱色、脱盐、真空浓缩

低聚果糖的脱色、脱盐、浓缩工艺与淀粉糖生产基本相同，读者可参考第二章相关内容。

3. 分离提纯、精制

酶法生产低聚果糖得到的低聚果糖含量约为
55%～60%，成品中亦含有30%～35%的副产物葡
萄糖，10%～15%左右的蔗糖，不但降低了低聚果
糖的功能特性，也造成糖尿病患者、肥胖症患者
不能食用，限制了其应用领域，不利于低聚果糖
的普遍推广。生产的低聚果糖溶液在投放市场之
前，还需进一步加工处理，包括脱色、脱盐、分
离提纯、浓缩和微生物灭菌等工序，可进一步得
到低聚果糖含量大于95%的液体糖浆。

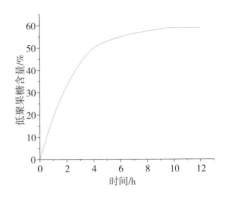

图 18-3　低聚果糖占总糖比例

　　到目前为止，制备高纯度低聚果糖有以下几
种方法：凝胶过滤色谱法、纳滤法、发酵法、酶法、离子交换色谱法。利用酵母消化低聚
果糖产品中的葡萄糖，可生产高纯度低聚果糖。将具有较弱转化酶活性的酵母经培养后添
加于总糖浓度为20%的低聚果糖中，经30℃、250r/min反应24h，可制得纯度为80.24%
的低聚果糖。

　　早些年，国内色谱分离技术产业化工艺不成熟，色谱分离技术制备高纯度95低聚果
糖在国内一直未被推广。近几年，上海兆光公司利用色谱分离技术提纯功能糖取得了突破
性进展，成功开发了模拟移动床技术，协助国内低聚果糖企业实现了高纯度95低聚果糖
的产业化生产，缩小了与国际知名品牌的差距。在55型低聚果糖产品的基础上，采用分
离提纯技术去掉绝大部分葡萄糖和蔗糖，经过精制成为高纯度95型低聚果糖。在诸多分
离提纯技术中，色谱分离技术经济适用，分离效率高，通过模拟移动床技术可实现连续生
产，分离提纯低聚果糖。分离出来的葡萄糖和蔗糖还可以作为原料生产果葡糖浆，降低了
高纯度95型低聚果糖的生产成本，更利于低聚果糖在大众食品中的推广。

　　脱盐对低聚果糖的品质也有重要影响，不经脱盐处理，最终产品电导率高，通常在
100～300μS/cm，口感差，糖粉溶解后颜色深，透光率低，存在食品安全隐患，无法满足
下游产品要求。引入了脱盐处理，产品电导率在10μS/cm以内，口味纯正，糖粉溶解后
颜色为无色、透光率达到99%以上，达到国际先进水平，完全可以满足下游产品要求。

（二）　以菊糖为原料的酶解法

以菊糖为原料生产工艺如下：

菊糖→水解→过滤→脱色→脱盐→浓缩→低聚果糖

　　菊糖是一种直链 β-（2，1）果糖聚合体，聚合程度取决于菊糖的来源。在菊芋（*He-lianthus tuberosus* L.）和菊苣（*Cichorium intybus* L.）中，菊糖的含量最为丰富，菊芋块茎
中的菊糖含量达到65%。

　　虽然菊糖几乎不溶于冷水，但采用逆向浸泡在提高温度的情况下很容易把它从切片的
原料中提取出来。菊糖中邻近果糖单位之间的 β-（2，1）键非常不稳定，可以在温和的

条件下用酸对菊糖进行水解，产生低聚果糖或果糖。但由于果糖在酸性条件下不稳定，增加的副产物使提取和精制的成本上升，产量下降。酶法水解具有较高的 pH 和较低的作用温度，因此在低聚果糖的生产中得到应用。

能够降解菊糖的酶主要有胞外菊糖酶（E. C. 3.2.1.80）、蔗糖转移酶（E. C. 3.2.1.26）、胞内菊糖酶（E. C. 3.2.1.7）和菊糖果糖转移酶（E. C. 4.2.2.18）。来自于细菌的菊糖酶其最适 pH 一般在 3~5，最适温度为 50℃ 左右。这种应用条件对工业生产低聚果糖是不利的，当反应在较低浓度下进行时，染菌的可能性较大，而从曲霉菌 *A. ficuum* 中获得的菊糖酶，其最适温度可以达到 60℃，对反应就十分有利。

比利时 ORAFTI 公司是世界上生产短链菊粉（低聚果糖）的著名企业，投资 20 亿比利时法郎，历时数十年大规模开发种植菊苣，生产菊粉与低聚果糖分别作为油脂与食糖代用品，它最有名的品牌 RAFTILINE 系列产品，低聚果糖含量 92%，葡萄糖、果糖和蔗糖合计含量 8%。

四、应用

近几年低聚果糖的产品不仅风靡国内外保健品市场，而且被广泛应用于饮料、乳制品、糖果等食品行业，饲料工业以及医药、美容等行业中，应用前景十分广阔。在日本，果寡糖约有 500 多种产品，每人每天都摄入相当数量的果寡糖，果寡糖已被视为一种食品，而不仅仅是一种食品组成。一些发达国家已将果寡糖作为一种功能性添加剂用于动物生产，果寡糖被喻为是继抗生素时代后最有潜力的一代添加剂——促生物质；在法国果寡糖被称为原生素。低聚果糖一般应用于乳制品（如奶粉、乳酸菌奶、冰淇淋等）、各类保健品、婴幼儿及中老年食品、饮料（如咖啡、凉茶等）、各种酒类、糕点以及饲料中，作为保健添加剂在食品和饮料中的添加量为 10~150g/kg。低聚果糖的性能比较稳定，不会分解产生有毒成分，因此做菜、做点心时，只要普通食糖能用到的地方，都可以放心地使用果寡糖。

第四节　低聚木糖

一、简介

低聚木糖又名木寡糖，是由 2~7 个 D-吡喃木糖分子以 β-1, 4 糖苷键结合而成的直链低聚糖，并以木二糖、木三糖、木四糖为主要成分的混合物。低聚木糖是一种功能性糖，以精制玉米芯、甘蔗渣、棉籽壳、花生壳、秸秆、稻壳为原料，经过酶法分离、纳滤提纯等生产工艺加工而成。

二、性质

低聚木糖的性质见表 18-6。

表 18-6　　　　　　　　　　　低聚木糖的一般特性

类别	特性
性状	淡黄色或浅褐色粉末
稳定性	木寡糖与其他寡糖相比，其突出特点是热稳定性、酸稳定性和贮藏稳定性高
甜度	木二糖的甜度为蔗糖的 40%，纯度为 50% 的木寡糖甜度仅为蔗糖的 30%，甜味纯正，类似蔗糖
黏度	木寡糖的黏度是所有寡糖中最低的，并随温度升高而迅速下降
营养性	能量值几乎为零，既不影响血糖浓度，也不增加血糖中胰岛素水平，并且不会形成脂肪沉积，特别适宜糖尿病、高血压、肥胖症患者食用
水分活度	木二糖是木寡糖中水分活度最高的，但与同类二糖相比却是最低的，其水分活度与葡萄糖相近
保湿性	良好的保湿性，持水能力强
抗冻性	降低水分活度、防止冻结、抗冻性好，木寡糖溶液在 -10℃ 以下也不易冻结，优于葡萄糖、蔗糖和麦芽糖
消化性	低聚木糖不被胃酸分解，且人体胃肠道内没有水解低聚木糖的酶，因此不易被消化吸收
配伍性	良好的配伍性
龋齿性	抑制口腔病菌的滋生，强烈的抗龋齿作用
益生性	具有调节肠道微生物的作用，添加 0.7g 就能达到理想效果，是目前最有效的双歧因子，增殖双歧杆菌的功效是聚合糖的 20 倍，对双歧杆菌有高选择性增殖效果，除青春双歧杆菌、婴儿双歧杆菌和长双歧杆菌外，其他大多数的肠道细菌都很难利用低聚木糖

三、生产

目前，低聚木糖的制备生产采用多糖降解方法，具体可分为酸水解法、热水抽提（包括蒸汽爆破）法、酶水解法、微波降解法 4 种方法。由于酸水解法要求高、设备投入大、反应产物复杂；热水抽提产物色泽深、精制工艺繁琐；微波降解法仍处于实验室阶段；因此酶法是目前水解木聚糖最常采用的方法。

（一）热水抽提法

该方法是利用木聚糖自身含有的乙酰基在一定温度或压力的作用下脱落生成乙酸，造成体系的 pH 降低，从而使木聚糖的 β-1，4 糖苷键断裂，发生自水解，木聚糖分子质量降低，溶解度增大。该法化学物用量和废水产生量较少，但得到的糖液及低聚木糖的结晶颜色较深，精制工艺繁琐，需要耐热、耐压设备，耗能大，产品得率低，限制了其应用。低聚木糖的生产工艺流程如图 18-4 所示。

1. 蒸汽爆破法

蒸汽爆破法制取工艺流程如下：

天然植物材料→ 预浸处理 → 高温蒸煮（170~220℃）→ 释压爆破 → 水抽提 → 下游处理

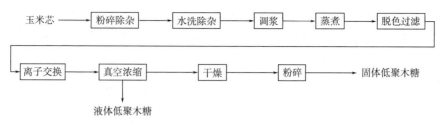

图 18-4 低聚木糖的生产工艺流程图

2. 蒸煮法

（1）玉米芯的预处理 与生产木糖不同，生产低聚木糖所使用的玉米芯首先要进行清洗、破碎成为颗粒更小的玉米芯粉，这个环节由玉米芯收购商完成。

（2）调浆蒸煮 玉米芯粉输送进入调浆罐，加水（气温低时加适量蒸汽）调制为糊状。然后转入蒸煮罐，通入蒸汽进行蒸煮，在高温作用下，木聚糖水解成为低聚木糖。蒸煮结束后，分离得到粗低聚木糖液。

（3）过滤脱色 与粗木糖液类似，粗低聚木糖液中也含有大量色素、胶质、无机物等杂质，必须首先进行过滤脱色。粗低聚木糖液中加入适量活性炭，然后转入板框压滤机进行压滤，之后转入离子交换工艺。

（4）离子交换 由于过滤脱色不能完全除去低聚木糖液中所含有的灰分、胶质等杂质，因此必须进行离子交换，对低聚木糖液进一步净化。低聚木糖液进入离子交换柱，在离子交换树脂的作用下，脱去其中的杂质。离子交换树脂在使用一段时间之后，其净化能力就会下降。需要使用酸碱进行浸泡、洗脱，使其恢复活性，离子交换树脂也有使用寿命，需要根据其活性进行定期更换。

（5）蒸发浓缩、干燥和包装 经过离子交换工艺环节净化后的低聚木糖液，通过蒸发浓缩，得到符合客户要求浓度的低聚木糖液，一般采用真空降膜蒸发工艺。如果客户需要固体低聚木糖，则将液体低聚木糖转入干燥环节，得到粉末状低聚木糖，包装后入库。

（二）酸水解法

可以采用盐酸、硫酸、乙酸等稀酸部分水解木聚糖制备低聚木糖，主要流程为：

玉米芯→ 预处理 → 酸解 → 中和 → 脱色 → 真空浓缩 → 离子交换 → 喷雾干燥 →粉末

1. 预处理

将玉米芯粉碎至40~60目，按照料水比1∶10与水混合均匀，将料液升温并在120~130℃的温度下蒸煮2~3h，将木聚糖从玉米芯提取至水溶液中。

2. 酸解

酸解常使用硫酸或盐酸，在酸浓度0.2%~0.8%、温度105~130℃的条件下处理2~4h，溶液中还原物含量>5%，产率占玉米芯的35%以上。

3. 中和

将酸解液冷却至80~90℃，加入石灰水中和过量的酸，pH控制在4.5~5.5，然后进行板框过滤，除去玉米芯粉渣。

4. 脱色

在糖液中加入总质量 1%~2% 的活性炭，在 80℃ 下吸附脱色 60min，过滤除去活性炭。

5. 真空浓缩

通过两效浓缩，将糖液干物质浓缩至 35%，其中一效蒸发温度 95~98℃，浓缩后干物质约 12%，二效温度 65~70℃，浓缩后达到规定的干物质浓度。

6. 离子交换

通过浓缩的糖液进行离子交换除杂，离子交换顺序为阳-阴，其中阳离子交换树脂可以选 E306FG 型，阴离子交换树脂可以选 D001 型。离子交换后的糖液电导率 <50μS/cm，pH5.0。

7. 喷雾干燥

采用喷雾干燥的方法可以生产低聚木糖粉剂，喷雾干燥时热风的进口温度为 130~160℃，出口温度为 65~85℃，物料流量为 0.8~1.2m³/h，塔内滞留时间 20~30s。

（三）微波降解法

微波技术通过被加热体内部偶极分子高频往复运动，产生内摩擦热使物料内外部同时加热、升温，加热速度快且均匀，仅需传统加热方式时间的几十分之一就能达到加热目的。目前该方法制备低聚木糖仅限于实验室研究。

（四）酶水解法

1. 木聚糖酶

自然界中很多霉菌和细菌都产木聚糖酶，一般而言，来源于真菌的木聚糖酶的酶促反应最适 pH 在 5 左右，相比之下细菌源木聚糖酶要高一些，多在 6.0 以上。与真菌木聚糖酶相比，来源于细菌的木聚糖酶更耐高温。木聚糖酶为诱导性表达酶，微生物在产生 β-1，4 木聚糖内切酶的同时也产生 β-木糖苷酶，β-1，4-D-木聚糖内切酶作用于木聚糖产生木寡糖，而 β-D-木糖苷酶则可水解木寡糖为木糖。因此筛选出能够产生高活性木聚糖酶和低活性木糖苷酶的微生物菌种便成为木寡糖生产的关键。植物细胞壁水解酶都会有典型的碳水化合物结合部件（CDM），CDM 使可溶性水解酶准确聚集在不溶的多糖上。就木聚糖酶而言，其碳水化合物结合部件包括纤维素结合区（CBD）和木聚糖结合区（XBD）。

2. 单酶法

工业上多采用酶水解法，通过黑曲霉或球毛壳霉产生的内切型木聚糖酶进行酶解，一般采取"纤维质材料中木聚糖分离→木聚糖水解"的两段式制备方法，使用微生物产生的内切型木聚糖酶分解木聚糖，然后经分离提纯制得低聚木糖，由于是利用内切型木聚糖酶定向酶解半纤维素，故副产物较少，有利于后续工艺中低聚木糖的分离、提纯和精制。以玉米芯为原料生产低聚木糖的产率为 60kg/t 木寡糖。

工艺流程如下：

原料→ 糖化（木聚糖酶） → 脱色过滤（活性炭、硅藻土） → 脱盐（离子交换树脂） →

脱色过滤（活性炭、硅藻土） → 真空浓缩 → 包装 →低聚木糖（浆状产品） → 添加赋形剂（糊精） →

喷雾干燥 → 包装 →低聚木糖（粉状产品）

酶水解法可采用间歇式或固定化酶技术进行连续生产，原料经过一系列程序如筛选、分级粉碎、过筛、碱液溶胀后中和待用，由蒸汽提取的水溶性木聚糖经固定化酶技术处理，其中固定化酶技术中使用的酶一般来自木霉属，将其固定到树脂上，将底物浓度固定在 5%，温度设定为 25℃的条件下连续进行水解。但是在酶解过程中产生的木二糖会抑制木聚糖酶的活性，因此，为了使木聚糖酶具有活性，在反应过程中就必须不断将木二糖进行分离。经酶解得到的水解液中常含有各种杂质，如木质素、蛋白质和盐等，可以通过活性炭吸附和离子交换树脂法将其去除。目前我国利用天然植物已经成功开发出食品和饲料用木寡糖系列产品。

3. 复合酶法

复合酶水解制备低聚木糖的产量比木聚糖酶单酶水解要高，以下是两个实例。

取一定量的玉米芯粉，按照料液比 1∶15，添加 15%由木聚糖酶和纤维素酶按照 2∶1 组成的复合酶，在 50℃和 pH5.0 下酶解 1h，反应结束后，沸水浴 5min，冷却至室温，过滤，4000r/min 离心 15min，所得上清液即为低聚木糖溶液。然后利用活性炭对低聚木糖进行脱色，低聚木糖的最适脱色条件为：脱色温度为 40℃，脱色时间为 30min，活性炭添加量为 2%，可溶性总糖含量为 11mg/mL。在此条件下，低聚木糖溶液的脱色率达到 68.93%，相应的还原糖损失率为 34.75%。脱色后的低聚木糖溶液经乙醇沉淀、干燥、粉碎后，得率为 11.58%，制备的低聚木糖呈白色粉末状，具有较好的感官品质。

复合酶制剂中阿魏酸酯酶、漆酶和木聚糖酶添加量分别为 0.2%、0.3%和 0.6%，酶解条件是水解温度为 50℃、水解时间为 4h、料液比为 1∶20（g∶mL）。在最适条件下复合酶制剂处理玉米芯原料后，低聚木糖含量达到 16.8mg/mL，比单一酶制剂木聚糖酶提高了 64.7%。

四、应用

由于低聚木糖的性质和对健康的作用，可广泛应用于食品领域，如表 18-7 所示。在日本低聚木糖替代蔗糖广泛用于饮料、糖果、糕点、冰淇淋、乳制品及调味品等 450 多种食品。在低聚木糖各组分中，木二糖的甜度是蔗糖的 30%，其他聚合度的木聚糖甜度适中且无异味。因此食品加工中，在保障其他食品功能的前提下可作为甜味剂替代部分蔗糖。低聚木糖还可以广泛用于医药工业、饲料工业、农业生产等领域。

表 18-7　　　　　　　　　　低聚木糖的一般应用

类别	一般应用
饮料	碳酸饮料、豆奶饮料、果汁饮料、蔬菜汁、茶饮料、营养饮料、补铁补钙补碘饮料、酒精饮料、咖啡、可可、粉末饮料等
乳制品	牛乳、调味乳、发酵乳、乳酸菌饮料以及各种奶粉
糖果糕饼	各种软糖、硬糖、高粱饴、牛皮糖、巧克力、口香糖、泡泡糖、各种饼干、各式西点、果脯蜜饯、月饼、汤圆馅以及饼馅
甜点心	布丁、凝胶食品

续表

类别	一般应用
冷饮品	各式雪糕、冰棒、冰淇淋等
焙烤食品	面包、蛋糕等
其他	畜肉加工品、水产制品、果酱、罐头、香肠、果醋、蜂蜜加工品等

第五节　低聚半乳糖

一、简介

低聚半乳糖（GOS）可分为 α-GOS 和 β-GOS，动物营养研究中用的是 α-GOS，而在食品工业中常用的是 β-GOS。α-GOS 是指由一个蔗糖分子和一个或几个半乳糖通过 α-1，6 糖苷键连接形成的寡糖，主要指棉籽糖家族，是大豆低聚糖的主要成分。低聚半乳糖是一种具有天然属性的功能性低聚糖，其分子结构一般是在半乳糖或葡萄糖分子上通过 β-1，3、β-1，4、β-1，6 等糖苷键连接 1~7 个半乳糖基，即 GaL-（GaL）$_n$-GLc/GaL（n 为 0~6），以 β-1，4 键为主，属于葡萄糖和半乳糖组成的杂低聚糖。

在自然界中，动物的乳汁中存在微量的 GOS，而人母乳中含量较多，其含量高达 1.2%~1.4%，婴儿体内的双歧杆菌菌群的建立很大程度上依赖母乳中的 GOS 成分。商业化生产的低聚半乳糖通常是葡萄糖、半乳糖、乳糖、半乳二糖、半乳三聚糖、半乳四聚糖和半乳五聚糖的混合物。商品低聚半乳糖有两种规格，即含低聚半乳糖 55% 的 Oligomate55 与含量 70% 的 CapoligoH-70。甜度分别为蔗糖的 40% 与 20%。欧洲也有一家公司在生产，产品是含 β-1，4 和 β-1，6 键的二糖和三糖，其中也含少量 β-1，3 和 β-1，2 键的糖。

二、性质

低聚半乳糖的性质见表 18-8。

表 18-8　　　　　　　　　　　　　　低聚半乳糖的特性

类别	一般特性
性状	半透明的微黄色至无色粉末
溶解性	水溶性好
甜度	GOS 微甜，口感清爽，甜度还不到蔗糖的一半，为蔗糖的 20%~40%
保湿性	较好的保湿性，能防止淀粉食品的老化
依数性	水分活度、渗透压与蔗糖相似
黏度	黏度接近蔗糖，Oligomate55 的黏度略高于果葡糖浆
稳定性	极强的酸热稳定性，在 160℃ 和 pH7 条件下处理 10min 才有微量分解，在 120℃ 和 pH3 条件下处理 10min 以及在 100℃ 和 pH2 条件下处理 10min 也不被降解，加热至 180℃ 几乎未发现分解现象。低聚半乳糖的耐酸稳定性高于低聚果糖，可以在酸性食品中使用

续表

类别	一 般 特 性
龋齿性	低致龋齿性
营养性	低能量，生成营养物质，改善营养状况
益生性	在肠道中极难消化，可选择性地促进双歧杆菌等益生菌（双歧杆菌和乳酸菌）增殖，抑制有害菌如梭状芽孢杆菌的代谢

三、生产

（一）生产方法

低聚半乳糖有多种生产方法，如表 18-9 所示，其中酶法合成是工业生产的最佳方法。

表 18-9　　　　　　　　　　低聚半乳糖的几种生产工艺

工艺类别	工 艺 特 点
天然原料提取	含量很低，且无色和不带电荷，很难分离提取到
天然多糖酸解	产率低，副产物多，提取工艺复杂，高纯度产品不易获得
化学合成	用到大量有毒易残留化学试剂，合成时还需要引入多步羟基保护反应和去保护反应，步骤烦琐、得率低、生产成本高，而且存在环境污染、副产品得率高和分离纯化难度大等问题
酶法合成	酶来源广泛，价格便宜，且原料充足，工艺成熟，已成为目前工业化生产 GOS 的最优方法
生物发酵法	目前处于实验室阶段，难以规模化生产。Shinh-H 等采用细胞发酵的方法，将 5mL 细胞悬浮液接种于 45mL 培养基中（乳糖 40%，pH6.0），30℃下往复振荡器上无菌培养 60h，产生 232mg/mL 的低聚半乳糖，低聚糖的产率达到 64%

（二）酶法生产

1. 游离酶生产工艺

工业化生产的 GOS 一般是以高浓度乳糖或乳清为原料，在各种天然微生物例如米曲霉、扩展青霉和环状芽孢杆菌或改性微生物分离的具有半乳糖基转移活性的 β-半乳糖苷酶的作用下，首先将乳糖水解成半乳糖和葡萄糖，然后再将半乳糖转移到乳糖的半乳糖基上生成 GOS，低聚半乳糖的酶法生产工艺如图 18-5 所示。

以乳酸克鲁维酵母所产 β-半乳糖苷酶制备低聚半乳糖的最佳工艺条件：温度 37℃，pH8.0，初始乳糖质量浓度 500g/L，加酶量 10μL/g 乳糖，反应时间 5h，此条件下低聚半乳糖的生成质量浓度达到 94.74g/L。来自 *Sulfolobus solfataricus* 的 β-半乳糖苷酶以 600g/L 的乳糖为底物，酶解 56h 获得 315g/L 的低聚半乳糖，得率达 52.5%。

2. 固定化酶生产工艺

固定化米曲霉乳糖酶在纤维床反应器中连续生产半乳糖寡糖的最佳反应条件为：底物浓度为 400g/L，温度为 50℃，pH 为 6.0，停留时间为 40min，最高半乳糖寡糖浓度为

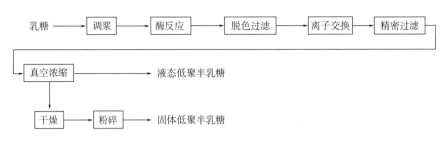

图 18-5　低聚半乳糖的酶法生产工艺

160g/L。用钠型阳离子树脂使部分单糖和双糖吸附，寡糖浓度可浓缩到 320g/L 以上，得到的产品为淡黄色黏稠的糖浆。

用丙烯酰胺包埋米曲霉乳糖酶，利用填充床式连续反应制备低聚半乳糖，最优条件为：40%的乳糖质量分数，反应温度 55℃，pH5.5，反应停留时间 45min，酶用量 30U/g 乳糖，得率可达 40%。

3. 分离纯化

酶法生产后的低聚半乳糖可以通过色谱技术或酵母菌发酵进行纯化。强酸性阳离子交换树脂能够使 GOS 糖浆中的 GOS 得到较好的分离和纯化。酵母菌只能利用乳糖而不能利用低聚半乳糖，利用此特性，向酶法制备的低聚半乳糖底物溶液中添加酿酒酵母可以将单糖总量降低 27.0%，从而提高样品中的低聚半乳糖的相对质量分数，低聚半乳糖比例由原来的 30.76%提高至 39.52%。而通过嗜热链球菌发酵去除乳糖、酿酒酵母发酵去除葡萄糖，从较低纯度的低聚半乳糖（GOS）开始可以制备超纯（≥95%）低聚半乳糖。

（三）发酵法生产

有研究采用细胞发酵的方法生产低聚半乳糖，将 5mL 细胞悬浮液接种于 45mL 培养基中（乳糖 40%，pH6.0），30℃下往复振荡器上无菌培养 60h，产生 232mg/mL 的低聚半乳糖，产率高达 64%，这是目前所报道的低聚半乳糖得率的最高水平。

四、应用

低聚半乳糖在日本已经广泛地被用作甜味剂、糖的替代品、食品原料、功能性食品原料，在乳制品、糖果、饮料、面包、果酱、甜点、保健食品等各类食品中添加，如表 18-10 所示。近几年，欧洲、中国、日本相继在低聚半乳糖的生产和功能方面做了大量的研究工作，低聚半乳糖作为新型的益生功能因子和理想的食品配料，已经成为食品科学的研究热点，并作为益生因子在多个领域得到广泛应用。我国卫生部已于 2008 年批准 GOS 为新资源食品，允许添加在婴幼儿食品、乳制品、饮料、焙烤食品、糖果中，但食用量不大于 15g/d。

鉴于低聚糖对于初生婴儿的多种促进作用，一些婴幼儿食品公司已将其投入商品化生产。在我国，低聚半乳糖（GOS）主要应用于配方乳粉、乳饮料和发酵乳中。对于配方乳粉，尤其是高端的婴幼儿配方乳粉和中老年人乳粉，低聚半乳糖是很好的益生元成分，使婴儿配方食品的成分更趋近母乳，有助于建立婴儿肠道内的双歧杆菌菌群，预防或减少发生代谢综合征，卫生部规定该类物质在婴儿配方食品中总量不超过 64.5g/kg。

低聚半乳糖还可以用于医药制剂，特定药品中添加低聚半乳糖，可使肠道中双歧杆菌及乳酸菌增殖，进而阻止生成其他有害细菌，预防胃肠道损伤和促进胃肠道修复，减少毒素吸收，避免肝功能下降、便秘等，已在肠道中药添加剂、治疗肠炎的膏滋等中得到应用。含有低聚半乳糖的医药制剂、口服液和保健食品的开发对提高保健食品的营养保健作用和提高消费者的健康水平有积极作用。

表 18-10　　　　　　　　　　　　　低聚半乳糖的一般应用

类别	一般应用
乳制品	发酵乳、乳酸菌饮料、冰淇淋、乳饮料、奶粉、婴儿奶粉、婴幼儿配方奶粉、婴儿牛初乳配方粉、婴幼儿配方奶米粉、犊牛配方奶粉
饮料	水果饮料、咖啡、可可、红茶饮料、碳酸饮料、健康饮料、含酒精饮料、固体饮料、功能饮料、清凉饮料
糖果甜点	糖果、可可制品、巧克力制品、果冻
烘焙	糕点、面包、饼干等
保健食品	婴幼儿益生菌产品、益生元糖类组合物、益生元低热量含片、益生元无糖植脂奶油
其他	方便餐、谷物、果酱、肉制品、豆腐、蜂蜜制品等

第六节　低聚龙胆糖

一、简介

低聚龙胆糖是一类由葡萄糖以 β-1，6 糖苷键结合而形成的新型功能性低聚糖。低聚龙胆糖名称来源于龙胆属的学名（*Gentiana*），包括龙胆二糖，少量的三糖和四糖。自然界存在天然的低聚龙胆糖，例如龙胆属的茎和根含有低聚龙胆糖，提炼出可作为苦味健胃剂；藏红花的色素中含有龙胆二糖的残基；蜂蜜、海藻类的多糖中含有低聚龙胆糖结构。

二、性质

低聚龙胆糖是一种较新的功能性低聚糖，随着低聚糖的开发不断升温，该低聚糖也逐渐为人们所认识。和一般的食糖（麦芽糖、蔗糖）、低聚糖比较，低聚龙胆糖具有以下特点。

（1）轻微和清新的苦味，几乎所有的功能性低聚糖都带有程度不一的甜味，但是低聚龙胆糖却具有柔和的提神苦味，添加在食品中可增加口味的丰富性。

（2）不被人体酶解，低热量，适合肥胖症、高血脂、高血压、糖尿病等患者食用。

（3）低黏度，和麦芽糖浆比较，从 10~60℃，低聚龙胆糖黏度均低于麦芽糖浆。

（4）持水性强，低聚龙胆糖中的组分龙胆二糖、龙胆三糖、龙胆四糖的保湿性、吸湿性都比蔗糖和麦芽糖高，十分有利于食品中水分的保持，可用于防止淀粉食品的老化。

（5）低水活性，在45%浓度以上，低聚龙胆糖的水活性低于蔗糖，这有利于在食品中控制微生物的活动，防止食品被微生物污染。

（6）对pH和热非常稳定，适用于其他功能性低聚糖不适于添加的食品。

三、生产

（一）生产方法

制取低聚龙胆糖方法较多，最早是从龙胆属茎、根中提取，受原料等条件的限制，市场价格偏高，而且制得的低聚龙胆糖制品苦味较重，这使它难以作为食品配料使用。除此之外，还可利用还原苦杏仁苯法和酸法水解淀粉后从其副产物中提纯，但都未能实现工业化生产。近年来，随着酶法制取功能性低聚糖的兴起，工业生产低价格的低聚龙胆糖制品已成为可能。目前，国内外有日本食品化工株式会社生产该糖，商品名为"Gentose"，年产量只有300~400t。产品有糖浆和粉末两种形式，有Gentose#45、Gentose#80两种规格，主要理化指标见表18-11，国内还未有工业化商品出现。

表 18-11　　　　　　　　　　　商品化的低聚龙胆糖的理化指标

产品名	性状	水分/%	固形物的糖组成/%				
			果糖	葡萄糖	龙胆二糖	龙胆三糖	龙胆四糖
Gentose#45	糖浆	<30	1.9	51.4	30.4	11.5	4.8
Gentose#80	糖浆	<28	1.7	8.8	50.6	28.2	13.7
Gentose#80	粉末	<5	1.7	5.8	50.6	28.2	13.7

（二）酶法生产

1. 游离酶生产工艺

目前工业生产低聚龙胆糖主要通过酶法生产，以高浓度的葡萄糖为原料，先通过β-葡萄糖苷酶的转糖苷作用及缩合作用，合成低聚龙胆糖混合物，再经分离精制便可制得不同规格的低聚龙胆糖制品，其中结合结晶技术和色谱分离技术的应用，使高纯度低聚龙胆糖的生产成为可能。酶法生产低聚龙胆糖的工艺流程如图18-6所示。

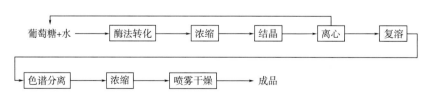

图 18-6　低聚龙胆糖的酶法生产工艺

主要工艺如下所示。

（1）葡萄糖液的配制　在化糖罐中加入软化水，升温至65~70℃，加入葡萄糖至干物质浓度为70%，搅拌溶解后用10%盐酸调节pH4.5；过滤料液并打入酶解罐。

（2）转化工艺　糖液降温至55~60℃，搅拌加入β-葡萄糖苷酶，酶用量为30~60U/g葡萄糖，保温酶解36~48h；酶解结束升温至100℃、保温5min灭酶。

在以高浓度葡萄糖为原料时，缩合反应会优先合成龙胆二糖、龙胆三糖、龙胆四糖等低聚龙胆糖。按这种方法可得到低聚龙胆糖含量高的糖浆，糖浆中除低聚龙胆糖外大部分为葡萄糖。对酶反应条件进行研究得到反应优化条件为：葡萄糖溶液含量、固形物含量宜分别大于70%、40%；反应pH、温度分别为4.5~7.5、55~60℃；酶添加量应为200U/g原料；反应48h后升温至100℃、3min终止反应，所得反应液中葡萄糖含量70.8%、龙胆二糖21.9%、龙胆三糖6.0%、龙胆四糖1.3%。

（3）浓缩、结晶，回收葡萄糖　酶解液60~65℃浓缩至葡萄糖浓度50%~70%，0~5℃结晶，过滤；葡萄糖回用，滤液进入下一道工艺。

（4）脱色　滤液升温至70~75℃，加入1%~5%活性炭，脱色30min过滤。

（5）色谱分离　滤液过阳离子树脂，分离温度50~60℃，以去离子水洗脱。

（6）浓缩、喷雾干燥　洗脱液30~40℃浓缩至低聚龙胆糖浓度30%~35%，喷雾干燥，得到粉末型低聚龙胆糖。

2. 固定化酶生产工艺

利用发酵法制备得到β-葡萄糖苷酶，同时以壳聚糖为载体，戊二醛为交联剂，采用吸附交联法对β-葡萄糖苷酶进行固定化。当壳聚糖浓度为3.0%，戊二醛浓度为0.8%，游离酶加量为400U/g微球载体，固定化吸附时间为20h时，固定化酶酶活回收率最高达到65.4%。在最佳的转化条件下连续转化6次，龙胆低聚糖含量仍为15.2%，结果显示固定化酶具有较好的持续利用性及较高的龙胆低聚糖的生产能力。

（三）发酵法生产

采用毕赤酵母发酵制备低聚龙胆糖，发酵分为3个阶段，分别为分批发酵阶段、补料发酵阶段、诱导发酵阶段。

（1）分批发酵阶段　将种子液以8%~10%接种量接种于发酵罐中，控制温度28~32℃、初始转速180~200r/min、初始通气量7L/min、溶氧28~32%、pH4.5~5.5。

（2）补料发酵阶段　待溶氧上升至80%~100%，以恒速流加甘油的方式进行补料培养，控制温度28~30℃，溶氧28%~32%、pH4.5~5.5。

（3）诱导培养阶段　当菌体细胞浓度达到OD_{600}为80~120时，用甲醇流加仪流加甲醇诱导酶，甲醇浓度控制在0.5%~1%，控制温度为28~32℃、溶氧28%~32%、pH4.5~5.5，诱导96~144h。最终低聚龙胆糖的产量达到116g/L，转化率为19.4%。

四、应用

低聚龙胆糖具有很好的双歧杆菌增殖效果，具有独特的提神苦味，而且低聚龙胆糖对

pH 和热较稳定，可应用于一些其他低聚糖不耐受的食品中。目前已有低聚龙胆糖成功应用的范例，主要在糖果甜食，如巧克力、奶油冰淇淋、咖啡果冻、豆沙酱；调味品、果酱、烘烤食品；饮料，如果汁饮料、咖啡、发酵饮料等生产中。

第七节　低聚壳聚糖

一、简介

低聚壳聚糖是甲壳素和壳聚糖经水解糖苷键和脱去乙酰和蛋白基得到的相对分子质量在 10000 以下的低聚物，一般是由 20 个以下的氨基葡萄糖以 β-1，4 糖苷键缩合而成的聚合物，化学名：聚葡萄糖胺（1-4）-2-氨基-β-D-葡萄糖，分子式为（$C_6H_{11}O_4N$）$_n$。低聚壳聚糖是一种聚阳离子，具有比壳聚糖更好的水溶性、吸湿保湿性、螯合性、抗菌性，能生物降解等优点的高分子材料。

二、性质

低聚壳聚糖的性质见表 18-12。

表 18-12　低聚壳聚糖的性质

类别	一般特性
水溶性	相较于壳聚糖，水溶性大幅度增强
吸湿保湿性	具有良好的吸湿保湿性，其保湿效果比透明质酸、甘油等传统保湿剂好
螯合性	能与多种金属离子配位螯合形成螯合物，同时具有生物相容性，无二次污染
抗菌性	对一些细菌的生长繁殖具有一定的抑制作用

三、生产

（一）生产方法

低聚壳聚糖制备方法的研究已经比较成熟，在物理降解、生物降解、化学降解这 3 大领域里，都研究出了比较先进的工艺流程，如表 18-13 所示。

表 18-13　低聚壳聚糖的生产方法

工艺名称	工艺特点
物理降解	降解反应速度快，无副产物。但是，降解所得的分子质量偏高，若想得到分子质量较小且均一度很高的产物，需要一套具有高辐射强度的设备及相应防辐射的保护设备
化学降解	反应不好控制，相对分子质量分布宽，容易对环境造成污染，产品颜色深

续表

工艺名称	工艺特点
生物降解	降解过程中不会发生副反应，使用材料对环境无污染，但是，利用专一性的壳聚糖酶来降解壳聚糖成本太高，生物降解时间较长，无法实现工业化生产

（二）酶法生产

壳聚糖的制备：将虾蟹外壳浸泡在 23~28℃ 的 3%~5% 的盐酸水溶液中 2~4h，水洗、干燥粉碎，得到虾蟹外壳粉；将虾蟹外壳粉浸泡在 23~28℃ 的 3%~5% 的氢氧化钠水溶液中 2~4h，加入 3%~5% 的双氧水溶液去除色素，过滤、干燥得到甲壳素；将甲壳素加至降解液中，在 48~53℃ 下降解反应 3.5~4.5h，过滤、干燥得到壳聚糖粗品；将壳聚糖粗品和乙酸乙酯按质量比 1：5~7 混匀，过滤取滤液干燥，得到壳聚糖纯品；所述降解液包含 0.3%~0.5% 的氯化钠、0.3%~0.5% 的醋酸钠、2%~3% 的三乙醇胺和 37%~42% 的氢氧化钠，余量为水。

使用无锡凯祥生物公司的壳聚糖酶生产低聚壳聚糖的过程为：将壳聚糖和水按照 1：3 混匀，按照在 40~45℃、pH5.5~6.0 下酶解反应 2~4h。该壳聚糖酶来源于枯草芽孢杆菌，主要有效成分是壳聚糖酶（E. C. 3. 2. 1. 132），为内切型的专一性水解壳聚糖的酶，尚未检测到氨基葡萄糖苷酶（E. C. 3. 2. 1. 165）和乙酰氨基己糖苷酶（E. C. 3. 2. 1. 52）等外切酶活性，因此非常适于制备壳寡糖。酶解产物主要是聚合度 2~12 的壳寡糖，5~10 的糖相对产率可以高达 60% 以上。

相对于一般壳寡糖产品，具有特定聚合度分布范围的、窄分子质量分布系数的壳寡糖具有更高的生理活性。内切性强的壳聚糖酶更适于壳聚糖的可控酶解反应，在生产中可以根据具体的需求，制备具有特定聚合度分布范围和窄分子质量分布系数（分散度）的壳寡糖产品。

（三）化学法生产

采用离子液体降解壳聚糖制备水溶性低聚壳聚糖。将原料壳聚糖溶解在醋酸型离子液体中，然后加入 H_2O_2 超声处理，加热至 60~100℃ 搅拌反应，反应结束后冷却，加碱调节 pH 至 7.2~7.4，过滤除去不溶物，所得澄清液加入无水乙醇析出物料，离心分离得到固体产物，冷冻干燥，得到水溶性低聚壳聚糖。原料壳聚糖的分子质量为 (10~40)×10^4u，所得水溶性低聚壳聚糖的分子质量为 3000~5000u。醋酸型离子液体为 1-乙基-3-甲基咪唑醋酸盐、1-丙基-3-甲基咪唑醋酸盐、1-丁基-3-甲基咪唑醋酸盐中的一种或两种以上的混合，浓度为 2%~20%；H_2O_2 的加入量与醋酸型离子液体的体积比为 (1~10)：(8~40)；超声处理的时间为 5~60min；NaOH 溶液的浓度为 1~4mol/L；无水乙醇的加入量为澄清液体积的 1~5 倍。

（四）物理法生产

物理降解法目前主要是辐射法、微波法、超声波法及水力空化法。辐射降解法利用放射性射线降解壳聚糖，但辐射降解法对设备要求很高，同时可能产生有毒有害物质。微波法是通过微波辐射对壳聚糖进行降解，但微波降解壳聚糖目前还是停留在间歇操作，难以连续化生产。超声波降解主要是通过超声空化效应对壳聚糖进行降解，其降解作用十分明显，可得到较为均一的低相对分子质量壳聚糖，并且超声波降解法用酸量明显减少，后处理过程大为简化，对环境的污染也大大降低。但是，由于超声空化的总耗能中，只有5%~10%用于空化效应，其余的90%~95%以热能的形式使系统升温。这种升温不仅造成能量的浪费，同时不利于对热敏物质（例如生物、医药等行业）的处理。

采用超声–水力协同空化降解，即将壳聚糖溶液在超声–水力空化装置中进行超声–水力空化降解处理。工艺流程是：将壳聚糖溶液放在贮罐中，并通过循环水箱进行恒温保温，壳聚糖溶液通过泵输送到超声–水力空化器进行空化降解，通过阀门调节入口压力，并通过压力表监控压力，经空化降解后的壳聚糖溶液回流到贮罐中，具体步骤如下。

1. 壳聚糖溶解

将相对分子质量大于 $2×10^6$、脱乙酰度大于 60% 的壳聚糖加入 1% 盐酸中，溶解制成质量浓度为 10g/L 的壳聚糖溶液。

2. 降解

将壳聚糖溶液放在贮罐中，并通过循环水箱进行恒温保温，壳聚糖溶液通过泵输送到超声–水力空化器进行空化降解，通过阀门调节入口压力，并通过压力表监控压力，经超声–水力空化降解后的壳聚糖溶液回流到贮罐中。壳聚糖溶液在超声–水力空化装置中进行空化降解的工艺条件是：入口压力：0.1~0.5MPa；温度：30~70℃；pH3~5；溶液浓度：1~10g/L；降解时间0.5~6h，根据对产物平均相对分子质量的不同要求而定。

3. 提取

向降解完成后的壳聚糖溶液中加入碱溶液，调节 pH 为 9~10，沉淀、离心得沉淀物，沉淀物用丙酮和乙醚洗涤 1~3 次，真空干燥即得低聚壳聚糖。

四、应用

低聚壳聚糖作为一种绿色环保型产品，具有很好的保湿性、螯合性、抗菌性等独特的生理活性，早已作为一种新型材料应用于医学药品、保健品、化妆品、环保材料等各个领域，如表 18-14 所示。

表 18-14　　　　　　　　　　　　　低聚壳聚糖的应用

类别	应用
生物医药	组织工程支架、药物载体、医用敷料、人工皮肤、手术缝合线以及抗凝血剂、抗肿瘤剂和免疫调节剂
纺织	壳聚糖纤维及其制品的开发应用；纺织品的染整加工
环保	用于饮用水的净化，有效去除水中有机物、重金属离子及微生物等有害物质
食品	保健食品的添加剂、食品保鲜剂、果汁澄清剂以及食品包装膜和保鲜膜

第八节　乳果糖

一、简介

乳果糖（也称异构乳糖、乳酮糖）是立体异构化的乳糖，是半乳糖和果糖以 β-1，4 糖苷键结合的双糖，其结构式为 β-D-Gal-（1，4）-β-D-Fru。作为一种新型低聚糖，乳果糖是一种黏度低、热量低、安全性高、不发生美拉德反应、使用方便的有特殊保健功能的还原性二糖。乳果糖是一种半合成的二糖，自然界中一般没有这种糖，它广泛存在于加热处理后的乳制品中，像市售的杀菌牛奶中就有不同浓度的这种糖。人工喂养幼儿与母乳喂养幼儿的一个突出区别即在于粪便中的双歧杆菌含量，前者要比后者少得多，但若在给人工喂养幼儿餐中加入乳果糖就可能见到其粪便中含有与母乳喂养幼儿同样状态的双歧杆菌量。当奶粉中添加 1%~1.5% 乳果糖时，用其喂养的婴儿双歧杆菌增殖效果可与母乳喂养相当。乳果糖已是一种公认的促双歧增长因子，具有独特的生理功能，是一种重要的功能性食品基料与食品添加剂，已引起全世界广泛的关注。

二、性质

乳果糖为白色不规则的结晶粉末，相对密度为 1.35，熔点为 169℃，易溶于水。纯净的乳果糖其甜度具有清凉醇和的感觉，甜度仅为蔗糖 48%~70%，其热量低、安全性高、稳定性好，不发生美拉德反应。商业糖浆为淡黄色，略透明，高温或长期贮存色泽会加深，其黏度很低，甜度比纯净的乳果糖略高，为蔗糖的 60%~70%。

三、生产

（一）国内外生产现状

目前，乳果糖的主要生产商有荷兰的 Solvay 公司和日本的 Morinage 公司，主要产品为乳果糖浆、乳果糖粉，液态产品中乳果糖占干物质的 74% 以上，而粉状产品乳果糖高达 90% 以上。此外还有德国的 MeleiGmbH 公司，澳大利亚的 Laevosun 公司，意大利的 Inalco-SPA 公司以及加拿大魁北克的 Canlac 公司等。Solvay 公司是世界上最早进行商业化生产乳果糖的厂家，其生产历史已达 40 年，到今天他们占有全球 50% 的乳果糖市场，90% 的乳果糖用于制药。

我国对于乳果糖的研究起步较晚，1984 年初，辽宁省商业科学研究所研制出异构乳糖，并投入生产，填补了国内空白。2005 年丹东康复制药有限公司已生产出乳果糖口服溶液，经国家新药审评委员审评，卫生部正式批准为国家首创四类新药，并颁发新药证书，收入《中华人民共和国药典》（2000 年版）。西安第四制药厂也有生产，但他们的乳果糖浆剂的纯度都比较低。由于它的价格比较贵，目前还是以药品的使用为主，但正积极应用于乳制品及保健食品领域。

（二）生产方法

1. 化学催化异构化乳糖制备乳果糖

20 世纪 60 年代开始，有采用化学异构化方法，在酸、碱、酸性催化剂的作用下可以将乳糖异构化为乳果糖。在比较早期的研究中，人们较多使用的是强碱性试剂将乳糖溶液异构化为乳果糖，但该方法同时也产生了相当数量的如半乳糖、果糖等副产物，最终的产物不仅难以分离，而且颜色也较深。副产物及色素类物质的产生，不仅降低了乳果糖的产率，还给后续糖浆的进一步纯化及制备结晶带来了困难。

近年来，乳果糖工业化生产的主要方法是氢氧化钠-硼酸催化体系异构化乳糖法。在碱性条件下，硼酸能与乳果糖形成乳果糖·H_3BO_3络合物，使反应的平衡朝着乳果糖生成的方向移动，已有报道在一定反应条件下，乳糖转化率达到 85.5%，但是此反应的缺点是添加的硼酸很难完全除去。目前主要采用离子交换树脂去除硼酸根，其主要分离纯化步骤如下。

（1）制备乳果糖糖浆。

（2）活性炭脱色　反应液冷却到 60~85℃，调节 pH 到 3~6，加入相对于固形物质量占比为 0.5%~2.5%的活性炭脱色，保温搅拌时间为 0.5~2h。

（3）纳滤纯化　利用纳滤纯化乳果糖糖浆，操作压力控制在 1.5~2.5MPa，温度控制在 20~50℃，通过纳滤膜一步脱除糖浆中的催化剂、盐和单糖。

（4）去除残余硼酸　用离子交换树脂去除糖浆中残余的硼酸，离子交换树脂的添加量相对于糖浆总体积占比为 0.8%~2.8%，在 15~50℃下搅拌 0.5~2h，过滤分离出糖浆和树脂，得到纯度 97.0%以上的乳果糖。

2. 电化学异构化法制备乳果糖

该方法是一种在反应介质中自生成高碱度的节能且不需要任何试剂的技术，但是该方法生产的得率较化学异构化方法低。

3. 化学异构法合成乳果糖

图 18-7 是一种以乳糖为原料，生产结晶乳果糖的生产工艺，步骤如下。

（1）配制 50%~70%的乳糖溶液，加入异构剂，异构剂是一种钠盐，加入量为乳糖质量的 0.252%~2.52%，反应温度为 90~120℃，反应时间为 0.5~4h。反应结束后离心去除结晶乳糖，得到离心液。

（2）将离心液经活性炭脱色、离子交换，然后蒸发浓缩、冷却、乳糖二次结晶、离心得到初步提纯液。乳糖二次结晶的工艺参数为：料液

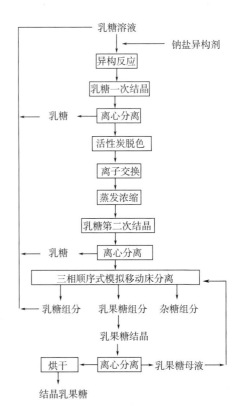

图 18-7　结晶乳果糖的生产工艺

浓度65%，冷却速度2~4℃/h，晶种添加量1.0%。

（3）将初步提纯液进行三元顺序式模拟移动床色谱分离，得到乳糖馏分、乳果糖馏分和杂糖馏分3个组分。三元顺序式模拟移动床分离条件为：分离剂为钙型树脂，分离温度50~70℃，切换时间13~21min，进料浓度40%~60%，进料流速2.0~4.0L/h。分离温度60℃，切换时间17min，进料浓度50%，进料流速3.0L/h。

（4）将乳果糖组分进行蒸发浓缩、冷却结晶、离心、干燥得到结晶乳果糖。乳果糖结晶的工艺参数为：料液纯度80%~95%，料液浓度为75%~90%，晶种添加量1.0%~3.0%，冷却速度0.5~0.9℃/h，加晶种时的温度为60℃，冷却后温度为24℃。

（5）乳果糖结晶的工艺参数：料液纯度90%~95%，料液浓度为85%，晶种添加量2.0%，冷却速度0.7℃/h，加晶种时的温度为60℃，冷却后温度为24℃。

4. 酶法合成生产乳果糖

化学异构化合成乳果糖，其中的化学物质去除工艺复杂，同时产生的无机废水对环境也存在较大的危害，因此酶法合成乳果糖是一种有效的替代方式。乳糖经半乳糖酰化或异构化可有效地生产乳果糖。其中半乳糖酰化通常是通过β-葡萄糖苷酶和β-半乳糖苷酶催化乳糖水解产生半乳糖和葡萄糖，半乳糖部分转化为果糖，然后果糖与半乳糖在转糖苷酶的作用下形成乳果糖。采用固定化米曲霉来源的β-半乳糖苷酶以果糖和乳糖为原料连续生产乳果糖，乳果糖的最高得率达到0.6g/g。果糖成本高，乳果糖产量低，阻碍了该方法在乳果糖工业生产中的应用。

纤维二糖-差向异构酶也能催化乳糖异构化生产乳果糖。2016年，Shen等采用随机诱变的方法，提高了酵母来源的纤维二糖-差向异构酶的活性和耐热性。筛选到的最佳突变体生产的纤维二糖-差向异构酶生产乳果糖，最高得率达到了76%。

通过纤维二糖差向异构酶固有的催化能力，可以将乳糖异构化为乳果糖，与化学异构化方法相比，反应收率相近，且不产生副产物，也无化学物质的引入，乳果糖的分离纯化过程简单，生产成本低。所以酶法生产乳果糖的优势更大，更利于未来乳果糖的生产。

在由聚乙二醇与磷酸盐组成的双水相体系中，以乳糖为单一底物，以乳糖酶和葡萄糖异构酶共同催化生成乳果糖，并通过离子色谱和结晶法纯化得到乳果糖浓溶液。这种方法不仅提高了产物的转化率和纯度，减少了副产物的产生，简化了后续分离纯化过程，同时实现了催化剂酶的回收循环利用，大大降低了生产成本，具体步骤如下。

（1）建立双水相酶反应体系　往浓度100~600g/L的乳糖溶液中加入溶液质量6%~20%的聚乙二醇6000和溶液质量10%~30%磷酸盐，然后添加2000~12000U/L的乳糖酶，4000~12000U/L的葡萄糖异构酶。

（2）酶催化反应　加入适量缓冲液，使体系pH为5~9，在30~70℃条件下，搅拌反应3~24h，反应结束后，停止搅拌，离心使双水相成相，得到富含酶的上相及富含乳果糖的下相粗品溶液。

（3）一次纯化　将乳果糖粗品溶液进行离子交换处理，得到初次纯化的乳果糖溶液。

（4）二次纯化　将上述乳果糖溶液减压浓缩至糖浓度为60%~80%，加入一定量的乳糖晶种，以2~10℃/h的降温速率进行冷却结晶、离心、收集上清液，得到高纯度的乳果糖溶液。

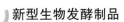

四、应用

由于乳果糖具有各种生理功能特性，因而越来越广泛地应用在医药、食品和饲料行业中。

（一）在医药方面的应用

近年来乳果糖除了双歧因子功能外，它作为某些特殊蛋白质的受体，在抗癌、抗病毒等方面的作用也做了深入研究，它作为医药发展的新基础已初露端倪。如今，在医药方面主要是用于预防及治疗高氨性肝昏迷、清洁肠道、解除慢性便秘。

（二）在食品中的应用

国外已进行的毒理试验证实了乳果糖是一种安全无毒的功能性食品添加剂。乳果糖作为一种功能性甜味剂，可应用于婴幼儿食品（如调制奶粉、幼儿食品等）、饮料（乳饮料、果汁饮料、碳酸饮料等）、糖果（口香糖、硬糖、软糖）、果酱、果冻和冰淇淋等。它不但保健功能优异，而且甜味质量好，因而深受广大消费者的青睐。它适用于老人、儿童、孕妇、产妇、运动员以及脑力劳动者。由于它的不消化性，吃多了会润肠，引起下泻，不能将其作为一种糖源取代蔗糖，但可与糖醇等其他甜味剂混合使用。

（三）在动物饲料中的应用

全球肉制品消耗量逐年增长，为了使畜禽以很高的速度生产，生产者一般在饲料中添加大量易消化的碳水化合物、脂肪、蛋白质。畜禽因缺少粗纤维而产生了各种胃肠疾病。经研究表明，乳果糖是一种优于抗生素的新型饲料添加剂。乳果糖作为一种非消化性低聚糖，它可以使双歧杆菌和乳酸杆菌增殖，从而抑制沙门菌增长，提高了畜禽对肠胃道疾病的免疫力。它对处于分娩期的畜禽防止感染有着十分好的作用。由于乳果糖的生产费用比较高，现主要用于宠物食品中。

第九节 低聚乳果糖

一、简介

低聚乳果糖（Lactosyl fructoside 或 Lacto-sucrose）可视为一分子半乳糖与一分子蔗糖的缩合物，或者是一分子乳糖与一分子果糖的缩合物，是由日本林原生物化学研究所、盐水港精糖与维饿费明制药公司于1990年联合开发成功的一种新型低聚糖。商品化的低聚乳果糖是一种包括低聚乳果糖、蔗糖、乳糖、葡萄糖以及其他微量低聚糖（如1-蔗果三糖、半乳糖基果糖、半乳糖基乳糖等）在内的混合物。纯净的低聚乳果糖是一种三糖，由 β-D-半乳糖苷、α-D-葡萄糖苷以及 β-D-呋喃果糖苷残基组成。

二、性质

粉末状的低聚乳果糖，吸湿性好，液体的保湿性要优于蔗糖，水分活度与蔗糖相近，黏度要高于蔗糖，渗透压略低于蔗糖，酸性条件下的热稳定性与蔗糖相似。低聚乳果糖的甜度为蔗糖的 30%，甜味特性类似于蔗糖，甜味质量是各种低聚糖中最佳的。商业化生产的低聚乳果糖，由于含有蔗糖、乳糖等其他成分，因而甜度要略高一些。与其他低聚糖相比，低聚乳果糖对酸、热具有较高的稳定性，其稳定性与蔗糖相似。在中性条件下稳定，在酸性条件下相对更稳定，pH7.0、80℃下加热 2h，几乎不发生降解。目前日本市场上销售盐水港精糖株式会社的低聚乳果糖制品有 LS-40L、LS-55L、LS-55P、LS-90P 这 4 种规格，其一些理化指标见表 18-15。

表 18-15 　　　　　　　　盐水港精糖株式会社的不同低聚乳果糖制品

制品	LS-40L	LS-55L	LS-55P	LS-90P
形状	透明状液体	透明状液体	白色粉末	白色粉末
固形物含量	72%~75%	75%~78%	95%以上	95%以上
低聚乳果糖含量（固形物）	42%~47%	55%~60%	55%~60%	88%~93%
甜度（相对于蔗糖）	80%	50%	50%	30%
规格	25kg/罐	25kg/罐	10kg/袋	10kg/袋
用途	清凉饮料、点心等	速冻甜食、点心、餐后甜点	点心、粉末饮料、健康食品	低糖饮料、糕点、健康食品

三、生产

低聚乳果糖以蔗糖和乳糖为原料，利用糖基转移酶催化而成。酶法合成是工业化生产低聚乳果糖的主要途径。酶法合成主要有两种方法：一是利用半乳糖苷转移酶将乳糖分解产生的 β-半乳糖基转移至蔗糖中葡萄糖的 C4 羟基上，如 β-半乳糖苷酶；二是利用果糖基转移酶将蔗糖分解产生的果糖基转移至乳糖还原性末端的 C1 羟基上。酶法合成低聚乳果糖的产率受多种因素影响，其中酶的来源直接影响酶法合成低聚乳果糖的产率。

利用果聚糖蔗糖酶生产低聚乳果糖的生产工艺：乳糖质量比为 1：1 的蔗糖-乳糖底物溶液中添加果聚糖蔗糖酶进行催化生产低聚乳果糖，转化条件为：底物溶液的质量浓度为 10%~40%，果聚糖蔗糖酶添加量 0.5~50U/g 底物，pH5.0~8.0，转化反应温度为 30~60℃，转化反应时间 12~48h，转化率可达 10% 以上，得到含有低聚乳果糖的酶反应液，进一步加工处理用来制备低聚乳果糖糖浆或低聚乳果糖粉末。

低聚乳果糖糖浆或低聚乳果糖粉末需要经过脱色、脱盐、浓缩的步骤，低聚乳果糖粉末需要经过喷雾干燥获得，参数如下。

1. 脱色

在含有低聚乳果糖的酶反应液中添加酶反应液固形物质量分数 0.2%~0.5% 的活性炭，在 50~80℃ 下脱色 30~60min，然后进行硅藻土过滤，取脱色液。

2. 脱盐

将脱色液先后通过阳离子交换柱 001×7 和阴离子交换树脂 313 进行脱盐。

3. 浓缩

将脱盐液真空蒸发浓缩至固形物质量分数为 50%~70%，即得低聚乳果糖糖浆。

4. 喷雾干燥

控制进风温度 150~200℃、出风温度 70~90℃，将低聚乳果糖浓缩液喷雾干燥，得到低聚乳果糖粉末。

四、应用

（一）在食品中的应用

国外已进行的毒理实验证实了低聚乳果糖是一种安全无毒的功能性甜味剂。低聚乳果糖作为健康食品的新型甜味剂和健康食品原料，广泛地应用于乳制品、乳酸菌饮料、固体饮料、糖果、饼干、果冻和冷饮等，如表 18-16 所示。它不但保健功能优异，而且甜味质量好，因而深受广大消费者的青睐，日本已开发了多种添加低聚乳果糖的保健食品问世。若作为食品添加剂使用，要注意剂量，否则会引起一些不良反应。

表 18-16   低聚乳果糖应用于食品的类型

类型	具体品种
固体饮料	咖啡、麦乳糖、果汁粉末饮料
饮料	碳酸饮料、果味饮料、果蔬汁饮料
餐后甜食	各种冰淇淋、布丁、果冻
糖果	硬糖、软糖
乳制品	酸乳、调制奶粉等
糕点	蛋糕、饼干、休闲食品

（二）在动物饲料中的应用

低聚乳果糖是一种优于抗生素和益生素的新型饲料添加剂。研究表明，作为非消化性低聚糖，它可以使双歧杆菌和乳酸杆菌增殖，而抑制沙门菌生长，同时可以提高肌体对 Ca、Mg 的消化率。低聚乳果糖还可用于宠物食品中。

第十节　低聚甘露糖

一、简介

低聚甘露糖是用含有半乳甘露聚糖（$C_6H_{10}O_5$）$_n$（n 代表平均聚合度）的原料采用一系列方法制备而成的，由 2～10 个甘露糖残基通过糖苷键连接形成低度聚合糖。低聚甘露糖是近几年发展起来的一种功能性低聚糖，具有显著的双歧杆菌增殖效果，是唯一能结合肠道中外源性病菌的新型功能性低聚糖，它能结合病原菌的绒状菌毛，防止病原菌附在肠壁上。随着人们对低聚甘露糖功能性认识的提高，低聚甘露糖的应用领域越来越广，它的市场需求也将逐年增加，发展前景十分广阔。

二、性质

低聚甘露糖用于食品加工中，具有口味纯正、微甜、不改变食品原风味的特点，其有效剂量是其他低聚糖的 1/10～1/3，性价比较高。低聚甘露糖能直接结合外源菌，可以抑制有害菌的生长，能有效延长货架期，由于不被人体吸收，基本不产生热量，所以特别适合糖尿病患者及肥胖者服用。低聚甘露糖的酸稳定性和热稳定性好，在 pH2.0～8.0 加热 1h 不分解，并且在有抗氧化剂、防霉剂等状态下稳定，耐受各种条件的加工。

三、生产

（一）生产方法

目前，低聚甘露糖的生产方法主要包括从天然原料中提取、化学降解及生物降解。天然原料中的低聚甘露糖含量极低，另外提取出的低聚甘露糖通常都是一些衍生物，后期的处理较为困难，因此这种方法的推广受到了较大的限制。化学降解主要是以魔芋精粉之类的含甘露聚糖成分较多的农副产品为原料，借助高温、酸或碱水解的方法生产低聚甘露糖，但是这种生产方法需要用到大量的酸或碱，后期处理较为复杂、成本较高且对环境的污染较大，另外酸或碱的水解方法也极不利于控制水解产物的平均聚合度。生物降解是利用生物有机体（包括细胞器、细胞和组织）或酶之类的生物催化剂将魔芋粉中的甘露聚糖水解制备低聚甘露糖的方法。生物催化剂一般可以由可再生资源合成，同时也是可降解且无毒的，它们对底物高度的选择性也简化了生产的流程、提高了产品的质量。另外生物降解的过程还很安全，它们通常是在较温和的温度、压力及在接近中性的 pH 条件下进行催化。较温和的反应温度可以不需要辅助的保温或冷却装置，简化了反应的设备，同时也降低了能耗；较温和的反应压力也不需要特定压力容器，也可以降低设备的成本并提高生产过程的安全性；而近中性的 pH 更是减少了酸和碱的用量，既节约了资源又保护了环境。在人们对化学降解的环境影响抱有忧虑的情况下，生物降解提供了一种强有吸引力的选择，而在低聚甘露糖的酶法制备途径中最常用、最关键的生物催化剂便是 β-甘露聚糖酶。

（二）酸水解法制备低聚甘露糖

图 18-8 是酸法生产低聚甘露糖的流程，该工艺首先将半乳甘露聚糖溶液进行高压流体纳米均质处理，然后加入乙酸进行降解反应，在降解反应结束后减压浓缩回收乙酸，将浓缩液喷雾干燥后获得低聚甘露糖。将半乳甘露聚糖经高压流体纳米均质机均质，直接加乙酸水解，水解均匀，水解速度快。参数如下。

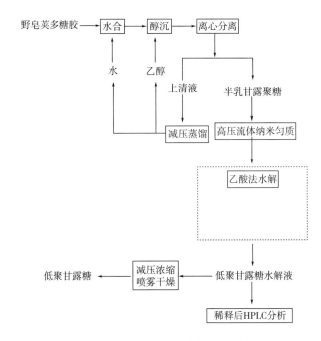

图 18-8　酸法生产低聚甘露聚糖的流程

（1）野皂荚或野皂荚多糖胶粉与水的重量比为 1%~3%，将野皂荚或野皂荚多糖胶粉在 70℃水中溶解水合 3h，水合结束后离心分离取上清液，然后加等体积的无水乙醇，醇沉时间为 2h，醇沉后离心分离，将沉淀加入适量水制成半乳甘露聚糖溶液。

（2）高压流体纳米均质压力为 190~210MPa，优选为 200MPa，均质 2~3 次。

（3）乙酸浓度为 2~6mol/L，降解反应温度优选为 120~140℃，降解反应优选时间为 1~4h。

（4）乙酸与半乳甘露聚糖的质量比为 1.2：1~1.5：1。

（三）酶法制备低聚甘露糖

目前国内提出直接利用新鲜魔芋生产低聚甘露糖，一方面省去制粉的加工成本和设备投入，另一方面从源头控制二氧化硫等护色剂的添加，生产低聚甘露糖的加工成本将大幅度降低，生产的产品将更安全、绿色。但利用新鲜魔芋直接生产低聚甘露糖存在魔芋浆黏度大、溶胀、凝胶现象，导致单次投料少、出品量低、生产效率低的问题，单次出品量仅为魔芋粉原料质量的 1/48~1/10。使用柠檬酸酸解魔芋可有效解决低聚甘露糖制备过程中存在的溶胀、凝胶问题，魔芋块的单次投料量多、出品量高，投料简单。

以含水率为80%～85%的白魔芋或花魔芋为原料，将魔芋块和柠檬酸溶液混合、打浆，得原料浆液；对原料浆液进行搅拌使其酸解，得酸解液；调节酸解液的pH，得调节液，向调节液中加入半纤维素酶进行水解，对水解后的液体进行灭酶处理，得酶解液；对酶解液进行真空浓缩，得一次浓缩液；醇沉、离心，得离心液；对离心液进行真空浓缩，得二次浓缩液，并对二次浓缩液进行喷雾干燥，得低聚甘露糖，步骤如下。

（1）取含水率为80%～85%的魔芋，清洗、去皮、切块。

（2）将所述魔芋块和柠檬酸溶液混合，打浆，得原料浆液。

（3）对原料浆液进行搅拌使其酸解，得酸解液。

（4）调节酸解液的pH，加入半纤维素酶进行水解。

（5）水解后的液体进行灭酶处理，得酶解液。

（6）对酶解液进行真空浓缩，得一次浓缩液，醇沉、离心，得离心液。

（7）对离心液进行真空浓缩，得二次浓缩液，并对二次浓缩液进行喷雾干燥，得低聚甘露糖；喷雾干燥的进风温度为150～180℃，出风温度为70～85℃。

四、应用

（一）在食品药品领域的应用

由于魔芋葡甘露低聚糖特有的可促进双歧杆菌等肠道有益菌繁殖的生理功能，魔芋低聚甘露糖作为新食品原料，可用于餐桌食品、饼类食品、调味品、甜品点心、各类罐头、糖果等食品及各种饮品，尤其是酸奶、乳酸菌饮料、碳酸饮料等酸性饮料中。在医药应用方面，目前已制备出新型类肝素药物-魔芋葡甘露低聚糖醛酸丙酯硫酸酯钠盐，此药相对分子质量为2000～4000，半致死剂量为8.8g/kg。

（二）在饲料行业的应用

魔芋葡甘露低聚糖能被动物的双歧杆菌、乳酸杆菌等有益菌群利用，在肠道占优势后起整肠作用。添加了魔芋低聚糖的饲料更有助于消化，可促进动物的生长和增重，还可降低动物的腹泻发生率，并刺激肠道免疫器官增强免疫功能，是饲料工业中一种优良的新型饲料添加剂。

（三）其他方面的应用

魔芋寡聚糖DS-VLK杀菌剂对魔芋软腐病有很好的杀菌效果；对霉菌如小麦赤霉、稻瘟、梨黑斑病、棉花黄萎病等都有很好的杀菌效果。

第十一节　半乳甘露聚糖

一、简介

半乳甘露聚糖普遍存在于豆科植物的种子中，是由甘露糖和半乳糖脱水缩合形成的高分子多糖物质。半乳甘露聚糖的主链由 β-1，4 糖苷键连接的甘露糖组成，支链由 α-1，6 糖苷键连接的半乳糖组成。我国工业中半乳甘露聚糖来源的植物，木本的有银合欢、肥皂荚、皂荚和槐树；草本的有胡芦巴、决明、田菁、瓜尔豆和猪屎豆等。由于植物品种的不同，半乳糖与甘露糖的比例也不同。近些年，植物胶分离提取技术日渐成熟，应用领域不断拓宽，因此半乳甘露聚糖的研究备受人们关注。

二、性质

半乳甘露聚糖类似白色粉末，无臭、无味，耐酸、耐盐、热稳定性好，可溶于水，水溶液透明，呈中性并有很低的黏度。GB 2760—2014《食品安全国家标准 食品添加剂使用标准》规定，可在各类食品中按生产需要适量使用。

三、生产

半乳甘露聚糖水溶液具有极高的黏度，很难用于动物饲料或食品中起到促进动物生长和膳食纤维的作用。通过对半乳甘露聚糖进行改性，可用减少分子质量的方法达到降低溶液黏度的目的。半乳甘露聚糖改性的一种方法是水解支链 α-1，6 糖苷键，虽然脱去半乳糖支链对半乳甘露聚糖分子质量影响很小，但是分子本身溶解度会降低；另一种方法是水解主链 β-1，4 糖苷键，切断甘露糖主链会使半乳甘露聚糖分子质量和溶液黏度均降低。改性一般也可以通过化学法实现，但由于化学法改性较难控制，常常造成过度水解，产生较多的副产物，一般不予采用。而酶解法改性具有反应过程和降解产物分子质量分布易于控制、反应条件温和、选择性好、环境污染小、产物质地疏松易于研磨等优点，所以经常采用酶解法改性。

脱去半乳糖支链和切断甘露糖主链是目前半乳甘露聚糖酶法改性的主要形式。α-半乳糖苷酶和 β-甘露聚糖酶是半乳甘露聚糖改性研究中主要用到的两种酶。β-甘露聚糖酶是一类内切水解酶，能够水解含有甘露糖苷键的甘露聚糖，其主要水解产物为单糖、二糖、三糖、四糖等低聚糖。α-半乳糖苷酶是一种外切糖苷酶，可催化移除半乳聚糖、半乳糖和低聚糖底物中末端非还原性的 α-1，6 键连接的半乳糖基。此外，研究者们也发现了果胶酶、多聚半乳糖醛酸酶联用和普鲁兰酶也能发挥很好的酶法改性作用。改性后的半乳甘露聚糖被广泛应用于食品和医药等工业，商业前景广阔。酶法生产半乳甘露聚糖的流程如图 18-9 所示。

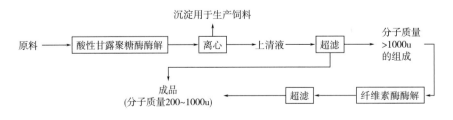

图 18-9　酶法生产半乳甘露糖

对瓜尔豆胶、田菁胶、刺槐豆胶、胡芦巴胶、塔拉胶等半乳甘露聚糖进行分段复合酶解，酶制剂可选择为酸性甘露聚糖酶和纤维素酶。利用分段超滤分级，获得降解后半乳甘露寡糖是二糖、三糖、四糖、五糖的混合物，具体工艺如下。

（1）将半乳甘露聚糖与酸性甘露聚糖酶混合水解，酸性甘露聚糖酶加量 500～2500U/g 原料，温度 50～60℃，pH3.5～5.0，反应时间 6～12h，半乳甘露聚糖底物浓度 10%～20%。

（2）将酶解液升温至 100℃、3min 灭活，冷却至室温离心，上清液通过超滤获得目标产物 200～1000u 寡糖糖液，截留液为分子质量大于 1000u 的糖液。

（3）将大于 1000u 的糖液加入纤维素酶，水解结束后升温至 100℃、3min 灭活，冷却至室温。

（4）将纤维素酶的酶解液超滤得到 200～1000u 半乳甘露寡糖糖液，合并两次 200～1000u 糖液，干燥后即得半乳甘露寡糖糖粉。最终制得的半乳甘露寡糖聚合度为 2～5，纯度 95% 以上，得率 50%～75%。

四、应用

半乳甘露聚糖胶具有较好的水溶性和交联性，且在低浓度下能形成高黏度的稳定性水溶液。所以被作为增稠剂、稳定剂、粘合剂而广泛应用于石油钻采、食品医药、纺织印染、采矿选矿、兵工炸药、日化陶瓷、建筑涂料、木材加工、造纸、农药等行业。

（一）食品应用

提炼自豆类的半乳甘露聚糖于食物中经常被当作安定剂（Stabilizer）与增黏剂（Thickeningagent）使用。关华豆胶与刺槐豆胶广泛地被添加在冰淇淋中，用来提升冰淇淋的外观质感，并且减少冰淇淋的溶化状况。刺槐豆胶也被延伸应用在奶油奶酪、水果制备与沙拉酱之中。把塔拉胶当作食品成分的接受度逐渐成长，但是使用量仍然远小于关华豆胶与刺槐豆胶。关华豆胶在食品应用比例是上述种类中最高的，原因跟它低廉而且稳定的价格高度相关。

（二）医学应用

半乳甘露聚糖是霉菌曲菌属（Aspergillus）的细胞壁组成成分的一种，随着霉菌的成长会释放到外界中。检测人类血液中是否有半乳甘露聚糖已经被用在诊断是否遭到曲霉菌（Aspergillosis）感染之中。由伯瑞（Bio-Rad）实验室发表的借由单克隆抗体在"双层三明治（Double-sandwich）"酶素免疫分析的检测方法已经于 2003 年通过 FDA 的审核，而此法的检验准确性为中等。此种检验方式对于曾经有过造血干细胞移植的病患来说是最有用的检验方式。

眼睛的泪水可以借由人工润滑剂的辅助来改善眼睛的舒适度。一个独立的临床试验已经证实包含了关华豆胶的人工泪液点眼液可以大幅改善干眼症病患的眼睛舒适度。此外冬虫夏草成分的虫草多糖（Cordyceps sinensis polysaccharide）属于半乳甘露聚糖的一种，类似的产品也被制成健康食品或化妆品使用。

参考文献

[1] 姜锡瑞，霍兴云，黄继红，等. 生物发酵产业技术 [M]. 北京：中国轻工业出版社，2016.

[2] 郑建仙. 功能性低聚糖 [M]. 北京：化学工业出版社，2004.

[3] 刘玲玲. β-葡萄糖苷酶转化葡萄糖制备低聚龙胆糖的研究 [D]. 无锡：江南大学，2009.

[4] 齐香君. 一种利用固定化 β-葡萄糖苷酶制备龙胆低聚糖的方法 CN201110293398.9 [P]. 2011-09-30.

[5] 夏泽华. 低聚龙胆糖酶法生产工艺 CN105238827A [P]. 2016-01-13.

[6] 梁远远，陈静怡，金力航，等. 低聚壳聚糖制备工艺优化研究 [J]. 合肥学院学报（综合版），2019，36（2）：73-78.

[7] 姜克忠. 一种低聚壳聚糖的制备方法 CN109402200A [P]. 2019-03-01.

[8] 张中. 高纯度乳果糖的制备 [D]. 无锡：江南大学，2010.

[9] 杨瑞金. 一种高纯度乳果糖的制备方法 CN201110081858.1 [P]. 2011-04-01.

[10] 赵培培. 一种乳果糖制备方法 CN109576322A [P]. 2019-04-05.

[11] 李芳华. 一种高纯度低聚乳果糖的制备方法 CN2016107524596 [P]. 2016-12-07.

[12] 廖春龙. 酶法合成低聚乳果糖的工艺研究 [D]. 南昌：南昌大学，2010.

[13] 史红玲，焦铸锦，唐存多，等. 利用复合酶制备低聚甘露糖 [J]. 食品与发酵工业，2015，41（8）：105-110.

[14] 李忠兴. 一种甘露聚糖酶及生产方法 CN103540580A [P]. 2014-01-29.

[15] 张凌. 一种魔芋甘露低聚糖的制备方法 CN108342430A [P]. 2018-07-31.

[16] 周永治. 田菁胶酶法制备半乳甘露寡糖的研究 [J]. 中国调味品，2010，35（9）：104-107.

[17] 乔宇. 一种酶降解半乳甘露聚糖产品及其制备方法与应用 CN108634102A [P]. 2018-10-12.

工业酶制剂索引